Collège International pour l'Etude Scientifique des Techniques de Production Mécanique
International Institution for Production Engineering Research
Internationale Forschungsgemeinschaft für Mechanische Produktionstechnik

Springer-Verlag Berlin Heidelberg GmbH

Collège International pour l'Etude Scientifique des Techniques de Production Mécanique (Eds.)
International Institution for Production Engineering Research (Eds.)
Internationale Forschungsgemeinschaft für Mechanische Produktionstechnik (Hrsg.)

Wörterbuch der Fertigungstechnik Bd. 2
Trennende Verfahren
1. Auflage

Dictionary of Production Engineering Vol. 2
Material Removal Processes
1st Edition

Dictionnaire des Techniques de Production Mécanique Vol. 2
Procédés d'enlèvement de matière
1ère Edition

Springer

Herausgeber/Editor
Collège International
pour l'Etude Scientifique
des Techniques de Production Mécanique
9 rue Mayran
F–75009 Paris, France

ISBN 978-3-540-20540-1 ISBN 978-3-642-18961-6 (eBook)
DOI 10.1007/978-3-642-18961-6

Library of Congress Control Number: 2004105239

springeronline.com

Cover-Design: deblik Berlin
Typesetting: medio Technologies AG, Berlin

Printed on acid-free paper 68/3020/M – 5 4 3 2 1 0

Einführung

Die internationale Forschungsgemeinschaft für mechanische Produktionstechnik C.I.R.P. mit dem Sitz in Paris hat von 1962 bis 1984 ein dreisprachiges Wörterbuch der Fertigungstechnik in Deutsch, Englisch und Französisch mit den folgenden Teilen herausgegeben:

Vol. 1 Schmieden – Freiformschmieden, Gesenkschmieden
Vol. 2 Schleifen, Oberflächenrauheit
Vol. 3 Blechbearbeitung
Vol. 4 Grundbegriffe des Spanens
Vol. 5 Kaltfließpressen und Kaltstauchen
Vol. 6 Hobeln, Stoßen, Räumen, Drehen
Vol. 7 Bohren, Senken, Reiben, Gewindefertigen
Vol. 8 Fräsen, Sägen, Verzahnen
Vol. 9 Elektrochemisches, elektroerosives, elektronisches, photonisches (Laser) und chemisches Abtragen

Da in den drei Sprachen und darüber hinaus in den jeweiligen Sprachräumen mitunter unterschiedliche Begriffsinhalte für einzelne Begriffe auftreten, sind, im Unterschied zu anderen Wörterbüchern, in großem Umfang Definitionen und, soweit erforderlich, erläuternde bildliche Darstellungen enthalten. Hierdurch wird das Anliegen von C.I.R.P. verwirklicht, sachlich einwandfreie Übersetzungen zunächst in den drei genannten Sprachen zu ermöglichen. Band 1 wurde auf Dänisch, Norwegisch, Schwedisch, Finnisch (Band 1N) und Italienisch, Spanisch, Portugiesisch (Band 1R) erweitert. Band 1 bis 9 wurden inzwischen auf die chinesische Sprache ausgedehnt.

Die schnell fortschreitende Entwicklung der Fertigungs- und Produktionstechnik mit rasch zunehmender Internationalisierung, Einführung der Informationstechnik und Organisationstechnik bringt unter anderem auch eine deutliche Ausweitung des Begriffsvolumens, verbunden mit teilweiser Veränderung von Begriffsinhalten, mit sich. C.I.R.P. trägt dieser Entwicklung durch Erarbeitung einer 2. Auflage in deutscher, englischer und französischer Sprache Rechnung. Diese ist durch eine deutliche Ausweitung des Umfangs und eine neue Struktur mit fachlich-systematischer Gliederung gekennzeichnet. Definitionen werden für nahezu alle Begriffe gegeben; die Anzahl der bildlichen Darstellungen ließ sich dadurch verringern.

Band II der 2. Auflage des Wörterbuches wurden von 1995 bis 2001 vom Scientific Technical Committee „Dictionary (D)" unter dem Vorsitz von Prof. em. Dr.-Ing. Dr. h. c. K. Lange und Prof. K. J. Weinmann auf Beschluß des C.I.R.P.-Council vom Scientific Technical Committee „Dictionary (D)" erarbeitet.

Band II enthält ca. 2000 Begriffe aus den Bereichen:

1. Zerspanung mit geometrische definierter Schneide
2. Zerspanung mit geometrische undefinierter Schneide
3. Abtragende Fertigungsverfahren
4. Oberflächeneigenschaften

An der Erstellung des Wörterbuchs waren beteiligt:

Prof. T. Altan (USA), Prof. M. Balazinski (Kanada), Dr. J. Barry (Irland), Dipl.-Ing. A. Baus (Deutschland), Dr.-Ing. T. Beck (Deutschland), Dipl.-Ing. Beil (Deutschland), Dipl.-Ing. R. Ben Armor (Deutschland), Dr.-Ing. C. Borbe (Deutschland), Prof. A. N. Bramley (United Kingdom), Prof. Dr.-Ing. E. Brinksmeier (Deutschland), Dr.-Ing. R. Brockhoff (Deutschland), Prof. G. Byrne (Irland), Dr. M. Davies (USA), Dipl.-Ing. A. Demmer (Deutschland), Dipl.-Ing. R. Engelhorn (Deutschland), Dipl.-Ing. D. Friedrich (Deutschland), Dr.-Ing. T. Friemuth (Deutschland), Prof. Dr.-Ing. G. Goch (Deutschland), Dipl.-Ing. A. Günther (Deutschland), Dr. J. C. Hamann (Frankreich), Prof. Dr.-Ing. B. Karpuschewski (Deutschland), Prof. Dr.-Ing. F. Klocke (Deutschland), Prof. J. P. Kruth (Belgien), Prof. D. Kremer (Frankreich), Dr.-Ing. P. Lehmann (Deutschland), B. Linke (Deutschland), Prof. D. A. Lucca (USA), Prof. L. Mathieu (Frankreich), Dipl.-Ing. T. Merbecks (Deutschland), Dr.-Ing. J. Muckli (Deutschland), Dr.-Ing. N. Müller (Deutschland), Prof. J. A. Mc Geough (United Kingdom), Prof. A. Moisan (Frankreich), Dr.-Ing. T. Nöthe (Deutschland), Dipl.-Phys. S. Patzelt (Deutschland), Dr.-Ing. J. Peters (Deutschland), Dipl.-Ing. J.-L. Rifaut (Frankreich), Dr.-Ing. M. Rehse (Deutschland), Prof. B. Rowe (United Kingdom), Dr.-Ing. W. Saxler (Deutschland), Dr.-Ing. J. Schmidt (Deutschland), Prof. Dr.-Ing. H. K. Tönshoff (Deutschland), Dr.-Ing. G. Trommer (Deutschland), J. Vigneau (Frankreich), Dipl.-Ing. J. Vilon (Frankreich), Prof. Dr.-Ing von Alvensleben (Deutschland), Dipl.-Ing. S. Wallmüller (Deutschland), Dipl.-Ing. T. Wehrmeister (Deutschland), Prof. K. J. Weinmann (USA), Prof. R. D. Weill (Israel), Prof. Dr.-Ing. E. Westkämper (Deutschland), Dr.-Ing. J. Winkler (Deutschland)

Zusammenstellung / Redaktion:

Die Begriffe aus DIN-Normen sind wiedergegeben mit Erlaubnis des DIN Deutsches Institut für Normung e.V.. Maßgebend für das Anwenden der Norm ist deren Fassung mit dem neuesten Ausgabedatum, die beim Beuth Verlag GmbH, Burggrafenstraße 6, 10787 Berlin, erhältlich ist.

Introduction

The International Institution for Production Engineering Research (C.I.R.P.) headquartered in Paris issued a trilingual dictionary of Production Engineering from 1962 to 1984 in English, German, and French with volumes as follows:

Vol. 1	Forging, drop forging
Vol. 2	Grinding, surface roughness
Vol. 3	Sheet metal forming
Vol. 4	Fundamental terms of cutting
Vol. 5	Cold extrusion and upsetting
Vol. 6	Planing, slotting, broaching, turning
Vol. 7	Drilling, countersinking/boring, reaming, tapping
Vol. 8	Milling, sawing, gear manufacturing
Vol. 9	Electrochemical, elekrodischarge, electronic, laser, and chemical machining

The dictionaries took account of the likelihood of different interpretations of terms in any given language by including both difinitions of the terms as well as figures. Thus the aim of C.I.R.P. was realized to make available correct translations of technical manufacturing terms into the three languages. Incidentally, volume 1 was extended to Danish, Finnish, Norwegian, and Swedish (volume 1N), and Italian, Spanish, and Portuguese (Volume 1R). Also volumes 1 to 9 were extended to Chinese most recently.

The subsequent development of manufacturing technology with advancing internationalization, introduction of computers and organization aspects led to a significant expansion of the number of terms as well as occasional alterations of term definitions. C.I.R.P. is taking account of these developments by introducing a second edition in English, German, and French. It is characterized by a considerable expansion of the number of terms and a new topically systematic structure. Definitions are provided for nearly all terms, which permitted the reduction of the number of figures.

Volume II of the second edition of the dictionary is the result of the combined efforts of the C.I.R.P. Scientific Technical Committee "Dictionary (D)" from 1995 to 2001 under the chairmanship of Prof. em. Dr.-Ing. Dr. H.c. K. Lange and Prof. K. S. Weinmann. Volume II of the second edition of the "C.I.R.P. Dictionary of Production Engineering" was produced by the Scientific Technical Committee "Dictionary (D)" based on a resolution of the C.I.R.P. Council.

Volume II contains approximately 2000 terms from the fields Material Removal Processes and Surface Microstructures

1. Cutting processes
2. Abrasive processes
3. Physical Processes
4. Surface properties

The following persons participated in the preparation of the dictionary:

Prof. T. Altan (USA), Prof. M. Balazinski (Canada), Dr. J. Barry (Ireland), Dipl.-Ing. A. Baus (Germany), Dr.-Ing. T. Beck (Germany), Dipl.-Ing. Beil (Germany), Dipl.-Ing. R. Ben Armor (Germany), Dr.-Ing. C. Borbe (Germany), Prof. A. N. Bramley (United Kingdom), Prof. Dr.-Ing. E. Brinksmeier (Germany), Dr.-Ing. R. Brockhoff (Germany), Prof. G. Byrne (Ireland), Dr. M. Davies (USA), Dipl.-Ing. A. Demmer (Germany), Dipl.-Ing. R. Engelhorn (Germany), Dipl.-Ing. D. Friedrich (Germany), Dr.-Ing. T. Friemuth (Germany), Prof. Dr.-Ing. G. Goch (Germany), Dipl.-Ing. A. Günther (Germany), Dr. J. C. Hamann (France), Prof. Dr.-Ing. B. Karpuschewski (Germany), Prof. Dr.-Ing. F. Klocke (Germany), Prof. J. P. Kruth (Belgium), Prof. D. Kremer (France), Dr.-Ing. P. Lehmann (Germany), B. Linke (Germany), Prof. D. A. Lucca (USA), Prof. L. Mathieu (France), Dipl.-Ing. T. Merbecks (Germany), Dr.-Ing. J. Muckli (Germany), Dr.-Ing. N. Müller (Germany), Prof. J. A. Mc Geough (United Kingdom), Prof. A. Moisan (France), Dr.-Ing. T. Nöthe (Germany), Dipl.-Phys. S. Patzelt (Germany), Dr.-Ing. J. Peters (Germany), Dipl.-Ing. J.-L. Rifaut (France), Dr.-Ing. M. Rehse (Germany), Prof. B. Rowe (United Kingdom), Dr.-Ing. W. Saxler (Germany), Dr.-Ing. J. Schmidt (Germany), Prof. Dr.-Ing. H. K. Tönshoff (Germany), Dr.-Ing. G. Trommer (Germany), J. Vigneau (France), Dipl.-Ing. J. Vilon (France), Prof. Dr.-Ing von Alvensleben (Germany), Dipl.-Ing. S. Wallmüller (Germany), Dipl.-Ing. T. Wehrmeister (Germany), Prof. R. D. Weill (Israel), Prof. K. J. Weinmann (USA), Prof. Dr.-Ing. E. Westkämper (Germany), Dr.-Ing. J. Winkler (Germany)

Compilation of Terms/ Editing:

The terms from DIN-Standards are reproduced by permission of DIN Deutsches Institut für Normung e.V.. The definitive version for the implementation of these standards is the edition bearing the most recent date of issue, obtainable from Beuth Verlag GmbH, Burggrafenstraße 6, 10787 Berlin.

Introduction

Le Collège International pour l'Étude Scientifique des Techniques de Production Mécanique (C.I.R.P.) ayant son siège à Paris, a publié un Dictionnaire des Techniques de Production Mécanique trilingue (français, anglais, allemand) au cours des années 1962 à 1984, comprenant les volumes suivants:

Vol. 1 Forgeage et Estampage
Vol. 2 Travail par Abrasion – Rugosité des Surfaces
Vol. 3 Travail des Métaux en Feuilles
Vol. 4 Notions de Base de l'Usinage
Vol. 5 Filage et Refoulement à Froid
Vol. 6 Rabotage, Mortaisage, Brochage, Tournage
Vol. 7 Perçage, Alésage, Forage, Lamage, Alésage à l'alésoir, Filetage
Vol. 8 Fraisage, Sciage, Taillage
Vol. 9 Usinage par Enlèvement Electrochimique, Electroérosif, Electronique, Photonique (Laser) et Chimique

Étant donné que pour un même concept, il peut exister différentes désignations dans certaines langues, ou éventuellement dans certains pays utilisant ces langues, on a introduit dans le dictionnaire des définitions en abondance, et si nécessaire, des croquis explicatifs (ceci à la différence de la plupart des autres dictionnaires disponibles). De cette façon, l'objectif du C.I.R.P. d'offrir des traductions univoques dans les trois langues de base a pu être atteint. Il est à noter que pour le volume 1, le dictionnaire avait été élargi aux langues nordiques (danois, norvégien, suédois et finlandais), Vol.1N, et aux langues romanes (italien, espagnol, portugais), Vol. 1R. Les volumes 1 à 9 ont aussi été étendus, plus récemment, à la langue chinoise.

Le développement actuel des techniques de production mécanique, accompagné d'une globalisation rapide, de l'introduction massive des techniques informatiques et des techniques de gestion, a pour conséquence une multiplication significative du nombre de concepts, éventuellement assortie de modifications dans l'acception de certains termes. Le C.I.R.P. prend en compte ce développement en initiant une deuxième édition de son dictionnaire, dans les trois langues: Anglaise, Allemande et Française. La nouvelle édition est caractérisée par une nette augmentation du nombre des termes et par une nouvelle disposition. Des définitions sont données pour la quasi-totalité des termes ce qui a permis une diminution des illustrations.

Le volume II de la 2e édition du dictionnaire est le résultat du travail du Scientific Technical Committee « Dictionary (D) » pendant la période de 1995 à 2001 sous la présidence du Professeur em. Dr.-Ing. Dr. h.c. K. Lange et du Professeur K. J. Weinmann. Ce travail répond à la demande du conseil du C.I.R.P.

Le volume II contient environ 2000 expressions du domaine des procédés par enlèvement de matière et de celui de la qualité des surfaces:

1. Coupe des métaux
2. Usinage par abrasion
3. Procédés physiques
4. Propriétés des surfaces

Personnes ayant contribué à l'élaboration du dictionnaire:

Prof. T. Altan (Etats Unis), Prof. M. Balazinski (Canada), Dr. J. Barry (Irlande), Dipl.-Ing. A. Baus (Allemagne), Dr.-Ing. T. Beck (Allemagne), Dipl.-Ing. Beil (Allemagne), Dipl.-Ing. R. Ben Armor (Allemagne), Dr.-Ing. C. Borbe (Allemagne), Prof. A. N. Bramley (Angleterre), Prof. Dr.-Ing. E. Brinksmeier (Allemagne), Dr.-Ing. R. Brockhoff (Allemagne), Prof. G. Byrne (Irlande), Dr. M. Davies (Etats Unis), Dipl.-Ing. A. Demmer (Allemagne), Dipl.-Ing. R. Engelhorn (Allemagne), Dipl.-Ing. D. Friedrich (Allemagne), Dr.-Ing. T. Friemuth (Allemagne), Prof. Dr.-Ing. G. Goch (Allemagne), Dipl.-Ing. A. Günther (Allemagne), Dr. J. C. Hamann (France), Prof. Dr.-Ing. B. Karpuschewski (Allemagne), Prof. Dr.-Ing. F. Klocke (Allemagne), Prof. J. P. Kruth (Belgique), Prof. D. Kremer (France), Dr.-Ing. P. Lehmann (Allemagne), B. Linke (Allemagne), Prof. D. A. Lucca (Etats Unis), Prof. L. Mathieu (France), Dipl.-Ing. T. Merbecks (Allemagne), Dr.-Ing. J. Muckli (Allemagne), Dr.-Ing. N. Müller (Allemagne), Prof. J. A. Mc Geough (Angleterre), Prof. A. Moisan (France), Dr.-Ing. T. Nöthe (Allemagne), Dipl.-Phys. S. Patzelt (Allemagne), Dr.-Ing. J. Peters (Allemagne), Dipl.-Ing. J.-L. Rifaut (France), Dr.-Ing. M. Rehse (Allemagne), Prof. B. Rowe (Angleterre), Dr.-Ing. W. Saxler (Allemagne), Dr.-Ing. J. Schmidt (Allemagne), Prof. Dr.-Ing. H. K. Tönshoff (Allemagne), Dr.-Ing. G. Trommer (Allemagne), J. Vigneau (France), Dipl.-Ing. J. Vilon (France), Prof. Dr.-Ing von Alvensleben (Allemagne), Dipl.-Ing. S. Wallmüller (Allemagne), Dipl.-Ing. T. Wehrmeister (Allemagne), Prof. R. D. Weill (Israel), Prof. K. J. Weinmann (Etats Unis), Prof. Dr.-Ing. E. Westkämper (Allemagne), Dr.-Ing. J. Winkler (Allemagne)

Assemblage/rédaction:

Les termes des normes DIN utilisés dans ce dictionnaire, le sont avec la permission du DIN Institut Allemand pour la Normalisation e.V.. Les dernières versions des normes sont disponibles auprès de Beuth Verlag GmbH, Burggrafenstraße 6, 10787 Berlin.

In diesem Wörterbuch verwendete Abkürzungen:

Abk.	Abkürzung
adj.	Adjektiv
Am.	Amerikanisch
Anm.	Anmerkung
f	weiblich
m	männlich
n	sächlich
pl	Mehrzahl
Syn.	Synonym
v	Zeitwort
Vgl.	Vergleiche

Abbreviations used in this dictionary:

abbr.	Abbreviation
adj.	adjective
Am.	American
comp.	compare
f	feminine
m	masculine
n	neuter
pl	plural
syn.	synonym
v	verb

Abréviations employées dans ce dictionnaire:

abrév.	Abréviation
adj.	adjectif
Am.	américain
comp.	comparer
f	féminin
m	masculin
n	neutre
pl	pluriel
rem.	remarque
syn.	synonyme
v	verbe

Inhaltsverzeichnis

Contents

Contenu

I

Zerspanung mit geometrisch definierter Schneide

Cutting processes

Coupe des métaux

1.0.1 **Spanen (n)**
Fertigen durch Stofftrennen. Durch Spanen werden Stoffteile in Form von Spänen mechanisch getrennt.

material removal
Production by material removal. Workpiece material is removed mechanically in the form of chips.

1.0.2 **Spanen mit geometrisch bestimmter Schneide**
Die Schneidenanzahl, die Form der Schneidkeile und ihre Lage zum Werkstück sind bekannt.

cutting processes
Process where the number of cutting edges, the macrogeometry of the tool and the tool orientation are known.

1.0.3 **Spanen mit geometrisch unbestimmter Schneide**
Die geometrische Ausbildung des Schneidenhaufwerks lässt sich nur statistisch beschreiben. Man unterscheidet des Spanen mit gebundenem und mit losem Korn.

abrasive processes
The geometrical features of the cutting edges can only be described statistically. Abrasive processes with fixed and loose abrasive particles can be distinguished.

1.0.4 **Physikalische Verfahren (n)**
Bearbeitungsverfahren, bei denen die zum Abtragen oder Generieren erforderliche Energie in Form von elektrischer bzw. chemischer Energie an der Wirkstelle zur Verfügung steht.

physical processes
Processes where the energy required for material removal or generation is supplied as electrical or chemical energy.

1.0.5 **Surface Integrity (f)**
Erreichen geforderter Oberflächengüten unter Berücksichtigung des Herstellungsprozesses.

surface integrity
Achieving a required surface quality taking into account the manufacturing processes.

1.0.6 **Oberflächengeometrie (f)**

surface geometry

1.0.7 **Systemdarstellung (f)**
„black box"-Darstellung des Spanens. In das System führen Eingangsoperanden oder Eingangsgrößen hinein, Ausgangsoperanden oder Ausgangsgrößen heraus. Der Prozess lässt sich durch Prozessgrößen beobachten.

system representation
Black-box representation of the material removal process establishing relationship between input and output parameters. The process itself can be observed by process parameters.

enlèvement (m) de matière
Mise en forme par enlèvement de matière. Consiste à retirer mécaniquement, sous forme de copeaux, une surépaisseur de matière de la pièce usinée.

procédés (m) par coupe
Procédés où le nombre d'arêtes tranchantes, la forme géométrique des taillants et leurs orientation sont connus.

procédés par abrasion
La géométrie apparente des arêtes de coupe ne peut être décrite que statistiquement. On peut distinguer les procédés par abrasion avec grains fixes ou libres

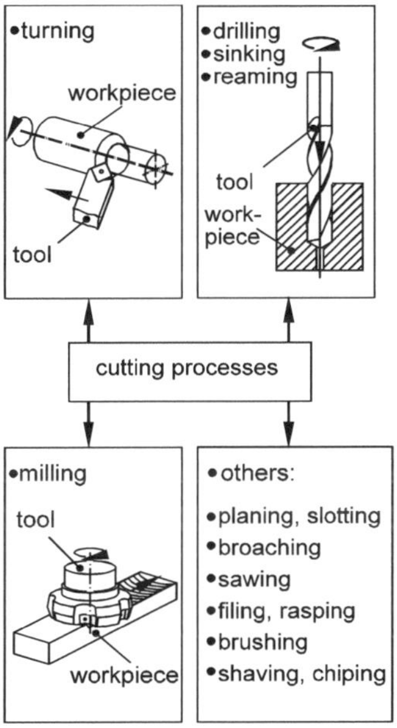

procédés (m) physiques
Procédés d'enlèvement de matière ou de génération de surfaces pour lesquels l'énergie mise en œuvre est électrique ou chimique.

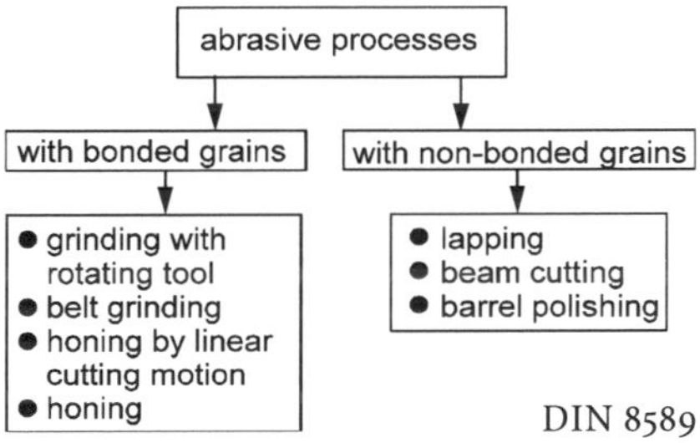

DIN 8589

intégrité (f) de surface
Conformité de la qualité physico-chimique et géométrique de la surface réalisée par rapport aux spécifications.

géométrie des surfaces

représentation (f) systémique
« Boite noire » représentant le procédé. Les variables ou grandeurs d'entrée influencent le système. Les grandeurs de sortie indiquent ses effets. Lui-même peut être observé par les grandeurs du procédé.

1.0.8 **Computer Aided Design (CAD) (n)**
Computerunterstützter Entwurf von Objekten.

Computer Aided Design (CAD)
Computer aided design of components.

1.0.9 **Computer Aided Planning (CAP) (n)**
computerunterstützte Planung von Abläufen (f)
Produktfertigung, in deren Ablauf Computer zur Steuerung eingebunden sind.

Computer Aided Planning (CAP)
Computer aided planning of procedures
Production process with integrated computer based control.

1.0.10 **Automatisierung (f)**
a) Die Einrichtung eines Prozesses mit automatischen Mitteln.

b) Die Untersuchung, Konstruktion, Entwicklung und Anwendung von Methoden, die einen Prozess automatisch, sich selbst bewegend oder sich selbst steuernd werden lassen.

automation
a) The implementation of processes by automatic means.

b) The investigation, design, development and application of methods of rendering a process automatic, self-moving, or self-controlling.

1.0.11 **Überkopfbearbeitung (f)**
Bearbeitung, bei der das Werkstück im Gegensatz zur konventionellen Vertikalbauweise über der Spindel positioniert ist, um den Späneabtransport zu erleichtern.

overhead machining
Machining, where the workpiece in contrast to the conventional vertical construction is positioned above the spindle, to make the evacuation of chips easier.

1.0.12 **Wärmeleitung (f)**
Wärmetransport infolge Leitung durch ein Material.

heat conduction
Heat transfer through conduction through a material.

1.0.13 **Schneidteil (m)**
Wirksamer Teil des Werkzeuges, an dem sich die Schneidkeile mit den Schneiden befinden.

cutting part
Functional part of the tool incorporating the cutting edges.

1.0.14 **Schneidkeil (m)**
Durch Spanfläche und Freiflächen gebildeter Keil am Schneidteil.

wedge
Portion of the cutting tool enclosed between the rake and the flank faces.

1.0.15 **Spanfläche (f) A_γ**
Fläche am Schneidkeil, auf der der Span abläuft.

rake face A_γ
Tool surface over which the chip flows.

1.0.16 **Freifläche (f) A_α**
Fläche am Schneidkeil, die der entstehenden Schnittfläche zugekehrt ist.

flank face A_α
Tool surface directed at the newly generated machined surface.

1.0.17 **Hauptfreifläche (f) A_α**
Freifläche an der Hauptschneide.

major flank face A_α
Flank face at the major cutting edge.

1.0.18 **Nebenfreifläche (f) A'_α**
Freifläche an der Nebenschneide.

minor flank face A'_α
Flank face at the minor cutting edge.

conception (f) assistée par ordinateur (m) (CAO)
Conception d'objets assistée par ordinateur.

planification (m) assistée par ordinateur
Organisation de processus par ordinateur.

automatisation (f)
a) L'implémentation des processus et des accessoires permettant d'effectuer des opérations automatiques.
b) L'analyse, la conception, le développement et l'application de méthodes qui rendent un processus automatique.

usinage (m) au plafond
Usinage, où la pièce, contrairement à la construction verticale conventionnelle, est placée au-dessus de la broche pour une évacuation plus facile des copeaux.

conduction (f) thermique
Diffusion de la chaleur à travers un matériau.

partie (f) active
Partie de l'outil contenant les arêtes de coupe.

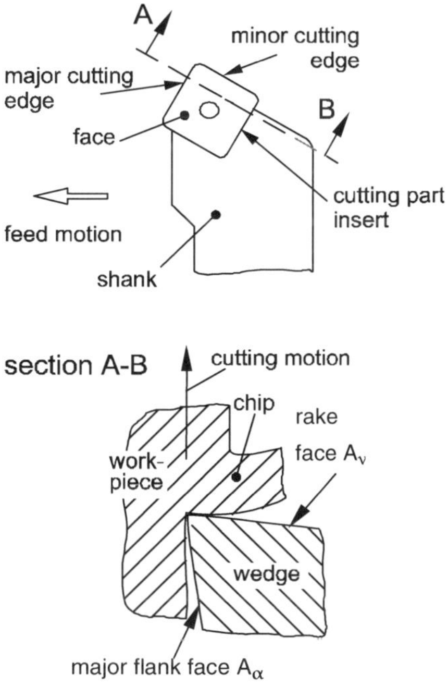

taillant (m)
Partie de l'outil comprise entre la face de coupe et la face de dépouille.

face (f) de coupe A_γ
Surface de l'outil sur laquelle se déroule le copeau.

face (f) de dépouille A_α
Surface de l'outil devant laquelle passe la surface coupée.

face (f) de dépouille principale A_α
Surface de l'outil devant laquelle passe la surface coupée de la pièce en contact avec l'arête principale.

face (f) de dépouille secondaire A'_α
Surface de l'outil devant laquelle passe la surface coupée de la pièce en contact avec l'arête secondaire.

1.0.19 **Spanleitstufe (f)**
Spanbrecher (m)
Spanformstufe (f)
Modifizierte Formgebung der Spanfläche mit dem Ziel, die Späne kontrolliert zu lenken, zu formen und/oder zu brechen. Sie kann eingeschliffen, gesintert oder aufgesetzt sein.

chip breaker
Modification of the rake face to control, to shape and/or break the chip. It consists either of an integral groove or an integral or attached obstruction.

1.0.20 **Schneide (f) S**
Von Spanfläche und Freifläche gebildete Kante am Schneidkeil.

cutting edge S
Edge formed by the intersection of the rake and flank faces.

1.0.21 **Hauptschneide (f) S**
Schneide, deren Schneidkeil in Vorschubrichtung weist.

major cutting edge S
Portion of the cutting edge which penetrates the work material in the direction of the feed motion.

1.0.22 **Nebenschneide (f) S′**
Schneide, deren Schneidkeil der Vorschubrichtung abgewendet ist.

minor cutting edge S′
Portion of the cutting edge which provides disengagement of the cutting edge from the generated machined surface.

1.0.23 **aktive Schneide (f)**
Momentan im Einsatz befindlicher Teil der Schneide.

active cutting edge
Portion of the cutting edge which is engaged in cutting at a particular instant.

1.0.24 **scharfkantige Schneide (f)**
Scharfe Schneide ohne Rundung oder Fase.

sharp cutting edge
Cutting edge without rounding or chamfering.

1.0.25 **gerundete Schneide (f)**
Schneide mit kreisbogenförmigem Übergang zwischen Spanfläche und Freifläche.

rounded cutting edge
Cutting edge having a rounded transition between the rake and flank faces.

1.0.26 **Schneidkantenrundung (f) r_β**
Radius des kreisbogenförmigen Überganges zwischen Spanfläche und Freifläche.

rounded cutting edge radius r_β
Radius of the arc of a circle between the rake and the flank faces.

brise-copeaux (m)
roule-copeaux (m)
Aménagement géométrique de la face de coupe pour contrôler l'écoulement du copeau ou le casser, réalisé soit par une rainure, soit par un obstacle intégré ou rapporté.

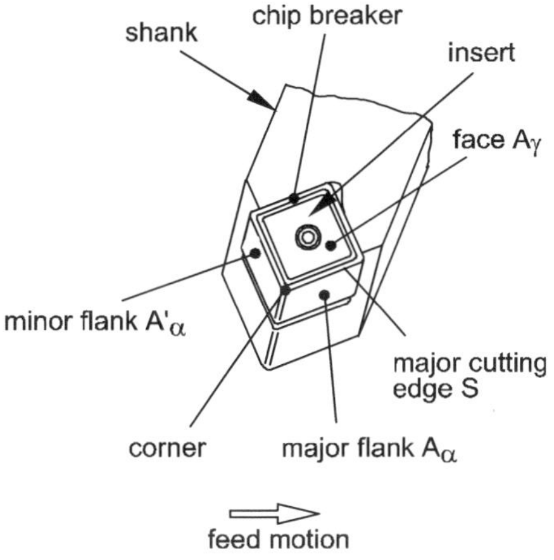

arête tranchante (f) S
arête de coupe (f) S
Ligne théorique formée par l'intersection de la face de coupe et de la face de dépouille.

arête (f) principale de l'outil S
Partie de l'arête tranchante qui pénètre dans la matière dans la direction du mouvement d'avance.

arête (f) secondaire de l'outil S'
Partie de l'arête tranchante par laquelle s'effectue son désengagement de la surface générée.

arête (f) active
Partie de l'arête tranchante qui est effectivement engagée dans la matière à un instant donné, générant les surfaces usinée et coupée.

arête (f) vive
Arête sans rayon ou chanfrein.

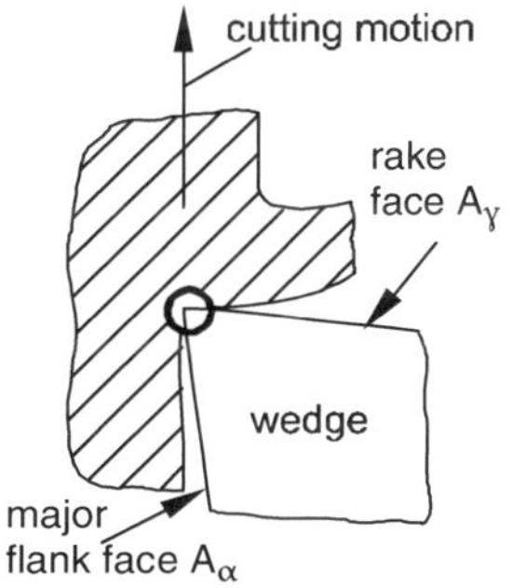

arête (f) arrondie
arête (f) tonnelée
Arête qui est formée par un arrondi de raccordement entre la face de coupe et la face de dépouille.

rayon (m) d'arête r_β
Rayon de l'arc théorique de l'arrondi entre la face de coupe et la face de dépouille.

1.0.27 **gefaste Schneide (f)**
Schneide mit einem abgewinkelten geraden Übergang zwischen Spanfläche und Freifläche.

chamfered cutting edge
Cutting edge having a straight transition between the rake and the flank faces.

1.0.28 **Fasenwinkel (m)** γ_f
Winkel zwischen Fase und Spanfläche.

angle of chamfer γ_f
Angle of chamfer to the rake face.

1.0.29 **Schneidenecke (f)**
Teil der Schneide, in dem Haupt- und Nebenschneide zusammentreffen.

corner
Portion of the cutting edge joining the major and minor cutting edge.

1.0.30 **Eckenradius (m)** r_ε
Radius der Eckenrundung, gemessen in der Werkzeug-Bezugsebene.

corner radius r_ε
Radius of the rounded corner defined in the tool reference plane.

1.0.31 **Eckenfase (f)**
Fase zwischen Haupt- und Nebenschneide.

chamfered corner
Chamfer between the major and minor cutting edge.

1.0.32 **Schneidenpunkt (m)**
Punkt, der für die Bestimmung der Flächen und Winkel am Schneidteil ausgewählt wird.

point on the cutting edge
Reference point selected on the cutting edge which is used to define the tool or working angles and planes at that point.

1.0.33 **Schnittbewegung (f)**
Bewegung zwischen Werkzeugschneide und Werkstück, die ohne Vorschubbewegung nur eine einmalige Spanabnahme während einer Umdrehung oder eines Hubes bewirken würde.

primary motion
Motion between the tool and the workpiece without feed motion i.e. for a turning operation the primary motion is generated by the spindle revolution.

1.0.34 **Vorschubbewegung**
Bewegungskomponente zwischen Werkzeugschneide und Werkstück, die zusammen mit der Schnittbewegung eine Spanabnahme ermöglicht.

feed motion
Component of the motion between the workpiece and the cutting tool which, in conjunction with the primary motion leads to chip removal.

1.0.35 **Arbeitsvorschub (m)**
Während der Bearbeitung eingestellter Vorschub.

working feed
Feed used during the machining process.

arête (f) chanfreinée
Arête qui est formée par un chanfrein entre la face de coupe et la face de dépouille.

angle (m) de chanfrein γ_f
angle entre le chanfrein et la face de coupe.

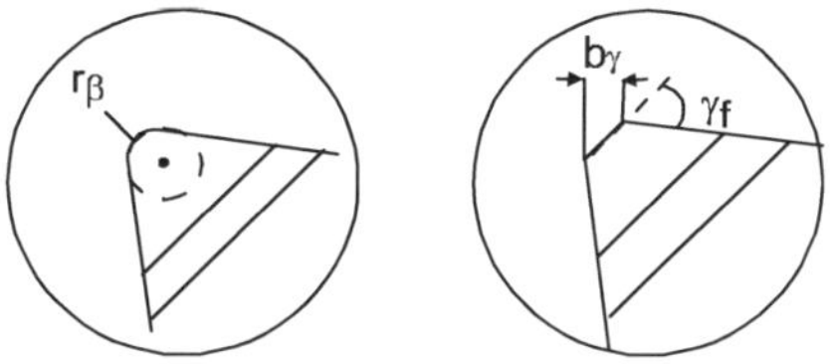

bec (m) de l'outil
pointe (f) de l'outil
Partie de l'arête tranchante de l'outil réalisant la jonction entre l'arête principale et l'arête secondaire.

rayon (m) de bec r_ε
Rayon de l'arc de cercle définissant le bec de l'outil.

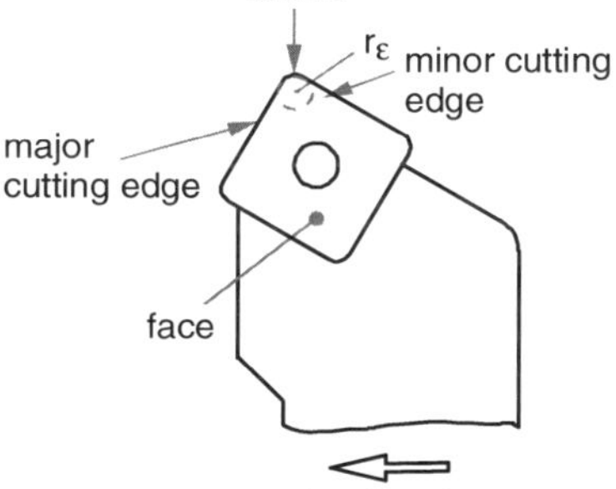

chanfrein (m) de bec
plat (m) de planage
Forme rectiligne définissant le bec de l'outil.

point (m) considéré de l'arête
point (m) de l'arête
Point choisi sur l'arête pour définir les angles et les plans de l'outil en main ou en travail.

mouvement (m) de coupe
Mouvement principal généralement de nature cyclique ou circulaire, produit manuellement ou par la machine. Associé au mouvement d'avance, il engendre la formation des copeaux.

mouvement (m) d'avance
Mouvement complémentaire produit par une machine-outil ou manuellement entre l'outil et la pièce permettant l'enlèvement de matière en combinaison avec le mouvement de coupe. Il assure également la génération des surfaces.

avance (f) travail
Avance utilisée pendant l'opération d'usinagc.

1.0.36 **Eilvorschub (m)**
Schneller Vorschub zum Verfahren von Werkstück und Werkzeug ohne Eingriff.

rapid feed
Feed used for either positioning of the tool or workpiece without tool engagement.

1.0.37 **Wirkbewegung (f)**
Bewegung zwischen Werkzeugschneide und Werkstück, die den Zerspanvorgang bewirkt.

effective cutting motion
Motion between the tool and workpiece resulting in the cutting process.

1.0.38 **Zustellbewegung (f)**
Bewegung zwischen Werkzeugschneide und Werkstück, die die Dicke der jeweils abzunehmenden Schicht im voraus bestimmt.

motion for depth setting
Relative motion between the tool and the workpiece to establish the depth of cut.

1.0.39 **Nachstellbewegung (f)**
Korrekturbewegung zwischen Werkzeugschneide und Werkstück.

adjustment motion
Adjustment to the depth of cut for compensation.

1.0.40 **Anstellbewegung (f)**
Bewegung, mit der das Werkzeug an das Werkstück vor dem Zerspanvorgang herangeführt wird.

tool approach
Relative motion between the tool and the workpiece to position the tool relative to the workpiece prior to machining.

1.0.41 **Rückstellbewegung (f)**
Bewegung, mit der das Werkzeug nach dem Zerspanvorgang vom Werkstück zurückgeführt wird.

tool retraction
Relative motion between tool and workpiece to withdraw the tool from the workpiece after machining.

1.0.42 **Schnittrichtung (f)**
Momentane Richtung der Schnittbewegung im ausgewählten Schneidenpunkt.

direction of primary motion
Direction of instantaneous primary motion of a selected point on the cutting edge relative to the workpiece.

1.0.43 **Wirkrichtung (f)**
Momentane Richtung der Wirkbewegung im ausgewählten Schneidenpunkt.

effective cutting direction
Direction of instantaneous effective cutting motion of a selected point on the cutting edge.

1.0.44 **Vorschubrichtung (f)**
Momentane Richtung der Vorschubbewegung im ausgewählten Schneidenpunkt.

direction of feed motion
Direction of instantaneous resultant feed motion at a selected point on the cutting edge.

1.0.45 **Zustellrichtung (f)**
Momentane Richtung der Zustellbewegung im ausgewählten Schneidenpunkt.

direction of depth setting
Direction of instantaneous motion for depth setting of a selected point on the cutting edge.

avance (f) rapide
Avance utilisée pour les déplacements qui ne produisent pas de copeaux.

mouvement (m) résultant de coupe
Mouvement composé des mouvements de coupe et d'avance.

mouvement (m) de pénétration ou d'engagement
Mouvement relatif de l'outil et de la pièce pour régler la profondeur de passe ou l'engagement.

correction (f) d'engagement ou de profondeur de passe
Ajustement de la profondeur de passe.

mouvement (m) d'approche
Mouvement relatif de l'outil et de la pièce préalable à l'usinage permettant de positionner l'outil par rapport à la pièce.

mouvement (m) de dégagement
Mouvement permettant d'éloigner l'outil de la pièce après l'usinage.

direction (f) de coupe
Direction du mouvement de coupe au point considéré de l'arête de l'outil.

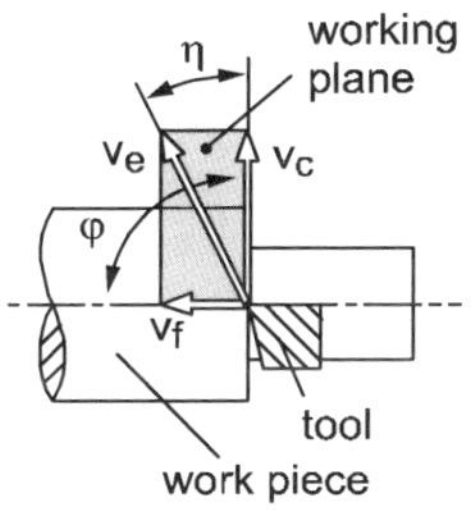

direction (f) résultante de coupe
Direction du mouvement résultant de coupe au point considéré de l'arête.

direction (f) d'avance
Direction du mouvement d'avance au point considéré de l'arête.

direction (f) du mouvement de pénétration
Direction instantanée du mouvement de pénétration au point considéré de l'arête.

1.0.46 **Schnittgeschwindigkeit (f) v_c**
Momentane Geschwindigkeit der Schnittbewegung im ausgewählten Schneidenpunkt.

cutting speed v_c
Instantaneous velocity of the primary motion of a selected point on the cutting edge relative to the workpiece.

1.0.47 **Wirkgeschwindigkeit (f) v_e**
Momentane Geschwindigkeit der Wirkbewegung im ausgewählten Schneidenpunkt.

effective cutting speed v_e
Instantaneous velocity of the effective cutting motion at a selected point on the cutting edge.

1.0.48 **Vorschubgeschwindigkeit (f) v_f**
Momentane Geschwindigkeit der Vorschubbewegung im ausgewählten Schneidenpunkt.

feed velocity v_f
Instantaneous speed of the feed motion at a selected point on the cutting edge relative to the workpiece.

1.0.49 **Zustellgeschwindigkeit (f) v_z**
Momentane Geschwindigkeit der Zustellbewegung im ausgewählten Schneidenpunkt.

speed of depth setting v_z
Instantaneous velocity of the depth setting motion.

1.0.50 **Schnittweg (m) l_c**
Summe der Wegelemente den der ausgewählte Schneidenpunkt durch die Schnittbewegung spanend zurücklegt.

path length due to primary motion l_c
Path generated by a given point of the cutting edge on the workpiece due to primary motion.

1.0.51 **Vorschubweg (m) l_f**
Summe der Wegelemente, die der ausgewählte Schneidenpunkt durch die Vorschubbewegung spanend zurücklegt.

feed travel l_f
Length of path traversed by the tool in the feed direction.

1.0.52 **Vorschub (m) f**
Vorschub je Umdrehung oder Hub gemessen in der Arbeitsebene.

feed f
The distance of the tool in the direction of feed motion per revolution of the workpiece.

1.0.53 **Zahnvorschub (m) f_z**
Vorschub je Zahn oder Schneide gemessen in der Arbeitsebene.

feed per tooth f_z
Feed per tooth or cutting edge in the working plane.

1.0.54 **Werkzeug-Bezugssystem (n)**
Bezugssystem für die Bestimmung der Werkzeugwinkel an einem gewählten Schneidenpunkt für eine Schnittrichtung senkrecht zur Auflageebene.

tool-in-hand system
Reference system for determining the tool angles at the selected point for a cutting direction perpendicular to the tool base plane.

1.0.55 **Werkzeug-Bezugsebene (f) P_r**
Ebene durch den gewählten Schneidenpunkt senkrecht zur Hauptschnittrichtung.

tool reference plane P_r
Plane through the selected point on the cutting edge perpendicular to the cutting direction.

vitesse (f) de coupe v_c
Vitesse de coupe instantanée du point considéré de l'arête par rapport à la pièce.

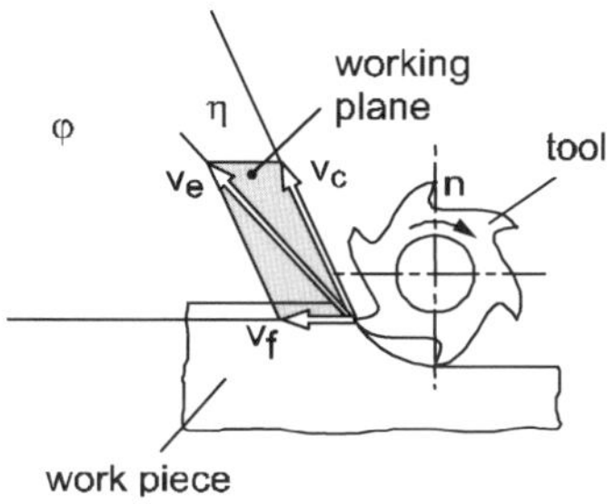

ISO 300/1
DIN 6580

vitesse (f) résultante de coupe v_e
Vitesse résultante instantanée du mouvement de coupe et du mouvement d'avance au point considéré de l'arête.

vitesse (f) d'avance v_f
Vitesse instantanée du mouvement d'avance du point considéré de l'arête par rapport à la pièce.

vitesse (f) de pénétration
vitesse (f) d'engagement v_z
Vitesse instantanée du mouvement de réglage de la profondeur de passe ou de l'engagement.

longueur (f) de coupe
trajectoire (m) de coupe l_c
Chemin parcouru par un point de l'arête de l'outil sur la pièce au cours d'un cycle ou d'une révolution du mouvement de coupe.

trajet (f) d'avance l_f
Somme des trajectoires élémentaires générées par le mouvement d'avance d'un point de l'outil.

avance (f) f
Valeur du déplacement relatif de l'outil et de la pièce dans la direction du mouvement d'avance pour un cycle ou une révolution du mouvement de coupe.

avance (f) par dent f_z
Avance par dent ou par arête dans le plan de travail.

système (m) de l'outil en main
Système de référence au point considéré de l'arête pour la définition des angles de l'outil, dans une direction perpendiculaire au plan de base. Utilisé pour la fabrication et l'affûtage de l'outil.

plan (m) de référence de l'outil P_r
Plan dans le système de l'outil en main au point considéré de l'arête et perpendiculaire à la direction de coupe supposée.

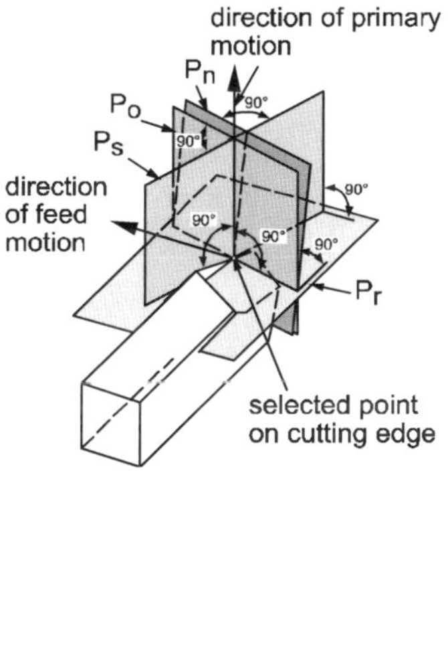

ISO 3002/1
DIN 6581

1.0.56 **Werkzeug-Hauptschneiden-ebene (f) P_s**
Ebene durch den ausgewählten Schneidenpunkt, tangential zur Hauptschneide und senkrecht zur Werkzeug-Bezugsebene P_r.

tool cutting edge plane P_s
Plane through the selected point on the major cutting edge tangential to the major cutting edge and perpendicular to the tool reference plane P_r.

1.0.57 **Werkzeug-Nebenschneidenebene (f) P_s'**
Ebene durch den ausgewählten Schneidenpunkt, tangential zur Nebenschneide und senkrecht zur Werkzeug-Bezugsebene P_r.

tool cutting edge plane P_s'
Plane through the selected point on the minor cutting edge tangential to the minor cutting edge and perpendicular to the tool reference plane P_r.

1.0.58 **Werkzeug-Orthogonalebene (f) P_o**
Ebene durch den ausgewählten Schneidenpunkt, senkrecht zur Werkzeug-Bezugsebene P_r und senkrecht zur Werkzeug-Schneidenebene P_s, auch als Keilmessebene bezeichnet.

tool orthogonal plane P_o
Plane through the selected point on the cutting edge and perpendicular both to the tool reference plane P_r and the tool cutting edge plane P_s.

1.0.59 **Arbeitsebene (f) P_f**
Ebene durch den ausgewählten Schneidenpunkt in der die Vektoren der Schnitt- und Vorschubbewegung liegen.

working plane P_f
Plane through the selected point on the cutting edge in which the vectors of the primary and feed motion are located.

1.0.60 **Schneidennormalebene (f) P_n**
Ebene durch den ausgewählten Schneidenpunkt, senkrecht zur Schneide.

cutting edge normal plane P_n
Plane perpendicular to the cutting edge at the selected point on the cutting edge.

1.0.61 **Wirk-Bezugssystem (n)**
Bezugssystem zur Bestimmung der Wirkwinkel.

tool-in-use system
Reference system for determining the effective working angles.

1.0.62 **Wirk-Bezugsebene (f) P_{re}**
Ebene durch den ausgewählten Schneidenpunkt senkrecht zur Wirkrichtung.

Working reference plane P_{re}
Plane through the selected point on the cutting edge and perpendicular to the effective cutting direction.

1.0.63 **Wirk-Schneidenebene (f) P_{se}**
Ebene durch den ausgewählten Schneidenpunkt tangential zur Schneide und senkrecht zur Wirk-Bezugsebene P_{re}.

working cutting edge plane P_{se}
Plane tangential to the cutting edge at the selected point and perpendicular to the working reference plane P_{re}.

1.0.64 **Wirk-Orthogonalebene (f) P_{oe}**
Ebene durch den ausgewählten Schneidenpunkt, senkrecht zur Wirk-Bezugsebene P_{re} und senkrecht zur Wirk-Schneidenebene P_{se}.

working orthogonal plane P_{oe}
Plane through the selected point on the cutting edge and perpendicular both to the working reference plane P_{re} and to the working cutting edge plane P_{se}.

1.0.65 **Einstellwinkel (m) κ_r**
Winkel zwischen der Werkzeug-Schneidenebene P_s und der Arbeitsebene P_f, gemessen in der Werkzeug-Bezugsebene P_r.

tool cutting edge angle κ_r
Angle between the tool cutting edge plane P_s and the working plane P_f measured in the tool reference plane P_r.

plan (m) d'arête de l'outil P_s
Plan tangent à l'arête au point considéré et perpendiculaire au plan de référence de l'outil P_r.

plan (m) d'arête secondaire P_s'
Plan tangent à l'arête secondaire au point considéré et perpendiculaire au plan de référence de l'outil.

plan (m) orthogonal de l'outil P_o
Plan dans le système de l'outil en main perpendiculaire au plan de référence et au plan d'arête de l'outil au point considéré.

plan (m) de travail conventionnel P_f
Plan dans le système de l'outil en main perpendiculaire au plan de référence au point considéré de l'arête et parallèle à la direction supposée d'avance.

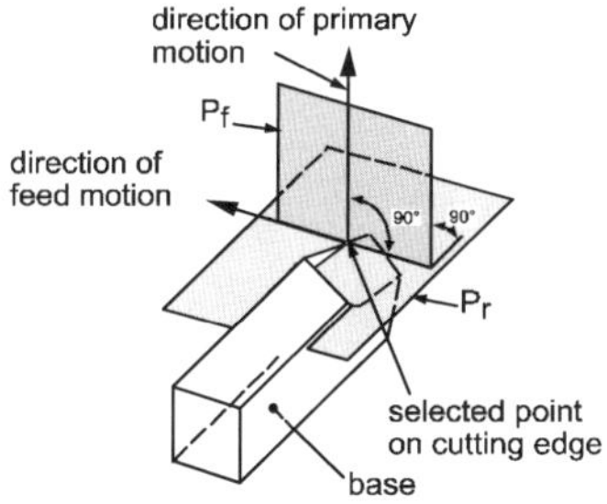

plan (m) normal à l'arête P_n
Plan perpendiculaire à la tangente à l'arête au point considéré.

système (m) de l'outil en travail
Système de référence permettant de déterminer la géométrie de l'outil en travail.

plan (m) de référence en travail P_{re}
Plan perpendiculaire à la direction résultante de coupe au point considéré de l'arête.

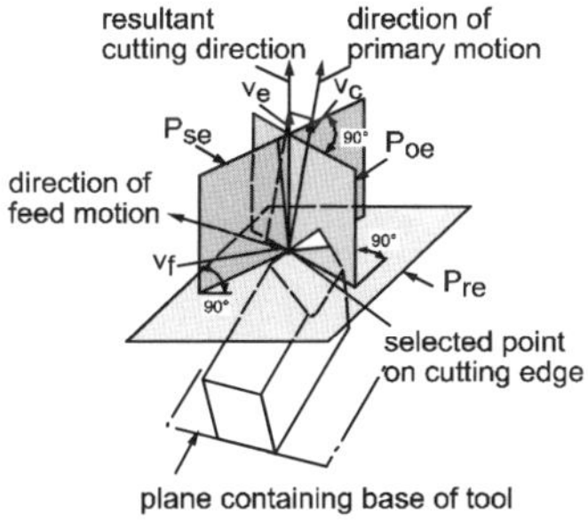

plan (m) d'arête en travail P_{se}
Plan tangent à l'arête au point considéré et perpendiculaire au plan de référence en travail P_{re}.

plan (m) orthogonal en travail P_{oe}
Plan perpendiculaire aux plans de référence et d'arête en travail au point considéré.

ISO 3002/1
DIN 6581

angle (m) de direction d'arête de l'outil κ_r
Dans le système de l'outil en main, angle entre le plan d'arête P_s et le plan de travail conventionnel P_f, mesuré dans le plan de référence P_r.

1.0.66 **Neigungswinkel (m) λ_s**
Winkel zwischen Schneide und der Werkzeug-Bezugsebene P_r, gemessen in der Werkzeug-Schneidenebene P_s.

tool cutting edge inclination λ_s
Angle between the cutting edge and the tool reference plane P_r measured in the tool cutting edge plane P_s.

1.0.67 **Eckenwinkel (m) ε_r**
Winkel zwischen der Werkzeug-Schneidenebene P_s der Hauptschneide und der Werkzeug-Schneidenebene P_s der Nebenschneide, gemessen in der Werkzeug-Bezugsebene P_r.

tool included angle ε_r
Angle between the major and minor tool cutting edge plane P_s, measured in the tool reference plane P_r.

1.0.68 **Spanwinkel (m) γ_0**
Winkel zwischen Spanfläche und Werkzeug-Bezugsebene P_r. Er wird in der Werkzeug-Orthogonalebene P_o gemessen.

tool orthogonal rake angle γ_0
Angle between the rake face and the tool reference plane P_r measured in the tool orthogonal plane P_o.

1.0.69 **Keilwinkel (m) β_0**
Winkel zwischen der Spanfläche und der Freifläche, definiert in der Werkzeug-Orthogonalebene P_o.

wedge angle β_0
Angle between the rake face and the flank face measured in the tool orthogonal plane P_o.

1.0.70 **Freiwinkel (m) α_0**
Winkel zwischen der Freifläche und der Werkzeug-Schneidenebene P_s, definiert in der Werkzeug-Orthogonalebene P_o.

tool orthogonal clearance α_0
Angle between the flank face and the tool cutting edge plane P_s measured in the tool orthogonal plane P_o.

1.0.71 **Wirk-Einstellwinkel (m) κ_{re}**
Winkel zwischen der Wirk-Schneidenebene P_{se} und der Arbeitsebene P_f, gemessen in der Wirk-Bezugsebene P_{re}.

working cutting edge angle κ_{re}
Angle between cutting edge plane P_{se} and the working plane P_f measured in the working reference plane P_{re}.

1.0.72 **Wirk-Neigungswinkel (m) λ_{se}**
Winkel zwischen der Schneide und der Wirk-Bezugsebene P_{re}, gemessen in der Wirk-Schneidenebene P_{se}.

working cutting edge inclination λ_{se}
Angle between the cutting edge and the working reference plane P_{re} measured in the working cutting edge plane P_{se}.

1.0.73 **Wirk-Spanwinkel (m) γ_{ne}**
Winkel zwischen Spanfläche und Wirk-Bezugsebene P_{re}, definiert in der Schneidennormalebene P_n.

working rake angle γ_{ne}
Angle between the rake face and the working reference P_{re} plane generally measured in the cutting edge normal plane P_n.

angle (m) d'inclinaison d'arête de l'outil λ_s
Dans le système de l'outil en main, angle entre l'arête et le plan de référence P_r, mesuré dans le plan d'arête P_s.

angle (m) de pointe de l'outil ε_r
Dans le système de l'outil en main, angle entre le plan d'arête de l'outil P_s et le plan d'arête secondaire P_s', mesuré dans le plan de référence P_r.

angle (m) de coupe orthogonal de l'outil γ_0
Dans le système de l'outil en main, angle mesuré dans le plan orthogonal de l'outil P_o, entre la face de coupe et le plan de référence P_r.

angle (m) de taillant orthogonal de l'outil β_0
Dans le système de l'outil en main, angle entre la face de coupe et la face de dépouille, mesuré dans le plan orthogonal de l'outil P_o.

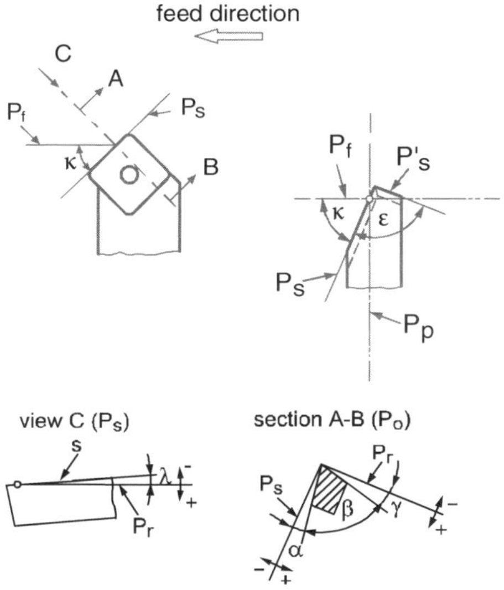

ISO 3002/1
DIN 6581

angle (m) de dépouille orthogonal de l'outil α_0
Dans le système de l'outil en main, angle mesuré entre la face de dépouille et le plan d'arête P_s, mesuré dans le plan orthogonal de l'outil P_o.

angle (m) de direction d'arête en travail κ_{re}
Dans le système de l'outil en travail, angle entre le plan d'arête P_{se} et le plan de travail conventionnel P_f mesuré dans le plan de référence en travail P_{re}.

angle (m) d'inclinaison d'arête en travail λ_{se}
Dans le système de l'outil en travail, angle entre l'arête principale et le plan de référence en travail P_{re} mesuré dans le plan d'arête en travail P_{se}.

angle (m) de coupe normal en travail γ_{ne}
Dans le système de l'outil en travail, angle entre la face de coupe et le plan de référence en travail P_{re} mesuré dans le plan normal de l'arête P_n.

1.0.74 **Wirk-Keilwinkel (m) β_{oe}**
Winkel zwischen der Spanfläche und der Freifläche, definiert in der der Schneidennormalebene P_n.

working wedge angle β_{oe}
Angle between the rake face and the flank face generally measured in the cutting edge normal plane P_n.

1.0.75 **Wirk-Freiwinkel (m) α_{oe}**
Winkel zwischen der Freifläche und Wirk-Schneidenebene P_{se}, definiert in der Schneidennormalebene P_n.

working clearance angle α_{oe}
Angle between the flank and the working cutting edge plane P_{se} measured generally in the cutting edge normal plane P_n.

1.0.76 **Vorschubrichtungswinkel (m) φ**
Winkel zwischen der Vorschubrichtung und der Schnittrichtung.

feed motion angle φ
Angle between the directions of feed and primary motion.

1.0.77 **Wirkrichtungswinkel (m) η**
Winkel zwischen der Wirkrichtung und der Schnittrichtung.

effective cutting speed angle η
Angle between the effective cutting direction and the direction of primary motion.

1.0.78 **Eingriffsgröße (f)**
Sie beschreibt das Ineinandergreifen von Werkzeug und Werkstück (Wirkpaar).

engagement parameter
Quantity describing the interaction between tool and workpiece.

1.0.79 **Schnittiefe (f) a_p**
Schnittbreite (f)
Tiefe bzw. Breite des Eingriffes des Werkzeuges, gemessen senkrecht zur Arbeitsebene P_f.

depth of cut a_p
Engagement of the tool measured perpendicular to the working plane P_f.

1.0.80 **Arbeitseingriff (m) a_e**
Größe des Eingriffes des Werkzeuges, gemessen in der Arbeitsebene P_f senkrecht zur Vorschubrichtung.

width of cut a_e
Engagement of the tool measured in the working plane P_f perpendicular to the direction of feed motion.

1.0.81 **Spanungsgröße (f)**
Sie beschreibt die Maße der vom Werkstück abzuspanenden Schichten, abgeleitet aus dem Profil der aktiven Schneide, den Eingriffsgrößen und den Vorschüben.

undeformed chip parameter
Parameters resulting from the profile of the cutting edge and from the engagement and feed conditions.

1.0.82 **Aufmaß (n)**
Die Dicke des Materials, welches durch ein spanendes Fertigungsverfahren entfernt werden soll.

stock allowance
The thickness of the material which is to be removed by the machining process.

angle (m) de taillant normal en travail β_{oe}
Dans le système de l'outil en travail, angle entre la face de coupe et la face de dépouille mesuré dans le plan normal à l'arête P_n.

angle (m) de dépouille normal en travail α_{oe}
Dans le système de l'outil en travail, angle entre la face de dépouille et le plan d'arête en travail $P_{se.}$, mesuré dans le plan normal à l'arête P_n.

angle (m) de la direction d'avance φ
Angle entre la direction d'avance et la direction de coupe, mesuré dans le plan de travail conventionnel.

angle (m) de la direction résultante de coupe η
Angle entre la direction résultante de coupe et la direction de coupe, mesuré dans le plan de travail conventionnel.

engagement (m) d'une arête
Grandeur géométrique décrivant l'interaction entre l'outil et la pièce.

profondeur (f) de passe (f) engagement (m) arrière de l'arête a_p
Epaisseur de coupe mesurée perpendiculairement au plan de travail conventionnel P_f.

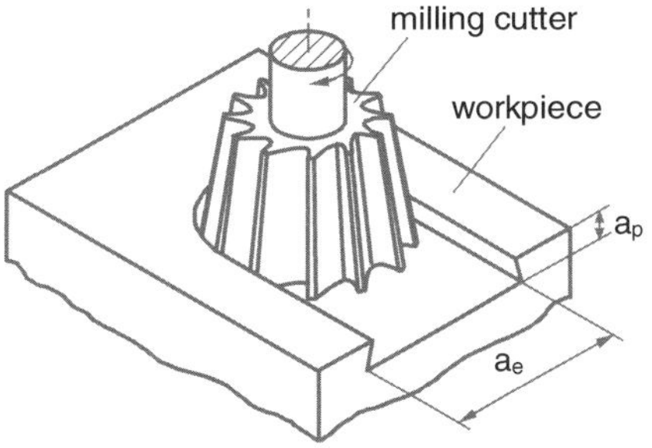

engagement (m) de travail de l'arête a_e
Epaisseur de coupe mesurée dans le plan de travail conventionnel perpendiculairement à la direction d'avance.

prise (f) de matière
Dimension définie par la forme de l'arête active, la valeur des engagements et des avances.

surépaisseur (f) de matière
L'épaisseur de la matière qui est enlevée par usinage

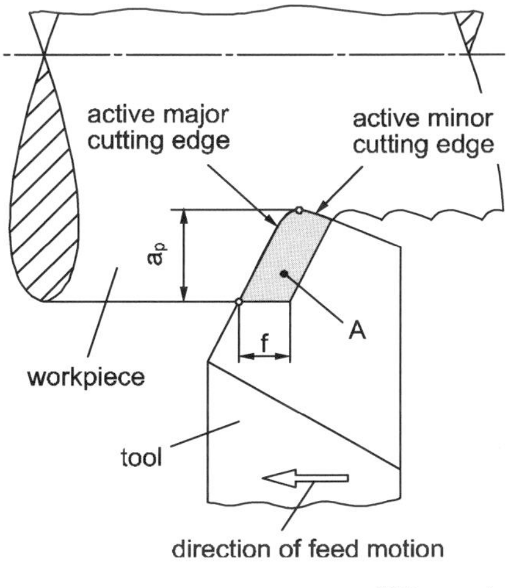

ISO 3002/1
DIN 6581

1.0.83 **Spanungsquerschnitt (m) A**
Querschnittsfläche eines abzunehmenden Spanes, gemessen senkrecht zur Schnittrichtung.
$A = a_p \cdot f = b \cdot h$

cross-section of undeformed chip A
Cross-sectional area of the chip to be removed measured perpendicular to the direction of primary motion.
$A = a_p \cdot f = b \cdot h$

1.0.84 **Spanungsbreite (f) b**
Breite des Spanungsquerschnittes. Sie ist bei vereinfachter Betrachtung identisch mit der Länge der Hauptschneide.
$$b = \frac{a_p}{\sin \kappa_r}$$

width of undeformed chip b
Width of the cross-sectional area of the undeformed chip. For the simplified case it is identical with the major cutting edge.
$$b = \frac{a_p}{\sin \kappa_r}$$

1.0.85 **Spanungsdicke (f) h**
Dicke des Spanungsquerschnittes.
$$h = f \cdot \sin \kappa_r = \frac{A}{b}$$

undeformed chip thickness h
Thickness of the cross-sectional area of the undeformed chip.
$$h = f \cdot \sin \kappa_r = \frac{A}{b}$$

1.0.86 **Spanbildung (f)**
Entstehung des Spanes während des Werkzeugeingriffes.

chip formation
Formation of chips during the engagement of the tool.

1.0.87 **Spanwurzel (f)**
Die Wirkstelle umschließender Bereich, der bei der Spanentstehung verformt wird.

chip root
Region which is deformed during the chip generation.

1.0.88 **Scherebene (f)**
Ebene, in der die Hauptverformung bei der Spanentstehung auftritt.

shear plane
Plane in which the principle plastic deformation takes place during chip formation.

1.0.89 **Scherwinkel (m) Φ**
Winkel zwischen der Scherebene und der Schnittrichtung.

shear angle Φ
Angle between the shear plane and the direction of primary motion.

1.0.90 **Verformungstiefe (f) t_v**
Tiefe der Einflusszone bei der Spanentstehung gemessen normal zur erzeugten Oberfläche

depth of deformation t_v
Depth of the influenced zone of the machined surface measured normal to the machined surface.

1.0.91 **Verformungszone (f)**

deformation zone

section (f) transversale de coupe A
Section du copeau mesurée perpendiculairement à la direction de coupe.
$A = a_p \cdot f = b \cdot h$

largeur (f) nominale de coupe b
Largeur de la section transversale de coupe mesurée dans A.
$$b = \frac{a_p}{\sin \kappa_r}$$

épaisseur (f) de coupe h
Épaisseur de la section transversale de coupe mesurée dans A.
$$h = f \cdot \sin \kappa_r = \frac{A}{b}$$

formation (f) du copeau
Processus, mécanisme ou écoulement de matière définissant la formation du copeau.

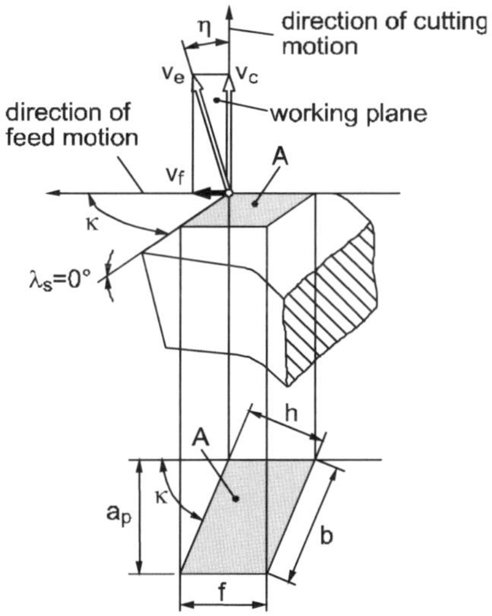

ISO 3002/3
DIN 6580

racine (f) du copeau
Zone dans laquelle s'effectuent les déformations donnant naissance au copeau.

plan (m) de cisaillement
Plan théorique, lieu du cisaillement primaire donnant naissance au copeau.

angle (m) de cisaillement Φ
Angle entre le plan de cisaillement et la direction de coupe.

profondeur (f) de la déformation t_v
Profondeur affectée par la déformation plastique sous la surface usinée à l'interface outil-pièce.

zone (f) de déformation

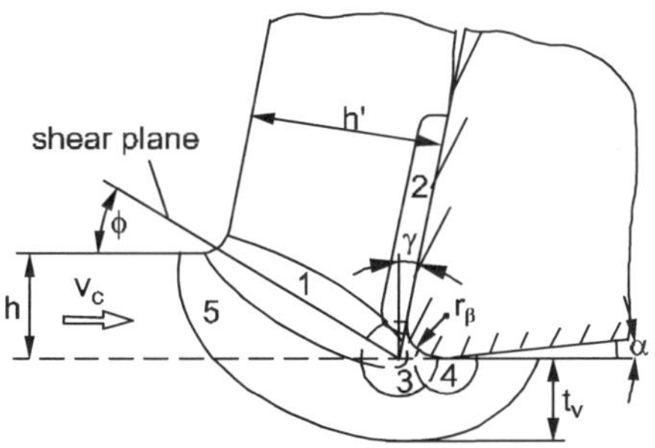

1,2,4 : different shear zones
3 : separative zone
5 : preliminary deformation zone
γ : rake angle
α : clearance angle
ϕ : shear angle
t_v : deformation depth

acc. Warnecke

1.0.92 **Spanbreite (f) b′**
Breite des Spanes parallel zur Schneide.

chip width b′
Width of the deformed chip measured parallel to the cutting edge.

1.0.93 **Spandicke (f) h′**
Dicke des Spanes normal zur Spanfläche.

chip thickness h′
Thickness of the deformed chip measured normal to the rake face.

1.0.94 **Spanstauchung (f)**
Stauchung des Werkstoffes in der Scherzone, ausgedrückt durch das Verhältnis der Spangrößen zu den entsprechenden Spanungsgrößen.

chip compression ratio
Ratio of the deformed to the undeformed chip dimension.

1.0.95 **Spandickenstauchung (f) λ_h**
Verhältnis der Spanbreite zur Spanungsbreite.

$$\lambda_h = \frac{h'}{h}$$

chip thickness ratio λ_h
Ratio of the chip thickness to that of the undeformed chip.

$$\lambda_h = \frac{h'}{h}$$

1.0.96 **Spanbreitenstauchung (f) λ_b**
Verhältnis der Spanbreite zur Spanungsbreite.

chip width ratio λ_b
Ratio of the chip width to that of the undeformed chip.

1.0.97 **Spankürzung (f) λ_w**
Verhältnis der Spanlänge zum zugehörigen Schnittweg.

chip length ratio λ_w
Ratio of the chip length to the length of the associated cutting path.

1.0.98 **Spanbildungsart (f)**
Unterscheidung der Art der Spanbildung nach 1.0.99 bis 1.0.101.

mechanism of chip formation
Distinction of the chip formation which results in 1.0.99 to 1.0.101.

1.0.99 **Fließspan (m)**
Span, der unter wesentlicher Verformung des Werkstoffes in der Scherzone entsteht, wobei die Mikrostruktur im Span erhalten bleibt.

continuous chip
Chip that results from continuous deformation in the shear zone, has a substantially uniform microstructure and is unbroken.

1.0.100 **Scherspan (m)**
Span, der aus mehr oder weniger zusammenhängenden Spanteilen besteht und periodisch variierender Scherbeanspruchung ausgesetzt ist.

segmented chip
Chip which is composed of a number of more or less connected elements and subjected to periodically varying shear deformation in the chip flow direction.

largeur (f) du copeau b′
Largeur du copeau formé, mesurée parallèlement à l'arête principale de l'outil.

épaisseur (f) du copeau h′
Épaisseur du copeau formé mesurée perpendiculairement à la face de coupe.

déformation (f) du copeau
Rapport entre les dimensions du copeau avant et après déformation.

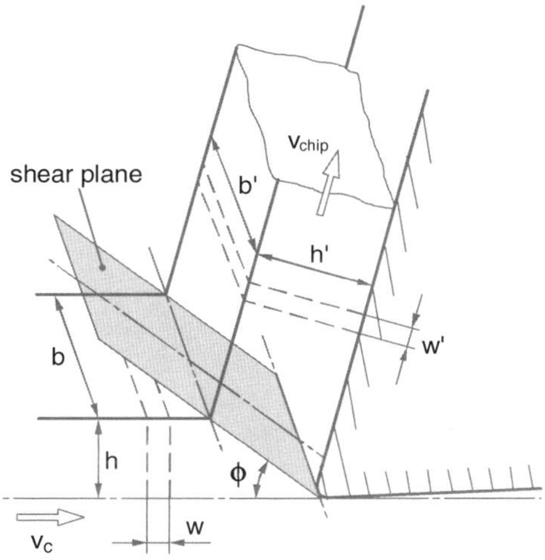

acc. Tönshoff

rapport (m) de coupe λ_h
Rapport entre l'épaisseur du copeau et l'épaisseur de coupe.

$$\lambda_h = \frac{h'}{h}$$

rapport (m) de coupe transversal λ_b
Rapport entre la largeur du copeau et la largeur nominale de coupe.

rapport (m) de coupe longitudinal λ_w
rapport (m) de compression
Rapport entre la longueur du copeau et la longueur de coupe.

mode (m) de formation du copeau
Classification des copeaux selon leur mécanisme de formation 1.0.99 au 1.0.101.

copeau (m) continu
Copeau formé par un processus de cisaillement stationnaire. Les zones de cisaillement successives ne se distinguent pas nettement les unes des autres. La structure globale du copeau est maintenue constante.

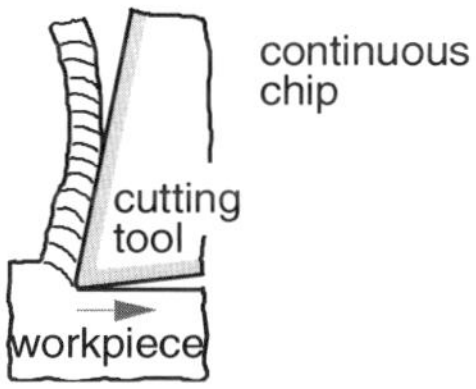

copeau (m) festonné
Copeau formé par un processus de cisaillement instationnaire, composé d'éléments plus ou moins déformés et séparés par des zones de cisaillement plus intenses.

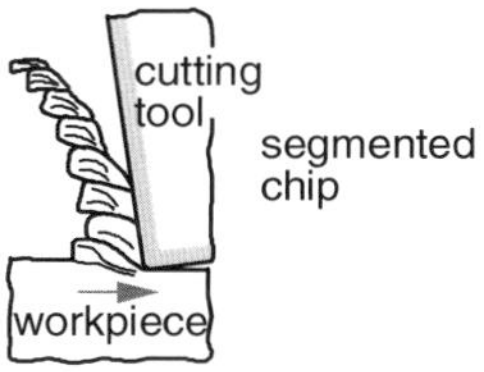

1.0.101 **Reißspan (m)**
Span, der durch Abtrennen von Werkstoff in vorwiegend zusammenhanglosen Spanteilen ohne wesentliche Werkstoffverformung in der Scherzone entsteht.

discontinuous chip
A chip which is predominantly formed in separate chip segments without significant deformation in the shear zone.

1.0.102 **Aufbauschneide (f)**
Werkstoffteile, die sich zeitweilig auf Span- und Freifläche ansetzen oder die Schneide völlig umschließen.

built-up edge
Work material adhered primarily to the rake face of the tool.

1.0.103 **Spanform (f)**
Geometrische Ausbildung des Spanes.

chip form
Geometrical form of the chip.

1.0.104 **Schüttvolumen (n)**
Gesamtvolumen der anfallenden Späne.

bulk chip volume
Total volume of the generated chips.

1.0.105 **Spanformklasse (f)**
Einteilung von Spanformen, wie z.B. 1.0.106 bis 1.0.110.

chip form classification
Systematic classification of different chip forms examples of which are listed across.

1.0.106 **Bandspan (m)**
Span in Form eines zusammenhängenden, etwa geraden Bandes.

ribbon chip
A long continuous chip.

1.0.107 **Wirrspan (m)**
Zu einem Knäuel verwirrter Bandspan.

snarled chip
Tangled ribbon chip.

1.0.108 **Wendelspan (m)**
Span in Form einer Wendel, zylindrische oder flache Ausbildung.

helical chip
Chip formed as a helix, cylindrical or flat formation.

1.0.109 **Spiralspan (m)**
Span in Form einer Spirale.

spiral chip
Chip formed as a spiral.

1.0.110 **Bröckelspan (m)**
Span in Form kleiner Bröckchen.

discontinuous chip
Chip in the form of small fragments.

1.0.111 **Spanraumzahl (f) RZ**
Verhältnis von Schüttvolumen zu Spanvolumen in Abhängigkeit von der Zeit zur Kennzeichnung der Sperrigkeit der Späne.

chip volume ratio RZ
Ratio of bulk chip volume to material removal rate.

copeau (m) segmenté
Copeau composé de segments élémentaires, séparés par des zones étroites de cisaillement intense dont la structure n'est quasiment pas déformée.

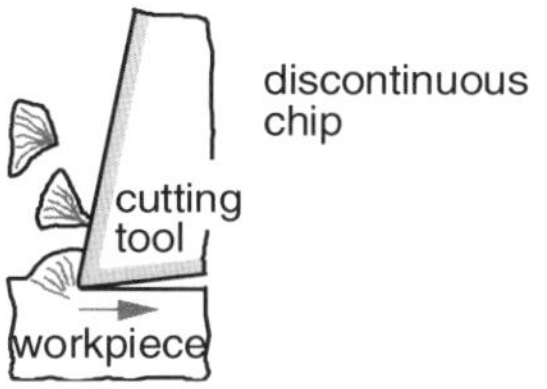

arête (f) rapportée
Dépôt de matière coupée fortement écrouie et généralement stratifiée adhérent à l'arête de l'outil.

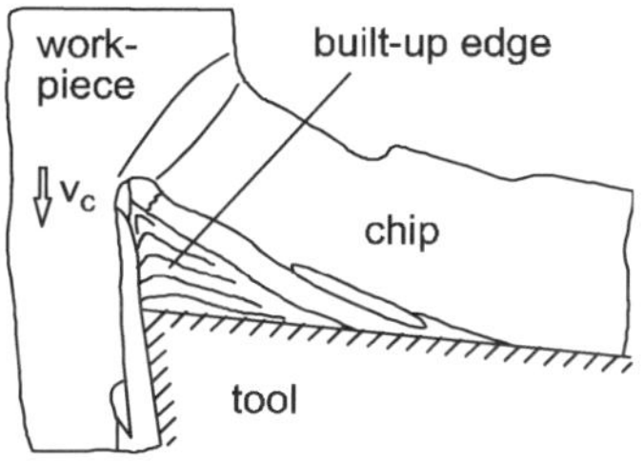

acc. Tönshoff

forme (f) du copeau
Caractéristiques géométriques du copeau.

volume (m) des copeaux
Volume total occupé par les copeaux lors d'une opération d'usinage.

type (m) de copeau formé
Classification des copeaux selon leur aspect morphologique.

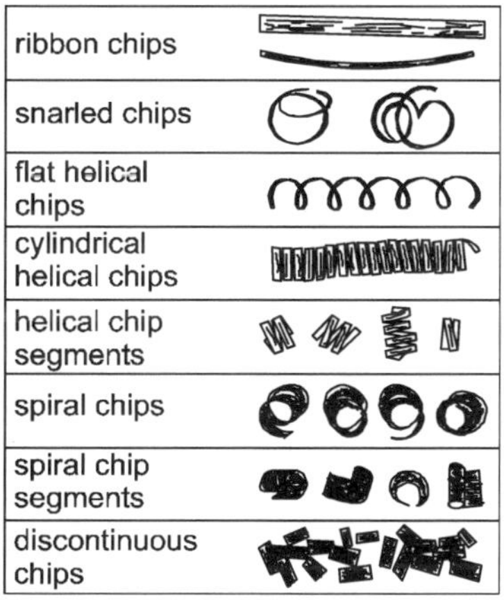

Stahl-Eisen-Prüfblatt 178-69

copeau (m) filant
copeau (m) long
Copeau se présentant comme un ruban continu.

copeau (m) enchevêtré
Copeau long embrouillé.

copeau (m) hélicoïdal
copeau (m) tubulaire
Copeau en forme d'hélice cylindrique.

copeau (m) en spirale
Copeau hélicoïdal élémentaire.

copeau (m) fragmenté
Copeau brisé en petits éléments.

foisonnement (m) RZ
rapport (m) d'encombrement des copeaux
Rapport entre le volume de matière enlevé et le volume occupé par les copeaux.

1.0.112 **Zeitspanvolumen (n) Q_w**
Auf die Zeiteinheit bezogenes Spanvolumen.

material removal rate Q_w
Volume of material removed per unit time.

1.0.113 **Spanleitung (f)**
Spanformung (f)
Leitung des Spanes mit Hilfe von Spanleitstufen, um eine günstige Spanform zu erhalten.

chip control
chip guidance
Directing and controlling of the chip by chip breakers to obtain favourable chip forms.

1.0.114 **Materialtrennmechanismus (m)**
Werkstoffverhalten in der Wirkzone beim Spanen.

material separation mechanism
Material behaviour in the working zone during cutting.

1.0.115 **Spröd / plastischer Übergang (m)**
Zustand, bei dem mit abnehmender Schnitttiefe der Trennmechanismus von einem rein spröden in einen plastischen übergeht.

brittle to ductile transition
State of material separation when brittle mode changes into plastic mode, generally, as depth of cut decreases.

1.0.116 **Mikrotechnologie (f)**
Herstellung von Strukturen im Mikrometerbereich.

micro-technology
Manufacturing of structures in the micrometer range.

1.0.117 **Mikrostruktur (f)**
Geometrie mit Abmessungen im Mikrometerbereich.

microstructure
Geometry characterised by dimensions in the micrometer range.

1.0.118 **Submikrometerbereich (m)**
Abmessungen, die kleiner als 1 µm sind. Diese Angabe bezieht sich meist auf Genauigkeitsanforderungen.

sub micron range
Dimension less than 1 µm, it generally refers to accuracy requirements.

1.0.119 **Mikrozerspanung (f)**
Spanen mit Spanungsdicken im Mikro- bzw. Submikrometerbereich.

micro-machining
Machining with a depth of cut in the micron or submicron range.

1.0.120 **Ultrapräzisionsbearbeitung (f)**
Fertigung von Werkstücken mit Form- und Maßtoleranzen im Submikrometerbereich.

ultra precision machining
Machining of workpieces with form and dimensional tolerances in the submicron range.

1.0.121 **Nanotechnologie (f)**
Herstellung von Strukturen oder Schichten im Nanometerbereich.

nano-technology
Manufacturing of structures or layers in the nanometer range.

1.0.122 **Prozesskräfte (f)**
Aus dem Prozess resultierende Kräfte, die das Prozessergebnis beeinflussen.

process forces
Forces generated during the process which influence the process results.

débit (m) copeau Q_w
Volume de matière enlevé par unité de temps.

maîtrise (f) des copeaux
contrôle (m) des copeaux
Guidage des copeaux sur l'outil par l'intermédiaire de géométries appropriées de manière à obtenir le type souhaité de copeau.

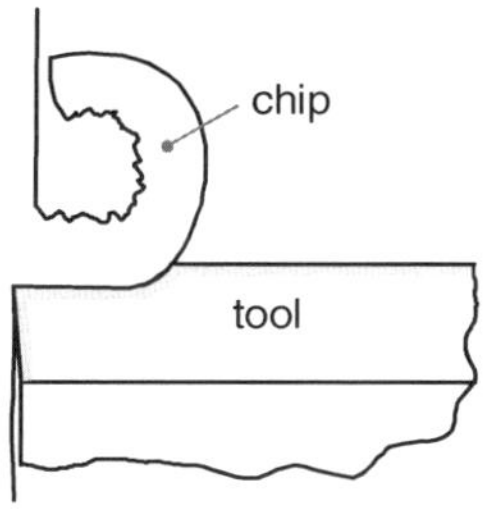

mécanisme (m) de coupe
Comportement des matériaux dans la zone de déformation lors de la coupe.

transition (f) fragile-plastique
Dans un procédé de séparation du matériau, transition d'une déformation plastique à une rupture fragile, lorsque la profondeur de coupe est diminuée.

microtechnologie (f)
Technologie appliquée à des microstructures.

microstructure (f)
Structure mesurant quelques micromètres ou une fraction de micromètre.

domaine (m) submicrométrique
Ce qui relève des dimension plus petite que 1 µm. Indication généralement en relation avec la précision demandée.

micro-usinage (m)
Usinage avec une profondeur de passe mesurant quelques micromètres ou une fraction de micromètre.

usinage (m) de haute précision
Usinage de pièces dont la tolérance est exprimée en fraction de micromètre.

nanotechnologie (f)
Technologie appliquée à des structures mesurant quelques nanomètres ou une fraction du nanomètre.

forces (m) du procédé (m)
Forces générées par la formation du copeau.

1.0.123 **Zerspankraft (f) F_z**
Beim Spanen von einem Schneidkeil auf das Werkstück wirkende Gesamtkraft.

resultant force F_z
Total force arising between a cutting edge and a workpiece.

1.0.124 **Aktivkraft (f) F_a**
Komponente der Zerspankraft in der Arbeitsebene, die die Leistungen allein erzeugt.

active force F_a
The projection of the resultant force on the working plane. Component of the resultant force in the working plane, which dictates the power requirement.

1.0.125 **Passivkraft (f) F_p**
Komponente der Zerspankraft senkrecht zur Arbeitsebene, die nicht an den Leistungen beim Zerspanen beteiligt ist.

passive force F_p
The component of resultant force perpendicular to the working plane.

1.0.126 **Schnittkraft (f) F_c**
Komponente der Zerspankraft in Schnittrichtung.

cutting force F_c
The force acting in the direction parallel to the primary motion.

1.0.127 **Vorschubkraft (f) F_f**
Komponente der Aktivkraft in Vorschubrichtung.

feed force F_f
The component of the resultant force obtained in the direction of feed motion.

1.0.128 **Drangkraft (f) F_D**
Projektion der Zerspankraft auf die Werkzeugbezugsebene.

thrust force F_D
The component of the resultant force obtained by projection on the tool reference plane.

1.0.129 **Scherkraft (f) F_{sh}**
Projektion der Zerspankraft auf die Scherebene.

shear force F_{sh}
The component of the resultant force acting in the shear plane.

1.0.130 **Schnittdrehmoment (n) M_c**
Auf den Schneidkeil wirkendes Drehmoment aus dem Produkt der Schnittkraft und dem Abstand ihres Angriffspunktes von der Drehachse.

cutting torque M_c
Torque exerted due to the cutting force acting around the axis of rotation.

effort (m) de coupe résultant F_z
Force résultante produite par l'action de la pièce sur la partie active de l'outil.

force (f) active F_a
Projection orthogonale de l'effort de coupe résultant sur le plan de travail conventionnel.

force (f) transversale F_p
Projection de l'effort de coupe résultant sur le plan de référence et perpendiculairement au plan de travail.

force (f) de coupe F_c
Projection de l'effort de coupe résultant sur la direction de coupe.

force (m) d'avance F_f
Projection orthogonale de l'effort de coupe résultant sur la direction d'avance.

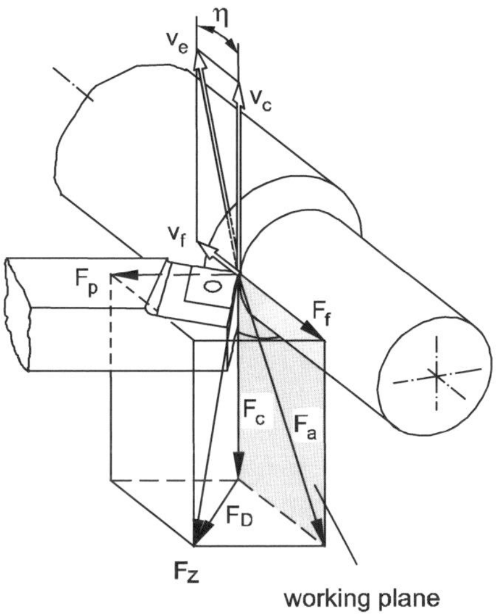

DIN 6584

force (f) de déflection F_D
Projection de l'effort de coupe résultant sur le plan de référence de l'outil.

force (f) tangentielle au plan de cisaillement F_{sh}
Projection orthogonale de l'effort de coupe résultant sur le plan de cisaillement.

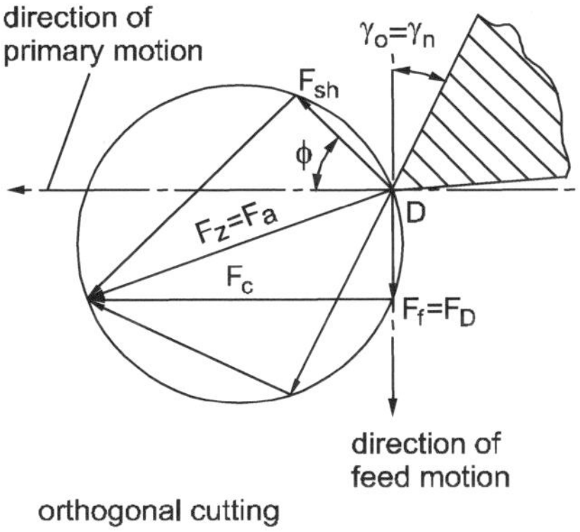

couple de coupe (m) M_c
Couple généré par les efforts de coupe, parallèle à l'axe de rotation du mouvement de coupe.

1.0.131 **spezifische Schnittkraft (f) k_c**
Auf den Spanungsquerschnitt bezogene Schnittkraft. k_c ist identisch mit der spezifischen Energie (Energie zum Trennen einer Volumeneinheit).

$$k_c = \frac{F_c}{A}$$

specific cutting force k_c
Cutting force divided by area of the undeformed chip.

$$k_c = \frac{F_c}{A}$$

1.0.132 **Hauptwert der spezifischen Schnittkraft (m) $k_{c1.1}$**
Spezifische Schnittkraft für die Spanungsbreite b = 1 mm und die Spanungsdicke h = 1 mm.

unit specific cutting force $k_{c1.1}$
Specific cutting force for the undeformed chip width b = 1 mm and the undeformed chip thickness h = 1 mm.

1.0.133 **Anstiegswert der spezifischen Schnittkraft (m) m_c**
Zahl, die als Exponent in der Formel

$$F_c = k_{c1.1} \cdot b \cdot h_0 \cdot \left(\frac{h}{h_0}\right)^{1-m_c}$$

die Steigung der Schnittkraftgeraden in Abhängigkeit von der Spanungsdicke h kennzeichnet (nach O. Kienzle).

exponent of specific cutting force m_c
The exponent in the formula which defines the rate of increase of the specific cutting force with the undeformed chip thickness.

$$F_c = k_{c1.1} \cdot b \cdot h_0 \cdot \left(\frac{h}{h_0}\right)^{1-m_c}$$

1.0.134 **spezifische Vorschubkraft (f) k_f**
spezifische Passivkraft (f) k_p
Wie die Schnittkraft lassen sich auch die Vorschub- und die Passivkraft auf den Spanungsquerschnitt beziehen.

specific feed force k_f
specific passive force k_p
Like the specific cutting force the feed force and the passive force can be related to the nominal cross-sectional area of the cut also divided by the area of the undeformed chip.

1.0.135 **Schnittenergie (f) E_c**
Produkt aus dem Schnittweg l_c und der Schnittkraft F_c.

cutting energy E_c
Energy required to cause primary motion.

1.0.136 **Vorschubenergie (f) E_f**
Produkt aus dem Vorschubweg l_f und der Vorschubkraft F_f.

feed energy E_f
The energy required to cause the feed motion.

1.0.137 **spezifische Energie (f) e_c**
Auf das abgespante Volumen bezogene Energie, $e_c \equiv k_c$.

specific energy e_c
The ratio of the cutting energy to the volume of material removed.

1.0.138 **Schnittleistung (f) P_c**
Produkt aus Schnittgeschwindigkeit und Schnittkraft.

cutting power P_c
The product of the cutting force and the cutting speed.

1.0.139 **Vorschubleistung (f) P_f**
Produkt aus Vorschubgeschwindigkeit und Vorschubkraft.

feed power P_f
The product of the feed force and the feed velocity.

force (f) spécifique de coupe k_c
Rapport de la force de coupe à la section transversale de coupe.

$$k_c = \frac{F_c}{A}$$

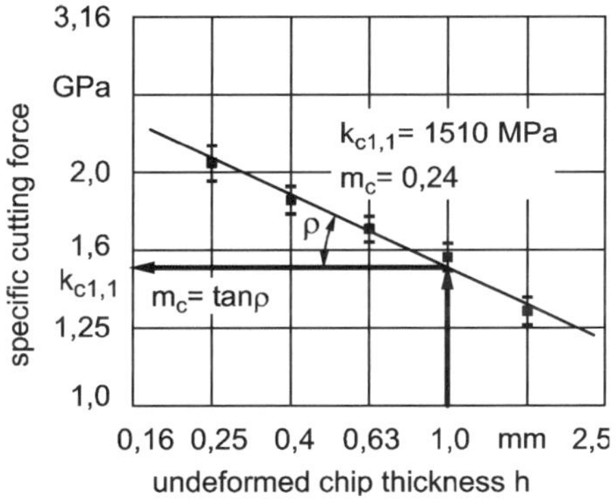

effort (m) spécifique de coupe $k_{c1.1}$
coefficient (m) spécifique de coupe
Effort de coupe théorique pour une largeur de coupe b = 1 mm et une épaisseur de coupe h = 1 mm.

coefficient (m) de l'effort spécifique de coupe m_c
Coefficient représentant l'évolution de l'effort spécifique de coupe en fonction de la section de coupe.

$$F_c = k_{c1.1} \cdot b \cdot h_0 \cdot \left(\frac{h}{h_0}\right)^{1-m_c}$$

effort (f) spécifique d'avance k_f
effort (f) spécifique de pénétration k_p
Rapport entre les efforts appropriés et la section transversale de coupe.

énergie (f) de coupe E_c
Produit de l'effort de coupe par la longueur du trajet d'usinage.

énergie (f) d'avance E_f
Produit de l'effort d'avance par la longueur usinée.

énergie (f) spécifique de coupe e_c
Rapport entre l'énergie de coupe et le volume de copeau produit.

puissance (f) de coupe P_c
Produit de la force de coupe par la vitesse de coupe.

puissance (f) d'avance P_f
Produit de la force d'avance par la vitesse d'avance.

1.0.140 **Beanspruchung (f)**
Schneidkeile werden mechanisch, thermisch und chemisch beansprucht.

load
Active elements of the cutting tool are subjected to mechanical, thermal and chemical loading.

1.0.141 **Mechanische Beanspruchung (f)**
Über die Kontaktfläche zwischen Werkstück und Werkzeug werden Normal- und Schubspannungen in den Schneidkeil übertragen.

mechanical load
Normal and shear stresses are induced in the tool via the contact surfaces.

1.0.142 **Thermische Beanspruchung (f)**
Die aus mechanischer Energie resultierende Wärme induziert Temperaturfelder im Werkzeug.

thermal load
Temperature fields in the tool resulting from the heat generated due to conversion from mechanical energy.

1.0.143 **Chemische Beanspruchung (f)**
Chemische Aktivität an den Kontaktflächen

chemical load
Chemical activity takes place at the contact surfaces.

1.0.144 **Punktkontakt (m)**
Die idealisierte Kontaktzone zwischen Werkzeug und Werkstück ist punktförmig.

point contact
The idealised contact zone between the tool and the workpiece represents a point.

1.0.145 **Linienkontakt (m)**
Die idealisierte Kontaktzone zwischen dem Werkzeug und dem Werkstück stellt eine Linie dar.

line contact
The idealised contact zone between the tool and the workpiece represents a line.

1.0.146 **Kontaktfläche (f)**
Die Oberfläche des Werkzeugs, die beim Eingriff in tribologischen Kontakt mit dem Werkstück ist.

contact surface
That surface of the cutting tool which is in tribological contact with the workpiece.

nature (f) des sollicitations
Les parties actives en cours d'usinage sont sollicitées thermiquement, mécaniquement et chimiquement.

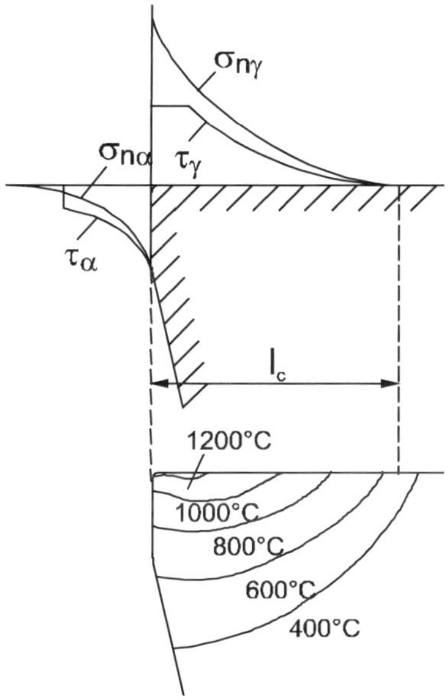

sollicitation (f) mécanique
Sollicitation d'origine mécanique des parties actives en cours d'usinage.

sollicitation (f) d'origine thermique
L'énergie mécanique transformée en énergie calorique induisant des champs de température dans l'outil.

sollicitation (f) d'origine chimique
Activité chimique sur la surface de contact.

contact (m) ponctuel
La zone du contact idéalisée entre l'outil et la pièce est un point.

contact (m) linéique
La zone idéalisée du contact entre l'outil et la pièce est une ligne.

contact (m) surfacique
Surface de l'outil en contact avec la pièce.

1.0.147 **Verschleißart (f)**
Durch komplexe Beanspruchungen des Schneidkeils treten unterschiedliche Verschleißarten oder Verschleißmechanismen auf.

mechanism of wear
Complex loads of the contact surfaces result in different wear mechanisms.

1.0.148 **Abrasiver Verschleiß (f)**
Rein mechanischer Vorgang, der als Folge der Gleitung/ Reibung von Werkstoff über die Kontaktflächen des Werkzeugs auftritt.

abrasive wear
Mechanical process caused by sliding and friction between the workpiece and the cutting tool.

1.0.149 **Adhäsiver Verschleiß (m)**
Werkstückteilchen werden auf der Werkzeugkontaktfläche abgelagert und verschweißt. Sie werden diskontinuierlich zusammen mit Werkzeugteilchen herausgerissen.

adhesive wear
Particles of workpiece are deposited and cold welded to the contact surfaces of the tool and discontinuously pulled out with tool material particles.

1.0.150 **Diffusion (f)**
Thermisch aktiviertes Wandern von Gefügebestandteilen des Schneidstoffs oder des Werkstoffs in den Partnerstoff. Dadurch ändert sich die Konsistenz des Schneidstoffes.

diffusive wear
Thermally activated migration of atoms from the tool material to the workpiece material (and vice versa) resulting in an altering of or within tool material consistency.

1.0.151 **Oxidation (f)**
Hohe Schneidkeiltemperaturen und Sauerstoffzutritt können zu Oxidation, meist an den Rändern der Kontaktzone, führen.

Oxidation wear
High temperatures and the presence of oxygen at the contact surfaces can lead to soft oxide particles mostly at the edges of these surfaces.

1.0.152 **Verschleißform (f)**
Die Wirkungskette Beanspruchung bis Verschleißart führt zu den Verschleißformen. Diese Phänomene sind von den Ursachen zu unterscheiden.

wear form
The chain of effects from loading to wear mechanisms leads to various wear forms. These phenomena have to be distinguished from the wear mechanisms.

1.0.153 **Freiflächenverschleiß (m)**
Verschleiß von Haupt- und Nebenfreifläche.

flank wear
Wear on the major and minor flank face.

mécanisme (m) d'usure
Mécanisme élémentaire de dégradation déclenché par des combinaisons de différentes natures de sollicitation.

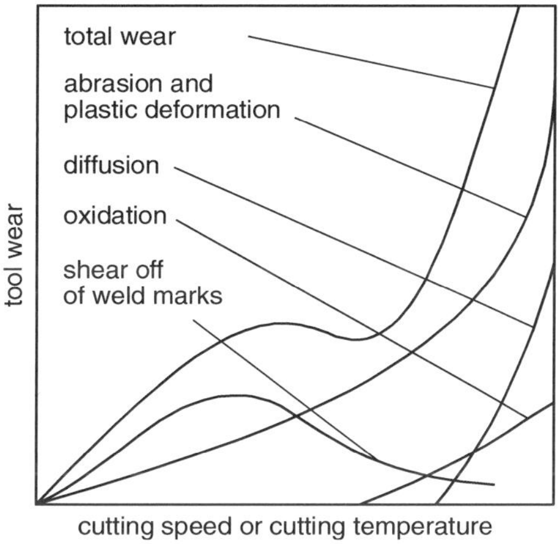

acc. Vieregge

abrasion (f)
Mécanisme d'usure d'origine mécanique généré par le déplacement relatif des solides en contact.

adhésion (f)
usure (f) par adhésion
Altération de l'outil par dépôt et soudure à froid de particules de la pièce sur la surface de l'outil. Ces particules sont arrachées avec des particules de l'outil d'une manière discontinue.

diffusion (f)
Mécanisme d'usure thermiquement activé dont la force motrice est le gradient de concentration en éléments entre l'outil et la pièce. Entraîne une migration de ces éléments de l'outil vers la pièce ou inversement.

oxydation (f)
Les hautes températures dans la zone de coupe favorisent les réactions avec l'oxygène qui peuvent entraîner l'oxydation de l'outil.

fasciés (m) d'usure
Le fasciés d'usure est le résultat de plusieurs mécanismes d'usure. Il est désigné par sa localisation sur l'outil ainsi que la forme de celui-ci.

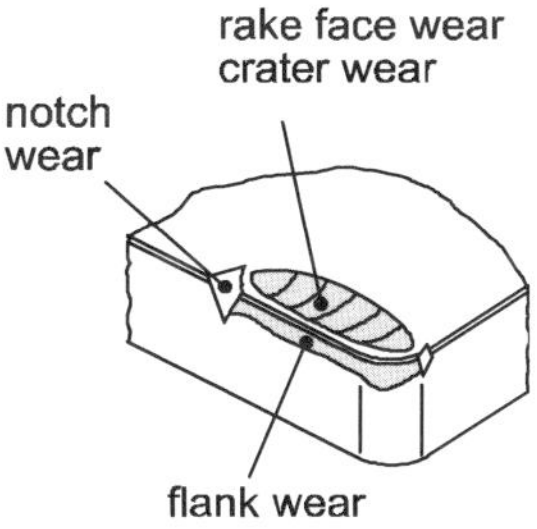

usure (f) en dépouille
Usure localisée sur les faces en dépouille principale et secondaire de l'outil.

1.0.154 **Spanflächenverschleiß (m)**
Verschleiß der Spanfläche des Schneidkeils.

rake face wear
Wear on the rake face of the cutting tool.

1.0.155 **Verschleißmarkenbreite (f) VB**
Maß für den Verschleiß der Freiflächen. Die Ausdehnung in Schnittrichtung wird als VB bezeichnet mit: VB_c = Verschleiß an der Schneidkantenrundung; VB_B = Mittelwert; VB_{Bmax} = Maximalwert am geraden Teil der Schneidkante; VB_N = Verschleiß an der Ausbildung einer Kerbe am Ende der Schneidkante.

width of flank wear land VB
Measure of wear land on the flank of the tool. The wear land in the cutting direction is designated by: VB_c = wear at the rounded cutting edge; VB_B = mean flank wear; VB_{Bmax} = maximum wear at the straight part of the cutting edge; VB_N = notch wear at the end of the cutting edge.

1.0.156 **Kerbverschleiß (m)**
Kerbenförmiger Verschleiß der Schneidkante infolge von Kornausbrüchen.

notch wear
Localised wear at the extremity of the cutting edge in the area of interaction with the uncut surface.

1.0.157 **Kolkverschleiß (m)**
Muldenförmiger Verschleiß auf der Spanfläche.

crater wear
Crater type wear on the rake face.

1.0.158 **Kolkbreite (f) KB**
Breite der Kolkmulde.

crater width KB
Width of the crater.

1.0.159 **Kolktiefe (f) KT**
Tiefe der Kolkmulde. Maß für den Verschleiß.

crater depth KT
Depth of the crater which is a measure of the wear.

1.0.160 **Kolkmittenabstand (m) KM**
Abstand der Mitte der Auskolkung von der Schneide. Maß für den Kolkverschleiß.

crater centre distance KM
Distance from the cutting edge to a line drawn through the centre of the crater.

1.0.161 **Kolkverhältnis (n) K**
Quotient aus Kolktiefe und Kolkmittenabstand.

$$K = \frac{KT}{KM}$$

Maß für den Kolkverschleiß.

crater ratio K
Ratio of the crater depth to the crater centre distance. Measure of the crater wear.

$$K = \frac{KT}{KM}$$

1.0.162 **Schneidenrundung (f)**
Schneidkantenabrundung(f)
Schneidkantenverrundung (f)
Abrundung der Schneide durch Verschleiß
a) Schneide plastisch verformt
b) Schneide abgetragen.

cutting edge rounding
Rounding of the cutting edge due to wear

a) cutting edge after plastic deformation
b) worn cutting edge.

usure (f) de la face de coupe
Usure localisée sur la face de coupe.

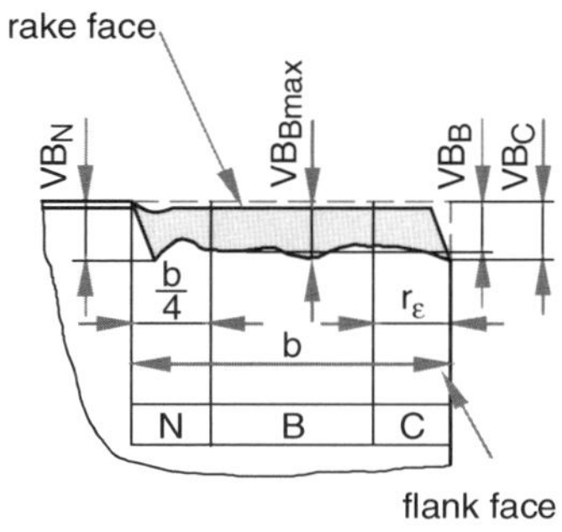

ISO 3685

largeur (f) d'usure en dépouille VB
Largeur moyenne de la zone usée en dépouille mesurée entre l'arête neuve et la limite moyenne de la zone usée.
On la note VB, VB_c = largeur d'usure dans la zone du bec de l'outil, VB_B = largeur moyenne,
VB_{Bmax} = largeur maximale dans la zone B,
VB_N = largeur de l'usure en entaille dans la zone N.

usure (f) en entaille
Usure en forme d'entaille de l'arête, affectant les faces de coupe et de dépouille.

usure (f) en cratère (m)
Usure de la face de coupe en forme de cuvette allongée.

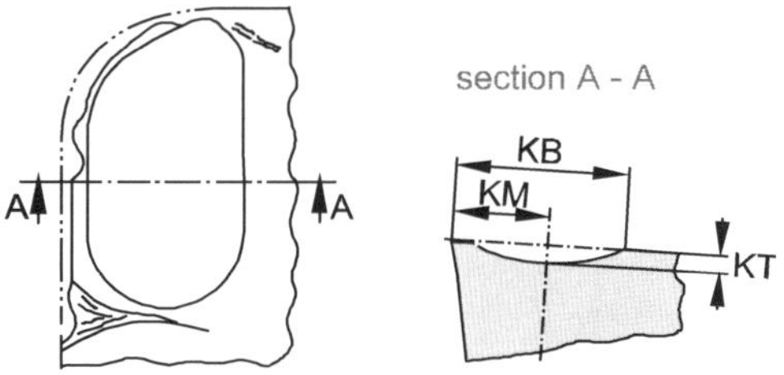

ISO 3685

largeur (f) de la zone cratérisée KB
Distance entre l'arête neuve et l'extrémité opposée du cratère.

profondeur (f) de cratère KT
Profondeur du cratère mesurée par rapport à la face de coupe exempte d'usure.

position (f) du milieu du cratère KM
Distance entre l'axe du cratère et l'arête tranchante exempte d'usure.

rapport (m) de cratérisation K
Rapport entre la profondeur et la largeur de la zone cratérisée.

$$K = \frac{KT}{KM}$$

perte (f) d'acuité d'arête
Arête émoussée

a) par la déformation plastique
b) par l'usure.

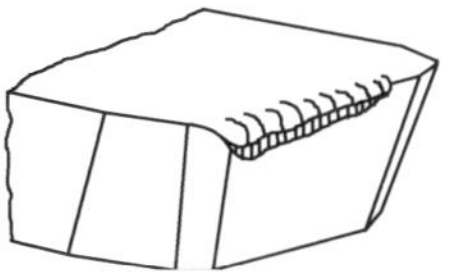

ISO 8688

1.0.163 **Schneidenversatz (m)**
Schneidkantenversatz (m)
Versatz der Schneide als Folge von Frei- und Spanflächenverschleiß
SV_γ = in Richtung Spanfläche
SV_α = in Richtung Freifläche.

displacement of the cutting edge
Displacement of the cutting edge due to wear
SV_γ = in the direction of the rake face
SV_α = in the direction of the flank face.

1.0.164 **Eckenverschleiß (m)**
Verschleiß der Schneidecke.

corner wear
Wear on the corner of a cutting tool.

1.0.165 **Kammrissbildung (f)**
Bildung feiner Risse, etwa senkrecht zur Schneide.

formation of comb cracks
Formation of fine cracks approximately perpendicular to the cutting edge.

1.0.166 **Querrissbildung (f)**
Bildung feiner Risse, etwa parallel zur Schneide.

formation of parallel cracks
Formation of fine cracks approximately parallel to the cutting edge.

1.0.167 **Beschichtungsverschleiß (m)**
Abtrag der Beschichtung vom Substrat.

coating wear
Removal of the coating from the substrate.

1.0.168 **Abschieferung (f)**
Plattenförmiger Verschleiß an der Schneide.

slate-like wear
Delamination wear in the region of the cutting edge.

1.0.169 **Schneidenausbruch (m)**
Ausbröckelung (f)
Zerstörung der Schneide eines Werkzeuges durch Ausbrechen von Teilen des Schneidenstoffes.

cutting edge chipping
Rupture or chipping of the cutting edge.

1.0.170 **Erliegen (n)**
Verlust der Schneidhaltigkeit eines Werkzeuges durch Abscheren oder Ausbrechen der Schneide.

tool failure
Complete failure of the tool due to the destruction of its cutting edge.

recul (m) d'arête
Déplacement de l'arête sous l'effet de l'usure
SV_γ = parallèlement à la face de coupe
SV_α = parallèlement à la face de dépouille.

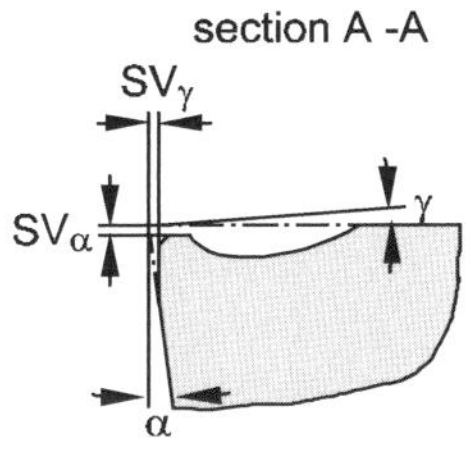

ISO 3685

usure (f) du bec
Usure ou destruction du bec de l'outil.

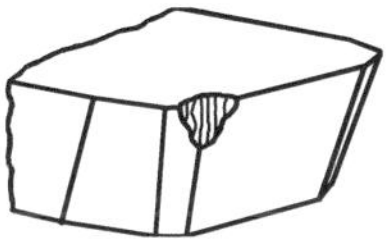

usure (f) en peigne
Forme d'usure caractérisée par la formation de fissures perpendiculaires à l'arête de coupe.

fissuration (f) parallèle à l'arête
Formation de petites fissures parallèles à l'arête tranchante.

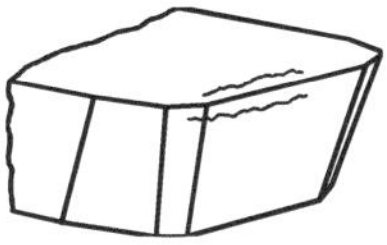

usure (f) du revêtement
disparition (f) du revêtement
Elimination totale ou partielle du revêtement sous l'effet des sollicitations.

micro-écaillage (m)
effritement (m)
Extraction de grains du matériau outil au niveau de l'arête de coupe, généralement par un phénomène d'adhésion.

écaillage (m)
Forme d'usure de l'arête caractérisé par l'enlèvement de matière localisé au niveau de l'arête.

mort (f) d'outil
Destruction de l'arête de l'outil entraînant sa mise au rebut.

1.0.171 **Blankbremsung (f)**
Bildung blanker Bearbeitungsspuren auf dem Werkstück kurz vor Erliegen der Werkzeugschneide.

no term
Burnished surface finish usually produced on the workpiece immediately prior to tool failure.

1.0.172 **Schneidfähigkeit (f)**
Fähigkeit eines Werkzeugs, ein Werkstück oder einen Werkstoff unter gegebenen Bedingungen spanend zu bearbeiten.

cutting ability
The suitability of a tool to perform work under given conditions.

1.0.173 **Schneidhaltigkeit (f)**
Fähigkeit eines Werkzeugs seine Schneidfähigkeit während des Spanens beizubehalten.

cutting edge durability
The suitability of a tool to retain its cutting ability during cutting.

1.0.174 **Zerspanbarkeit (f)**
Eigenschaft eines Werkstoffes, sich spanend bearbeiten zu lassen.

Machinability
Ease with which a workpiece material can be machined.

1.0.175 **Verschleißfestigkeit (f)**
Widerstandsfähigkeit gegen Beanspruchung.

wear resistance
Resistance of a tool to wear.

1.0.176 **Wälzfestigkeit (f)**
Werkstoffbeanspuchbarkeit unter Wälzbelastung.

rolling fatigue strength
Fatigue strength of materials subjected to rolling loads

1.0.177 **Standkriterium (m)**
Einsatzgrenze (f)
Grenzwerte für durch das Spanen verursachte unerwünschte Veränderungen am Werkzeug, am Werkstück und am Zerspanvorgang.

tool life criterion
Limits for tolerable alterations of the tool, the workpiece or the state of the cutting process.

1.0.178 **Standgröße (f)**
Größen, die bis zum Erreichen eines Standkriteriums spanend erzielt werden.

tool life parameter
Parameters which can be achieved in order to reach a certain tool life criterion.

1.0.179 **Standweg (m)**
Schnittweg bis zum Erreichen einer Einsatzgrenze.

tool life travel path
Tool life expressed in terms of path length.

1.0.180 **Standmenge (f)**
Stückzahl bis zum Erreichen einer Einsatzgrenze.

tool life quantity
Tool life expressed in terms of quantity of machined parts.

1.0.181 **Standvolumen (n)**
Volumen bis zum Erreichen einer Einsatzgrenze.

tool life volume
Tool life expressed in terms of volume of material removed.

anneau (m) brillant
Aspect particulier de la surface usinée précédant la mort de l'outil.

capacité (f) de coupe
couple (m) outil-matière (COM)
Capacité de coupe: Aptitude d'un outil à réaliser une opération donnée.
COM: description des conditions de fonctionnement d'un outil donné dans un matériau donné pour un type d'opération d'usinage.

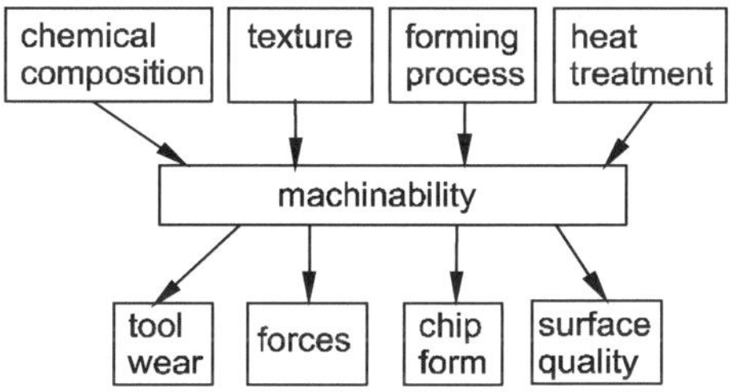

tenue (f) d'arête
Capacité de l'arête d'un outil à conserver son intégrité et ses performances pendant l'usinage.

usinabilité (f)
Faculté de mise en œuvre d'un matériau par enlèvement de matière.

résistance (f) à l'usure
Résistance de l'outil contre les sollicitations.

résistance (f) de la matière au laminage
Résistance à la fatigue des matériaux soumis au laminage.

critère (m) de durée de vie
Critère de dégénérescence limitée de l'outil, de la qualité de la pièce ou du processus de coupe conduisant à l'arrêt de l'opération d'usinage.

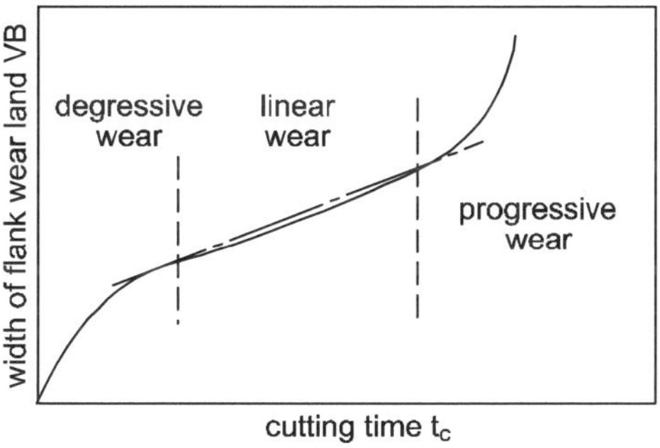

acc. Tönshoff

paramètre (m) de durée de vie
Paramètre scalaire définissant le critère de durée de vie.

parcours (m) ultime
Longueur totale parcourue par l'outil avant d'atteindre le critère de durée de vie.

quantité (f) critique
Nombre de pièces usinées, unité utilisée pour exprimer quantitativement la tenue de l'outil.

volume (m) critique
Volume de matière enlevée, unité utilisée pour exprimer quantitativement la tenue de l'outil.

1.0.182 **Standzeit (f)**
Zeit bis zum Erreichen einer Einsatzgrenze.

tool life
Tool life expressed in terms of time.

1.0.183 **Taylor-Beziehung (f)**
Abhängigkeit der Standzeit von der Schnittgeschwindigkeit bei gegebenem Standzeitkriterium (Exponentialfunktion).

Taylor relationship
Dependence of the tool life on the cutting speed for a given tool life criterion (exponential relation-ship).

1.0.184 **Taylor-Exponent (m) k**
Exponent aus der Taylor-Beziehung bestimmt die Sensitivität, mit der ein Schneidstoff auf Geschwindigkeitsänderungen antwortet.

Taylor exponent
Exponent of the Taylor equation determines the sensitivity of the cutting tool material to alterations of cutting speed.

1.0.185 **Taylor Koeffizient (m) C**
Schnittgeschwindigkeit für eine Standzeit von einer Minute.

Taylor coefficient
Cutting speed for tool life of one minute.

1.0.186 **Standzeitstreuung (f)**
Standzeit ist zahlreichen stochastischen Einflüssen ausgesetzt. Daher muss bei Betrachtungen der Prozesssicherheit außer mit Mittelwerten mit der Streuung gerechnet werden.

tool life scatter
Variation of tool life due to stochastic influences.

1.0.187 **Bearbeitungsstation (f)**
Ortsgebundene Einheit zur Bearbeitung von Werkstücken.

machining station
Local unit for workpiece processing.

1.0.188 **Bearbeitungssystem (n)**
Gruppe von Bearbeitungsstationen.

machining system
Group of machining stations.

1.0.189 **Bearbeitungszelle (f)**
Einzelne Systemeinheit einer Bearbeitungsstation oder eines Bearbeitungssystems.

machining cell
Single system unit of a machining station or a machining system.

1.0.190 **Bearbeitungszentrum (n)**
Eine numerisch gesteuerte Werkzeugmaschine, wie z.B. eine Fräsmaschine, die in der Lage ist, eine Vielzahl von Bearbeitungsschritten durchzuführen. Meist ist auch ein Werkzeugspeicher für 10 bis 100 Werkzeuge enthalten und ein Mechanismus für den automatischen Werkzeugwechsel.

machining centre
machining center (Am)
Numerically controlled machine tool, such as a milling machine, capable of performing a variety of operations such as milling, drilling, tapping, reaming, and boring. Usually also included are arrangements for storing 10 to 100 tools and mechanisms for automatic tool change.

1.0.191 **Fertigungssystem (n)**
Gruppe von Fertigungseinheiten.

manufacturing system
Integrated system incorporating all aspects of machining.

durée (f) de vie
Tenue de l'outil exprimée en unité de temps.

relation (f) de Taylor
Relation empirique exprimant la variation de la durée de vie d'un outil en fonction de la vitesse de coupe.

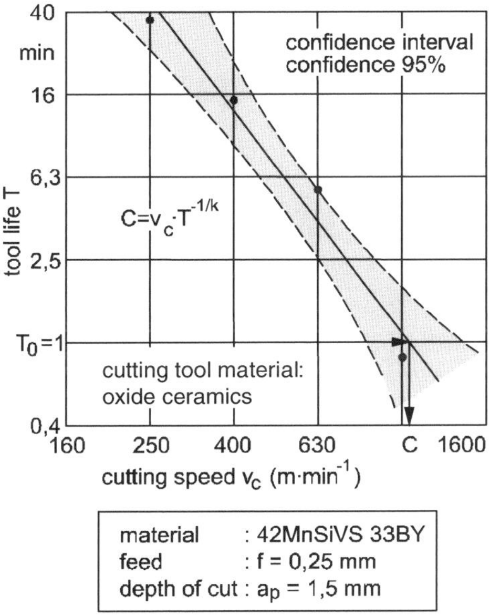

exposant (m) de Taylor
Exposant du terme de durée de vie dans la relation de Taylor indiquant la sensibilité de la tenue de l'outil aux variations de vitesse de coupe.

coefficient (m) de Taylor
Vitesse de coupe théorique correspondant à une durée de vie de 1 minute d'après la relation de Taylor.

dispersion (f) de durée de vie
Etendue statistique des variations de durée de vie dans des conditions fixes. Utilisée, par exemple, pour évaluer la stabilité d'un processus d'usinage.

station (f) d'usinage
Unité locale pour l'usinage de pièces.

atelier (m) d'usinage
Groupe de stations d'usinage

cellule (f) d'usinage
Seulement une unité d'usinage ou d'un système d'usinage.

centre (m) d'usinage
Machine-outil à commande numérique, comme par exemple une fraiseuse, capable de réaliser beaucoup d'opérations d'usinage différentes, telles que Fraisage, taraudage, alésage, etc. Ce type de machine comporte généralement une unité pour emmagasiner de 10 à 100 outils et un mécanisme pour échanger automatiquement l'outil.

système (m) de fabrication
Système intégré comportant tous les aspects de l'usinage.

1.0.192	**flexibles Fertigungssystem (n)** Gruppe von flexiblen Fertigungseinheiten, die leicht den Bedürfnissen wechselnder Fertigungsschritte anzupassen sind.	**flexible manufacturing system** Group of flexible processing units easily to adjust to changing processing demands.
1.0.193	**Fertigungszelle (f)** Eine Gruppe von Fertigungseinrichtungen, die eine abgeschlossene, autonome Einheit darstellen. In ihr können Teile oder Produkte ähnlicher Geometrie und Spezifikation hergestellt werden. Die Ausrüstung kann von einer traditionellen Werkzeugmaschine bis zu computergesteuerten NC-Maschinen und Robotern reichen.	**manufacturing cell** Group of processing equipment to form a self contained autonomous unit to produce parts or products of similar geometry and specifications; equipment may range from traditional machine tools to computer numerical controlled machines and robots.
1.0.194	**flexible Fertigungszelle (f)** Produktionseinheit mit flexiblen Funktionen.	**flexible manufacturing cell (FMC)** Production unit with flexible functions.
1.0.195	**flexibles Mehrzellensystem (f)** Mehrere Zellen mit flexiblen Funktionen.	**flexible multi-cell system** Multiple machine cells with flexible functions.
1.0.196	**flexible Fertigungseinrichtung (f)** Fertigungseinrichtung mit austauschbaren Werkzeugen zur flexiblen Werkstückfertigung.	**flexible processing equipment** Processing equipment with interchangeable tools for flexible workpiece processing.
1.0.197	**flexible Fertigungsinsel (f)** Autonome Gruppe von Fertigungseinrichtungen (z.B. in einer Produktionsanlage) mit flexiblen Funktionen.	**flexible manufacturing island** Autonomous group of processing equipment (e.g. in a production plant) with flexible functions.
1.0.198	**Transferstraße (f)** Hintereinander angeordnete Maschinen.	**transfer line** Serially arranged, aligned machines.
1.0.199	**starre Transferstraße (f)** Hintereinander angeordnete Maschinen (wie eine Straße) mit festen Funktionen.	**fixed transfer line** A serial arrangement of machines with preset functions.

système (m) de fabrication flexible
Un groupe d'unités de production adaptable aux opérations à exécuter.

cellule (f) de fabrication
Ensemble de moyens capables de produire de manière autonome des pièces ou des produits de géométrie et de spécification similaires. Elle est constituée de machines-outils traditionnelles ou à commande numérique et de robots.

cellule (f) de fabrication flexible
Cellule de fabrication comportant des fonctions de flexibilité.

système (m) multicellule flexible
Plusieurs cellules avec des fonctions flexibles.

équipement (m) de fabrication flexible
Équipement d'usinage dont les outils sont échangeables pour aboutir à une production flexible.

îlot (m) de production
Ensemble de moyens organisés pour la fabrication d'une famille de produits.

machine-transfert (f)
Arrangement de machines en ligne avec déplacement automatique des pièces d'un poste à l'autre.

machine-transfert (f) fixe
Arrangement de machines en ligne avec des fonctions prédéfinies.

1.0.200 **Box-in-a-box Konstruktion (f)**
Der den Spindelstock tragende, in der y-Achse fahrende Sattel wird in einem geschlossenen Rahmen geführt. Dieser wird wiederum in einem zweiten Rahmen in der x-Richtung bewegt.

box-in-a-box design
The saddle, which carries the headstock and is moving in the y-direction, is mounted in a closed frame. It inturn a second closed frame

1.0.201 **Hexapode (m)**
Kinematische Struktur einer Werkzeugmaschine oder eines Roboters. Die Position und Orientierung des Werkzeugmittelpunktes wird durch sechs in ihrer Länge verstellbare Achsen verändert.

hexapod
Kinematic structure of a machine tool. The position and orientation of the tool centre point is fixed with six bars of variable length.

1.0.202 **Gestell (n)**
Bauteil einer Werkzeugmaschine zur Bestimmung der gegenseitigen Lage der genauigkeitbestimmenden Baugruppen und zur Aufnahme von Kräften und Momenten.

structure
Part of a machine tool to fix the position of accuracy determining components and to withstand forces and moments.

1.0.203 **Bett (n)**
Feststehendes Teil eines Gestells, auf dem Schlitten, Tische oder Ständer geführt werden können.

bed
Stationary part of a structure which incorporates the guideways for tables, slides and columns.

1.0.204 **Sondermaschine (f)**
Maschine für spezielle Aufgaben.

special purpose machine
Machine designed for special tasks.

1.0.205 **Portalbauweise (f)**
Brückenartige Rahmenbauweise für Werkzeugmaschinen.

gantry shaped design
Bridgelike design of frame struc-ture for machine tools.

1.0.206 **Granitbett (n)**
Maschinenbett aus Granit zur besseren Schwingungsisolation und um eine hohe Steifigkeit zu gewährleisten.

granite bed
Machine tool bed made of granite for better dumping and stiffness with better thermal characteristics.

1.0.207 **Ständer (m)**
Teil eines Gestells, an dem Schlitten in vertikaler Richtung geführt werden.

column
Part of a structure for guiding slides in the vertical direction.

construction (f) box-in-a-box

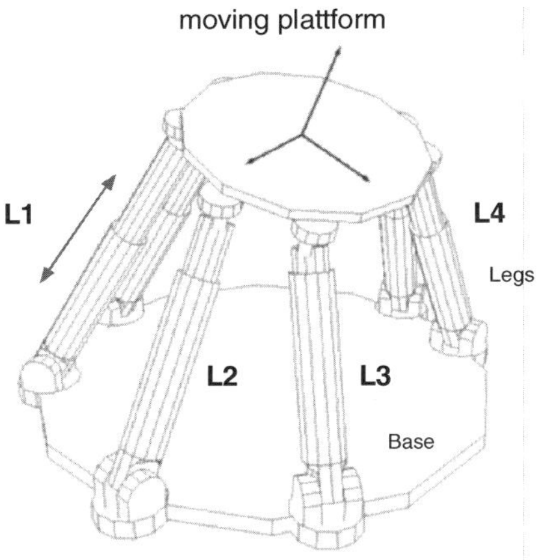

hexapode (m)
Structure cinématique d'une machine-outil ou d'un robot. La position et l'orientation du centre de l'outil peuvent être changées par six axes à longueur variable.

bâti (m)
Structure destinée au support et au positionnement des éléments ou des composants d'une machine.

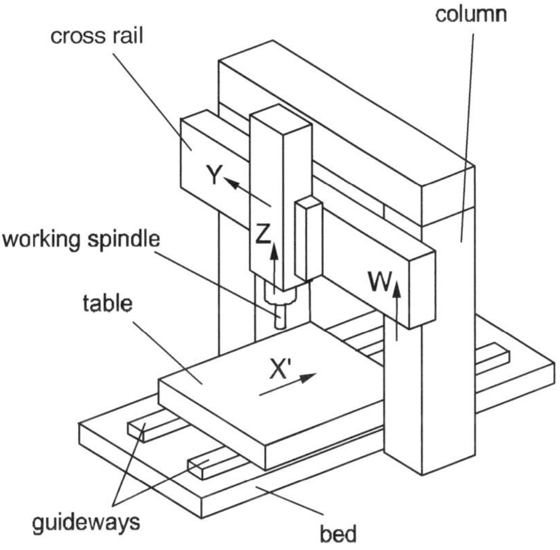

banc (m)
Pièce fixe de la structure supportant les glissières des chariots et les montants.

machine (f) spéciale
Machine conçue pour effectuer des opérations spéciales.

portique (m)
Structure en pont utilisée dans la construction des machines-outils.

banc (m) en granite
Le banc de la machine-outil est fait en granite pour une meilleure isolation d'oscillations et pour assurer une grande raideur.

montant (m)
Elément de structure supportant les glissières verticales.

1.0.208 **Querbalken (m)**
Bewegliches Gestellteil zur Aufnahme von Schlitten, geführt an zwei Ständern.

cross rail
Movable part of the structure, bearing slides, supported by two columns.

1.0.209 **Schlitten (m)**
Bewegliches Gestellteil zur Werkzeug- oder Werkstückaufnahme.

slide
carriage
Movable part of the structure for tool or workpiece mounting.

1.0.210 **Tisch (m)**
Bewegliches oder feststehendes Gestellteil zur Aufnahme des Werkstücks.

table
Movable or stationary component for mounting of the workpiece.

1.0.211 **Kreuztisch (m)**
x-y-Tisch
In zwei Achsen verfahrbarer Tisch.

cross table
x-y-table
Table capable of movement in two axes.

1.0.212 **Drehtisch (m)**
Um eine Achse drehbarer Tisch.

rotating table
Table capable of rotation around one axis.

1.0.213 **Führung (f)**
Zur Führung der bewegten Maschinenteile.

guideway
A fixed structure, which guide a moving carriage.

1.0.214 **Drehführung (f)**
Zur Führung für Drehbewegungen.

rotation guide
Guide for rotating motion.

1.0.215 **Doppelprismenführung (f)**
Mechanisch überbestimmtes Führungsprinzip, das hohe Genauigkeit und Steifigkeit garantiert.

double prismatic guide
Overrigid principle of guidance which allows high accuracy and rigidity.

1.0.216 **Arbeitsspindel (f)**
Spindel, die die Hauptbewegung ausführt.

working spindle
Spindle providing primary motion.

1.0.217 **Hochfrequenzspindel (f)**
Hauptspindel in Werkzeugmaschinen, die hohe Drehzahlen ermöglicht. Hochfrequenzspindeln werden im allgemeinen als Motorspindeln ohne mechanische Übertragungsglieder ausgeführt.

high frequency spindle
Main spindle in machine tools, which can operate at high spindle revolutions per minute. High frequency spindles are generally constructed with integrated motor, without mechanical transmission elements.

1.0.218 **Hohlspindel (f)**
Hauptspindel einer Werkzeugmaschine, die hohl ausgeführt ist, um die Kühlschmierstoffzuführung durch die Spindel zum rotierenden Werkzeug zu ermöglichen.

hollow-spindle
Main spindle of a machine tool, which is hollow for supplying cutting fluid to the rotating cutting tool.

traverse (f) mobile
console (f)
Partie mobile de la machine guidée sur les montants.

chariot (m)
Partie mobile de la machine guidée par rapport au banc pour le montage et le positionnement des pièces ou des outils.

table (f)
Elément de machine monté sur les chariots pour le montage des pièces.

table (f) à chariot croisés
Table permettant des déplacements selon deux axes.

table (f) rotative
Table permettant des mouvements de rotation autour d'un axe.

guidage (m)
Eléments assurant le guidage des différents chariots de la machine.

guidage (m) en rotation
Guidage pour un mouvement de rotation.

glissière (f) prismatique
Mécanisme de guidage mécaniquement hyperstatique à haute raideur et précision.

broche (f)
Elément de la machine fournissant le mouvement de coupe.

broche (f) haute fréquence
Broche principale dans les machine-outils opérant à fort taux de rotation. Les broches appropriées aux hautes fréquences sont généralement construites avec moteur intégré sans éléments de transmission mécaniques.

broche (f) creuse
Broche principale d'une machine-outil. La broche est creuse pour fournir le lubrifiant à l'outil tournant.

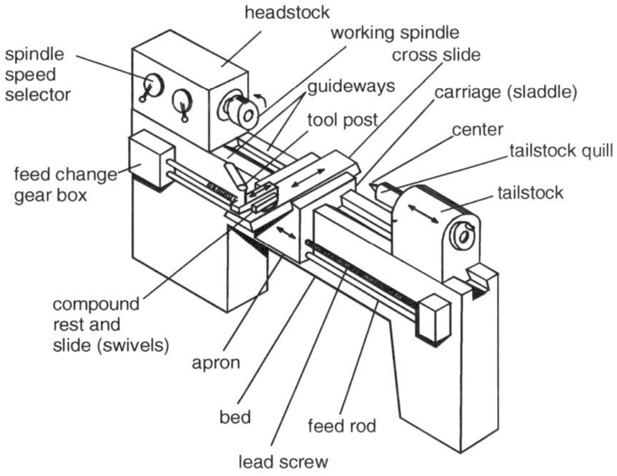

1.0.219 **Antrieb (m)**
Motor in einer Werkzeugmaschine, der lineare und rotatorische Bewegungen von Maschinenteilen oder -baugruppen ermöglicht.

drive
Motor within a machine tool to enable rotary or linear movements of machine parts or functional units.

1.0.220 **Hauptantrieb (m)**
Antrieb, der die Schnittbewegung bewirkt.

main drive
Drive providing primary motion.

1.0.221 **Vorschubantrieb (m)**
Antrieb, der die Vorschubbewegung bewirkt.

feed drive
Drive providing feed motion.

1.0.222 **Stellantrieb (m)**
Antrieb für Stellbewegungen, z.B. dem Werkstück- und Werkzeugtransport, dem Spannen von Werkstücken oder dem Klemmen von Schlitten.

actuator
Drive used for actuating movements, e.g. the transportation of workpieces or tools, the clamping of workpieces or the clamping of slides.

1.0.223 **Hauptgetriebe (n)**
Getriebe für die Hauptbewegung.

main gear system
Gear system for primary motion.

1.0.224 **Vorschubgetriebe (n)**
Getriebe für die Vorschubbewegung.

feed gear system
Gear system for providing feed motion.

1.0.225 **Wälzlagerung (f)**
Klassische Lagerbauform, bestehend aus Innenring und Außenring zwischen denen Wälzkörper (Kugeln oder Rollen) rotieren.

ball bearing
Classical bearing design, constructed of inner ring and outer race with spherical rolling elements.

1.0.226 **Magnetlagerung (f)**
Berührungslose Lagerung, bei der die Welle durch magnetische Kräfte in axialer und radialer Richtung gehalten wird.

magnetic bearing
Contactless bearing, in which the shaft is held in position by magnetic forces in the axial and radial directions.

1.0.227 **Hybridlagerung (f)**
Form der Wälzlagerung, bei der die Wälzkörper zur Verringerung des Gewichts und zur Erhöhung der Steifigkeit aus Keramik ausgeführt sind; Innenring und Außenring bestehen aus Stahl.

hybrid bearing
Form of rolling bearing, where the rolling element is made of ceramics for reduction of weight and for increase of stiffness, inner ring and outer race are made of steel.

1.0.228 **hydrostatische Lagerung (f)**
Lagerung bei der die Welle durch einen Ölfilm in Position gehalten wird.

hydrostatic bearing
Bearing in which the shaft is kept in position by an externally pressurised oil film.

1.0.229 **Geradführung (f)**
Führung für geradlinige Bewegungen.

linear guideway
Guide for linear motions.

transmission (f)
Ensemble du moteur et du mécanisme permettant les déplacements linéaires ou angulaires selon un axe, équipé d'un asservissement assurant le contrôle de la vitesse de déplacement.

transmission (f) principale
Transmission produisant le mouvement de coupe.

transmission (f) d'avance
Transmission produisant le mouvement d'avance.

actionneur (m)
Mot générique utilisé pour désigner l'élément d'une chaîne cinématique qui produit le mouvement (moteur).

boîte (f) de vitesses principale
Boîte de vitesses pour le mouvement de coupe.

boîte (f) d'avance
Boîte de vitesses pour les mouvements d'avance.

palier (m) à roulement
Palier classique, composé de bagues intérieures et extérieures entre lesquelles se trouvent des éléments roulants (sphériques ou cylindriques).

palier (m) magnétique
Palier sans contact. L'arbre est tenu dans sa place par les forces magnétiques dans les directions axiales et radiales.

palier (m) hybride
Forme spéciale du palier à roulement où l'élément roulant est fait de céramiques pour réduction du poids et augmentation de la raideur. Les bagues intérieures et extérieures sont réalisées en acier.

palier (m) hydrostatique
Palier dans lequel l'arbre est maintenu en équilibre et guidé sans contact grâce à un film d'huile.

guidage (m) en translation
Guidage pour un mouvement en translation.

1.0.230 **Gleitführung (f)**
Im Mischreibungsgebiet arbeitende Führung.

slideway
Guide involving sliding friction.

1.0.231 **Wälzführung (f)**
Führung, bei der die Kraftübertragung durch Kugeln, Nadeln oder Rollen erfolgt.

antifriction guideway
Guideway in which load is transmitted by balls, needles or rolls.

1.0.232 **hydrostatische Führung (f)**
Führung, bei der die Führungsflächen durch von außen zugeführtes Drucköl voneinander getrennt werden.

hydrostatic guideway
Guideway in which guide surfaces are separated by pressurised oil.

1.0.233 **Linearantrieb (m)**
Antrieb für lineare Bewegungen.

linear drive
Drive used for linear motion.

1.0.234 **Lineardirektantrieb (m)**
Antrieb ohne mechanische Übertragungsglieder, Linearmotor erzeugt direkt lineare Bewegung.

linear direct drive
Drive without mechanical transmission elements, a linear motor produces a linear motion directly.

1.0.235 **Kugelgewindetrieb (m)**
Getriebe für Vorschubantriebe. Die Kraftübertragung erfolgt durch Kugeln zwischen den Flanken der Spindel und der Mutter.

ball screw
Drive system generally providing linear motion, where forces are transmitted by balls between the flanks of a spindle and nut.

1.0.236 **Linearmotor (m)**
Motor, der ohne mechanische Übertragungsglieder direkt eine lineare Bewegung erzeugt.

linear motor
Motor, which directly produces a linear motion without mechanical transmission elements.

1.0.237 **Explosionsklappe (f)**
Klappe an Maschinen und Räumen, die ein Entweichen des Drucks bei Explosionen oder Verpuffungen ermöglicht.

explosion door
A door in a machine or a room through which the pressure wave can escape after an explosion.

1.0.238 **Motorkühlung (f)**
Wärmeabfuhr in Motoren durch Luft oder Flüssigkeiten.

motor cooling
Removal of heat from motors by air or fluids.

1.0.239 **Spindelkühlung (f)**
Wärmeabfuhr von der Spindel durch Luft oder Flüssigkeiten.

spindle cooling
Removal of heat from spindles by air or fluids.

1.0.240 **Kühlschmiersystem (n)**
Hilfssystem an einer Werkzeugmaschine zur Kühlschmiermittelzuführung und -speicherung.

cutting fluid supply system
Subsystem of a machine tool for providing and storing cooling lubricant.

glissière (f)
Guidage en translation par frottement.

guidage (m) sur patins
Le déplacement relatif des éléments de guidage s'effectue par l'intermédiaire de rouleaux à billes ou à aiguilles.

guidage (m) hydrostatique
Les surfaces des guidages sont séparées par un film d'huile sous pression.

axe (m) linéaire
Axe correspondant aux déplacements linéaires.

entraînement (m) linéaire direct
Entraînement sans éléments de transmission mécaniques. Le mouvement linéaire est produit directement par le moteur.

vis (f) à billes
Elément d'une chaîne cinématique pour la transformation d'un mouvement de rotation en translation de type vis/ écrou. Les efforts sont transmis par des billes insérées entre les flancs de filets de la vis et de l'écrou.

moteur (m) linéaire
Moteur qui produit directement un mouvement de translation linéaire sans éléments de transmission mécaniques.

porte (f) de détente
Ouverture dans des machines ou dans des espaces permettant le passage de l'onde de pression après une explosion.

refroidissement (m) du moteur
Dissipation de la chaleur provenant de moteurs par fluides: liquides ou air. Généralement effectué par un radiateur, c.-a.-d. un organe de refroidissement formé d'un faisceau de tubes où circule le fluide ou l'air.

refroidissement (m) de la broche
Dissipation de la chaleur provenant de la broche par fluides: liquides ou air.

dispositif (m) d'arrosage
Dispositif de stockage et d'adduction du fluide de coupe.

1.0.241 **Hochdruck-Kühlschmiersystem (n)**
Kühlschmierstoffsystem bei dem große Mengen Kühlschmierstoff bei einem sehr hohen Druck zugeführt werden.

high pressure cooling lubrication system
Cooling / lubrication system characterised by very high pressure and quantity.

1.0.242 **Zentrale Kühlschmierstoffanlage (f)**
Kühlschmierstoffanlage, die mehrere Maschinen mit gleichem KSS-Bedarf parallel versorgt.

centralised cutting fluid system
Cutting fluid system that supplies several machines which require the same cutting fluid.

1.0.243 **innengekühltes Werkzeug (n)**
Werkzeuge mit Bohrungen zur Kühlschmierstoffdurchführung.

tool with internal cooling
Tools with internal holes for supplying cutting fluid.

1.0.244 **Kühlkanal (m)**
Kanal durch den der Kühlschmierstoff durch das Werkzeug der Bearbeitungsstelle zugeführt wird.

cooling channel
Channel in a tool through which the cutting fluids are delivered through to the cutting zone.

1.0.245 **umlaufendes Luftpolster (n)**
Luftfilm, der sich bei hohen Drehzahlen um rotierende Werkzeuge bildet und der den Zugang für Kühlschmierstoffe zum Werkzeug-Werkstückkontakt verhindert.

rotating air film
Air film developed at high rotational speeds. It prevents cutting fluid from reaching the tool-workpiece contact zone.

1.0.246 **Trockenzerspanung (f)**
Spanen ohne Einsatz von Kühlschmierstoff.

dry cutting
Cutting without cutting fluid.

1.0.247 **Mindermengenschmierung (f)**
Schmiertechnik, bei der eine extrem geringe Menge Schmierstoff eingesetzt wird.

minimum quantity lubrication
Lubrication technique characterised by a minimum quantity of lubricant.

1.0.248 **innere Kühlschmierstoffzuführung (f)**
Kühlschmierverfahren bei dem das Kühlschmiermedium durch das Werkzeug zugeführt wird, um gezielter an den Bearbeitungspunkt zu gelangen.

internal coolant supply
Method of cutting fluid application in which the fluid is delivered through the tool. The aim is to deliver the coolants directly to the cutting zone.

1.0.249 **Überflutungskühlung (f)**
Kühlschmierstoffzuführung, bei der der gesamte Bearbeitungsraum inklusive des Bearbeitungsortes mit Kühlschmierstoff überflutet wird.

flood lubrication
Cutting fluid application, in which the cutting zone is flooded/ immersed in cutting fluid.

1.0.250 **wassergemischter Kühlschmierstoff (m)**
Wassergemischte Kühlschmierstoffe werden in Emulsionen und Lösungen unterteilt. Sie bestehen aus einer Mischung aus KSS-Konzentrat und Wasser.

water based cutting fluid
Cutting fluid emulsion in which very small oil droplets are suspended in water.

1.0.251 **nichtwassergemischter Kühlschmierstoff (m)**
Nichtwassergemischte Kühlschmierstoffe sind Kühlschmieröle. Dabei werden legierte und unlegierte Öle unterschieden.

non water based coolant
Non water based coolant is cutting oils. It may contain various additives.

système (m) de lubrification à haute pression
Système de lubrification caractérisé par une très haute pression et une grande quantité de lubrifiant .

lubrification (f) centralisée
Système de lubrification qui fournit parallèlement à plusieurs machines-outils le lubrifiant.

outil (m) à lubrification axiale
Outils avec des trous internes assurant la lubrification.

canal (m) d'adduction de lubrifiant
Canal à travers lequel le lubrifiant est délivré à la zone de coupe.

couche (f) limite
Une couche hydrostatique qui enveloppe l'outil tournant à grande vitesse. Cette couche empêche le contact outil-lubrifiant.

usinage (m) à sec
Usinage sans utilisation de lubrifiant.

lubrification (f) minimale
Technique d'arrosage utilisant une quantité minimale de fluide de coupe.

adduction (f) interne de lubrifiant
Lubrification, dont le lubrifiant est délivré à travers l'outil pour atteindre directement la zone de coupe.

lubrification (f) par inondation
Application durant laquelle la zone de coupe est inondée par le lubrifiant.

lubrifiant (m) aqueux
Émulsion dans laquelle de très petites gouttelettes d'huile sont suspendues dans l'eau.

lubrifiant (m) non aqueux
Lubrifiant non soluble dans l'eau. Le lubrifiant peut par contre contenir plusieurs autres sub-stances.

1.0.252 **Additiv (n)**
Zusätze mit speziellen Funktionen, die dem Kühlschmierstoff beigemengt werden. Beispiele für Additive sind Schauminhibitoren oder EP (extreme pressure) Additive.

additive
Chemicals added to the coolant in order to cope with special functionss, e.g.

1.0.253 **KSS-Aufbereitung (f)**
Wiederherstellung der Funktionsfähigkeit von Kühlschmierstoffen durch Filtern, Additivzugabe und die Einstellung des Mischungsverhältnisses für einen erneuten Einsatz.

conditioning of cutting fluids
Treatment of cutting fluids by filtration or addition of additives for further uses.

1.0.254 **KSS-Entsorgung (f)**
Zuführung der Kühlschmierstoffe in ein Endlager nach dem Erreichen des Standzeitendes.

disposal of cutting fluids
Moving non-usable and contaminated cutting fluids to a waste disposal site.

1.0.255 **Spanentsorgung (f)**
Entsorgung von Spänen, die aufgrund ihrer Geometrie, ihres Verschmutzungsgrades etc. nicht wiederverwertet werden können.

chip disposal
Disposal of chips that cannot be recycled because of their geometry or level of contamination.

1.0.256 **Späneabsaugung (f)**
Maschinelle Unterstützung des Spanabtransports von der Spanentstehungsstelle.

chip removal by suction
Vacuum assisted removal of chips from cutting zone/work-piece.

1.0.257 **Spanförderer (m)**
Vorrichtung, um Späne aus dem Arbeitsraum einer Werkzeugmaschine zu fördern.

chip transporter
Device to evacuate chips from the working area of a machine tool.

1.0.258 **Spanrecycling (n)**
Wiederaufbereitung und Wiederverwertung von Spänen. Zur Wiederverwertung zählen Arbeiten wie die Spanentölung sowie das Einschmelzen des Spanmaterials.

chip recycling
Reprocessing and recycling of chips. Consists of cleaning and recasting.

1.0.259 **Prozessemission (f)**
Gase, Partikel, Lärm und Wärme die während der Bearbeitung entstehen.

process emission
Gases, particles, noise and heat generated during machining.

1.0.260 **Verpuffung (f)**
Umsetzung von Gasen, Dämpfen oder Stäuben in einer exothermen Reaktion bei geringer Geschwindigkeit und Druckwirkung.

fulmination
Conversion of gas, steam or dust, in an exothermic reaction at low speeds and pressures.

1.0.261 **Wechseleinrichtung (f)**
Jede Vorrichtung für das Auswechseln von Werkstücken oder Werkzeugen.

switching device
Device for the exchange of workpieces or tools.

1.0.262 **Werkzeugmagazin (m)**
Ort einer Werkzeugmaschine für das Lagern von Werkzeugen mit einem Mechanismus für den Werkzeugaustausch.

carrousel
Area of a machine tool for storing tools containing a tool exchange device.

additif (m)
Substance pouvant être ajoutée au lubrifiant.

retraitement (m) des lubrifiants
Traitement des lubrifiants pour un nouvel usage par filtration ou en ajoutant des substances déterminées.

élimination (f) des lubrifiants
Livraison des lubrifiants non utilisables à un dépôt.

traitement (m) des copeaux
Séparation de copeaux qui ne peuvent pas être recyclés à cause de leur géométrie ou de leur niveau de contamination.

évacuation (f) des copeaux par aspiration
Enlèvement des copeaux assisté par aspiration dans la zone de la pièce.

evacuateur (m) de copeaux
Dispositif utilisé pour évacuer les copeaux de l'espace de travail d'une machine-outil.

recyclage (m) des copeaux
Recyclage des copeaux par nettoyage et refonte.

émission (f) du procédé
Ce qui provient du procédé, gaz, particules, bruit et chaleur.

déflagration (f)
Réaction de gaz, vapeurs ou poussières dont le résultat est généralement une explosion à petite vitesse.

échangeur (m)
Dispositif pour échanger les pièces ou les outils.

carrousel (m)
Zone d'une machine-outil pour l'emmagasinage des outils nécessaires. Cette zone comporte un mécanisme pour la manipulation et le changement des outils.

1.0.263	**Werkzeugspeicher (m)** Einrichtung zum Speichern der Werkzeuge.	**tool-storage unit** Device for storing tools.
1.0.264	**Werkzeugwechsler (m)** Einrichtung zum Wechseln der Werkzeuge.	**tool change system** System for changing the cutting tool.
1.0.265	**Werkzeuggreifer (m)** Einrichtung zum Positionieren von Werkzeugen innerhalb des Arbeitsraums.	**tool gripper** Device for handling of tools within the working area.
1.0.266	**Werkzeugspannvorrichtung (f)** Einrichtung zum Fixieren von Werkzeugen in der Spindel oder dem Revolver einer Werkzeugmaschine.	**tool clamping unit** Device for fixing tools in the spindle or the turret of a machine tool.
1.0.267	**intelligente Werkzeuge (f)** Werkzeuge mit integrierten Modulen zur Prozessgrößenermittlung und/ oder Einstellung der Prozessstellgrößen.	**smart tools** Tool with integrated modules for measurement of process data and/or adjustment of process parameters.
1.0.268	**Werkstückspeicher (m)** Einrichtung zur Speicherung der Werkstücke.	**workpiece storage** System for storing workpieces.
1.0.269	**Werkstückflusssystem (n)** Der Prozess und die Systeme, die Werkstücke von einem Ort zum anderen transportieren und den Transport steuern.	**workpiece handling system** The transfer and management process (and systems) which transport workpieces from one place to another.
1.0.270	**Spanneinrichtung (f)** Jede/s Vorrichtung oder Medium, die/das benutzt wird, um die Komponenten einer bestückten Palette zusammenzuhalten, oder andere Methoden, um das Werkstück während der Bearbeitung in einer festen Position zu halten.	**fastening device** Device or medium used to hold together the components of an assembled pallet or other methods for keeping the workpiece in a fixed position during process.
1.0.271	**Futter (n)** Vorrichtung zum Spannen von Werkstücken oder Werkzeugen. Das Spannen kann durch mehrere Spannbacken konzentrisch oder unabhängig voneinander erfolgen.	**chuck** Adjustable device for gripping the workpiece or the tool. The gripping can be achieved by several jaws concentrically or independent of each other.
1.0.272	**Werkstückspanner (m)** Eine Vorrichtung für das feste Halten des Werkstücks, üblicherweise mit Hilfe einstellbarer Backen.	**work fixture** Device for holding a workpiece usually by means of adjustable jaws.
1.0.273	**Werkstückspannpalette (f)** Eine horizontale, plattformartige Vorrichtung, die als einheitliche Basis für die Herstellung, die Montage, das Lagern und die Handhabung von Werkstücken dient.	**work fixture pallet** A horizontal, platform-like device serving as integrated basis for the production, assembly, storage and handling of workpieces.

magasin (m) à outils
Système de stockage des outils sur la machine.

dispositif (m) de changement d'outil
changeur (m) d'outil
Système pour le changement des outils.

manipulateur (m)
Dispositif pour la manipulation des outils dans la zone de travail.

dispositif (m) de fixation des outils
Dispositif permettant de fixer les outils dans la broche ou sur la tourelle de la machine.

outils (m) intelligents
Outils avec un module intégré pour l'enregistrement des dimensions du processus ou le réglage des paramètres de coupe.

magasin (m) à pièces
Système de stockage des pièces avant ou après usinage.

système (m) de manipulation de pièces
Ensemble assurant la gestion et le déplacement de pièces d'un endroit à un autre.

dispositif (m) de serrage
Ensemble de moyens permettant de maintenir assemblés les éléments d'une palette portepièce ou de maintenir une pièce en position pendant la fabrication.

mandrin (m)
Système de serrage et de mise en position d'une pièce ou d'un outil. Ce système comporte plusieurs mors à déplacement indépendant ou concentrique.

dispositif de bridage des pièces
Dispositif pour maintenir la pièce en position, réalisé généralement par des brides et des tirants.

palette (f)
Plateau utilisé pour la fabrication, l'assemblage, le stockage, et la manutention des pièces.

1.0.274 **Spannhülse (f)**
Geschlitzte, außen konische Hülse, die durch Einziehen in einen Gegenkonus oder durch Überschieben eines Gegenkonus die Werkstoffstange oder das Werkzeug spannt.

collet chuck
Bush with slots essentially used for chucking cylindrical bar material or tools. Clamping is effected by means of a conical seat.

1.0.275 **flexible Spannung (f)**
Vorrichtung zur Spannung von Werkstücken oder Werkzeugen verschiedener Abmaße.

flexible clamping
Chucking device which can be employed for different workpieces or tools with different dimensions.

1.0.276 **automatische Spannung (f)**
Vorrichtung zur selbsttätigen Spannung von Werkstücken oder Werkzeugen.

automatic clamping
Device for automatic clamping of workpieces or tools.

1.0.277 **Schrumpffutter (n)**
Werkzeugaufnahme, bei der die Klemmung des Werkzeuges durch Kontraktion eines zuvor erwärmten Futters erfolgt.

shrinking chuck
Device for fixing the tool. Clamping is effected by con-traction of a pre-heated chuck.

1.0.278 **Spannpratze (f)**
Einstellbare Vorrichtung zur Klemmung von Werkstücken, wird auf dem Maschinentisch befestigt.

clamping jaw
Adjustable device mounted on the machine table for clamping of workpiece.

1.0.279 **Pendelaufsatzbacke (f)**
In ein Pendelbackenfutter montierbare Aufsatzbacke.

floating jaw
Jaw for mounting in a chuck with floating jaws.

1.0.280 **Pendelbackenfutter (n)**
Spanneinrichtung mit pendelnd angebrachten Spannbacken zum deformationsarmen Spannen von dünnwandigen Ringen.

chuck with floating jaws
Chuck with pivoted jaws for clamping thin rings. Deformation due to clamping forces can be significantly reduced.

1.0.281 **Magnetspannfutter (n)**
Futter, bei dem die Klemmung des Werkstückes durch magnetische Kräfte erfolgt.

magnetic chuck
Clamping of the workpiece by means of magnetic forces.

1.0.282 **Werkzeugüberwachung (f)**
Werkzeugkontrolle mit dem Ziel zu bestimmen, ob die gemessenen Parameter innerhalb einer akzeptablen Bandbreite liegen.

tool monitoring
Tool observation to determine if the parameters being measured are within acceptable limits.

1.0.283 **Werkzeughandhabung (f)**
Speichern und Zu-/Abfuhr von Werkzeugen.

tool handling
Storage, loading and retrieval of tools.

1.0.284 **Werkzeugaustausch (m)**
Der Austausch eines Werkzeugs gegen ein anderes für den nächsten Bearbeitungsschritt.

tool change
Exchange of a tool for another tool being required for the next step of the process.

1.0.285 **Werkzeugversorgung (f)**
Jede Vorrichtung, die die Werkzeugmaschine mit den benötigten Werkzeugen versorgt.

tool supply
Device supplying the machine tool with the required tools.

mandrin (m) à pince
Mandrin où les mors sont intégrés dans une pince déformable. Le serrage se fait par déformation élastique d'une pièce: la pince.

serrage (m) flexible
Dispositif de serrage permettant le montage d'outils et de pièces de différentes dimensions.

serrage (m) automatique
Dispositif pour serrage automatique de pièces ou d'outils.

mandrin (m) thermorétractable
Dispositif porte-outil. Le serrage de l'outil est effectué par contraction d'un mandrin préchauffé.

bride (f) de serrage
Dispositif réglable pour serrer les pièces. Ce dispositif est normalement monté sur la table de la machine.

mors (m) flottant
Mâchoire qui peut être montée dans un mandrin à mors flottants.

mandrin (m) à mors flottants
Mandrin avec des mors pivotants pour serrer des bagues minces. La déformation due aux forces de serrage peut être réduite considérablement.

mandrin (m) de serrage magnétique
Mandrin dont la fixation de pièces s'effectue par des forces magnétiques.

contrôle (m) continu de l'outil
monitoring (m) de l'outil
Contrôle de dégât et/ou de l'usure de l'outil provoqué pendant le fonctionnement.

gestion (f) des outils
Stockage et manipulation des outils.

changement (m) d'outil
Echange de l'outil actif par un autre pour poursuivre le processus de transformation.

changeur (m) d'outils
Dispositif alimentant la machine-outil en outils.

1.0.286 **Werkzeugvoreinstellung (f)**
Voreinstellung der variablen Werkzeugparameter.

tool preset
Predetermination of adjustable tool parameters.

1.0.287 **Werkzeugkodierung (f)**
Codierung zur eindeutigen Identifizierung von Werkzeugen, z.B. innerhalb von Werkzeugspeichern.

tool encoding
Code for a definite identification of tools e.g. within a tool-storage unit.

1.0.288 **Werkzeugaufbereitung (f)**
Die Vorbereitung des Werkzeugs, um es den Anforderungen des jeweiligen Bearbeitungsschrittes entsprechen zu lassen.

tool preparation
Modification, adjustment or shaping of a tool for use in a specific process.

1.0.289 **Werkzeugwuchtung (f)**
Beseitigung von Unwuchten an Werkzeugen durch Anbringen oder Entfernen von Massen.

balancing of tools
Elimination of imbalances on tools by the addition or removal of masses.

1.0.290 **Werkstückhandhabung (f)**
Speichern und Zu-/Abfuhr von Werkstücken.

workpiece handling
Storage, loading and retrieval of workpieces.

1.0.291 **Mensch-Maschine Verbindung (f)**
Einheit zur Kommunikation zwischen Bediener und Maschine, bei Werkzeugmaschinen i.a. durch Steuerungspanel und Bildschirm realisiert.

man/machine interface
Device for communication between user and machine. Machine tools are usually equipped with a control panel, keyboard and screen.

1.0.292 **Elektronisches Handrad (n)**
Maschinenachsen können per elektronischem Handrad manuell positioniert werden.

electronic handwheel
Feed drives can be controlled manually by an electronic hand-wheel.

1.0.293 **Steuerung (f)**
Informationsverarbeitendes Teilsystem einer Werkzeugmaschine.

control system
Information processing subsystem of a machine tool.

1.0.294 **Nachformsteuerung (f)**
Steuerung, bei der ein Werkzeug nach einem Bezugsformstück geführt wird. Im Bezugsformstück ist die geometrische Information des Werkstücks, das gefertigt werden soll, gespeichert.

copying control
Control which uses a master workpiece to guide the tool. The master workpiece contains the geometrical information for the workpiece to be machined.

préréglage (m) de l'outil
Prédétermination des paramètres variables de l'outil.

codage (m)
Système d'identification des outils par exemple dans le magasin.

préparation (f) d'un outil
Action d'assembler, modifier et régler un outil pour une utilisation particulière.

équilibrage (m) des outils
L'élimination du déséquilibre en installant des masses sur les outils.

gestion (f) des pièces
Stockage et manipulation des pièces.

interface (f) homme-machine
Dispositif de communication entre utilisateur et machine. Pour les machine-outils ce sont généralement des tableaux de bord, des claviers et écrans.

manivelle (f) électronique
Les axes d'une machine-outil peuvent être positionnés manuellement par une manivelle électronique.

commande (f)
Système de commande de la machine.

commande (f) à copieur
Système de commande des mouvements utilisant un gabarit et un palpeur dont les mouvements sont reproduits sur la pièce.

1.0.295 **Speicher-programmierbare Steuerung (SPS) (f)**
Eine elektronische Steuerung zur Verarbeitung von digitalen Informationen von Ein- und Ausgangsmoduln. Ein SPS Zyklus besteht aus:
a) Einlesen der Eingänge,
b) Verknüpfen,
c) Schreiben der Ausgänge.
Dieser Zyklus wird in einer festen Zeit (z.B. 1-10 ms) wiederholt. Eine SPS ist sehr flexibel und ersetzt fest verdrahtete Relaissteuerungen.

Programmable Logic Control (PLC)
Electronic control device to process digital information from input and output modules. The PLC process is
a) read input,
b) process data,
c) write output.
It is repeated in a fixed cycle time (e.g. 1-10 ms). PLCs are very flexible and can substitute for fixed relay controls.

1.0.296 **Numerische Steuerung (f) NC**
Steuerung, in der die zum Betreiben von Werkzeugmaschinen notwendigen Informationen in Ziffern und Zeichen codiert sind.

numerical control NC
Control, in which the information for running a machine tool is encoded by alphanumerical means.

1.0.297 **Rechnergestützte Steuerung (f)**
CNC-Steuerung (f)
Eine numerische Steuerung besteht allgemein aus einem Mikroprozessor, Bildschirm und elektronischen Achsansteuerungskomponenten, die für die Lageregelung sorgen. Der Mikroprozessor interpretiert die NC Programmbefehle und speichert die Positionsinformationen. Danach erzeugt ein Interpolator kontinuierliche Signale für die Antriebsmoduln.

Computerized Numerical Control (CNC)
Numerical Control Hardware consisting of a microprocessor, a terminal and electronic components to control the position of the feed drives. The microprocessor interprets the NC program command and stores the position information. The interpolator uses this data to generate continuous signals for the drives.

1.0.298 **Serielles Echtzeit-Kommunikations-System (SERCOS) (n)**
Herstellerunabhängige, digitale Schnittstelle für Antriebe.

Serial Realtime Communica-tion System (SERCOS)
Manufacturer independent digital interface for connecting drives.

1.0.299 **Programmsteuerung (f)**
Enthält einen oder mehrere Programmspeicher, in denen Informationen zur Herstellung eines Werkstücks gespeichert sind.

programme controller
Contains one or more storage spaces for programmes, which provide information for machining workpieces.

1.0.300 **Funktionssteuerung (f)**
Stellt einen Ablauf dar, der manuell oder von übergeordneten Programmsteuerungen gestartet wird.

functional control
Functional sequence that can be started manually or by a supervisory programme controller.

1.0.301 **Bahnsteuerung (f)**
Die numerische Steuerung berechnet die exakte Bahn zwischen einem gegebenen Start- und Endpunkt für die vom Benutzer vorgegebene Bahnart. Typische Bahnarten sind Gerade, Kreis und Splines.

continuous path control
contouring control
The NC calculates an exact path between a start point and end point for a user defined path. Common trajectories are lines, circles and splines.

commande (f) séquentielle
Système de contrôle électronique permettant de traiter des informations logiques provenant des modules d'entrée et de sortie. Le cycle de la commande se compose de :
a) lecture des entrées,
b) traitement des informations,
c) écriture des sorties.
Ce cycle est répété tous les 1 à 10 ms.
Ce type de commande est très flexible et permet de remplacer des commandes câblées.

commande (f) numérique CN
Système de commande où les informations de commande et de mesure sont codées sous formes numériques.

Commande (f) Numérique par Calculateur (CNC)
Une commande numérique par calculateur se compose généralement d'un microprocesseur, écran et composants électroniques pour commander par exemple le positionnement des axes. Le microprocesseur interprète les commandes et enregistre les informations de positionnement. L'interpolateur utilise ces informations pour générer un signal de commande continu.

système (m) de communication temps réel

mémoire (f) programme
Espace de stockage d'un ou de plusieurs programmes contenant des informations nécessaires à l'usinage des pièces.

cycle (m) automatique

commande (f) de contournage
La commande numérique calcule une trajectoire entre deux points définis. Les trajectoires typiques sont linéaire, circulaire et spline.

1.0.302 **adaptive Steuerung (f)**
Ein zusätzliches Regelungssystem zur NC, welches zur Erzielung besserer Prozessergebnisse dient. Dabei werden verschiedene automatische Regelstrategien eingesetzt (z.B. konstante Schnittkraft, Zeitspanvolumen).

adaptive control
Control system additional to position/speed control used to achieve better process results by different automatic control approaches (constant cutting force, chip removal rate, etc.).

1.0.303 **Servo-Steuerung (f)**
Regelkreis, dessen Regelgröße eine mechanische Bewegung ist, z.B. die Lageregelung der NC-Achsen bei NC-Maschinen.

servo control
Control loop for mechanical movement e.g. NC position control loop.

1.0.304 **Frequenzumrichter (m)**
System zur Veränderung der Frequenz z.B. zur Regelung von Asynchronmotoren.

frequency converter
System for the change of the frequency, e.g. for the control of asynchronous motors.

1.0.305 **K_v Faktor (m)**
Verstärkungsfaktor im Regelkreis eines Antriebes mit Proportionalregler. Der K_v-Faktor ist ein Maß für das dynamische Verhalten des Regelkreises.

amplification factor
Amplification factor in a feed drive position control loop with purely proportional characteristic. The amplification factor is a measure for the dynamic behaviour of a control loop.

1.0.306 **Central Processing Unit (CPU) (f)**
Die CPU ist die zentrale Recheneinheit eines Rechners.

Central Processing Unit (CPU)
The Central Processing Unit is the calculation unit of a control system.

1.0.307 **Compiler (m)**
Ein Compiler übersetzt ein Hochsprachenprogramm in den Maschinencode eines Prozessors.

compiler
The Compiler is used to translate a high level programming language into machine code of a processor.

1.0.308 **werkstattorientierte Programmierung (WOP) (f)**
Einfache graphische Mensch-Maschine-Schnittstelle, die eine schnelle Programmierung von Werkstück-Konturen in der Werkstatt ermöglicht.

workshop oriented programming
Simple graphic man-machine interface that allows quick workpiece profile programming on the shop floor.

1.0.309 **Teileprogramm (n)**
Sequentiell abzuarbeitendes Programm, das die zur Fertigung eines Bauteils notwendigen Informationen enthält.

part-programme
Programme which contains the necessary information for producing a workpiece.

1.0.310 **G-Funktion (f)**
Positionierbefehle für NC-Maschinen.

G-functions
Positioning commands for NC machines.

1.0.311 **Eilgang (m)**
Einstell-, Anstell- oder Rücklaufbewegung von Werkzeug oder Werkstück mit gegenüber der Arbeitsgeschwindigkeit erhöhter Geschwindigkeit.

rapid traverse
Approach or return movement of the tool or workpiece at a velocity relatively high with respect to the working feed velocity.

commande (f) adaptative
Système d'asservissement supplémentaire à la NC permettant l'amélioration de la qualité du processus. Différentes stratégies d'asservissement peuvent être appliquées (par exemple force de coupe constante ou débit de copeaux).

servocommande (f)
Système pour asservissement d'un mouvement mécanique.

changeur (m) de fréquence
Système pour changer la fréquence. Le changeur est utilisé par exemple pour le contrôle de moteurs asynchrones.

coefficient (m) d'amplification (f)
Coefficient d'amplification dans un système asservi. Il caractérise le comportement dynamique du système.

unité (f) centrale (CPU)
L'unité centrale est l'unité de calculs dans une commande numérique ou ordinateur.

compilateur (m)
Le compilateur est un programme utilisé pour traduire un programme écrit en langage évolué en un programme en langage machine.

programmation (f) orientée atelier
Interface graphique simple homme-machine pour une programmation rapide du contour de la pièce dans un atelier.

programme (m) pièce
Programme contenant les informations sous forme alpha- numérique nécessaire à la réalisation de pièces sur une machine à commande numérique.

fonction (f) principale G
Commandes de positionnement pour les commandes numériques.

déplacement (m) rapide
Déplacement à vitesse élevée de l'outil ou de la pièce en général pour un mouvement d'approche ou de retrait.

1.0.312 **Hilfsfunktion (f)**
Hilfsfunktionen (M-Funktionen) der NC-Sprache zur Ansteuerung von Peripheriekomponenten (z.B. Werkzeugwechsler).

auxiliary functions
miscellaneous functions
Auxiliary (M) functions in the NC language are to control additional components e.g. tool turret, coolant.

1.0.313 **Maschinen-Nullpunkt (m)**
Konstruktiv festgelegter Nullpunkt aller Achsen.

machine zero-point
Constructively permanent fixed zero point of all axes.

1.0.314 **Referenzpunkt (m)**
Eine festgelegte Position einer NC-Achse mit einem konstanten Abstand zum Achsen-Nullpunkt.

reference point
A fixed position with a constant distance to machine axis zero position.

1.0.315 **kartesische Koordinaten (f)**
Rechtwinkliges Koordinatensystem XYZ, Achsen zur Positionsbestimmung.

cartesian co-ordinates
Reference system consisting of three orthogonal axes, e.g. x, y, z.

1.0.316 **Mehrachseninterpolation (f)**
Simultane Bewegungssteuerung von 2 oder mehr Achsen an einer Werkzeugmaschine.

multi-axis interpolation
Control of machine axis motion. The path of two or more axes is controlled simultaneously.

1.0.317 **Koordinaten-Transformation (f)**
Mathematische Umwandlung von Maschinenkoordinaten in kartesische (Raum-)Koordinaten (z.B. SCARA Roboter).

co-ordinate transformation
Mathematical conversion from machine co-ordinate system into a cartesian co-ordinate system (e.g. SCARA-robot).

1.0.318 **Interpolation (f)**
Berechnung von Zwischenpunkten zwischen vorgegebenen Anfangs- und Endpunkten zu einer Bahnkurve. Es wird zwischen verschiedenen Interpolationsarten unterschieden: Gerade, Kreis, Spline.

interpolation
Calculation of intermediate points between a given start position and end position. Several types of interpolation are commonly available: linear, circle, spline.

1.0.319 **Spline Funktion (f)**
Mathematische Funktion zur Beschreibung von Kurven (Polynom 3. Ordnung). Raumpunkte können zu Kurven zusammengefasst werden.

spline function
Mathematic function to describe a curve (3rd order polynominal). Points can be joined to a curve.

1.0.320 **Nicht Uniforme Rationale B-Splines (NURBS) (f)**
Mathematische Beschreibung von Freiformflächen wie Zylinder, Kugel oder Torus mittels Punkten und Parametern. Die Größe eines NC Programms kann durch die Benutzung von NURBS erheblich reduziert werden. Anstatt Tausende von Punkten zu speichern, müssen hier nur wenige Parameter gespeichert und zur NC übertragen werden.

Non Uniform Rational B-Splines (NURBS)
Mathematical description of forms like cylinder, sphere and torus. The NC program size can be considerably reduced by using NURBS. Rather than storing thousands of points, only a few parameters must be stored and passed to the NC.

fonctions (f) auxiliaires M
Les fonctions auxiliaires dans le langage des commandes numé-riques sont capables de contrôler des composants périphériques (par exemple un changeur d'outils).

origine (f) des axes de la machine
point (m) origine
Position initial de tous les mobiles de la machine définie par le constructeur. Cette position correspond à la valeur zéro des mesures de position des axes.

point (m) de référence
Position particulière d'un mobile d'une machine outil dont la valeur au point est fixée par le constructeur.

repère cartésien
Système de trois axes orthogonaux.

interpolation (f) multiaxe
Mode de pilotage du déplacement simultané des axes de la machine.

transformation (f) des coordonnées
Conversion mathématique des coordonnées articulaires en coordonnées cartésiennes.

interpolation (f)
Détermination de coordonnées de points intermédiaires entre deux points donnés. Les types d'interpolation généralement utilisés sont: linéaire, circulaire et spline.

fonction (f) spline
Fonction mathématique pour décrire une courbe (polynôme du troisième ordre). Les points de l'espace peuvent être joints par cette fonction pour former une courbe.

B-spline (m) rationnelle non uniforme (NURBS)
Description mathématique d'une forme tridimensionnelle à travers des points et des paramètres. Elle permet de raccourcir le programme de commande numérique.

1.0.321 **Parabolische/polynomische/kubische Spline-Interpolation (f)**
Steuerung der Maschinenachsen durch abschnittsweise Annäherung der Bewegung an parabolische/polynomische/kubische Funktionen.

parabolic/polynomial/cubic spline interpolation
Control of machine axis motion. The tool path is approximated by interpolation of parabolic/polynomial/cubic functions.

1.0.322 **Konturzug-Programmierung (f)**
Funktion zur Programmierung von Konturen. Das System erzeugt das passende NC-Programm automatisch.

contour segment programming
Function for programming profile (contour) segments. The system generates the NC program automatically.

1.0.323 **Look ahead Funktion (f)**
Die NC berechnet einige NC (Bewegungs-) Befehle im Voraus und reduziert ggf. die Geschwindigkeit an steigenden Übergängen.

look ahead function
The NC control calculates several NC commands in advance and reduces speed in case of discontinuous path.

1.0.324 **Zykluszeit (f)**
Von der NC benötigte Mindestzeit, um aufeinander folgende Programmsätze für die Abarbeitung aufzubereiten und bereitzustellen.

cycle time
Minimum NC calculation time for the next positioning process/ action.

1.0.325 **Bus (m)**
Abkürzung für „Business line". Mehrere Geräte sind über parallele Leitungen verbunden und können somit binäre Daten austauschen.

bus
Abbreviation for "business line". Several devices are connected via parallel lines and exchange binary data.

1.0.326 **Protokoll (n)**
Regeln über den Datenaustausch zwischen Computern und/ oder anderen elektronischen Einrichtungen.

protocol
Rules for the communication between computer and/ or other electronic devices.

1.0.327 **Cutter Line Data (CLDATA) (f)**
CAD Datenformat, um NC Daten und Bahnen abzuspeichern. Diese Daten müssen erst unter Berücksichtigung der Maschinenparameter in einen NC-Code kompiliert werden, bevor sie von der NC-Maschine gelesen werden können.

Cutter Line Data (CLDATA)
Common CAD systems store the tool path data as a CLDATA File. This data has to be compiled for machine specific parameters to generate a NC code to be read by NC controls.

1.0.328 **Messkette (f)**
Messkette bestehend aus Messaufnehmer, Signalwandler, Auswerteeinheit und Anzeigegerät.

measuring system
Measuring system consisting of sensor, signal converter, data interpretation unit and indicator.

1.0.329 **Auswerteeinheit (f)**
Gerät einer Messkette, das die am Messort abgegriffenen Messwerte analysiert, weiterverarbeitet und visualisiert.

data interpretation unit
Device to analyse and visualise data collected at the measuring point.

1.0.330 **Filter (m)**
Schaltungselement zur Trennung von Signalen unterschiedlicher Frequenz.

frequency filter
Device for removing certain frequencies from a signal.

interpolation (f) par fonctions spline paraboliques/ polynômiales/cubiques
Mode de pilotage du déplacement des axes de la machine. La trajectoire de l'outil est calculée approximativement par interpolation paraboliques / polynomiales /cubiques.

programmation (f) du contour
Fonction pour la programmation des contours. Le système génère automatiquement le programme de la commande numérique.

fonction (f) de lecture anticipée
La commande numérique interprète plusieurs commandes en avance et réduit les vitesses dans les trajectoires discontinues.

temps (f) de cycle
Durée minimale dont la commande numérique a besoin pour calculer le prochain positionnement.

bus (m)
Lignes de connexion parallèles aux quelles sont reliés plusieurs appareils pour échanger des informations.

protocole (m)
Règles pour la communication entre ordinateurs et/ou autres appareils électroniques.

interface (f) CAO-CNC
Les systèmes de CAO enregistrent les renseignements sur la trajectoire de l'outil sous le format (CL-DATA). Ces renseignements doivent être compilés pour chaque machine possédant un langage machine différent pour générer un code CNC.

système (m) de mesure
Système qui se compose de capteur, convertisseur, unité d'interprétation et indicateur de résultats.

unité(f) d'interprétation (f) de données
Dispositif capable d'analyser et d'observer les données rassemblées à partir d'un point de mesure.

filtre (m)
circuit (m) filtrant
Élément d'un circuit capable de séparer les signaux de fréquences différentes.

1.0.331 **Hochpass (m)**
Filtert Signale niedriger Frequenzen und lässt Signale hoher Frequenzen passieren.

high-pass
Removes low frequency components of a signal.

1.0.332 **Tiefpass (m)**
Filtert Signale hoher Frequenzen heraus und lässt Signale niedriger Frequenzen passieren.

low-pass
Removes high frequency components of a signal.

1.0.333 **DA-Wandler (m)**
Gerät zur Umwandlung von digitalen Signalen in analoge Signale.

D-A converter
Device which converts digital signals into analog signals

1.0.334 **AD-Wandler (m)**
Gerät zur Umwandlung von analogen Signalen in digitale Signale.

A-D converter
Device which converts analog signals into digital signals.

1.0.335 **Ladungsverstärker (m)**
Wird verwendet, um Ladungen in Spannungen umzuwandeln. Die Ausgangsspannung ist proportional zur Eingangsladung. Üblicherweise in Verbindung mit piezoelektrischen Sensoren eingesetzt.

charge amplifier
Used to convert charge to voltage. The output voltage is proportional to the applied input charge. Typically used in conjunction with piezoelectric sensors.

1.0.336 **Sensor (m)**
Gerät, das die Messgröße am Messort misst.

sensor
Device which detects the quantity to be measured at the measuring point.

1.0.337 **Beschleunigungssensor (m)**
Messaufnehmer zur Bestimmung von Beschleunigungen.

accelerometer
Sensor for measuring acceleration.

1.0.338 **Kraftsensor (m)**
Messaufnehmer zur Bestimmung von Kräften.

dynamometer
Sensor for measuring forces.

1.0.339 **piezoelektrischer Kraftaufnehmer (m)**
Aufnehmer zum Messen von dynamischen Kräften, der mechanische Belastungen mit Hilfe des piezoelektrischen Effekts in elektrische Ladungen umwandelt.

piezo-electric sensor
Device which converts dynamic forces into electrical charge due to the piezo-electrical effect.

1.0.340 **inkrementale Wegmessung (f)**
Inkrementale Positionsmessung, häufig als Impulszähler realisiert. Ein Impuls entspricht einem Weg- oder Winkelinkrement.

incremental measuring system
Incremental position measurement, generally based on a pulse counter. A pulse corresponds to a linear or angular increment.

1.0.341 **Linearmaßstab (m)**
Messsystem zur Ermittlung der Ist-Position von WZM-Achsen.

linear measuring scale
Measuring system for determination of the position of machine tool axes.

filtre (m) passe-haut
Filtre qui ne laisse passer que les hautes fréquences d'un signal.

filtre (m) passe-bas
Filtre qui ne laisse passer que les basses fréquences d'un signal.

convertisseur (m) numérique analogique
Dispositif capable de transformer les signaux digitaux en signaux analogiques.

convertisseur (m) analogique numérique
Dispositif capable de transformer les signaux analogiques en signaux digitaux.

amplificateur (m) de charge
Dispositif capable de transformer des charges électriques en tension. La tension à la sortie est proportionnelle à la charge appliquée à l'entrée. Utilisé généralement avec les capteurs piézo-électriques.

capteur (m)
Dispositif permettant de mesurer une grandeur à un point de mesure déterminé.

accéléromètre (m)
Capteur pour mesurer l'accélération.

capteur (m) d'effort
Capteur pour mesurer les forces.

capteur (m) piézo-électrique
Dispositif transformant les forces mécaniques en charges électriques et utilisant l'effet piézo-électrique.

système (m) de mesure (f) incrémentiel
Système pour déterminer la position, basé généralement sur un compteur d'impulsions. Une impulsion correspond à un incrément linéaire ou angulaire.

système (m) de mesure linéaire
Système de mesure pour déterminer la position instantanée des axes de la machine-outil.

1.0.342 **codierter Drehgeber (m)**
Misst die relative oder absolute Winkelposition der Geberwelle.

rotary encoder
shaft encoder
Measures the relative or absolute angular position of a shaft, spindle or leadscrew.

1.0.343 **Resolver (m)**
Analoger Messwertwandler, der die absolute Winkelposition innerhalb einer Umdrehung misst.

resolver
Analogue measurement device which determines the absolute angular position.

1.0.344 **Schrittmotor (m)**
Die relative Winkelposition eines Schrittmotors ist proportional zur Anzahl der Steuerungsimpulse. Somit wird kein zusätzliches Wegmesssystem benötigt. Der Schrittmotor weist allerdings Nachteile hinsichtlich niedriger Drehzahlen und niedriger Drehmomente auf.

stepping motor
A stepper motor's relative angular position is controlled by a sequence of pulses from the controller. Thus, no position measurement system is needed. The disadvantages include limited rotational speed and limited torque.

1.0.345 **Dehnungsmessstreifen (m) DMS**
Dehnungsmessstreifen wandeln unter Ausnutzung von Widerstandsänderungen Dehnungen in elektrische Signale um.

wire strain gauge
A grid of wire attached to a surface. When the surface is strained the wire changes its resistance.

1.0.346 **Temperatursensor (m)**
Messmittel zur Erfassung der Temperatur.

temperature sensor
Instrument for the determination of temperature.

1.0.347 **Thermokamera (f)**
Messumformer zur Registrierung von Infrarotstrahlung.

thermographic camera
Camera sensitive to infrared radiation, used to measure temperature fields.

1.0.348 **Stromsensor (m)**
Messaufnehmer zur Bestimmung der elektrischen Stromstärke.

current sensor
Device for measuring electric currents.

1.0.349 **Thermoelement (n)**
Messeinrichtung, die Temperaturunterschiede mit Hilfe des thermoelektrischen Effekts in Form von elektrischen Spannungen misst.

thermocouple
Temperature measuring device which detects temperature differences due to the thermoelectric effect.

1.0.350 **Laserlichtschranke (f)**
Sicherheitseinrichtung, z.B. für die Überwachung von Arbeitsräumen von Werkzeugmaschinen.

laser light barrier
Safety device, e.g. for the control of working areas of machine tools.

1.0.351 **Körperschallsensor (m)**
Messfühler, der Schallemissionen in Festkörpern misst.

acoustic emission sensor
Sensor for detecting acoustic emissions from solid bodies measured on surface. of the body.

1.0.352 **Abtastrate (f)**
Frequenz, mit der eine Messung aufgenommen wird, d.h. Zahl der aufgenommenen Messpunkte pro Zeiteinheit.

sampling rate
Frequency with which a measurement is taken, i.e. the number of measurement points recorded per unit time.

codeur (m) de position angulaire
Capteur numérique pour mesurer la position angulaire absolue ou relative d'un arbre ou d'une broche.

résolveur (m)
Capteur analogique pour mesurer une position angulaire absolue.

moteur (m) pas-à-pas
La position angulaire relative d'un moteur pas-à-pas est commandée par une séquence d'impulsions. Cela permet l'utilisation du moteur pas-à-pas comme système de mesure. Les défauts de ce système sont les petites vitesses en rotation et les couples limités.

jauge (f) extensométrique
Element résistif collé sur la surface du corps à mesurer. Sa déformation produit une variation de résistance électrique.

capteur (m) de température (f)
Capteur pour mesurer la température.

caméra (f) thermographique
Dispositif sensible au rayons infrarouge, utilisé pour mesurer les champs de température.

capteur (m) de courant
Capteur pour mesurer le courant électrique.

thermocouple (m)
Capteur de température basé sur la transformation de l'énergie thermique en énergie électrique, c'est l'effet thermoélectrique.

barrière (f) photoélectrique à laser
Dispositif de sécurité permettant le contrôle des espaces de travail d'une machine-outil.

capteur (m) d'émission acoustique
Capteur pour mesurer l'émission acoustique à la surface des solides.

fréquence (f) d'échantillonnage
Fréquence avec laquelle une mesure est prise, c.-à d. c'est le nombre de points de mesure enregistrés par unité de temps.

1.0.353 **Übertragungsbandbreite (f)**
Frequenzbereich, in dem ein Messumformer ein annähernd proportionales Übertragungsverhalten aufweist.

dynamic range
Range of frequencies over which the response of the transducer is linear or proportional to the quantity being measured.

1.0.354 **Schwellwert (m)**
Grenzwert bei dem ein System seinen Zustand verändert, eine Handlung ausgelöst wird, o.ä.

threshold
The point or level at which either a system changes its state or an action is initiated.

1.0.355 **Drift (m)**
Quasistatischer Messfehler bedingt durch veränderliche Umgebungseinflüsse oder transiente Effekte in der Schaltung.

drift
Quasi static error in a measurement system either due to changing environmental conditions or transient effects in electronic circuitry.

1.0.356 **Dämpfung (f)**
Verminderung von Schwingungseffekten. Veränderung von Schwingungsfrequenz und -amplitude.

damping
Reduction of oscillation effects. Change of oscillation frequency and amplitude.

1.0.357 **Schwingungsdämpfung (f)**
Unterdrückung fremderregter Schwingungen durch entsprechende Materialwahl, konstruktive Maßnahmen, etc.

vibration damping
Suppression of oscillations by choosing suitable materials, design, etc.

1.0.358 **Zeitanalyse (f)**
Analyse eines Prozesses basierend auf einer Zeitkomponente.

time based analysis
Analysis done in the time domain.

1.0.359 **Prozessvisualisierung (f)**
Darstellung der Prozessstrategie sowie der Informationen aus dem Prozess.

process visualising
Visualising the process strategy as well as information about the process.

1.0.360 **Telediagnose (f)**
Zustandsbewertung, die über eine Kommunikationseinrichtung ortsunabhängig von dem zu diagnostizierenden System erfolgt.

tele-diagnostics
Method for evaluating the machine condition. The diagnosis can take place independent of the distance to the system by means of telecommunications.

1.0.361 **Überwachungsstrategie (f)**
Methode der Signalerfassung und -auswertung bei der Prozessüberwachung.

monitoring strategy
Method for signal acquisition and assessment in process monitoring.

1.0.362 **Überwachungsalgorithmus (f)**
Art des strukturellen Aufbaus einer Überwachungsstrategie.

monitoring algorithm
Structure rules of the strategy.

1.0.363 **Datenerfassung (f)**
Aufnahme relevanter Prozessgrößen wie z.B. Bearbeitungskräfte und Temperaturen.

data acquisition
Recording process data e.g. forces, temperatures etc.

largeur (f) de la bande de transmittion
Bande de fréquences dans laquelle la réponse harmonique est plus ou moins proportionnelle à l'excitation.

seuil (m)
Point ou niveau à partir duquel un système change son état ou une action est commencée.

dérive (f)
Erreur quasi statique due à la variabilité des effets extérieurs ou transitoires dans le circuit électronique.

amortissement (m)
Réduction des effets des oscillations. Changement de la fréquence et de l'amplitude des oscillations.

amortissement (m) de vibrations
Suppression d'oscillations en choisissant des matières convenables ou en revoyant la conception.

analyse (f) dans le domaine temporel
Analyse basée sur le temps.

visualisation (f) du processus
Représentation de la stratégie et des informations issues du procédé.

télédiagnostic (m)
Le diagnostic peut avoir lieu indépendamment de la distance au système à l'aide de techniques de télécommunication.

stratégie (f) de surveillance
Méthode pour l'acquisition et l'analyse de signaux au cours de la surveillance du procédé.

algorithme (m) de surveillance
Structure de la stratégie de surveillance.

acquisition (f) de données
Enregistrement des données caractéristiques d'un processus, par exemple forces, températures, etc.

1.0.364 **Betriebsdatenerfassung (BDE) (f)**
Es werden alle Betriebsdaten während der Produktion gespeichert, so dass der Produktionsprozess verbessert und Schwachstellen analysiert werden können.

manufacturing data collection
The acquisition of operational or production data which is used to improve the process productivity and to analyse production weaknesses.

1.0.365 **Maschinendatenerfassung (f)**
Erfassung messbarer Daten in einer Maschine, z.B. Geschwindigkeit oder Temperatur.

machine data acquisition
Acquisition of measurable data in a machine, e.g. speed or temperature.

1.0.366 **Prozessüberwachung (f)**
Überwachung eines Prozesses, bei dem relevante Prozesskenngrößen wie z.B. Kräfte, Temperaturen usw. aufgenommen werden, um Störungen zu erkennen.

process monitoring
Observation of the process, where forces, temperatures etc. are measured in order to detect disturbances.

1.0.367 **Frequenzanalyse (f)**
Analyse eines Prozesses basierend auf einer Frequenzkomponente.

frequency analysis
Analysis done in the frequency domain.

1.0.368 **Verformungsanalyse (f)**
Analyse zur Beschreibung des Verformungsverhaltens eines geometrischen Körpers.

analysis of deformation
Analysis for the description of the deformation behaviour of a geometric body.

1.0.369 **Fehlererkennung (f)**
Erfassung von Fehlern im Bearbeitungsprozess.

fault detection
Detection of errors during an operation.

1.0.370 **Störungserkennung (f)**
Erfassung von Störungen im Bearbeitungsprozess.

disturbance detection
Detection of disturbances during an operation.

1.0.371 **Mustererkennung (f)**
Erkennung bestimmter Strukturen in Signalen, die Auskunft über den Prozesszustand geben.

pattern recognition
Recognition of certain structures in signals, which allow a state identification.

1.0.372 **Werkzeugüberlastung (f)**
Belastung eines Werkzeugs über einen maximal zulässigen Grenzwert.

tool overload
Load applied to a cutting tool exceeding a maximum permitted level.

1.0.373 **Werkzeugbruch (m)**
Zerstörung eines intakten Werkzeugs während eines Bearbeitungsprozesses.

tool breakage
tool fracture
Destruction of a cutting tool during a production process.

1.0.374 **Werkzeugbruchüberwachung (f)**
Ein System, das überprüft, ob ein Werkzeugbruch vorliegt.

tool fracture detection
System for the identification of cutting tool fractures.

collecte (f) de données de l'usinage
Toute les données de l'usinage sont enregistrées pour détecter les points faibles et améliorer la production.

acquisition (f) de données de la machine
Action d'acquérir des données mesurables de la machine, comme la vitesse ou la température.

surveillance (f) du procédé
Observation du procédé pour lequel des quantités, par exemple forces, températures, etc. sont mesurées pour détecter des troubles.

analyse (f) fréquentielle
Analyse basée sur la fréquence.

analyse (f) des déformations
Analyse effectuée pour décrire la déformation d'un corps géométrique.

détection (f) de défauts
Détection d'erreurs et de défauts durant le fonctionnement.

détection (f) de pannes
Détection de perturbations ou de pannes durant le fonctionnement.

reconnaissance (f) de formes
Reconnaissance de certaines structures dans les signaux permettant une identification de l'état du processus.

surcharge (f) de l'outil
La charge appliquée à un outil coupant dépasse une valeur maximale autorisée

rupture (f) de l'outil
Destruction d'un outil coupant durant son fonctionnement.

système de détection (f) de rupture
Système pour détecter la rupture d'outil.

1.0.375 **Messfehlerkompensation (f)**
Achsen werden geeicht, um Messfehler zu kompensieren und um höhere Genauigkeiten zu erreichen. Dazu werden die NC-Achsen genau vermessen (z.B. mit Laser-Interferometer). Die Maßabweichungen werden als Korrekturwerte in der NC gespeichert.

axis calibration
Axes are calibrated to compensate measurement errors and to achieve higher positioning accuracy. Axis accuracy is measured against a precision reference surface using a laser interferometer. The measured errors are stored in the NC controller to enable future error compensation.

1.0.376 **Temperaturkompensation (f)**
Ausgleich der Temperatureinflüsse während eines Prozesses.

temperature compensation
Compensation of the influence of temperature during a process.

1.0.377 **thermische Verlagerung (f)**
Verschiebung von Maschinenkomponenten durch Wärmedehnungen.

thermal displacement
Displacement of machine components due to thermal expansion.

1.0.378 **Kompensation (f) der thermischen Verlagerung**
Korrektur der während der Maschinenlaufzeit auftretenden Wärmedehnung genauigkeitsbestimmender Maschinenkomponenten.

thermal drift compensation
Correction of dimensional errors due to thermal expansion of machine parts.

1.0.379 **Werkzeugradiuskompensation (f)**
Eine Methode zum Versatz des Werkzeuges um den jeweiligen Werkzeugradius. Die NC berechnet für jeden Fräserdurchmesser die äquidistante Mittelpunktsbahn zur Werkstückkontur, sowie Schnittpunkte und Übergangsradien an Ecken.

tool radius offset compensation
Method to compensate different tool radii. The NC calculates the tool centre point path for different tool radii.

1.0.380 **Werkzeugverschleißkompensation (f)**
Automatische Korrektur der verschleißbedingten Veränderung der Werkzeugabmaße.

tool wear compensation
Automatic correction of dimensional errors due to tool wear.

1.0.381 **Werkzeugvermessung (f)**
Bestimmung der genauen Werkzeugmaße (Länge, Durchmesser) zur Weiterverarbeitung in CNC-Steuerungen.

tool measurement
Determination of the exact tool dimensions (length, diameter) for further processing in CNC control.

1.0.382 **Auflösung (f)**
Abstand zweier gerade noch unterscheidbarer Punkte, z.B. bei Verfahrbewegungen der Achsen einer Werkzeugmaschine.

resolution
Minimum value which can be distinguished between two successive measurements, e.g. in axes movements of a machine tool.

1.0.383 **Maschinenabweichung (f)**
Summe der Abweichungen der einzelnen Bauteile einer Maschine.

deviation of machine
Total of the deviations of the individual machine components.

1.0.384 **Arbeitsgenauigkeit (f)**
Minimal erzielbare Abweichung der Istposition des Werkzeugs von der programmierten Sollposition

machining accuracy
Minimal achievable deviation of the actual value of a cutting tool from the target value set by the NC.

compensation (f) de l'erreur de mesure
Les axes de la machine-outil sont calibrés pour compenser les erreurs de mesure ce qui permettra d'opérer à une précision plus élevée. La précision des axes est mesurée à l'aide d'un interféromètre laser. Les erreurs calculées sont enregistrées dans la commande numérique comme constantes de compensation.

compensation (f) en température
Compensation de l'effet de la température pendant le déroulement d'un processus.

déplacement (m) thermique
Déplacement des éléments de la machine-outil par dilatation thermique.

compensation (f) en dérive thermique
Correction d'erreurs dimensionnelles dues à la dilatation thermique de quelques éléments de la machine.

compensation (f) du rayon de l'outil
Méthode pour prendre en compte les rayons différents des outils. La CN calcule la trajectoire du centre de l'outil pour des rayons différents.

compensation (f) de l'usure de l'outil
Correction automatique des écarts dimensionnels dus à l'usure de l'outil.

mesurage (m) de l'outil
Détermination des dimensions de l'outil (longueur, diamètre) pour sa définition dans les commandes numériques.

résolution (f)
Valeur minimale entre deux positions pouvant être distinguées l'une de l'autre, par exemple pour évaluer la qualité de l'entraînement des axes de la machine-outil.

écart (m) de la machine
Somme des écarts des composants de la machine-outil.

précision (f) de l'usinage
Écart minimal pouvant être réalisé par l'outil entre la position réelle et la position prescrite par la commande numérique.

1.0.385 **Positioniergenauigkeit (f)**
Minimal erzielbare Abweichung der Ist- von der Sollposition (einer Achse).

positioning accuracy
Minimal achievable deviation of the actual position from the desired position

1.0.386 **Geometrische Abweichung (f)**
Abweichung der Form und Lage von der gewünschten Kontur.

geometric deviation
Deviation of component shape/ geometry from the nominal or targeted shape/geometry.

1.0.387 **Geradheit (f)**
Gibt in Form einer Längenangabe die maximale Abweichung von einer ideal eindimensionalen Bewegungsbahn an.

linear accuracy
Maximum deviation from an ideal linear trajectory.

1.0.388 **Geradheitsabweichung (f)**
Abweichung senkrecht zur Vorschubrichtung.

lateral deviation
Deviation orthogonal to the primary motion.

1.0.389 **Rundlauffehler (m)**
Radiale Abweichung eines rotationssymmetischen Werkzeugs vom Werkzeugdurchmesser bei Drehbewegung.

radial deviation
Radial deviation of a rotationally symmetrical tool from the nominal tool diameter during rotation.

1.0.390 **Exzentrizität (f)**
Rundlauffehler, die Werkzeug- oder Spindelachse besitzt einen Versatz zur Drehachse.

axial runout
Tool or spindle axis has a radial deviation from the nominal axis of rotation.

1.0.391 **Taumelbewegung (f)**
Durch eine Unwucht auf rotierenden Bauteilen ausgelöste Bewegung in axialer und radialer Richtung.

whirl
Movement of rotating components in axial and radial direction caused by unbalance/ misalignment.

1.0.392 **Taumelfehler (m)**
Rundlauffehler, die Werkzeug- oder Spindelachse ist zur Drehachse gekippt.

tool-axis alignment error
Tool or spindle axis is tilted to the axis of rotation.

1.0.393 **Vorschubfehler (m)**
Fehler in der Verfahrgeschwindigkeit der Achsen.

feed rate error
Error in the feed rate of the axes

1.0.394 **Nachlauf (m)**
Nachlauffehler (m)
Schleppfehler (m)
Der Schleppfehler ist die Differenz zwischen der aktuellen Achsposition und der berechneten Sollposition

axis lag
contouring error
The contouring error describes the difference between the actual axis position and the desired position.

1.0.395 **Laufruhe (f)**
Die Laufruhe von rotierenden Bauteilen wird danach beurteilt, welche Schwingungen, Erschütterungen oder Geräusche verursacht werden.

quiet running
The quiet running of rotating components is judged by oscillation, shock and noise.

précision(f) du positionnement
Écart minimal pouvant être réalisé par l'axe de la machine-outil entre la position réelle et la position visée.

écart (m) géométrique
Écart de forme, d'orientation et/ou de position.

rectitude (f)
Écart de forme d'une trajectoire rectiligne.

écart (m) latéral
Ecart perpendiculaire à la direction du mouvement.

écart (m) radial
Écart dans la direction d'un rayon.

battement (m) circulaire
Différence radiale entre la distance maximale et la distance minimale des points d'une ligne circulaire par rapport à un axe.

culbutage (m)
Mouvement axial et radial des unités rotatives causé par un défaut d'équilibrage.

chancellement (m)
Axe d'outil ou de broche étant penché vers l'axe de rotation.

erreur (f) d'avance
Erreur dans la vitesse d'avance des axes de la machine.

erreur (f) de poursuite
Différence entre la position calculée et la position réelle.

stabilité (f) de marche
La stabilité de marche des composants tournants. La stabilité est jugée par le développement de vibrations, chocs et bruits.

1.0.396	**Wuchtgüte (f)** Klassifizierung der Unwucht von rotierenden Bauteilen.	**balance quality** Classification of out-of-balance of rotating elements.
1.0.397	**Belastungsvektor(m)** Vektor, der den Betrag und die Richtung einer in ein System eingeleiteten Kraft angibt.	**loading vector** Vector, that indicates the magnitude and the direction of a force applied to a system.
1.0.398	**Verformungsverhalten (n)** Beschreibt die elastische oder plastische Verformung eines Körpers unter Einwirkung äußerer Kräfte und Momente.	**deformation mode** Describes the elastic or plastic deformation of a body under the effect of external forces and moments.
1.0.399	**Steifigkeit (f)** Die Steifigkeit eines mechanischen Systems ist der Widerstand gegen Auslenkung bei definiert aufgebrachter Kraft.	**stiffness** The stiffness of a mechanical structure is the resistance against deflection caused by an applied force.
1.0.400	**Steifigkeitsmatrix (f)** Quadratische Matrix, welche die Steifigkeitskoeffizienten eines Systems enthält.	**stiffness matrix** Square matrix, which contains the stiffness coefficients of a system.
1.0.401	**Kollision (f)** Zusammenstoß zweier oder mehrerer Wirkpartner.	**collision** Mutual, often destructive, interference in the path of moving bodies.
1.0.402	**Materialfluss (m)** Umsetzung und Ablauf von Materialien/ Materialverarbeitung.	**material handling** Transportation and cycle of materials/ material processing.
1.0.403	**Materialflusssystem (n)** Der Prozess und die Systeme, die den Transport von Gütern durchführen und steuern.	**material handling system** Management process and systems for handling and monitoring of goods transportation.
1.0.404	**Lagersystem (n)** Das System, das dazu dient, Daten, Produkte oder Waren aufzunehmen, sie zu halten und von wo sie zu einem späteren Zeitpunkt wieder entnommen werden können.	**storage system** The system to enter data, products, or goods, to hold them and from which they can be retrieved at a later time.
1.0.405	**Palette (f)** Einrichtung zur Aufnahme momentan nicht eingesetzter Werkstücke oder Werkzeuge.	**pallet** Device for holding workpieces or tools.
1.0.406	**Palettenspeicher (m)** Lagerraum für Paletten.	**pallet storage** Area or device for storing pallets.
1.0.407	**Palettenwechsler (m)** Vorrichtung zum Austausch von Werkstückpaletten in den oder aus dem Maschinenraum.	**pallet changer** Device for exchanging workpiece pallets to or from a machine.

qualité (f) d'équilibrage
Classification du déséquilibre d'un élément en rotation.

vecteur (m) de sollicitation
Vecteur indiquant l'amplitude et la direction d'une force agissant sur un système.

mode (m) de déformation
Décrit une déformation élastique ou plastique d'un corps sous l'effet de forces ou de moments.

rigidité (f)
Propriété d'une structure mécanique définie par le rapport entre une contrainte de tension purement élastique et la déformation.

matrice (f) de rigidité/ raideur
Matrice qui contient les constantes de raideurs du système.

collision (f)
Choc de deux corps qui se rencontrent.

flux (m) des matières
Quantité de matériel se déplaçant pendant une unité de temps.

système (m) de flux des matières
Systèmes et processus capables de gérer, de contrôler et d'effectuer le transport d'un lieu à un autre.

système (m) de stockage
Système capable d'emmagasiner des données, produits ou marchandises, de les maintenir et de les restituer dans le futur.

palette (f)
Elément sur lequel sont montés des outils ou des pièces en vue de leur transfert sur un poste d'usinage.

magasin (m) à palettes
Espace pour le stockage des palettes.

échangeur (m) de palettes
Dispositif permettant d'introduire dans la machine des palettes, ou de les extraire.

1.0.408 **fahrerloses Transportsystem (n)**
Automatisch gesteuertes Fahrzeug, mit dem Waren mannlos von einem Ort zu einem anderen bewegt werden.

automatically guided vehicle system
Automatically guided vehicle system designed to move goods from one place to another.

1.0.409 **Handhabungssystem (n)**
Ein System, eine Vorrichtung oder eine Gruppe von Geräten, die Teile oder Material zu einem Arbeitsschritt oder -platz transportieren oder davon abholen.

handling system
System, device or collection of devices required to move parts or materials to or from an operation or work area.

1.0.410 **Portalroboter (m)**
Ein Roboter mit einem Handgelenk oder einem Arm, der innerhalb eines brückenartigen Rahmens montiert ist, der für die axiale Bewegung sorgt.

gantry robot
Robot that has a wrist or arm suspended from a bridgelike frame, the latter having axes that enable linear positioning to the wrist or arm.

1.0.411 **Nennleistung (f)**
Maximale Leistung eines Motors bei 100% Einschaltdauer.

rated output
Maximum output of a motor for 100% use.

1.0.412 **Anschlussleistung (f)**
Benötigte Leistung für den Betrieb einer Werkzeugmaschine.

installed capacity
Power necessary for operation of a machine tool.

1.0.413 **Armgreifer (f)**
Ein Manipulator, der aus untereinander verbundenen Gliedern und angetriebenen Gelenken besteht und der eine Hand oder ein Werkzeug trägt oder bewegt, die für das Greifen konstruiert ist.

arm gripping device
Manipulator comprising an interconnected set of links and powered joints, which supports or moves a hand or end effector designed for holding or gripping.

1.0.414 **Drehzahlbereich (m)**
Bereich der gestuft oder stufenlos einstellbaren Drehzahlen.

speed range
Range of stepped or infinitely variable rotational speeds.

1.0.415 **maximales Drehmoment (n)**

maximum torque

1.0.416 **Arbeitsraum (m)**
Wird durch die Verfahrwege der Achsen aufgespannt.

working space
Is defined by the maximum travel in the direction of the feed axis.

1.0.417 **Aufspannfläche (f)**
Fläche, auf die das zu bearbeitende Werkstück aufgespannt wird.

workpiece mounting surface
Area on which a workpiece to be machined is mounted.

1.0.418 **Zahl simultan gesteuerter Achsen (f)**
Anzahl der Achsen einer Werkzeugmaschine, die zeitgleich gesteuert werden können.

number of simultaneously controlled axes
Number of axes of a machine tool that can be controlled with functional dependence at the same time.

1.0.419 **thermosymmetrische Konstruktion (f)**
Konstruktionstechnik, bei der thermische Einflüsse kompensiert werden.

thermosymmetrical design
Design technique, which aims to compensate thermal influences by inherent balancing or compensationof thermal distortions.

système (m) de transport filoguidé
Ensemble comportant des chariots guidés automatiquement pour déplacer des charges d'un endroit à un autre.

système de manutention (m)
Système, dispositif ou ensemble de dispositifs nécessaire pour transporter ou amener des pièces ou des matériaux à l'espace de travail.

robot (m) portique
Robot possédant un poignet ou un bras monté sur un portique.

puissance (f) nominale
Puissance nominale du moteur de broche.

puissance (f) installée
Puissance nécessaire au fonctionnement de la machine.

bras (m) manipulateur
Manipulateur, composé de plusieurs éléments reliés par des articulations et d'une main ou d'un appareil spécial capable de porter un outil ou de saisir des objets.

gamme (f) de vitesse de rotation
Vitesses de rotation disponibles pour la broche.

couple (m) maximal

capacités (f) machine
Volume utilisable pour le déplacement des mobiles.

surface (f) de la table
Surface disponible pour le montage des pièces.

nombre (m) d'axes simultanés
Nombre d'axes de la machine pouvant être commandés simultanément.

construction (f) thermosymétrique
Conception capable de compenser les effets thermiques.

1.0.420 **Spielausgleich (m)**
Konstruktive Maßnahme zur Aufhebung des Flankenspiels zwischen Gewindespindel und Spindelmutter.

backlash compensation
Reduction or elimination of backlashs between leadscrew and nut.

1.0.421 **Werkzeugstahl (m)**
Schneidstoff, der seine Härte aus einem martensitischen Gefüge und/oder eingelagerten Karbiden (Cr, Mo, W, V) bezieht.

tool steel
Cutting tool material whose hardness is attributable to the martensitic structure and/or dispersed Carbides (Cr, Mo, W, V).

1.0.422 **Schnellarbeitsstahl (HSS) (m)**
Hochlegierter Werkzeugstahl mit martensitischem Grundgefüge und eingelagerten Karbiden, z.B. W-, W-Mo-, Cr- und V-Karbide.

high speed steel
High-alloy tool steel with a martensitic matrix and fine dispersed carbides e.g. W-, W-Mo-, Cr- and V-carbides.

1.0.423 **Stellit (n)**
Gegossene Hartlegierung, bestehend aus Kobaltmatrix und Cr- bzw. W-Karbiden.

stellite
Cast hard alloy, consists of a Cobalt matrix with Cr- and W-Carbides.

1.0.424 **Hartmetall (HW) (n)**
Zwei- oder mehrphasige, pulvermetallurgisch hergestellte Legierung aus einem die Zähigkeit bestimmenden Bindemetall und Metallkarbiden oder -karbonitriden als Härteträger wie z. B. Wolframcarbid (WC).

cemented carbide
Duplex or polyphase alloy produced by powder metallurgy. Consists of a binder metal to ensure toughness and a hard phase of metal carbides or carbonitrides e.g. tangsten carbide (WC).

1.0.425 **Feinstkornhartmetall (n)**
Wolframcarbid (WC) basierter Sinterwerkstoff mit mittlerer Gefügekorngröße kleiner 1 μm.

fine grain cemented carbide
Sintered tangsten carbide (WC) based material with average grain sizes usually below 1 μm.

1.0.426 **Ultrafeinstkornhartmetall (n)**
WC-basierter Sinterwerkstoff mit mittlerer Gefügekorngröße kleiner 0,5 μm.

submicron grain cemented carbide
Sintered WC-based material with average grain size below 0,5 μm.

1.0.427 **Bindephase (f)**
Metallischer oder keramischer Gefügebestandteil im Sinterwerkstoff zur Fixierung der Hartstoffphase.

binder phase
Metallic or ceramic composite in which a hard, wear resistant phase is dispersed.

1.0.428 **Hartstoffphase (f)**
Gefügebestandteil mit hoher Härte, z.B. CBN, WC.

hard material phase
Material of high hardness, e.g. CBN, WC.

1.0.429 **Cermet (HT) (n)**
Vielkomponentenhartmetalle auf der Basis von Titankarbonitrid mit Tantal, Niob und Vanadium im Hartstoff ohne freie Wolframkarbide.

cermet
Polyphase cemented carbide comprising of titanium carbonitride with additional tantalum, niobium and vanadium for hardness. No free tungsten carbide present.

rattrapage (m) de jeu
Action corrective visant à éliminer l'influence du jeu dans les mouvements.

acier (m) à outils
Acier utilisé pour la fabrication d'outils. La dureté est obtenue par la structure martensitique et la présence de carbures en précipitation.

acier (m) rapide
Acier fortement allié de structure martensitique contenant une dispersion de carbures de chrome, molybdène, tungstène ou vanadium.

stellite (f)
Matériau coulé de grande dureté constitué de carbures de chrome et de tungstène dans une matrice de cobalt.

carbure (m) fritté
Matériau biphasé ou polyphasé obtenu par la métallurgie des poudre, constitué d'un liant métallique assurant la ténacité et de particules dures en carbure métallique ou en carbonitrure.

carbure (m) à grains fins
Carbure de tungstène fritté. La dimension moyenne des grains mesure moins de 1 µm.

carbure (m) à grains ultra-fins
Carbure de tungstène fritté. La dimension moyenne des grains mesure moins de 0,5 µm.

phase (f) liante
Phase métallique ou céramique dans les matériaux de frittage permettant la liaison des grains.

phase (f) dure
Phase principale de matériaux à fritter caractérisée par une haute dureté. Les propriétés du produit final dépendent en premier lieu de celle de la phase dure.

cermet (m)
Matériau fritté polyphasé basé sur le carbonitrure de titane avec des additions de tantale, de niobium et de vanadium pour la dureté. Mais sans carbure de tungstène libre.

1.0.430 **Schneidkeramik (f)**
Pulvermetallurgisch hergestellter Grundstoff für Zerspanwerkzeuge aus Metalloxiden, -nitriden und/ oder -karbiden, ohne metallische Binderphase.

ceramic
Tool material produced by powder metallurgy and comprised of metal oxides, nitrides and/or carbides. Does not contain a metallic binder.

1.0.431 **Grundwerkstoff (m)**
Körper, auf dem eine Schicht abgeschieden wird.

substrate
Body of material to which a coating is applied.

1.0.432 **Weiße Schicht (f)**
Sprödharte, schwer anätzbare und daher im metallographischen Schliffbild weiß erscheinende Schicht an Bauteiloberflächen.

white layer
white etching area
brittle, hard-to-etch layer on part surfaces which appears white in metallographic micrographs.

1.0.433 **polykristallines kubisches Bornitrid (PKB) (n)**
Durch Hochdruck-Hochtemperatursynthese hergestellter, zweithärtester bekannter Schneidstoff.

polycrystalline cubic boron nitride (PCBN)
Second hardest cutting tool material known, produced by high-temperature and high-pressure synthesis.

1.0.434 **eingesinterte Schneide (f)**
Durch Einsintern mit dem Trägermaterial verbunden ist.

sintered cutting edge
Tool tip fixed to the support material by sintering.

1.0.435 **eingelötete Schneide (f)**
CBN- oder PKD-Schneide, die durch Hartlöten mit dem Hartmetallgrundkörper verbunden ist.

brazed insert
CBN or PCD tool tip fixed to the support material by brazing.

1.0.436 **Diamant (m)**
Härtester bekannter Stoff, bestehend aus reinem Kohlenstoff.

diamond
Hardest material known, consists of carbon.

1.0.437 **monokristallin**
Einkristallin, ohne Großwinkelkorngrenzen.

monocrystalline
Consisting of a single crystal.

1.0.438 **monokristallines Diamantwerkzeug (MKD) (n)**
Werkzeug zur Erzeugung von Mikrostrukturen oder hochgenauen Oberflächen, das aus einem einkristallinen Diamanten besteht.

monocrystalline diamond tool
Tool consisting of a single crystal diamond used for the production of micro-components or high quality surfaces.

1.0.439 **profilierter Mikrodiamant (m)**
Formdiamant (m)
Auf eine geometrisch bestimmte Form angeschliffener Diamant zur Erzeugung von Mikrostrukturen.

micro-profiled diamond tool
Geometrically defined diamond tool used for the production of micro-components.

1.0.440 **polykristalliner Diamant (PKD) (m)**
Aus synthetisch hergestellten Diamantkörnern gesinterter Schneidstoff.

polycrystalline diamond (PCD)
Sintered polycrystalline cutting tool material containing synthetically produced diamond.

céramique (f) de coupe
Matériau pour l'outil de coupe obtenu par frittage (métallurgie des poudres). Constitué d'oxydes métalliques de nitrure et de carbures sans liant métallique.

substrat (m)
matériau (m) de base (f)
Matériau qui supporte le revêtement.

couche (f) blanche
couche difficile à attaquer, située à la surface des pièces. Elle apparaît en blanc en observation micrographique.

nitrure (m) de bore cubique polycristallin (PCBN)
Particules de nitrure de bore cubique obtenues par synthèse à haute température et haute pression, dans un liant mé-tallique.

partie (f) active sertie
Plaquette fixée sur son support par sertissage.

plaquette (f) brasée
Plaquette fixée sur son support par brasage.

diamant (m)
Matériau présentant la plus haute dureté connue. Constitué de carbone pur.

monocristallin
Constitué d'un seul cristal.

outil (m) en diamant mono- cristallin
Outil composé d'un seul cristal en diamant utilisé pour la production de microstructures ou de surfaces de haute qualité.

outil (m) en diamant micro profilé
Outil en diamant dont la géométrie est prédéfinie pour produire des microstructures.

diamant (m) polycristallin
Matériau pour outil de coupe, obtenu par frittage de diamants synthétiques et d'un liant.

1.0.441 **Beschichtung (f)**
Schichten, die zur Steigerung der Leistungsfähigkeit auf Werkzeugen aufgebracht werden, z.B. Titankarbid, Titannitrid, Titankarbonitrid, Aluminiumoxid, Diamant.

coating
Deposited layers on cutting tools to improve their performance, e.g. titanium carbide, titanium nitride, titanium carbonitride, aluminium oxide, diamond.

1.0.442 **Schicht (f)**
Schicht mit vom Substrat abweichenden mechanischen und thermischen Eigenschaften.

coating
Layer of material with different mechanical or thermal properties from those of the substrate.

1.0.443 **Beschichtungstechnik (f)**
Einrichtungen oder Verfahren zum Aufbringen von Beschichtungen.

coating technique
Procedure by which a coating material is applied to the substrate.

1.0.444 **Chemical Vapour Deposition (CVD) (f)**
Chemisches Verfahren zur Herstellung von Schichten aus der Gas- und Dampfphase.

chemical vapour deposition (CVD)
Chemical process to produce coatings from gas or vapour phases.

1.0.445 **Physical Vapour Deposition (PVD) (f)**
Physikalisches Verfahren zur Herstellung von Schichten aus der Gas- oder Dampfphase.

physical vapour deposition (PVD)
Physical process to produce coatings from gas or vapour phases.

1.0.446 **Diffusionsbarriere (f)**
Schichtmaterial mit besonderen Eigenschaften zur Reduzierung der Diffusion.

diffusion barrier
Coating material with special properties to reduce diffusion.

1.0.447 **Mehrlagenbeschichtung (f)**
Kombination von Einzelschichten mit unterschiedlichen Eigenschaften.

multilayer coating
Combination of several coatings with different properties.

1.0.448 **Hartglattwalzen (n)**
Mechanisches Verfahren zur Randschichtverfestigung und Verbesserung der Oberflächengüte bei der Bearbeitung gehärteter Bauteile.

hard roller burnishing
Mechanical surface treatment to improve subsurface strength and surface quality of hardened components.

1.0.449 **Gradiente Schicht (f)**
Schicht mit Zusammensetzungs- und/oder Eigenschaftsgefälle.

gradient coating
Coating with gradients in composition and/or properties.

1.0.450 **Weichschicht (f)**
Schichten mit niedrigem Reibbeiwert zur Verbesserung tribologischer Eigenschaften.

soft coating
Coating with a low coefficient of friction to improve tribological behaviour.

1.0.451 **Hartstoffschicht (f)**
Schichten mit hoher Härte zur Erhöhung des Abrasionswiderstandes.

hard coating
Coating of high hardness to improve resistance to abrasion.

1.0.452 **Schichtdicke (f)**
Ausdehnung einer Schicht senkrecht zur Oberfläche.

coating thickness
Dimension of the coating normal to the surface.

pas de terme

revêtement (m)
Couche dont les propriétés mécaniques et thermiques sont différentes de celles du matériau de base.

technique (f) de revêtement
Technique pour installer une couche sur un matériau de base (carbure, nitrure ou oxyde).

dépôt (m) chimique en phase vapeur (CVD)
Processus chimique pour produire des couches à partir de vapeurs.

dépôt (m) physique en phase vapeur
Processus physique pour produire des couches à partir de vapeurs.

barrière (f) de diffusion
Couche possédant des propriétés spéciales pour réduire la diffusion.

revêtement (m) multi-couche
Superposition de plusieurs couches de revêtement ayant des propriétés différentes.

polissage (m) par laminage dur
Processus mécanique pour améliorer la qualité et la résistance de la superficie de la pièce.

couche (f) hétérogène
Couche dont les propriétés chimiques et/ou physiques ne sont pas homogènes.

revêtement (m) mou
Couche avec un coefficient de frottement réduit pour l'amélioration des propriétés tribologiques.

revêtement (m) dur
Couche avec une dureté élevée pour résister à l'abrasion.

épaisseur (f) de la couche (f)
Dimension de la couche, perpendiculaire à la surface.

1.0.453 **Übergangszone (f)**
Bereich zwischen Schicht und Grundwerkstoff.

interface
Transition zone between coating and substrate.

1.0.454 **Schichthaftung (f)**
Festigkeit des Schichtverbunds; bestimmend für Kräfte, die zwischen Schicht und Grundwerkstoff übertragen werden können.

film adhesion
Strength of the layer-substrate bond; determines the allowable forces between coating and substrate.

1.1.1 **Drehen (n, vb)**
Zerspanverfahren mit einschneidigem Werkzeug (Drehmeißel), bei dem i.a. das Werkstück die drehende Schnittbewegung und das Werkzeug die Vorschubbewegung ausführt.

turning
Metal cutting process using a single point tool (the turning tool). The primary motion is mostly effected by the rotation of the workpiece and by the lateral movement (feed movement) of the tool.

1.1.2 **Schruppdrehen (n, vb)**
Drehvorgang, der der Vorbearbeitung dient; Vorschub und Schnitttiefe relativ groß.

rough turning
Turning operation for the bulk removal of material at relatively high removal rates.

1.1.3 **Schlichtdrehen (n, vb)**
Drehvorgang auf Fertigmaß oder vor dem Fertigdrehen; Vorschub und Schnitttiefe relativ klein.

finish turning
Turning operation using relatively small feed and depth of cut for producing the required surface finish and accuracy.

1.1.4 **Fertigdrehen (n, vb)**
Drehen auf Fertigmaß unter Einhaltung der geforderten Maß- und Formgenauigkeit sowie der Oberflächengüte.

final turning
Final turning operation to achieve the required accuracy of dimension and shape as well as surface quality.

1.1.5 **Breitschlichtdrehen (n, vb)**
Drehen bei kleiner Schnitttiefe und großem Vorschub mit einem Drehmeißel, dessen Nebenschneide nahezu parallel zur erzeugten Oberfläche liegt.

broad-tool finish turning
Turning with a small depth of cut and large feed using a tool with the minor cutting edge almost parallel to the surface generated.

1.1.6 **Feindrehen (n, vb)**
Drehvorgang zur Fertigbearbeitung mit besonders kleinen Vorschüben und Schnitttiefen zum Erzielen hoher Oberflächengüten.

fine turning
Precision finish turning operation using a very small feed and depth of cut to produce a high quality smooth surface.

1.1.7 **Längsdrehen (n, vb)**
Drehvorgang zur Erzeugung zylindrischer Werkstückflächen; Vorschubbewegung des Drehmeißels parallel zur Drehachse.

cylindrical turning
Turning operation in which the feed motion is parallel to the rotation axis of workpiece in order to produce a cylindrical surface.

interface (m)
Surface de séparation entre le revêtement et le substrat.

adhésion (f) de la couche
Résistance du revêtement simple ou des couches multiples à la séparation du matériau de base.

tournage (m)
Procédé d'usinage utilisant une arête de coupe unique (outil de tour). Le mouvement de coupe est obtenu par la rotation de la pièce et le mouvement d'avance par une translation de l'outil.

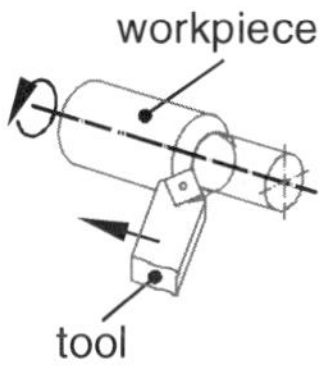

tournage (m) d'ébauche
Opération de tournage pour l'enlèvement important de matière à avance et profondeur de passe relativement grande. Utilisée principalement au cours des premières opérations d'usinage.

tournage (m) de finition
Opération de tournage utilisant des avances et des profondeurs de passe relativement faibles pour l'obtention du fini et de la précision désirée des surfaces.

tournage (m) final
Dernière opération de tournage finale pour obtenir la précision requise sur les formes et les dimensions.

tournage (m) à l'outil à planer
Tournage avec une faible profondeur de passe et une grande avance en utilisant un outil avec une arête de coupe secondaire pratiquement parallèle à la surface générée.

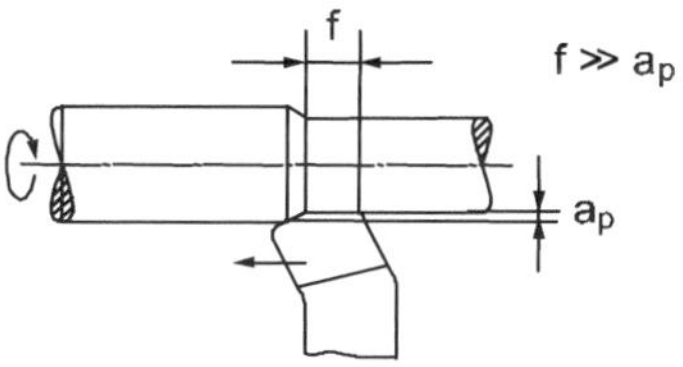

tournage (m) fin
Opération de tournage finition qui utilise une avance et une profondeur de passe très faibles pour obtenir une surface finie de haute qualité.

chariotage (m)
Opération de tournage avec un mouvement d'avance de l'outil parallèle à l'axe de rotation de la pièce pour réaliser une surface cylindrique.

1.1.8 **Außendrehen (n, vb)**
Drehvorgang, bei dem die Außenfläche eines Werkstückes erzeugt wird.

external turning
Turning operation producing the outer surface of the workpiece.

1.1.9 **Innendrehen (n, vb)**
Drehvorgang, bei dem die Innenfläche eines Werkstückes erzeugt wird.

internal turning
Turning operation in which the internal surface of a hollow workpiece is machined.

1.1.10 **Ausdrehen (n, vb)**
Vergrößern einer Bohrung auf einer Drehmaschine.

boring
Increasing a bore diameter on a lathe.

1.1.11 **Einstechdrehen (n, vb)**
Drehvorgang, bei dem eine zur Außen-Umfläche (Außen-Einstechdrehen (a)) bzw. Innen-Umfläche (Innen-Einstechdrehen (b)) des Werkstückes offene Aussparung (z.B. Nut) durch radiale Vorschubbewegung des Stechdrehmeißels erzeugt wird.

grooving
Turning operation in which a groove is produced at the external (a) / internal diameter (b) of a workpiece. The feed motion is perpendicular to the axis of rotation.

1.1.12 **Abstechdrehen (n, vb)**
Drehvorgang, bei dem ein Werkstück vom Werkstoff oder der Werkstoff vom Werkstück getrennt wird.

parting off
Plunge turning during in which the workpiece is parted. The feed motion is normal to the axis of rotation.

1.1.13 **Axiales Einstechdrehen (n, vb)**
Drehvorgang, bei dem eine zur Planfläche des Werkstückes offene, ringförmige Nut durch axiale Vorschubbewegung des Stechdrehmeißels erzeugt wird.

trepanning
Turning operation in which a groove is produced in a face of the workpiece. The feed direction is parallel to the rotation axis.

1.1.14 **Plandrehen (n, vb)**
Drehvorgang, bei dem am Werkstück eine Planfläche erzeugt wird, Vorschubbewegung senkrecht zur Drehachse.

face turning
facing
Turning operation during which a planar surface is produced. The feed direction is perpendicular rotation axis.

1.1.15 **Freidrehen (n, vb)**
Einstechen einer schmalen Nut, durch den für einen nachfolgenden Arbeitsvorgang ein freier Werkzeugauslauf geschaffen wird.

recessing
Machining of a small groove to provide clearance for subsequent machining operations.

tournage (m) extérieur
Opération de tournage pour réaliser les surfaces extérieures de la pièce.

tournage (m) intérieur
Opération de tournage pour réaliser les surfaces intérieures de la pièce.

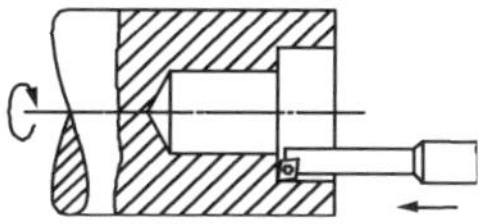

alésage (m) à l'outil
Agrandissement d'un trou en tournage par rotation de la pièce avec des outils non rotatifs.

tournage (m) de gorge
Opération de tournage pour réaliser des gorges en extérieur (a) ou en intérieur (b). Le mouvement d'avance est perpendiculaire à l'axe de rotation.

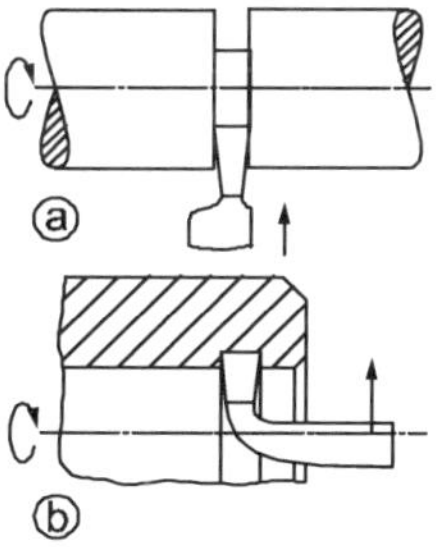

tronçonnage (m)
Opération de tournage pour séparer une pièce de la barre. Le mouvement d'avance est perpendiculaire à l'axe de rotation.

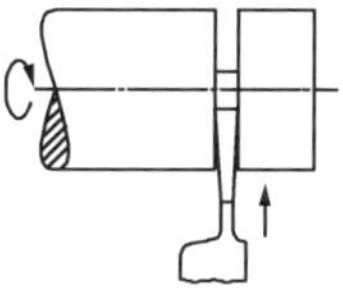

trépanage (m)
Opération de tournage pour réaliser une gorge sur la face avant de la pièce. Le mouvement d'avance est parallèle à l'axe de rotation de la pièce.

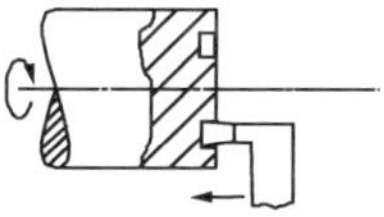

dressage (m)
dressage (m) de face
Opération de tournage pour réaliser une surface plane. Le mouvement d'avance de l'outil est perpendiculaire à l'axe de rotation de la pièce.

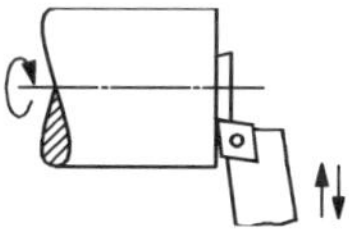

saignée (f) de dégagement
Usinage d'une gorge peu profonde à l'extérieur ou à l'intérieur de la pièce, pour laisser un espace de dégagement pour les opérations d'usinage suivan-tes.

1.1.16 **Anfasen (n, vb)**
Vorgang, bei dem eine Werkstückkante mit einer Abschrägung versehen wird.

chamfering
Operation in which a chamfer is produced at an edge.

1.1.17 **Profildrehen (n, vb)**
Einstechdrehvorgang, bei dem sich das Profil des Werkzeugs (der Meißelschneide) auf dem Werkstück abbildet.

profile turning
Plunge cutting operation in which the profile of the cutting edge of the tool corresponds to the required profile of the machined workpiece.

1.1.18 **Formdrehen (n, vb)**
Drehen einer Form durch gesteuerte Vorschubbewegungen.

form turning
Turning of a shape utilizing controlled feed motion.

1.1.19 **Unrunddrehen (n, vb)**
Drehvorgang zum Erzeugen nicht rotationssymmetrischer Querschnitte.

non-circular turning
Turning operation in which a non-circular cross section is produced.

1.1.20 **Nockendrehen (n, vb)**
Erzeugung von Nocken.

cam turning
Turning operation in which a cam profile is generated.

1.1.21 **Hinterdrehen (n, vb)**
Drehvorgang zur Erzeugung von Hinterschneidungen, z.B. an Freiflächen von Fräserzähnen.

relief turning
Turning operation for the production of clearance angles e.g. flank clearances for milling cutter teeth.

1.1.22 **Nachformdrehen (n, vb)**
Drehvorgang, bei dem die Form eines Bezugsstückes selbsttätig mittels einer Nachformeinrichtung auf das Werkstück übertragen wird.

copy turning
Turning operation, in which the profile of a reference workpiece or a template is reproduced on the workpiece.

1.1.23 **Rändeln (n, vb)**
Eindrücken eines sich auf der Oberfläche des Werkstückes abwälzenden, mit Rändeln versehenen Werkzeuges (Rändelwerkzeug) in die Oberfläche des Werkstücks.

knurling
Producing grooves in the surface of a bar by rolling the bar against a freely rotating wheel containing an out groove pattern.

1.1.24 **Kreuzrändeln (n, vb)**
Erzeugen einer griffigen Fläche an Drehteilen durch Einwalzen sich kreuzender Riefen.

cross-knurling
Production of an easily-gripped surface on turned workpieces by using a serrated roller.

chanfreinage (m)
Opération d'usinage pour réaliser un chanfrein sur une arête de la pièce. Sur une pièce cylindrique, un chanfrein peut être usiné par travail de forme ou travail d'enveloppe.

tournage (m) de forme
Mode d'usinage pour lequel le profile de la surface réalisée correspond à la forme de l'arête tranchante.

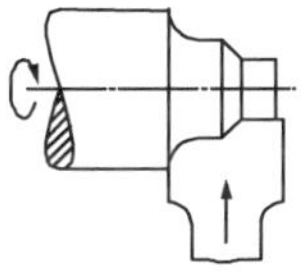

tournage (m) d'enveloppe
Mode de tournage pour lequel le profil de la surface réalisée est obtenue par l'enveloppe du bec de l'outil au cours de son déplacement suivant une trajectoire programmée.

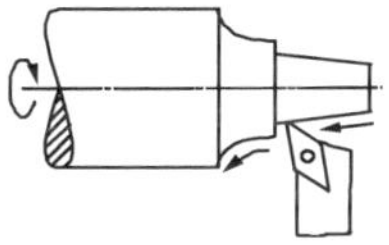

tournage (m) non circulaire
Opération de tournage produisant des sections non circulaires par un déplacement de l'outil perpendiculairement à l'axe de rotation de la pièce.

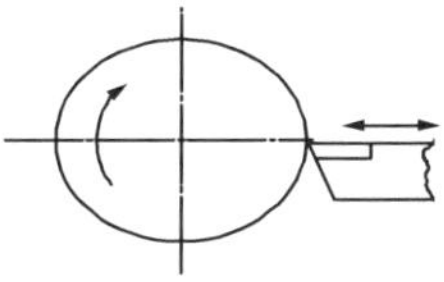

tournage (m) d'une came
Opération de tournage pour réaliser une surface à profil non circulaire particulier correspondant à une came.

détalonnage (m)
Opération de tournage pour réaliser des dépouilles par exemple sur des dents de fraise. Pendant une révolution de la pièce, l'outil se déplace perpendiculairement à l'axe pour obtenir une ou plusieurs dents.

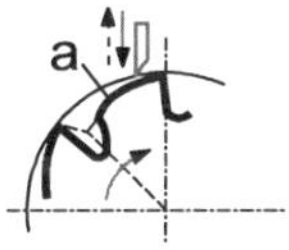

tournage (m) par copiage
Opération de tournage au cours de laquelle le profil d'une pièce de référence ou d'un gabarit est reproduit sur la pièce.

moletage (m)
Production d'une surface destinée au serrage à la main. Des empreintes sont réalisées par déformation plastique à l'aide d'une molette crantée.

moletage (m) croisé
Production d'une surface destinée au serrage à la main, par réalisation d'empreintes croisées par déformation, à l'aide de deux molettes crantées.

1.1.25 **Drehen zwischen Spitzen (n, vb)**
Drehvorgang, bei dem das Werkstück zwischen konischen Spitzen eingespannt ist.

turning between centres
Turning operation in which the workpiece is located between two conical centres.

1.1.26 **Drehen von der Stange (n, vb)**
Drehvorgang, bei dem die Formgebung des Werkstückes an der Stange erfolgt, von der es dann durch Abstechen getrennt wird.

bar turning operation
Turning operation during which the workpiece is machined from a bar of material from which it is finally seperated by parting off.

1.1.27 **Automatendrehen (n, vb)**
Drehen auf ein- oder mehrspindeligen Drehautomaten derart, dass die Werkstücke einzeln nacheinander in einem selbsttätigen Zyklus von mehreren Werkzeugen bearbeitet werden.

automated turning
Turning on a single- or multispindle automatic lathe such that the workpieces are machined successively in an automatic cycle by several tools.

1.1.28 **Karusseldrehen (n, vb)**
Drehen von Werkstücken, die auf einer waagerecht liegenden, sich während der Arbeit drehenden Planscheibe aufgenommen werden.

machining on a vertical lathe
Turning and boring of workpieces chucked on a horizontal face which rotates during machining. The axis of the working spindle is vertical.

1.1.29 **Schälen (n, vb)**
Drehvorgang für stangenförmige Werkstücke, bei dem der oder die Drehmeißel die Schnittbewegungen und das Werkstück die Vorschubbewegungen ausführen.

centreless rough turning
Process for bar turning in which the non-rotating workpiece is fed into the rotary cutter.

1.1.30 **Gewindedrehen (n, vb)**
Erzeugen eines Gewindes mit einem einzahnigen Werkzeug, dessen Profil dem Profil des zu erzeugenden Gewindes entspricht, in einem oder mehreren Durchgängen.

thread turning
Production of a thread by means of a single-point tool having a profile corresponding to that of the thread required. The thread may be produced in one or more passes.

1.1.31 **Drehmeißel (m)**
Werkzeug für die Drehbearbeitung.

turning tool
Tool for turning operations.

1.1.32 **Schaft (m)**
Teil des Drehmeißels mit rechteckigem, quadratischem oder rundem Querschnitt, der zum Einspannen in der Werkzeugspannvorrichtung dient.

tool shank
Part of the tool of rectangular, square or circular cross-section used for fixing the tool in the tool clamping device.

1.1.33 **Wendeschneidplatte (f)**
Schneidstoffplatte, die in einem Werkzeughalter aufgenommen wird.

indexable insert
Insert of cutting material which is fixed into position in an insert holder.

1.1.34 **Werkzeughalter (m)**
Zur Aufnahme von Wendeschneidplatten, z.B. durch Klemmen.

insert holder
Device for fixing an insert, e.g. by clamping.

tournage (m) entre pointes
Opération de tournage au cours de laquelle la pièce est positionnée entre deux pointes. Le couple est transmis par des picots placés sur un plateau.

décolletage (m)
Opération de tournage au cours de laquelle la pièce est usinée dans une barre. En fin de phase, elle est séparée par tronçonnage.

tournage (m) automatique
Tournage sur tour automatique mono ou multi-broches de telle sorte que toutes les pièces soient usinées au cours d'un cycle automatique mettant en œuvre plusieurs outils.

tournage (m) sur tour vertical
Tournage ou alésage de pièces fixées sur un plateau horizontal tournant pendant l'usinage. L'axe de la broche est vertical.

écroûtage (m)
tourbillonnage (m)
Procédé d'usinage des arbres ou billettes. La pièce, qui ne tourne pas ou à faible vitesse, passe dans une tête rotative comportant les outils. La rotation de la tête donne le mouvement de coupe. Le mouvement d'avance est communiqué à la pièce.

filetage (m) au tour
Production d'un filetage avec un outil à partie active unique et dont le profil correspond à la forme du filet désiré. Le filetage est réalisé en une ou plusieurs passes.

outil (m) de tournage
Outil pour les opérations de tournage.

corps (m) d'outil
Partie de l'outil de section rectangulaire, carrée ou circulaire utilisée pour la fixation de l'outil dans la tourelle.

plaquette (f) de coupe
Partie active d'un outil qui sera installée dans un porte-plaquette.

porte (m) plaquette
Corps d'outil permettant de recevoir une plaquette de coupe.

1.1.35	**Schruppdrehmeißel (m)** Drehmeißel für die Vorbearbeitung.	**rough turning tool** Tool especially designed for the bulk removal of material.
1.1.36	**Schlichtdrehmeißel (m)** Drehmeißel für die Nach- bzw. Fertigbearbeitung.	**finish turning tool** Tool especially designed for producing the required surface finish and accuracy.
1.1.37	**gelöteter Drehmeißel (m)** Drehmeißel mit eingelöteter Schneide.	**brazed turning tool** Turning tool with a brazed tool tip.
1.1.38	**Nachformplatte (f)** Wendeschneidplatte mit besonders kleinem Eckenwinkel.	**copying insert** Insert having a particularly small tool included angle.
1.1.39	**Profildrehmeißel (m)** Drehmeißel, dessen Schneidenform das Profil der erzeugten Werkstückoberfläche bestimmt.	**form tool** Tool in which the profile of the cutting edge corresponds to the profile of the surface to be produced.
1.1.40	**Positivplatte (f)** Wendeschneidplatte mit einem Keilwinkel $\beta < 90°$.	**positive insert** Insert with wedge angle $\beta < 90°$.
1.1.41	**Negativplatte (f)** Wendeschneidplatte mit einem Keilwinkel $\beta \;\; 90°$.	**negative insert** Insert with wedge angle $\beta \;\; 90°$.
1.1.42	**Rändelwerkzeug (n)** Gehärtete geriffelte Stahlrolle mit paralleler oder gekreuzter Riefenstruktur.	**knurling tool** Rigidly supported hardened steel roller incorporating a straight or diamond-line pattern.
1.1.43	**Universaldrehmaschine (f)** Drehmaschine mit Zug- und Leitspindel.	**universal lathe** Lathe with a feed and a lead screw.
1.1.44	**Sonderdrehmaschine (f)** Drehmaschine für Werkstücke, deren Bearbeitung auf Standardmaschinen nicht möglich oder unwirtschaftlich ist.	**special purpose lathe** Lathe for work which cannot be machined or cannot be machined economically on conventional lathes.
1.1.45	**Mehrschlittendrehmaschine (f)** Drehmaschine, die durch Verwendung zusätzlicher Schlitteneinheiten eine Steigerung der Mengenleistung ermöglicht.	**multi slide lathe** Lathe with additional slides which permit an increase in the output volume.

outil (m) d'ébauche
Outil servant à l'enlèvement de matière à débit élevé.

outil (m) de finition en tournage
Outil pour obtenir l'état de surface et la précision requis.

outil (m) de tournage brasé
Outil de tournage avec une partie active brasée.

plaquette (f) de copiage
Plaquette ayant un angle de pointe particulièrement faible.

outil (m) de forme
Outil dont la forme de l'arête de coupe correspond au profil de la surface à réaliser.

plaquette (f) positive
Plaquette ayant un angle de taillant $\beta < 90°$.

plaquette (f) négative
Plaquette ayant un angle de taillant $\beta \quad 90°$.

molette (f)
Molette en matériau dur fixée rigidement sur un support. Appliquée avec un effort important sur la pièce, la molette produit par déformation des stries parallèles ou croieées.

tour (m) universel
Tour comprenant une barre de chariotage et une vis mère.

tour (m) spécial
Tour spécialement conçu pour des travaux qui ne peuvent pas être réalisés ou qui ne peuvent pas être réalisés économiquement sur un tour universel.

tour (m) à multiples chariots
Tour permettant d'augmenter le débit en utilisant des chariots additionnels.

1.1.46 **Drehmaschine (f) mit angetriebenen Werkzeugen**
Drehmaschine, die für Bohr- und Fräsoperationen mit angetriebenen Werkzeugen ausgerüstet ist und für die Winkelpositionierung der Spindel über eine C-Achse verfügen kann.

lathe with power-driven tools
Lathe incorporating power driven tools for boring and milling operations. A C-axis is used for the angle positioning of the spindle.

1.1.47 **Ultra-Präzisionsdrehmaschine (f)**
Drehmaschine zur Fertigung von Bauteilen höchster Genauigkeit, z.B. optischen Instrumenten.

ultra-precision lathe
Lathe for the production of parts with highest accuracy, e.g. optical components.

1.1.48 **Drehautomat (m)**
Drehmaschine mit hoher Ausbringrate.

automatic lathe
Lathe having a high production rate.

1.1.49 **Drehzentrum (n)**
Drehmaschine, die mit Speichern und Handhabungssystemen für Werkstücke und Werkzeuge ausgerüstet ist.

turning center
Lathe with storage and handling systems for workpieces and tools.

1.1.50 **Drehzelle (f)**
Eine Drehmaschine oder mehrere Drehmaschinen, die für bedienungsarmen Betrieb mit Speichern und einem Handhabungssystem für Werkstücke und Werkzeuge ausgerüstet ist bzw. sind.

turning cell
One or more lathes with dedicated storage and handling systems for workpieces and tools.

1.1.51 **Drehautomat, numerisch gesteuert (m)**
Drehautomat, bei dem alle Funktionen durch numerische Informationen gesteuert ablaufen.

numerically controlled automatic lathe
Automatic lathe in which the motions are numerically controlled.

1.1.52 **Drehautomat, kurvengesteuert (m)**
Drehautomat, bei dem die Werkzeugbewegung mechanisch in Form von Kurvenscheiben vorgegeben wird.

cam-controlled automatic lathe
Automatic lathe in which the tool movement is determined by cam templates.

1.1.53 **Kurzdrehautomat (m)**
Drehautomat mit kurzem Maschinenbett.

short automatic lathe
Automatic lathe incorporating a short bed.

1.1.54 **Langdrehautomat (m)**
Einspindlige Drehmaschine zur Fertigung langer, schlanker Werkstücke.

long automatic lathe
Single-spindle automatic lathe to machine long slender work-pieces.

1.1.55 **Mehrspindeldrehautomat**
Drehautomat mit mehreren zentral angetriebenen Hauptspindeln.

multispindle automatic lathe
Automatic lathe with several main spindles.

tour (m) avec outils motorisés
Tour avec outils motorisés pour le perçage hors axe et le fraisage. Un axe C est fréquemment utilisé pour positionner angulairement la broche.

tour (m) d'ultra-précision
Tour pour la production de pièces de haute précision.

tour (m) automatique
Tour de haute productivité pour les grandes séries.

centre (m) de tournage
Tour avec un magasin de pièces et un système de manutention automatique des pièces et des outils .

cellule (f) de tournage
Un ou plusieurs tours automatiques équipés d'un système de manutention des pièces et des outils.

tour (m) automatique à commande numérique
Tour automatique pour lequel les mouvements sont commandés numériquement.

tour (m) automatique à cames
Tour automatique pour lequel les mouvements sont commandés par des cames.

petit tour (m) automatique
Tour automatique de petite capacité en longueur de pièces.

tour (m) automatique à charioter
Tour automatique destiné à l'usinage de pièces longues élancées.

tour (m) automatique multibroches
Tour automatique comportant plusieurs broches.

1.1.56 **Nachformdrehmaschine (f)**
Drehmaschine, bei der die Form des Werkstücks, das gefertigt werden soll, durch Abtastung eines Bezugsformstücks erhalten wird. Die Form des Bezugsstückes wird selbsttätig mittels einer in Längs- bzw. Querrichtung wirkenden Nachformeinrichtung auf das Werkstück übertragen.

copy lathe
Lathe, in which the profile of a reference workpiece or a template is reproduced on the workpiece, parallel or perpendicular to the axis of rotation.

1.1.57 **Flachbettdrehmaschine (f)**
Drehmaschine mit horizontal liegendem Bett.

horizontal bed lathe
Lathe whose bed has a horizontal orientation.

1.1.58 **Schrägbettdrehmaschine (f)**
Drehmaschine mit geneigtem Bett zum besseren Abtransport von Spänen und Kühlschmiermittel.

slant-bed lathe
Lathe with an inclined bed for better removal of chips and cutting fluids.

1.1.59 **Spitzendrehmaschine (f)**
Drehmaschine zur Bearbeitung langer Werkstücke. Das Werkstück wird zwischen zwei Drehspitzen aufgenommen.

centre lathe
Lathe for machining of long parts. The workpiece is located between two centres.

1.1.60 **Plandrehmaschine (f)**
Drehmaschine zum Planen beliebiger kurzer Werkstücke.

facing lathe
Lathe especially designed for facing a wide variety of short workpieces.

1.1.61 **Frontdrehmaschine (f)**
Drehmaschine in offener Bauweise zur Bearbeitung scheibenförmiger Werkstücke.

front lathe
Lathe of open design for machining disk-type workpieces.

1.1.62 **Senkrechtdrehmaschine (f)**
Drehmaschine mit senkrecht angeordneter Spindel.

vertical lathe
Lathe with vertical spindle.

1.1.63 **Karusselldrehmaschine (f)**
Drehmaschine senkrecht angeordneter Spindel, vorzugsweise für große Werkstücke.

large vertical lathe
Lathe with vertical spindle, especially for large workpieces.

1.1.64 **Revolverdrehmaschine (f)**
Drehmaschine, bei der die zur Bearbeitung notwendigen Werkzeuge auf einem Revolver als Träger angeordnet sind.

turret lathe
Lathe equipped with a turret for tool change.

1.1.65 **Walzendrehmaschine (f)**
Drehmaschine für die Bearbeitung von Walzen.

roll lathe
Lathe for machining of large diameter rolls.

1.1.66 **Kurbelwellendrehmaschine (f)**
Drehmaschine für die Bearbeitung von Kurbelwellen.

crankshaft lathe
Lathe for machining of crankshafts.

tour (m) à copier
Tour qui reproduit le profil d'une pièce de référence ou d'un gabarit par un mouvement parallèle ou perpendiculaire à l'axe de rotation.

tour (m) à banc horizontal
Tour possédant un banc horizontal.

tour (m) à banc incliné
Tour possédant un banc incliné pour une meilleure évacuation du liquide de coupe et des copeaux.

tour (m) à pointes
Tour dédié à l'usinage de pièces longues. La pièce est positionnée entre deux pointes.

tour (m) en l'air
Tour dédié à l'usinage de pièces courtes de révolution.

tour (m) frontal
Tour pour l'usinage de la partie avant des pièces de type disque.

tour (m) vertical
Tour à broche verticale.

gros tour (m) vertical
Tour vertical destiné à recevoir des pièces de grandes dimensions.

tour (m) revolver
Tour équipé d'une tourelle indexable pour le changement d'outils.

tour (m) à cylindres de laminoirs
Tour servant à l'usinage des cylindres de laminoir.

tour (m) à vilebrequin
Tour servant à l'usinage des manetons de vilebrequin.

1.1.67 **Schälmaschine (f)**
Drehmaschine für Schäloperationen.

centreless roughing lathe
Lathe designed for centreless rough turning.

1.1.68 **Spindelstock (m)**
Der Teil einer Drehmaschine, in dem die Hauptspindel angeordnet ist.

headstock
Part of a lathe in which the main spindle is mounted.

1.1.69 **Reitstock (m)**
Vorrichtung, die zum Abstützen langer Werkstücke auf der dem Spindelstock gegenüberliegenden Seite dient.

tailstock
Support for the non-driven end of a long workpiece.

1.1.70 **Pinole (f)**
Zylinder, der im Reitstock verschiebbar gelagert ist und die Reitstockspitze trägt.

tailstock quill
Adjustable cylinder which carries the tailstock centre.

1.1.71 **Lünette (f)**
Vorrichtung zur Abstützung langer Werkstücke.

steady
Device for preventing deflection of the workpiece when turning long bars.

1.1.72 **Revolverkopf (m)**
Drehbare Werkzeugwechseleinrichtung an Drehmaschinen und Drehautomaten.

turret
Rotational tool changing device on lathes and automatic lathes.

1.1.73 **Sternrevolver (m)**
Sternförmige Werkzeugwechseleinrichtung für radial angeordnete Werkzeuge.

star turret
Rotational tool changing device with radially arranged tools.

1.1.74 **Trommelrevolver (m)**
Werkzeugwechseleinrichtung mit koaxial angeordneten Werkzeugen.

drum turret
Rotational tool changing device with co-axially arranged tools.

1.1.75 **Zwei-Backen-Futter (n)**
Futter mit zwei verstellbaren Spannbacken.

two-jaw-chuck
Chuck with two adjustable jaws.

1.1.76 **Drei-Backen-Futter (n)**
Futter mit drei konzentrisch geführten oder mit drei unabhängig voneinander geführten und verstellbaren Spannbacken.

three-jaw-chuck
Chuck with three self-centering or independently adjustable jaws.

écroûteuse (f)
Tour servant à l'écroûtage des barres. La pièce, qui ne tourne pas, possède le mouvement d'avance et passe dans la tête rotative d'écroûtage qui donne le mouvement de coupe.

poupée (f) fixe
Partie du tour comprenant la broche principale.

poupée (f) mobile
Elément de mise et de maintien en position pour la partie des pièces opposée à la poupée fixe, pouvant se translater selon l'axe principal de la machine.

fourreau (m) de la contre pointe
Pièce cylindrique de la poupée mobile qui reçoit la contre-pointe ou des outils travaillant dans l'axe de la pièce.

lunette (f)
Equipement permettant le soutien de pièces longues.

tourelle (f)
Dispositif de mise en position et de changement d'outil sur tours et sur tours automatiques.

tourelle (f) revolver
Tourelle recevant plusieurs outils. Le changement d'outil se fait par la rotation et l'indexage de la tourelle. L'axe de rotation de la tourelle est perpendiculaire à l'axe de broche de la machine.

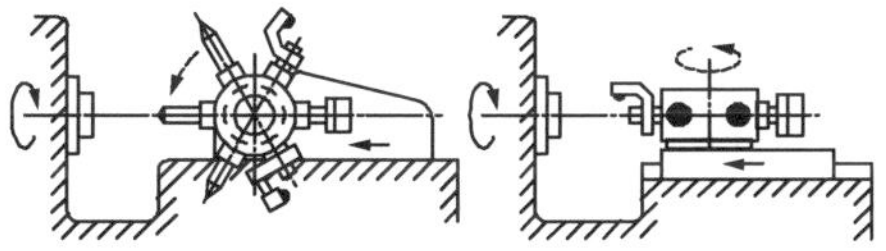

tourelle (f) barillet
Tourelle recevant plusieurs outils. Le changement d'outil se fait par la rotation et l'indexage de la tourelle. L'axe de la tourelle est parallèle à l'axe de broche de la machine.

mandrin (m) à deux mors
Mandrin avec 2 mors réglables.

mandrin (m) à trois mors
Mandrin avec trois mors à serrage concentrique ou à serrage indépendant.

1.1.77 **Planscheibe (f)**
Spannvorrichtung mit meist vier unabhängig voneinander bewegbaren Spannbacken.

face plate
Chucking device with in general four independently movable chucking jaws.

1.1.78 **Mitnehmer (m)**
Vorrichtung zur Übertragung des Drehmomentes in das Werkstück beim Drehen zwischen den Spitzen.

lathe dog
Device for transmitting torque to the workpiece when turning between centres.

1.1.79 **Bettschlitten (m)**

bed carriage

1.1.80 **Längsschlitten (m)**

long(itudinal) carriage

1.1.81 **Planschlitten (m)**

slide

1.1.82 **Querschlitten (m)**

cross slide rest

1.1.83 **Nachformeinrichtung (f)**
Einrichtung, welche die in der Leitkurve gespeicherte Form auf das zu erzeugende Werkstück überträgt.

copying attachment
Attachment for a centre lathe for repetitive reproduction of workpieces of complex form.

1.1.84 **Leitkurve (f)**
Formspeicher, der die Werkzeugbewegung enthält.

template
Master profile which guides tool movement.

1.1.85 **Meisterstück (n)**
Musterwerkstück, das als Bezugswerkstück beim Nachformdrehen dient.

master component
Component sample for use as template for copy turning.

1.1.86 **Taststift (m)**
Ein mit dem Werkzeugschlitten verbundener Stift, der die Leitkurve in Richtung der Vorschubbewegung abtastet.

follower
Device, attached to the tool slide, which causes the variations of a copying template profile to be reproduced by the tool on the workpiece.

1.2.1 **Bohren (n, vb)**
Spanendes Verfahren mit kreisförmiger Schnittbewegung und geradliniger Vorschubbewegung jeweils von Werkzeug oder Werkstück mit Hilfe eines ein- oder mehrschneidigen Bohrwerkzeuges.

drilling
Process for creating or enlarging holes by rotary movement of either circular single or multi edged tool or of the workpiece.

plateau (m)
Système de fixation des pièces comportant une face plane en général avec 4 mors à serrage indépendants.

toc (m) d'entraînement
Appareil pour la transmission du couple à la pièce lors d'un usinage entre pointes.

chariot (m)

chariot (m) longitudinal

chariot (m) transversal

coulisseau (m) transversal
chariot (m) transversal supérieur

appareil (m) à copier
copieur (m)
Accessoire pour tours, permettant de faire décrire à l'outil une trajectoire reproduisant le profil d'une pièce.

gabarit (m)
Pièce ou tôle comportant le profil à reproduire sur la pièce.

pièce (f) modèle
Pièce utilisée comme gabarit sur un tour à copier.

palpeur (m)
doigt (m)
Pièce du copieur qui reste en contact avec le profil du gabarit pour la reproduction de ce profil sur la pièce.

perçage (m)
alésage (m)
Procédés d'usinage pour la réalisation ou l'agrandissement de trous. Le mouvement de coupe est obtenu par la rotation de l'outil ou de la pièce et le mouvement d'avance par une translation de l'outil ou de la pièce parallèle à l'axe de rotation. L'outil comporte une ou plusieurs arêtes de coupe.

1.2.2 **Vorbohren (n, vb)**
Bohren einer in einem danach folgenden Arbeitsgang fertig zu bearbeitenden Bohrung.

predrilling
Initial cutting operation in hole generation.

1.2.3 **Fertigbohren (n, vb)**
Fertigbearbeitung vorgearbeiteter Bohrungen.

finish drilling
Final operation in hole generation.

1.2.4 **Bohren ins Volle (n, vb)**
Bohren in Vollmaterial.

centre drilling
Originating a hole in a solid workpiece.

1.2.5 **Aufbohren (n, vb)**
Erweitern einer vorgebohrten oder vorgegossenen Bohrung auf einen größeren Durchmesser.

drill out
Enlarging a previously produced hole to a larger diameter by means of a drill.

1.2.6 **Zentrierbohren (n, vb)**
Erzeugen einer konischen Innenfläche an den Enden eines Werkstücks zur Aufnahme desselben bei nachfolgenden Arbeitsgängen.

centre drilling
Drilling a conical hole in the end of a workpiece to serve as a centering guide in a subsequent machining operation.

1.2.7 **Kernbohren (n, vb)**
Herstellen einer Bohrung mit einem im Querschnitt kreisringförmigen Bohrer, wobei nur ein Teil des dem Loch entsprechenden Werkstoffvolumens zerspant wird und ein größerer Teil als massiver Kern verbleibt.

trepanning
Producing an annular cut in a solid workpiece with the coincidental formation of a solid cylinder or plug.

1.2.8 **Tiefbohren (n, vb)**
Bohren von im Verhältnis zum Durchmesser langen Löchern.

deep hole drilling
Drilling a hole with a large length to diameter ratio.

perçage (m) d'un avant-trou
préperçage (m)
Opération de perçage préliminaire suivie d'une opération d'agrandissement du trou.

perçage (m) de finition
Dernière opération de perçage pour la réalisation d'un trou.

perçage (m) dans le plein
Création d'un trou en pleine matière.

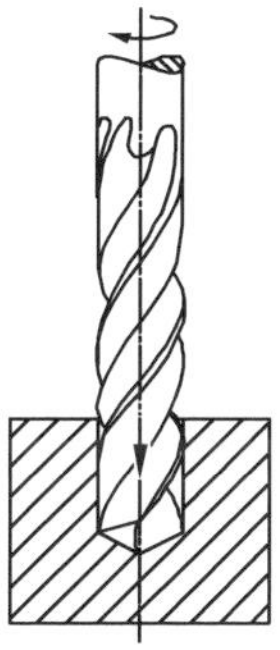

perçage (m) au forêt aléseur
Opération consistant à augmenter le diamètre d'un trou prépercé.

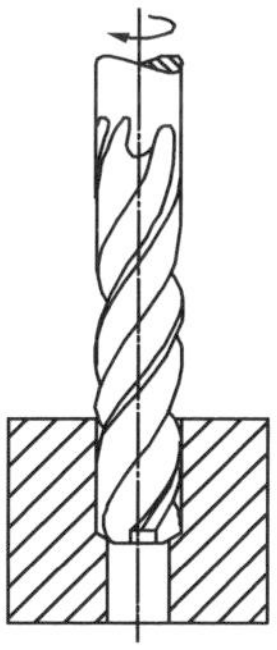

centrage (m)
Opération de perçage pour réaliser un trou tronconique servant de guide pour une opération d'usinage ultérieure.

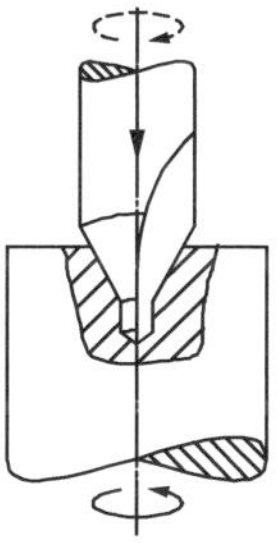

trépanage (m)
carottage(m)
Réalisation d'un trou par une coupe annulaire, en créant un cylindre à l'intérieur de l'outil (carotte) dont l'axe est confondu avec celui du trou.

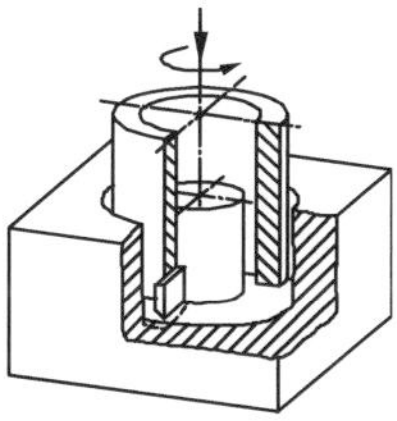

perçage (m) profond
Réalisation d'un trou dont la longueur est très supérieure au diamètre.

1.2.9 **Senken (n, vb)**
Spanendes Verfahren zur Nachbearbeitung von Bohrungen und Naben mit fingerfräserartigen Werkzeugen.

counterboring
countersinking
Metal-cutting process used in the finishing of holes and bosses using tools similar to end mills.

1.2.10 **Einsenken (n, vb)**
Erweiterung einer Bohrung bis zu einer verlangten Tiefe.

counterboring
Increasing the diameter of a hole to a prescribed depth.

1.2.11 **Aufsenken (n, vb)**
Erweiterung einer Bohrung über ihre gesamte Länge (Tiefe).

boring
Increasing the diameter of a hole over its full length or depth.

1.2.12 **Plansenken (n, vb)**
Erzeugen einer ebenen, zur Bohrlochachse senkrechten Naben- oder Flanschfläche.

spot facing
Production of a plane surface, perpendicular to the axis of a drilled hole, on a flange or boss.

1.2.13 **Formsenken (n, vb)**
Senken unter Verwendung eines Formsenkwerkzeuges, z.B. eines Kegelsenkers.

countersinking
Countersinking or -boring, using a form tool, e.g. a tapered counter-sink.

1.2.14 **Anfasen (n, vb)**
Abschrägen des Randes eines Bohrloches.

chamfering
Bevelling the edge of a drilled hole.

1.2.15 **Profilbohren (n, vb)**
Bohren mit einem Profilwerkzeug zur Erzeugung rotationssymmetrischer Innenflächen.

profile drilling
Drilling process of profiled holes in which the form of the tool contains the profile.

1.2.16 **Reiben (n, vb)**
Spanendes Verfahren mit geringer Spanungsdicke zur Verbesserung von Form-, Maß- und Oberflächengüte von Bohrungen.

reaming
Cutting process with small depth of cut to improve form, dimension and surface finish of drilled holes.

1.2.17 **Fertigreiben (n, vb)**
Abschließende Reiboperation.

finish reaming
Final reaming operation.

perçage (m) à la fraise fraisurage (m)
Opération d'usinage consistant à réaliser des trous avec des outils de type fraise.

lamage (m) avec fraise
Accroître le diamètre d'un trou sur une profondeur déterminée par exemple pour noyer une tête de vis.

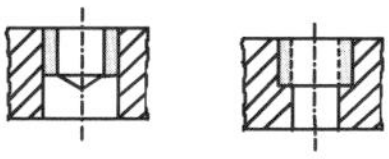

alésage (m) débouchant à la fraise
Accroître le diamètre d'un trou sur toute sa longueur.

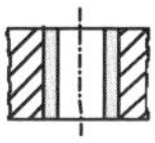

lamage (m) d'un bossage
Réalisation d'une surface plane localisée, perpendiculaire à l'axe du trou sur un bossage.

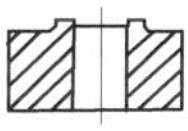

fraisurage (m)
Opération de perçage pour réaliser une fraisure.

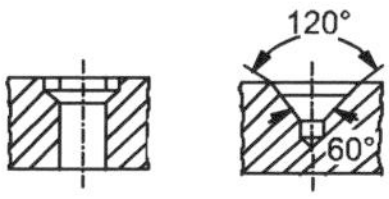

chanfreinage (m)
ébavurage
Opération de perçage pour réaliser un chanfrein sur un trou.

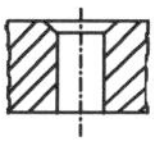

perçage (m) de forme
Opération de perçage pour laquelle le profil du trou est obtenu par le profil de l'outil.

alésage (m) à l'alésoir
Opération de finition des trous prépercés, consistant à enlever une faible épaisseur de matière à l'aide d'un outil de forme (alésoir).

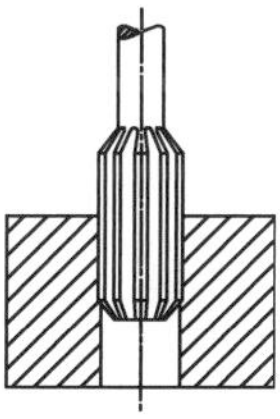

alésage (m) de finition à l'alésoir
Dernière opération d'alésage.

1.2.18 **Formreiben (n, vb)**
Reiben mit einem Formreibwerkzeug, z.B. einer Kegelreibahle (a). Bei schlanken Kegeln und kleinen Durchmessern Herstellung von Kegellöchern auch durch Aufreiben zylindrischer Bohrlöcher (b).

form reaming
Reaming using a form reamer, e.g. a taper reamer (a). With slight tapers and small diameters it is possible to produce a tapered hole by reaming a cylindrical drilled hole (b).

1.2.19 **Gewindebohren (n, vb)**
Erzeugen einer Schraubenfläche mit dem Profil des gewünschten Gewindes in einer zylindrischen Bohrung.

tapping
Cutting of a desired internal thread form in a cylindrical hole.

1.2.20 **Gewindeschneiden (n, vb)**
Erzeugen eines Außengewindes.

thread die cutting
Cutting of an external thread.

1.2.21 **Gewindestrehlen (n, vb)**
Erzeugen eines Gewindes mit einem mehrzahnigen Werkzeug, dessen Profil dem zu erzeugenden Gewinde mit von Zahn zu Zahn bis zur vollen Profiltiefe ansteigender Schnitttiefe entspricht.

thread chasing
Production of a screw thread by means of a multitooth tool, the profile of which corresponds to that of the required thread. The depth of cut increases progressively along the chaser until it achieves the full depth of the profile.

1.2.22 **Verlaufen (n, vb)**
Abweichen eines Bohrers von der durch seine Führung bestimmten Vorschubrichtung.

drift
Deviation of a drill from its intended path.

1.2.23 **Bohrer (m)**
Werkzeug mit einer oder mehreren Schneiden und mit einer oder mehreren Drallnuten oder geraden Nuten.

drill
Cylindical cutting tool with one or more cutting edges having helical or straight flutes.

1.2.24 **Bohrkopf (m)**
Messerkopf mit einsetzbaren Schneiden, befestigt an zylindrischer Stange oder Rohr.

boring head or bar
Head equipped with inserts attached to a cylindrical bar or tube.

1.2.25 **Bohrstange (f)**
Verlängerung der Spindel zum Aufbohren oder Fertigbohren von in größerem Abstand vom Spindelkasten liegenden Bohrungen.

boring bar
A bar, acting as an extension of the spindle of the machine, used to hold a single-point tool or tools for a hole enlarging operation.

1.2.26 **Ejektorbohrkopf (m)**
Tiefloch-Bohrkopf mit äußerer Kühlmittelzufuhr und innerer Späneabfuhr für umlaufendes oder ruhendes Werkstück.

ejector drilling head
A deep hole drill with provision for an external supply of cutting fluid and internal removal of chips from a rotating or stationary workpiece.

alésage (m) de forme
Alésage à l'aide d'un alésoir dont la forme est celle du trou désiré, par exemple avec un alésoir conique (a). Dans le cas de trous de petit diamètre on peut réaliser un alésage conique en partant d'un préperçage cylindrique (b).

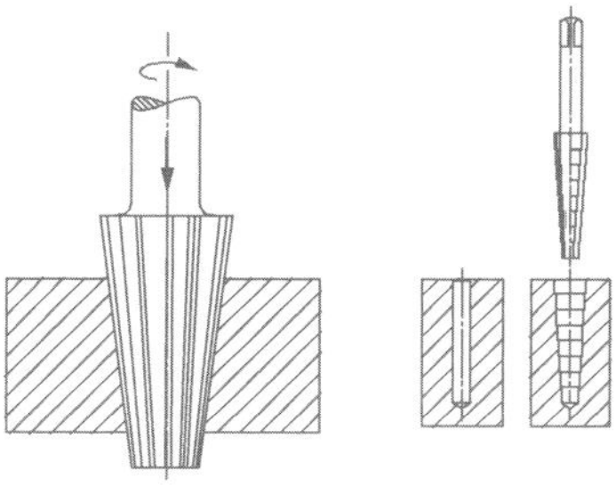

(a) (b)

taraudage (m)
Opération pour réaliser un filetage intérieur.

filetage (m)
Opération pour réaliser un filetage extérieur.

filetage (m) au peigne
Réalisation d'un filetage extérieur à l'aide d'un outil multident progressif appelé peigne.

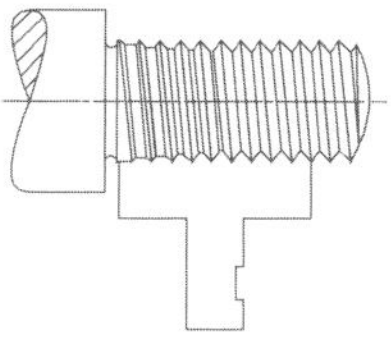

déviation (f)
dérive (f)
Déviation du perçage par rapport à la trajectoire prévue.

foret (m)
Outil à coupe en bout comportant une ou plusieurs dents permettant de réaliser un trou en pleine matière en tournant autour de son axe et présentant en général des goujures pour le dégagement des copeaux.

lame (f) de perçage
Plaquette de coupe fixée en pointe d'un support cylindrique ou creux permettant la réalisation de perçages.

barre (f) d'alésage
Barre sur laquelle sont fixés un ou plusieurs grains (outils), et permettant de réaliser l'agrandissement d'un trou pré percé.

tête (f) de forage
Système de perçage de trou profond avec un dispositif du fluide de coupe et d'évacuation centrale des copeaux.

1.2.27 **Kronenbohrer (m)**
Rohrförmiger Bohrer zum Kernbohren.

trepanning cutter
Tubular drill for trepanning.

1.2.28 **Spiralbohrer (m)**
Bohrer mit wendelförmig verlaufenden Spannuten.

twist drill
End-cutting tool characterised by deep helical flutes along the body from the point.

1.2.29 **Bohrer (m) mit geraden Nuten**
Bohrer, dessen Spannuten achsparallel verlaufen.

straight-fluted drill
A drill with flutes parallel to its longitudinal axis.

1.2.30 **Spitzbohrer (m)**
Flachstahlförmiges mit einer zweischneidigen Spitze versehenes Werkzeug (a), auch mit Zentrierspitze (b).

flat drill
A rotary flat endcutting tool provided with suitable cutting edges (a), may have a centre point (b).

1.2.31 **Schlangenbohrer (m)**
Spiralbohrer mit großem Drallwinkel bzw. kleiner Nutsteigung und besonderer Zentrierspitze; zum Bohren von Holz.

screw bit
A special twist drill for drilling wood. The drill has a large flute area, a small helix angle, and a special centre point.

1.2.32 **Splintlochbohrer (m)**
Spiralbohrer mit üblicher Arbeitslänge aber verkürzter Schneidteillänge zur Erhöhung seiner Steifigkeit.

stub type drill
A twist drill made with a short fluted length in order to increase its rigidity.

1.2.33 **Stiftlochbohrer (m)**
Kegeliger Spiralbohrer zum Bohren von kegeligen Stiftlöchern.

taper pin drill
A twist drill for producing tapered holes for assembly of pins.

trépan (m)
Vilebrequin pour forer avec un support creux sur lequel des plaquettes de coupe sont fixées annulairement.

foret (m) hélicoïdal
Outil à coupe en bout caractérisé par la présence de goujures hélicoïdales.

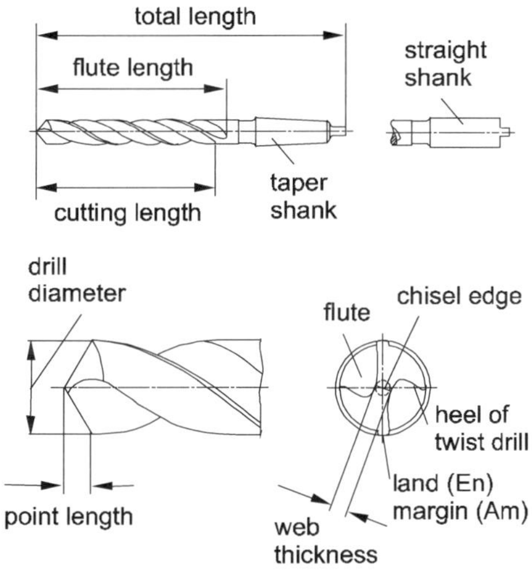

foret (m) à goujures droites
Foret dont l'axe de la goujure est parallèle à celui de l'outil.

foret (m) à langue d'aspic
Foret réalisé par l'affûtage d'une lame plate, avec ou sans pointe de centrage. La queue peut être cylindrique, conique avec (a) ou sans téton d'entraînement (b).

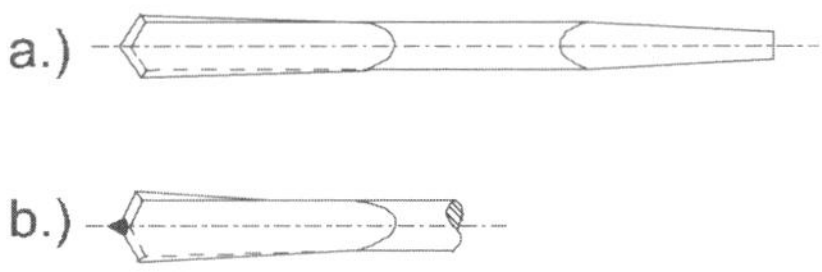

foret (m) à bois
Foret destiné à la réalisation des trous généralement dans le bois, ou dans les matériaux fibreux avec un angle d'hélice faible et 3 pointes en bout de manière à cisailler les fibres.

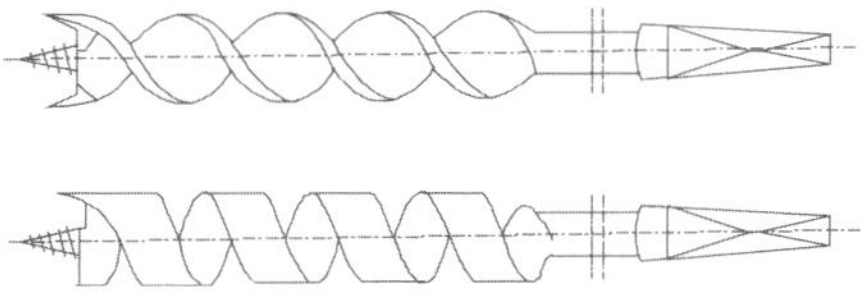

foret (m) à goujure réduite
Foret hélicoïdal dont la goujure est réduite au maximum pour accroître la rigidité.

foret (m) à piéter
Foret spécial pour la réalisation de trous coniques destinés à recevoir des pions de centrage.

1.2.34 **Stufenbohrer (m)**
Spiralbohrer mit mehreren Schneidteilen von verschiedenen Durchmessern; z.B. zweistufig (a), dreistufig (b).

step drill
Twist drill with more than one cutting sections with different diameters; e.g. two steps (a), three steps (b).

1.2.35 **Spiralbohrer mit Innenkühlung (m)**
Spiralbohrer mit Kühlkanälen zur inneren Kühlmittelzufuhr.

twist drill with internal cooling
Twist drill with small holes extending through both lands for delivering cutting fluid.

1.2.36 **Tieflochbohrer (m)**
Einschneidiger Bohrer mit einer geraden Span-Nut und innerer Kühlmittelzufuhr zum Bohren tiefer Löcher.

gun drill
A single-lip, straight-flute drill attached to a drive tube through which fluid is forced to flush chips.

1.2.37 **Zentrierbohrer (m)**
Kombiniertes Bohr- und Senkwerkzeug zur Zentrierung von Wellen.

centre drill
Tool for centre drilling of shafts or workpieces.

1.2.38 **Reibahle (f)**
Mit geraden (a) oder schraubenförmig verlaufenden (b) Spannuten versehenes Werkzeug zur Fertigbearbeitung von Bohrungen mit hoher Maßgenauigkeit und Oberflächengüte.

reamer
Tool which cuts when rotated clockwise or anti-clockwise with straight (a) or helical (b) flutes for finishing holes accurately to size and with a good surface finish.

1.2.39 **Handreibahle (f)**
Geradnutige Reibahle mit langem kegeligen Anschnitt und anschließendem schwach verjüngten Führungsteil (a), gegebenenfalls auch dreifach längsgeschlitzt und durch Spreizung mit Kegelschraube nachstellbar (b).

hand reamer
Straight-fluted reamer with long taper lead and followed by a section which reduces slightly in diameter (a), or with three longitudinal slots and taper bolt for expansion (b).

foret (m) étagé
Foret présentant plusieurs étages d'usinage correspondant à des diamètres différents: (a) 2 étages, (b) 3 étages.

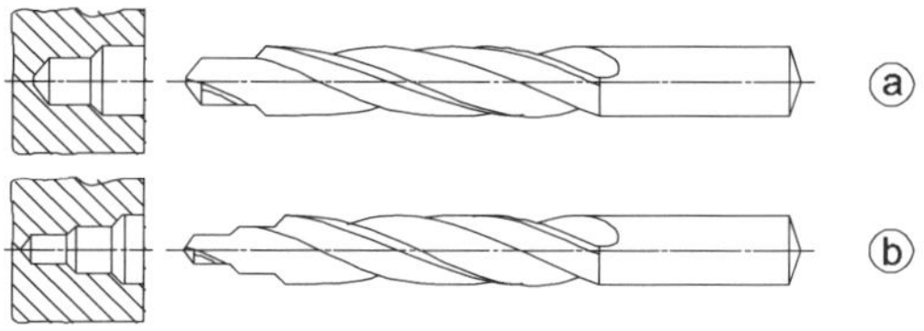

foret (m) à trou d'huile
Foret hélicoïdal comportant des canaux destinés à amener le fluide de coupe au niveau des lèvres.

fleuret (m)
Foret à une lèvre à goujure droite avec guide, associé à un attachement tubulaire au travers duquel le du fluide de coupe est envoyé pour évacuer les copeaux. Utilisé pour le perçage de trous profonds, perçage de canons par exemple.

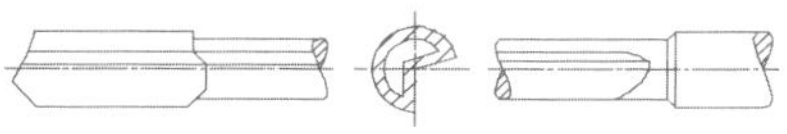

foret (m) à centrer
Foret avec pilote spécialement conçu pour le centrage soit de pièces soit de trous.

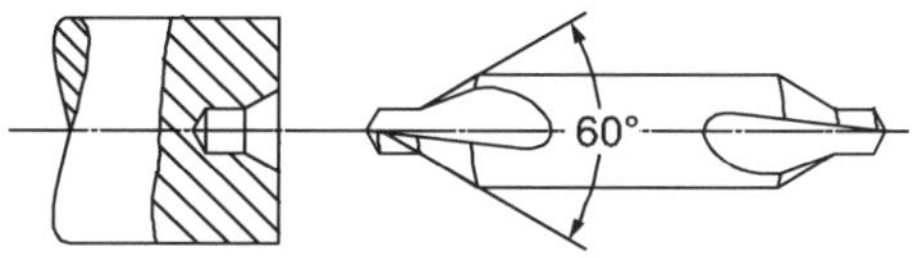

alésoir (m)
Outil coupant à goujures droites (a) ou à hélicoïdales (b) pour la finition des trous.

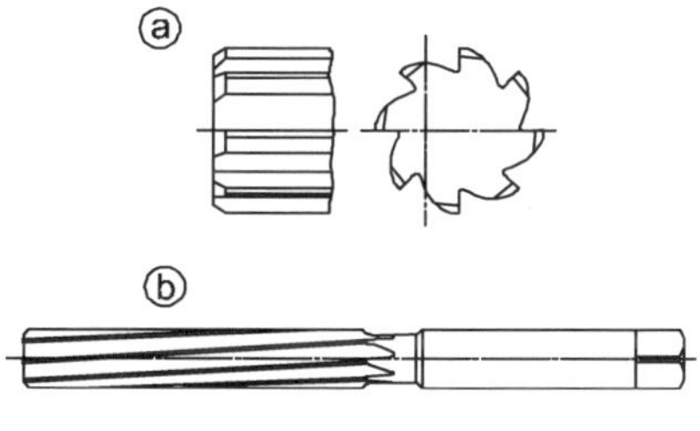

alésoir (m) à main
Alésoir à goujure droite avec une entrée de faible conicité suivie d'une zone de diamètre constant (a) ou équipé d'un système d'expansion (b).

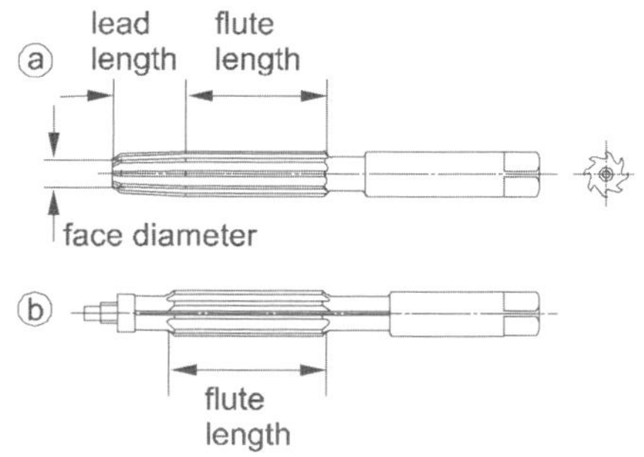

1.2.40 **Maschinenreibahle (f)**
Reibahle mit nur kurzem Anschnitt (a); auch mit eingesetzten nachstellbaren Messern (b).

machine reamer (En)
chucking reamer (Am)
Reamer with short lead (a); may have inserted adjustable cutters (b).

1.2.41 **Pendelreibahle (f)**
Im Werkzeughalter pendelnd aufgehängte Reibahle, die sich dadurch auf das vorgebohrte Loch einstellt.

floating reamer
A reamer that can float in its holder to enable it to follow the hole being reamed.

1.2.42 **Aufsteckreibahle (f)**
Reibahle mit Bohrung und Mitnehmernut zur Aufnahme auf einen Aufsteckhalter; auch mit aufgeschraubten Messern, gegebenenfalls aus Hartmetall.

arbor-mounted reamer (En)
shell reamer (Am)
Reamer with bore and drive slot for mounting on an arbor; also with bolt-on cutters, may be carbide-tipped.

1.2.43 **Formreibahle (f)**
Reibahle zum gleichzeitigen Reiben von koaxialen zylindrischen und kegeligen Flächen.

combination reamer (En)
stepped reamer (Am)
Reamer for cutting coaxial cylindrical and tapered surfaces simultaneously.

1.2.44 **Kegelreibahle (f)**
Reibahle zum Aufreiben schlanker Kegellöcher mit geraden oder linksgedrallten Nuten mit großer Steigung.

taper reamer
Reamer for reaming small-taper holes. Straight or left-handed helical flutes of large pitch.

1.2.45 **Stirnreibahle (f)**
Reibahle, die auch stirnseitig schneidet zum Reiben von Grundlöchern.

bottoming reamer (En)
end-cutting reamer (Am)
A reamer that also cuts with its end face, for reaming blind holes.

1.2.46 **Einschneiden-Reibahle (f) mit Führungsleiste**
Einschneidige Reibahle, die zur Führung und Aufnahme der Radialkraft mit einer Leiste, meist aus Hartmetall, versehen ist.

single blade reamer with guide pad
Reamer with guide pad. The guide pads, usually carbide, are fastened to the reamer and slide on the machined surface of the hole.

1.2.47 **Schälreibahle (f)**
Hochleistungsreibahle mit schraubenförmig verlaufenden Schneiden zum Reiben zäher Werkstoffe.

progressive-cut reamer (En)
helical-flute reamer (Am)
High-performance reamer with helical flutes for reaming ductile materials.

1.2.48 **Stufenreibahle (f)**
Reibahle mit im Durchmesser abgestuftem Schneidteil.

stepped reamer
Reamer with cutting portion stepped.

alésoir (m) machine
Alésoir avec une entrée de faible longueur (a) éventuellement à lames rapportées avec système d'expansion (b).

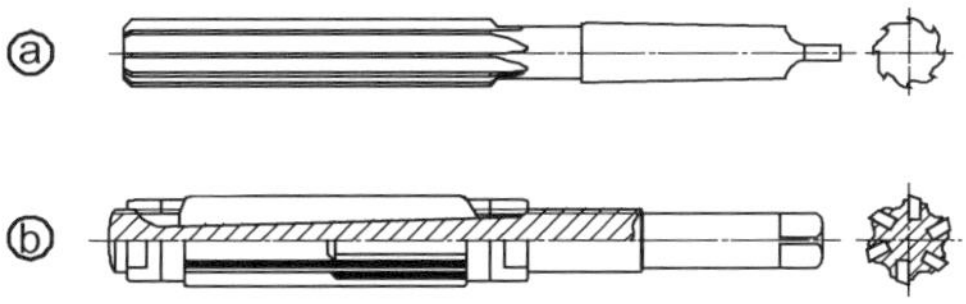

alésoir (m) sur montage flottant
Alésoir monté sur un système permettant un faible débattement radial de manière à suivre le trou.

alésoir (m) creux
Alésoir présentant un alésage pour être monté sur un arbre support, éventuellement à lames rapportées en carbure.

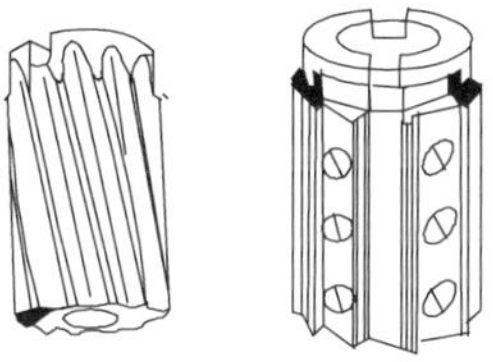

alésoir (m) de forme
alésoir (m) étagé
Alésoir spécial pour la finition de trous étagés et coniques dans la même opération.

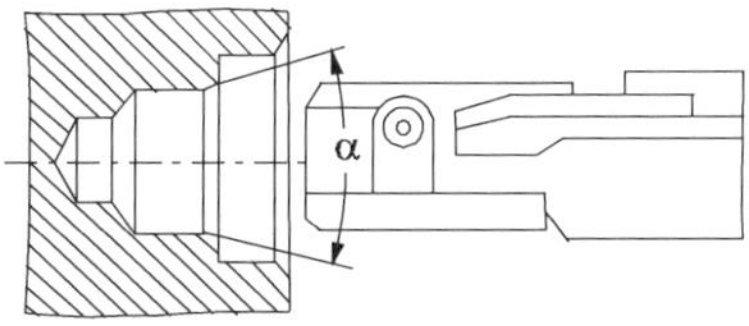

alésoir (m) conique
Alésoir pour la finition des trous coniques. A goujure droite ou hélicoïdale.

alésoir (m) à coupe frontale
Alésoir pour la finition des trous borgne, y compris le fond du trou.

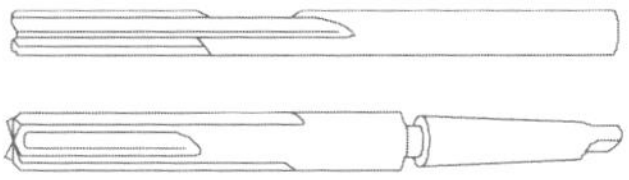

alésoir (m) à une arête avec bague de guidage
Alésoir à une arête portant une bague en carbures pour assurer le guidage et l'appui de l'outil.

foret (m) aléseur
Alésoir à goujure hélicoïdale permettant l'enlèvement de surépaisseur plus importante, utilisé généralement dans les matériaux tendres.

alésoir (m) étagé
Alésoir présentant des sections de coupe de diamètre croissant.

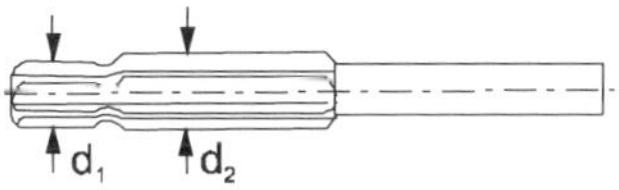

1.2.49 **Aufsteck-Grundreibahle (f)**
Aufsteck-Reibahle mit eingesetzten und nachstellbaren Messern, die auch stirnseitig schneidet.

arbor-mounted bottoming reamer (En)
end-cutting adjustable reamer (Am)
Shell reamer that also cuts with its endface, for reaming blind holes and having inserted bolt-on cutters.

1.2.50 **Gewinderolle (f)**
Gewinderollwerkzeug, das auf seinem Umfang mit einem Gewinde versehen ist, das dem herzustellenden Gewinde entspricht.

thread rolling die
Forming tool for producing threads on cylindrical or conical workpieces.

1.2.51 **Gewindeformer (m)**
Werkzeug, ähnlich einem Gewindebohrer, zur Erzeugung von Innengewinden durch Kaltumformen. Der Querschnitt weicht von der Kreisform im Sinne eines einbeschriebenen Polygons ab.

cold forming tap
Tool similar to a tap which produces an internal thread by cold forming. Its cross-section deviates from a circle to an inscribed polygon.

1.2.52 **Gewindebohrer (m)**
Werkzeug mit geraden (a) oder schraubenförmigen (b) Span-Nuten zur Herstellung von Innengewinden in einer oder mehreren Stufen.

tap
Tool with straight (a) or helical (b) flutes for cutting internal threads in one or several stages.

1.2.53 **Gewindebohrer mit Führungszapfen (m)**
Zapfen wird im Kernloch geführt und verhindert Verlaufen des Gewindebohrers.

piloted tap
Pilot is guided in hole to be tapped for correct alignment.

1.2.54 **Bohr-Gewinde-Werkzeug (n)**
Werkzeug mit Spiralbohrerschneidteil und unmittelbar anschließendem Gewindebohrschneidteil.

combination drill tap
Tool having twist drill followed directly by a tap section.

1.2.55 **Maschinengewindebohrer (m)**
Gewindebohrer mit geraden Span-Nuten und verstärktem Schaft; gegebenenfalls mit achsparalleler Mitnehmernut.

machine tap
Tap with straight flutes and strengthened shank. Possibly with drive keyway.

1.2.56 **Maschinengewindebohrer mit innerer Spanabfuhr (m)**
Bohrer mit hohlem Schaft, durch den die Späne abgeführt werden.

machine tap with internal swarf passage
Tap with hollow shank through which the swarf can be removed.

1.2.57 **Muttergewindebohrer (m)**
Gewindebohrer mit langem kegeligen Anschnitt, der das Muttergewinde in einem Arbeitsgang vor- und fertigschneidet.

nut tap
Tap with long taper lead which can cut an internal thread in one operation complete.

1.2.58 **Rohrgewindebohrer (m)**
Vor- und Fertigschneidbohrer für zylindrisches Whitworth-Rohrinnengewinde.

pipe-thread tap (En)
pipe tap (Am)
Taper tap for cutting cylindrical whitworth internal pipe threads.

alésoir (m) creux à coupe en bout
Alésoir permettant l'usinage de fond de trous borgnes, éventuellement à lames carbure rapportées.

molette (f) de roulage de filet
Outil cylindrique généralement associé par deux ou par trois mollettes permettant la réalisation de filetages par déformation à froid.

taraud (m) à refouler
Outil semblable à un taraud permettant la réalisation d'un filetage intérieur par déformation à froid. La section n'est pas circulaire mais de profil polygone.

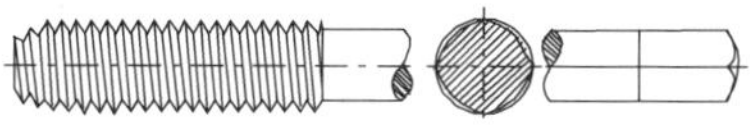

taraud (m)
Outil permettant la réalisation de filetages intérieurs dans des trous prépercés en une ou plusieurs passes, à goujures droites (a) ou hélicoïdales (b).

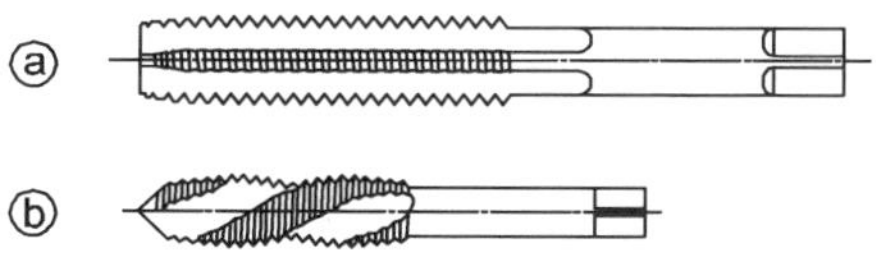

taraud (m) à pilote
Taraud équipé d'un pilote assurant son guidage dans le trou prépercé.

foret (m) taraudeur
Outil combiné commençant par une section similaire à celle d'un foret hélicoïdal suivi d'une section taraudeuse.

taraud (m) machine
Taraud avec des rainures axiales et une tige renforcée, souvent avec des rainures d'entraînement.

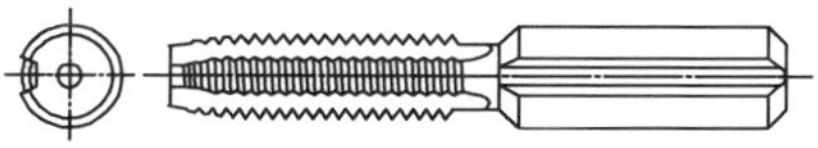

taraud (m) machine avec évacuation centrale des copeaux
Taraud avec une tige creuse pour l'évacuation des copeaux.

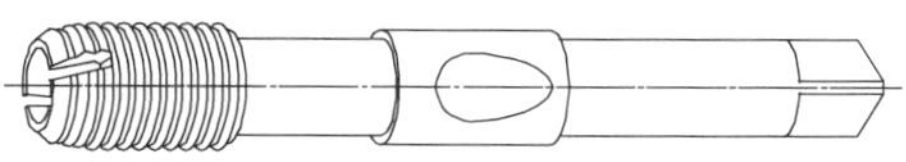

taraud (m) à enfilade
Taraud utilisé pour la réalisation d'écrous présentant en général une entrée longue de faible conicité et une longue queue pour la récupération des écrous.

taraud (m) pour filets au pas du gaz
Taraud utilisé pour la réalisation de filetages au pas de gaz.

1.2.59 **Schälgewindebohrer (m)**
Gewindebohrer mit zur Bohrerachse geneigten Spanflächen.

spiral point tap
Tap with cutting surfaces at an angle to tap axis.

1.2.60 **Gewindeschneideisen (n)**
Mit dem Profil des zu schneidenden Gewindes versehenes Werkzeug. Zum Einsetzen in eine Gewindeschneidkluppe, auch geteilt in Form von Schneidbacken.

threading die
Die of one or two piece construction having the profile of the thread that is to be cut held in a die stock.

1.2.61 **Gewindeschneidkluppe (f)**
Werkzeughalter, der Gewindeschneideisen aufnimmt.

die stock (En)
tap wrench (Am)
Holder for threading dies.

1.2.62 **Gewindeschneidkopf (m)**
Gewindebohrer mit auswechselbaren Schneidstollen.

inserted blade tap (En)
inserted chaser tap (Am)
Cylindrical body with changeable cutter blades.

1.2.63 **Gewinde-Schneidschraube (f)**
Schraube, die sich das Muttergewinde in ein vorgebohrtes Kernloch selbst schneidet.

self-tapping screw
Screw which cuts its own internal thread in a pre-drilled hole.

1.2.64 **Gewindestrehler (m)**
Siehe 1.2.21.

thread chaser
See 1.2.21.

1.2.65 **Universalwindeisen (n)**
Verstellbarer Werkzeughalter zur Aufnahme und Betätigung von Handgewindebohrern.

universal tap holder
Adjustable holder for gripping and using hand taps.

1.2.66 **Ratschenschneidkluppe (f)**
Gewindeschneidkluppe mit Sperrgetriebe und verstellbaren Schneidbacken, hauptsächlich zum Schneiden von Rohraußengewinden.

ratchet die stock
Die stock with ratchet drive and adjustable dies; mainly used for cutting external pipe threads.

taraud (m) à entrée hélicoïdale
Taraud présentant une entrée hélicoïdale pour une meilleure évacuation des copeaux (entrée gun).

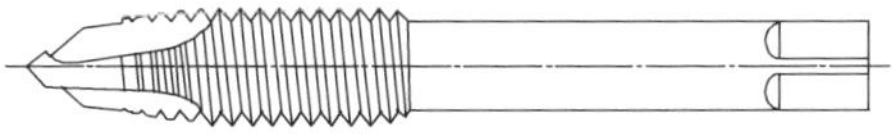

filière (f)
Outil permettant la réalisation de filetages extérieurs généralement composé de 3 dents concentriques à profil progressif au pas et au profil du filet.

porte-filière (m)
Dispositif pour l'entraînement des filières à main.

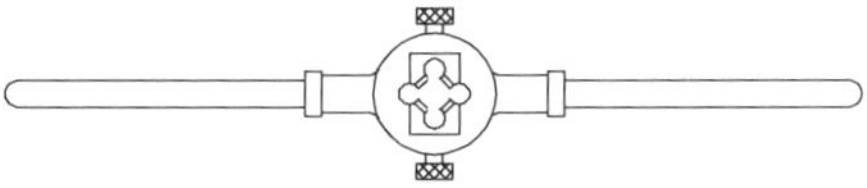

taraud (m) à peigne rapporté
Taraud composé d'un support sur lequel sont montées des lames interchangeables au profil et au pas du filetage.

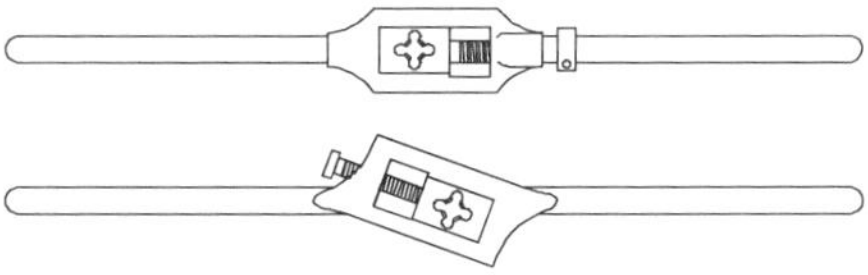

vis (f) auto taraudeuse
Vis réalisant elle même son taraudage dans un trou préperçé.

peigne (m) à fileter
Voir 1.2.21.

tourne-à gauche (m)
Dispositif pour l'entraînement de tarauds à main.

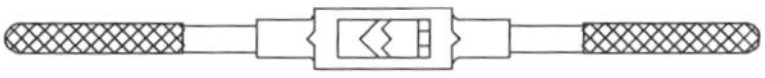

porte-filière (m) à rocher
Porte-filière avec un mécanisme permettant de tourner dans un seul sens, utilisé principalement pour fileter des tubes.

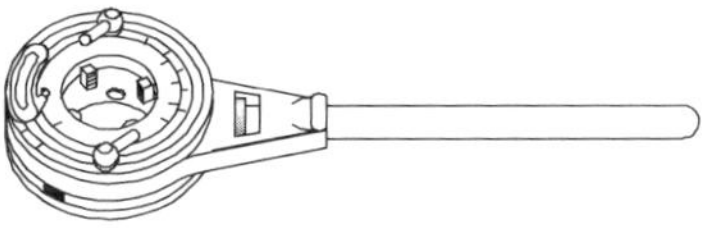

1.2.67 **Bohrerdurchmesser (m)**
Siehe Bild.

drill diameter
See figure.

1.2.68 **Kerndicke (f)**
Kürzester Abstand der beiden Drallnuten eines Spiralbohrers. Kerndicke vergrößert sich i.a. zum Schaft hin.

web thickness
Thickness of the web at the point unless another location is specified. The web is the central portion of the body that joins the lands and its thickness increases towards the shank.

1.2.69 **Durchmesserverringerung (f)**
Verringerung des Durchmessers von der Bohrerspitze zum Bohrerschaft hin; zwecks Verminderung der Fasenreibung.

back taper
Reduction in diameter from the tool point toward the shank for the purpose of reducing friction.

1.2.70 **Gesamtlänge (f)**
Länge von Bohrerspitze bis zum äußersten Ende von Kegel- bzw. Zylinderschaft.

total length
The length between the extreme ends of the point and the shank. In U.S. does not include the conical portion of point.

1.2.71 **Nut (f)**
Schraubenförmige oder gerade Aussparung am Bohrkörper, durch welche die Späne abgeführt werden und die Kühlflüssigkeit an die Schneiden gelangt.

flute
Helical or straight groove cut or formed in the body of a drill to provide cutting lips, to permit chip removal and to allow cutting fluid to access.

1.2.72 **Einstich (m)**
Übergang vom Schaft zum Nutenteil eines Spiralbohrers.

body recess (En)
neck (Am)
The neck is the section with a reduced diameter between the body and the shank of the drill.

1.2.73 **Rückenkante (f)**
Durchdringungslinie von Span-Nutfläche und Nebenfreifläche. Siehe 1.2.66.

heel of twist drill
The edge formed by the intersection of the flute surface and body clearance. See 1.2.66.

1.2.74 **Auskraglänge (f)**
Gesamtlänge des Bohrers minus Kegel- bzw. Zylinderschaftlänge.

cantilever length
Overall drill length minus the length of the shank.

1.2.75 **Zylinderschaft (m)**
Zylindrischer Teil eines Bohrers, mit dem er eingespannt wird. Siehe 1.2.67.

straight shank
Shank with a uniform diameter. See 1.2.67.

1.2.76 **Kegelschaft (m)**
Kegeliger Teil eines Bohrers, mit dem er eingespannt wird. Siehe 1.2.67.

taper shank
Shank with a diameter which decreases in size. See 1.2.67.

1.2.77 **Bohrerspitze (f)**
Kegelförmiger Schneidteil des Bohrers.

drill point
The cone shaped region of the drill at the cutting end.

diamètre (m) du foret
Voir figure.

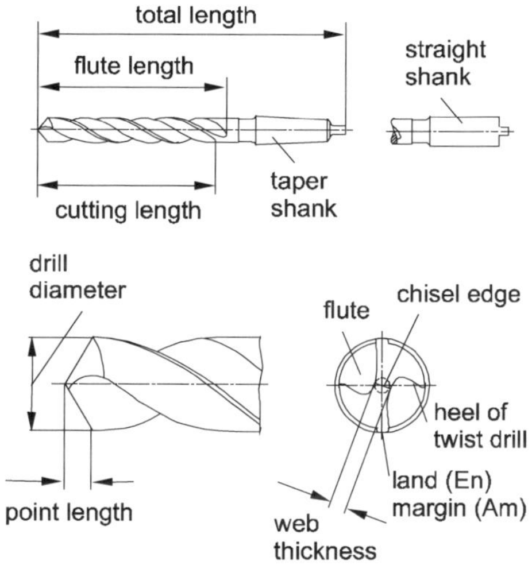

épaisseur (f) de l'âme
L'épaisseur de l'âme est la dimension mesurée à la pointe du foret. L'âme est la partie centrale de l'outil joignant les deux lèvres.

conicité (f) arrière
Réduction du diamètre entre la pointe et le collet sur la longueur taillée de manière à réduire les frottements en cours d'usinage.

longueur (f) totale
Longueur comprise entre les deux extrémités du foret de la pointe au bout de la queue.

goujure (f)
Rainure droite ou hélicoïdale pratiquée dans l'outil pour l'évacuation des copeaux et l'amené du fluide de coupe.

collet (m)
gorge (f) de dégagement
Portion de diamètre réduit comprise entre la partie taillée et la queue.

talon (m)
Arête formée par l'intersection des goujures avec la partie détalonnée du corps. Voir 1.2.66.

longueur (f) en porte (m) à faux
Extrémité conique de la partie active de l'outil.

queue (f) cylindrique
Partie cylindrique d'un outil pour sa préhension et son entraînement. Voir 1.2.67.

queue (f) conique
Partie conique d'un outil pour sa préhension et son entraînement. Voir 1.2.67.

pointe (f) du foret
Extrémité conique de la partie active du forêt.

1.2.78	**Querschneide (f)** Derjenige Teil der Hauptschneide eines Spiralbohrers, der senkrecht zur Vorschubrichtung liegt.	**chisel edge** The edge at the end of the web that connects the major cutting edges.
1.2.79	**Querschneidenecke (f)** Ecke, an der die Querschneide in die Hauptschneide übergeht.	**corner of chisel edge** Corner on the chisel edge where it meets the major cutting edge.
1.2.80	**Querschneidenwinkel (m)** Kleinster Winkel zwischen Haupt- und Querschneide, gemessen in einer Ebene senkrecht zur Bohrerachse.	**chisel edge angle** Angle included between the chisel edge and the major cutting edge as viewed from the end of the drill.
1.2.81	**Span-Nutwinkel (m)** Drallwinkel (m) Winkel zwischen Nebenschneide und Bohrerachse am betrachteten Schneidenpunkt.	**helix angle** Angle made by the leading edge of the land with a plane containing the axis of the drill.
1.2.82	**Span-Nutlänge (f)** Siehe 1.2.67.	**flute length** See 1.2.67.
1.2.83	**Span-Nutsteigung (f)** Abstand zwischen zwei Punkten der Nebenschneide bei einer Windung um 360°, gemessen parallel zur Bohrerachse.	**flute pitch** Distance measured parallel to the drill axis between corresponding points on adjacent cutting edges separated by 360°.
1.2.84	**Spitzenlänge (f)** Siehe 1.2.67.	**point length** See 1.2.67.
1.2.85	**Schneidlänge (f)** Siehe 1.2.67.	**cutting length** See 1.2.67.
1.2.86	**Fase (f)** Führungsfase der Nebenschneide. Siehe 1.2.67.	**land (En)** **margin (Am)** The land or margin is the cylindrical portion of the body which is not removed to provide clearance. In U.S. the land is the peripheral portion of the body between adjacent flutes. See 1.2.67.
1.2.87	**Fasenhöhe (f)** Überstand der Spanfläche gegenüber der Schneidkante.	**chamfer** Distance between rake face and cutting edge.
1.2.88	**Doppelkegelmantelspitze (f)** Hauptschneidenverlängerung durch Anschleifen eines zweiten spitzeren Spitzenwinkels.	**double-angle point** Major cutting edge elongation by grinding an additional drill point angle.
1.2.89	**Kreuzanschliff (m)** Spitzenanschliff bei Bohrern zur Eliminierung der Querschneide.	**split point** Drill point whose chisel edge is eliminated.

arête (f) transversale
Arête centrale joignant les lèvres au niveau de l'âme.

aucun terme
Raccordement entre l'arête transversale et les arêtes principales.

angle (m) de l'arête transversale
Angle compris entre l'arête transversale et la direction des arêtes principales mesuré dans un plan perpendiculaire à l'axe du forêt.

angle (f) d'hélice
Angle apparent par rapport à l'axe de l'hélice formée par l'arête secondaire.

longueur (f) de la goujure
Voir 1.2.67.

pas (m) de l'hélice
Pas apparent de l'hélice formée par l'une des arêtes secondaires.

longueur (f) de pointe
Voir 1.2.67.

longueur (f) taillée
Voir 1.2.67.

listel (m)
témoin (m)
Surface formant l'arête secondaire en intersection avec la goujure. Voir 1.2.67.

hauteur (f) de listel
Dimension du listel mesurée perpendiculairement au bord d'attaque du listel.

affûtage (f) deux pentes
Affûtage de la pointe selon deux angles de manière à augmenter la longueur active des lèvres.

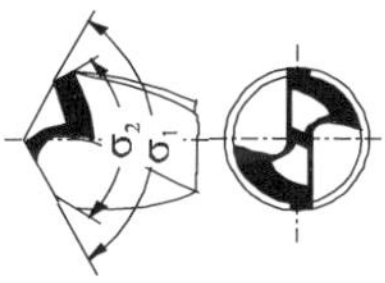

affûtage (m) en croix
affûtage (m) fil à fil
Affûtage des lèvres permettant d'éliminer l'arête transversale.

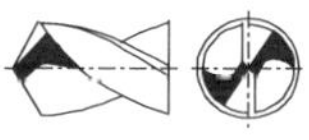

1.2.90 **Spitzenwinkel (m)**
Öffnungswinkel σ des Hüllkegels um die Hauptschneide.

drill-point angle
Included angle σ of the cone formed by the major cutting edges.

1.2.91 **Zentrumsspitze (f)**
Spitze eines Bohrers, welche die Hauptschneiden überragt.

centre point (En)
Point of a drill protruding from the major cutting edges.

1.2.92 **Ausspitzung (f)**
Verkleinerung der Kerndicke bzw. Verkürzung der Querschneide mit (a) oder ohne (b) Korrektur der Hauptschneide.

web thinning
Reducing the web thickness at the point with (a) or without (b) major cutting edge correction.

1.2.93 **Anschnitt (m)**
Vorderer, kegelförmig verjüngter Teil des Schneidteils einer Reibahle.

lead (En)
starting taper (Am)
Leading tapered section of cutting portion of a reamer.

1.2.94 **Anschnittdurchmesser (m)**
Kleinster Durchmesser des Anschnittes; stets kleiner als der Nenndurchmesser der aufzureibenden Bohrung.

lead diameter
Minimum diameter of lead (En) or starting taper (Am). Always smaller than nominal diameter of hole that is to be reamed.

1.2.95 **Anschnittlänge (f)**
Siehe Bild.

lead length (En)
length of taper (Am)
See figure.

1.2.96 **Stirnflächendurchmesser (m)**
Durchmesser der Stirnfläche einer Reibahle mit kegeliger Abschrägung des Anschnittes.

face diameter
Diameter of the end face of a reamer with a bevelled lead, e.g. at 45°.

1.2.97 **Anschnittwinkel (m)**
Öffnungswinkel des Hüllkegels um die Hauptschneiden einer Reibahle.

lead angle (En)
Included angle of cone that envelopes the major cutting edges of a reamer.

1.2.98 **Reibahlen-Nenndurchmesser (m)**
Größter Durchmesser des Schneidteils der Reibahle.

nominal reamer diameter (En)
actual reamer diameter (Am)
Maximum diameter of cutter.

angle (m) de pointe
angle (m) de sommet
Angle σ formé par les arêtes principales (lèvres).

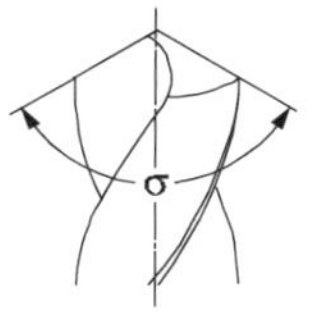

pointe (f) de centrage
Pointe centrale saillante par rapport aux arêtes principales.

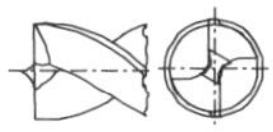

amincissement (f) d'âme
Affûtage de l'âme de manière à réduire la longueur de l'arête transversale, avec (a) ou sans (b) correction des lèvres ou arêtes principales.

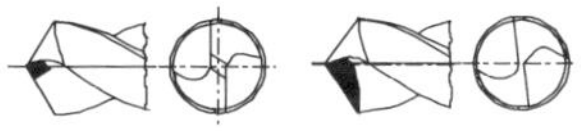

entrée (f)
Première portion de la partie active d'un taraud ou d'un alésoir.

diamètre (m) d'entrée
Diamètre minimum à l'entrée d'un taraud ou d'un alésoir.

longueur (f) d'entrée
Voir figure.

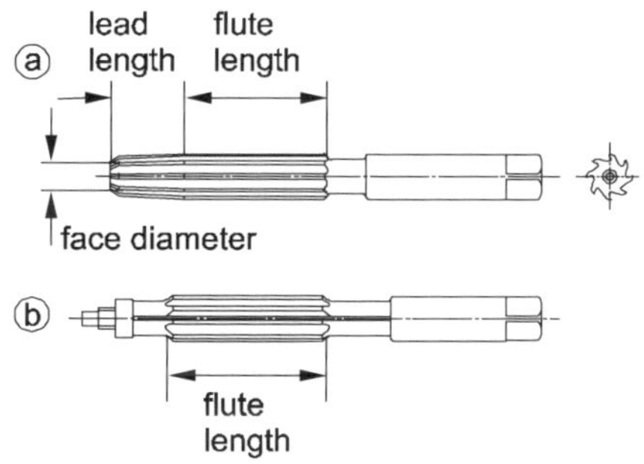

diamètre (m) de la face avant de l'outil
Diamètre de l'outil à intersection des arêtes de coupe principales et secondaires au niveau du bec (chanfrein) mesuré dans un plan perpendiculaire à l'axe.

angle (m) d'entrée
Angle au sommet d'une entrée tronconique.

diamètre (m) nominal de l'alésoir
Le diamètre maximal dans la partie coupante de l'alésoir.

1.2.99 **Zahnteilung (f)**
Winkel bezogen auf die Werkzeugachse, unter denen die Zähne von Reibahlen angeordnet werden; üblicherweise in ungleicher Teilung, bei der jedoch die jeweils gegenüberliegenden Winkel gleich groß sind.

tooth pitch angle
Angle subtended at centre of reamer by successive teeth measured in a plane perpendicular to the axis. Usually varies slightly from tooth to tooth: non-uniform pitch, but opposite tooth pitch angles are equal.

1.2.100 **Hinterschliff (m)**
Maßnahme zur Erzeugung eines Schneiden-Freiwinkels, dessen Größe vom Hinterschleifbetrag a abhängt.

relief
Measure adopted to provide clearance angle, the magnitude depending on amount of relief grinding (a).

1.2.101 **Schaft (m)**
Teil des Bohrers, mit dem er eingespannt wird.

shank
Part of the drill by which it is held and driven.

1.2.102 **Schälanschnitt (m)**
Zeichen (a) im Bild.

spiral lead
Item (a) in figure.

1.2.103 **Schälanschnittswinkel (m)**
siehe Bild.

spiral lead angle (En)
spiral point angle (Am)
see figure.

1.2.104 **Gewindeschaft (m)**
Schaftteil eines Bohrers, der mit einem Einschraubgewinde versehen ist.

threaded shank
Threaded shaft or shank on a tool.

1.2.105 **Vierkantkegelschaft (m)**
Schaftform zur Aufnahme des Bohrers in einer Bohrratsche oder einem Halter.

square taper shank
Special shank on a twist drill to retain it in a ratchet or hand brace.

1.2.106 **Aufsteckhalter (m)**
Zur Aufnahme von Aufsteckreibahlen.

arbor
Ground shaft for holding reamers.

1.2.107 **Halter mit ISO-Steilkegel**
Halter für den manuellen oder automatischen Wechsel von Bohr- oder Fräswerkzeugen, nicht selbsthemmend.

holder with ISO taper
Holder for manual or automatic change of boring or milling tools, non self-locking.

1.2.108 **Halter mit Hohlschaft**
Sehr steifes und axial hochgenaues Spannsystem, bei dem die Spannkraft über die inneren Flächen eines Kegels erfolgt.

holder with hollow shaft taper
Very stiff and precise clamping system in which the clamping force is effected by the inner planes of a cone.

1.2.109 **Führungsteil (n)**
Länge des Schneidteils ohne Anschnitte. Siehe 1.2.93.

flute length
The length of the flutes excluding the taper lead (En), including starting taper (Am). See 1.2.93.

1.2.110 **Pendelaufnahmehülse (f)**
Zur pendelnden Aufnahme von Reibahlen.

floating head
Hold a reamer such that it is free to float.

pas (m) angulaire des dents
Angle entre deux dents successives mesuré dans un plan perpendiculaire à l'axe de l'outil. Cet angle est identique pour deux dents opposées. Il varie généralement d'une dent à l'autre.

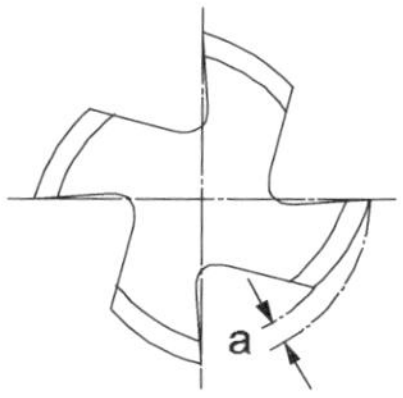

détalonnage (m)
Affûtage permettant le dégagement des parties actives.

queue (f)
Partie de l'outil permettant sa mise et son maintien en position dans le porte outil.

entrée (f) hélicoïdale
entrée (f) gun
Voir (a) sur le schéma.

angle (m) de l'entrée hélicoïdale
Voir schéma

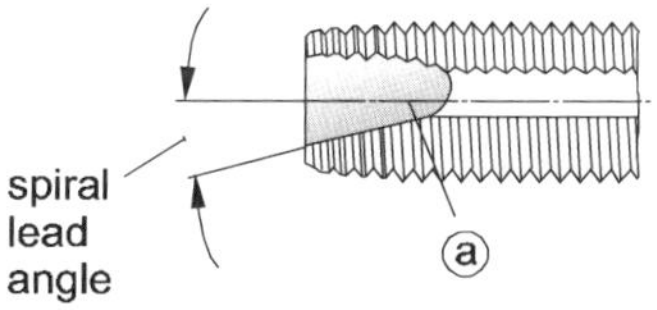

queue (f) filetée
Partie filetée d'un outil pour sa préhension et son entraînement.

queue (f) carrée conique
Partie pyramidale d'un outil pour sa préhension et son entraînement.

support (m) pour alésoirs creux
Arbre pour le montage des alésoirs creux.

DIN 217

attachement (m) à cône ISO
Attachement conique non autobloquant pour adapter le changement manuel et automatique des outils.

attachement (m) à cône creux
Porte-outil dans lequel la force de serrage est générée sur la face interne d'un cône.

portée (f) de l'alésoir
Longueur des arêtes secondaires incluant (Anglais) ou non (Américain) l'entrée. Voir 1.2.93.

porte-alésoir (f) flottant
Porte outil présentant une élasticité radiale, offrant une possibilité de débattement à l'alésoir.

1.2.111 **Handbohrmaschine (f)**
Von Hand gehaltene und geführte mit Elektromotor oder Druckluft angetriebene Bohrmaschine.

power drill
A hand-held drill powered by an electric motor or by compressed air.

1.2.112 **Ständerbohrmaschine (f)**
Bohrmaschine mit kastenförmigem oder säulenförmigem Gestell zur Führung des Bohrschlittens und des Bohrtisches sowie zur Aufnahme der Antriebseinheiten auf dem Gestell oder dem Bohrschlitten.

column-type drilling machine
Vertical machine with a box- or round-column capable of guiding the drill slide, the table and of supporting the driving motor and gear box.

1.2.113 **Bohrmaschine (f), numerisch gesteuert**
Bohrmaschine, bei der alle Funktionen numerisch gesteuert werden.

numerically controlled drilling machine
Drilling machine in which the motions are numerically controlled.

1.2.114 **Tischbohrmaschine (f)**
Auf einem Tisch stehende kleine Ständerbohrmaschine.

bench-type drilling machine
A small upright drilling machine with a table, usually hand fed, often mounted on a bench.

1.2.115 **Plattenbohrwerk (n)**

table-type machine

1.2.116 **Feinbohrmaschine (f)**
Bohrmaschine in senkrechter oder waagerechter Bauform zur Herstellung von Bohrungen höchster Formgenauigkeit und Oberflächengüte.

precision drilling machine
Vertical or horizontal drilling machine for producing holes with extremely accurate form and good surface finish.

1.2.117 **Lehren-Bohrmaschine (f)**
Koordinaten-Bohrmaschine (f)
Lehren-Bohrwerke dienen zur Herstellung von Bohrungen, Senkungen und Anfräsungen mit höchster Maßgenauigkeit ohne vorheriges Anreißen.

jig-boring machine
coordinate drilling or boring machine
Jig boring machines are used for drilling, countersinking and milling to the highest degree of accuracy without prior marking out.

1.2.118 **Mehrspindel-Bohrmaschine (f)**
Bohrmaschine mit mehreren, meist von einer Hauptspindel angetriebenen Bohrspindeln.

multi spindle drilling machine
Drilling machine generally having a single main drive, actuating a multi-head drilling facility.

1.2.119 **Radial-Bohrmaschine (f)**
Schwenk-Bohrmaschine (f)
Bohrmaschine mit einem meist an einer zylindrischen Säule geführten und um diesen schwenkbaren Ausleger, auf dem der Bohrschlitten radial zur Schwenkachse bewegt und eingestellt werden kann.

radial drilling machine
A machine with the drilling head movable along a rigid horizontal, vertically adjustable and swivelling arm carried by a column or pillar. In some designs both the arm and the drill head can be swivelled.

1.2.120 **Revolverbohrmaschine (f)**
Senkrecht-Bohrmaschine mit einem schaltbaren sternförmigen Revolverkopf.

turret type drilling machine
Vertical drilling machine with an indexing turret to hold the drills.

perceuse (f) portative à moteur
Perceuse à moteur électrique ou pneumatique pouvant être utilisée à main levée.

perceuse (f) à colonne
Montée en potence sur une colonne, équipée d'une boîte de vitesses, de tables et pourvue de mouvements d'avance.

perceuse (f) à commande numérique
Perceuse dont les déplacements sont contrôlés numériquement.

perceuse (f) d'établi
perceuse (f) sensitive
Petite perceuse à colonne sans mouvement d'avance automatique, pouvant être montée sur un établi.

aléseuse (f) à montant mobile

pointeuse (f) ou semi-pointeuse
Perceuse verticale ou horizontale, réalisant le positionnement de trous avec une grande précision.

perceuse (f) à chariots croisés
centre (m) de perçage
Perceuse équipée de mouvements croisés de précision, à 2 ou 3 axes.

perceuse (f) multibroches
Perceuse comportant plusieurs broches se déplaçant en même temps, généralement pilotées par le même moteur.

perceuse (f) radiale
Perceuse pour laquelle la broche se déplace le long d'un axe horizontal rigide lui même positionné sur un bras coulissant et pivotant sur une colonne.

perceuse (f) à tourelle
Perceuse disposant d'une tourelle indexable pour le changement d'outil.

1.2.121	**Rundtisch-Bohrmaschine (f)** Senkrecht-Bohrmaschine mit einem schaltbaren Rundtisch als Werkstück-Träger.	**rotary indexing table drilling machine** Vertical drilling machine with a rotary indexable table for clamping the workpiece.
1.2.122	**Senkrecht-Bohrmaschine (f)** Bohrmaschine mit senkrecht angeordneter Bohrspindel.	**vertical drilling machine** Drilling machine with a vertically oriented drill spindle.
1.2.123	**Waagerecht-Bohrmaschine (f)** Bohrmaschine mit waagerecht angeordneter Bohrspindel.	**horizontal drilling machine** Drilling machine with the spindle oriented horizontally.
1.2.124	**Senkrecht-Tieflochbohrmaschine (f)** Bohrmaschine mit ruhendem Bohrer und umlaufendem Werkstück oder umgekehrt.	**vertical deep-hole drilling machine** Machine for drilling or boring deep holes with a vertical spindle which rotates either the workpiece or the tool.
1.2.125	**Waagerecht-Tieflochbohrmaschine (f)** Bohrmaschine, bei der entweder das Werkstück die Schnittbewegung und das im Spannkopf des Bettschlittens eingespannte Werkzeug die Vorschubbewegung ausführt oder bei der beide Bewegungen vom Werkzeug ausgeführt werden.	**horizontal deep-hole drilling machine** Drilling or boring machine with a horizontal spindle which rotates either the tool or the workpiece; the tool provides the feed motion.
1.2.126	**Zylinderbohrmaschine (f)** Bohrmaschine zum Aufbohren von Zylindern mittels Bohrkopf auf den Passdurchmesser; im allgemeinen mit ruhendem Werkstück; auch mehrspindelig.	**cylinder boring machine** Machine with suitable tooling for boring internal diameters, in general with the workpiece stationary; machine incorporates one or more spindles.
1.2.127	**Bohreinheit (f)** Ein- oder mehrspindelige Baueinheit, meist in Verbindung mit Vorschubeinheit.	**drill unit** Individual drill head with any desired number of spindles, generally having a motor for driving and feeding drills.
1.2.128	**Bohrwinde (f)** Bohrgerät mit Kurbelgriff zum Erzeugen der Rotationsbewegung des Bohrers.	**hand brace** A device with a crank for producing rotational motion of the drill bit.
1.2.129	**Gewindebohrmaschine (f)** Maschine zum Schneiden von Innengewinden.	**tapping machine** Machine for cutting internal threads.
1.2.130	**Gewindeschneidmaschine (f)** Maschine zur Herstellung von Außengewinde.	**threading machine** Machine for producing external threads.
1.2.131	**Aufspannplatte (f)**	**clamping plate**
1.2.132	**Ausleger (m)**	**arm**

perceuse (f) à table circulaire
Perceuse disposant d'une table circulaire indexable pour le transport des pièces.

perceuse (f) verticale
Perceuse avec une broche à axe vertical.

perceuse (f) horizontale
Perceuse avec une broche à axe horizontale.

perceuse (f) verticale pour trous profonds
Machine de perçage ou d'alésage de trous profonds à broche verticale faisant tourner soit la pièce, soit l'outil.

perceuse (f) horizontale pour trous profonds
Machine de perçage ou d'alésage de trous profonds à broche horizontale faisant tourner soit la pièce, soit l'outil. Le mouvement d'avance est donné à l'outil.

machine (f) à aléser les cylindres
Machine pour l'alésage intérieur des cylindres de blocs moteurs mono ou multibroche.

tête (f) de perçage
Système de perçage individuel équipé d'une ou plusieurs broches et éventuellement d'un mouvement d'avance.

chignole (f) à main
vilebrequin (m)
Perceuse dont le mouvement de coupe est produit manuellement.

machine (f) à tarauder
Machine pour la réalisation de taraudages.

machine (f) à fileter
Machine pour la réalisation de filetages.

table (f) porte-pièce

bras (m)

1.2.133 **Hubmotor (m)**
Motor zum Heben und Senken des Auslegers von Radial-Bohrmaschinen bzw. des Bohrschlittens oder des Tisches von Ständerbohrmaschinen.

elevating motor
Motor for raising and lowering the arm of a radial drilling machine or either the workpiece fixture or the drill head of a column type drilling machine.

1.2.134 **Hubgetriebe (n)**
Dem Hubmotor nachgeschaltetes Getriebe; insbesondere bei Radial-Bohrmaschinen.

elevating gear
Gearing box driven by the elevating motor, in particular for radial drilling machines.

1.2.135 **Schnellwechselfutter (n)**
Selbstspannendes und selbstzentrierendes Bohrfutter, bei dem Werkzeugwechsel bei umlaufender Spindel erfolgen kann.

quick-change chuck
Self-centering and self-tightening chuck operated by movement of the tool or rotation of the spindle.

1.2.136 **Bohrfutter (n)**
Spannmittel für Bohrwerkzeuge; meist mit drei selbstzentrierenden Spannbacken (a), die gegebenenfalls über Zahnkranz (b) betätigt werden.

drill chuck
A device attached to the spindle of the machine tool and adjusted to grip the drill bit. Usually with three self-centering jaws (a) and sometimes tightened with a key (b).

1.2.137 **Rundtisch (m)**
Werkstückträger für Rundtisch-Bohrmaschinen.

rotary table
Rotatable workpiece carrier for a drilling machine, may be indexable.

1.2.138 **Setzstock (m)**
Bauteil bei Waagerecht-Bohr- und Fräsmaschinen zur Abstützung der Bohrstange in einem Gegenlager.

steady rest
A device in perpendicular drilling or milling machines for the guidance of boring bar.

1.2.139 **Spannmotor (m)**
Elektrisch, hydraulisch oder pneumatisch arbeitender Motor zum Spannen von Werkstück oder Werkzeug.

clamping motor
Electric, hydraulic or pneumatic motor for clamping the tool or workpiece.

1.2.140 **Tiefenauslösung (f)**
Einrichtung zur Vorschubbegrenzung beim Bohren und Gewindeschneiden mit selbsttätiger Umkehr der Vorschubbewegung und zusätzlich der Drehrichtung beim Gewindeschneiden.

reversing mechanism
Mechanism for automatically stopping and reversing the feed of a drill or tap and additionally, in the case of threading, reversing the rotational direction.

moteur (f) de relevage
Moteur commandant le déplacement vertical, du bras sur une perceuse radiale, de la table porte pièce ou du support de broche sur une perceuse à colonne.

commande (f) du chariot
commande (f) du bras portebroche
Transmission à engrenage du système de relevage.

mandrin (m) à changement rapide
Un mandrin de serrage fixant et centrant automatiquement l'outil qui peut être effectué pendant la rotation de la broche.

mandrin (m) de perçage
Porte-outil pour la fixation et l'entraînement de l'outil, comportant trois mors à serrage concentrique (a). Le serrage se fait manuellement sans outillage ou à l'aide d'une clé (b).

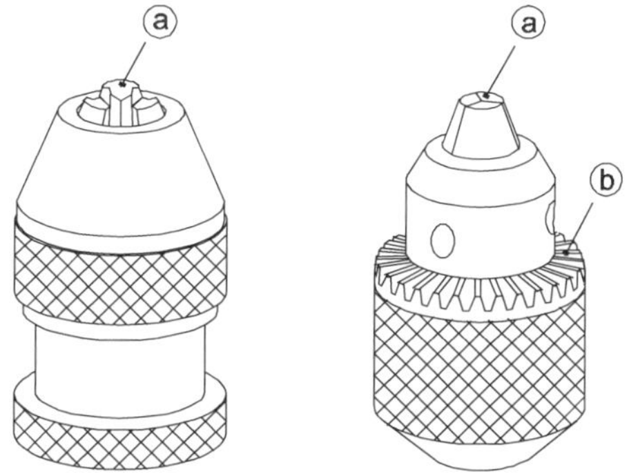

plateau (m) circulaire
table (f) circulaire
Table équipée d'un mouvement circulaire continu ou indexable.

lunette (f)
Système de guidage des barres d'alésage.

dispositif (f) de serrage automatique
Système électrique, hydraulique ou pneumatique pour le maintien en position de l'outil ou de la pièce.

commande (f) de fin de course et d'inversion de marche
Mécanisme permettant en fin de course d'inverser la rotation de la broche utilisé pour le taraudage au taraud machine.

1.2.141 **Wendegetriebe (n)**
Getriebe zur Drehrichtungsumkehr der Werkstückspindel.

reversing gearbox (En)
reversing drive (Am)
Gearbox to reverse direction of rotation of work spindle.

1.3.1 **Hobeln (n)**
Langhobeln (n)
Spanverfahren mit einschneidigem Werkzeug (Hobelmeißel), bei dem das Werkstück die geradlinige, waagerechte Schnittbewegung, der Meißel vor jedem Arbeitshub die Vorschubbewegung ausführt.

planing
long planing
Material cutting process using a single point tool (planing tool) in which the workpiece is reciprocated in linear motion. The cut is made in one direction by the tool which is lowered before each cutting stroke.

1.3.2 **Stoßen (n)**
Kurzhobeln (n)
Spanverfahren mit einschneidigem Werkzeug, bei dem der Meißel die Schnittbewegung (senkrecht oder waagerecht) und im allgemeinen das Werkstück die Vorschubbewegung ausführt.

shaping
Material removal process with a single edged tool; similar to planing, except that the tool executes the primary motion (vertical or horizontal) and the workpiece executes the feed motion.

1.3.3 **Räumen (n)**
Spanverfahren mit einem mehrschneidigem Räumwerkzeug, dessen Schneiden in Schnittrichtung gestaffelt angeordnet sind; Verfahren bedarf nur einer Schnittbewegung, weil die Schnittgrößen Vorschub und Schnittbreite durch Gestaltung des Räumwerkzeuges gegeben sind.

broaching
Material removal operation using a multiple edged tool, whose cutting edges are arranged in line and change in size/shape along the length of the broach. The tool is moved in one direction only, the feed and width of cut being determined by the tool geometry.

1.3.4 **Breitspanschlichten (n)**
Hobeln, vor allem von Gussstücken, mit einem Hobelmeißel von großer Nebenschneidenbreite bei entsprechend großem Vorschub.

finish planing with a wide tool
Planing, especially of castings, using a wide minor edged planing tool at high feed.

1.3.5 **Einstechhobeln (n)**
Hobelvorgang, bei dem eine in Schnittrichtung verlaufende Aussparung (z.B. Nut) durch schrittweisen Vorschub des Meißels in Tiefenrichtung der Aussparung erzeugt wird.

grooving
Planing operation in which a groove is cut in in the workpiece along the direction of motion by feeding the tool stepwise in the depth of cut direction only.

1.3.6 **Formhobeln (n)**
Hobelvorgang, bei dem die Form der erzeugten Flächen durch gesteuerte Vorschubbewegung numerisch oder durch Nachformen eines Bezugsformstückes, einer Leitkurve oder einer Schablone erzeugt wird.

contour planing
copy planing
Planing operation in which the profile is generated by numerical control, a master or a template.

inverseur (m)
Engrenage escamotable per-mettant d'inverser le sens de rotation de broche.

rabotage (m)
Procédé d'usinage utilisant un outil à arête de coupe unique (outil à raboter). Le mouvement de coupe est obtenu par le déplacement linéaire alternatif de la pièce ou de l'outil. La coupe a lieu dans un sens, l'outil étant relevé lors du retour. La vitesse de coupe est théoriquement constante.

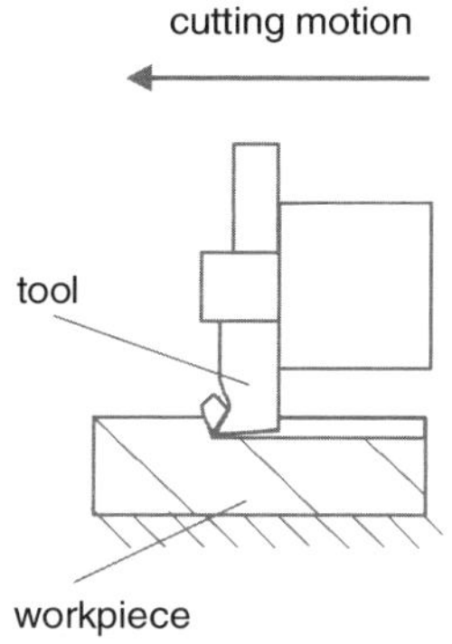

rabotage (m) à l'étau limeur
Procédé d'usinage utilisant un outil à arête de coupe unique. Le mouvement de coupe est donné à l'outil. Le mouvement d'avance est donné à la pièce.

brochage (m)
Procédé d'usinage utilisant un outil à arêtes de coupe multiples disposées en ligne. La taille et/ou la forme des arêtes évolue du début à la fin de l'outil. Le mouvement de coupe est donné à l'outil, c'est une translation rectiligne. L'avance et la profondeur de passe sont obtenues par la géométrie de l'outil.

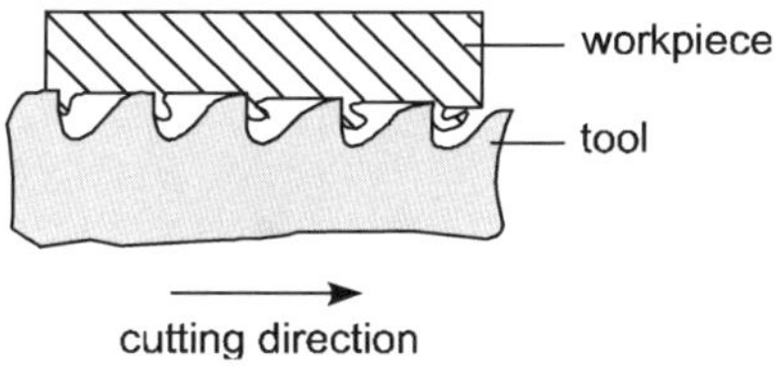

planage (m)
Finition des surfaces par rabotage en utilisant un outil de planage à large arête secondaire et une avance importante.

mortaisage (m)
rainurage (m)
Opération de rabotage où l'on réalise une rainure dans la direction du mouvement de coupe en décalant l'outil par paliers dans le sens de la profondeur de passe.

rabotage (m) d'enveloppe
Opération de rabotage dans laquelle le profil est réalisé par commande numérique ou à l'aide d'un modèle ou d'un gabarit.

1.3.7 **Wälzhobeln (n)**
Teilwälzverfahren zur Zahnradfertigung auf Einzweckmaschinen. Die Zahnkontur wird durch eine oszillierende Schnittbewegung des zahnstangenfömigen Hobelkamms in Zahnbreitenrichtung und durch einen diskontinuierlichen Wälzvorschub (rotierende und geradlinige Wälzbewegung des Werkstücks) erzeugt.

gear planing with rack tool
Partially continuous material removal process for gear manufacturing. The process is characterized by the oscillating motion of the cutting rack in the direction of tooth thickness and discontinuous gear generating feed (rotational and translational workpiece motion).

1.3.8 **Nutenstoßen (n)**
Einstechstoßen (n)
Einstechstoßen, bei dem eine in Schnittrichtung verlaufende Aussparung (z.B. Nut) durch schrittweisen Tiefenvorschub des Meißels erzeugt wird.

keyway slotting
Process resulting from tool motion in which a keyway running in the direction of cut is produced.

1.3.9 **Drallnuten-Stoßen (n)**
Spiralnuten-Stoßen (n)
Schmiernuten-Stoßen (n)
Stoßverfahren von schraubenförmigen Nuten. Der Stößel führt die geradlinige Schnittbewegung aus, das Werkstück die Vorschub- und Drehbewegung.

slotting of helical splines
slotting of spiral splines
slotting of lubrication grooves
Method for slotting of spiral and helical splines. The ram carries out the linear cutting motion and the workpiece does the rotary and feed motions.

1.3.10 **Wälzstoßen (n)**
Kontinuierliches Verfahren zur Zahnradherstellung mit zahnradförmigen Stoßrad durch oszillierende Schnittbewegung in Zahnbreitenrichtung und durch kontinuierlichen Wälzvorschub, der sich aus der Drehung des Stoßrades gegenüber dem Werkrad ergibt.

gear shaping
Process of gear manufacturing with a rotating gear like cutting wheel. The generation of the gear teeth is realized by oscillatiory tool movement in the direction of tooth thickness and continuous controlled rotation of the workpiece.

taillage (m) d'engrenage à l'outil crémaillère
Procédé de taillage d'engrenage par enlèvement de matière. Le procédé est caractérisé par les mouvements alternatifs de l'outil crémaillère dans la direction de l'épaisseur des dents et les mouvements d'avance discontinus de la pièce.

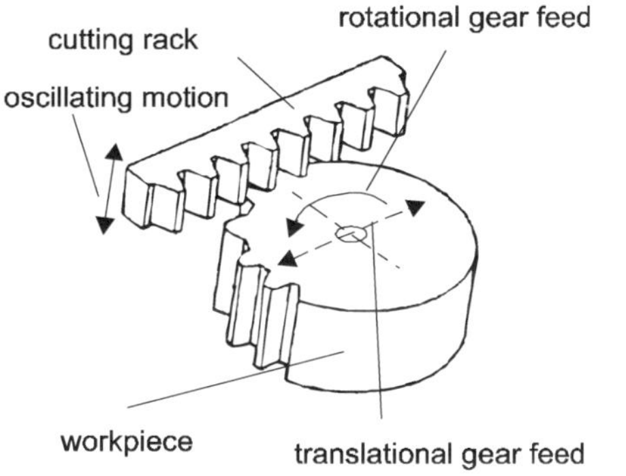

rainurage (m)
mortaisage (m)
Procédé pour la réalisation de rainures dans le sens de la coupe. Le mouvement de coupe est donné à l'outil.

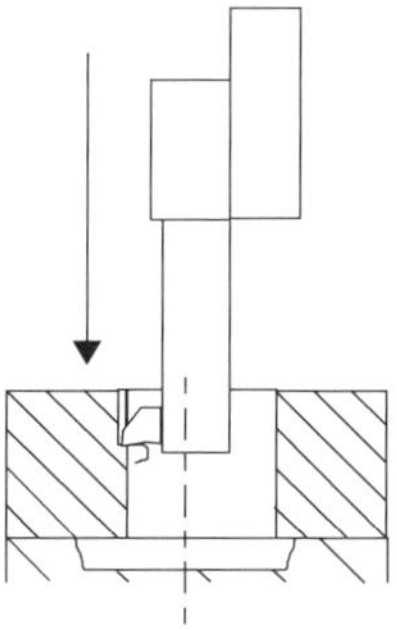

rainurage (m) hélicoïdal
rainurage (m) de rainure de lubrification
Procédé pour la réalisation de rainures hélicoïdales. L'outil suit un mouvement de coupe linéaire. La pièce effectue les mouvements de rotation et d'avance.

taillage (m) d'engrenage à l'outil pignon
Procédé de taillage d'engrenage par enlèvement de matière. Le procédé est caractérisé par des mouvements de translation alternative de l'outil pignon dans la direction de l'épaisseur des dents et de rotation combinée de l'outil et de la pièce pour générer les dents.

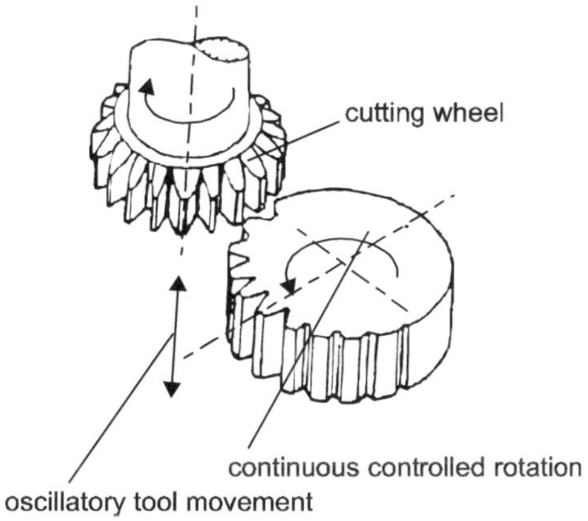

1.3.11	**Waagerechträumen (n)** Räumen mit waagerechter Schnittbewegung.	**horizontal broaching** Broaching with horizontal primary motion.
1.3.12	**Senkrechträumen (n)** Räumen mit senkrechter Schnittbewegung.	**vertical broaching** Broaching with vertical primary motion.
1.3.13	**Zugräumen (n)** Räumen, bei dem das Werkzeug in Schnittrichtung auf Zug beansprucht wird.	**pull-broaching** Broaching operation in which the broach is pulled.
1.3.14	**Druckräumen (n)** Räumen, bei dem das Werkzeug in Schnittrichtung auf Druck beansprucht wird.	**push-broaching** Broaching operation in which the broach is pushed.
1.3.15	**Außenräumen (n)** Räumen von Außenflächen eines Werkstückes.	**external broaching** **surface broaching** Broaching the outer surface of a workpiece.
1.3.16	**Drehräumen (n) mit geradlinig bewegtem Werkzeug** Räumen von Rotations-Außenflächen. Das Werkstück führt eine kreisende Schnittbewegung, das Räumwerkzeug die geradlinige Vorschubbewegung aus.	**external cylindrical broaching with a reciprocating tool** Broaching the outer surface of a rotating cylindrical workpiece using linear tool motion.
1.3.17	**Drehräumen (n) mit rotierendem Werkzeug** Räumen von Rotationsaußenflächen. Das Werkstück führt die kreisende Schnittbewegung, das Räumwerkzeug durch Rotation die Vorschubbewegung aus.	**external cylindrical broaching with a rotary tool** Broaching the outer surface of a rotating cylindrical workpiece with a rotating broaching tool.
1.3.18	**Kettenräumen (n)** Außenräumen mit geradlinig geführtem Werkstück. Werkstücke, die auf Werkstückträger geklemmt sind, werden durch eine Kette in kontinuierlicher Folge am feststehenden Werkzeug entlanggeführt.	**chain broaching** Form of broaching where several work holding fixtures are attached to a continuous chain which draws the workpieces through a set of stationary broaching tools.
1.3.19	**Umfangsräumen (n)** **Tubusräumen (n)** **Topfräumen (n)** Räumen auf Senkrechträummaschinen, bei dem ein vorbearbeitetes Werkstück durch ganzseitig umschlossenes Werkzeug auf gewünschtes Profil gebracht wird.	**peripheral broaching** **tubular broaching** **cup broaching** **pot-broaching** Broaching on vertical broaching machines when a rough machined workpiece is finished to the required profile by a tool enclosed on all sides.

brochage (m) horizontal
Brochage avec un mouvement de coupe horizontal.

brochage (m) vertical
Brochage avec un mouvement de coupe vertical.

brochage (m) en tirant
Opération de brochage pour laquelle la broche est tirée.

brochage (m) en poussant
Opération de brochage pour laquelle la broche est poussée.

brochage (m) extérieur
Réalisation de surfaces extérieures par brochage.

brochage (m) extérieur cylindrique à l'outil développé
Brochage d'une surface extérieure sur une pièce en rotation avec un outil animé d'un mouvement de translation.

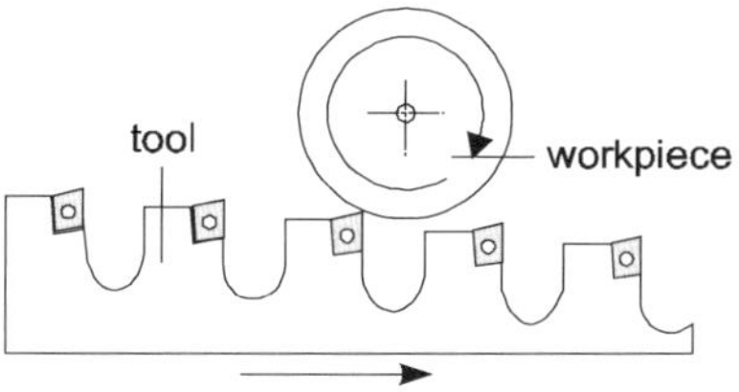

brochage (m) extérieur cylindrique à l'outil rotatif
Brochage d'une surface extérieure sur une pièce en rotation. L'outil se présente comme une came, elle même en rotation.

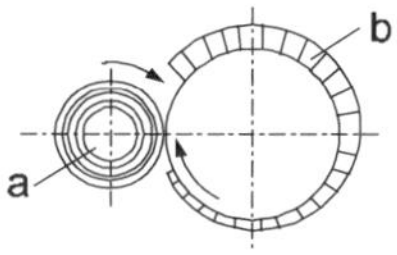

chaîne (f) de brochage
Chaîne sur laquelle sont fixées plusieurs pièces qui passent devant des broches fixes.

brochage (m) à la broche creuse
Brochage sur une machine verticale. La pièce est mise au profil d'une broche creuse.

1.3.20 **Innenräumen (n)**
Räumen von vorgearbeiteten Durchbrüchen eines im allgemeinen feststehenden Werkstückes auf das gewünschte Querschnittsprofil.

internal broaching
Enlarging a previously produced hole to a given cross-section by pushing or pulling a broaching tool through the workpiece.

1.3.21 **Innenräumen von Drallnuten**
Nutenziehen
Schraubräumen
Dralträumen
Räumen, bei dem sich die Schnittbewegung aus der geradlinigen Bewegung des Räumwerkzeuges und einer kreisenden Bewegung ergibt; letztere kann vom Räumwerkzeug oder vom Werkstück ausgeführt werden.

internal broaching of helical grooves
Broaching operation in which the cutting motion is a combination of linear and circular motion. The circular motion is produced either by rotating the broaching tool or the workpiece.

1.3.22 **Kalibrierräumen (n)**
Teil des Räumvorganges, bei dem durch die Kalibrierzähne des Räumwerkzeuges das Fertigmaß erreicht wird.

sizing
Part of a broaching operation in which the final size is obtained by the sizing teeth of the broaching tool.

1.3.23 **Glätten (n)**
Teil des Räumvorganges, bei dem durch die Glättzähne des Räumwerkzeuges die Oberfläche ohne Spanabnahme geglättet wird.

burnishing
Part of a broaching operation in which the surface is improved by the action of the burnishing teeth.

1.3.24 **Nutenziehen (n)**
Herstellen von Nuten mit einem Werkzeug (Ziehmesser), das sowohl die vertikale Schnitt- als auch die Vorschubbewegung ausführt. Die Breite der Nut entspricht der Breite des Werkzeuges.

keyway broaching
Method for broaching keyways. The keyway broach has both a vertical cutting motion and a feed motion. The width of the keyway corresponds to the width of the broach.

1.3.25 **Hartschaben (n)**
Verzahnungs-Hartfeinbearbeitungsverfahren bei dem ein Schabwerkzeug mit dem Werkstück unter einem Achskreuzwinkel im Eingriff ist.

hard shaving
Gear finishing process where the shaving tool rotates in mesh with the hardened gear to be machined.

1.3.26 **Arbeitshub (m)**
Vorlauf (m)
Hub, bei dem die Spanabnahme erfolgt.

working stroke
forward stroke
operating stroke
The stroke during which material is removed.

1.3.27 **Leerhub (m)**
Rücklauf (m)
Rückhub (m)
Rücklauf von Meißel bzw. Werkstück nach erfolgter Spanabnahme.

idling stroke
return stroke
Return stroke of tool or workpiece after a cutting stroke.

brochage (m) intérieur
Agrandissement d'un trou pré-percé jusqu'à un certain profil en poussant ou en tirant une broche.

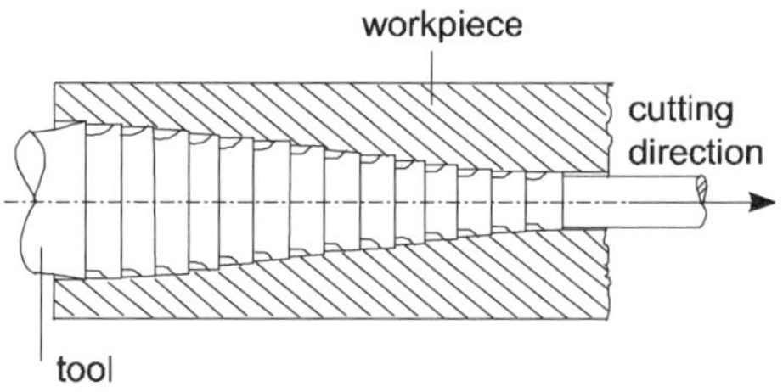

brochage (m) intérieur de rainures hélicoïdales
rayage
Opération de brochage pou laquelle le mouvement de coupe est une combinaison d'un mouvement circulaire et d'un mouvement linéaire. Le mouvement circulaire peut être donné à la broche ou à la pièce usinée.

calibrage (m)
Partie de l'opération de brochage où la dimension finale à obtenir est réalisée par les dents de calibrage de la broche.

brunissage (m)
brillantage (m)
Partie de l'opération de brochage où la surface est lissée par les dents de brunissage de la broche.

brochage (m) de rainures
Opération de brochage pour réaliser les rainures de clavette intérieures. Les mouvements de coupe et d'avance sont donnés à l'outil.

rasage (m) dur
Procédé de finition des dentures pour lequel l'outil de rasage engrène avec le pignon traité à usiner.

course (f) de travail
aller (m)
Trajet parcourue par l'outil dans le sens du mouvement de coupe.

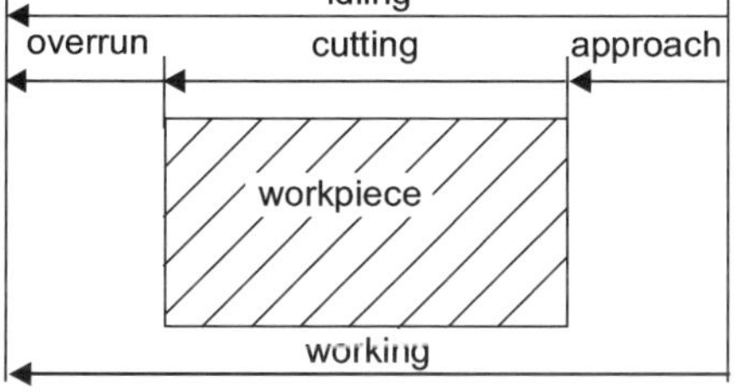

course (f) à vide
retour (m)
Trajet parcourue par l'outil dans le sens opposé au mouvement de coupe.

1.3.28 **Anlauf (m)**
Teil des Arbeitshubes vom Umkehrpunkt Leerhub/ Arbeitshub bis zum Eingriff des Werkzeugs.

approach
Part of the working stroke before tool engagement.

1.3.29 **Überlauf (m)**
Auslauf (m)
Teil des Arbeitshubes vom Ende des Meißeleingriffes bis zum Umkehrpunkt Arbeitshub/Leerhub.

overrun
Part of the working stroke after the cutting operation and before reversal.

1.3.30 **Radialvorschub (m)**
Zustellbewegung des Werkzeuges/ Werkstückes in Zahnhöhenrichtung beim Wälzhobeln und Wälzstoßen.

radial feed stroke
Feed stroke of the tool in the radial direction of tool/ workpiece for the cutting operations gear planing and shaping.

1.3.31 **Wälzvorschub (m)**
Translatorische Versetzung des Hobelkamms bzw. Drehung des Stoßrades entsprechend der Abwälzbedingungen zur Evolventenerzeugung.

gear shaping
planing feed stroke
Translational movement of the planing rack/ rotation of the shaping wheel corresponding to the gear tooth involute.

1.3.32 **Rücklaufgeschwindigkeit (f)**
Geschwindigkeit beim Leerhub.

return speed
Speed during the return stroke.

1.3.33 **Einzelhub (m)**
Weg des Werkzeuges beim Arbeitshub oder Leerhub.

single stroke
Path of the tool during working stroke or idling stroke.

1.3.34 **Doppelhub (m)**
Weg des Werkzeuges, zusammen gesetzt aus Arbeitshub und Leerhub.

double stroke
Working stroke and return stroke.

1.3.35 **Teilhub (m)**
Reversierhub (m)
Translatorische Bewegung des Hobelkamms, um eine weitere Zahngruppe zu bearbeiten (Zähnezahl des Hobelkamms geringer als Zähnezahl des Werkrades).

reverse stroke
Return motion of the planing rack to the starting position when one complete group of teeth is finished (there are more teeth on the workpiece than on the tool).

1.3.36 **Durchzugskraft (f)**
Maximal mögliche Schnittkraft bei Hobelmaschinen.

pulling force
Maximum possible cutting force for planing machines.

approche (f)
Partie de la course avant l'engagement de l'outil.

dégagement (m)
dépassement (m)
Partie de la course aller après l'opération de coupe et avant que l'outil n'inverse son sens de déplacement.

course (f) d'avance radiale
Course d'avance de l'outil dans la direction radiale de l'outil par rapport à la pièce pour le taillage d'engrenage.

avance (f) par coup en taillage
Mouvement de translation et de rotation nécessaires à la génération du profil en développante de cercles lors du taillage.

vitesse (f) de retour
Vitesse durant la course retour.

course (f) simple
Trajet parcouru par l'outil pendant l'aller ou le retour.

course (f) aller-retour
Somme du trajet parcouru par l'outil pendant l'aller et le retour.

course (f) de recalage
Trajet parcouru par l'outil pour le remettre en position de début de taillage lorsquil vient de terminer la taille d'un groupe de dents (cas où la pièce comporte plus de dents que l'outil).

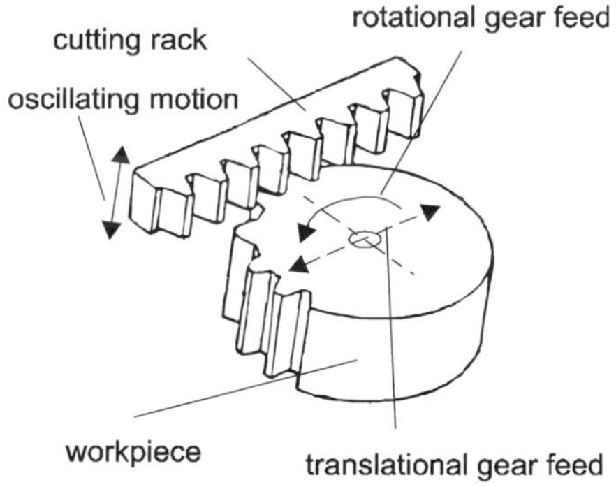

poussée (f)
Effort de coupe maximal possible sur une raboteuse.

1.3.37	**Hublänge (f)** **Hubgröße (f)** Länge des Arbeits- bzw. Leerhubes; setzt sich aus den Längen von Anlauf, Werkstück und Überlauf zusammen.	**length of stroke** Length of a working or idling stroke; it consists of the approach, the workpiece length and the overrun.
1.3.38	**Räumlänge (f)** Die durch Räumen zu bearbeitende Werkstücklänge, gemessen in Schnittrichtung.	**broaching length** Workpiece length machined by broaching measured in the direction of cut.
1.3.39	**Räumbreite (f)** **Schnittbreite (f)** Die durch Räumen zur bearbeitende Werkstückbreite, gemessen senkrecht zur Schnittrichtung.	**broach width** **width of cut** Maximum width of the workpiece to broach, measured perpendicular to the cutting direction.
1.3.40	**Aufnahmebohrung (f)** Bohrung im Werkstück zur Einführung der „Aufnahme" der Räumnadel.	**guide hole** **pilot hole** A hole in the workpiece in which the pilot portion of a broach locates and provides guidance for the cutting teeth during initial cutting.
1.3.41	**Räumschema (n)** **Zerspanungsschema (n)** Kennzeichnet die Aufteilung des gesamten Werkstoffabtrages auf die einzelnen Schneiden und bildet die Grundlage für die Konstruktion der Räumnadel.	**broaching layout** **cutting layout** Characterises the distribution of the entire stock removal over the individual cutting edges and forms the basis for the broach design.
1.3.42	**Zug (m)** Durchgang eines Räumwerkzeuges durch das zu räumende Werkstück. Bei größeren Räumquerschnitten bzw. Volumina erfolgt Aufteilung auf mehrere Werkzeuge bzw. Züge.	**broaching stroke** Single pass of the broach through the work material. In the case of large broaching sections or volumes, several tools/ strokes are used.
1.3.43	**Maximale Zugkraft (f)** Maximale Kraft, die durch die Antriebsorgane einer Räummaschine auf ein Räumwerkzeug übertragen werden kann.	**maximum pulling force** Highest permissible force which can be transmitted to the broach.
1.3.44	**Räumkraft (f)** **Gesamtschnittkraft (f)** Summe aller in Schnittrichtung wirkenden Kräfte.	**broaching force** Sum of all forces acting in the direction of cutting.
1.3.45	**Hobelmeißel (m)** **Meißel (m)** **Radialmeißel (m)** Werkzeug, das aus Schneidkeil und Schaft besteht.	**planing tool** Tool consisting of a tip and a shank.
1.3.46	**Rundmeißel (m)** Meißel mit runder Schneide vornehmlich zum Schruppen.	**round nose tool** Single-point tool with a rounded nose used for planing fillets or for roughing.

longueur (f) de la course (f)
Longueur du trajet parcouru à la vitesse de travail. La course comporte l'approche, la longueur de la pièce et le dégagement.

longueur (f) de brochage
Longueur de la pièce brochée mesurée dans la direction de coupe.

largeur (f) de brochage
Largeur maximale de la pièce à brocher, mesurée perpendiculairement à la direction de coupe.

alésage (m) de guidage
Alésage réalisé dans la pièce dans lequel le guide avant de la broche s'engage et guide les dents de la broche au début de l'opération.

graphe (m) de la broche
progression (f) de brochage
Schéma de la répartition des épaisseurs de coupe sur chaque dent, utilisé pour la conception de l'outil.

passe (f) de brochage
Une des phases successives de brochage avec des broches différentes enlevant chacune une partie de la surépaisseur.

poussée (f) maximale
Effort de coupe maximal possible transmissible à la broche.

effort (m) de brochage
La somme de tous les efforts dans la direction de coupe.

outil de rabotage (m)
Outil spécifique au procédé de rabotage comportant un corps et une partie active.

outil (m) à bec arrondi
Outil avec une partie coupante arrondie utilisé généralement pour dégrossir.

1.3.47 **Breitschlichtmeißel (m)**
breiter Hobelmeißel (m)
Kopfmeißel (m)
Meißel mit geradem Schaft und zur Schaftachse rechtwinkliger Schneide, Einstellwinkel $\kappa = 0°$.

wide finishing tool
wide planing tool
Tool with a straight shank and a wide cutting edge at right angles to the axis of the shank; tool approach angle $\kappa = 0°$.

1.3.48 **gerader Hobelmeißel (m)**
gerader Hobelstahl (m)
Schlichtmeißel mit geradem Schaft. Einstellwinkel $\kappa = 0°...90°$.

straight planing tool
Tool with straight shank. Tool approach angle $\kappa = 0°...90°$.

1.3.49 **rechtwinklig gebogener Stechhobelmeißel (m)**
Hakenmeißel (m)
Innenstechstahl (m)
Meißel mit schmaler Schneide, rechtwinklig abgebogenem Schneidenteil und meist rundem Schaftquerschnitt; zur Erzeugung von schmalen Nuten. Einstellwinkel $\kappa = 90°$.

right angle cranked tool
Tool with a narrow cutting edge turned at right angles to the axis of the shank, which is usually of round cross-section. The tool is used to produce narrow grooves. Tool approach angle $\kappa = 90°$.

1.3.50 **Seitenhobelmeißel (m)**
Seitendrehmeißel (m)
Seitenstahl (m)
gebogener Seitenstahl (m)
Meißel mit abgesetztem Schneidenteil. Einstellwinkel $\kappa = 90°$.

knife or side tool
offset tool (Am)
Tool with offset edge. Tool approach angle $\kappa = 90°$.

1.3.51 **Profilhobelmeißel (m)**
Formstahl (m)
Hobelmeißel, dessen Schneidenform die Form der erzeugten Werkstückoberfläche bestimmt.

form tool
countouring tool (Am)
Tool in which the profile of the cutting edge corresponds to the profile of the workpiece surface.

1.3.52 **Stoßmeißel (m)**
Stoßstahl (m)
Werkzeug zum Stoßen, das aus Schneidkeil und Schaft besteht.

shaping tool
slotter
Tool for shaping consisting of a tip and shank.

1.3.53 **Nutenmeißel (m)**
Nutenstahl (m)
Meißel mit schmaler Schneide zum Einstechen von Nuten, Einstellwinkel $\kappa = 0°$.

slotting tool
narrow grooving tool
Planing or shaping tool used for cutting narrow grooves and slots. Tool approach angle $\kappa = 0°$.

outil (m) à planer
Outil pour la finition de surfaces planes dont l'angle de direction d'arête est $\kappa = 0°$.

outil (m) droit
outil (m) à charioter
Outil dont la partie active est dans le prolongement du corps de l'outil. L'angle de direction d'arête est compris entre $\kappa = 0°$ et $\kappa = 90°$.

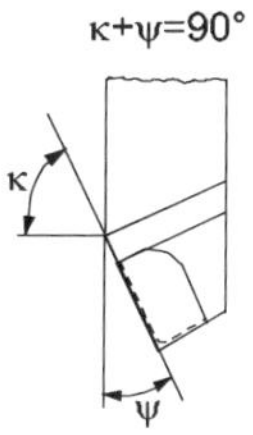

outil (m) coudé
Outil à arête de coupe étroite faisant un angle droit avec l'axe de la queue, généralement de section circulaire. Outil utilisé pour générer des rainures étroites. L'angle de direction d'arête est $\kappa = 90°$.

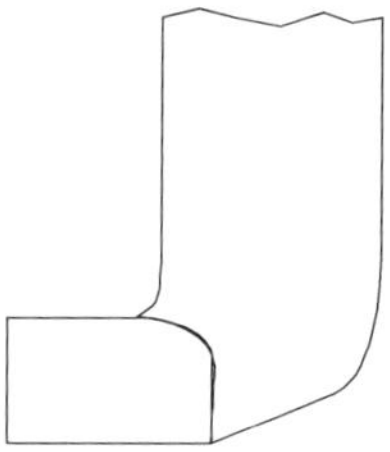

outil (m) couteau
outil (m) à charioter-dresser
Outil dont la partie active est décalée par rapport au corps. L'angle de l'arête est $\kappa = 90°$.

outil (m) de forme
Outil dont la forme de l'arête est similaire à la forme du profil de la pièce (travail de forme).

outil (m) de mortaisage
Outil spécifique au procédé de mortaisage comportant un corps et une partie active.

outil (m) à rainurer
Outil utilisé pour réaliser des rainures et des saignés. L´angle de direction d'arête est $\kappa = 0°$.

1.3.54 **verstellbarer Nutenmeißel (m)**
verstellbarer Nutenstahl (m)
Spreizmeißel (m)
Meißel mit geschlitztem Schneidkeil, dessen Breite z.B. durch eine Stellschraube einstellbar ist.

adjustable grooving tool
Planing or shaping tool with a gap in the cutting edge; the width of the gap can be varied by means of an adjusting screw.

1.3.55 **Hobelkamm (m)**
In Zahnbreitenrichtung oszilierendes zahnstangenförmiges Werkzeug zur Zahnradfertigung im Teilwälzverfahren.

planing rack
Rack tool for gear planing.

1.3.56 **Schneidrad (n)**
Stoßrad (n)
Zahnradförmiges Werkzeug mit hinterschliffenen evolventenförmiger Schneidteilgeometrie zum Zahnradstoßen im kontinuierlichen Wälzverfahren

gear shaping wheel
Gear cutting wheel for continuous manufacturing of gears in oscillating tool motion.

1.3.57 **Räumwerkzeug (n)**
Räumnadel (f)
Einteiliges oder mehrteiliges Werkzeug mit gestaffelt angeordneten Schneiden. Die Staffelung bestimmt den Zahnvorschub.

broaching tool
broach
Tool made in one or more parts with offset arranged cutting edges. The amount of offset determines the depth of cut per tooth.

1.3.58 **Modulares Räumwerkzeug (n)**
Räumwerkzeug mit auswechselbarer Räumbuchse, welches sich aus einem Räumkörper, bestehend aus Schrupp-, Zwischen- und Schaftteil sowie einer auswechselbaren Endbearbeitungshülse zusammensetzt.

shell broach
A broaching tool consisting of a main broach body which is usually the roughing and intermediate section, an arbor section, and a removable finishing shell which fits on the arbor.

1.3.59 **Außenräumwerkzeug (n)**
Mehrschneidiges Werkzeug zum Räumen von Außenflächen. Die Schneiden können in Richtung steigender Zahnhöhe (Tiefenstaffelung) oder der Zahnbreite (Seitenstaffelung) gestaffelt sein.

external broach
broach
Multi-edged cutting tool for broaching external surfaces. The cutting edges can be arranged in order of increasing tooth height or tooth width.

1.3.60 **Innenräumwerkzeug (n)**
Mehrschneidiges Werkzeug, bei dem der Querschnitt der Reservezahnung der Form des zu erzeugenden Profils entspricht. Werkzeug besteht aus: Schaft, Aufnahme, Zahnung, Schrupp- und Schlichtzahnung, Reservezahnung, Endstück.

internal broach
broach
Multi-edged (multi-toothed) cut-ting tool, the cross-section of which in the sizing portion corresponds to the form of the internal surface to be produced. It consists of a shank, front pilot, tooth portion, roughing and finishing teeth, reserve teeth, retrieval end.

1.3.61 **Ziehmesser (n)**
Werkzeug zum Nutenziehen. Die Breite des Ziehmessers bestimmt die Nutenbreite.

keyway broach
Tool for keyway broaching. The width of the keyway broach determines the keyway width.

outil (m) à gorge réglable
Outil de rabotage avec une fente sur l'arête de coupe. La largeur de la fente peut être réglée au moyen d'une vis.

outil (m) crémaillère
Outil en forme de crémaillère utilisé pour le taillage des pignons à dents en développante de cercles.

outil (m) pignon
Outil en forme de pignon utilisé pour le taillage des engrenages.

broche (f)
Outil constitué de plusieurs parties comportant des arêtes de coupe décalées. La valeur du décalage détermine la profondeur par dent.

broche (f) modulaire
Broche constitué d 'un corps de broche et de blocs de dents rapportées.

broche (f) extérieure
Outil à arêtes multiples pour le brochage de surfaces externes.

broche (f) intérieure
Outil à arêtes multiples dont la section, au niveau de la partie calibrante, correspond à la forme de la surface intérieure à produire. Il est composé d'un accrochage avant, d'un guide de centrage, d'une partie dentée, de dents d'ébauche et de dents de finition, de dents de resserve et d'un accrochage arrière.

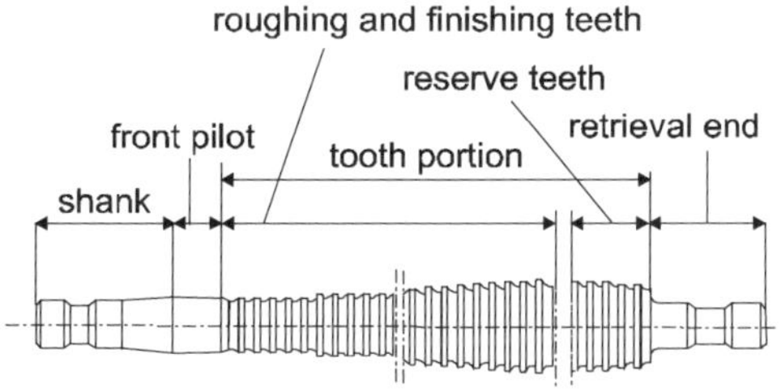

broche (f) à rainure de clavette
Outil à brocher les rainures de clavette. La largeur de l'outil détermine la largeur de la rainure.

1.3.62	**Zahnung (f)** **Schneidenteil (m)** Teil des Räumwerkzeuges, der die Räumzähne enthält	**tooth portion** **cutting portion** Part of a broaching tool containing the teeth.
1.3.63	**Führungsstück (n)** Teil des Innenräumwerkzeuges, das zur Führung in den geräumten Flächen nach dem Schnitt dient, der sich in Schnittrichtung an die Zahnung anschließt.	**rear pilot** Part of a broach immediately after the cutting portion which serves as a guide to maintain alignment after the cut.
1.3.64	**Drückdorn (m)** Beim Drückräumen verwendetes Werkzeug. Es ist wegen der Knickgefahr gedrungener gebaut als ein Räumwerkzeug, das gezogen wird.	**pushing mandrel** Tool used for push broaching. In view of the buckling risk it is built with greater strength than a broach which is pulled.
1.3.65	**Räumzahn (m)** **Schneidzahn** Einzelner Schneidkeil eines Räumwerkzeuges; Spanfläche (a), Freifläche (b), Spankammertiefe (c), Schnittrichtung (d), Freiflächenbreite (e), Breite der Freiflächenfase (f), Spankammer (g), Staffelung (h), Spankammerradien (r), Teilung (t), Spanwinkel (γ), Freiwinkel (α), Fasenfreiwinkel (α_f).	**broach tooth** Cutting tooth of a broach. Face (a), flank (b), tooth height (c), direction of primary motion (d), clearance land (e), chamfer (f), chip space (g), offset (h), radii of tooth space (r), tooth pitch (t), tool orthogonal rake (γ), tool orthogonal clearance (α), first tool orthogonal clearance (α_f).
1.3.66	**Schruppzahn (m)** Zahn eines Räumwerkzeuges zum Abspanen mit relativ großem Vorschub.	**roughing tooth** Broach tooth which takes a relatively heavy cut.
1.3.67	**Schlichtzahn (m)** Zahn eines Räumwerkzeuges zum Abspanen mit relativ kleinem Vorschub.	**finishing tooth** Broach tooth which takes a relatively light cut.
1.3.68	**Kalibrierzahn (m)** Zahn eines Räumwerkzeuges zur spanenden Endbearbeitung.	**sizing tooth** Broach tooth which produces the final size required.
1.3.69	**Glättzahn (m)** Zahn eines Räumwerkzeuges zum Glätten der Oberfläche ohne Spanabnahme.	**burnishing tooth** Non-cutting tooth of a broach which burnishes the surface of the workpiece.
1.3.70	**Reservezahn (m)** Teil der Zahnung zur Erhaltung der Maßhaltigkeit des Werkzeuges nach dem Nachschleifen.	**spare tooth** Part of the tooth set for maintaining dimensional accuracy on regrinding of the tool.
1.3.71	**Zahnteilung (f)** Abstand zweier aufeinander folgender Zähne.	**tooth pitch** The distance between two successive cutting edges measured in the direction of the cut.

partie (f) active
Partie de la broche comportant des dents.

pilote (m) arrière
Partie de la broche immédiatement après la partie active pour guider la broche et maintenir l'alignement après la coupe.

broche (f) en poussant
Outil utilisé en brochage en poussant.
Du fait du risque de flambage, l'outil est construit de manière beaucoup plus rigide qu'une broche travaillant en tirant.

dent (f) de broche
Partie active d'une broche. Face (a), face en dépouille (b), hauteur de dent (c), direction du mouvement de coupe (d), largeur de la face en dépouille (e), chanfrein (f), logement copeau (g), décalage (h), rayons de dégagement (r), pas de la denture (t), angle de coupe (γ), angle de dépouille (α), angle de dépouille de chanfrein (α_f).

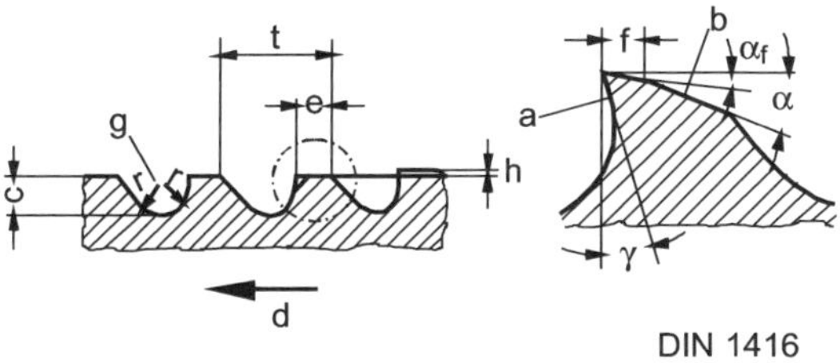

DIN 1416

dent (f) d'ébauche
Dent de la broche pour une profondeur de passe assez importante.

dent (f) de finition
Dent de la broche pour une profondeur de passe assez faible.

dent (f) de calibrage
Dent de la broche produisant la dimension finale désirée.

dent (f) brunissante
dent (f) de brillantage
Dent non coupante de la broche brunissant la surface de la pièce.

dent (f) de réserve
Dent assurant les dimensions réalisées par la broche après son réaffûtage.

pas (m) de la denture
Distance entre deux dents consécutives de la broche mesurée dans la direction de coupe.

1.3.72 **Freiflächenbreite (f)**
Zahnrückenbreite
Freiflächenbreite ist der Abstand zwischen Hauptschneide und Beginn der Spankammer, gemessen in Schnittrichtung.

clearance land width
The clearance land width is the distance between the main cutting edge and the chip space measured in the direction of cutting.

1.3.73 **Spankammer (f)**
Spanraum (m)
Zahnlücke (f)
Spankammer ist der Raum zwischen zwei Schneiden zur Aufnahme der Späne.

chip space
gullet
Open space between teeth to accommodate chips.

1.3.74 **Spankammertiefe (f)**
Zahnlückentiefe
Zahnhöhe
Spankammertiefe ist der Abstand vom höchsten Punkt der Hauptschneide zum tiefsten Punkt der Spankammer, senkrecht zur Schnittrichtung gemessen.

tooth height
gullet depth
depth of tooth
Vertical distance from the cutting edge to the lowest point of the chip space.

1.3.75 **Spankammerradius (m)**
Spankammerradien sind die Radien des Übergangs der Spanfläche zur Zahnrückenfläche.

foot radius
Foot radii are the radii with which the rake face blends into the back of the tooth.

1.3.76 **Spanbrechernut (f)**
Nutenförmige Unterbrechung der Schneiden zur Begrenzung der Spanbreite. In Schnittrichtung gesehen von Zahn zu Zahn versetzt.

chip breaker
A groove in the cutting edge of a broach tooth designed to produce chips narrower than the width of cut. The grooves are parallel to the direction of cut and are alternately staggered from tooth to tooth.

1.3.77 **Zahnfolge (f)**
Zahngruppenfolge
Aufeinanderfolgende Räumzahngruppen, z.B. Schrupp-, Schlicht-, Kalibrierzähne.

set of teeth
Group of successive teeth e.g. roughing, finishing, sizing-teeth.

1.3.78 **Staffelung (f)**
Die Staffelung kennzeichnet die Art der Anordnung der Zähne eines Räumwerkzeuges im Hinblick auf die Vorschubrichtung.

offset
The offset characterises the manner in which teeth are arranged.

1.3.79 **Tiefenstaffelung (f)**
Tiefenvorschub (m)
Zahnsteigung (f)
Die Tiefenstaffelung ist eine Staffelung senkrecht zur bearbeiteten Fläche, beim Innenräumen in radialer Richtung.

offset in depth
tooth step
Vertical increment in height between one cutting tooth and the next successive one, determining the depth of cut per tooth.

largeur (f) de la face en dépouille
Distance entre l'arête de coupe principale et le début du logement à copeau mesurée dans la direction de coupe.

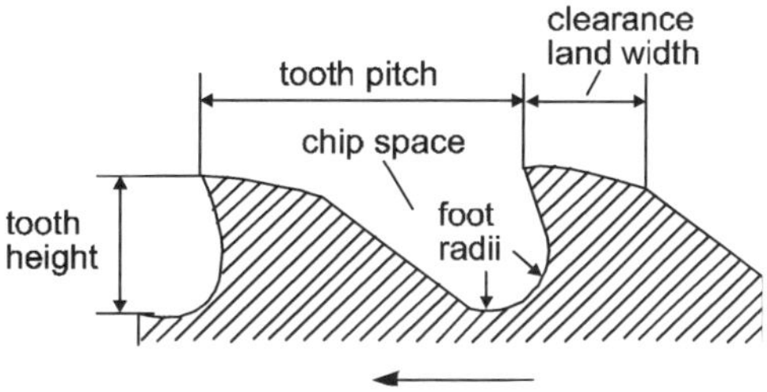

logement (m) à copeau
Espace dégagé entre les dents pour recevoir les copeaux.

hauteur (f) de dent
Distance séparant l'arête de coupe principale et le point le plus bas du logement à copeau mesurée perpendiculairement à la direction de coupe.

rayon (m) de pied
Rayons reliant la face de coupe et la force arrière de chaque dent.

rainure (f) brise-copeaux
Rainure sur la face en dépouille d'une broche destinée à produire des copeaux moins larges que la largeur de coupe. Les rainures sont parallèle à la direction de coupe et sont alternées d'une dent à l'autre.

groupe (m) de dents
Ensemble de dents successives correspondant à des fonctions précises: ébauche, finition, etc.

progression (f)
Caractérise l'arrangement incrémental des dents sur une broche.

progression (f) en profondeur
Incrément vertical entre une dent et la dent suivante fixant la profondeur de passe par dent.

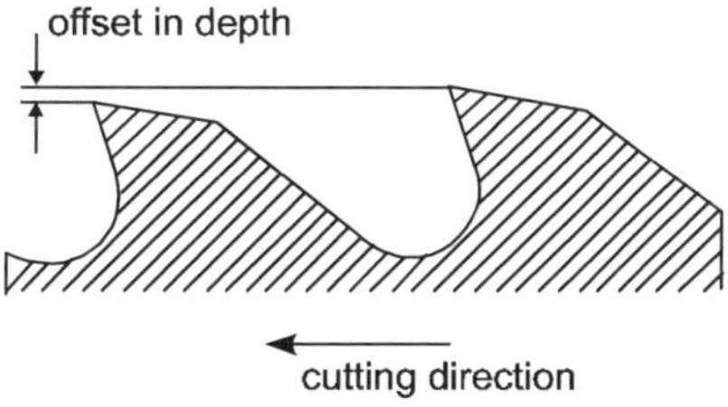

1.3.80	**Seitenstaffelung (f)** **Seitenvorschub (m)** Seitenvorschub aufeinanderfolgender Räumzähne parallel zur bearbeiteten Oberfläche beim Innenräumen in Umfangsrichtung.	**lateral offset** Amount of offset of subsequent cutting edges parallel to the machined surface, for internal broaching in peripheral direction.
1.3.81	**Keilstaffelung (f)** Symmetrische Seitenstaffelung zueinander geneigter, aufeinanderfolgender Schneiden meist in Verbindung mit Tiefenstaffelung.	**wedge type offset** Symmetrical lateral offset of subsequent mutually inclined cutting edges, usually combined with offset in depth.
1.3.82	**Doppelsprungstaffelung (f)** Eine als Zahnkranz ausgebildete Schneide wechselt in Schnittrichtung mit einer kreisförmigen Schneide ab; beide Schneiden haben gleichen Außendurchmesser.	**double jump offset** Edge of gear shape type alternates with a circular edge, both edges have identical outside diameters.
1.3.83	**Räumkraftbegrenzung (f)**	**broaching force limitation**
1.3.84	**Hobelmaschine (f)**	**planing machine**
1.3.85	**Stoßmaschine (f)**	**shaping machine**
1.3.86	**Wälzhobelmaschine (f)**	**gear planing machine**
1.3.87	**Waagerecht-Stoßmaschine (f)**	**horizontal shaping machine**
1.3.88	**Senkrecht-Stoßmaschine (f)**	**vertical shaping machine**
1.3.89	**Keilnuten-Stoßmaschine (f)**	**keyway slotting machine**
1.3.90	**Wälzstoßmaschine (f)**	**gear shaping machine**
1.3.91	**Räummaschine (f)**	**broaching machine**
1.3.92	**Waagerecht-Räummaschine (f)**	**horizontal broaching machine**
1.3.93	**Senkrecht-Räummaschine (f)**	**vertical broaching machine**
1.3.94	**Außenräummaschine(f)**	**external broaching machine**
1.3.95	**Innenräummaschine (f)**	**internal broaching machine**
1.3.96	**Ketten-Räummaschine (f)**	**chain broaching machine**
1.3.97	**Keilnuten-Ziehmaschine (f)**	**keyway slotting machine**
1.3.98	**Schmiernuten-Ziehmaschine**	**oil groove slotting machine**

progression (f) latérale
Décalage incrémental des dents parallèlement à la surface usinée.

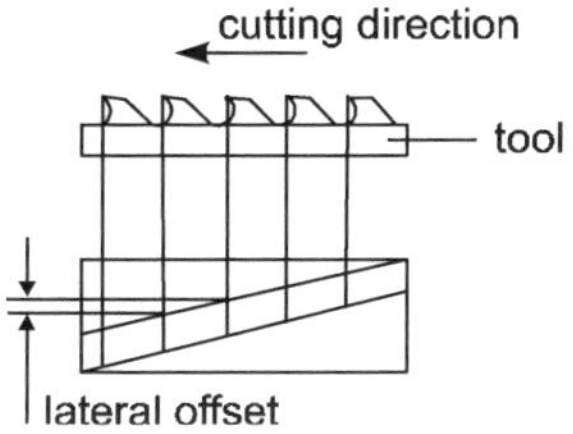

progression (f) double
Progression latérale symétrique d'arêtes inclinées combinée avec une progression en profondeur.

progression (f) à saut double
Alternance d'une dent cannelée et d'une dent circulaire de même diamètre.

effort (m) limite de brochage

raboteuse (f)

étau (m) limeur

machine (f) à tailler

étau (m) limeur horizontal

étau (m) limeur vertical

mortaiseuse (f)

machine (f) à tailler à outil pignon

brocheuse (f)

brocheuse (f) horizontale

brocheuse (f) verticale

brocheuse (f) d'extérieur

brocheuse (f) d'intérieur

brocheuse (f) à chaîne

machine (f) à rainurer

machine (f) pour rainure de graissage

1.3.99 **Eilgangwelle (f)**
Welle zum Verstellen des Querbalkens oder der Schlitten im Eilgang.

rapid motion shaft
Shaft for rapid motion of the cross beam.

1.3.100 **Schaltwelle (f)**
Schaftwelle (f)
Im Seitenständer liegende Welle, welche eine hin- und hergehende Bewegung ausführt und der schrittweisen Vorschubbewegung der Werkzeugschlitten dient.

feed shaft
Shaft in the side column of a planing machine which permits stepwise reciprocating motion of the tool slides.

1.3.101 **Schaftwelle (f)**
Im Querbalken liegende Welle zum senkrechten Vorschub des Oberschlittens.

head movement shaft
Control shaft for the vertical movement of the heads on the cross beam.

1.3.102 **Schrittschaltwerk (n)**
Getriebe zur Erzeugung eines schrittweisen Vorschubes des Meißels.

racket feed mechanism
Mechanism for stepwise feed of the cutting tool.

1.3.103 **Querschlitten (m)**
Quersupport (m)
Querbalkensupport (m)

cross beam head

1.3.104 **Seitenschlitten (m)**

side head

1.3.105 **Oberschlitten (m)**
Meißelhalterschlitten (m)

tool post head

1.3.106 **Meißelhalterklappe (f)**
Schwenkbar gelagerte Platte zur Aufnahme des Hobel- bzw. Stoßwerkzeuges, mit der das Werkzeug beim Rückhub außer Eingriff gebracht wird.

clapper box
clapper
tool clapper
Articulated tool holder for planing and shaping tools which brings the tool out of engagement during the return stroke.

1.3.107 **Kurbelrad (n)**
Kurbelscheibe (f)

crank wheel
crank disk

1.3.108 **Schwinge (f)**
Schwingschleife (f)
Kurbelschwinge (f)

rocker arm

1.3.109 **Stößel (m)**

ram

1.3.110 **Gesperre (n)**
Getriebe zur Erzeugung des schrittweisen Vorschubes, bestehend aus einer durch einen Kurbeltrieb angetriebenen Klinke und einem Klinkenrad.

feed setting device
Combination of pawl and ratchet wheel for setting the feed.

1.3.111 **Arbeitszylinder (m)**

working cylinder

1.3.112 **Stößelspindel (f)**
Führt Werkzeugoszillation des Hobelkamms/ Stoßrades aus.

ram drive
Performs oscillation of the tool in gear planing/ shaping operation.

pas de terme
Arbre de commande du déplacement rapide du portique.

pas de terme
Arbre de commande du déplacement du coulisseau pour réaliser l'avance latérale de l'outil.

pas de terme
Arbre pour la commande du déplacement vertical de la tête sur la traverse.

pas de terme
Mécanisme réalisant l'avance par coup.

tête (f)

montant (m)

chariot (m) du porte-outil

porte-outil (m) escamotable
Porte-outil avec articulation pour les outils de rabotage et de mortaisage permettant d'inactiver l'outil lors de la course de retour.

manivelle (f)

bielle (f)

coulisseau (m) d'étau limeur ou de mortaiseuse

dispositif (m) de réglage de l'avance par coup
Mécanisme composé d'un cliquet et d'une roue rochet.

cylindre (m) de travail

coulisseau (m)
Chariot imposant le mouvement rectiligne alternatif à l'outil de rabotage et de mortaisage.

1.3.113 **Abhebegetriebe (n)**
Vermeidet Kollision mit dem Werkstück während des Werkzeugrückzuges bei Hobel-/ Stoßmaschinen.

retraction gear
Mechanism to avoid collision between the tool and the workpiece during the stroke.

1.3.114 **Reversiermotor (m)**
Führt die Reversierbewegung des Hobelkamms aus.

reversing motor
Moves planing rack back to starting position.

1.3.115 **Durchlass (m)**
Maschinenkenngröße, die durch Hobelbreite und -höhe bestimmt ist.

maximum capacity
Characteristic size of the planing machine determined by planing width and planing height.

1.3.116 **Schrägführung (f)**
Zur Herstellung schrägverzahnter Räder, wobei das schrägverzahnte Stoßrad während des Hubes durch die Werkradverzahnung geschraubt wird.

helical lead device
Manufacturing of helical gear wheels requires this device to keep the inclination angle of the gear including the mechanism for the helical tool motion.

1.3.117 **Werkstückvorlage (f)**
Werkstückvorlage ist ein Teil zwischen Werkstück und Aufspannplatte zur Anpassung an verschiedene Werkstückformen.

workpiece platen
Platen for supporting various workpieces on clamping plate.

1.3.118 **Räumschlitten (m)**
Zugschlitten (m)
Schlitten zur Aufnahme der Räumwerkzeuge.

broaching slide
Slide for carrying the broaching tools.

1.3.119 **Schafthalter (m)**
Mitnehmer (m)
Teil zur Aufnahme des Räumwerkzeugschaftes zwecks Übertragung der Zugkraft vom Räumschlitten.

shank holder
The shank holder transmits the broaching force from the broaching slide to the broaching tool.

1.3.120 **Endstückhalter (m)**
Vorrichtung ähnlich dem Schafthalter, um das Innenräumwerkzeug an seinem Endstück aufzunehmen und zurückzuführen.

end piece holder
Device similar to a shank holder for attaching an internal broach to the end piece and for retracting the broach.

1.3.121 **Hobelbreite (f)**
Stoßbreite (f)
Maschinenkenngröße, welche die größte bearbeitbare Werkstückbreite angibt.

planing width
shaping width
Characteristic size of the machine tool determining the maximum width of the workpiece which can be planed/shaped.

1.3.122 **Hobelhöhe (f)**
Stoßhöhe (f)
Maschinenkenngröße, welche die größte bearbeitbare Höhe des Werkstücks angibt.

planing height
shaping height
Characteristic size of the machine tool determining the maximum height of the workpiece which can be planed/shaped.

mécanisme (m) d'escamotage de l'outil
Mécanisme empêchant une collision possible de l'outil avec la pièce sur les raboteuses et les mortaiseuses.

moteur (m) réversible
Moteur effectuant des mouvements réversibles de l'outil crémaillère.

capacité (f) maximale
Grandeur caractéristique de la machine déterminée par la largeur et la hauteur de rabotage.

dispositif (m) de guidage hélicoïdal
Système permettant la réalisation d'engrenages hélicoïdaux.

cale (f)
Dispositif entre pièce et palette pour une fixation déterminée des pièces de forme géométrique complexe.

chariot (m) de brochage
Chariot de transport des broches.

attachement (m)
Dispositif permettant au chariot de brochage de transmettre l'effort de traction à la broche.

fixation (f) arrière
Dispositif analogue à un attachement pour saisir une broche intérieure à son extrémité lors du retour arrière .

largeur (f) de rabotage
Dimension caractéristique d'une raboteuse définissant la largeur maximale usinable.

hauteur (f) de rabotage
Dimension caractéristique d'une raboteuse définissant la longueur maximale usinable.

1.3.123	**Hobellänge (f)** **Stoßlänge (f)** Maschinenkenngröße, welche die größte bearbeitbare Werkstücklänge angibt.	**planing length** **shaping length** Characteristic size of the machine tool determining the maximum length of the workpiece which can be planed/shaped.
1.4.1	**Fräsen (n, vb)** Spanverfahren mit umlaufendem, meist mehrschneidigen Werkzeug (Fräser). Die Schnittbewegung wird ausschließlich vom Werkzeug, die Vorschubbewegung vom Werkzeug und/ oder vom Werkstück ausgeführt.	**milling** Machining process using a rotating tool (cutter) with usually more than one cutting edge. The primary motion is solely produced by the tool and the feed motion is produced by the cutter and/ or the workpiece.
1.4.2	**Umfangsfräsen (n, vb)** Fräsen mit einem Fräser, dessen Schneiden auf einer zylindrischen, kegligen oder profilierten Hüllfläche liegen.	**peripheral milling** Milling using a milling cutter, the teeth of which are arranged on a cylindrical, conical or profiled body.
1.4.3	**Stirnfräsen (n, vb)** Fräsen mit einem Fräser, dessen Schneiden stirnseitig angeordnet sind; Eingriffslänge wesentlich größer als Schnitttiefe.	**face milling** Milling using a milling cutter having teeth on the end face to produce a surface perpendicular to the cutter axis. Engagement length appreciably larger than the depth of cut.
1.4.4	**Stirnumfangsfräsen (n, vb)** Fräsen mit einem am Umfang und an der Stirn schneidenden Fräswerkzeug.	**side milling** Milling with a milling cutter having teeth on the periphery and face. Side or half side milling cutter (Am).
1.4.5	**Gegenlauffräsen (n, vb)** Vorschubrichtung des Werkstücks (v_f) und Drehrichtung des Fräsers (v_c) sind an der Eingriffsstelle entgegengesetzt gerichtet (a). Vorschubrichtungswinkel φ kleiner 90° (b).	**up milling** The direction of feed of the work-piece (v_f) and the direction of rotation of the cutting tool (v_c) are in the opposite direction at the point of contact (a). Feed direction angle φ less than 90° (b).
1.4.6	**Gleichlauffräsen (n, vb)** Vorschubrichtung des Werkstücks (v_f) und Drehrichtung des Fräsers (v_c) an der Eingriffstelle sind gleichgerichtet (a). Vorschubrichtungswinkel φ größer 90° (b).	**down milling** The direction of feed of the workpiece (v_f) and the direction of rotation (v_c) of the cutting tool are in the same direction at the point of contact (a). Feed direction angle φ greater than 90° (b).
1.4.7	**Bohrschnitt (m)** Fräsbearbeitung, bei der das Werkzeug mit positivem Voreilwinkel geführt wird.	**drill cut** Milling, in which the tool lead angle is positive.

longueur (f) de rabotage
Dimension caractéristique d'une raboteuse définissant la hauteur maximale usinable.

fraisage (m)
Procédé d'usinage utilisant un outil tournant (une fraise) ayant généralement plus d'une arête de coupe. Le mouvement de coupe est obtenu par la rotation de l'outil. Le mouvement d'avance est donné soit à la pièce soit à l'outil.

fraisage (m) en roulant
Mode de fraisage utilisant un outil dont les dents sont disposées sur une surface de révolution cylindrique, conique ou ayant un profil particulier.

fraisage (m) en bout
Mode de fraisage utilisant un outil dont les dents sont disposées sur la face perpendiculaire à l'axe de l'outil. L'engagement radial est nettement plus important que l'engagement axial.

fraisage (m) combiné
Mode de fraisage utilisant un outil dont les dents sont disposées en périphérie et en bout d'outil (fraise deux tailles).

fraisage (m) en opposition
Mode de fraisage pour lequel, le sens du vecteur vitesse d'avance (v_f) de la pièce par rapport à l'outil est opposée à celui du vecteur vitesse de coupe (v_c) d'un point de l'outil en contact avec la surface générée (a). L'angle φ est inférieur à 90° (b).

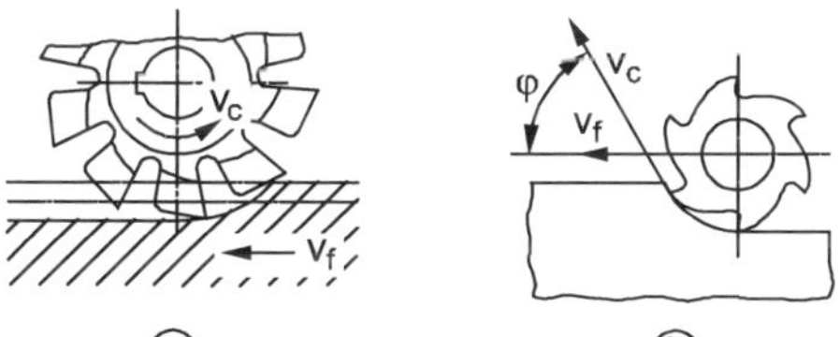

ⓐ ⓑ

fraisage (m) en concordance
fraisage (m) en avalant
Mode de fraisage pour lequel, le sens du vecteur vitesse d'avance (v_f) de la pièce par rapport à l'outil est identique à celui du vecteur vitesse de coupe (v_c) d'un point de l'outil en contact avec la surface générée (a). L'angle φ est supérieur à 90° (b).

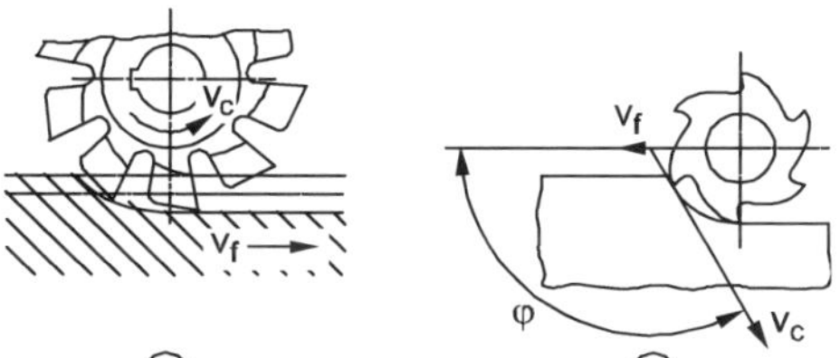

ⓐ ⓑ

pas de terme

1.4.8 **Ziehschnitt (m)**
Fräsbearbeitung, bei der das Werkzeug mit negativem Voreilwinkel geführt wird.

draw cut
Milling, in which the tool lead angle is negative.

1.4.9 **Schruppfräsen (n, vb)**
Fräsverfahren zur Erzielung großer Zerspanleistungen.

rough milling
Milling process to achieve high material-removal rates.

1.4.10 **Schlichtfräsen (n, vb)**
Fräsverfahren zur Erzielung einer hohen Oberflächengüte und Maßgenauigkeit.

finish milling
Milling process to achieve high quality surface finish and good dimensional tolerance.

1.4.11 **Planfräsen (n, vb)**
Fräsen zur Erzeugung ebener Flächen durch Umfangs- oder Stirnfräsen.

slab milling
Milling to produce plane surfaces by peripheral or face milling.

1.4.12 **Rundfräsen (n, vb)**
Fräsverfahren zur Herstellung von inneren und äußeren Rotationsflächen.

circular milling
Milling process for producing inner and outer surfaces of revolution.

1.4.13 **Schraubfräsen (n, vb)**
Fräsen von schraubenförmigen Flächen, insbesondere Nuten an kegligen bzw. zylindrischen Werkstücken.

helical milling
Milling of helical surfaces, especially grooves in tapered or cylindrical workpieces.

1.4.14 **Axialfräsen (n, vb)**
Wälzfräsen mit Fräservorschub in Richtung der Werkradachse bei der Verzahnungsherstellung.

axial hobbing
Hobbing with feed motion parallel to the workpiece axis in gear cutting.

1.4.15 **Radialfräsen (n, vb)**
Schneckenrad-Wälzfräsen mit Vorschub in radialer Richtung zum Werkrad.

plunge hobbing
Worm wheel hobbing with feed in a direction radial to the work-piece.

pas de terme

fraisage (m) d'ébauche
Opération de fraisage pour obtenir des taux d'enlèvement de matière importants.

fraisage (m) de finition
Opération de fraisage pour obtenir un état de surface et une précision dimensionnelle déterminés.

surfaçage (m)
Opération de fraisage pour réaliser des surfaces planes par fraisage en roulant ou par fraisage en bout.

contournage (m) circulaire
Opération de fraisage pour réaliser des surfaces de révolution intérieures et extérieures.

fraisage (m) hélicoïdal
Opération de fraisage pour réaliser des surfaces hélicoïdales, par exemple des filetages ou des rainures hélicoïdales.

taillage (m) à la fraise-mère par pénétration axiale
Taillage avec avance parallèle à l'axe de la pièce.

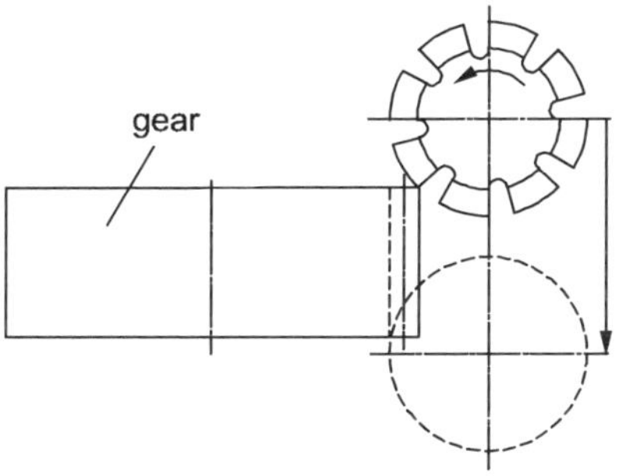

taillage (m) à la fraise-mère par pénétration (f) radiale
Taillage hélicoïdal avec avance radiale à la pièce.

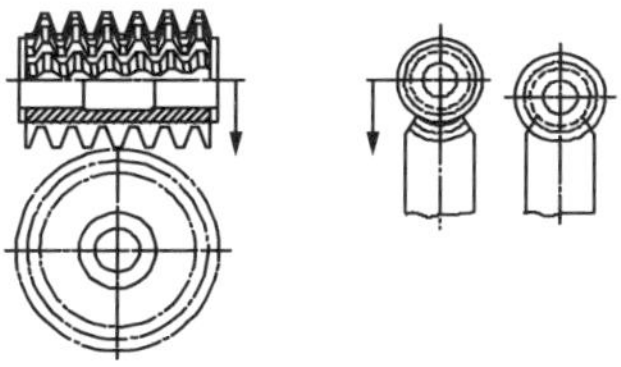

1.4.16 **Tangentialfräsen (n, vb)**
Schneckenrad-Wälzfräsen mit Vorschub in tangentialer Richtung zum Werkrad.

tangential hobbing
Worm wheel hobbing with tangential feed.

1.4.17 **Diagonalfräsen (n, vb)**
Wälzfräsen mit gleichzeitigem Fräservorschub in Axial- und Tangentialrichtung.

diagonal hobbing
Hobbing with a combination of axial and radial feed.

1.4.18 **Schrägfräsen (n, vb)**
Wälzfräsen mit Fräservorschub in Zahnrichtung des Werkrades.

oblique hobbing
Hobbing with feed in direction of tooth length of the workpiece.

1.4.19 **Formfräsen (n, vb)**
Fräsen von gekrümmten Flächen, wobei die Formgebung durch die Steuerung der Vorschubbewegung oder durch eine kinematische Kopplung von Vorschüben erreicht wird.

form milling
Milling operation in which the form of the surface is realised by controlled motion of feeds or by a kinematic coupling of feeds.

1.4.20 **Profilfräsen (n, vb)**
Fräsen von profilierten Flächen, wobei das Profil im Werkzeug enthalten ist.

profile milling
Milling operation in which the form of the tool determines the resulting profile.

1.4.21 **Fünf-Achsen-Fräsen (n, vb)**
Fräsen mit drei linear und zwei rotatorisch gleichzeitig numerisch gesteuerten Achsen.

five axes milling
Milling with three linear and two rotational axes all of which are simultaneously controlled.

1.4.22 **NC-Fräsen (n, vb)**
Fräsen mit Hilfe einer numerischen Steuerung. Die zur Erzeugung eines Bauteils notwendigen Informationen sind in einem Programm kodiert.

NC milling
Milling using numerical control. The information for the machining of the workpiece is encoded in a programme.

1.4.23 **Nachformfräsen (n, vb)**
Kopierfräsen (n, vb)
Formfräsen, bei dem die Vorschubbewegungen nach einem Bezugswerkstück (Leitkurve, Schablone) mittels einer Nachformeinrichtung (Kopiereinrichtung) gesteuert werden.

copy milling
tracer milling (Am)
Milling process in which the feed motion follows the shape of a master component (lead cam, template) and is transmitted to the workpiece by a follower de-vice.

1.4.24 **Verzahnen (n, vb)**
Alle Verfahren zur Erzeugung von Zahnfolgen an Radkörpern, Segmenten, Stangen und dgl.

gear manufacturing
All methods producing gear teeth in gear blanks, segments, rods, etc.

1.4.25 **Vorverzahnen (n)**
Verfahren zur Erzeugung der Verzahnung im ungehärteten Werkstoff.

preliminary gear machining
Process which generates the gear shape in soft material.

taillage (m) tangentiel
Taillage hélicoïdal avec avance tangentielle à la pièce.

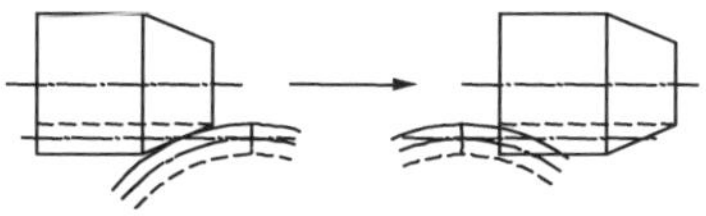

taillage (m) diagonal
Taillage avec avance radiale et tangentielle combinées de la pièce.

taillage (m) oblique
Taillage avec l'avance dans la direction des dents.

fraisage (m) d'enveloppe
Mode de fraisage produisant des surfaces par l'enveloppe des points générateurs de l'outil.

fraisage (m) de forme
fraisage (m) de profil
Mode de fraisage produisant des surfaces par l'enveloppe des arrêtes tranchantes de l'outil. le profil est donné par la forme de l'arête de l'outil.

fraisage (m) 5 axes
Fraisage de surfaces complexes sur une machine comportant trois axes linéaires et deux axes rotatifs, pilotés simultanément.

fraisage (m) CN
Fraisage utilisant une machine à commande numérique. Les informations pour l'usinage sont codées dans un programme.

fraisage (m) par reproduction
copiage (m)
Opération de fraisage dans laquelle le mouvement d'avance suit la surface d'un modèle. Le déplacement du palpeur s'appuyant sur le modèle est transmis à l'outil par un appareil à suivre.

fabrication (f) d'engrenages
taillage (m)
Tous les procédés produisant des dents d'engrenage. Le taillage concerne les procédés par enlèvement de matière.

taillage (m) préliminaire des engrenages
Processus générant une denture dans des matériaux non durcis.

1.4.26 **Weichfeinbearbeitung (f)**
Feinbearbeitungsprozess zur Fertigstellung der Geometrie von Bauteilen, die keiner Wärmebehandlung unterzogen werden.

soft finishing
Process for finishing of parts which do not undergo a hardening treatment.

1.4.27 **Hartbearbeitung (f)**
Bearbeitung gehärteter Stähle durch Verfahren mit geometrisch unbestimmter und geometrisch bestimmter Schneide.

hard machining
Machining of hardened steel with geometrically defined cutting tools.

1.4.28 **Härteverzug (m)**
Änderung der Form und Maße eines Werkstückes durch Wärmebehandlung.

heat treatment distortion
Alteration of workpiece form and size during heat treatment.

1.4.29 **Hartfeinbearbeitung (f)**
Feinbearbeitungsprozess für gehärtete Bauteile, bei dem ein Aufmaß zur Eliminierung des Härteverzuges abgespant wird.

hard finishing
Finishing process for hardened parts where a certain stock allowance is made such that any distortion occurring in heat treatment can be accommodated.

1.4.30 **Formverzahnen (m)**
Erzeugung von Verzahnungen mit Werkzeugen, die das Gegenprofil der herzustellenden Verzahnung besitzen.

form gear cutting
Manufacture of gears with a form tool.

1.4.31 **Wälzverzahnen (n, vb)**
Herstellung von Verzahnungen durch Fräsen im Wälzverfahren.

gear hobbing
Method of cutting gears by generation with a hob.

1.4.32 **Schälwälzfräsen (n, vb)**
Verfahren zur Herstellung von geraden oder schrägen Außen- und Innenverzahnungen mit schneckenförmigem Werkzeug, dessen Drehachse die Werkradachse kreuzt und das Werkrad erzeugt.

skive hobbing
Hobbing operation for gear finishing after heat treatment.

1.4.33 **Schlagzahnfräsen (n, vb)**
Einzahnfräsen (n, vb)
Erzeugen von Schneckenrädern durch Wälzfräsen im Tangentialverfahren mit einschneidigem Werkzeug.

fly cutting
Process for producing worm wheels by gear hobbing with tangential cutter feed using a tool with one cutting edge.

1.4.34 **Teilverfahren (n, vb)**
Abwechselndes Bearbeiten und Weiterschalten einer oder mehrerer Zahnlücken.

indexing method
Alternating cutting and indexing one or more tooth pitches per cycle.

1.4.35 **Differential-Teilverfahren (n)**
Drehung der Teilkopfspindel eines Universal-Teilapparates erfährt über Wechselräder eine Zusatzbewegung, wobei die Teilscheibe mit einer Handkurbel betätigt wird.

differential indexing
The indexing spindle on a universal dividing head is given an additional rotation, the dividing plate being turned by a hand crank.

finition (f) des matériaux non traités
Processus de finition de pièces qui ne subissent pas de traitement thermique.

usinage (m) des matériaux durs
Usinage d'aciers durs à l'aide d'outils dont la géométrie est prédéfinie.

déformation (f) thermique
Changement de la forme et des dimensions de la pièce après un traitement thermique.

finition (f) des matériaux traités
Processus de finition pour pièces qui ont été durcies. Une surépaisseur de matière a été prévue pour absorber d'éventuelles déformations dues au traitement thermique.

taillage (m) à la fraise module
taillage (m) à l'outil de forme
Taillage d'engrenages avec un outil de forme comportant le profil de la dent.

taillage (m) à la fraise-mère
Taillage d'engrenages par génération avec une fraise-mère.

finition (f) à la fraise mère
Procédés de finition des engrenages après traitement thermique utilisant un outil de type fraise mère.

tourillonage (m)
Fraisage avec un outil à une seule arête, notamment pour réaliser des filetages.

taillage (m) dent par dent
Taillage alternant d'une ou plusieurs entredents par cycle et indexation d'un ou plusieurs pas dentaires.

division (f) différentielle
Sur un appareil diviseur universel, la broche de division reçoit une certaine rotation supplémentaire par l'intermédiaire de pignons interchangeables, tandis que le plateau est commandé par une manivelle.

1.4.36 **Direkt-Teilverfahren (n)**
Die gewünschte Teilung wird unmittelbar durch die Teilscheibe des Teilapparates bestimmt.

direct indexing
The required indexing is obtained directly by means of the dividing plate of the dividing head.

1.4.37 **Indirekt-Teilverfahren (n)**
Die gewünschte Teilung wird durch Schnecke und Schneckenrad auf die Teilspindel des halbuniversalen bzw. universalen Teilapparates übertragen.

indirect indexing
The required indexing is obtained by means of a worm and worm wheel on the indexing spindle of the semi-universal or universal dividing head.

1.4.38 **Gewindefräsen (n, vb)**
Erzeugen eines Gewindes durch Fräsen.

thread milling
Production of a screw thread by milling.

1.4.39 **Kreissägen (n, vb)**
Trennen von Werkstücken mit Kreissägeblättern.

circular sawing
Separating workpieces with circular saw blades.

1.4.40 **Kaltkreissägen (n, vb)**
Trennen von Werkstücken, i.a. Halbzeugen, mit Kreissägeblättern bei einer Werkstücktemperatur im Bereich der Raumtemperatur.

cold circular sawing
Separating workpieces, generally semifinished products with circular saw blades at room temperature.

1.4.41 **Warmkreissägen (n, vb)**
Trennen von Halbzeugen mit Kreissägeblättern bei Werkstücktemperaturen im Bereich 600 bis 800°C.

hot circular sawing
Separating semifinished products at temperatures in the range of 600 to 800°C with circular saw blades.

1.4.42 **Langschnittkreissägen (n, vb)**
Trennen von langen Halbzeugen mit Kreissägeblättern, wobei die Längsachse der Werkstücke in Vorschubrichtung liegt.

slitting
Separating long semifinished products lengthwise with a circular saw blade. The longitudinal workpiece axis lies in the feed direction.

1.4.43 **Gehrungssägen (n, vb)**
Trennen von stab- oder rohrförmigen wie auch profilierten Halbzeugen, bei denen die Trennfläche unter einem von 90° abweichenden Winkel zur Längsachse des Werkstücks steht.

bevel sawing
Sawing of bar, tubular, or profiled semifinished products to produce a parting surface with an angle of less than 90° from the longitudinal axis of the workpiece.

1.4.44 **Paketsägen (n, vb)**
Trennen von meist gleichartigen Werkstücken, die in geeigneter Stückzahl gemeinsam eingespannt werden.

pack sawing
Sawing workpieces of similar size in appropriate quantities, usually clamped together.

1.4.45 **Ablängen (n, vb)**
Auf Länge schneiden durch Sägen, Trennschleifen oder Scheren.

cut to length
Cut to length by sawing, cutting off or shearing.

division (f) directe
La division nécessaire est obtenue directement par le disque diviseur.

division (f) indirecte
La division nécessaire est obtenue par transmission de la vis ou roue hélicoïdale sur l'appareil diviseur universel ou semi-universal.

filetage (m) à la fraise
Génération d'un filetage par fraisage.

sciage (m) à la scie circulaire
Opération de débit avec une scie circulaire.

sciage (m) circulaire à froid
Opération de débit avec une scie circulaire à température ambiante.

sciage (m) circulaire à chaud
Opération de débit avec une scie circulaire à une température comprise entre 600 et 800°C.

sciage (m) en long
Séparation longitudinale de bruts allongés avec une scie circulaire.

sciage (m) d'onglet
Sciage de produits semi-finis cylindriques, tubulaires ou profilés pour obtenir une surface de séparation avec un angle plus petit que 90° avec l'axe longitudinal de la pièce.

sciage (m) en paquet
Sciage de pièces de même taille en une certaine quantité.

mise (f) à longueur
Mise à longueur par sciage.

1.4.46 **Wirbeln (n, vb)**
Erzeugen einer Zylinderfläche durch Umlauffräsen. Der Innenfräser ist in einem Exzenter montiert und rotiert um seine Achse.

whirling
Production of a cylindrical work-pieces by rotary milling. The interior milling cutter is mounted on an eccentrically.

1.4.47 **Innenfräsen (n, vb)**
Erzeugen einer Zylinderfläche durch Umlauffräsen mit rotierendem Werkstück und feststehendem Werkzeug.

internal milling
Production of a cylindrical work-piece by rotary milling with rotating workpiece and fixed tool.

1.4.48 **Gewindewirbeln (n, vb)**
Erzeugen eines Gewindes durch Umlauffräsen im Gleich- oder Gegenlauf; bei Außengewinde kreist Meißelhalterring exzentrisch mit hoher Schnittgeschwindigkeit um das sich langsam drehende Werkstück; bei Innengewinde läuft der Meißelhalterdorn exzentrisch in Werkstückbohrung um. Axialvorschub des Messerkopfes entsprechend der Gewindesteigung.

thread whirling
Production of screw thread by rotary milling, either up or down cut; in the case of external threads the cutter holder rotates at high speed eccentrically around the slowly rotating workpiece; in the case of internal threads the tool holder rotates eccentrically in the bore. Axial feed of cutter holder corresponding to the thread pitch.

1.4.49 **Zahneingriff (m)**
Kontakt zwischen Schneide und Werkstück.

tooth engagement
tooth contact (Am)
Contact between cutting edge and workpiece.

1.4.50 **Zahneingriffsfrequenz (f)**
Frequenz des Kontakts zwischen Schneide und Werkstück.

tooth engagement frequency
Frequency of contact between cutting edge and workpiece.

1.4.51 **Planlaufabweichung (f)**
Unterschied zwischen größtem und kleinstem Abstand von einer Stirnseite des Fräsers zu einer Normalebenen zur Bohrungsachse des Fräsers.

axial runout
Difference between largest and smallest gap between a face of the cutter and a plane normal to the cutter axis.

1.4.52 **Schneideneintritt (m)**
Kriterium für die Art des Auftreffens der Schneide eines Messerkopfes auf das Werkstück (S, T, U, V) beim Stirnfräsen; Punkt-, Linien- oder Flächenkontakt.

tooth contact
Criterion for the nature of contact between the cutter tooth and the workpiece (S, T, U, V) in face milling. Can be point, line or surface contact.

tourbillonnage (m)
Production d'une pièce cylindrique par fraisage rotatif. La fraise intérieure est montée sur un excentrique. Pendant qu'il tourne autour de son axe, l'outil tourne autour de la pièce par rotation de l'excentrique. L'axe de l'outil décrit un cercle.

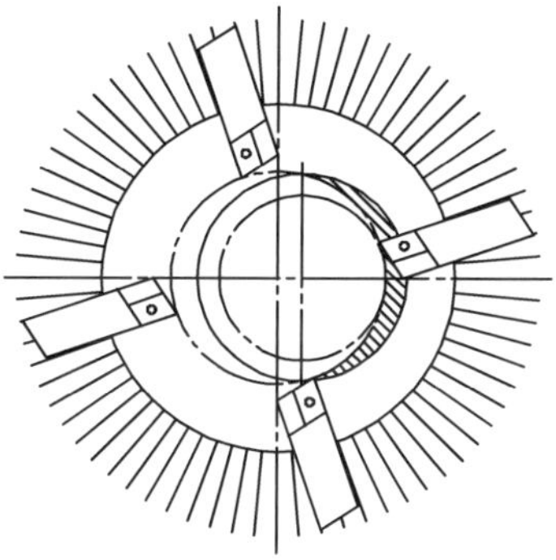

pas de terme
Procédé similaire au tourbillonnage mais où le mouvement de rotation est imprimé à la pièce.

filetage (m) à la volée
Filetage par fraisage rotatif. Dans le cas du filetage externe, l'outil tourne à grande vitesse de manière excentrée autour de la pièce qui tourne lentement. Dans le cas du taraudage, l'outil tourne excentré dans l'alésage. La vitesse d'avance de l'outil correspond au pas du filetage.

engagement (m) d'une dent
Portion de la trajectoire d'une dent correspondant au contact entre l'arête de coupe et la pièce usinée.

fréquence (f) d'engagement
Fréquence de contact entre l'arête de coupe et la pièce usinée.

voile (m) axial de la fraise
battement (m) axial de la fraise
Différence entre le plus grand et le plus petit écart entre une dent de la fraise et un plan normal à l'axe de rotation.

pas de terme
Description de la géométrie de contact entre une dent et la pièce en fraisage en bout (S, T, U, V), peut être ponctuel, linéaire ou surfacique.

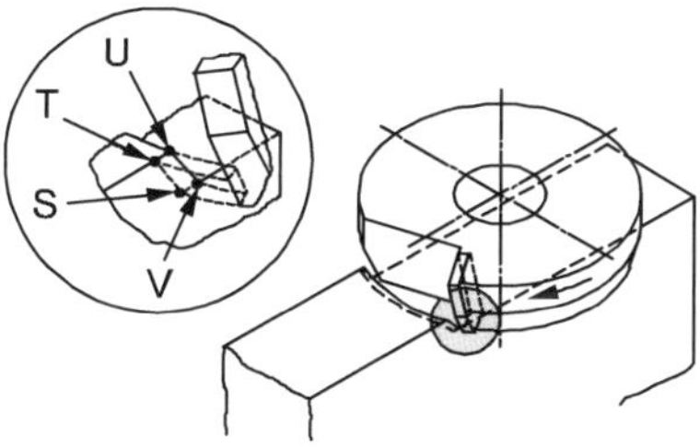

1.4.53 **Schneidrichtung (f)**

Linksschneidend:
Fräser läuft vom Antrieb aus gesehen entgegen dem Uhrzeigersinn.

Rechtsschneidend:
Fräser läuft vom Antrieb aus gesehen im Uhrzeigersinn.

direction of cut

Left-hand:
Milling cutter rotates anti-clockwise as viewed from drive end.

Right-hand:
Milling cutter rotates clockwise as viewed from drive end.

1.4.54 **Sturz (m)**
Winkel zwischen Frässpindelachse und Arbeitsebene.

tilt angle of cutter
Angle between axis of milling spindle and working plane.

1.4.55 **Eindringzeit (f)**
Zeit, die vom Augenblick der ersten Berührung von Spanfläche und Eintrittsebene bis zu dem Augenblick vergeht, in dem der letzte aktive Spanflächenpunkt zum Eingriff gekommen ist.

entry time
Time from first tooth contact to complete engagement of the cutting edge.

1.4.56 **Eintrittswinkel φ_e (m)**
Vorschubrichtungswinkel φ_e beim Eintritt der Fräserschneide in das Werkstück: beim Walzfräsen im Gegenlauf $\varphi_e = 0°$ (a), im Gleichlauf $\varphi_e > 90°$ (b); beim Stirnfräsen φ_e abhängig von Fräserdurchmesser D und Werkstückbreite b (c).

entry angle
entrance angle (Am)
Feed direction angle φ_e at entry of the cutting edge into the workpiece. For up milling $\varphi_e = 0°$ (a), for down milling $\varphi_e > 90°$ (b). For face milling φ_e depends on cutter diameter D and workpiece width b (c). Entrance angle (Am) is equal to $90° - \varphi_e$.

1.4.57 **Austrittswinkel φ_a (m)**
Vorschubrichtungswinkel φ_a beim Austritt der Fräserschneide aus dem Werkstück; siehe 1.21.51.

exit angle
Feed direction angle φ_a at exit of the cutting edge from the work-piece. See 1.21.51.

1.4.58 **Anschnitt (m)**
Kegliger Teil (a) eines Wälzfräsers.

tapered hob
Tapered section (a) of a hob.

1.4.59 **Anschnittseite (f)**
Stirnseite des Wälzfräsers, mit dem zuerst in voller Zahnhöhe eingreifenden Zahn.

approach side
That face of a tapered hob which starts cutting with axial feed.

1.4.60 **Auslaufseite (f)**
Stirnseite des Wälzfräsers, die der Anschnittseite gegenüberliegt.

exit side
Face of a tapered hob opposite the approach or entrance face.

orientation (f) de la coupe
sens (m) de coupe
Coupe à gauche:
L'outil coupe en tournant dans le sens trigonométrique, sachant qu'il est vu du côté de l'entraînement.
Coupe à droite:
L'outil coupe en tournant dans le sens antitrigonométrique, sachant qu'il est vu du coté de l'entraînement.

inclinaison (f) de la broche
Angle entre l'axe de broche et le plan de travail de l'outil.

temps (m) d'attaque
temps (m) total d'engagement
Temps écoulé entre le premier contact de l'arête de coupe avec la pièce et l´engagement total de la position active de l´arête.

angle (m) d'entrée
Angle φ_e entre les vitesses de coupe et d'avance au point où la dent pénètre dans la pièce. En fraisage en opposition $\varphi_e = 0°$ (a), en fraisage en concordance $\varphi_e > 90°$ (b). En fraisant en bout, φ_e dépend du diamètre de l'outil et de la largeur surfacée (c).

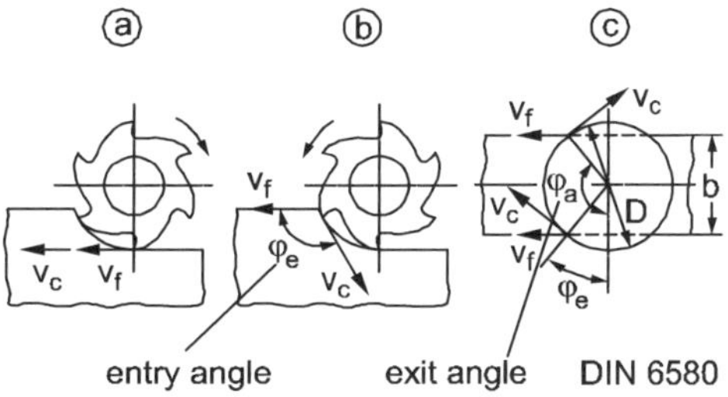

angle (m) de dégagement
Angle φ_a entre les vitesses de coupe et d'avance au point où la dent quitte la pièce. Voir 1.21.51.

entrée (f)
Partie conique (a) d'une fraise mère.

côté (m) d'attaque
Côté d'une fraise mère par lequel démarre la coupe.

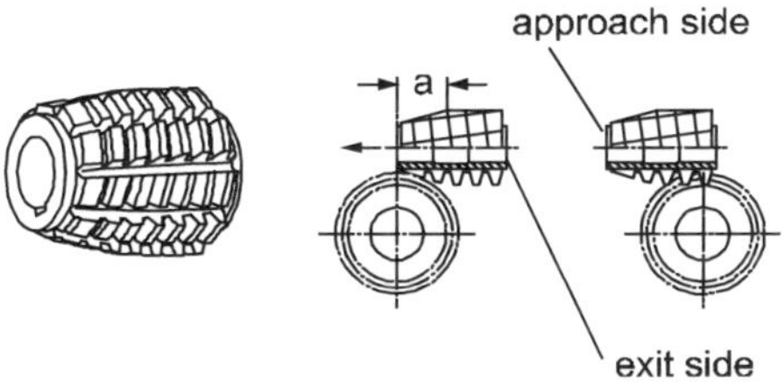

côte (m) de sortie
Le côté d'une fraise mère à l'opposé du côté d'attaque.

1.4.61 **Rundvorschub (m)**
Werkstückdrehung beim Gewindefräsen.

rotary feed
Rotation of workpiece during thread milling.

1.4.62 **Flugkreismittelpunkt (m)**
Mittelpunkt der kreisförmigen Bewegung der Fräserachse beim Wirbeln. Siehe 1.4.46.

whirling tool centre point
Centre of rotation of the tool during whirling. See 1.4.46.

1.4.63 **Flugkreismittelpunktsbahn (f)**
Kreisförmige Bahn, die die Fräserachse beim Wirbeln durchläuft. Siehe 1.4.48.

centre point path
Circular path described by the centre point of the tool in whirling. See 1.4.48.

1.4.64 **Flugkreisdurchmesser (m)**
Durchmesser der kreisförmigen Bahn der Fräserachse beim Wirbeln.

centre point path diameter
Diameter of the circular path of the tool axis during whirling.

1.4.65 **Rattern (n)**
Selbsterregte Schwingungen während des Zerspanungsprozesses.

chatter
Self-excited vibration during a machining process.

1.4.66 **Rattermarke (f)**
Typische Oberflächenstruktur infolge Ratterns.

chatter mark
Typical surface pattern resulting from chatter.

1.4.67 **Ratterfrequenz (f)**
Frequenz der Ratterschwingungen.

chatter frequency
Frequency of the chatter vibrations.

1.4.68 **Eckenbremsen (v, n)**
Um Formfehler beim Fräsen von Innenecken zu verhindern, wird der Vorschub zeitweise reduziert.

corner-deceleration
To avoid shape errors during the machining of corners the path velocity of the tool is temporary reduced.

1.4.69 **Fräser (m)**
In der Regel mehrschneidiges, links- oder rechtsschneidendes, um eine Achse rotierendes Werkzeug mit geometrisch bestimmten Schneiden.

milling cutter
Multi-tooth, left or right hand cutting tool that rotates around an axis and have geometrically defined cutting edges.

1.4.70 **Schruppfräser (m)**
Fräser für hohe Zerspanleistungen.

roughing cutter
Milling cutter for high material removal rates.

1.4.71 **Schlichtfräser (m)**
Fräser zur Erzeugung hoher Oberflächenqualitäten sowie Maß- und Formgenauigkeiten.

finishing cutter
Milling cutter for producing good quality surface finish with good dimensional tolerance.

1.4.72 **Walzenfräser (m)**
Zylindrischer Fräser mit achsparallel, schräg oder schraubenförmig verlaufenden Schneiden.

plain milling cutter
slab milling cutter
Cylindrical cutter with parallel, spiral or helical teeth.

avance (f) en rotation
Déplacement en rotation de la pièce en filetage à la fraise.

pas de terme
Centre du mouvement circulaire de l'axe de l'outil en tourbillonnage. Voir 1.4.46.

pas de terme
Parcours de l'axe de l'outil en tourbillonnage. Voir 1.4.48.

pas de terme
Diamètre du mouvement circulaire de l'axe de l'outil en tourbillonnage.

broutement (m)
Vibration auto-entretenue lors de l'usinage.

marque (f) de broutement
Etat de surface caractéristique résultant du broutement.

fréquence (f) de broutement
Fréquence de la vibration auto-entretenue de broutement.

décélération (f) aux change-ments brusques de trajectoire
Pour empêcher les erreurs de forme durant l'usinage des angles, la vitesse d'avance est diminuée temporairement.

fraise (f)
Outil, généralement multident, coupe à gauche ou coupe à droite, tournant autour d'un axe. La géométrie des dents dépend du type de fraise.

fraise (f) d'ébauche
fraise (f) ravageuse
Fraise conçue pour des taux d'enlèvement de matière élevés.

fraise (f) de finition
Fraise conçue pour produire des qualités de surfaces et des précisions dimensionnelles déterminées.

fraise (f) à dresser
fraise (f) à détourer
Fraise cylindrique d'une taille à denture droite ou hélicoïdale.

1.4.73 **Stirnfräser (m)**
Stirnseitig schneidender Fräser.

face milling cutter
Milling cutter which cuts on the end face.

1.4.74 **Walzenstirnfräser (m)**
Ein an Umfang und an der Stirnfläche mit Schneiden versehener Fräser (a); auch mit eingesetzten Hartmetallschneiden (b).

shell end mill
side milling cutter (Am)
Solid multi-tooth cutter having integral (a) or inserted (b) teeth on the face and periphery, without a shank, for mounting on an arbor.

1.4.75 **Gleichförmigkeitsfräser (m)**
Walzenfräser mit schraubenförmig verlaufenden Schneiden, bei dem die Gesamtumfangskraft theoretisch konstant bleibt. Dies ist der Fall, wenn die Fräserbreite b ein ganzes Vielfaches der axialen Teilung τ_a ist.

helical plain milling cutter (symmetrical)
Plain milling cutter with helical teeth in which the total circumferential force theoretically remains constant. This is the case, when the cutter width b is a whole multiple of the axial pitch τa.

1.4.76 **Ungleichförmigkeitsfräser (m)**
Walzenfräser mit schraubenförmig verlaufenden Schneiden, bei dem die Gesamtumfangskraft zwischen einem Größt- und Kleinstwert schwankt. Dies ist der Fall, wenn die Fräserbreite b kein ganzes Vielfaches der axialen Teilung τa ist.

helical plain milling cutter (asymmetrical)
Plain milling cutter with helical teeth in which the total circumferential force varies between a maximum and a minimum value. This is the case, when the cutter width b is not a whole multiple of the axial pitch τa.

1.4.77 **gekuppelter Fräser (m)**
Aus zwei Walzen- (a) oder Scheiben (b) -Fräsern stirnseitig gekuppelter Fräsersatz mit gegenläufigen Schneiden.

combination milling cutter
interlocking cutters (Am)
Set consisting of a pair of plain (a) or disc (b) cutters with teeth of opposite hand coupled together at the faces.

1.4.78 **hinterdrehter Fräser (m)**
Fräser, dessen Zahnfreiflächen nach einer log. Spirale (a) verlaufen, insbesondere bei Formfräsern angewendet. Das Profil der Zahnform bleibt beim Nachschleifen der Spanfläche erhalten.

form-relieved milling cutter
Milling cutter with teeth that are form-relieved so that their backs follow a logarithmic curve (a). Used largely with form cutters. The tooth contour will remain unchanged when the front face is reground.

fraise (f) à surfacer
Fraise à coupe en bout.

fraise (f) à surfacer-dresser
fraise 2 tailles.
Fraise portant des arêtes sur la face et la périphérie monobloc (a) ou à partie active rapportée (b).

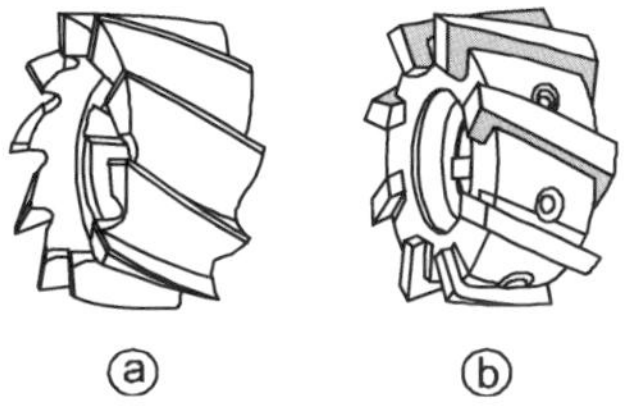

fraise à denture hélicoïdales symétrique
Fraise à surfacer avec des arêtes de coupe hélicoïdales pour laquelle l'effort de coupe tangentiel est théoriquement constant. C'est le cas si la largeur de fraise b est un multiple du pas apparent τ_a.

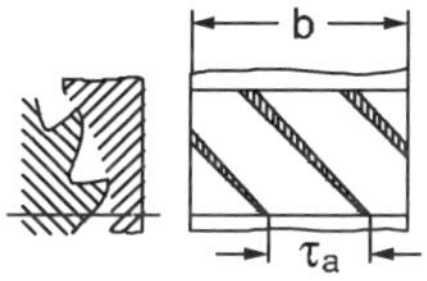

fraise à denture hélicoïdales asymétrique
Fraise à surfacer avec des arêtes de coupe hélicoïdales pour laquelle l'effort de coupe tangentiel n'est pas constant. C'est le cas si la largeur de fraise b n'est pas un multiple du pas apparent τ_a.

train (m) de fraise
fraise (f) expansible
Paire de fraises assemblées 1 taille (a) ou 3 tailles (b) avec le sens d'hélice opposé. Dans le cas (b), l'épaisseur est réglable par adjonction de rondelles d'épaisseur dans la limite du maintien du chevauchement des dents.

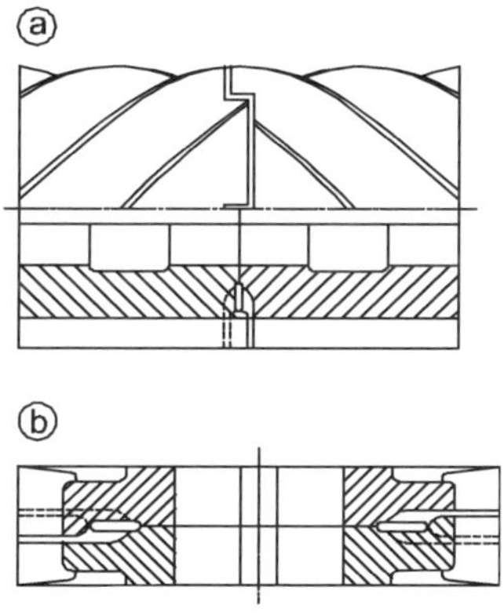

fraise (f) détalonnée
Fraise ayant ces dents usinées avec une partie arrière selon une courbe logarithmique (a). Cette solution est souvent donnée aux outils de forme pour conserver le même profil de dent lors du réaffûtage de la face de coupe.

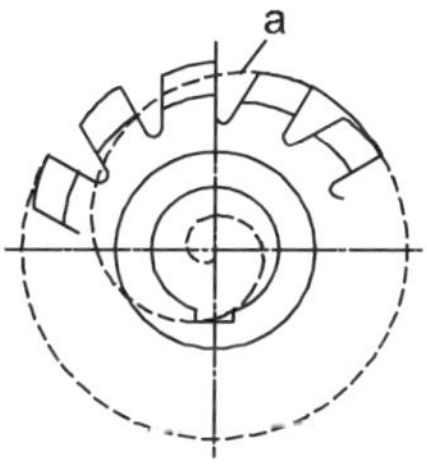

1.4.79 **Profilfräser (m)**
Fräswerkzeug mit einer dem herzustellenden Profil (z.B. Kerbverzahnung, Keilwellennut, Hohlkehle u.ä.) entsprechenden Schneidengestalt.

profile milling cutter
Cutter having teeth shaped to the contour that is to be cut (e.g. splines, keyway, fillet, etc.).

1.4.80 **Prismenfräser (m)**
Formfräser mit prismatischem Schneidenteil zum Fräsen von Führungsbahnen.

vee-form milling cutter
Form cutter with Vee-section cutters for machining slideways.

1.4.81 **Lückenfräser (m)**
Formfräser mit geraden oder gedrallten Spannuten zum Fräsen der Zahnlücken bei hinterdrehten Fräsern.

gap milling cutter
gash milling cutter (Am)
Form cutter with straight or spiral flutes for machining tooth gaps in relieved cutters.

1.4.82 **Winkelfräser (m)**
Formfräser mit winklig zueinander stehenden Schneiden, als Schaftfräser (a) oder als einseitig (b) oder doppelseitig (c) schneidender Scheibenfräser ausgebildet.

angle milling cutter
single-angle milling cutter (Am)
Form cutter with cutting edges at an angle to each other. Can take form of end mill (a) or of one- sided (b) or two-sided (c) side and face cutter.

1.4.83 **Winkelstirnfräser (m)**
Am Umfang und an der Stirnseite schneidender Fräser zur Herstellung von Schwalbenschwanzführungen.

dovetail milling cutter
single-angle milling cutter (Am)
Cutter with teeth on face and periphery for the machining of dovetail guides.

1.4.84 **Satzfräser (m)**
Frasergruppe aus mehreren Einzelfräsern, wie z.B. Walzen-, Scheiben-, Form- oder Stirnfräser, die auf einem gemeinsamen Dorn aufgespannt sind.

gang milling cutter
Group of several individual cutters such as plain milling cutters side and face cutters, form cutters, or end mills, which are fitted to a common arbor.

1.4.85 **Scheibenfräser (m)**
Gerad-, schräg- oder kreuzverzahnter (a) Fräser von geringer Breite, auch mit eingesetzten Schneiden (b); zur Bearbeitung schmaler Flächen und zur Herstellung von Nuten.

side and face milling cutter
side milling cutter (Am)
Narrow cutter with straight, helical teeth (a), also with inserts (b) for machining narrow slots and for cutting grooves.

1.4.86 **Verzahnter Fräser (m)**
Scheibenfräser mit entgegengesetzt geneigten Schneiden zum Ausgleich der Axialkräfte insbesondere für tiefe Nuten.

staggered-tooth side and face milling cutter
staggered-tooth side milling cutter (Am)
Side and face cutter with right and left hand cutting edges to balance axial forces, used especially for deep slots.

fraise (f) de profil
fraise (f) de forme
Fraise ayant des dents profilées en fonction du contour à réaliser.

fraise (f) isocèle
Fraise de forme avec une section en v pour usiner des rainures en v.

fraise (f) pour l'entredent
Fraise de forme à goujures droites ou en hélicoïdales pour le détalonnage des dents de fraise.

fraise (f) conique
Fraise de forme dont les arêtes forment un angle entre elles. Fraise conique à queue cylindrique (a) ou à entraînement par clavette à 1 pente (b) ou à 2 pentes (c).

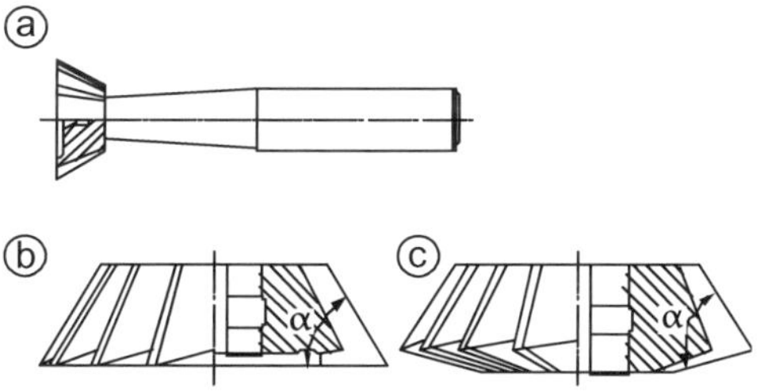

fraise (f) conique
Fraises pour la réalisation des rainures en queues d'aronde.

train (m) de fraise
Fraises assemblées sur un même axe.

fraise (f) 3 tailles
Fraise étroite à denture droite ou hélicoïdale (a), également à denture rapportée (b) pour l'usinage de rainures.

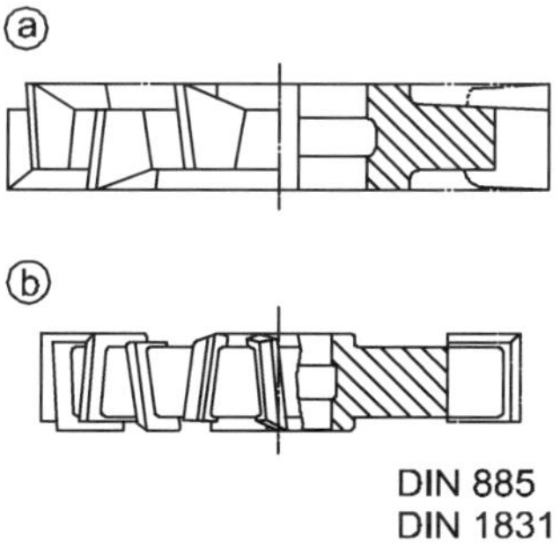

fraise (f) trois tailles à denture alternée
Fraise trois tailles ayant les dents alternativement à hélice à droite et à gauche pour équilibrer les efforts axiaux, utilisée en particulier pour les rainures profondes.

1.4.87 **Wälzfräser (m)**
Fräser zur Herstellung von Stirnradverzahnung bzw. anderer sich mit konstanter Teilung wiederholender Profile im Wälzverfahren.

hob
Cutter for manufacturing spur gears and similar parts having constant pitch teeth.

1.4.88 **Schaftwälzfräser (m)**
Wälzfräser mit Schaft aus einem Stück zur Herstellung von Schneckenrädern.

shank type hob
Hob integral with drive shaft for cutting worm wheels.

1.4.89 **Gesenkfräser (m)**
Schaftfräser zum Fräsen von Gesenken, insbesondere Kugelkopffräser.

die-sinking milling cutter
End milling cutter for machining dies, especially ball end milling cutter.

1.4.90 **Schaftfräser (m)**
Fräser mit zylindrischem oder kegeligem Schaft und zylindrischem (a) oder kegeligem (b) Schneidenteil mit gerader (a, b) oder kugeliger Stirn (c).

end milling cutter
Cutter with cylindrical or taper shank and cylindrical (a) or taper (b) cutting section with flat (a, b) or rounded face (c).

1.4.91 **Kugelkopffräser (m)**
Schaftfräser mit Kugelstirn, insbesondere im Werkzeug- und Formenbau.

ball end milling cutter
End milling cutter with ball end. Especially used in the die and mould machining.

1.4.92 **Torusfräser (m)**
Fräswerkzeug, dessen Schneidenhüllkurve einen Torus bescheibt. Zur Erzeugung von Freiformflächen beim 5-Achsen-Fräsen.

torus milling cutter
toroidal cutter (Am)
Milling tool in which the rotating cutting edges describe a torus. In the production of sculptured surfaces using 5 axis milling.

fraise-mère (f)
Outil pour l'usinage d'engrenages droits ou hélicoïdaux ou de pièces similaires ayant des dents régulièrement espacées.

fraise-mère (f) à queue
Fraise mère pour l'usinage des dentures hélicoïdale.

fraise (f) pour moules et matrices
fraise (f) pour forme complexe
Fraise à queue cylindrique ou conique particulièrement à bout rond pour usiner les moules et les matrices.

fraise (f) à queue
Fraise à queue cylindrique ou conique et une section de coupe cylindrique (a) ou conique (b), à bout plat (a, b) ou sphérique (c).

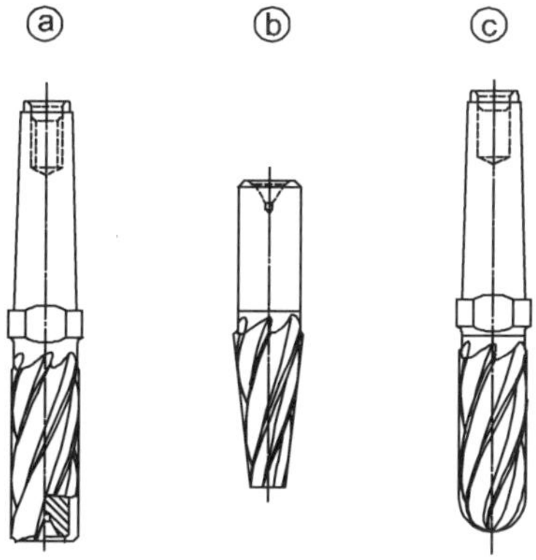

DIN 1889

fraise (f) à bout hémisphérique
fraise (f) boule
Fraise dont l'extrémité est sphérique. Essentiellement utilisée dans l'usinage des moules et matrices.

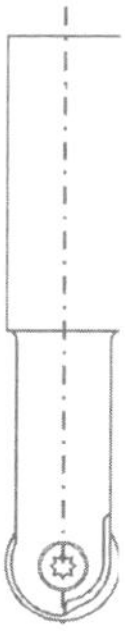

fraise (f) torique
Fraise ayant les arêtes de coupe portées par un tore. Pour l'usinage de surfaces complexes en fraisage 5 axes.

1.4.93 **Zahnformfräser (m)**
Scheiben- oder fingerförmiger Formfräser mit dem Hüllprofil der zu schneidenden Zahnlücke.

gear milling cutter
Form cutter having the shape of the generated tooth gap; disc-shaped or finger-shaped.

1.4.94 **Modul-Fräser (m)**
Scheibenförmiger Formfräser mit dem Hüllprofil der zu schneidenden Zahnlücke zur Herstellung von Schneckenrädern im Teilverfahren.

module-milling cutter
Disk-shaped form milling cutter having the shape of a generated tooth gap for producing worm wheels by the intermittent indexing method.

1.4.95 **Stirnradfräser (m)**
Wälzfräser zur Herstellung von Stirnverzahnungen im Abwälzfräsverfahren.

spur or helical gear cutter
Generating type cutter for spur and helical gears.

1.4.96 **Schraubenradfräser (m)**
Wälzfräser zur Herstellung von Schraubenrädern im Abwälzverfahren.

worm wheel hobbing cutter
Generating type cutter for manufacturing of worm wheels.

1.4.97 **Wirbelkopf (m)**
Innenfräser zum Wirbeln.

whirling tool
Internal milling cutter for whirling.

1.4.98 **Messerkopf (m)**
Fräswerkzeug mit stirnseitig eingesetzten Schneiden, i.a. Hartmetallwendeschneidplatten; in der Regel aufgenommen auf Frässpindel.

inserted-tooth cutter
inserted-blade cutter (Am)
Milling cutter with inserts. Usually mounted on an arbor.

1.4.99 **Messerschienenfräser (m)**
Wälzfräser mit eingesetzten Zahnstollen, die nach Einbau hinterschliffen werden.

insert type hobbing cutter
Hob with inserts which are relief ground after assembly.

1.4.100 **Eckschneide (n)**
Messer mit einem Winkel zwischen Haupt- und Nebenschneide von 90°.

right-angle cutting edge
Cutting edge with an angle of 90° between primary and secondary cutting edges.

1.4.101 **Einzahnfräser (m)**
Fräser oder Messerkopf mit nur einem Zahn.

single-tooth milling cutter
Cutter with only one tooth.

1.4.102 **Zahnstollen (m)**
Schneidenteil eines Wälzfräsers, der sich schraubenförmig zu dessen Achse erstreckt. Anzahl der Zahnstollen ist mit der Anzahl der Spanflächen identisch.

insert unit for hobbing cutter
Part of hob containing the cutting edges being arranged in a screw like manner along the axis. The number of tooth rails in the hob being identical with the number of cutting faces.

1.4.103 **Spanbrechernut (f)**
Nutenförmige, peripher verlaufende, von Zahn zu Zahn versetzte Unterbrechung der Schneiden zur Begrenzung der Spanbreite.

chipbreaker slot
chip breaker (Am)
Peripheral groove, offset from tooth to tooth, provided to limit chip width.

fraise (f) de forme
Fraise ayant la forme enveloppante de l'entredent à usiner.

fraise (f) module
Fraise disque de la forme du profil de dent à réaliser sur des dentures.

fraise (f) à tailler les roues cylindriques droites
Fraise-mère pour tailler les roues cylindriques par la procédé de génération.

fraise (f) à tailler les roues à dentures hélicoïdales
Outil en forme de vis pour le taillage par génération de roues à denture hélicoïdale.

fraise (f) à tourbillonner
Fraise à arêtes intérieures pour le tourbillonnage.

fraise (f) à plaquettes ou à lames rapportées
fraise (f) à cartouche
Fraise à lames, à plaquettes et/ou à cartouches rapportées montée sur tourteau.

fraise-mère (f) à denture rapportée
Fraise-mère à lames rapportées dont la dépouille est réalisée par le basculement des lames après affûtage.

lame (f) à angle de pointe à 90°
Lame dont l'angle entre l'arête de coupe principale et l'arête secondaire fait 90°.

fraise (f) à une dent
Fraise ne comportant qu'une seule dent.

denture (f) de la fraise mère
lames
Eléments coupant d'une fraise mère disposés en hélice. Le nombre de lames est égale au nombre d'arêtes.

entaille (f) brise-copeaux
Gorge périphérique, décalée d'une dent à l'autre, pour permettre de limiter la largeur du copeau.

1.4.104 **Spannut (f)**
Längs der Spanflächen eines Wälzfräsers verlaufende Aussparungen zur Aufnahme und Abfuhr der Späne.

axial slot
Slot along the cutting face for chip flow.

1.4.105 **Protuberanz (f)**
Gewollte Abweichung des Werkzeugprofils zur Erzeugung unterschnittener Zahnflanken für die Feinbearbeitung.

protuberance
Intentional deviation of the tool profile for producing tooth flank relief for improved finishing operation.

1.4.106 **Knickprofil (n)**
Modifiziertes Werkzeugprofil zur stärkeren Fußbearbeitung eines Zahnrades für die anschließende Feinbearbeitung.

profile modification
Modification of the tool profile for increasing stock removal on the tooth for subsequent root finishing operation.

1.4.107 **Vorschneidzahn (m)**
Zahn, der nur den mittleren Teil des Gesamtspanungsquerschnitts zerspant, wobei der Span schmaler ist als die Schnittfuge.

roughing saw tooth
Tooth designed to take a chip narrower than the kerf.

1.4.108 **Nachschneidzahn (m)**
Zahn, der den vom Vorschneidzahn nicht zerspanten Anteil des Gesamtspanungsquerschnitts abtrennt.

finishing saw tooth
Tooth for removing the material left by the roughing saw tooth.

1.4.109 **Wechselschliff (m)**
Anschliffart von Sägezähnen, bei denen der Gesamtspanungsquerschnitt wechselseitig auf zwei aufeinanderfolgende Zähne aufgeteilt wird.

alternate saw tooth set
Grinding of saw blades with teeth of alternating sideways inclination.

1.4.110 **Zahnlücke (f)**
Raum zwischen der Spanfläche eines Zahnes und dem Rücken des davorliegenden Zahnes zur Aufnahme der abgetrennten Späne beim Sägen.

gullet
Space between the face and back of successive teeth for collecting and removing chips in sawing.

1.4.111 **Kreissägeblatt (n)**
Kreisförmiges Sägeblatt mit eingefrästen, ausgeschnittenen oder eingesetzten Zähnen.

circular saw blade
Circular disk with peripheral cutting teeth; may be of the solid, segmented, or inserted-tooth type.

1.4.112 **Stammblatt (n)**
Grundkörper von Sägeblättern aus vergütetem Stahl, mit dem die Zähne oder Zahnsegmente durch Nieten, Verstiften, Klemmen, Hartlöten (Kreissägeblätter), Schweißen (Band- oder Bügelsägeblätter) verbunden sind.

saw blade body
Body of the saw blade, usually steel, to which the teeth or toothed segments are attached by rivets, pins, clamps or brazing (circular blades) or welding (band- and hacksaw blades).

goujure (f)
Gorge à l'arrière de la face de coupe pour l'écoulement du copeau.

protubérance (f)
Modification volontaire du profil de l'outil pour produire des dents dégagées au pied au cours de la finition.

profil (m) corrigé
Modification du profil de l'outil pour accroître la surépaisseur en pied de denture lors des opérations de finition suivantes.

dent (f) ébaucheuse
dent (f) traceuse
Dent qui n'enlève que la partie centrale de la largeur totale de la saignée, le copeau obtenu est plus étroit que la voie.

dent (f) finisseuse
dent (f) raboteuse
Dent qui enlève la partie de la largeur totale de la saignée qui subsiste après le passage de la dent ébaucheuse.

affûtage (m) alterné
Mode d'affûtage des dents répartissant alternativement la largeur totale d'enlèvement sur deux dents successives.

creux (m) de la dent
Espace compris entre deux dents successives permettant la récupération et l'évacuation des copeaux de sciage.

lame (f) de scie circulaire
Disque circulaire avec des dents sur la périphérie. Les dents peuvent être rapportées.

corps (m) de scie
lame (f) de base
Le corps de la lame de scie, généralement en acier doux, sur lequel sont fixées les dents par rivetage, bridage, brasage (scie circulaire), ou soudage.

1.4.113 **Einzelzahn (m)**
Einzelner Zahn (1) eines Kreissägeblattes mit eingesetzten Zähnen, die mit Hilfe von Nut (2), Feder (3) und Stiften (4) am Stammblatt (5) befestigt sind.

tooth
Individual tooth (1) fastened to the saw blade body (5) with a tongue (3) located in a groove (2) with rivets (4).

1.4.114 **Zahnsegment (n)**
Gruppe von Zähnen (1) eines Kreissägeblattes mit eingesetzten Zähnen, die mit Hilfe von Nut (2), Feder (3) und Nieten (4) am Stammblatt (5) befestigt sind.

blade segment
Segments (1) of circular saw blades containing several teeth usually attached to the saw blade body (5) with a tongue (3) located in a groove with rivets (4).

1.4.115 **Segment-Kreissägeblatt (n)**
Kreissägeblatt, dessen Zähne gruppenweise am Umfang des Stammblattes befestigt sind.

circular saw blade, segmental type
Circular saw blade produced by fastening segments, containing several teeth, to the periphery of the central disc or body.

1.4.116 **Aufnahmebohrung (f)**
Zentrische Bohrung im Kreissägeblatt zur Zentrierung des Blattes auf der Sägewelle.

attachment hole
Central hole in circular saw blade for centering the blade on the spindle.

1.4.117 **Mitnehmerbohrung (f)**
Zwei oder mehrere Bohrungen eines Kreissägeblattes in gleichem Abstand zur Sägeblattmitte zur Übertragung des Drehmomentes von der Sägewelle über Stifte auf das Sägeblatt.

driving holes
Two or more holes in a saw blade equidistant to the centre for transferring the torque of the spindle through pins to the saw blade.

1.4.118 **Mitnehmernut (f)**
Radiale oder axiale Nut zur formschlüssigen Drehmomentübertragung zwischen Fräserwelle und Fräser.

keyway
Slot in cutter which engages a key on the drive shaft for torque transmission. The keyway may run in a radial or axial direction.

1.4.119 **Fräserdurchmesser (m)**
Durchmesser des Schneidenflugkreises eines Fräsers.

milling cutter diameter
effective milling cutter diameter (Am)
Diameter of circle swept by teeth of a cutter.

1.4.120 **Fräserlänge (f)**
Abmessung eines Fräsers in Achsrichtung.

milling cutter length
Dimension of milling cutter in its axial direction.

1.4.121 **Messerkopfhöhe (f)**
Größte Höhe des Messerkopfes, gemessen von der Auflagefläche auf der Antriebsseite bis zu den Schneidenecken bzw. Nebenschneiden.

overall height of inserted- tooth milling cutter
Maximum height of cutter measured from bearing surface on drive side to corners of inserts or minor cutting edges.

1.4.122 **Drall (m)**
Steigung der Schneiden bei schraubenverzahnten Fräsern.

helix
Helix of the cutting edges in helical milling cutters.

dent (f) rapportée
Dent (1) fixée sur le corps d'une scie (5) circulaire à l'aide de rainures (2), languette (3) et rivets (4).

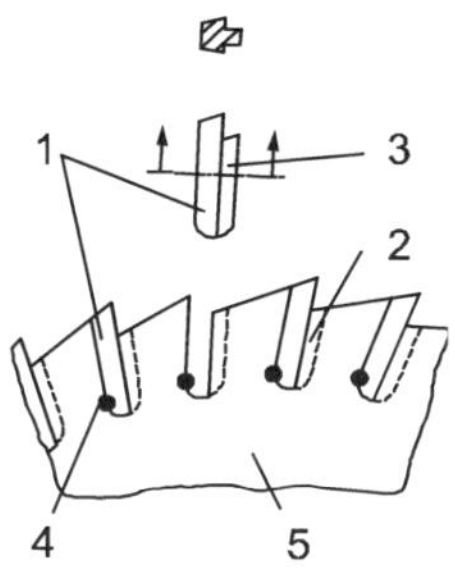

segment (m) denté
Ensemble de dents (1) rapportées sur le corps de scie (5) par l'intermédiaire d'une languette (3) dans une rainure (2) maintenu à un rivet (4).

lame (f) de scie circulaire à segments rapportés
Lame de scie dont les dents sont fixées par groupes sur la périphérie du corps.

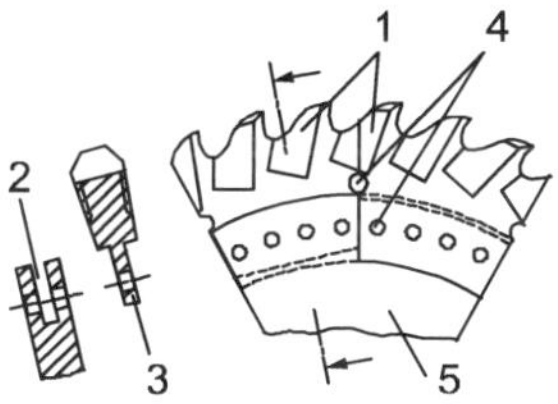

alésage (m)
Trou central dans une scie circulaire pour la centrer sur la broche.

trou (m) d'entraînement
Deux trous ou plus dans une scie circulaire, équidistants du centre, pour transmettre le couple à la scie.

rainure (f) d'entraînement
Rainure dans l'outil dans laquelle s'insère la clavette ou les tenons pour transmettre le couple.

diamètre (m) de la fraise
Diamètre du cercle balayé par les dents de la fraise.

longueur (f) de la fraise
Dimension de la fraise dans la direction de son axe.

hauteur (f) de tourteau
Hauteur totale d'un tourteau de fraisage de la face d'appui au bec des plaquettes.

hélice (f)
Hélice formée par les dents d'une fraise à denture hélicoïdale

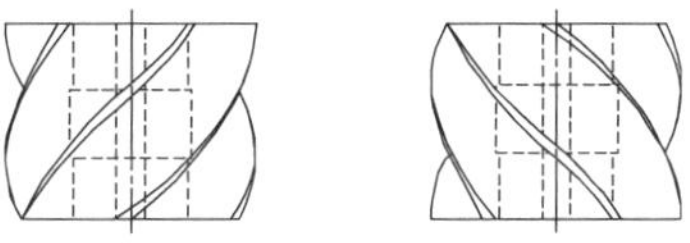

1.4.123 **Drallwinkel ε (m)**
Steigungswinkel eines schraubverzahnten Fräsers.

helix angle ε
Helix angle of a helical milling cutter.

1.4.124 **Schneidenteilung (f)**
Bogenlänge zwischen zwei Schneiden bzw. bei gleicher Teilung Quotient von Fräserumfang zu Zähnezahl.

tooth spacing
circular pitch (Am)
Arc length between two teeth or, if teeth are uniformly spaced, quotient of cutter circumference divided by number of teeth.

1.4.125 **Einstellwinkel (m)**
Steigungswinkel der Hüllschraube auf dem Teilzylinder eines Wälzfräsers, d. h. der Winkel zwischen einer Tangente an eine Flankenlinie der Hüllschraube und einer Stirnebene.

lead angle
Lead angle on the pitch diameter of the screw or of a hob. It is the angle between the tangent to the thread and the plane of rotation.

1.4.126 **Bezugszylinder (m)**
Zur Fräserachse mittiger Zylinder, der die Profilbezugslinie der Planverzahnung und den Teilzylinder des Nullrades berührt.

reference cylinder
Cylinder concentric to the cutter axis which during generation rolls with the pitch circle of the gear being cut without slipping.

1.4.127 **Teilzylinder (m)**
Zur Wälzfräserachse mittiger Zylinder, der beim Wälzen der Hüllschraube mit der Planverzahnung an dieser Verzahnung ohne Gleiten abrollt.

pitch cylinder
Cylinder concentric to the cutter axis which during generation rolls with the pitch cylinder of the gear being cut without slipping.

1.4.128 **Fräserteilkreis (m)**
Teilkreis des zur Fräserachse mittigen Zylinders.

cutter pitch circle
Pitch circle concentric to cutter axis.

1.4.129 **Fräserradiuskorrektur (f)**
Möglichkeit der NC, die Durchmesserabweichungen von Fräswerkzeugen beim Bahnfräsen zu kompensieren.

cutter radius compensation
Automatic compensation for tool/ cutter radius when programmed path is for the tool centre.

1.4.130 **Gangzahl (f)**
Anzahl der Gänge bei schraubverzahnten Wälzfräsern.

number of threads
Number of threads on a hob with helical teeth.

1.4.131 **Gangrichtung (f)**
Richtung der Fräserhüllschraube. Ein Wälzfräser ist rechtsgängig oder linksgängig, wenn bei Aufstellung auf eine Stirnfläche in der Ansicht des Fräsers die Gänge nach links oder rechts steigen.

hand of helix
When viewing the cutter along its axis, it is left hand or right hand depending on whether the threads incline to the left or right.

1.4.132 **Span-Nutenschraube (f)**
Span-Nuten eines Wälzfräsers, die schraubenförmig, ein- oder mehrgängig, verlaufen.

spiral slot
Spiral slots around the hob, may be single lead or multiple lead.

angle (m) d'hélice ε
Angle d'hélice d'une fraise à denture hélicoïdale.

pas (m) de denture
Longueur d'arc entre deux dents ou, si les dents sont uniformément espacées, quotient de la circonférence de l'outil divisé par le nombre de dents.

angle (m) d'incidence
Angle d'hélice de la vis enveloppe sur le diamètre primitif de la fraise mère; autrement l'angle entre une tangente du flanc de la vis enveloppe et un plan frontal .

cylindre (m) de base
Cylindre coaxial à l'axe de la fraise qui roule sur le cercle primitif sans glisser pour la génération du profil.

cylindre (m) primitif
Cylindre coaxial à l'axe de l'outil permettant la génération du profil.

cercle (m) primitif de fraise
Cercle primitif concentrique à l'axe de l'outil.

compensation (f) du rayon de l'outil
La commande numérique calcule une trajectoire différente de la forme à usiner pour compenser le rayon de l'outil.

nombre (m) de filets
Nombre de filets d'une fraise mère à dent hélicoïdales.

sens (m) de l'hélice
A droite si l'hélice monte vers la droite, à gauche si l'hélice monte vers la gauche

hélice (f) de goujure
hélice de goujure d'une fraisemère.

1.4.133 **Zahnform (m)**
Die durch Bezugsprofil, Teilzylinder oder Einstellwinkel, Bezugszylinder, Nutensteigung und Spanflächenabstand bestimmte Zahnform eine Wälzfräsers.

tooth shape
Specification of tooth shape on a hob.

1.4.134 **Zahnhöhe (f)**
Unterschied zwischen Kopfkreis- und Fußkreisradius eines Wälzfräsers.

tooth depth
Difference between outside radius and root radius of a hob.

1.4.135 **Sägeblattdurchmesser (m)**
Bei Kreissägeblättern mit Vor- und Nachschneidzähnen ist dies der mittlere Durchmesser zwischen den über Vor- und Nachschneidzähnen gemessenen Durchmessern.

diameter of saw blade
Mean of circular saw blade diameters measured across high and low teeth.

1.4.136 **Sägeblattdicke (f)**
Dicke des Stammblattes, gemessen senkrecht zur Mittenebene des Sägeblattes.

saw blade thickness
Maximum thickness of blade measured perpendicular to plane of the blade.

1.4.137 **Zahnseitenüberstand (m)**
Seitlicher Überstand der Zähne über die Blattdicke durch Schränken (a) oder Stauchen (b) der Zähne.

tooth projection
Lateral projection of the extreme edge of tooth from the saw blade thickness;
a) spring set,
b) swage set.

1.4.138 **Zahnhöhendifferenz (f)**
Differenz zwischen den Flugkreisradien von Vor- und Nachschneidzähnen.

tooth height difference
Radial distance between the height of the roughing and finishing teeth (low, high) on a saw blade.

1.4.139 **Zahnungsbreite (f)**
Größte Breite des Zahnes, gemessen senkrecht zur Mittenebene des Sägeblattes

tooth width
Maximum thickness of the tooth measured perpendicular to plane of the saw blade.

1.4.140 **Zahnteilung (f)**
Abstand zwischen zwei aufeinanderfolgenden Zahnschneiden; bei Kreissägeblättern auf den Umfang bezogen.

pitch
Distance between corresponding locations on two successive teeth; on the circumference of circular saw blades.

1.4.141 **Schnittfugenbreite (f)**
Breite der beim Sägen entstehenden Schnittfuge.

kerf width
Width of the cut produced by sawing.

1.4.142 **Zähnezahl (f)**
Anzahl der Schneiden eines Fräsers oder Kreissägeblattes.

number of teeth
Number of cutting edges of a cutter or saw blade.

1.4.143 **Fräsmaschine (m)**
Werkzeugmaschine zur Durchführung von Fräsprozessen.

milling machine
Machine tool for carrying out milling operations.

forme (f) de dent
Spécification de forme sur une fraise-mère.

hauteur (f) de dent
La différence entre le rayon du cercle extérieur et le rayon du cercle intérieur d'une fraise-mère.

diamètre (m) de la lame
Le diamètre moyen d'une scie circulaire à coupe multiple calculée en faisant la moyenne du diamètre de coupe de la première et la deuxième lame.

épaisseur (f) de la lame
Epaisseur du corps de la lame mesurée perpendiculairement au plan.

voie (f) latérale des dents
Différence entre l'épaisseur maximum de la lame et l'épaisseur du corps due au déport latéral des dents;
(a) avoyage par flexion ou torsion
(b) avoyage par écrasement.

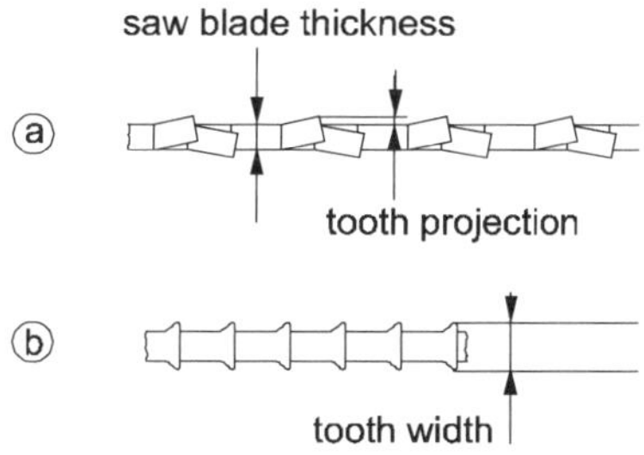

écart (m) de hauteur des dents
Différence de hauteur entre les dents ébaucheuses et finisseuses sur une scie.

voie (f)
La largeur maximale de la dent mesurée perpendiculairement au plan de la scie.

pas (m) de la denture
Distance entre deux dents successives.

largeur (f) du trait de scie
Largeur de l'entaille produite par l'opération de sciage.

nombre (m) de dents
Nombre d'arête de coupe d'une fraise ou d'une scie.

fraiseuse (f)
Machine-outil utilisée pour des opérations de fraisage.

1.4.144 **Hochgeschwindigkeitsmaschine (f) (HG-Maschine)**
Hochgeschwindigkeitsfräsmaschinen mit extrem hohen Drehzahlen (≥ 20.000 1/min) und Vorschüben (≥ 60 m/min).

High-Speed-Cutting (HSC) machine
Generally milling machines capable of rotational speeds from 20,000 RPM and feed rates from 60 m/min.

1.4.145 **NC-Fräsmaschine (f)**
Numerisch gesteuerte Fräsmaschine.

NC milling machine
Numerical controlled milling machine.

1.4.146 **Fräszentrum (n)**
Fräsmaschine mit integriertem automatischen Werkzeugspeicher und Werkzeugwechsel.

milling centre
Milling machine having an automated and integrated tool-storage unit and tool change.

1.4.147 **Fräszelle (f)**
Ein oder mehrere Fräsmaschinen, die über einen gemeinsamen Werkstückspeicher verfügen. Durch einen Zellenrechner werden die Aufgaben der Maschinenkomponenten koordiniert.

milling cell
One or more milling machines sharing one part magazine. One computer coordinates the work of all machine components.

1.4.148 **Bearbeitungszentrum (n)**
Numerisch gesteuerte Maschine zum Fräsen, Bohren, Reiben, Gewinden und anderen Verfahren mit umlaufenden Werkzeugen mit automatischem Werkzeugspeicher und -wechsel.

machining centre
Numerical controlled machine tool for carrying out milling, drilling, reaming, tapping and other operations with rotating cutting tools. Automated integrated tool-storage unit and tool change.

1.4.149 **Senkrecht-Fräsmaschine (f)**
Spindel in senkrechter Anordnung und senkrecht verfahrbar.

vertical milling machine
The main spindle axis is vertical and the spindle is usually movable in an axial direction.

1.4.150 **Waagerecht-Fräsmaschine (f)**
Spindel in waagerechter Anordnung.

horizontal milling machine
The main spindle axis is horizontal.

1.4.151 **Senkrecht-Universal-Fräsmaschine (f)**
Spindel in senkrechter Längsebene schwenkbar sowie quer zum Tisch einstellbar. Tisch um zwei waagerechte Achsen schwenkbar.

vertical universal milling machine
Spindle can be swivelled in vertical plane and traversed vertically. Table can be swivelled about two horizontal axes.

1.4.152 **Waagerecht-Universal-Fräsmaschine (f)**
Frässpindel lagefest. Längstisch für Drall- (Spiral-) Fräsarbeiten (Teilkopf), um senkrechte Achse schwenkbar.

horizontal universal milling machine
Main spindle fixed in position. Longitudinal table can be swivelled about vertical axis for spiral milling operations (dividing head).

1.4.153 **Konsol-Fräsmaschine (f)**
Fräsmaschine mit in Höhe einstellbarem konsolenförmigem Frästisch (Hubtisch).

knee-and-column milling machine
Milling machine with knee-type table of adjustable height.

1.4.154 **Koordinaten-Fräsmaschine (f)**
Maschine mit erhöhter Einstellgenauigkeit zum Positionieren des Werkstücks oder Werkzeuges in zwei oder drei Koordinaten.

coordinate milling machine
Machine with more accurate means of positioning workpiece or cutter in two or three coordinates.

machine-outil (f) à grande vitesse
Ce sont généralement des fraiseuses capables de générer des taux de rotations de plus de 20000 tr/min et des vitesses d'avances de plus de 60 m/min.

fraiseuse (f) CN
Fraiseuse à commande numérique.

centre de fraisage (m)
Fraiseuse à CN comportant un magasin et un changeur d'outils automatisé.

cellule de fraisage (f)
Une ou plusieurs fraiseuses desservie par un même magasin de pièces et pilotées par un ordinateur central.

centre d'usinage (m)
Machine-outil à commande numérique pouvant effectuer des opérations de fraisage, perçage, alésage, taraudage et autres opérations utilisant des outils tournant. Présence d'un magasin et d'un changeur d'outil automatisés.

fraiseuse (f) verticale
Fraiseuse ayant l'axe de broche vertical.

fraiseuse (f) horizontale
Fraiseuse ayant l'axe de broche horizontal.

fraiseuse (f) universelle verticale
Fraiseuse dont la tête peut pivoter.

fraiseuse (f) universelle horizontale
La broche de la fraiseuse est horizontale. La table longitudinale peut tourner autour d'un axe vertical.

fraiseuse (f) à console
Fraiseuse avec une table en forme de console réglable en hauteur.

fraiseuse (f) pointeuse
Fraiseuse équipée de dispositifs pour positionner numériquement l'outil ou la pièce.

1.4.155 **Plan-Fräsmaschine (f)**
Fräsmaschine mit festem Bett, längsbeweglichem Werkstücktisch und in Höhe einstellbarer Frässpindel; in Ein- oder Zweiständer-Bauart zur einseitigen Bearbeitung von Werkstücken.

bed type milling machine
planer milling machine (Am)
Milling machine with a fixed bed on which the work table can traverse longitudinally; milling spindle adjustable for height. One or two-column models, for machi-ning one side of workpieces.

1.4.156 **Waagerecht-Bohr- und Fräsmaschinen (f)**
Maschine zum Bohren und Fräsen mit horizontal angeordneter Hauptspindel.

horizontal drilling, boring and milling machine
Machine for drilling, boring and milling with horizontally mounted main spindle.

1.4.157 **Rund-Fräsmaschine (f)**
Maschine zur Erzeugung kreiszylindrischer Flächen unter kreisförmiger Vorschubbewegung des Werkstücks.

rotary milling machine
rotary-head milling machine (Am)
Machine for producing cylindrical surfaces with rotary feed of the workpiece.

1.4.158 **Langbett-Fräsmaschine (f)**
Fräsmaschine mit festem Bett und längsbeweglichem Werkstücktisch in Einständer- oder Zweiständer-Bauart zur Mehrseitenbearbeitung großer Werkstücke.

long bed milling machine
Milling machine with a long fixed bed on which the work table can traverse longitudinally; one or two-column models for multisided machining of large workpieces.

1.4.159 **Portal-Fräsmaschine (f)**
Fräsmaschine mit festem Bett und längsbeweglichem Werkstücktisch mit zwei seitlichen durch ein Querjoch miteinander verbundenen Ständern.

portal milling machine
Milling machine with a fixed bed on which the work table can traverse longitudinally with two uprights joined by a cross beam.

1.4.160 **Gantry-Fräsmaschine (f)**
Fräsmaschine mit ortsfestem Werkstücktisch und verfahrbarem Portal.

gantry milling machine
Milling machine with fixed work table and movable portal.

1.4.161 **Ständerfräsmaschine (f)**
Fräsmaschine mit einem oder zwei stabilen kastenförmigen Ständern. Der Frässchlitten, der die Frässpindel und ihren Antrieb trägt, kann auf Senkrechtführungen verfahren werden.

column type milling machine
Milling machine with one or two robust box-type columns. The spindle carrier can be moved vertically.

1.4.162 **Bettfräsmaschine (f)**
Fräsmaschine für die Bearbeitung schwerer Werkstücke. Der Tisch ruht auf einem starrem Maschinenbett.

plano-milling machine
planer milling machine (Am)
Milling machine for machining heavy workpieces. The work table rests on a rigid bed.

1.4.163 **Fahrständerfräsmaschine (f)**
Bauform der Bettfräsmaschine. Alle drei translatorischen Bewegungen werden vom Werkzeugträger durchgeführt.

milling machine with movable column
Plano-milling machine. All three translational motions are performed by the tool holder.

1.4.164 **Kreuztisch-Fräsmaschine (f)**
Fräsmaschine, bei der der Tisch zur Bewegung des Werkstücks in der Bearbeitungsebene dient.

cross table milling machine
Milling machine with a work table performing the movement of the workpiece in the working plane.

fraiseuse (f) à banc fixe
Fraiseuse avec un banc fixe. la table porte-pièce translate longitudinalement. La broche est réglable en hauteur. Elle peut avoir une ou deux colonnes pour usiner seulement une face des pièces.

fraiseuse-aléseuse (f) horizontale
perceuse (f) horizontale
Machine à queue pour aléser et fraiser avec une broche horizontale.

fraise (f) à table circulaire
Fraiseuse permettant de réaliser des surfaces cylindriques. La pièce pivote autours de son axe.

fraiseuse-raboteuse (f)
Fraiseuse avec un long banc et une table pouvant translater dans le sens longitudinal. Elle peut avoir une ou deux colonnes pour pouvoir usiner plusieurs faces de grandes pièces.

fraiseuse (f) à portique
Fraiseuse avec banc fixe, une table pouvant translater dans le sens longitudinal et deux colonnes jointes par un portique.

fraiseuse (f) à portique mobile
Fraiseuse avec une table fixe et un portique mobile

fraiseuse (f) à montant
Fraiseuse avec une ou deux colonnes. Le chariot qui porte la broche de fraisage peut être guidé verticalement.

fraiseuse (f) longitudinale
Fraiseuse pour l'usinage de pièces lourdes. La table se trouve sur un banc rigide.

fraiseuse (f) avec colonne sur chariot
Même forme que la fraiseuse longitudinale. Les trois mouvements de translation peuvent être effectués par le porte-outil.

fraiseuse (f) à table composée
Fraiseuse avec une table assurant le mouvement de la pièce dans le plan de travail.

1.4.165 **Rundtisch-Fräsmaschine (f)**
Ein- oder mehrspindlige Fräsmaschine, bei der ein Rundtisch als Werkstückträger dient und den Rundvorschub übernimmt; Rundtischachse im allgemeinen senkrecht.

rotary table milling machine
rotary milling machine (Am)
Single- or multi-spindle milling machine in which the work table takes the form of a turntable and provides the rotary feed. Axis of turntable usually is vertical.

1.4.166 **Nachform-Fräsmaschine (f)**
Im Gesenk- und Formenbau eingesetzte Maschinen in senkrechter oder waagerechter Bauart, die eine Urform von Hand, elektrisch oder hydraulisch gesteuert auf das zu bearbeitende Werkstück in zwei oder drei Koordinaten überträgt.

copy milling machine
tracer controlled milling ma-chine (Am)
Machine used in die and pattern making, controlled manually, electrically, or hydraulically to transfer the shape of a master in two or three coordinates to the workpiece being machined.

1.4.167 **Verzahnmaschine (f)**
Werkzeugmaschine zur Herstellung von Stirn- und Kegelzahnrädern sowie Maschinenelementen. Wälz- oder Teilverfahren auf Zahnradfräs-, -hobel-, -stoß- oder -schleifmaschinen.

gear manufacturing machine
Machine tool for producing parallel axis gears, bevel gears and other gear like parts by form cutting or generating methods, employed in milling, planing, shaping or grinding machines.

1.4.168 **Wälzfräsmaschine (f)**
Maschine zum Fräsen von Verzahnungen im Abwälzverfahren.

hobbing machine
Gear cutting machine using the generating principle.

1.4.169 **Gewindefräsmaschine (f)**
Zum Fräsen langer Gewinde mit scheibenförmigem Fräser im Vorschubverfahren oder zum Fräsen kurzer Gewinde im Einstechverfahren mit Rillenfräser.

thread milling machine
For cutting long threads a disc-type cutter is employed and traversed along the workpiece, or for short threads a plunge milling process using a multi-groove cutter is employed.

1.4.170 **Kreissägemaschine (f)**
Maschine zum Kreissägen.

circular sawing machine
Machine tool for circular sawing.

1.4.171 **Mehrblatt-Kreissägemaschine (f)**
Gattersäge (f)
Sägemaschine mit zwei oder mehreren gleichachsig angeordneten Sägeblättern.

multiple circular sawing machine
Saw with two or more circular blades, arranged on the same axis.

1.4.172 **Wirbelgerät (n)**
Vorrichtung oder Maschine zum Wirbeln.

whirling device
Attachment or machine for whirling.

1.4.173 **Gewinde-Wirbelgerät (n)**
Vorrichtung zum Gewindewirbeln, aufsetzbar auf Leitspindeldrehmaschine.

thread whirling attachment
Attachment for thread whirling, mounted on lathe.

1.4.174 **Fräseinheit (f)**
Selbständige Baueinheit mit gegebenenfalls axial verstellbarer Frässpindel; auch in Verbindung mit Vorschubeinheit in waagerechter oder senkrechter Bauart bzw. Anordnung.

milling unit head
Self-contained unit possibly with axially adjustable milling spindle; some models also combined with horizontal or vertical feed unit.

fraiseuse (f) circulaire
Fraiseuse avec une ou plusieurs broches. Une table ronde portepièce règle le mouvement rotatif. L'axe de la table est généralement vertical.

fraiseuse (f) de reproduction
fraiseuse (f) à copier
Machine-outil utilisé dans la production de matrices pour la réalisation de formes complexes. Elle peut être construite longitudinalement ou verticalement et contrôlée manuellement, électriquement ou hydrauliquement.

machine (f) à tailler les engrenages
Machine-outil pour usinage de roues dentées ou équipements de la machine.

machine (f) à tailler à la fraise-mère
Machine pour fraiser les dents en utilisant le principe de la fraise-mère.

fraiseuse (f) à fileter
Machine-outil utilisée pour fraiser des filetages longs avec des fraises en forme de disque ou pour fraiser des filetages courts avec des fraises à rainure.

scie (f) circulaire
Machine-outil pour le sciage circulaire.

scie (f) circulaire à plusieurs lames
Machine-outil pour le sciage circulaire équipée de deux ou plusieurs scies coaxiales.

appareil à tourbillonner
Attachement ou machine pour tourbillonner.

dispositif (m) à fileter à la volée planétaire
Attachement à fileter monté sur un tour.

unité (f) de fraisage
Unité intégrée avec une broche de fraisage réglable axialement. Certains modèles combinent des unités d'avance verticale ou horizontale.

1.4.175 **Fräskopf (m)**
Werkzeugträger einer Wälzfräsmaschine, der entsprechend dem Schrägungswinkel und dem Steigungswinkel geschwenkt wird.

milling cutter head
Milling cutter head on a hobbing machine; can be swivelled for the adjustment of the helix angle.

1.4.176 **Frässupport (m)**
Vorschubschlitten einer Wälzfräsmaschine, der den Fräskopf trägt.

cutter slide
Feed slide on a gear cutting machine which supports the cutter head.

1.4.177 **Teilkopf (m)**
Zusatzeinrichtung, insbesondere für Universalfräsmaschinen zur Ausführung von Teilarbeiten (Einfachteilkopf (a) oder Universalteilkopf (b)).

dividing head
Indexing attachment (a) to hold the workpiece, in a chuck or between centres, and connected to the drive to provide rotary motion to the workpiece (b).

1.4.178 **Teilschnecke (f)**
Bauteil eines Teilkopfs. Siehe 1.4.177.

dividing screw
Component of a dividing head. See 1.4.177.

1.4.179 **Teilschneckenrad (n)**
Bauteil eines Teilkopfs Siehe 1.4.177.

dividing gear
Component of a dividing head. See 1.4.177.

1.4.180 **Teilgetriebe (n)**
Getriebezug zwischen Werkzeug und Werkrad einer Verzahnmaschine zur Erzielung einer zugeordneten Werkzeug- und Werkraddrehung.

gear train
Drive mechanism in a gear cutting machine connecting the work spindle with the cutter spindle.

1.4.181 **Teilscheibe (f)**
Mit Löchern oder Nuten versehene Scheibe zum Teilen des Radumfanges bei der Herstellung von Verzahnungen im Teilverfahren. Siehe 1.4.36.

index plate
Disc containing holes or slots in the periphery for indexing the workpiece in gear cutting. See 1.4.36.

1.4.182 **Rundschaltung (f)**
Getriebekopplung zwischen Werkstückdrehung und Vorschubantrieb beim Drallfräsen (auch Spiralfräsen genannt) mit einem Universalteilkopf.

rotary transmission
Transmission coupling between the feed drive and work turning device for circular milling (also spiral milling) with a universal dividing head.

1.4.183 **NC-Teilkopf (m)**
Numerisch gesteuerter Teilkopf.

NC dividing head
Numerically controlled dividing head.

tête (f) porte-fraise
Porte-outil d'une machine à tailler à la fraise-mère pouvant être tourné selon l'angle d'hélice.

chariot (m) porte-outil
Chariot d'une machine à tailler portant la tête porte-fraise.

poupée (f) diviseur
poupée (f) de division
Dispositif supplémentaire sur les fraiseuses universelles pour effectuer des travaux de division (poupée diviseur simple (a) ou universel (b).

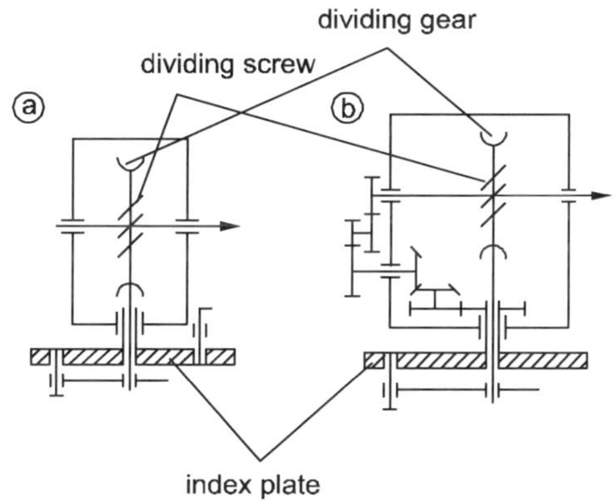

vis (f) de division
vis (f) mère
Composant de la poupée de division. Voir 1.4.177.

roue (f) tangente de la poupée diviseur
Composant de la poupée de division. Voir 1.4.177.

engrenage (m) de commande de rotation
Train d'engrenage entre l'outil et la roue à tailler d'une machine à tailler pour obtenir une relation entre la rotation de l'outil et celle de la pièce.

disque (m) diviseur
disque (m) d'indexage
Disque percé de trous permettant d'indexer en position la pièce. Voir 1.4.36.

commande (f) circulaire
Transmission entre le mouvement de rotation de la pièce et le mouvement d'avance pour le fraisage avec une tête de division universelle.

plateau diviseur CN
Plateau tournant indexable (1/2 axe) commandé numériquement

1.4.184 **Spindelnase (f)**
Werkzeugseitiges Ende der Frässpindel mit Innen- oder Außenzentrierung (Morse-, metrischer Kegel bzw. Steilkegel, z.B. HSK) zur Aufnahme des Fräsers oder Fräserdornes.

spindle nose
Tooling end of main spindle with inside or outside taper (morse, metric or step-angle, e.g. HSK) for holding the cutters or milling arbors.

1.4.185 **Spindelbohrung (f)**
Durchgangsbohrung der Hauptspindel.

spindle bore
Bore running through the main spindle.

1.4.186 **Spindelkonus (m)**
Innenkegel der Frässpindel.

spindle taper
Inside taper of the main spindle bore.

1.4.187 **Steilkegel (m)**
Werkzeugkegel für den manuellen oder automatischen Wechsel von Bohr- oder Fräswerkzeugen.

steep-angle taper
Steep-angle taper for the manual or automatic change of milling and drilling tools.

1.4.188 **Hohlschaftkegel (HSK) (m)**
Spannsystem. Übertragung der Spannkraft über die inneren Flächen eines Hohlkegels, steigende Spannkraft bei hohen Drehzahlen durch Fliehkraftwirkung.

hollow shaft taper
Clamping device. The tension force is transferred via the inner surfaces of the hollow taper. Increased clamping force at high rotational speed due to centrifugal forces.

1.4.189 **Mitnehmerstein (m)**
Mitnehmerstein am Frässpindelkopf mit Steilkegel.

driving key
Two keys are usually bolted to the face of spindle noses with steep tapers for driving arbors and cutters.

1.4.190 **Mitnehmerring (m)**
Mitnehmerscheibe an Aufsteckfräserdorn.

driving collet
Disc or plate driving the arbor of the milling cutter.

1.4.191 **Aufspanndorn (m)**
Werkzeugaufnahmedorn für Messerköpfe auf Spindeln mit Steilkonus oder Morsekonus.

mounting arbor
Tool arbor with a steep or morse taper for fastening cutter heads to spindles.

1.4.192 **Fräserdorn (m)**
Welle zur Aufnahme von Fräsern an Waagerecht- und Wälzfräsmaschinen.

milling-cutter arbor
Arbor for fastening the cutter to horizontal milling and hobbing machines.

1.4.193 **Fräser-Anzugschraube (f)**
Spannelement zur Befestigung eines Fräsers auf einem Aufsteckfräserdorn.

cutter mounting bolt
Bolt for mounting a cutter on an arbor.

1.4.194 **Fräserdornring (m)**
Ring zur Sicherung der Fräser auf Fräserdornen gegen seitliches Verschieben.

spacing collar
Ring used to locate milling cutters on the arbor and maintain them, accurately, in the desired position.

1.4.195 **Schneidenschutzring (m)**
Schutzring zur Vermeidung der Beschädigung der Werkzeugschneiden.

cutter guard ring
Guard ring to prevent damage to cutting edges.

nez (m) de broche
Extrémité de la broche constituée d'un cône extérieur ou intérieur (morse, ISO, HSK ou autre) pour fixer les outils ou les arbres porte-fraise.

alésage (m) de broche
Alésage traversant la broche.

cône (m) de broche
Cône intérieur à la broche.

attachement (m) conique
Attachement pour le changement manuel ou automatique des outils.

attachement (m) à cône creux
Attachement pour lequel les actions mécaniques de maintien sont transmise par les surfaces coniques du cône creux. La force d'attachement augmente lorsque le taux de rotation croit..

lardon (m)
Deux lardons sont généralement rattachés au nez de broche pour transmettre le couple aux outils.

bague (f) d'entraînement
Bague permettant d'entraîner l'arbre porte-fraise.

arbre (m) de fixation
Axe pour la fixation des fraises à cônes.

arbre (m) porte-fraise
Axe pour la fixation des fraises sur des fraiseuses horizontales et à tailler.

boulon (m) à serrer la fraise
Boulon pour la fixation et le serrage de la fraise sur l'arbre porte-fraise.

cale (f) de réglage
Anneau utilisé pour le réglage des positions relatives des fraises sur un arbre porte-fraise.

protège-outil (m)
Bague permettant la protection des outils.

1.4.196 **Werkzeugkodierung (f)**
Kodierung zur eindeutigen Identifizierung von Werkzeugen, z.B. innerhalb von Werkzeugspeichern.

tool coding system
Code for a unique identification of tools, e.g. within a tool-storage unit.

1.4.197 **Platzkodierung (f)**
Kodierung auf dem Werkzeug zur Festlegung des Platzes im Werkzeugspeicher.

tool location system
Code on the tool indicating its location in the tool-storage unit.

codage (m) de l'outil
Code pour l´identification des outils.

codage (m) de localisation
Un code apposé sur l'outil pour la détermination de sa localisation.

II

Zerspanung mit geometrisch undefinierter Schneide

Abrasive processes

Usinage par abrasion

2.0.1 **Schnittkraft F_c (f)**
Vektorielle Summe aus Normal-, Tangential- und Axialkraft.

cutting force F_c
Vector sum of the normal, tangential and axial force.

2.0.2 **Normalkraft F_n (f)**
Bezogen auf das Werkzeugsystem radial wirkende Kraft $F_r=F_n$, *s. Bild 2.0.1.*

normal force F_n
Component of the cutting force radial to the grinding wheel $F_r=F_n$, *see figure 2.0.1.*

2.0.3 **bezogene Normalkraft F'_n (f)**
Normalkraft F_n bezogen auf 1 mm Schleifscheibenbreite (Kontaktbreite).

specific normal force F'_n
Normal force for a 1 mm grinding wheel contact width.

2.0.4 **Tangentialkraft F_t (f)**
Bezogen auf das Werkzeugsystem tangential zum Werkzeug wirkende Kraft, *s. Bild 2.1.1.*

tangential force F_t
Component of the cutting force tangential to the grinding wheel, *see figure 2.0.1.*

2.0.5 **bezogene Tangentialkraft F'_t (f)**
Tangentialkraft F_t bezogen auf 1 mm Schleifscheibenbreite (Kontaktbreite).

specific tangential force F'_t
Tangential force for a 1 mm grinding wheel contact width.

2.0.6 **Axialkraft F_a (f)**
Bezogen auf das Werkzeugsystem axial zum Werkzeug wirkende Kraft, *s. Bild 2.0.1.*

axial force F_a
Component of the cutting force axial to the grinding wheel, *see figure 2.0.1.*

2.0.7 **Schnittkraftverhältnis (n)**
Quotient aus Tangential- und Normalkraft.

cutting force ratio
Ratio of the tangential force to the normal force.

2.0.8 **Reibungszahl, -koeffizient (f,m)**
Quotient aus Tangential- und Normalkraft zweier aufeinander reibender Flächen.

friction coefficient
Ratio of the tangential force to the normal force acting between two rubbing surfaces.

2.0.9 **Schnittleistung P_c (f)**
Skalares Produkt aus Schnittkraft F_c bzw. Tangentialkraft F_t und der Schnittgeschwindigkeit v_c im Schleifbezugspunkt zu einer bestimmten Schleifzeit t_c.

cutting power P_c
Scalar product of the grinding tangential force F_t and the cutting speed v_c in the grinding zone at a particular instant of grinding t_c.

2.0.10 **mittlere bezogene Schleifleistung $\overline{P'_c}$ (f)**
Auf 1 mm Schleifscheibenbreite (Kontaktbreite) bezogene Schnittleistung.

mean specific cutting power $\overline{P'_c}$
Cutting power for 1 mm of grinding wheel contact width.

2.0.11 **Leerlaufleistung P_l (f)**
Leistung, die der Motor aufnimmt, während die Schleifspindel ohne äußeres Drehmoment rotiert.

idle load power P_l
Power consumed by the motor with the spindle running and no externally applied torque.

force de coupe F_c (f)
Somme vectorielle de la force normale, de la force tangentielle et de la force axiale.

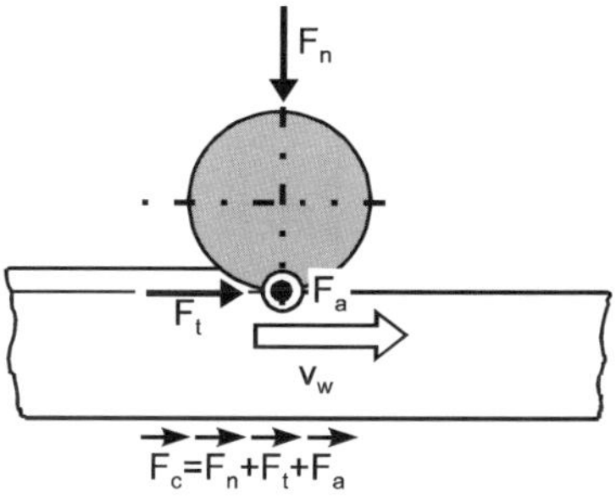

force normale F_n (f)
Composante de la force de coupe, radiale à la meule $F_r=F_n$, *voir figure 2.0.1.*

force normale spécifique F'_n (f)
Force normale pour 1 mm de largeur de contact de la meule.

force tangentielle F_t (f)
Composante de la force de coupe, tangentielle à la meule, *voir figure 2.0.1.*

force tangentielle spécifique F'_t (f)
Force tangentielle pour 1 mm de largeur de contact de la meule.

force axiale F_a (f)
Composante de la force de coupe, axiale par rapport à la meule, *voir figure 2.0.1.*

rapport des forces de coupe (m)
Rapport entre la force tangentielle et la force normale.

coefficient de frottement μ (m)
Rapport entre la force tangentielle et la force normale, s'appliquant à deux surfaces frottantes.

puissance de coupe P_c (f)
Produit scalaire de la force de coupe F_c avec la vitesse de coupe v_c dans la zone de rectification, à un instant donné t_c de la rectification.

puissance de coupe spécifique moyenne $\overline{P'_c}$ (f)
Puissance de coupe pour 1 mm de largeur de contact de meule.

puissance à vide P_l (f)
Puissance consommée par le moteur lorsque la broche tourne sans couple extérieur résistant.

2.0.12 **Gesamtleistung P_{ges} oder P_t (f)**
Summe aus Schnittleistung P_c und Leerlaufleistung P_l.

total power P_c or P_t
Sum of the cutting power and the idle load power P_l.

2.0.13 **Schleifzeit t_c (f)**
Hauptzeit beim Schleifen (Schnittzeit).

grinding time t_c
Main time for grinding (Cutting time).

2.0.14 **Arbeitseingriff (Eingriffsdicke, Zustellung) a_e (m)**
Eingriff einer Schleifscheibe mit dem Werkstück, der senkrecht zur Hauptvorschubrichtung in der Arbeitsebene gemessen wird. Bei bestimmten orthogonalen Schleifverfahren gilt $a_e=f_r$.

depth of cut a_e
Depth of cut of the grinding wheel into the workpiece perpendicular to the main direction of motion of the workpiece surface. An orthogonal feed f_r gives $a_e=f_r$.

2.0.15 **effektive Schleifbreite $b_{s\,eff}$ (f)**
Breite des aktiven Schleifscheibenprofils.

effective grinding wheel width $b_{s\,eff}$
Width of the active grinding wheel profile.

2.0.16 **Eingriffsbreite a_p (f)**
Eingriff einer Schleifscheibe mit dem Werkstück, der senkrecht zur Arbeitsebene P_f gemessen wird. Bei bestimmten Schleifverfahren gilt $a_p=b_s$ oder $a_p=b_w$.

width of cut a_p
Width of the cut removed from the workpiece. A grinding pass gives $a_p=b_s$ or $a_p=b_w$.

2.0.17 **Zeitspanungsvolumen Q_w (n)**
Materialvolumenstrom, der am Werkstück pro Zeiteinheit durch den Zerspanungsvorgang abgetragen wird.

material removal rate Q_w
Volume rate, per unit of time, at which material is removed from a workpiece during a grinding operation.

puissance totale P_c ou P_t (f)
Somme de la puissance de coupe et de la puissance à vide P_l.

temps de rectification t_c (m)
C'est le temps d'usinage (temps de coupe).

profondeur de passe a_e (f)
Profondeur d'engagement de la meule dans la pièce, perpendiculairement à la direction principale de déplacement de la surface de la pièce. Pour une avance orthogonale, $a_e = f_r$.

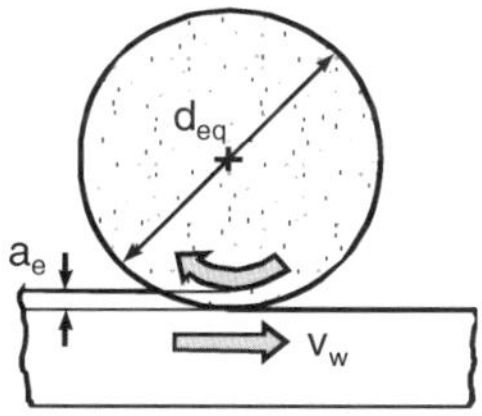

largeur de meule effective $b_{s\,eff}$ (f)
Largeur de la partie active de la meule.

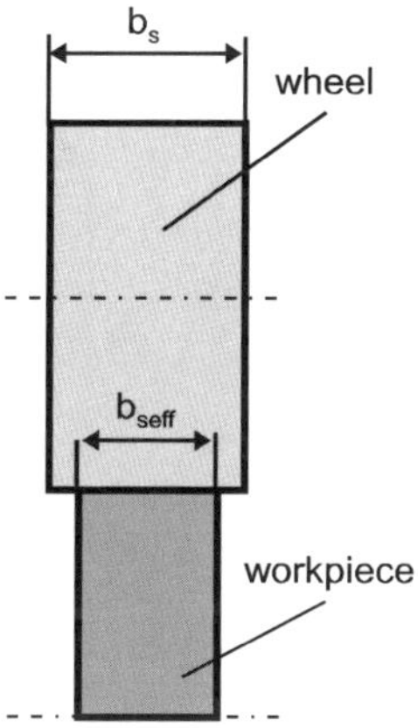

largeur de coupe a_p (f)
Largeur de la coupe dans la pièce. Pour diverse meule $a_p = b_s$ o $a_p = b_w$.

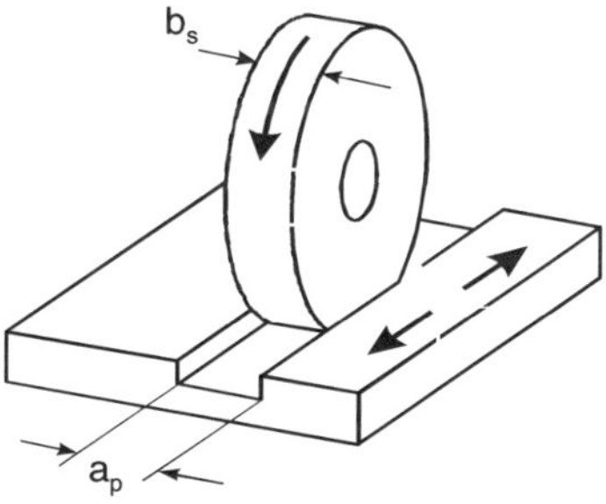

débit d'enlèvement de matière ou débit de matière Q_w (m)
Volume d'enlèvement de matière de la pièce enlevé par unité de temps à un instant donné (NF E 66-508).

2.0.18 **bezogenes Zeitspanungsvolumen Q'_w (n)**
Auf 1 mm Schleifscheibenbreite bezogenes Zeitspanungsvolumen Q_w.

specific material removal rate Q'_w
Volume removal rate from the workpiece for a 1 mm width of grinding wheel contact width.

2.0.19 **bezogenes mittleres Zeitspanungsvolumen $\overline{Q'_w}$ (n)**
Mittelwert der bezogenen Zeitspanungsvolumen.

mean specific material removal rate $\overline{Q'_w}$
Mean value of the specific material removal rate.

2.0.20 **Zerspanungsvolumen V_w (n)**
Zerspantes Werkstoffvolumen während der Schleifzeit t_c.

material removal V_w
Volume of workpiece material removed during the grinding time t_c.

2.0.21 **bezogenes Zerspanungsvolumen V'_w (n)**
Auf 1 mm Schleifscheibenbreite bezogenes Zerspanungsvolumen.

specific material removal V'_w
Material removal for 1 mm of grinding wheel contact width.

2.0.22 **Bearbeitungszugabe z (f)**
Abzutragendes Schleifaufmaß (bei runden Bauteilen durchmesserbezogen).

stock removal z
Amount of workpiece material to be removed from a dimension (on round part diameters particularly).

2.0.23 **Längsstreckungskoeffizient q_m (m)**
Verhältnis von Höhe zu Breite eines als ideal angenommenen oktaederförmigen CBN-Korns.

geometrical length ratio q_m
Ratio between height and width of an ideal assumed octahedral CBN-grain.

2.0.24 **geometrische Kontaktlänge l_g (f)**
Maß der Länge des Kreisbogens, auf dem beim Schleifen zwischen Werkzeug und Werkstück Kontakt besteht (Momentaufnahme).

geometric contact length l_g
Measure of the length of the circular arc of contact between the grinding wheel and the workpiece (instantaneous value).

2.0.25 **mittlere geometrische Kontaktlänge $\overline{l_g}$ (f)**
Gemittelter Wert der geometrischen Kontaktlängen beim Schleifen mit profilierten Schleifscheiben.

mean geometric contact length $\overline{l_g}$
Mean value of the geometric contact length in grinding with a profiled grinding wheel.

débit de matière spécifique Q'_w (m)
Débit de matière pour une largeur de contact de meule de 1 mm.

débit de matière moyen $\overline{Q'_w}$ (m)
Valeur moyenne du débit de matière spécifique.

volume de matière V_w (m)
Volume enlevé de la pièce pendant la durée de rectification t_c.

volume de matière spécifique V'_w (m)
Volume enlevé pour une largeur de contact de meule de 1 mm.

réserve de matière z (f)
Quantité de matière à enlever à partir d'une dimension (pour les pièces rondes notamment).

longueur de contact q_m (f)
Rapport entre la hauteur et la base d'un grain en CBN supposé octaèdral.

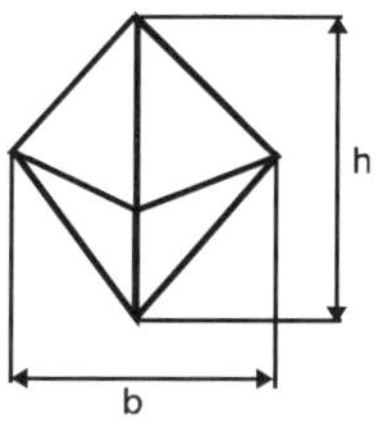

$$q_m = \frac{h}{b}$$

longueur de contact géométrique l_g (f)
Mesure de la longueur de l'arc de contact entre la meule et la pièce (valeur instantanée).

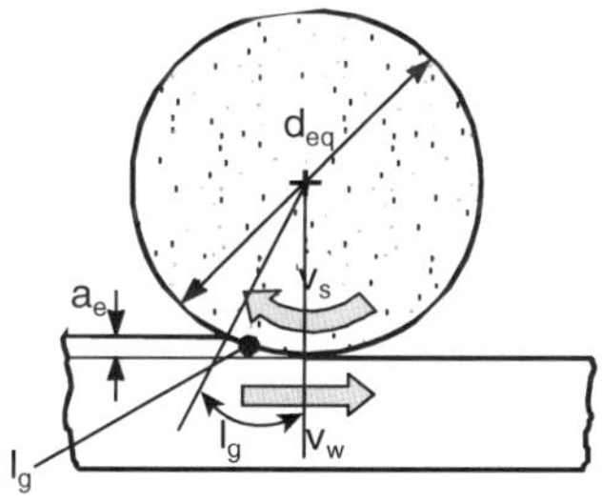

longueur de contact géométrique moyenne $\overline{l_g}$ (f)
Valeur moyenne de la longueur de contact géométrique avec une meule profilée.

2.0.26 **reale (effektive) Kontaktlänge l_e (f)**
Maß der Länge des Kreisbogens, auf dem beim Schleifen zwischen Werkzeug und Werkstück Kontakt besteht (unter Berücksichtigung der Rauhtiefen von Schleifscheibe und Werkstück, Deformationen und Vorschubgeschwindigkeiten).

real (effective) contact length l_e
The length of the circular arc of contact in grinding between the grinding wheel and the workpiece (taking account of roughness of the wheel and workpiece, deformation and workspeed).

2.0.27 **kinematische Kontaktlänge l_k (f)**
Maß der Länge des Kreisbogens, auf dem beim Schleifen zwischen Werkzeug und Werkstück Kontakt besteht (unter Berücksichtigung der Schnitt- und Vorschubgeschwindigkeiten).

kinematic contact length l_k
The length of the circular arc of contact between the grinding wheel and the workpiece (taking account of the cutting speed and workspeed).

2.0.28 **Einkornritzen (n, vb)**
Schleifen mit nur einem Schleifkorn, welches auf einem schleifscheibenähnlichen Grundkörper befestigt ist, zur Simulation des Schleifprozesses.

single grain cutting
Grinding with a single abrasive grain which is fixed to a wheel body similar to a grinding wheel for the simulation of the grinding process.

2.0.29 **Ritzenergie W**
Energie, die zum Erzeugen einer Ritzspur beim Einkornritzen benötigt wird.

single grain scratch energy W
Energy required to make a scratch in single grain cutting.

2.0.30 **Schärfemaß S (n)**
Quotient aus Spanungsdicke h_{cu} und Schneidenradius ϱ_s.

sharpness parameter S
Ratio of chip thickness h_{cu} and the cutting edge radius ϱ_s.

2.0.31 **Schneidenraumtiefe z_s (f)**
Maß, welches angibt in welcher Tiefe der Schneidenraum eines Schleifwerkzeugs untersucht wird, wobei die höchste Schneide im Schneidenraum als Referenzpunkt dient.

cutting edge depth z_s
The depth of the active cutting edges of a grinding wheel below the surface where the highest cutting edge in the cutting surface is taken as the datum.

2.0.32 **statischer Schneidenabstand L_{stat} (m)**
Abstand zweier Kornschneiden im ruhenden Schneidenraum (in der Schneidenraumtiefe z_s).

static cutting edge spacing L_{stat}
Spacing between the cutting edges of the grains in the static cutting edge surface (within the cutting edge depth z_s).

2.0.33 **bahngebunder Schneideneingriff (m)**
Die Schneiden der Körner werden bei rotierendem Schleifwerkzeug auf einer konstanten Kreisbahn geführt.

feed controlled grinding
The grinding wheel is fed with a constant feedrate towards the workpiece in grinding.

2.0.34 **kraftgebundener Schneideneingriff (m)**
Das Korn wird mit konstanter Flächenpressung auf die Oberfläche des Werkstücks gedrückt.

force controlled grain cutting depth
The grain is forced against the surface of the workpiece with a constant pressure (limited force).

longueur réelle de contact (effective) l_e (f)
Longueur de l'arc réel de contact entre la meule et la pièce (tenant compte de la rugosité de la meule et de la pièce, de la déformation et de la vitesse d'avance).

longueur cinématique de contact l_k (f)
Longueur de l'arc de contact entre un grain de meule et la pièce (tenant compte de la vitesse de coupe, d'avance et de la topographie de la meule.

rayage par grain unique (m)
Rectification par un grain abrasif unique identique au grain d'une meule.

Energie de rayage par grain unique (f)
Energie nécessaire pour faire une rayure avec un grain unique.

paramètre de tranchant S (m)
Rapport entre l'épaisseur du copeau h_{cu} et le rayon d'arête de coupe ϱ_s.

profondeur d'arête de coupe z_s (f)
Profondeur en dessous de la surface de la meule où la plus haute arête de coupe dans la zone de coupe est prise comme donnée.

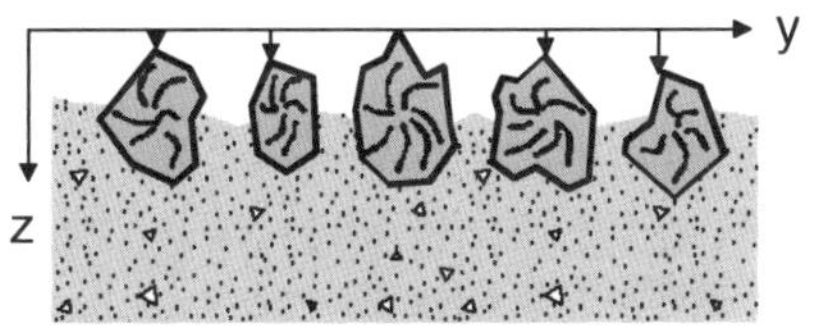

distance entre arêtes de coupe statiques L_{stat} (f)
Distance entre les arêtes de coupe des grains, mesurée sur la surface des arêtes de coupe statiques dans la direction de coupe (compris dans la profondeur d'arête de coupe z_s).

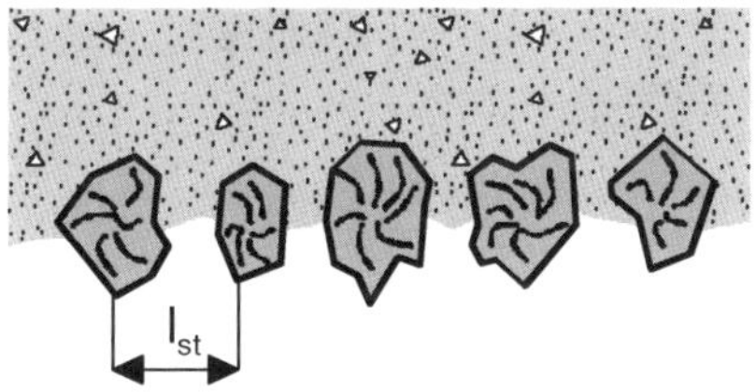

procédé abrasif fondé sur un contrôle d'avance (m)
La meule est dirigée avec une vitesse d'avance constante vers la pièce.

procédé abrasif fondé sur l'effort ou la pression (m)
Le grain est pressé contre la surface de la pièce avec une pression constante.

2.0.35 **Schneidenaxialkraft f_a (f)**
Axialkraftkomponente der Schnittkraft bezogen auf eine einzelne Kornschneide.

grain axial cutting force f_a
Axial force component of the cutting force for a single grain cutting edge.

2.0.36 **Schneidennormalkraft f_n (f)**
Normalkraftkomponente der Schnittkraft bezogen auf eine einzelne Kornschneide, *s. Bild 2.0.35.*

grain normal cutting force f_n
Normal force component of the cutting force for a single grain cutting edge, *see figure 2.0.35.*

2.0.37 **Schneidentangentialkraft f_t (f)**
Tangentialkraftkomponente der Schnittkraft bezogen auf eine einzelne Kornschneide, *s. Bild 2.0.35.*

grain tangential cutting force f_t
Tangential force component of the cutting force for a single grain cutting edge, *see figure 2.0.35.*

2.0.38 **Schneidenprofil (n)**
Form einer Kornschneide, wie sie durch Abtasten ermittelt wird.

cutting edge profile
Form of a grain cutting edge as determined by profile measurement.

2.0.39 **Schneidenrundungsradius ϱ_s (m)**
Näherungsweise Beschreibung der Form einer Schneide durch einen Kreis mit Radius ϱ_s, *s. Bild 2.0.35.*

cutting edge radius ϱ_s
Approximate representation of the form of a cutting edge represented as an arc of radius ϱ_s, *see figure 2.0.35.*

2.0.40 **Schnitteinsatztiefe $T\mu$ (f)**
Maß der Tiefe, ab der es (beim Eindringen der Schneide in das Werkstück) zu einer Spanbildung kommt.

grain cutting depth $T\mu$
Measure of the minimal depth of penetration of the cutting edge into the workpiece to form a chip.

2.0.41 **Spanungsdicke h_{cu} (f)**
Maß zur Angabe der Eindringtiefe einer Schneide in das Werkstück sowie zur Angabe der Dicke des unverformten Spans, *s. Bild 2.0.43.*

chip thickness h_{cu}
Measure of the depth of penetration of the cutting edge into the workpiece represented as a value of the thickness of the undeformed chip, *see figure 2.0.43.*

2.0.42 **effektive Spanungsdicke $h_{cu\,eff}$ (f)**
Angabe der Spandicke unter Berücksichtigung von Verformungs- und Verdrängungsvorgängen (wird auch als Dicke des verformten Spans bezeichnet), *s. Bild 2.0.43.*

effective chip thickness $h_{cu\,eff}$
A value of chip thickness taking into account the forming and deformation (also known as tbe thickness of the formed chip), *see figure 2.0.43.*

force de coupe axiale d'un grain f_a (f)
Composante axiale de la force de coupe pour l'arête de coupe d'un grain à unique.

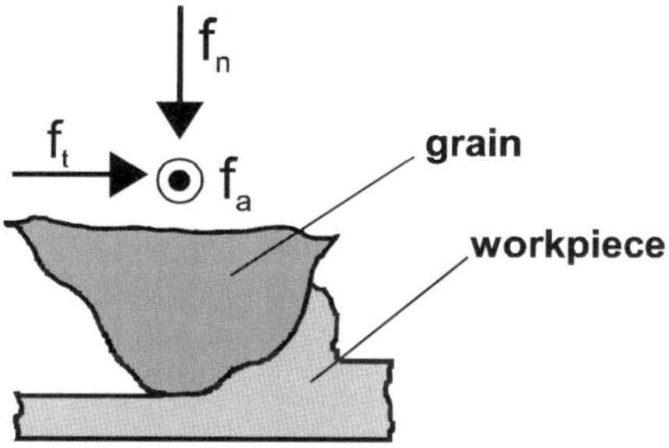

force de coupe normale d'un grain f_n (f)
Composante normale de la force de coupe pour l'arête de coupe d'un grain à unique, *voir figure 2.0.35*.

force de coupe tangentielle d'un grain f_t (f)
Composante tangentielle de la force de coupe pour l'arête de coupe d'un grain unique, *voir figure 2.0.35*.

profil d'arête de coupe (m)
Forme de l'arête de coupe d'un grain déterminée par une mesure de profil.

rayon d'arête de coupe ρ_s (m)
Représentation approximative de la forme d'une arête de coupe, par un arc de rayon ρ_s, *voir figure 2.0.35*.

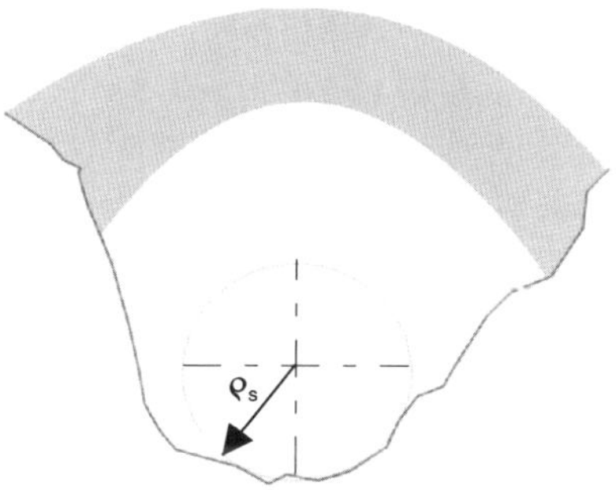

profondeur de coupe d'un grain Tμ (f)
Mesure de la profondeur minimale de pénétration d'une arête de coupe dans une pièce, pour former un copeau.

epaisseur de copeau h_{cu} (f)
Mesure de la profondeur de pénétration d'une arête de coupe dans la pièce, représentée comme une valeur de l'épaisseur du copeau non déformé, *voir figure 2.0.43*.

epaisseur réelle de copeau $h_{cu\,eff}$ (f)
Valeur de l'épaisseur de copeau tenant compte de sa formation et de sa déformation (connue également comme l'épaisseur du copeau formé), *voir figure 2.0.43*.

2.0.43 **maximale Spanungsdicke $h_{cu\,max}$ (f)**
Maximalwert der unverformten Spanungsdicke h_{cu} eines Spanungskörpers.

maximum chip thickness $h_{cu\,max}$
Maximum value of the undeformed chip thickness h_{cu} of a grain cutting edge.

2.0.44 **mittlere maximale Spanungsdicke $\overline{h_{cu\,max}}$ (f)**
Statistisches Mittel der maximalen unverformten Spanungsdicken aller entstehenden Spanungskörper.

mean maximum chip thickness $\overline{h_{cu\,max}}$
Statistical mean of the maximum value of undeformed chip thickness of all the grain cutting edges.

2.0.45 **Spanungslänge l_{cu} (f)**
Bogenlänge eines Spanungskörpers, *s. Bild 2.0.43*.

chip length l_{cu}
Arc length of the chip, *see figure 2.0.43*.

2.0.46 **mittlere Spanungslänge $\overline{l_{cu}}$ (f)**
Statistisches Mittel der Spanungslängen aller entstehenden Spanungskörper.

mean chip length $\overline{l_{cu}}$
Statistical mean of the values of chip length for all the chips.

2.0.47 **Spanungsquerschnitt A_{cu} (m)**
Querschnittsfläche eines Schleifspans.

chip cross-sectional area A_{cu}
Cross-sectional area of a chip.

2.0.48 **äquivalente Spanungsdicke h_{eq} (f)**
Dicke eines theoretischen Spanungskörpers, der vom Eintritt eines Schneidflächenelements in das Werkstück bis zu seinem Austritt abgetragen wird und durch den Quotienten aus bezogenem Zeitspanungsvolumen Q'_w und Schnittgeschwindigkeit v_c bestimmt wird.

equivalent chip thickness h_{eq}
Thickness of the theoretical layer of chips arising from the entrance of the cutting edges into the workpiece up to their exit expressed as the quotient of the specific material removal rate Q'_w and the cutting speed v_c.

2.0.49 **mittlere äquivalente Spanungsdicke $\overline{h_{cueq}}$ (f)**
Gemittelte Werte äquivalenter Spanungsdicken h_{cueq}.

mean equivalent chip thickness $\overline{h_{cueq}}$
Mean value of the equivalent chip thickness h_{cueq}.

2.0.50 **Ritzquerschnitt A_R (m)**
Querschnitt der werkstückseitigen Ritzspur im Einkornritzversuch.

scratch cross-sectional area A_R
Cross-sectional area of the groove formed during single grain cutting.

epaisseur maximale de copeau $h_{cu\,max}$ (f)
Valeur maximale de l'épaisseur du copeau non déformé h_{cu} de l'arête de coupe d'un grain.

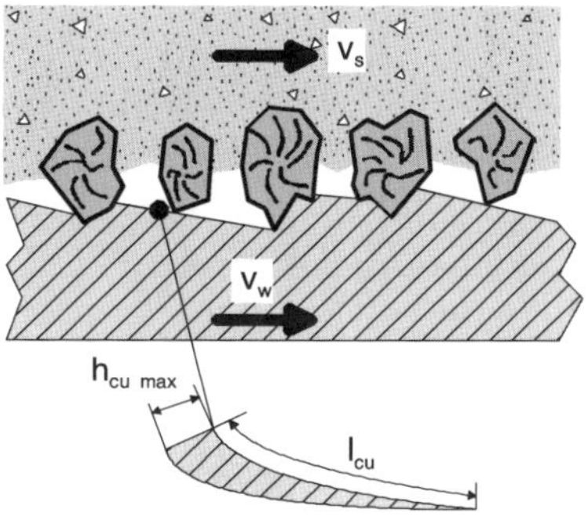

epaisseur maximale moyenne de copeau $\overline{h_{cu\,max}}$ (f)
Moyenne statistique de la valeur maximale de l'épaisseur de copeau non déformé de l'arête de coupe d'un grain.

longueur de copeau l_{cu} (f)
Longueur de l'arc formé par le copeau, *voir figure 2.0.43.*

longueur moyenne de copeau $\overline{l_{cu}}$ (f)
Moyenne statistique des valeurs des longueurs de copeaux pour tous les copeaux.

aire d'une section de copeau A_{cu} (f)
Aire d'une section transversale de copeau.

epaisseur équivalente de copeau h_{eq} (f)
Epaisseur de la couche théorique de copeau produite par l'action des arêtes dc coupe dans la pièce, exprimée comme le rapport du débit spécifique d'enlèvement de matière Q'_w et de la vitesse de coupe v_c.

epaisseur équivalente moyenne de copeau $\overline{h_{cueq}}$ (f)
Valeur moyenne des épaisseurs équivalentes de copeau h_{cueq}.

paramètre de tranchant A_R (m)
Rapport de l'épaisseur de copeau h_{cu} avec le rayon d'arête de coupe ϱ_s.

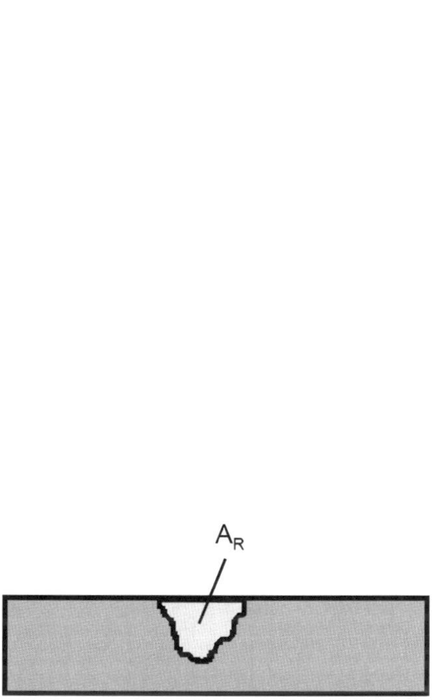

2.0.51 **Spanungsquerschnitt Q oder A_D (m)**
Flächen, die das Zeitspanungsvolumen der Werkstücke mitbestimmen. Es gilt $A_D = Q_w/v_{ft}$. Sie entstehen durch Projektion aller Einzelspanungsquerschnitte der aktiven Schneiden auf einer Ebene, die durch den Bezugspunkt D und die Schleifscheibenachse verläuft (auch örtlicher Spanungquerschnitt genannt).

chip cross-sectional area Q or A_D
The chip cross-sectional area given by the quotient of the workpiece material removal rate and the instantaneous feed rate $A_D = Q_w/v_{ft}$. It corresponds to the projection of all the single chip cross-sectional areas of the active cutting edges of the surface passing through a point D and the grinding wheel axis (Also termed the local chip cross-sectional area).

2.0.52 **mittlerer Spanungsquerschnitt $\overline{Q}_{cu}$ oder $\overline{A}_D$ (m)**
Mittelwert aller örtlichen Einzelspanungsquerschnitte der aktiven Schneiden senkrecht zum Vektor v_{ft}, die in einer Projektionsebene liegen.

mean chip cross-sectional area $\overline{Q}_{cu}$ or $\overline{A}_D$
Mean value of all the local individual values of chip cross-sectional areas of the active cutting edges which lie in the projected area perpendicular to the vector v_{ft}.

2.0.53 **mittlerer momentaner Spanungsquerschnitt $\overline{Q}_{mom}$ oder $\overline{A}_{Dmom}$ (m)**
Mittelwert aller örtlichen Einzelspanungsquerschnitte aller momentan im Eingriff befindlichen Schneiden.

mean instantaneous chip cross-sectional area $\overline{Q}_{mom}$ or $\overline{A}_{Dmom}$
Mean value of all the local individual values of chip cross-sectional areas of all cutting edges which are momentarily engaged in the grinding procedure.

2.0.54 **Wärmeentstehung (f)**
Umwandlung kinetischer Energie in thermische Energie beim Schleifen durch Reibung an den Span- und Freiflächen, durch plastische und elastische Werkstoffverdrängung und durch Scherung.

heat generation
Conversion of kinetic energy into thermal energy in grinding through the friction of the chip and the workpiece surfaces arising from plastic-, elastic deformation and shearing strain.

2.0.55 **Wärmeausdehnungskoeffizient α (m)**
Der lineare Ausdehnungskoeffizient gibt an, um welchen Bruchteil seiner Länge sich ein Körper bei einer Temperaturerhöhung 1 K verlängert.

thermal coefficient of expansion α
The linear expansion coefficient specifies the fractional increase in length of a body for an increase in temperature of 1 K.

2.0.56 **spezifische Wärmekapazität c_p (f)**
Quotient aus der einem Körper zugeführten Wärmemenge und der dadurch hervorgerufenen Temperaturerhöhung bei konstantem Druck bezogen auf die Werkstückmasse.

specific heat capacity c_p
Quotient of the supplied amount of heat (energy) and the temperature T that arises thereof related to the workpiece mass at constant pressure.

2.0.57 **Wärmeleitfähigkeit λ (f)**
Ist ein Maß für die Fähigkeit der Wärmeübertragung, bei der die Wärmeenergie nur zwischen unmittelbar benachbarten Teilchen übergeht.

thermal conductivity λ
A measure of the capacity for transmission of heat by passing heat energy between immediately neighbouring atoms.

2.0.58 **spezifische Schnittenergie e_c (f)**
Die Schnittenergie, die benötigt wird, um eine definierte Volumeneinheit an Material zu entfernen. Quotient aus Schnittleistung und Zeitspanungsvolumen.

specific cutting energy e_c
The cutting energy required to remove unit volume of material. The quotient of cutting power and material removal rate.

aire d'une section de copeaux Q ou A_D (f)
Aire d'une section de copeau donnée par le quotient du débit de matière et de la vitesse d'avance instantanée $A_D = Q_w/v_{ft}$.
Cela correspond à la projection de toutes les aires des sections de copeaux des arêtes de coupe sur un plan passant par un point D et contenant l'axe de la meule.

moyenne de l'aire des sections de copeaux $\overline{Q_{cu}}$ ou $\overline{A_D}$ (f)
Valeur moyenne de toutes les valeurs locales des aires des sections de copeaux des arêtes de coupe actives contenues dans un plan de projection perpendiculaire au vecteur v_{ft}.

moyenne instantanée de l'aire des sections de copeaux $\overline{Q_{mom}}$ ou $\overline{A_{Dmom}}$ (f)
Valeur moyenne des valeurs locales des aires des sections de copeaux pour tous les instants auxquels il y a engagement des arêtes de coupe.

apparition de chaleur (f)
Transformation d'énergie cinétique en énergie thermique due au frottement des copeaux sur la pièce, aux déformations plastiques et élastiques et aux contraintes de cisaillement.

coefficient de dilatation thermique α (m)
Le coefficient de dilatation thermique donne le rapport d'augmentation de longueur d'un corps pour une augmentation de température de 1 K.

chaleur spécifique c_p (f)
Rapport de l'énergie calorifique à pression constante avec la masse d'un corps et l'accroissement de température.

conductivité thermique λ (f)
Mesure de la capacité à transmettre la chaleur par passage de l'énergie calorifique d'un atome à un autre atome immédiatement voisin.

energie spécifique de coupe e_c (f)
Energie de coupe nécessaire à l'enlèvement d'un volume unité de matière. Rapport entre la puissance de coupe et le débit de matière.

2.0.59 **Werkstückmassentemperatur θ_b (f)**
Durchschnittstemperatur der gesamten Werkstückmasse zu einem definierten Zeitpunkt nach der Schleifbearbeitung.

workpiece bulk temperature θ_b
Mean temperature of the workpiece bulk after a period of grinding.

2.0.60 **Werkstückuntergrundstemperatur θ_w (f)**
Temperatur, die ein kleiner Abschnitt der Werkstückoberfläche erfährt, wenn er die Kontaktzone mit der Schleifscheibe durchläuft. Die Werkstückuntergrundstemperatur beschreibt die Temperaturverteilung in der Kontaktzone, die durch viele Kornkontakte und Kühleffekte entsteht.

workpiece background temperature θ_w
Temperature experienced by a small area of the workpiece surface as it passes through the contact with the grinding wheel. The workpiece background temperature describes the temperature distribution in the contact area arising from many grain contacts and from cooling effects.

2.0.61 **Werkstück-Korn-Kontakttemperatur θ_{wg} (f)**
Momentane Temperatur, die die Werkstückoberfläche aufgrund eines Kornkontaktes erfährt.

workpiece-grain contact temperature θ_{wg}
Instantaneous temperature experienced by the workpiece surface due to a grain contact.

2.0.62 **Schleifverhältnis, G-Verhältnis**
Das Verhältnis des zerspanten Werkstückmaterials zum Verschleißvolumen des Schleifwerkzeugs.

grinding ratio, G-ratio
The ratio of volume of workpiece material removed to volume of abrasive wear.

2.1.1 **Planschleifen (n)**
Schleifen zur Erzeugung ebener Flächen.

surface or face grinding
Grinding to generate a flat surface.

2.1.2 **Rundschleifen (n)**
Schleifen zur Erzeugung kreiszylindrischer Flächen.

cylindrical grinding
Grinding to generate a cylindrical or axisymmetric surface.

2.1.3 **Schraubenschleifen (n)**
Schleifen zur Erzeugung von Schraubflächen, z.B. Gewindeschleifen, Zahnradschnecken-Schleifen.

screw grinding
Grinding to generate a screw surface, e.g. thread grinding, helical gear grinding.

2.1.4 **Wälzschleifen (n)**
Schleifen zur Erzeugung von Flächen, die aus einem Bezugsprofil-Werkzeug im Abwälzverfahren entstehen.

gear grinding
Grinding to generate a meshing surface using a profiled wheel in a gear hob grinding or gear shaping grinding process.

2.1.5 **Profilschleifen (n)**
Schleifen, bei dem das Werkzeugprofil auf dem Werkstück abgebildet wird (Profil werkzeuggebunden).

profile grinding
Grinding in which a profiled grinding wheel form is reproduced on a workpiece.

2.1.6 **Formschleifen (n)**
Schleifen mit gesteuerter Vorschubbewegung.

form grinding
Grinding with a controlled feed motion.

tempèrature de masse de la piéce θ_b (f)
Température moyenne sur l'ensemble de la pièce après un processus de rectification.

tempèrature sous-surfacique de pièce θ_w (f)
Température régnant sous la surface de la pièce après passage dans la zone de contact entre la pièce et la meule. La température sous-surfacique décrit la distribution de la température résultant du contact d´une grande quantité de grains et des phénomènes de refroidissement.

température de contact grain-pièce θ_{wg} (f)
Température instantanée à la surface de la pièce au moment du contact grain-pièce.

taux de rectification, G-Ratio (m)
Rapport entre le volume enlevé de la pièce et le volume d'usure de l'outil de rectification.

rectification plane (f)
Opération de rectification qui produit une surface plane (NF E 66-508).

rectification cylindrique (f)
Opération de rectification qui produit une surface cylindrique (NF E 66-508).

rectification de filet (f)
Rectification générant un filet de vis ou une denture hélicoïdale.

rectification de »hub« (f)
Procédé de rectification de surfaces obtenues par la méthode de la développante à partir d´un outil possédant le profil de référence.

rectification de profil (f)
Rectification dans laquelle la forme d'une meule profilée est reproduite dans une pièce.

rectification par contournage (f)
Rectification dans laquelle le profil de la pièce est obtenu par contrôle des mouvements d'avance.

2.1.7 **Außenschleifen (n)**
Schleifen von Außenflächen.

external grinding
Grinding of an external surface.

2.1.8 **Innenschleifen (n)**
Schleifen von Innenflächen.

internal grinding
Grinding of an internal surface.

2.1.9 **Seitenschleifen (n)**
Schleifen, bei dem das rotierende Schleifwerkzeug überwiegend an einer Seite mit dem Werkstück in Kontakt ist.

face or side grinding
Grinding with a rotating grinding wheel mainly in side contact with the workpiece.

2.1.10 **Längsschleifen (n)**
Schleifen, bei dem die verfahrenskennzeichnende gerade oder kreisförmige Vorschubbewegung parallel zur zu erzeugenden Oberfläche verläuft.

longitudinal or traverse grinding
Grinding in which the main feed motion is parallel to the cylindrical axis of a workpiece in a straight line or on a curved path along the surface produced.

2.1.11 **Querschleifen (n)**
Schleifen, bei dem die verfahrenskennzeichnende Vorschubbewegung senkrecht zur zu erzeugenden Oberfläche verläuft.

plunge grinding
Grinding in which the feed direction is perpendicular to the surface produced.

2.1.12 **Schrägschleifen (n)**
Schleifen, bei dem die verfahrenskennzeichnende Vorschubbewegung weder parallel noch senkrecht zur zu erzeugenden Oberfläche verläuft.

angle grinding
Grinding in which either the grinding wheel axis or the feed motion is neither parallel nor perpendicular to the surface produced.

rectification extérieure (f)
Opération de rectification qui réalise une surface extérieure de la pièce (NF E 66-508).

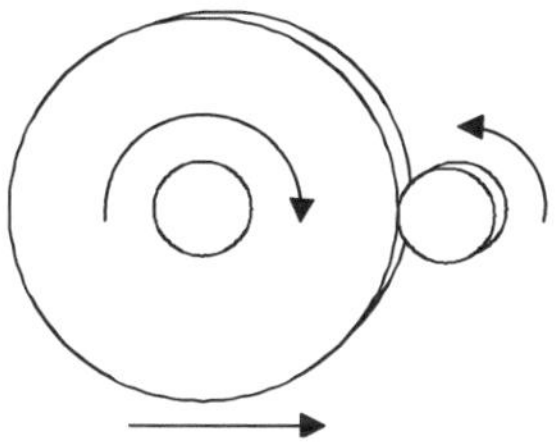

rectification intérieure (f)
Opération de rectification qui réalise une surface intérieure de la pièce (NF E 66-508).

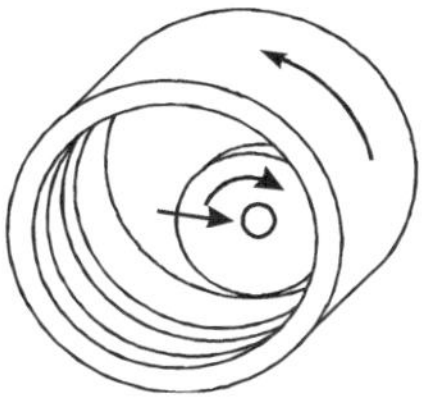

rectification de face (f)
La rectification de face ou de coté est la rectification avec une meule en rotation en contact avec la pièce principalement par un de ses cotés.

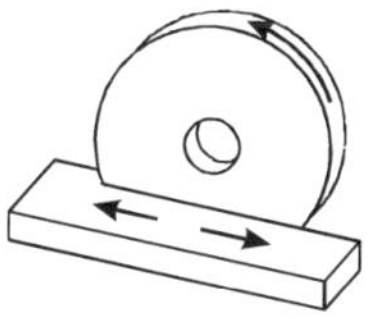

rectification longitudinale ou transversale (f)
Rectification dans laquelle le mouvement d'avance principal est parallèle à l'axe d'une pièce en rotation, en ligne droite ou suivant une trajectoire courbe le long de la surface produite.

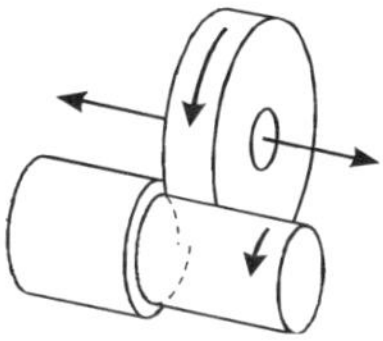

rectification en plongée (f)
Rectification dans laquelle la direction d'avance est perpendiculaire à la surface produite.

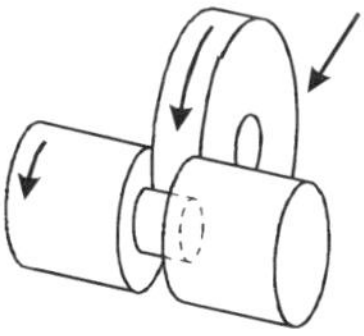

rectification d'angle (f)
Rectification dans laquelle, l'axe de la meule forme un angle avec l'axe de la pièce.
angle d'avance (m)
Angle de l'avance vers la pièce par rapport à la normale à l'axe de la pièce.

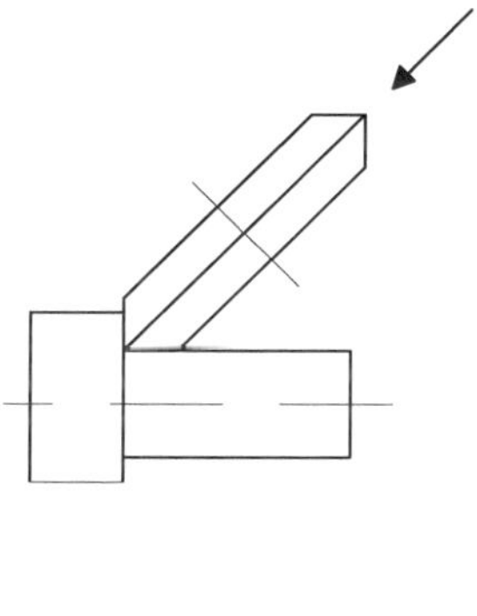

2.1.13 **Freiformschleifen (n)**
Formschleifen, bei dem die Vorschubbewegung von Hand frei gesteuert wird.

free form grinding
Form grinding in which the feed motion is controlled by hand.

2.1.14 **Nachformschleifen (n)**
Formschleifen, bei dem die Vorschubbewegung über ein zwei- oder dreidimensionales Bezugsformstück gesteuert wird.

form grinding
Generation of a form by grinding in which the feed motion is controlled in two or three dimensions.

2.1.15 **kinematisch Formschleifen (n)**
Formschleifen, bei dem die Vorschubbewegung durch ein mechanisches Getriebe kinematisch gesteuert wird.

kinematic form grinding
Form grinding in which the feed motion is controlled using a kinematic mechanism.

2.1.16 **NC-Formschleifen (n)**
Formschleifen, bei dem die Vorschubbewegung durch eingegebene Daten gesteuert wird.

NC form grinding
Grinding in which the feed motion is controlled by programmed data.

2.1.17 **kontinuierliches Wälzschleifen (n)**
Schleifen, bei dem Werkstück und Werkzeug, z.B. ein Zahnrad und eine Schleifschnecke, eine kontinuierliche Wälzbewegung ausführen.

continuous gear shape grinding
Grinding in which the workpiece and grinding wheel for example, a gear wheel and a grinding wheel, are in a continuous hobbing engagement.

2.1.18 **diskontinuierliches Wälzschleifen (n)**
Schleifen, bei dem Werkstück und Werkzeug, z.B. eine Schleifscheibe mit Bezugsprofil und ein Zahnrad, jeweils nur Schrittweise eine Wälzbewegung über den Bereich einer oder mehrerer Zahnflanken ausführen.

discontinuous gear shape grinding
Grinding in which the workpiece and the workpiece, for example, a profiled grinding wheel, are moved step by step in a relative rolling and shaping motion across the tooth flanks to generate the tooth profile.

2.1.19 **Gleichlaufschleifen (n)**
Schleifen, bei dem die Geschwindigkeitsvektoren der Werkstückbewegung und der Schleifscheibenbewegung in der Schleifzone in die gleiche Richtung weisen.

down (or climb) grinding
Grinding in which the cutting motion relative to the grinding wheel axis and the workspeed are in the same direction.

rectification libre de forme (f)
Rectification de forme dans laquelle le mouvement d'avance est donné à la main.

rectification de forme (f)
Génération d'une forme par rectification dans laquelle le mouvement d'avance est contrôlé dans une, deux ou trois directions.

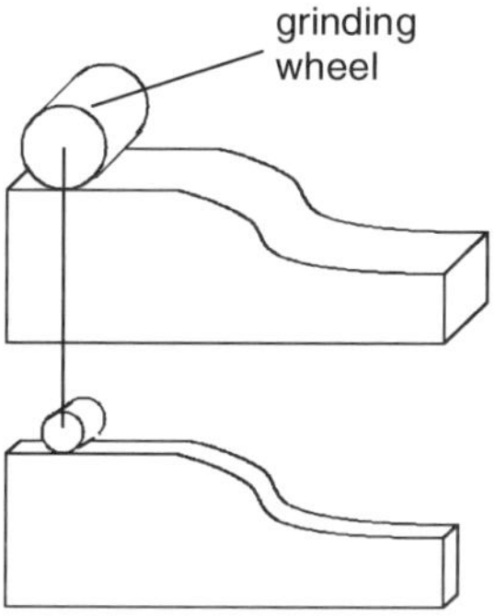

rectification cinématique de forme (f)
Rectification de forme dans laquelle le mouvement d'avance est obtenu par un mécanisme cinématique.

rectification de forme par CN (f)
Rectification de forme dans laquelle le mouvement d'avance est obtenu par des données programmées.

rectification continue de denture (f)
Rectification de denture au cours de laquelle la pièce et l'outil, par exemple une roue dentée et une vis sans fin abrasive, effectuent un mouvement de roulement sans glissement continu.

rectification d'un profil discontinu de denture (f)
Rectification au cours de laquelle la pièce et une meule profilée sont déplacées pas à pas dans un mouvement relatif couvrant les flancs des dents pour générer un profil de denture.

rectification en avalant (ou en roulant) (f)
Opération de rectification dans laquelle les mouvements tangentiels de la meule et de la pièce par rapport à la base de la machine et considérés au point principal de rectification ont le même sens (NF E 66-508).

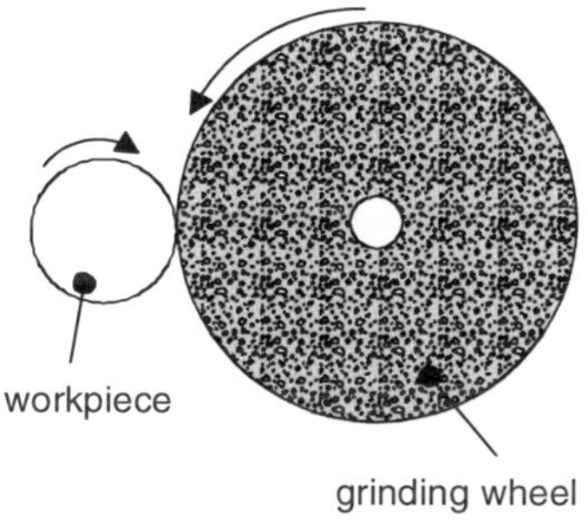

2.1.20 **Gegenlaufschleifen (n)**
Schleifen, bei dem die Geschwindigkeitsvektoren der Werkstückbewegung und der Schleifscheibenbewegung in der Schleifzone in die entgegengesetzte Richtung weisen.

up grinding
Grinding in which the cutting motion relative to the grinding wheel axis and the workspeed are in the opposite direction.

2.1.21 **Pendelschleifen (n)**
Schleifverfahren mit hin- und hergehender Vorschubbewegung, bei dem die Zustellbewegung stufenweise in kleinen Schritten bei relativ großer Vorschubgeschwindigkeit erfolgt.

pendulum grinding or reciprocating grinding
Grinding process where the required material removal is removed in several axial strokes.

2.1.22 **Tiefschleifen (n)**
Schleifverfahren, bei dem der einzustellende Zustellweg relativ groß und die Vorschubgeschwindigkeit entsprechend klein ist.

creep (feed) grinding
Grinding process in which the depth of cut is relatively large and the workspeed is correspondingly small.

2.1.23 **Durchlaufschleifen (n)**
Längsschleifen mit nur einmaligem Durchlauf des Werkstücks, so dass der Zustellweg von vornherein auf das vorgesehene Maß eingestellt werden muss.

throughfeed grinding
Traverse grinding with only a single throughfeed of the workpieces, so that the stock removal is made between entrance and exit of the grinding gap.

2.1.24 **Spitzenlosschleifen (n)**
Beim Außenrund-Spitzenlosschleifen liegt das rotationssymmetrische Werkstück in einer definierten, stabilen Lage zwischen Schleifscheibe, Auflageschiene und Regelscheibe, die die Geschwindigkeit des Werkstücks steuert.
Beim Innenrund-Spitzenlosschleifen wird das Werkstück axial durch ein Spannfutter und radial durch Auflageschuhe ausgerichtet. Das Spannfutter reguliert die Werkstückgeschwindigkeit.

centreless grinding
External centreless grinding is a grinding process where the axially symmetric workpiece lies in a defined stable position between a grinding wheel, a workrest plate and a control wheel which regulates the speed of the workpiece.
Internal centreless grinding is a process where the workpiece is located axially by a faceplate which regulates the speed of the workpiece and is located radially by shoe supports.

rectification en opposition (f)
Opération de rectification dans laquelle les mouvements tangentiels de la meule et de la pièce par rapport à la base de la machine et considérés au point principal de rectification sont de sens contraire (NF E 66-508).

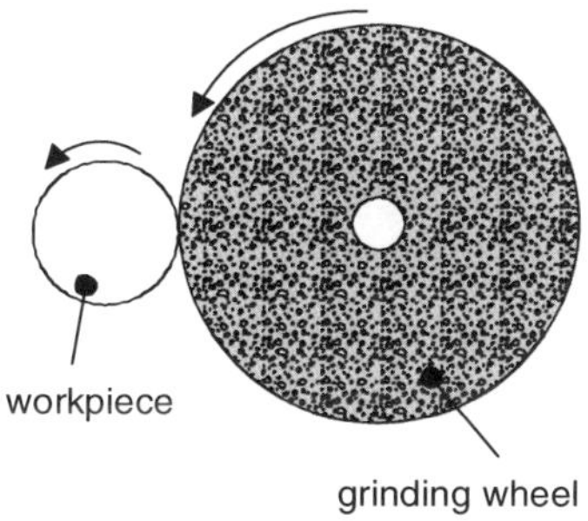

rectification réciproque (ou pendulaire) (f)
Opération de rectification dans laquelle l'avance incrémentale est réalisée à chaque extrémité de la course (NF E 66-508).

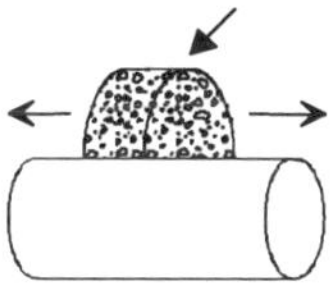

rectification dans la masse (ou profonde, ou à avance lente) (f)
Opération de rectification présentant une vitesse d'avance relativement faible et une surface de contact relativement importante.

rectification en enfilade (f)
Rectification longitudinale comportant un seul passage de la pièce, de sorte que l'enlèvement de matière soit fait entre l'entrée et la sortie.

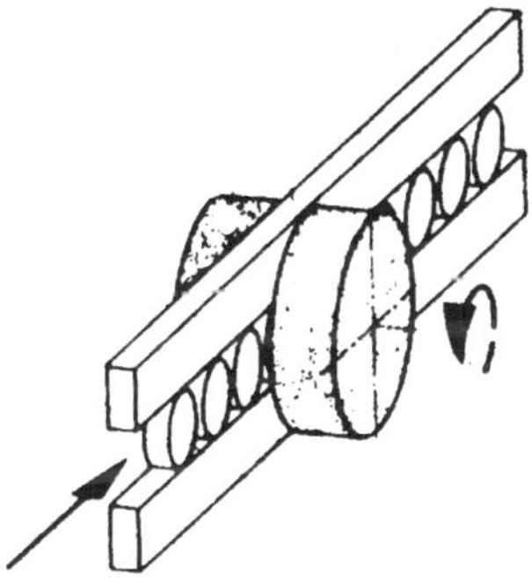

rectification sans centre (f)
La rectification externe sans centre est un procédé de rectification, au cours de laquelle la pièce repose dans une position stable entre la meule de rectification, la barre d'appui et la meule d'entraînement, qui règle la vitesse de la pièce.
La rectification interne sans centre est un procédé de rectification au cours de laquelle la pièce est soutenue radialement par des coussinets d´appui et longitudinalement par un mandrin de serrage, qui règle la vitesse de la pièce.

2.1.25 **Spitzenlos-Durchlaufschleifen (n)**
Spitzenlosschleifen mit Längsvorschub, wobei das zylindrische Werkstück in einmaligem Durchlauf, d.h. mit einem auf das vorgesehene Maß eingestellten Zustellweg, geschliffen wird. Die Vorschubbewegung wird durch die Schrägstellung der Regelscheibe erzeugt.

throughfeed centreless grinding
Centreless grinding with longitudinal feed where the cylindrical workpiece has a single throughfeed, that means, the total stock removal takes place before the exit. The feed of the workpiece is brought about by an angular positioning of the control wheel.

2.1.26 **Spitzenlos-Querschleifen (n)**
Spitzenlosschleifen, bei dem das durch Auflage und Regelscheibe geführte Werkstück radial gegen die Schleifscheibe bewegt wird. Die Regelscheibe weist hierbei nur eine gering Schrägstellung auf. Dieses Verfahren wird zum Schleifen von zylindrischen Absätzen sowie von Profil- und Kegelflächen angewendet, wobei das Werkstück durch jenen Anschlag in axialer Richtung fixiert ist.

plunge centreless grinding
Centreless grinding where the workpiece is fed towards the grinding wheel and located radially by the workplate and the control wheel. The control wheel is tilted at a very small angle. This process allows cylindrical steps to be ground and also profiles and tapers where the workpiece is held through a stop located in an axial direction.

2.2.1 **Bandschleifen (n)**
Schleifen mit einem endlosen, über Rollen geführten Band, das mit Schleifkorn beklebt ist und an der Schleifstelle durch ein mehr oder weniger nachgiebiges Stützelement (Kontaktscheibe, -rolle oder -schuh) abgestützt wird; DIN 8589 Teil 12.

belt grinding
Grinding with a continuous abrasive belt guided by rollers so that the abrasive is pushed into contact with the workpiece by a contact wheel, roll or shoe.
(DIN 8589 Part 12).

2.2.2 **Bandschleifverfahren**
Variationen des Bandschleifens, nach DIN 8589 Teil 12 genormt.

belt grinding process
Processes defined by German standards are described in DIN 8589 Part 12.

2.2.3 **Längs-Umfangs-Plan-Bandschleifen (n)**
Bandschleifverfahren, bei dem der Vorschubgeschwindigkeitsvektor und die Kontaktrollenachse parallel zur Werkstückoberfläche und orthogonal zueinander sind.

peripheral belt longitudinal grinding
Belt grinding process where the feed motion direction and the contact roller axis are both parallel to the workpiece surface and orthogonal to each other.

rectification sans centre en enfilade (f)
Rectification sans centre avec passage unique de la pièce, l'enlèvement de matière se faisant avant la sortie de la pièce.

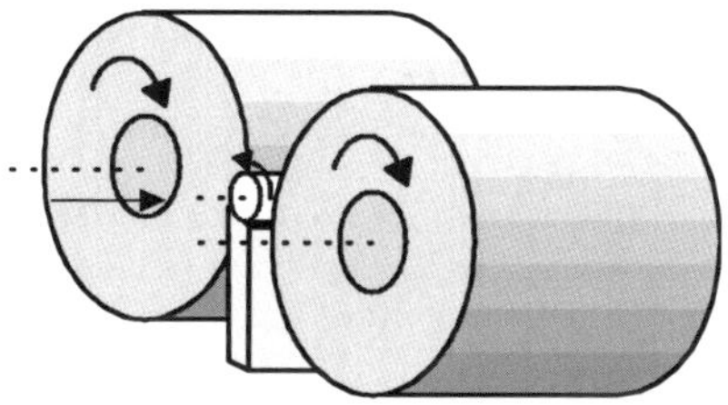

rectification sans centre en plongée (f)
Rectification sans centre avec la pièce poussée contre la meule de rectification et maintenue radialement par le support et la meule d'entraînement. La meule d'entraînement est inclinée d'un angle très petit. Ce procédé permet de rectifier des portées cylindriques des bandes, des profiles et des cônes, par maintien de la pièce grâce à une butée axiale.

rectification à la bande abrasive (f)
travail à la bande abrasive (m)
Rectification, meulage, à l'aide d'une bande abrasive sans fin, guidée par des poulies, de sorte que l'abrasif entre en contact avec la pièce sous l'action d'une force appliquée par une roue, un rouleau ou un coussinet de contact.

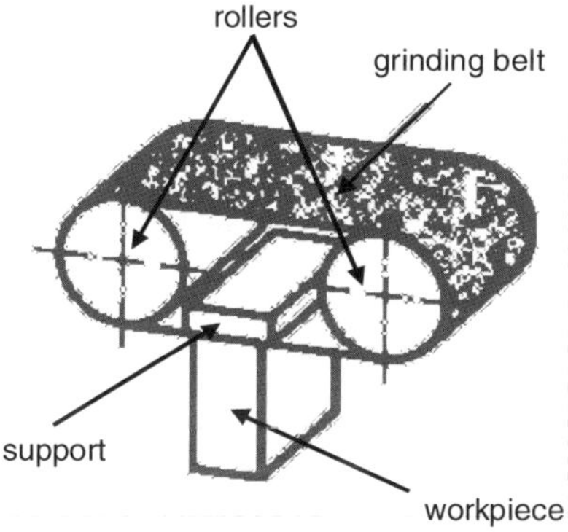

procédés de rectification à la bande abrasive (m)
Ensemble de procédés définis et décrits par la norme DIN 8582 section 12.

rectification plane par bande abrasive tangeante (f)
Procédé de rectification à la bande abrasive dans lequel la direction du mouvement d'avance et l'axe de la roue de contact sont parallèles à la surface de la pièce.

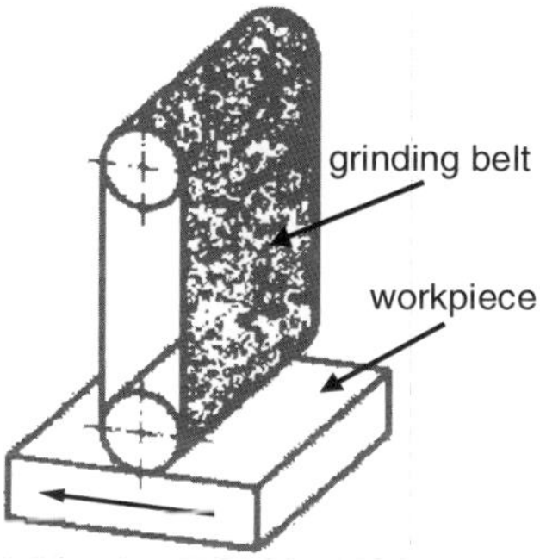

2.2.4 **Längs-Umfangs-Plan-Bandschleifen mit kreisförmiger Vorschubbewegung (n)**
Bandschleifverfahren für die Stirnseite zylindrischer Werkstücke, bei dem der Schnittgeschwindigkeitsvektor und die Kontaktrollenachse parallel zur Werkstückoberfläche und orthogonal zueinander sind.

peripheral belt cylindrical grinding
Belt grinding process for the faces of cylindrical workpieces or workpieces on a rotary table where both the grinding speed direction and the contact roll axis are parallel to the workpiece surface and orthogonal to each other.

2.2.5 **Längs-Seiten-Plan-Bandschleifen (n)**
Bandschleifverfahren mit Kontaktschuh, bei dem der Vorschubgeschwindigkeitsvektor und die Umlenkrollenachsen parallel zur Werkstückoberfläche und orthogonal zueinander sind.

face belt longitudinal grinding
Belt grinding process with a contact shoe where the workspeed direction and the guide roll axes are parallel to the workpiece surface and orthogonal to each other.

2.2.6 **Quer-Seiten-Plan-Bandschleifen (n)**
Bandschleifverfahren mit Kontaktschuh, bei dem der Vorschubgeschwindigkeitsvektor orthogonal zu den Umlenkrollenachsen und zur Werkstückoberfläche ist.

face belt plunge grinding
Belt grinding process with a contact shoe where the feed direction is orthogonal to the guide and to the workpiece surface.

2.2.7 **Längs-Umfangs-Außen-Rund-Bandschleifen (n)**
Bandschleifverfahren für die Mantelfläche zylindrischer Werkstücke, bei dem der Vorschubgeschwindigkeitsvektor, die Kontaktrollenachse und die Werkstückachse parallel sind.

peripheral belt longitudinal external cylindrical grinding
Belt grinding process for traverse external grinding of cylindrical workpieces where the feed direction, the contact roll axis and the workpiece axis are parallel.

rectification plane circulaire par bande abrasive tangeante (f)
Procédé de rectification à la bande abrasive des faces de pièces cylindriques ou de pièces disposées sur un plateau tournant, et dans lequel la direction de la vitesse de rectification et l'axe de la roue de contact sont parallèles à la surface de la pièce et orthogonaux entre eux.

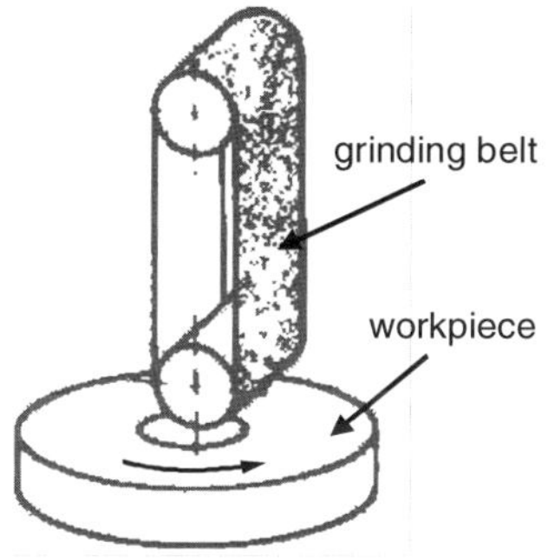

rectification plane (surfaçage) en chariotage à la bande abrasive (f)
Procédé de rectification à la bande abrasive avec un patin de contact, dans lequel la direction de la vitesse de travail et celle des axes des poulies de guidage sont parallèles à la surface de la pièce.

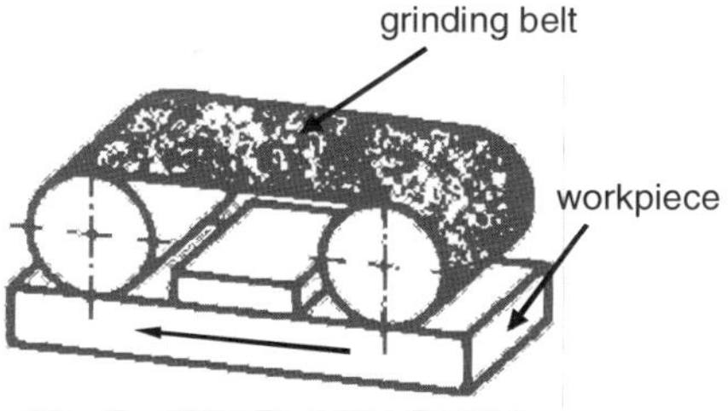

rectification plane (surfaçage) en plongée à la bande abrasive (f)
Procédé de rectification à la bande abrasive avec un patin de contact dans lequel la direction du mouvement d'avance est orthogonale à l'axe des poulies de guidage et à la surface de la pièce.

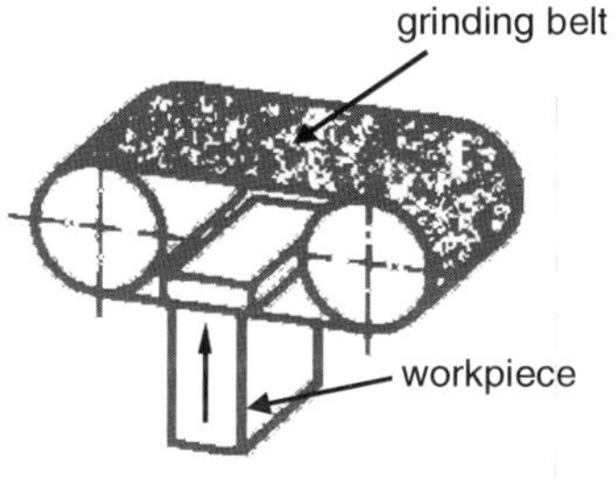

rectification cylindrique extérieure en chariotage par bande abrasive tangeante (f)
Procédé de rectification à la bande abrasive pour la rectification extérieure en chariotage de pièces cylindriques dans lequel la direction du mouvement d'avance, l'axe de la roue de contact et l'axe de la pièce sont parallèles.

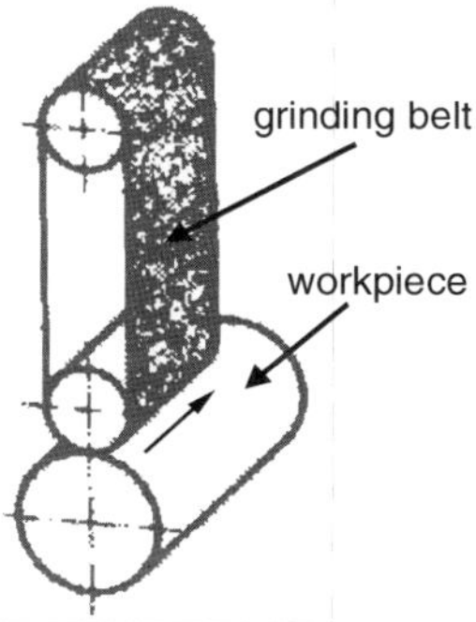

2.2.8 **Quer-Umfangs-Außen-Rund-Bandschleifen (n)**
Bandschleifverfahren für die Mantelfläche zylindrischer Werkstücke, bei dem der Vorschubgeschwindigkeitsvektor orthogonal zu Kontaktrollenachse und Werkstückachse ist.

peripheral belt plunge external cylindrical grinding
Belt grinding process for plunge external grinding of cylindrical workpieces where the feed direction is orthogonal to the contact roll axis and the workpiece axis.

2.2.9 **Längs-Seiten-Außen-Rund-Bandschleifen (n)**
Bandschleifverfahren mit Kontaktschuh für die Mantelfläche zylindrischer Werkstücke, bei dem der Vorschubgeschwindigkeitsvektor, die Umlenkrollenachsen und die Werkstückachse parallel sind.

face belt longitudinal external cylindrical grinding
Belt grinding process for traverse external grinding of cylindrical workpieces where the feed direction, the contact roll axis and the workpiece axis are parallel.

2.2.10 **Quer-Seiten-Außen-Rund-Bandschleifen (n)**
Bandschleifverfahren mit Kontaktschuh für die Mantelfläche zylindrischer Werkstücke, bei dem der Vorschubgeschwindigkeitsvektor, die Umlenkrollenachsen und die Werkstückachse orthogonal zueinander sind.

face belt plunge external cylindrical grinding
Belt grinding process for plunge external grinding of cylindrical workpieces where the feed direction, the contact roll axis and the workpiece axis are orthogonal to each other.

2.2.11 **Längs-Umfangs-Innen-Rund-Bandschleifen (n)**
Bandschleifverfahren für Innenflächen, bei dem der Vorschubgeschwindigkeitsvektor, die Kontaktrollenachse und die Werkstückachse parallel sind.

peripheral belt longitudinal internal grinding
Belt grinding process for internal grinding where the feed direction, the contact roll axis and the workpiece axis are parallel.

rectification cylindrique extérieure en plongée par bande abrasive tangeante (f)
Procédé de rectification à la bande abrasive pour la rectification extérieure en plongée de pièces cylindriques dans lequel la direction du mouvement d'avance est orthogonale à l'axe de la roue de contact et à l'axe de la pièce.

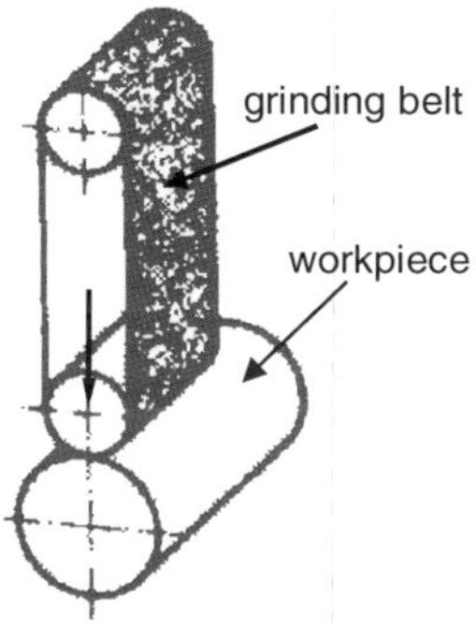

rectification cylindrique extérieure en chariotage par surfaçage à la bande abrasive (f)
Procédé de rectification à la bande abrasive pour la rectification extérieure en chariotage de pièces cylindriques dans lequel la direction du mouvement d'avance, les axes des poulies de guidages et l'axe de la pièce sont parallèles.

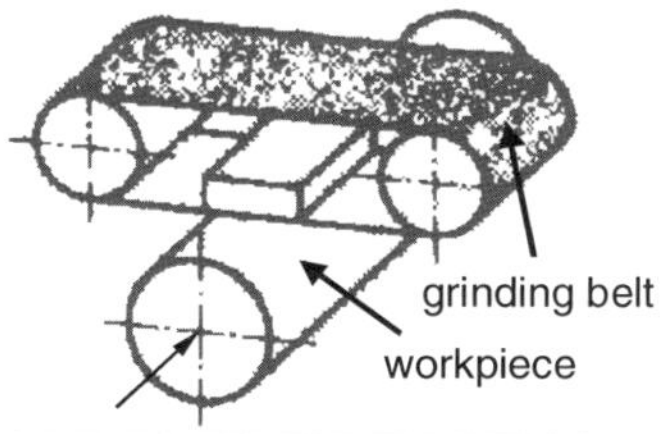

rectification cylindrique extérieure en plongée par surfaçage à la bande abrasive (f)
Procédé de rectification à la bande abrasive pour la rectification extérieure en plongée de pièces cylindriques dans lequel la direction du mouvement d'avance, la direction des axes des poulies de guidage et l'axe de la pièce sont orthogonaux deux à deux.

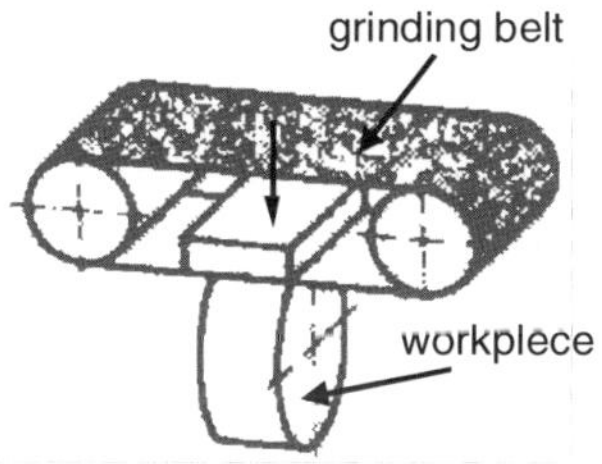

rectification intérieure en chariotage par bande abrasive tangeante (f)
Procédé de rectification à la bande abrasive pour la rectification intérieure dans lequel la direction du mouvement d'avance, l'axe de la roue de contact et l'axe de la pièce sont parallèles.

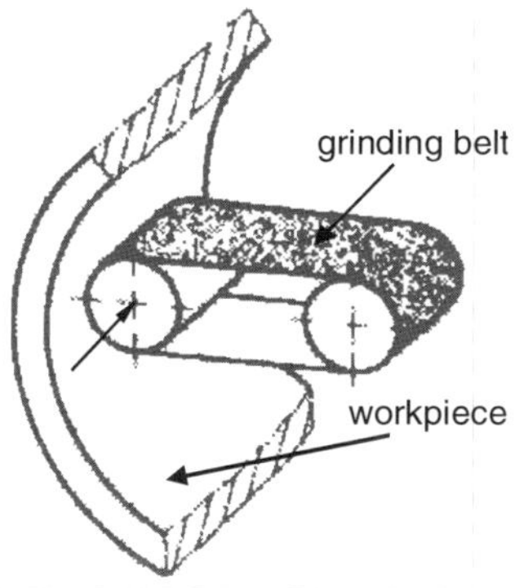

2.2.12 **Quer-Umfangs-Innen-Rund-Bandschleifen (n)**
Bandschleifverfahren für Innenflächen, bei dem der Vorschubgeschwindigkeitsvektor orthogonal zu Kontaktrollenachse und Werkstückachse ist.

peripheral belt plunge internal grinding
Belt grinding process for plunge internal grinding of cylindrical workpieces where the feed direction is orthogonal to the contact roll axis and the workpiece axis.

2.2.13 **Längs-Seiten-Innen-Rund-Bandschleifen (n)**
Bandschleifverfahren mit Kontaktschuh für Innenflächen, bei dem der Vorschubgeschwindigkeitsvektor parallel zu den Umlenkrollenachsen und orthogonal zur Werkstückachse ist.

face belt internal cylindrical grinding
Belt grinding process with a contact shoe for internal grinding where the workspeed direction is parallel to the guide roll axis and orthogonal to the workpiece axis.

2.2.14 **Quer-Seiten-Innen-Rund-Bandschleifen (n)**
Bandschleifverfahren mit Kontaktschuh für Innenflächen, bei dem der Vorschubgeschwindigkeitsvektor, die Umlenkrollenachsen und die Werkstückachse orthogonal zueinander sind.

face belt plunge internal grinding
Belt grinding process with a contact shoe for internal grinding where the feed direction, the guide roll axis and the workpiece axis are orthogonal to each other.

2.2.15 **Längs-Umfangs-Außen-Profil-Bandschleifen (n)**
Bandschleifverfahren mit profilierter Kontaktrolle, bei dem der Vorschubgeschwindigkeitsvektor und die Kontaktrollenachse parallel zur Werkstückoberfläche und orthogonal zueinander sind.

peripheral belt longitudinal profile external grinding
Belt grinding process with a profiled contact shoe where the workspeed direction and the contact roll axis are parallel to the workpiece surface and orthogonal to each other.

rectification intérieure en plongée par bande abrasive tangeante (f)
Procédé de rectification à la bande abrasive pour la rectification intérieure de pièces cylindriques dans lequel la direction du mouvement d'avance est orthogonale à l'axe de la roue de contact et à l'axe de la pièce.

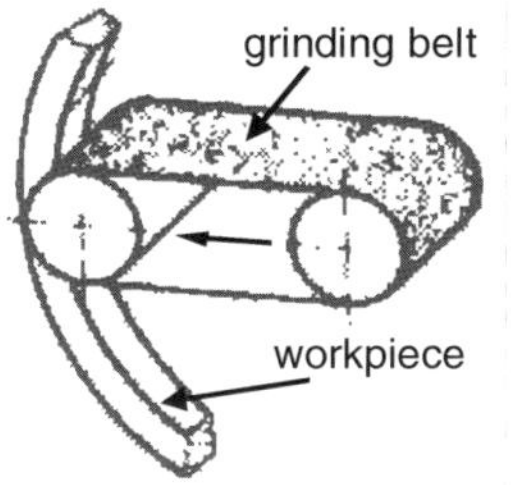

rectification cylindrique intérieure par surfaçage à la bande abrasive (f)
Procédé de rectification à la bande abrasive avec patin de contact de surfaces cylindriques intérieures dans lequel la direction de la vitesse de travail est parallèle aux axes des poulies de guidage et orthogonale à l'axe de la pièce.

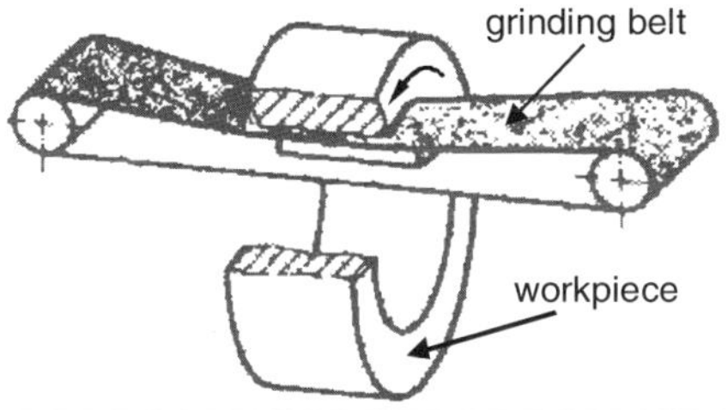

rectification cylindrique intérieure en plongée par surfaçage à la bande abrasive (f)
Procédé de rectification à la bande abrasive avec patin de contact de surfaces intérieures dans lequel la direction du mouvement d'avance, la direction des axes des poulies de guidage et l'axe de la pièce sont orthogonaux deux à deux.

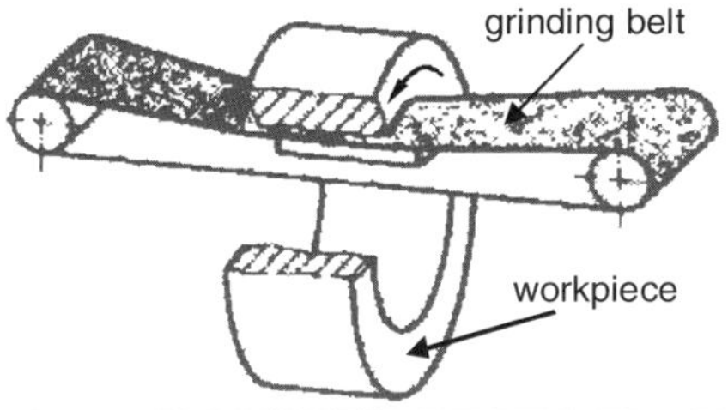

rectification extérieure de profil en chariotage par bande abrasive tangeante (f)
Procédé de rectification à la bande abrasive avec un patin de contact profilé dans lequel la direction de la vitesse de travail et l'axe de la roue de contact sont parallèles à la surface de la pièce et orthogonaux entre eux.

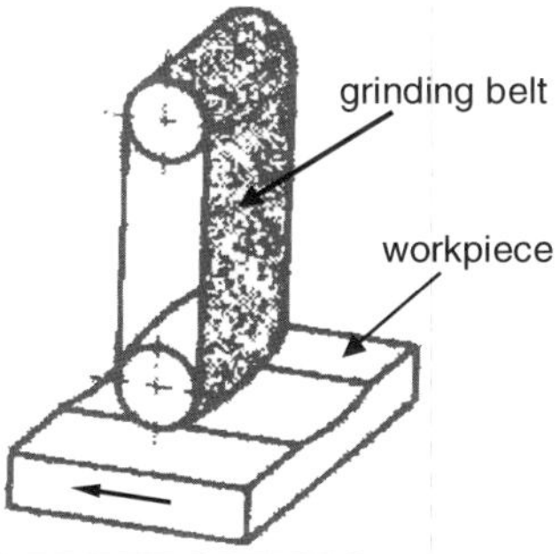

2.2.16 **Quer-Umfangs-Außen-Profil-Bandschleifen (n)**
Bandschleifverfahren mit profilierter Kontaktrolle für die Mantelfläche zylindrischer Werkstücke, bei dem der Vorschubgeschwindigkeitsvektor orthogonal zu Kontaktrollenachse und Werkstückachse ist.

peripheral belt plunge profile external grinding
Belt grinding process with a profiled contact roll for external cylindrical workpiece surfaces where the feed direction, the contact roll axis and the workpiece axis are orthogonal to each other.

2.2.17 **Längs-Seiten-Außen-Profil-Bandschleifen (n)**
Bandschleifverfahren mit profiliertem Kontaktschuh, bei dem der Vorschubgeschwindigkeitsvektor und die Umlenkrollenachsen parallel zur Werkstückoberfläche und orthogonal zueinander sind.

face belt longitudinal profile grinding
Belt grinding process with a profiled contact shoe where the workspeed direction and the guide roll axis are parallel to the workpiece surface and orthogonal to each other.

2.2.18 **Quer-Seiten-Außen-Profil-Bandschleifen (n)**
Bandschleifverfahren mit profiliertem Kontaktschuh, bei dem der Vorschubgeschwindigkeitsvektor orthogonal zu den Umlenkrollenachsen und zur Werkstückoberfläche ist.

face belt plunge profile grinding
Belt grinding process with a profiled contact shoe where the feed direction is orthogonal to the guide roll axis and to the workpiece surface.

rectification extérieure de profil en plongée par bande abrasive tangeante (f)
Procédé de rectification à la bande abrasive avec une roue de contact profilée de surfaces cylindriques, dans lequel la direction du mouvement d'avance, l'axe de la roue de contact et l'axe de la pièce sont orthogonaux deux à deux.

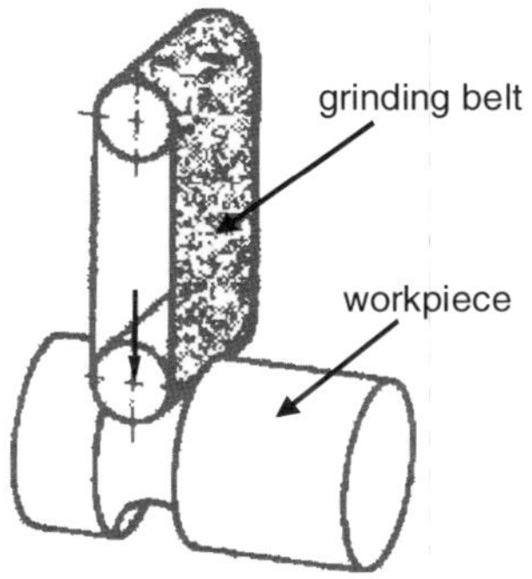

rectification de profil en chariotage par surfaçage à la bande abrasive (f)
Procédé de rectification à la bande abrasive avec un patin de contact profilé dans lequel la direction de travail et celle des axes des poulies de guidage sont parallèles à la surface de la pièce et orthogonales entre elles.

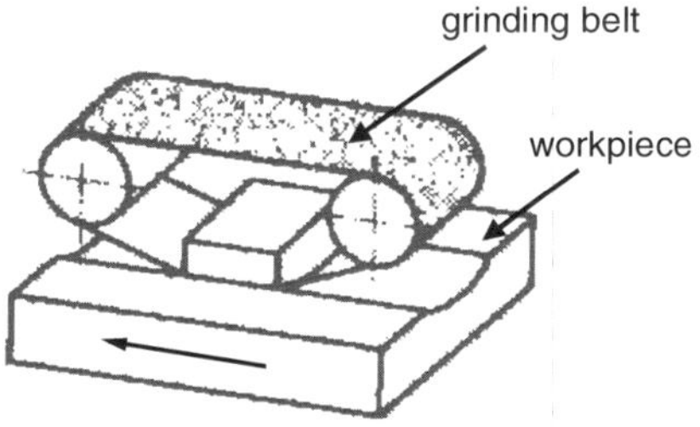

rectification de profil en plongée par surfaçage à la bande abrasive (f)
Procédé de rectification à la bande abrasive avec un patin de contact profilé dans lequel la direction du mouvement d'avance est orthogonale à celle des axes des poulies de guidage et à la surface de la pièce.

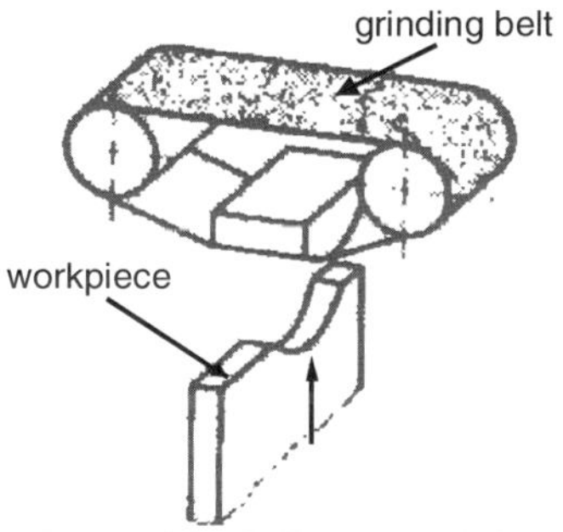

2.2.19 **Schräg-Umfangs-Außen-Profil-Bandschleifen (n)**
Bandschleifverfahren mit profilierter Kontaktrolle für zylindrische Werkstücke, bei dem der Vorschubgeschwindigkeitsvektor und die Werkstückachse parallel sind und schräg zur Kontaktrollenachse stehen.

peripheral belt angular profile external grinding
Belt grinding with a profiled contact roll for cylindrical workpieces where the feed direction is parallel (or orthogonal) to the workpiece axis which is inclined at an angle to the contact roll axis.

2.2.20 **Hochleistungsbandschleifen (n)**
Schleifverfahren, bei denen mit hohen Schnittgeschwindigkeiten große Zeitspanvolumina zerspant werden unter Verwendung zirkonoxidhaltiger Kornarten.

high rate belt grinding
Belt grinding process where by high belt speed, high material removal rates are achieved using zirconium oxide abrasives.

2.2.21 **Holzbearbeitung (f)**
In der Regel zur Erzeugung hoher Oberflächengüten eingesetzt unter Verwendung natürlicher Kornwerkstoffe wie Quarz, Flint, Schmirgel, Korund und Granat (Hart- und Edelhölzer).

woodworking
Natural abrasives are used in production for control of better surface quality such as quartz, flint, emery, corundum and garnet (hard and soft woods).

2.2.22 **Nassschliff (m)**
Bandschleifprozess unter Einsatz von Kühlschmierstoff.

wet grinding
Belt grinding process with application of coolant (grinding fluid).

2.2.23 **Norm (f)**
Allgemein anerkannte Konvention zur Beschreibung von Produkten, Verfahren und Werkstoffen; z.B. DIN, ISO, AFNOR, FEPA.

standard
Accepted convention to describe products, processes and materials, f.e. DIN, ISO, AFNOR, FEPA.

2.2.24 **Ölflutung (f)**
Kühlschmierstoffzufuhrverfahren bei dem durch den Einsatz großer Mengen für ein Überangebot von KSS im Bereich der Zerspanstelle gesorgt wird.

oil flow
Way of supplying cooling lubricant; large amounts of cooling lubricant ensure an oversupply in the zone of machining.

rectification extérieure de profil oblique par bande abrasive tangeante (f)
Procédé de rectification à la bande abrasive avec une roue de contact profilée de pièces cylindriques dans lequel la direction du mouvement d'avance est parallèle (ou orthogonale) à l'axe de la pièce et dans lequel l'axe de la pièce fait un angle avec l'axe de la roue de contact.

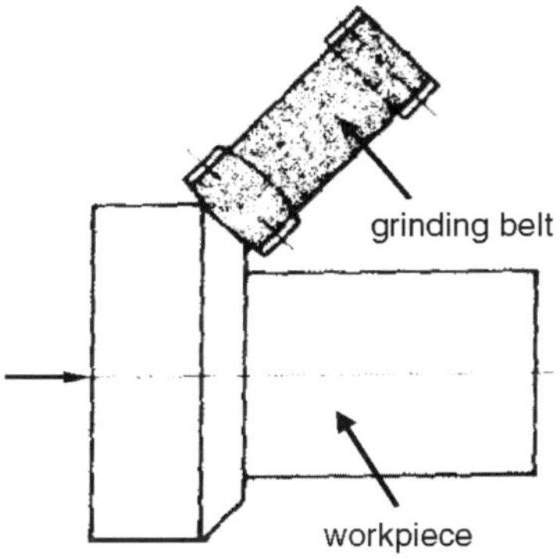

rectification à la bande abrasive à grand débit d'enlèvement de matière (f)
Procédé de rectification à la bande abrasive où les grains abrasifs sont en zircone (oxyde de zirconium, ZrO_2); des vitesses de bande élevées et des débits d'enlèvement de matière importants peuvent être atteints.

travail du bois (m)
Les abrasifs naturels sont utilisés en production pour assurer une meilleure qualité de surface: le quartz (matériau siliceux, SiO_2, qui est un composant du grès, du granit, du silex), le corindon (constitué de 90 à 94% d'alumine naturelle cristallisée, Al_2O_3) et l'émeri (35 à 70% d'alumine).

travail à la bande abrasive en mouillant (m)
Procédé de rectification à la bande abrasive avec application d'un agent de refroidissement (liquide de coupe).

norme (f)
Convention acceptée pour décrire des produits, des procédes et des matériaux; par exemple DIN, ISO, AFNOR, FEPA.

huilage forcé (m)
Procédé d'alimentation en lubrifiant; un excès de lubrifiant dans la zone de travail est assuré par l'utilisation d'une grande quantité de lubrifiant.

2.2.25 **Schärfen (n)**
Verfahren zur Wiederherstellung der Schneidfähigkeit von Schleifbändern durch Aufbrechen der durch Spanrückstände und Hilfsstoffe verkrusteten Schleifbandoberfläche und gezieltes Splittern der Körner.

sharpening
Process aimed at restoring the cutting efficiency of the abrasive belt through cleaning out the chip debris and residue encrusted in the suface of the abrasive belt and fracturing the abrasive grains.

2.2.26 **Schönschleifen (n)**
Schleifverfahren mit konstanter Anpresskraft, bei dem nicht das Erreichen von vorgegebenen Toleranzen, sondern die Oberflächenverfeinerung erreicht werden soll.

quality grinding
Grinding process with constant pressure force where the process continues until the specified tolerance for surface roughness has been achieved.

2.2.27 **Seitenschleifen (n)**
Allgemeine Bezeichnung für Schleifverfahren bei denen das Schleifband mit Kontaktschuhen, die zwischen den Umlenkrollen liegen, an die Werkstückoberfläche gebracht wird.

face grinding
General term for grinding processes with an abrasive belt using a contact shoe between the guide rolls to press the belt against the workpiece.

2.2.28 **Trockenschliff (m)**
Schleifprozess ohne den Einsatz von Kühlschmierstoff.

dry grinding
Grinding without coolant.

2.2.29 **Tuschieren (n)**
Schärfverfahren für Schleifbändern mit nur geringen Zustellungen.

touch sharpening
Sharpening process for an abrasive belt with only a small depth of removal.

2.2.30 **Anpressdruck p_n in N/mm² (m)**
Wesentlicher Prozessparameter beim Bandschleifen, der den Druck zwischen Werkstück und Werkzeug angibt.

normal pressure p_n
Process parameter in belt grinding ; the pressure between the workpiece and the belt

2.2.31 **Ausbrechwiderstand (m)**
Widerstand, der dem Ausbrechen des Kornes aus der Bindungsunterlage entgegengesetzt wird.

hardness
Measure of the resistance of the grains to break-out from the bond.

2.2.32 **Bandspannung (f)**
Vorspannung, mit der das Schleifband vorgespannt ist.

belt tension
The force with which the belt is tensioned.

2.2.33 **Bandsteifigkeit (f)**
Flexibilitätsgrad des Bandes, der die Anpassungsfähigkeit an das Werkstück bestimmt.

belt stiffness
Flexibilty grade of the belts by which the wokpiece tolerances are determined.

dressage de la bande abrasive (m)
Procédé visant à restaurer la capacité de coupe de la bande abrasive, en éliminant l'encrassenment dû aux débrits de copeaux et résidus incrustés à la surface de la bande abrasive, et en fragmentant les grains abrasifs (micro-fragmentation).

rectication de précision (f)
Procédé d'abrasion à la force de pression normale constante dans lequel l'action de l'outil se poursuit jusqu'à ce que la tolérance spécifiée pour la rugosité de la surface ait éte obtenue.

surfaçage à la bande abrasive (m)
Terme général employé pour désigner les procédés de travail à la bande abrasive dans lesquels un patin de contact situé entre les poulies de guidage est utilisé pour exercer la force de pression entre la bande et la pièce.

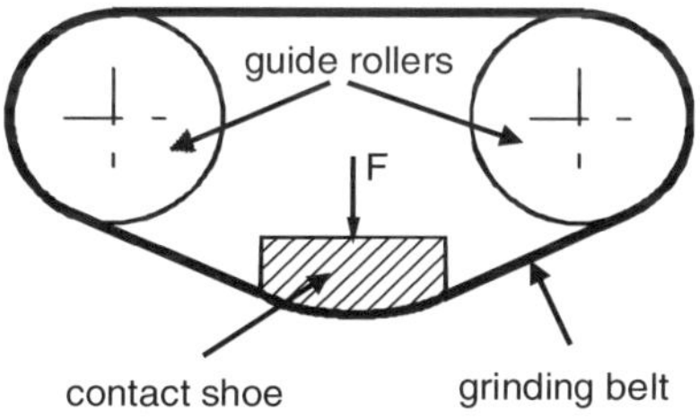

rectification à sec (f)
Rectification sans lubrifiant.

bouchonnement (m)
Procédé de dressage des bandes abrasives caractérisé par une faible profondeur réelle de passe.

pression normale p_n (f)
La pression normale est un paramètre du procédé d'abrasion à la bande abrasive; c'est la pression entre la pièce et la bande.

dureté (f), (grade (m))
Par dureté, on désigne la résistance mécanique que le liant oppose au détachement des grains.

tension de la bande (f)
C'est la force avec laquelle la bande est tendue.

raideur de la bande (f)
Nuance de souplesse des bandes permettant d'obtenir des pièces de tolérances dimensionnelles déterminées.

2.2.34 **Selbstschärfeffekt (m)**
Erhalt der Schneidfähigkeit des Schleifbandes durch Splittern der Schleifmittelkörner durch die im Prozess auftretenden Schleifkräfte.

self-sharpening effect
Increase in cutting efficiency of the abrasive belt through splitting of the abrasive grains in the grinding process as a result of the grinding forces.

2.2.35 **Standzeitverhalten (n)**
Beschreibung des Verschleißverhaltens des Schleifbandes über das Zerspanungsvolumen.

tool-life behaviour
The nature of the wear behaviour of the abrasive belt with volume of material removed in grinding.

2.2.36 **Standzeit (f)**
Zeitraum bzw. Zerspanungsvolumen, über das das Schleifband ohne Werkzeugaufbereitung eingesetzt werden kann.

tool-life
The time period or volume of material removed over an abrasive belt without requiring resharpening.

2.2.37 **Tischgeschwindigkeit v_w (f)**
Verfahrgeschwindigkeit, mit dem sich der Werkstücktisch bewegt; bei stehendem Schleifwerkzeug gleich der Vorschubgeschwindigkeit.

table speed or workspeed v_w
The surface speed of the work-table.

2.2.38 **Zustellung a_e in mm (f)**
Betrag, um den das Schleifwerkzeug in Richtung des Werkstückes pro Arbeitsgang bewegt wird.

real depth of cut a_e (Not the same as the set depth of cut)
The depth of material actually being removed from the workpiece at a point in time during grinding.

2.2.39 **Bindemittel (n), synthetisch**
Kunstharze oder Lacke, die das Schleifkorn mit dem Schleifmittelträger, hier Schleifband, verbinden.

synthetic bond
Synthetic resinoid material or lacquer which binds the abrasive grains to the belt.

2.2.40 **Bindung (f)**
Verbindet die Unterlage mit den Schleifmittelkörnern zu einem festen Verband; siehe auch Grundbindung und Deckschicht.

bond
The material which bonds the abrasive grains to the backing material of the belt. See also base bond and top bond layer.

autoaffûtage (m)
Augmentation du pouvoir coupant de la bande abrasive par le clivage des grains abrasifs résultant des pressions mises en jeu pendant le procédé de rectification.

durée de viel de l'outil (f)
Décrit l'usure de l'outil en fonction du volume débité.

durée de vie de l'outil (f)
C'est la durée d'utilisation d'une bande abrasive ou le volume de matière enlevée sans exiger de réaffûtage.

vitesse de la table porte-pièce v_w (f)
C'est la vitesse de déplacement de la table porte-pièce.

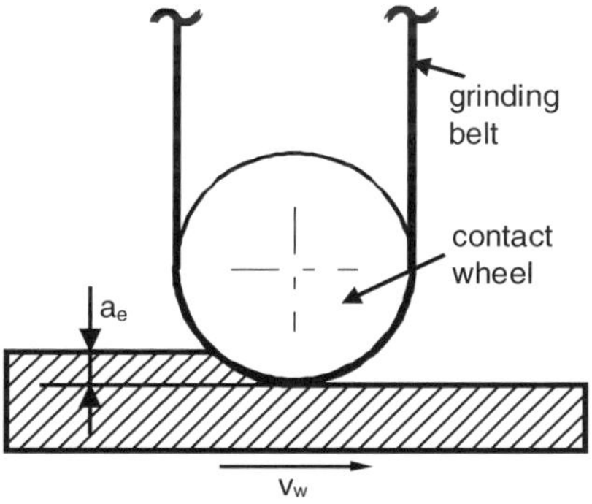

profondeur réelle de passe (coupe) a_e (f) (différente de la profondeur sur laquelle l'outil a été réglé)
C'est l'épaisseur de matière qui a été effectivement enlevée sur la pièce en un point en fonction du temps pendant la rectification.

liant synthétique (m)
C'est un matériau résinoïde de synthèse ou un vernis qui lie les grains d'abrasifs à la bande.

liant (m), agglomérant (m)
C'est le matériau qui assure l'ancrage des grains abrasifs au matériau du support de la bande. Voir aussi: Couche d'encollage du support et couche d'encollage des grains abrasifs.

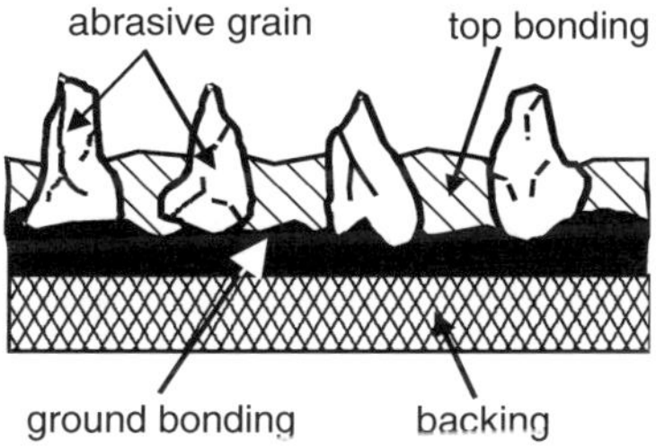

2.2.41 **Bindungsarten**
Die Bindungen werden nach Zusammensetzung von Grund- und Deckbindung unterschieden in Naturleimbindung, Teilkunstharzbindungen und Vollkunstharzbindungen.

bond types
Base bonding materials and top bonding layers in general may be classified into natural, part-resinoid and resinoid.

2.2.42 **Bindungsmasse m_B (f)**
Gewichtsanteil der Bindung am gesamten Schleifmittelgewicht.

bond mass m_B
The part of the mass comprising the bond over the total abrasive material mass.

2.2.43 **Breitband (n)**
Schleifbänder mit Breiten über 500 mm.

wide belts
Abrasive belts with a width greater than 500 mm.

2.2.44 **Deckbindung (f)**
Auch Sekundärbindung; Bindet die auf die Grundbindung aufgetragenen Körner, *s. Bild 2.2.40.*

top bond layer or top bonding
Also secondary bond; bond laid over the base bond material attaching the grains to the backing material, *see figure 2.2.40.*

2.2.45 **elektrostatische Streuung (f)**
Verfahren der Schleifkornaufbringung, bei dem das elektrostatisch geladene Schleifband an den losen Körnern vorbeigeführt wird. Durch die Wirkung des elektrostatischen Feldes werden die Körner nach oben gezogen und in den Grundbinder eingebettet. Die senkrecht zur Bandebene verlaufende Längsachse der Körner bewirkt eine sehr viel größere Schnittschärfe des Bandes.

electro-static coating
Process of arranging the disposition of the lose grains with respect to the electro-statically charged abrasive belt . Through the influence of the electro-static fields the grains are embedded in the base bond and stand up from the surface. The grains pointing vertically outwards on the long axis of the grains creates a much sharper cutting surface on the belt.

2.2.46 **Fiber (m)**
Werkstoff für die Herstellung von besonders strapazierbaren Schleifmittelunterlagen.

fibre
Material for the production of a particularly tough belt backing.

2.2.47 **Flexen (n)**
Gezieltes Aufbrechen der Schleifkorneinbindung, um einen willkürlichen Kornausbruch beim Schleifen zu vermeiden.

flexures
Flexible backing material to avoid break-out of the bond from the belt and to avoid loss of abrasive grains.

types de liant (m)
Les matériaux de liants du support de la bande et des couches agglomérant les grains d'abrasifs peuvent être classés en liant naturels, en semi résines et résines.

masse d'agglomérant m_B
Proportion du poids du liant dans le poids total du matériel abrasif.

bandes de grande largeur (f)
Ce sont des bandes abrasives dont la largeur est supérieure à 500 mm.

couche d'encollage des grains abrasifs (f)
Appelé aussi liant secondaire, c'est la couche supérieure d'agglomérant qui est appliquée sur le liant de base et qui ancre les grains abrasifs au support, *voir figure 2.2.40.*

enrobement électrostatique
Procédé de disposition de grains abrasifs libres sur une bande chargée électrostatiquement. Les grains sont sous l'effet du champ électrostatique attirés vers le haut et s'incrustent dans le liant primaire. L'orientation de l'axe longitudinal des grains perpendiculairement à la surface de la bande entraine une augmentation du pouvoir coupant de la bande abrasive.

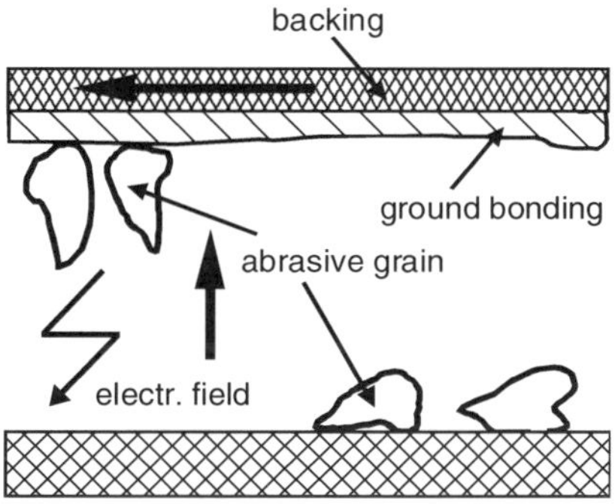

fibres (f)
Matériau qui permet de fabriquer des supports particulièrement résistants pour la confection de bandes abrasives.

matériaux flexibles (m)
Ce sont des matériaux flexibles de renforcement utilisés pour éviter la rupture du liant et le déchaussement de grains abrasifs.

2.2.48 **Flexungsarten**
Variation der Aufbrechungsarten der Schleifbänder, die nach dem Verlauf der Bruchlinien unterschieden werden.

flexure types
Variations of the failure directions of the abrasive belt depend on the flexure type.

2.2.49 **Gewebe (n)**
Spezielle Unterlagenart; Besteht in der Regel aus Baumwolle-, Rayon- oder Polyesterfasern.

fabric
Specifically the basic material, such as cotton, rayon, and polyester, used to manufacture the backing which forms the foundation for the abrasive layer.

2.2.50 **Grundbinder (m)**
Werkstoff, der für die Grundbindung verwendet wird. In der Regel Natur- bzw. Hautleim oder Kunstharze.

base binding
Material employed for the base bonding of the grains to the belt such as natural bond materials or synthetic resins.

2.2.51 **Grundbindung (f)**
Auch Primärbindung; Verbindet die Deckbindung mit der Unterlage, *s. Bild 2.2.40.*

base bond or ground bonding
Also primary bond; Binds the top bond layer to the backing, *see figure 2.2.40.*

2.2.52 **Hautleim (m)**
Natürliches Bindemittel; tierisches Produkt mit hydrophilem Charakter.

animal glue (insect resin = shellac)
Natural binding material; Animal product with hydrophilic character.

2.2.53 **Hilfsstoffe (m)**
In der Regel im Kühlschmierstoff eingesetzte Stoffe zur Senkung der Zerspanungstemperatur, Kühlung des Werkzeuges und Werkstückes, Offenhaltung des Schleifbandes und Bindung des gesundheitsschädlichen Schleifstaubes.

grinding fluid
Fluid applied to reduce the temperature of the grinding process, cool the abrasive belt and workpiece, flush away the grindinq debris and maintain the belt abrasive in a clean and efficient cutting condition.

2.2.54 **Kompaktkorn-Schleifband (n)**
Schleifband mit mehrlagigem Schleifbelag, bei dem die einzelnen Schleifkörner aus kleinen Schleifpartikeln zusammengesetzt sind.

compacted grain abrasive belt
Abrasive belt with a multi-layer abrasive coating where the individual abrasive grains are small particles bonded together.

types de matériaux flexibles (m)
Famille de matériaux flexibles dépendant des directions de défaillance d'une bande abrasive.

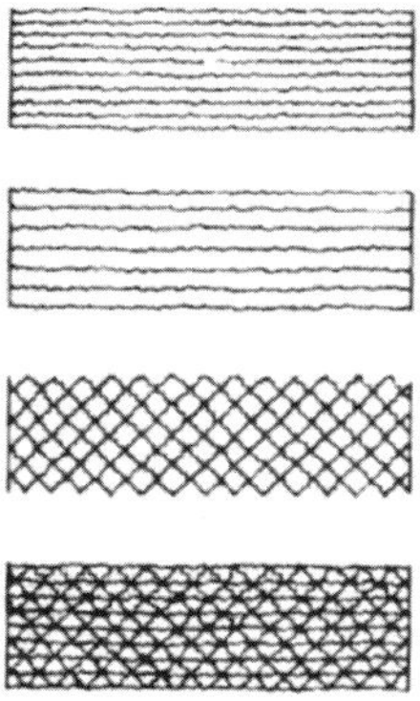

toile (f), tissu (m)
Précisément, c'est le matériau de base (coton, rayonne, polyester, ...) utilisé pour la fabrication du support et qui constitue le fond pour la couche abrasive.

liant de base (m)
C'est le matériau employé pour assurer l'adhérence de base des grains au support, tels que des liants naturels ou des résines de synthèse.

couche d'encollage du support (f)
Appelé aussi liant primaire; assure l'adhérence de la couche supérieure au support, *voir figure 2.2.40*.

colle animale (f) (ex.: sécrétion résineuse d'insectes: gomme-laque (f) ou shellac (m))
Liant naturel, produit d'origine animale présentant un caractère hydrophile.

liquide de meulage (m)
Fluide appliqué pour réduire la température dans la zone de travail, pour refroidir la bande abrasive et la pièce, pour chasser les débris d'abrasion et pour maintenir la bande abrasive dans un état de propreté et de capacité de coupe efficace.

bande abrasive à agrégats (f)
C'est une bande abrasive à revêtement abrasif multicouche, où les grains agrégats distribués sur le support encollé sont formés par plusieurs grains élémentaires préalablement agglomérés entre eux.

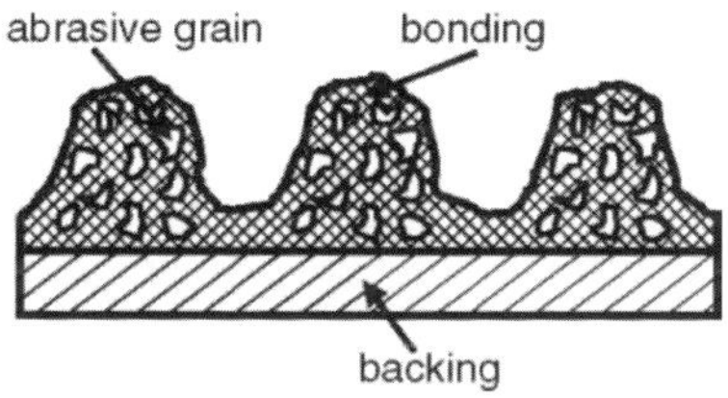

2.2.55 **Kornhohlkugel (f)**
Spez. Kornart, die durch Zerstäubung der flüssigen Kornwerkstoffschmelze hergestellt wird.

hollow ball abrasive
Special type of abrasive made by spraying the molten abrasive grain material.

2.2.56 **Lackharz (m)**
Synthetisches Bindemittel.

lacquer
Bonding resin.

2.2.57 **Lamellenschleifwerkzeug (n)**
Schleifwerkzeug mit einzeln auf dem Umfang angebrachten Schleifblättern nach DIN 69183 und DIN 69184.

lamellar abrasive tool
Abrasive tool with individual abrasive sheets attached radially around the periphery. (German standards DIN69183 and DIN69184)

2.2.58 **Polyestergewebe (n)**
Schleifmittelunterlage mit höchsten Zugfestigkeitswerten aus Kunstfaserwerkstoff.

polyester fabric
A particular type of synthetic fibre used for the backing material for abrasive belts with high tensile strength.

2.2.59 **Reißfestigkeit (f)**
Bezeichnet den Widerstand des Schleifbandes bzw. des Verschlusses gegen das Reißen durch die auftretenden Prozesskräfte.

tear resistance
Measure of the resistance of an abrasive belt to tearing as a result of the process forces.

2.2.60 **Schleifblatt (n)**
Schleifwerkzeug in Blattform (Schleifpapier); Wird in der Regel zur manuellen Oberflächenbearbeitung mit natürlichen Kornwerkstoffen eingesetzt.

abrasive sheets
Abrasive supplied in sheet form (abrasive paper). Often used with natural abrasive grain materials for manual surface preparation.

2.2.61 **Schleifhülse (f)**
Schleifmittel auf Unterlage nach DIN 69181.

abrasive casing
Material used as a foundation (German standard DIN 69181).

2.2.62 **Schleifkorn (n)**
Einzelnes Schleifmittelstück; Wird durch Kornwerkstoff und Korngröße (Körnung) beschrieben, *s. Bild 2.2.40*.

abrasive grain
Individual abrasive particle or grain, *see figure 2.2.40*.

abrasifs creux (m)
Type particulier d'abrasif obtenu par la pulvérisation à l'état fondu du matériau constituant l'abrasif.

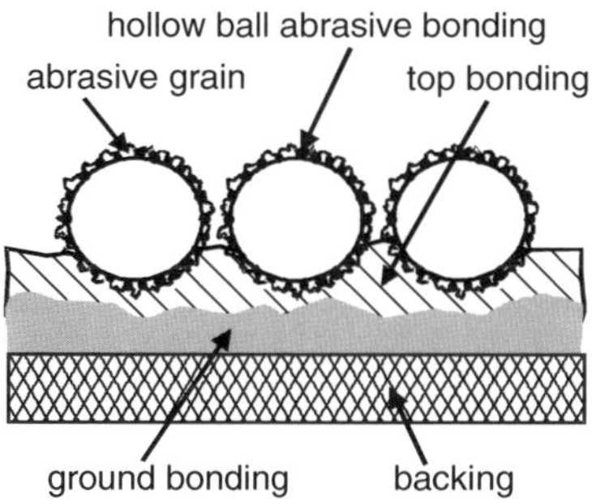

laque (f)
Liant à base de résine.

roue à lamelles (f)
Outil d'abrasion constitué de feuilles abrasives élémentaires disposées radialement à la périphérie d'un moyeu.

tissu en polyester (m)
Un type particulier de fibre synthétique à haute résistance à la traction, utilisé comme matériau de support pour les bandes abrasives.

résistance au déchirement (f)
Mesure de la résistance d'une bande abrasive à se déchirer sous l'effet des forces d'abrasion.

feuilles abrasives (f)
Abrasifs fournis sous la forme de feuilles (papier-émeri). Les feuilles abrasives constituées d'abrasifs naturels sont fréquemment utilisés pour des travaux de préparation de surfaces à la main.

manchon abrasif cylindrique (m)
(Norme allemande DIN 69181).

grains abrasifs (m)
C'est une particule abrasive élémentaire, *voir figure 2.2.40.*

2.2.63 **Schmirgel (m)**
Natürlicher Kornwerkstoff; Besteht aus Al_2O_3 und Eisenoxid Fe_2O_3 ; Wird in Schmirgelpapier und gummigebundenen Schleifmitteln, sowie lose zur Polierbearbeitung optischer Gläser eingesetzt.

emery
Natural abrasive material; Comprised of corundum and haematite or magnetite. Used in emery paper, and rubber bonded abrasives and also for free abrasive polishing of optical glass.

2.2.64 **Schwerkraftstreuung (f)**
Verfahren der Schleifkornaufbringung auf die mit der Grundbindung versehene Unterlage, bei dem die Körner von oben auf das durchlaufende Schleifband gestreut werden. Das flach liegende Korn ermöglicht durch den kleineren Spanraum nur geringere Schleifleistungen bei guten Oberflächen.

gravity coating
Method of scattering the abrasive grains on to the base bonding layer on the backing material to form an abrasive belt. The grains tending to fill up the surface chip space make it possible to achieve fine surface texture and reduced cutting efficiency.

2.2.65 **Trägermaterial (n)**
siehe Unterlage

carrier material
See backing material

2.2.66 **Unterlage (f)**
Trägermaterial für Schleifmittel auf Unterlage; Verwendung findet Papier, Gewebe, Vulkanfiber, oder Kombinationen dieser Werkstoffe, *s. Bild 2.2.40.*

backing material
Foundation material which carries the abrasive layers including the abrasive grains and the bonding layers; Examples of backing materials include paper, natural and synthetic fibre fabrics, and vulcanised fibres or combinations of these materials, *see figure 2.2.40.*

2.2.67 **Verschluss (m)**
Verbindungstelle, an der das noch offene Schleifband zu einem Endlosband verschlossen wird.

join
The join which makes an open length of belt into an endless belt.

emeri (m)
L'emeri est un matériau abrasif naturel, composé d'alumine naturelle cristallisée (Al_2O_3), de silice (SiO_2) et d'hématite (Fe_2O_3) ou de magnétite (Fe_3O_4). Il est utilisé pour la confection du papier émeri, de meules à liant caoutchouc, et aussi comme abrasif libre pour des opérations de polissage du verre optique.

application par gravité (f)
C'est un modèle d'élaboration des bandes abrasives par distribution des grains abrasifs sur la couche de liant d'encollage du support. Les grains tendent à occuper toute la surface, ce qui permet de réaliser des structures de surface fines et par suite des pouvoirs de coupes plus faibles.

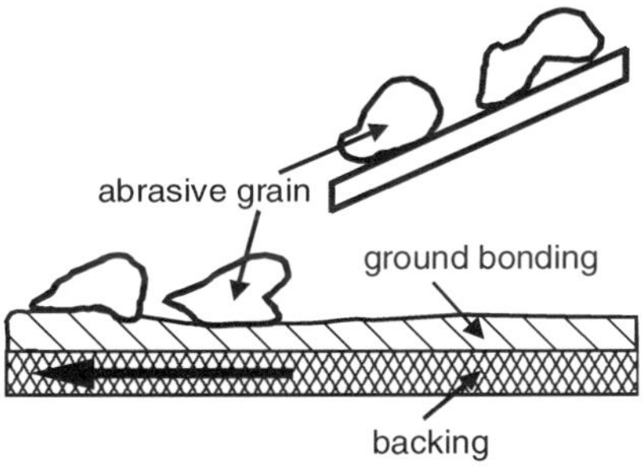

matériau de support (m)
Voir matériau de support

matériau de support (m)
Il s'agit du matériau du fond qui porte les couches abrasives comprenant les grains abrasifs et les couches de liant. Le papier, les tissus en fibres naturelles et synthétiques, les fibres vulcanisées, ou des combinaisons de ces matières sont des exemples de matériaux pour support de bande abrasive, *voir figure 2.2.40.*

joint (m)
Le joint constitue un intervalle ouvert dans une bande sans fin.

2.2.68 **Verschlussart (f)**
Gebräuchliche Verschlussarten sind Standard-Lappverschluss (mit und ohne entfernten Körnern), gerader Stoßverschluss und Fingerschnitt-Stoßverschluss, siehe auch Verschluss.

types of join
Common types of join are standard connections (with or without removed grains), rectangular connections and meander connections; see also join.

2.2.69 **Wärmebeständigkeit (f)**
Beschreibt die Resistenz von Kornwerkstoffen, Bindungs- und Unterlagematerialen gegenüber den im Schleifprozess enstehenden Wärmemengen.

heat resistance
Describes the resistance of the grain, bond and backing material to heat generated in the grinding process.

2.2.70 **Kontaktelement (n)**
Unterstützt das Schleifband in der Eingriffszone; In der Regel als Kontaktscheibe (Umfangsschleifen) oder Kontaktschuh (Seitenschleifen).

contact element
An element which supports and applies the normal pressure force to the abrasive belt in the grinding contact zone; contact wheel or contact roll for peripheral grinding and contact shoe for side grinding.

2.2.71 **Kontaktrolle (f)**
Überträgt den Anpressdruck beim Umfangsschleifen auf das Schleifband.

contact roll
A roll which applies the normal pressure force in peripheral grinding to the abrasive belt against the workpiece.

types de joint (m)
Suivant la nature du support, la grosseur des grains, les dimensions et l'utilisation de la bande, trois types principaux de joints sont employés: le joint à recouvrement, le joint à recouvrement meulé, le joint bord à bord.

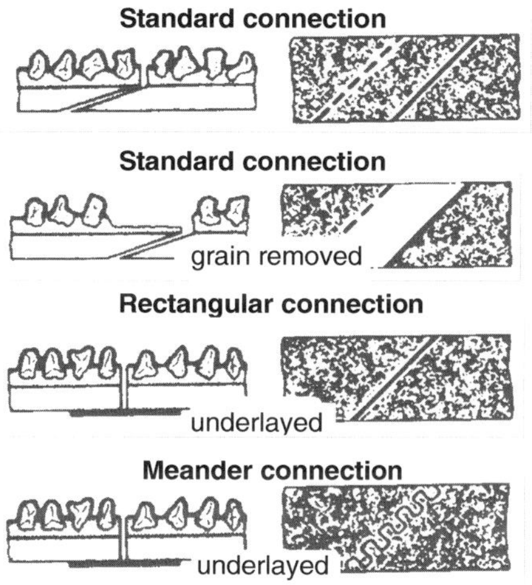

résistance à la chaleur (f)
Elle décrit la résistance à la chaleur engendrée par le procédé d'abrasion, du grain, du liant et du matériau de support.

elément de contact (m)
C'est un élément qui supporte et qui applique la force de pression normale à la bande abrasive dans la zone de travail; c'est une roue de contact ou un rouleau de contact pour le travail tangeantiel, et un patin de contact pour le travail latéral.

cylindre de contact (m)
C'est un rouleau qui applique la force de pression normale à la bande abrasive sur la pièce lors d'un travail tangeantiel.

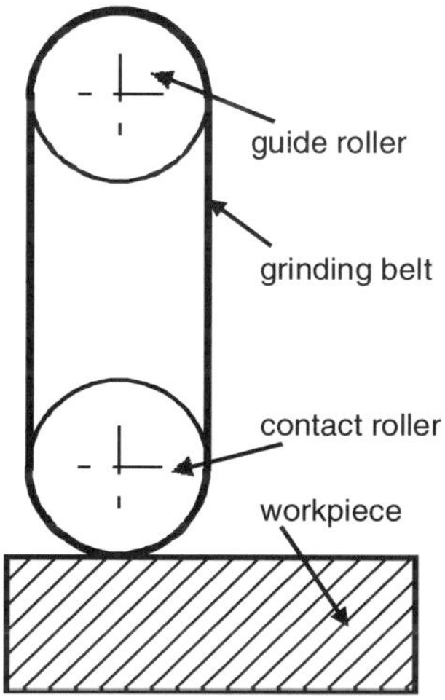

2.2.72 **Kontaktscheibe (f)**
Scheibe, die das Schleifmittel aufgrund der zu geringen Eigensteifigkeit stützt und somit den Anpressdruck auf das Schleifmittel überträgt.

contact wheel
A wheel which applies the normal pressure force to the abrasive belt against the workpiece.

2.2.73 **Kontaktschuh (m)**
Überträgt den Anpressdruck beim Seitenschleifen auf das Schleifband.

contact shoe
A pad which applies the normal pressure force to the abrasive belt against the workpiece.

2.2.74 **Laufpolsterbelag (m)**
In der Härte wählbarer Belag der Kontaktelemente aus Gummi, Kunststoff oder Gewebe.

support pad coating
The surface coating of the contact element, rubber, plastic or fabric.

2.2.75 **Stützplatte (f)**
Feststehende Platte, die das Schleifband zwischen den Umlenkrollen abstützt, um das Nachgeben des Schleifbandes zu verhindern.

support plate
Fixed plate located between the two guide rolls which provides support to constrain the position of the abrasive belt.

roue de contact (f)
C'est une roue qui applique la force de pression normale à la bande abrasive sur la pièce.

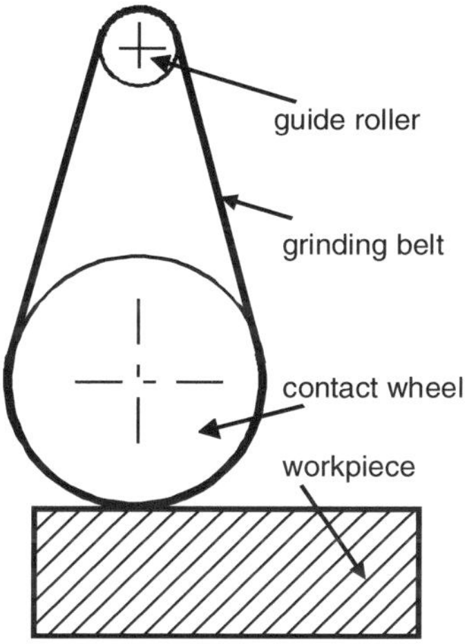

patin de contact (m)
C'est un coussinet qui applique la force de pression normale à la bande abrasive sur la pièce.

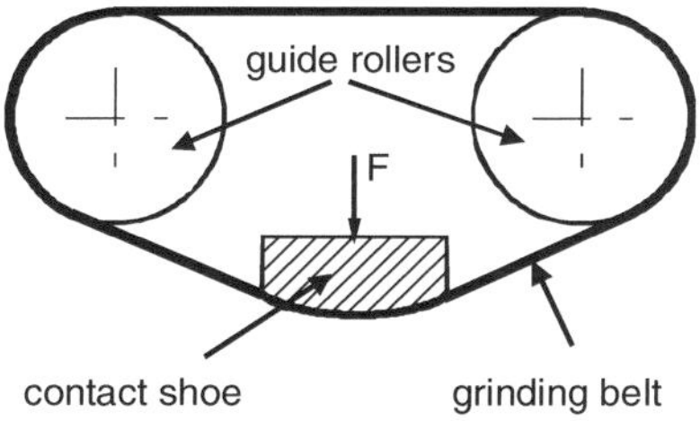

revêtement du patin d'appui (m)
C'est le revêtement de la surface de l'élément de contact, qui peut être soit du caoutchouc, du plastique (ex.: Polyuréthane), ou du tissu (ex.: feutre).

platine (f), plaque d'appui (f)
Plaque fixe située entre les deux rouleaux de guidage et qui joue le rôle de butée pour limiter la position de la bande abrasive.

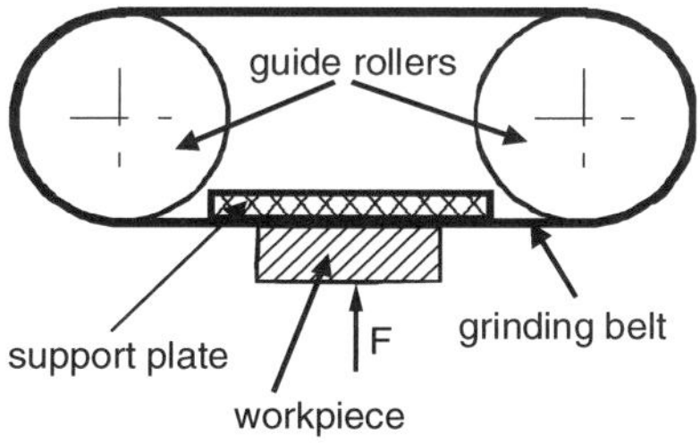

2.2.76 **Umlenkrolle (f)**
Rolle, an der das endlos umlaufende Schleifband umgelenkt und ggf. vorgespannt wird.

guide roll
A roll which guides the endless belt around its periphery and provides tension to the belt.

2.2.77 **Randzonenschädigung (f)**
Thermische Schädigung der Bereiche in Nähe der Werkstückoberfläche durch zu große, im Schleifprozess eingebrachte Wärmemengen; In der Regel Gefügeveränderung, Anlaufen und Neuhärtung.

damage of the external zone
Thermal damage of the zones near the workpiece surface caused by too high heat generation within the grinding process; normally leading to a change in crystalstructure, oxidation and hardening.

2.2.78 **Verschleiß (m), abrasiver**
Durch die gute Korneinbindung im Schleifband dominierende Verschleißart dieses Verfahrens, bei der am einzelnen Korn durch die abrasive (abtragende) Wirkung des Werkstoffes Partikel abgetrennt werden, bis diese so stumpf sind, dass sie mit dem Werkstoff nicht mehr in Eingriff kommen oder aufgrund der steigenden Schnittkräfte ausbrechen.

wear, abrasive
Main type of wear within this kind of process because of the good grain integration in the belt; the abrasive effect of the workpiece material seperates particles from a single grain until it gets so blunt, that it is not able to cut any workpiece material, or breaks out as a result of the increasing cutting forces.

2.2.79 **Wirkrautiefe (f)**
Maß für die Oberflächenrauheit des Schleifbandes. Große Wirkrautiefen ermöglichen größere Zeitspanvolumina bei schlechteren Oberflächenwerten.

effective peak-to-valley height
Dimension of surface roughness of the grinding belt. Large effective peak-to-valley heights allow bigger material removal rates accompanied by worse surface values.

rouleau de guidage (m), poulie de guidage (f)
C'est un rouleau qui a pour rôle de guider la bande sans fin autour de sa périphérie et qui donne la tension à la bande.

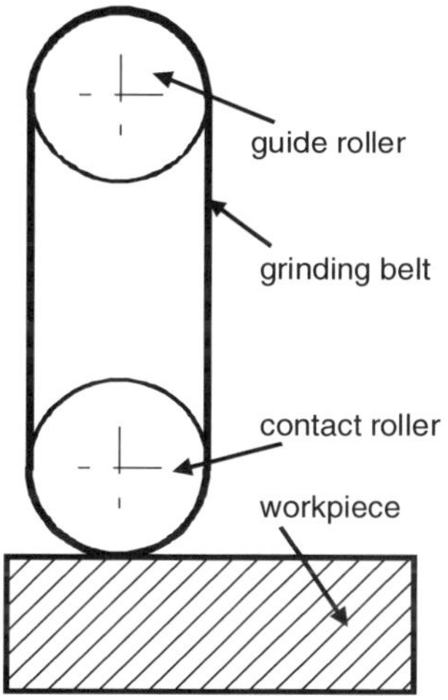

endommagement des zones externes (m)
Endomagement thermique des zones a proximité de la surface de la pièce dû a un apport de chaleur trop important pendant la rectification qui conduit à une modification de la structure cristalline, une oxydation et un durcissement.

usure, abrasive (f)
Type principal d'usure pour ce procédé dû à la bonne agglomération des grains abrasifs sur la bande. L'effet abrasif du matériau de la pièce provoque une érosion des grains abrasifs jusqu'à ce qu'ils soient trop émoussés pour couper la pièce, ou cassent suite à l'augmentation des forces de coupe.

rugosité effective (f)
Mesure pour la rugosité de surface de la bande abrasive. Une rugosité effective élevée permet un haut débit d' enlèvement de matière pour des valeurs de surfaces plus mauvaises.

2.3.1 **Honen (n)**
Spanen mit geometrisch unbestimmten Schneiden, wobei die vielschneidigen Werkzeuge eine aus zwei Komponenten bestehende Schnittbewegung ausführen, von denen mindestens eine Komponente hin- und hergehend ist, so dass die bearbeitete Oberfläche sich definiert überkreuzende Spuren aufweist.

honing
Abrasive machining with geometrically undefined abrasive cutting edges whereby the multi-cutting point honing stones describe at least two components of motion backwards and forwards while the workpiece rotates so that the path on the machined surface criss-crosses.

2.3.2 **Außenhonen (n)**
Honen von Außenflächen.

external honing
Honing of external surfaces.

2.3.3 **Formhonen (n)**
Honen mit gesteuerter Vorschubbewegung zur Generierung unregelmäßiger Oberflächen.

form honing
Honing with a controlled feed motion to generate a form.

2.3.4 **Innenhonen (n)**
Honen von Innenflächen.

internal honing
Honing of internal surfaces.

2.3.5 **Kurzhubhonen (n)**
Honen, bei dem die Schnittbewegung aus einer Dreh- oder Hubbewegung sowie einer überlagerten, kurzhubigen Oszillationsbewegung gebildet wird.

shortstroke honing
Honing where the linear or rotary motion is of a short oscillatory nature.

2.3.6 **Langhubhonen (n)**
Honen, bei dem die Schnittbewegung aus einer Drehbewegung und einer langhubigen Hin- und Herbewegung gebildet wird.

longitudinal stroke honing
Honing where the cutting motion consists of a rotary motion and reciprocating longitudinal strokes.

2.3.7 **Planhonen (n)**
Honen zur Erzeugung ebener Flächen.

face honing
Honing to achieve a flat surface.

rodage (honage) (m)
Procédé utilisant des pierres-bâtons ayant des arêtes coupantes à la géométrie indéterminée, au moyen duquel, les pierres (aux contacts multiples avec la pièce) et la pièce sont animées de deux mouvements simultanés qui sont d'habitude la rotation pour la pièce et le va-et-vient pour la tête à honer. Ceci impose sur la surface les trajectoires entrecroisées.

rodage externe (m)
Rodage des surfaces externes.

rodage de forme (m)
Rodage avec mouvement de l'avance contrôlée pour générer la forme déterminée de la surface.

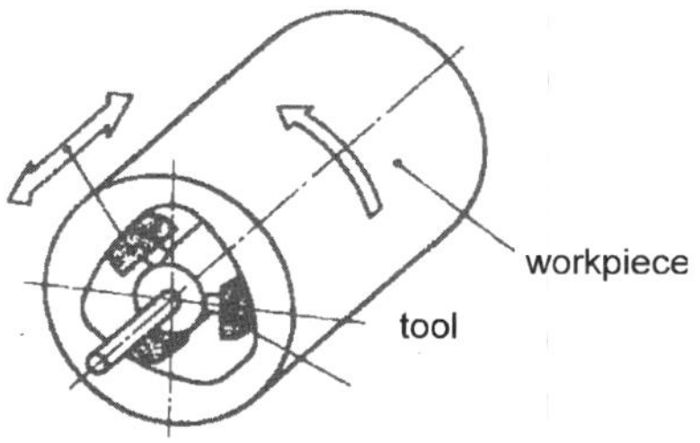

rodage interne (m)
Rodage des surfaces internes.

rodage à faible course (m)
Rodage où les mouvements linéaires ou rotatifs sont de nature oscillatoire à faible course.

rodage à course longitudinale (m)
Rodage où les mouvements de coupe sont la rotation et le mouvement alternatif (va-et-vient) longitudinal.

rodage de la surface (m)
Rodage où les mouvements de coupe sont la rotation et le mouvement alternatif (va-et-vient) longitudinal.

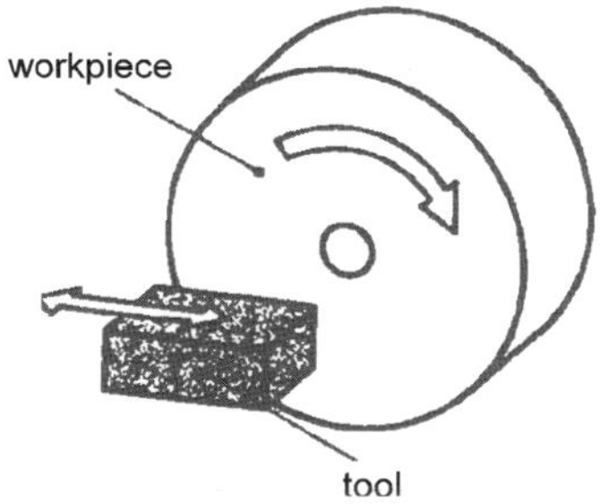

2.3.8 **Plateauhonen (n)**
Spezielles Honverfahren, das eine spezielle Oberflächenstruktur des Werkstückes erzeugt, die sich durch periodisch auftretende, tiefe Honspuren mit dazwischen liegenden feinen Tragflächen auszeichnet.

plateau honing
A honing process to achieve a special workpiece surface topography where the tops of the ridges formed by the previous surface machining are removed thus forming plateaus.

2.3.9 **Profilhonen (n)**
Honen, bei dem das Werkzeugprofil auf dem Werkstück abgebildet wird.

profile honing
Honing where the workpiece profile follows the form of the honing stones.

2.3.10 **Rundhonen (n)**
Honen zur Erzeugung kreiszylindrischer Flächen.

bore honing
Honing to produce a cylindrical surface.

2.3.11 **Schraubhonen (n)**
Honen zur Erzeugung von Schraubenflächen, z.B. Gewinden.

screw honing
Honing to produce a screw surface, e.g. a thread.

2.3.12 **Verzahnungshonen (n)**
Variante des Honens, bei der ein innen-/außenverzahnter Honring unter einem Achskreuzwinkel mit einem Stirnrad gepaart wird und einen Abtrag auf den Zahnflanken realisiert.

gear honing
Variant of honing where either an internal or external gear tooth shaped hone is reciprocated and rotated in mesh with the gear to be honed in order to generate the correct tooth flank profiles of the gear.

rodage à plateau (m)
Rodage pour obtenir la surface de la pièce en forme de plateau par enlèvement des sommets des crêtes dues à l'usinage précédent.

rodage de profil (m)
Opération de rodage dans laquelle le profil de l'outil (pierres-bâtons) correspond au profil à réaliser.

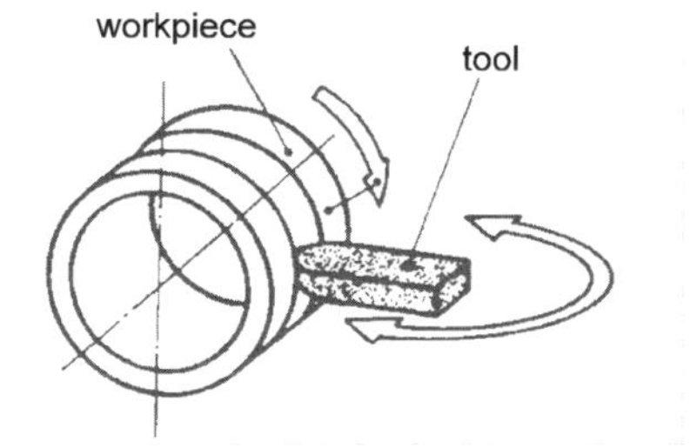

rodage des alésages (m)
Opération de rodage qui permet d'obtenir la surface filetée (e.g. filetage).

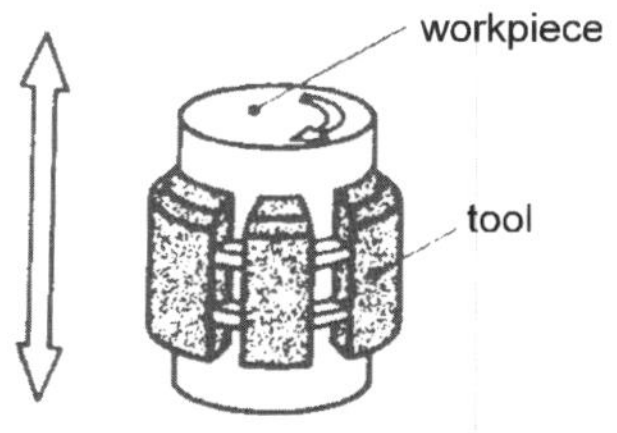

rodage de filets (m)
Opération de rodage qui permet d'obtenir la surface filetée (exemple un filetage).

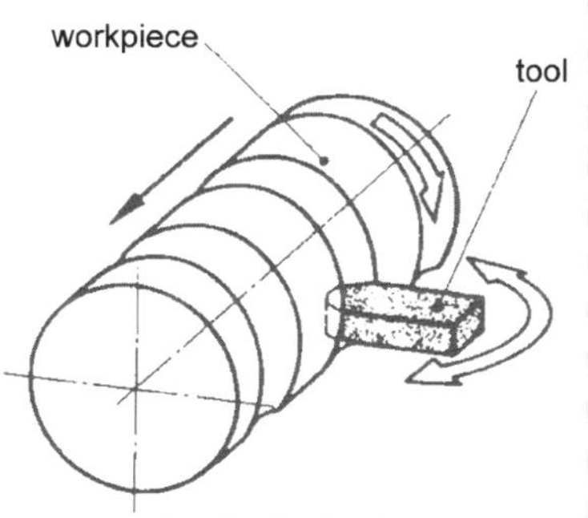

rodage des engrenages (m)
Variante de l'opération de rodage où chaque flanc interne ou externe de la denture (dont le profil est en développante de cercle ou en développante corrigée) est usiné avec un outil en forme de pignon animé d'un mouvement de rotation et d'un déplacement alternatif, parallèle à l'axe de l'engrenage.

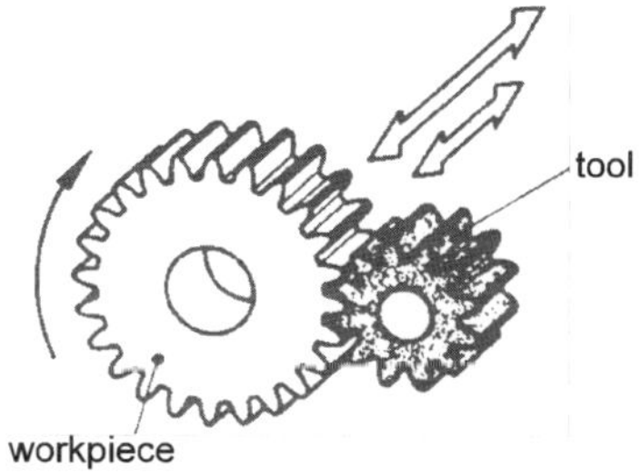

2.3.13 **Wälzhonen (n)**
Honen zur Erzeugung von Flächen, die aus einem Bezugsprofilwerkzeug im Abwälzverfahren entstehen.

hob honing
Honing where the basic workpiece profile is generated in consequence of a hobbing motion.

2.3.14 **Anpressdruck der Honleiste p_n (m)**
Druck, mit dem das Honwerkzeug auf das Werkstück gedrückt wird.

honing pressure p_n
Pressure with which the honing stones are pressed against the workpiece.

2.3.15 **Anpressfläche der Honleiste (f)**
Werkzeugfläche, die im Kontakt mit dem Werkstück ist.

contact surface of the honing stone
The working face of the honing stone which is in contact with the workpiece.

2.3.16 **Doppelhubzahl i_{DH} (f)**
Frequenz der oszillierenden Bewegungen der Honleiste.

number of return strokes i_{DH}
The number of strokes corresponding to the number of complete stroke reciprocations of the honing stones.

2.3.17 **Honleistenschraubwinkel ϱ (m)**
Winkel zwischen der Bewegungsrichtung der Honleiste und der Werkstückachse.

honing helix angle ϱ
The angle between the direction of stone movement and the workpiece axis.

2.3.18 **Honzeit t_h (f)**
Ist die für die Erzeugung einer vorgegebenen Maßgenauigkeit und Oberflächenstruktur mittels dem Honen benötigte Zeit.

honing time t_h
Is the honing time required to achieve the size, shape and roughness tolerances.

2.3.19 **Hublänge l_H (f)**
Geometrische Länge zwischen den Umkehrpunkten des Honwerkzeuges.

stroke length l_H
Is the distance between the points of reversal for the stroking motion of the honing tool.

2.3.20 **Kippwinkel beim Honen φ (m)**
Winkel, der beim Langhubhonen zwischen Werkstück- und Honahlenachse gebildet wird.

tilt or taper angle in honing φ
Angle in longitudinal stroke honing between the workpiece and the hone axis.

2.3.21 **Kreuzungswinkel α (m)**
Winkel, unter dem sich die einzelnen Bearbeitungsspuren an der Werkstückoberfläche kreuzen.

cross hatch angle α
Angle at which the honing marks cross on the workpiece surface.

2.3.22 **wirksame Leistenlänge l_{wirk} (f)**
Anteil der Leistenlänge, der je Hub einen Punkt auf der Werkstückoberfläche überstreicht.

effective working length l_{wirk}
The part of the working length of each stroke a point on the workpiece surface is in contact with a stone.

2.3.23 **Oszillationslänge l_o (f)**
Amplitude der Schwingung beim Kurzhubhonen.

oscillation length l_o
Amplitude of the oscillation in short stroke honing.

2.3.24 **Oszillationsweg y (m)**
Momentanwert der Oszillation, entspricht dem aktuellen Abstand der Honleiste zur Mittelstellung der Oszillation.

oscillation distance y
Instantaneous value of the oscillation distance, corresponding to the actual distance of the honing stone from the mid-point of the oscillation.

rodage par génération (m)
Rodage où le profile de la pièce à usiner est obtenu par le mouvement de génération.

pression de rodage p_n (f)
Pression avec laquelle les pierres bâtons sont pressées contre la surface de la pièce à usiner.

surface de contact des pierres bâtons (f)
Surface de travail des pierres bâtons qui est en contact avec la pièce à usiner.

nombre de va-et-vient i_{DH} (m)
Le nombre de va-et-vient des pierres bâtons.

angle d'hélice de rodage ϱ (m)
L'angle entre la direction des pierres bâtons et l'axe de la pièce à usiner.

temps de rodage t_h (m)
Temps nécessaire pour atteindre la tolérance de dimension, de forme et de rugosité de la pièce à usiner.

longueur de course l_H (f)
Longueur du mouvement de va-et-vient.

angle d'inclinaison ou angle d'entrée φ (m)
Angle entre la pièce à usiner et l'axe des pierres bâtons défini dans le rodage longitudinal.

angle des trajectoires entrecroisées α (m)
Angle entre les marques de rodage sur la surface de la pièce à usiner.

longueur effective de rodage l_{wirk} (f)
Partie de la longueur de course de chaque va-et-vient où les pierres bâtons sont en contact avec la surface de la pièce à usiner.

longueur d'oscillation l_o (f)
Amplitude des oscillations du rodage à faible course.

distance d'oscillation y (f)
Valeur instantanée de la distance entre le point milieu des oscillations et la position actuelle des pierres bâtons.

2.3.25 **Überlauflänge $l_ü$ (f)**
Länge der Honleiste, die über den Werkstückrand hinaus geführt wird.

Overshoot length $l_ü$
The distance the leading edge of the honing stone travels beyond the end of the workpiece.

2.3.26 **Zustellbetrag (des Honsteins) Δx (m)**
Der bei Langhubhonwerkzeugen mit paralleler Leistenzustellung realisierte Weg des Werkzeugs normal zur Werkstückoberfläche zur Aufbringung des Hondruckes.

infeed Δx
The distance moved by the honing stone normal to the workpiece surface in order to reach suitable honing pressure.

2.3.27 **Zustellwinkel (beim Honen) $\Delta\varphi$ (m)**
Realisierter Winkel bei Langhubhonwerkzeugen mit Schwenkleisten, den die Honleisten zur Aufbringung des Hondruckes auseinandergehen.

feed angle $\Delta\varphi$
The angle the feed wedge makes with the hone axis in longitudinal bore honing tools; longitudinal pressure on the wedge forces the honing stones outwards normal to the workpiece surface.

-2.3.28 **Honleiste (f)**
Honwerkzeug bestehend aus einem rechteckigen Honstein.

honing stone
Honing tool consisting of a rectangular block of abrasive.

2.3.29 **Honleistenbreite b_h (f)**
Geometrische Breite der Honleiste.

honing stone width b_h
Width of the honing stone.

2.3.30 **Honleistenlänge l_h (f)**
Geometrische Länge der Honleiste.

honing stone length l_h
Length of the honing stone.

2.3.31 **Honöl (n)**
Öl, welches zum Schmieren, Kühlen und Spülen der Bearbeitungsstelle benötigt wird.

honing oil
Oil used to lubricate, cool and scavenge the working area in honing.

2.3.32 **Honwerkzeug (n)**
Ein aus gebundenem Korn bestehender Honbelag, der häufig quaderförmig und einseitig profiliert ist und in Werkzeughaltern, z.B. Honahlen, gespannt wird. Beim Verzahnungshonen ist das Werkzeug ein innen-/außenverzahnter Honring.

honing tool
The honing tool consists of a body, holding honing stones consisting of bonded abrasive grains shaped into rectangular form with a single profiled cutting side.

2.3.33 **Radialer Honleistenverschleiß Δr_h (m)**
Verschleißbetrag an der Honleiste senkrecht zur radialen Hongeschwindigkeitskomponente v_r.

radial honing stone wear Δr_h
Depth of wear of the honing stone radial to the surface and normal to the honing speed direction.

2.3.34 **Honleistenverschleißvolumen V_h (n)**
Das in Folge der Bearbeitung am Werkzeug entstandene verschlissene Volumen.

honing stone wear volume V_h
The volume of abrasive removed from the honing stone as a result of wear in the honing process.

longueur inactive $l_{ü}$ (f)
Partie de la longueur du mouvement des pierres bâtons où l'arête conductrice des pierres bâtons dépasse la pièce à usiner.

avance de plongée Δx (f)
Distance normale à la surface de la pièce à usiner à laquelle se déplace les pierres bâtons sous l'action de la pression de rodage.

angle de la pierre bâton $\Delta\varphi$ (m)
C'est l'angle que fait la pierre bâton avec l'axe de l'outil de rodage des alésages longs; La force axiale exercée sur la pierre bâton permet de régler la pression de rodage.

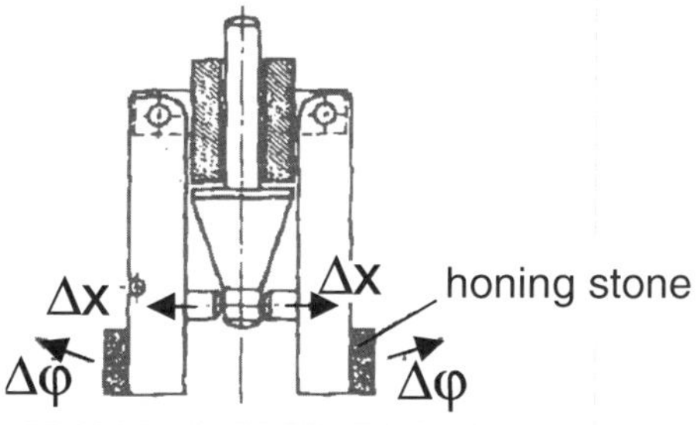

pierre bâton (f)
Outil de rodage en forme de bâton constitué d'abrasifs agglomérés.

largeur d'une pierre bâton b_h (f)
Largeur d'un bâton d'abrasifs agglomérés.

longueur d'une pierre bâton l_h (f)
Longueur d'un bâton d'abrasifs agglomérés.

fluide de coupe (m)
Liquide utilisé pour lubrifier, refroidir et balayer la surface de travail durant le rodage.

tête de rodage (f)
Outil qui porte des pierres bâtons sur son pourtour. Pendant le rodage des engrenages, l'outil prend la forme d'un pignon.

usure radiale des pierres bâtons Δr_h (f)
Profondeur d'usure radiale, normale à la direction de la vitesse de rodage, des pierres bâtons.

usure volumique des pierres bâtons V_h (f)
Volume d'abrasif enlevé des pierres bâtons pendant le processus de rodage.

2.4.1 **Läppen (n)**
Spanen mit losem, in einer Paste oder Flüssigkeit verteiltem Korn, dem Läppgemisch, das auf einem meist formübertragenden Gegenstück (Läppwerkzeug) bei möglichst ungeordneten Schneidbahnen der einzelnen Körner geführt wird. (DIN 8589)

lapping
Abrasive machining process with abrasive grains either in a paste or carried within a fluid applied to the surface with motion of an opposing formed tool (the lap) so that the individual grains follow a disordered path.

2.4.2 **Formläppen (n)**
Läppen, bei dem ein der Sollform des Werkstückes entsprechend profiliertes Läppwerkzeug verwendet wird.

form lapping
Lapping where the nominal form of the workpiece corresponds to the profiled shape of the lap.

2.4.3 **Planläppen, Einscheiben (n)**
Läppen zur Erzeugung bzw. Verbesserung ebener Flächen mit einer Läppscheibe als Läppwerkzeug.

face lapping, single plate
Lapping to produce an improvement in the flatness of a nominally flat surface with a single lapping plate as the lap.

2.4.4 **Planläppen, Zweischeiben (n)**
Läppen zur Erzeugung bzw. Verbesserung ebener Flächen mit zwei Läppscheiben als Läppwerkzeug.

face lapping, double plate
Lapping to produce an improvement in the flatness of a nominally flat surface with two lapping plates as the lap.

2.4.5 **Formläppen (n)**
Variante des Läppens, bei dem zwei zu paarende Flächen unter Zufuhr von Läppmittel miteinander geläppt werden. Hierbei fällt das sonst übliche formübertragende Gegenstück, d.h. das Läppwerkzeug weg.

form lapping
Variant of lapping where a pair of surfaces are lapped between two matching lapping plates, so that the form of the laps is reproduced on the workpiece.

2.4.6 **Pressläppen (n)**
Variante des Läppens, bei der das Korn in einer zähflüssigen Paste verteilt ist. Dieses Verfahren erlaubt insbesondere die Bearbeitung von Sacklöchern und einfacheren Innenflächen.

pressure lapping
A variant of lapping in which the abrasive grains are carried in a paste. This process is used particularily for blind holes and connected drillings to smooth internal surfaces.

rodage à l'abrasif libre (m)
Usinage utilisant des grains abrasif libre soit dans une pâte soit transportés par un liquide appliqué sur la surface de la pièce à usiner. L'outil est composé de deux rodoirs qui effectuent les mouvements opposés ce qui donne aux grains abrasifs les mouvements (trajectoires) désordonnés.

rodage (à l'abrasif libre) de forme (m)
Opération de rodage à l'abrasif libre dans laquelle la forme nominale de la pièce à usiner correspond au profil des rodoirs.

rodage (à l'abrasif libre) de surface avec un seul rodoir (m)
Opération de rodage à l'abrasif libre pour améliorer la planéité d'une surface nominalement plane en utilisant un seul rodoir plan.

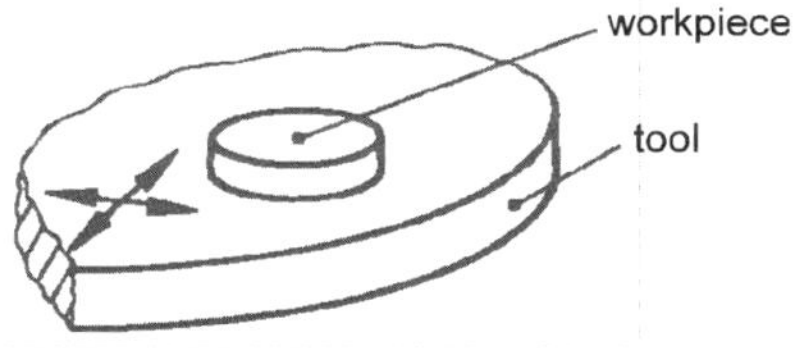

rodage (à l'abrasif libre) de surface avec deux rodoirs (m)
Opération de rodage à l'abrasif libre pour améliorer la planéité d'une surface nominalement plane en utilisant deux rodoirs plans.

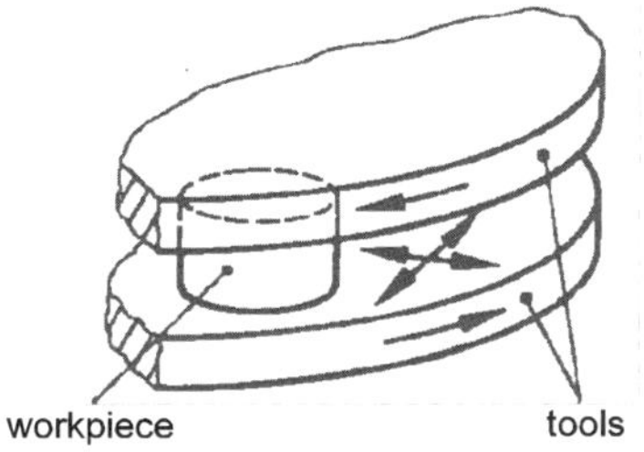

rodage de forme (a l'abrasif libre) (m)
C'est une variante de rodage où deux pièces en mouvement relatif sont ajustées à l'aide de l'abrasif libre.

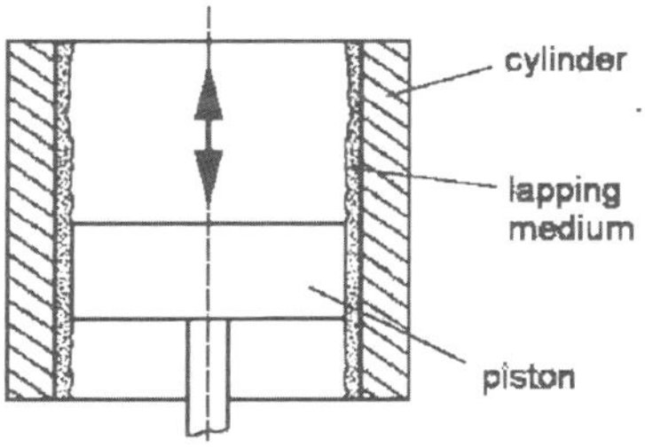

rodage à l'abrasif libre pâteux (m)
Variante du rodage à l'abrasif libre dans laquelle les grains abrasifs sont transportés dans une pâte. Ce procédé est particulièrement utilisé pour les trous borgnes et pour polir les surfaces internes.

2.4.7 **Profilläppen (n)**
Läppen, bei dem ein der Sollform des Werkstücks entsprechend profiliertes Läppwerkzeug verwendet wird.

profile lapping
Lapping in which the generation of the nominal form of the workpiece corresponds to the profile of the lap.

2.4.8 **Rundläppen (n)**
Läppen zur Erzeugung bzw. Verbesserung kreiszylindrischer Flächen.

cylindrical lapping
Lapping to improve the smoothness of a cylindrical form.

2.4.9 **Umfangs-Außen-Rundläppen (n)**
Läppen einer zylindrischen Außenkontur mit einer das Werkstück umschließenden Hülse als Läppwerkzeug.

peripheral external cylindrical lapping
Lapping an external cylindrical surface where the contact area of the lap wraps around the periphery of the workpiece.

2.4.10 **Seiten-Außen-Rundläppen (n)**
Läppen einer zylindrischen Außenfläche mit Linienberührung, die durch rotierende Läppscheiben als Läppwerkzeug gegeben ist.

face lapping an external cylindrical surface
Lapping an external cylindrical surface with line contact by rotating a rotary face lap against the workpiece.

2.4.11 **Umfangs-Innen-Rundläppen (n)**
Läppen einer zylindrischen Innenfläche mit Flächenberührung, die durch einen in die Bohrung passenden Zylinder als Werkzeug gegeben ist.

peripheral internal cylindrical lapping
Lapping an internal cylindrical surface where the contact area of the lap is a cylinder which passes through the bore of the workpiece.

rodage (à l'abrasif libre) du profil (m)
Rodage à l'abrasif libre dans lequel la génération de la forme nominale de la pièce à usiner est effectuée par un rodoir au profil correspondant.

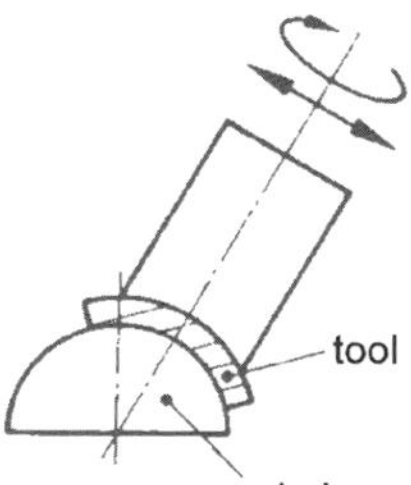

rodage (à l'abrasif libre) cylindrique (m)
Rodage à l'abrasif libre pour améliorer la précision d'un profil d'une forme cylindrique.

rodage (à l'abrasif libre) de la périphérie externe cylindrique (m)
Rodage à l'abrasif libre d'une surface cylindrique externe où la surface de contact du rodoir enveloppe la périphérie de la pièce à usiner.

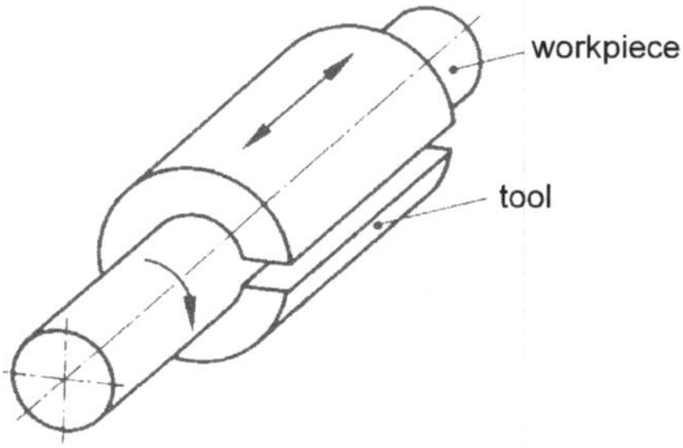

rodage (à l'abrasif libre) de la surface cylindrique externe (m)
Rodage à l'abrasif libre de la surface cylindrique externe de la pièce en mouvement, qui est en contact linéaire avec deux rodoirs. Effectuant les mouvements rotatifs.

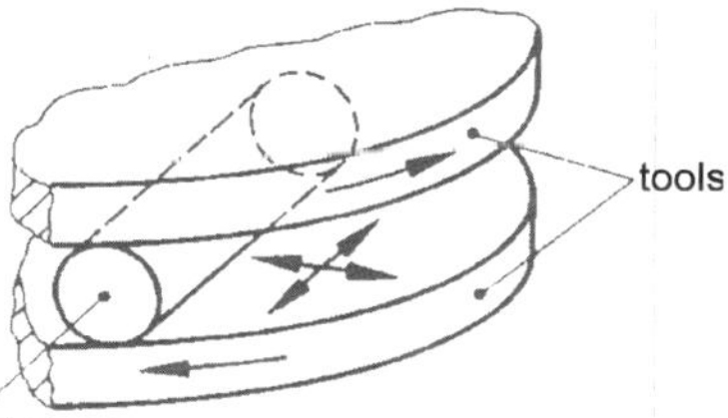

rodage (à l'abrasif libre) de la périphérie interne cylindrique (m)
Rodage à l'abrasif libre d'une surface cylindrique interne où la surface de contact du rodoir est un cylindre qui passe à travers l'alésage de la pièce à usiner.

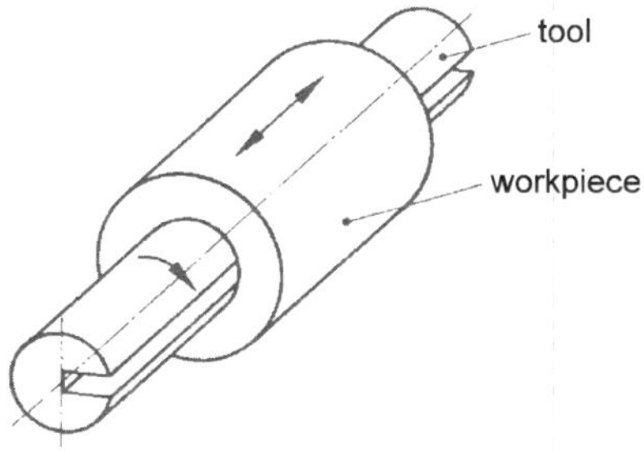

2.4.12 **Schraubläppen (n)**
Läppen zur Verbesserung von Schraubflächen.

screw or thread lapping
Lapping to improve the surface of the screw form.

2.4.13 **Außen-Schraubläppen (n)**
Läppen von Außengewinden, wobei das formübertragende Gegenstück als Mutter ausgebildet ist.

external thread lapping
Lapping of a thread form where the form of the lap is the mating nut thread.

2.4.14 **Innen-Schraubläppen (n)**
Läppen von Innengewinden, wobei das formübertragende Gegenstück als Schraube ausgebildet ist.

internal thread lapping
Lapping of an internal thread form where the form of the lap is the mating screw.

2.4.15 **Schwingläppen (n)**
Spanen mit Läppmittel, das durch ein im Ultraschallbereich schwingendes Formstück Impulse erhält, wodurch der Spanabtrag realisiert wird.

ultrasonic lapping
Lapping with ultrasonic vibration imposed on a formed lap so that material removal is realised.

2.4.16 **Verzahnungsläppen (n)**
Läppen zur Verbesserung von Verzahnungsflächen.

gear tooth lapping
Lapping to improve a gear tooth surface.

2.4.17 **Wälzläppen (n)**
Läppen zur Verbesserung von Wälzflächen durch Anwendung eines Abwälzverfahrens.

hob lapping
Lapping to improve a hobbed surface by application of a hobbing motion.

2.4.18 **Läppdrehzahl n (f)**
Drehzahl, mit der das Läppwerkzeug um seine Achse rotiert.

number of lap revolutions n
Number of revolutions of the lap about its axis.

rodage (à l'abrasif libre) de filets (m)
Rodage à l'abrasif libre pour améliorer la surface du filetage.

rodage (à l'abrasif libre) de filets externes (m)
Rodage à l'abrasif libre de filets où le rodoir a la forme d'un écrou conjugué.

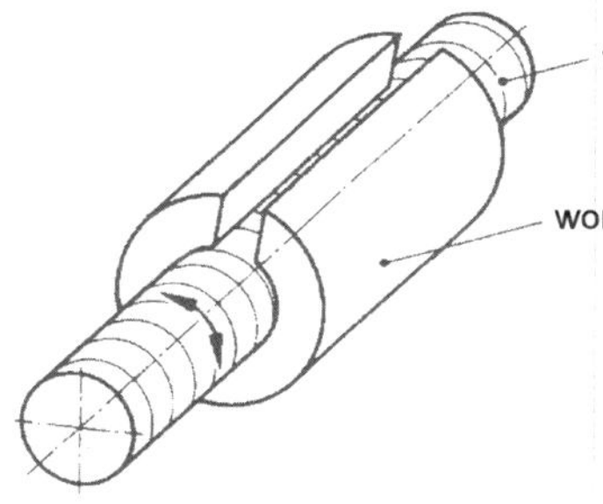

rodage (à l'abrasif libre) de filets internes (m)
Rodage à l'abrasif libre d'un filet interne où le rodoir a la forme d'une vis conjuguée.

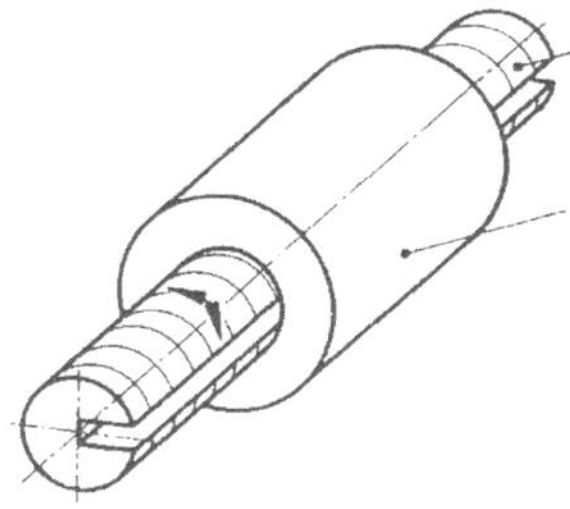

rodage (à l'abrasif libre) ultrasonique (m)
Rodage à l'abrasif libre utilisant les vibrations ultrasoniques d'un rodoir pour enlever le matériau de la pièce.

rodage (à l'abrasif libre) des dents d'engrenages (m)
Rodage à l'abrasif libre pour améliorer la surface de travail des dents d'engrenage.

rodage (à l'abrasif libre) par génération (m)
Rodage où le profil de la pièce à usiner est obtenu par le mouvement de génération.

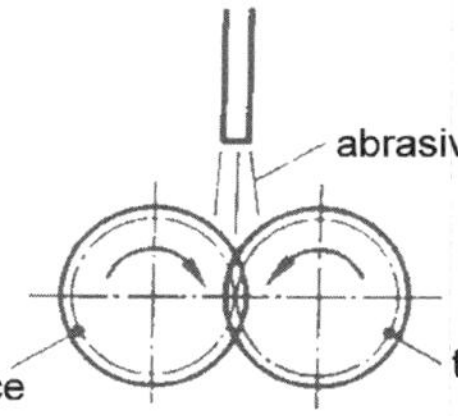

nombre de rotations du rodoir n (m)
Nombre de rotations du rodoir autour de son axe.

2.4.19 **Läppfilm (m)**
Aus dem Läppmittel bestehender Flüssigkeitsfilm zwischen Läppwerkzeug und Werkstück, der durch Pressung und Gleitgeschwindigkeit beeinflusst wird.

lapping film
A fluid film lapping medium exists between the lap and the work-piece, the thickness depends on parameters such as the pressure, and the average translational speed.

2.4.20 **Werkstückabtrag A (m)**
Normal zur bearbeiteten Werkstückoberfläche abgetragenes Werkstückmaterial.

depth of material removed by lapping A
The depth of the layer removed measured normal to the workpiece surface.

2.4.21 **Abrichtring (m)**
Werkzeug beim Planläppen, welches das radiale Abgleiten der zu bearbeitenden Werkstücke von der Läppscheibe verhindert.

dressing ring
Tool for obstructing the radial slide-off of the workpiece during face lapping.

2.4.22 **Läppkäfig (m)**
Vorrichtung, in der bei Ein- oder Zweischeibenläppmaschinen die Werkstücke aufgenommen werden.

lapping cage
A cage to constrain the disposition of the workpieces in single or double face lapping.

2.4.23 **Läppkorndurchmesser d_G (m)**
Größe des Läppkorns.

lapping grain diameter d_G
Size of the abrasive lapping grains.

2.4.24 **Läppkörner (n)**
Die in dem Läppmittel enthaltenen Körner, welche aus verschiedenen Kornmaterialien wie Siliziumcarbid, Aluminiumoxid oder Naturkorund und verschiedenen Korngrößen bestehen können. Die Auswahl des Läppkorns ist maßgebend für die erzielbare Oberflächenrauheit.

lapping grains
Abrasive grains in the lapping medium may be materials such as silicon carbide, aluminium oxide or natural corundum of different grain sizes. The selection of the lapping abrasive material is dependent on the required surface roughness of the workpiece.

2.4.25 **Läppmittel (n)**
Mit Hilfe des Läppmittels erfolgt der Werkstoffabtrag. Das Läppmittel besteht aus dem Läppkorn und der Läppflüssigkeit oder -paste.

lapping medium
Material removal is assisted by the lapping medium. The lapping medium consists of the abrasive grains and the lapping fluid or paste.

2.4.26 **Polierscheibe (f)**
Polierscheiben werden beim Polieren zum Erreichen einer extrem geringen Rauhtiefe und einer guten Ebenheit der Werkstückoberfläche eingesetzt.

polishing plate
A polishing plate may be used to achieve an extremely fine surface roughness and good flatness of the workpiece surface.

2.4.27 **Poliertuch (n)**
Poliertücher werden beim Polieren zur Erzeugung von Oberflächen mit extrem geringer Rauhtiefe eingesetzt, wobei die entstehende Ebenheit der Werkstückoberfläche von untergeordneter Bedeutung ist.

polishing cloth
A polishing cloth may be used to achieve an extremely fine surface roughness, where the resulting flatness of the workpiece is indeterminate.

film à poudre abrasive pour rodage (à l'abrasif libre) (m)
Une couche d'un liquide entre le rodoir et la pièce à usiner, dont l'épaisseur dépend de plusieurs paramètres tels que la pression et la vitesse moyenne de translation.

profondeur de matériau enlevée par rodage (à l'abrasif libre) A (f)
Épaisseur de matériau enlevée de la pièce à usiner mesurée perpendiculairement par rapport à la surface de la pièce.

anneau de dressage (m)
Outil pour empêcher le glissement radial de la pièce à usiner pendant le rodage de surface.

porteur (m)
Porteur pour le guidage restreint de la pièce à usiner pendant le rodage simple face ou double face.

diamètre des grains d_G (m)
Taille des grains abrasifs.

grains abrasifs pour le rodage (m)
Pour le rodage, on utilise différents abrasifs comme: diamant, carbure de silicium, alumine, ou corindon naturel de différentes tailles de grains. La sélection de la taille des grains dépend de la rugosité de la surface de la pièce désirée.

mélange abrasif (m)
Pendant le rodage, le matériau est enlevé par le mélange abrasif qui est constitué de grains abrasifs et d'un fluide ou d'une pâte.

plateau de rodage (m)
C'est un outil qui permet d'obtenir une rugosité de surface et une planéité extrêmement bonnes.

tissu de rodage (m)
C'est un outil qui permet d'obtenir une rugosité extrêmement bonne, sans maîtriser les écarts de forme.

2.4.28 **Läuferscheibe (f)**
In den vorwiegend verzahnten Läuferscheiben werden die Werkstücke aufgenommen, die auf den Maschinen im Planetenabwälzsystem bewegt werden.

rotating disc
The gear toothed rotating disc engages the workpiece which is moved by the machine in planetary hobbing motion.

2.5.1 **Polieren (n)**
Verfahren der Feinbearbeitung, bei dem durch Erzeugen einer Relativbewegung und Flächenpressung zwischen Werkzeug und Werkstück mit oder ohne Poliermittel eine bereits vorbereite Oberfläche ohne wesentlichen Werkstoffabtrag eingeebnet wird.

polishing
Process for producing a fine surface roughness by relative movement and pressure between the workpiece and the tool with or without a polishing medium without significant material removal from the workpiece.

2.5.2 **Polierstrahlen (n)**
Glättstrahlen mit Strahlmittel im Feinbereich (Korngröße des Strahlmittels < 0,4 mm).

polish blasting
Is the use of a polishing medium for fine polishing (abrasive particles of the polishing medium less than 0,4 mm).

2.5.3 **Tauchpolieren (n)**
Das Poliermittel wird durch die Zentrifugalkraft an die Wand eines rotierenden Zylinders gepresst. Die Werkstücke werden in das Poliermittel getaucht.

immersed polishing
The polishing medium is pressed against the wall of the rotating cylinder by centrifugal forces. The workpiece is immersed in the polishing medium.

2.5.4 **Poliermittel (n)**
Mischung aus dem eigentlichen Polierkorn und einer Trägersubstanz.

polishing medium
Mixture of abrasive grains and a carrier substance.

2.5.5 **Polierpaste (f)**
Gemisch aus Polierkörnern und festem Bindemittelgemisch, meist Fette und Wachse.

polishing paste
Mixture of abrasive grains and a binding medium of wax and oil.

système de porte pièce (m)
Pendant le rodage, la pièce est menée par le porte pièce et animée d'un mouvement cycloïdal entre deux rodoirs en rotation.

polissage (m)
Opération qui consiste à rendre une surface lisse et brillante par des mouvements relatifs et par une pression entre la pièce et l'outil avec ou sans abrasifs et sans enlèvement significatif de matière.

polissage par projection d'abrasifs (m)
Opération de polissage fin qui consiste à projeter la suspension abrasive composée des particules inférieures à 0.4 mm.

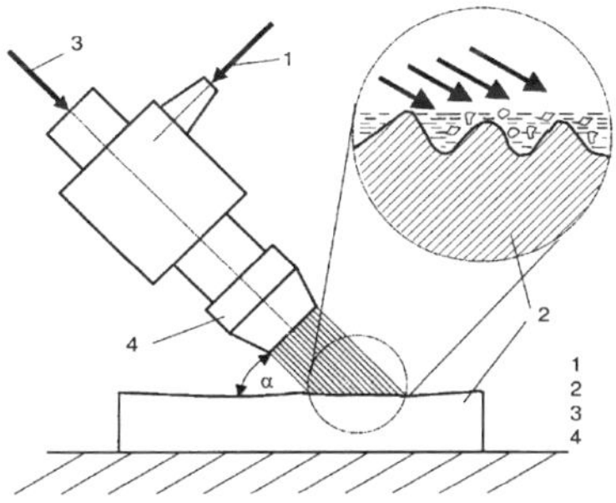

1 – abrasives
2 – workpiece
3 – energy support

polissage par immersion (m)
La suspension abrasive est poussée contre les parois d'un cylindre en rotation par la force centrifuge. La pièce à usiner est immergée dans la suspension abrasive pour être polie.

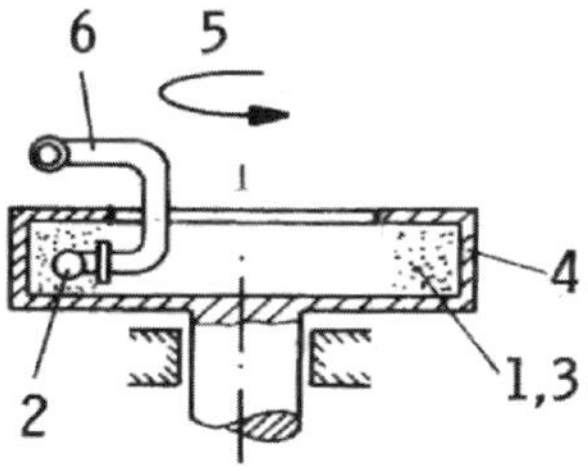

1 – abrasives
2 – workpiece
4 – rotating container

suspension abrasive (f)
Mélange de particules abrasives et d'un fluide transporteur.

pâte abrasive pour polir (f)
Mélange de particules abrasives et d'un liant de cire et de graisse.

2.5.6 **Bindemittel (n)**
Bindet die Polierkörner, erhöht die Gleit- und Kühlwirkung und erleichtert die Anwendbarkeit des Poliermittels.

binding medium
Binder for the abrasive grains, improves the usability of the polishing medium.

2.5.7 **Polieremulsion (f)**
Gemisch aus Polierkörnern und einem flüssigen Bindemittel.

polishing emulsion
Mixture of the abrasive grains and a liquid binding medium.

2.5.8 **Trägerwerkzeug (n)**
Führt die Poliermittel wirkungsvoll an die zu polierende Oberfläche heran und hält sie möglichst lange.

support plate
Entrains the polishing medium into the working area to polish the workpiece surface and maintain a long enduring surface film.

2.5.9 **Tuchscheibe (f)**
Trägerwerkzeug aus vollrunden Blättern unter Verwendung hochwertiger Gewebe, zur Erzeugung hochfeiner Oberflächen.

polishing cloth
A polishing cloth is used to achieve extremely fine surface roughness but indeterminate flatness of the surface.

2.5.10 **Bürste (f)**
Bürstenförmige Trägerwerkzeuge aus Fiberfasern, Sisalfasern, Papierschnur, tierischen oder synthetischen Borsten.

brush
Brush form of polishing tool of which the bristle materials include thread, sisal, paper cord, cloth or synthetic fibre.

2.5.11 **Imprägnierung (f)**
Erhöht die Polierwirkung, die Qualität der Politur und erhöht die Standzeiten der Fasern.

impregnation
Saturation of the polishing tool with a medium to improve the polishing action and increase the life of the fibres.

2.5.12 **Poliereinrichtung (f)**
Erzeugt die erforderliche Relativbewegung und Flächenpressung zwischen Werkstück und Trägermittel.

polishing machine
Equipment to ensure the required relative movements and surface pressure between the workpiece and the polishing tool.

2.5.13 **Poliermittelzuführgerät (n)**
Gerät für die automatisierte Zuführung von festen und flüssigen Poliermitteln.

polishing medium delivery equipment
Equipment for the automatic delivery of a solid or liquid polishing medium.

2.5.14 **Polierfehler (m)**
Fehler durch Einschlüsse, Poren, etc., die vor allem bei ständig gleicher Bearbeitungsrichtung auftreten.

polishing defects
Defects arising such as inclusions, pores or other damage which appear during unidirectional polishing.

2.5.15 **Polierkomet (m)**
Polierfehler, der durch strahlenförmige Bearbeitungsrichtung hervorgerufen wird.

polishing comet
Polishing defect, caused by a spreading direction of machining.

liants (m)
Utilisés pour les pâtes à polir créant à la fois des effets de glissement et de refroidissement pour améliorer la capacité de la solution abrasive. Ce sont des graisses: suif, graisse de bœuf, stéarine, paraffine.

émulsion à polir (f)
Mélange de particules abrasives et d'un liant sous forme fluide.

plateau d'appui (m)
Entraîne la suspension abrasive dans la zone de travail pour polir la surface de la pièce. Il maintient longtemps un film résistant de la suspension.

tissu de polissage (m)
Utilisé pour obtenir une rugosité de surface extrêmement fine mais à la planéité indéterminée.

brosse (f)
Outil pour polir constitué de fibres en fil de fer, sisal, corde en papier, tissu ou fibres synthétiques.

imprégnation (f)
Saturation d'un outil de polissage avec des ingrédients pour améliorer le polissage et augmenter la durée de vie des fibres.

machine à polir (f)
Installation qui assure les mouvements relatifs et la pression entre la pièce à usiner et l'outil de polissage.

équipement d'alimentation d'une suspension abrasive (m)
Équipement nécessaire pour assurer l'alimentation en suspension abrasive sèche ou liquide.

défauts de polissage (m)
Défauts dus au polissage tels que inclusions, pores, ou autres dommages.

comète de polissage (f)
Défaut visible de polissage au mouvement radial d'usinage.

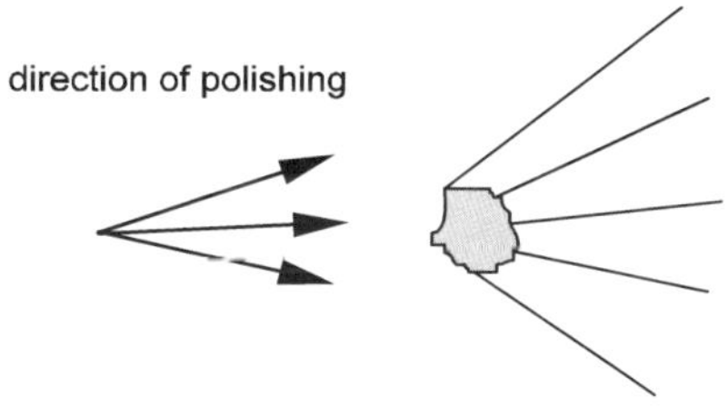

2.5.16 **Polierwischer (m)**
Polierfehler, der durch kreisförmige Bearbeitungsrichtung hervorgerufen wird.

polishing wiper
Polishing defect, caused by a circular direction of machining.

2.5.17 **Polierkomma (n)**
Polierfehler, der durch parallele Bearbeitungsrichtung hervorgerufen wird.

polishing comma
Polishing defect, caused by a parallel direction of machining.

2.6.1 **Ultraschall-Senken (n)**
Abformen des räumlichen Stirnflächenprofils bzw. des ebenen Querschnittprofils des Formzeuges im Werkstück.

ultrasonic machining
Ultrasonic machining is a process for machining a profile into a surface. For example, the shape of a flat profiled tool cross-section may be reproduced on the workpiece.

2.6.2 **Ultraschall-Bahnbearbeitung (f)**
Formgebung durch geometrisches Erzeugen.

ultrasonic routing of path machining
Generating a shape by translating the workpiece relative to the tool as in routing or endmilling.

2.6.3 **Bearbeitung mit Zwangsvorschub (geschwindigkeitsgeregelt) (f)**
Einstellung einer konstanten Axialvorschubgeschwindigkeit, wobei eine Prozesskontrolle über die Vorschubkraft erfolgt.

machining with constant feedrate
Setting a constant axial feedrate, where it is necessary to have a process controller for the feed force.

2.6.4 **Bearbeitung mit konstanter Vorschubkraftkraft (f)**
Selbständige Einstellung der Vorschubgeschwindigkeit, indem eine kontinuierliche Nachführung des Maschinenkopfes entsprechend dem abgetragenen Werkstückvolumen erfolgt.

machining with constant feed force
Continuous automatic control of the feedrate to maintain a constant feed force.

feutre de polissage (m)
Défaut visible de polissage au mouvement circulaire d'usinage.

virgule de polissage (f)
Défaut visible de polissage au mouvement parallèle d'usinage.

usinage par abrasion ultrasonore (m)
Usinage à l'aide d'une sonotrode vibrant à fréquence ultrasonore et projetant des particules abrasives. Ce procédé permet la reproduction de celle-ci dans la pièce à usiner par défonçage.

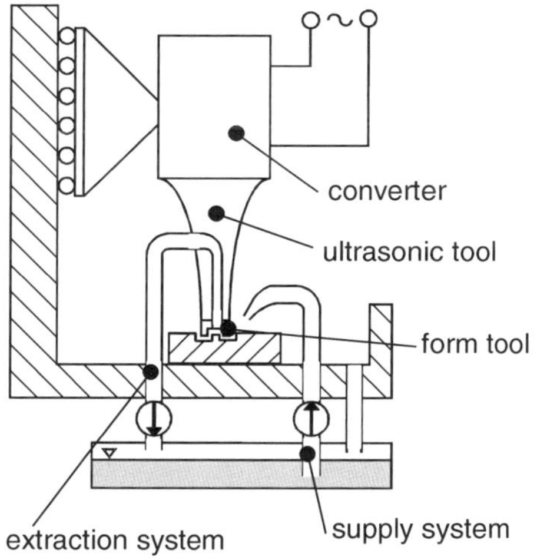

usinage par ultrasons par génération (m)
Génération d'une rainure ou d'une surface de forme par déplacement latéral de la pièce à usiner par rapport à l'outil comme le procédé de rainurage ou de fraisage combiné.

usinage avec avance constante (vitesse de coupe contrôlée) (m)
La vitesse de l'avance axiale est constante.

usinage avec la force d'avance constante (m)
Contrôle automatique et continu de l'avance pour maintenir la force d'avance constante.

2.6.5 **Schwingungsamplitude (f)**
Maximale Auslenkung des Formwerkzeugs von der Schwingungsruhelage. Die Schwingungsweite soll in der Größenordnung der mittleren Korngröße liegen.

vibration amplitude
Maximum oscillatory displacement of the tool. The amplitude should correspond to the size of the average grain.

2.6.6 **stat. Auflagedruck bzw. Läppdruck (m)**
Druck, der auf das Formwerkzeug ausgeübt wird, um einen Impulsaustausch zwischen Formzeug, Läppmittelkorn und Werkstückoberfläche zu ermöglichen.

static plate lap pressure
Pressure on the form tool generates an impulse between the form tool, the abrasive (or lapping) medium and the surface of the workpiece.

2.6.7 **Quervorschubgeschwindigkeit (f)**
Translatorische Werkzeugvorschubgeschwindigkeit beim bahngesteuerten Ultraschallschwingsenken.

feed rate
Translational feedrate of the tool in ultrasonic routing or path machining.

2.6.8 **Formzeugdrehzahl (f)**
Rotationsdrehzahl des Formwerkzeuges.

forming tool rotational speed
Rotational speed of a form tool.

2.6.9 **Bohrungstiefe s (f)**
Die Bohrungstiefe s ergibt sich aus dem Formzeugvorschub, verringert um den Stirnflächenverschleiß des Formzeuges.

drilling depth s
The drilling depth s results from the form tool feed, reduced by the face wear of the form tool.

2.6.10 **Absaugung (f)**
Absaugung der Suspension zur Verbesserung der Suspensionsverteilung bzw. -austausch im Arbeitsspalt, insbesondere bei großen Bohrungstiefen.

suction
Suction of the suspension to improve the circulation of the suspension medium, for example, exchange of the abrasive grains, particularly appropriate for large drilling tools.

2.6.11 **Abtragtiefe pro Überlauf a_e (f)**
Axiale Abtragtiefe des Werkzeuges pro Überlauf beim bahngesteuerten Ultraschallschwingsenken.

depth of cut per path a_e
The actual depth per stroke of material removed in ultrasonic routing or path machining.

2.6.12 **Formzeugmaterial (n)**
Als Formwerkstoffe werden Stahlwerkstoffe oder PKD-beschichtete Werkstoffe eingesetzt, bei denen ein Aufprall der Läppmittelkörner zu elastischer und plastischer Verformung führt.

form tool material
Tool material which may be steel or coated with polycrystalline diamond which causes the abrasive slurry (lapping medium) to be impacted against the workpiece leading to elastic and plastic deformation.

2.6.13 **Formzeuggeometrie (f)**
Entspricht dem Negativ der zu erzeugenden Geometrie.

form tool geometry
The form corresponding to the negative of the resulting workpiece geometry.

2.6.14 **Formzeugschwingungsform (f)**
Die longitudinale Formzeugschwingung ist Voraussetzung für eine maßgenaue Abbildung.

form tool vibration mode
The longitudinal mode is the pre-requisite form to achieve the correct size and shape of the workpiece.

amplitude de vibration (f)
Déplacement oscillatoire maximal de la sonotrode. L'amplitude doit être adaptée à la dimension moyenne des grains abrasifs.

charge statique (f)
Pression exercée par la sonotrode sur la pièce à usiner par l'intermédiaire du mélange du fluide et des grains abrasifs.

vitesse d'avance d'usinage par génération (f)
Vitesse du mouvement relatif de l'outil pendant la génération d'une rainure ou d'une surface de forme.

fréquence de rotation de la sonotrode (f)
Vitesse angulaire instantanée de la sonotrode.

perçage s (m)
Action de percer avec avance de la sonotrode minimisant l'usure latérale de celle-ci.

aspiration (f)
L'aspiration du fluide avec les grains abrasifs améliore la circulation de la suspension. Par exemple, la circulation des grains est particulièrement importante pendant le perçage avec la sonotrode de grand diamètre.

profondeur de coupe d'usinage par génération a_e (f)
La profondeur d'usinage pendant la génération d'une rainure ou d'une surface de forme.

matériaux de sonotrodes (m)
Les aciers, alliages de titane, d'aluminium ou de nickel sont les matériaux préférés pour les sonotrodes. La partie active peut être réalisée dans les carbures ou le diamant polycristallin.

géométrie de la sonotrode (f)
La forme de la sonotrode est complémentaire de la forme finale de la pièce à usiner.

mode de vibration de la sonotrode (longitudinal) (m)
Le mode approprié de vibration longitudinal est la condition préalable pour obtenir la forme et les dimensions désirées de la pièce.

2.6.15 **Trägerfluid (n)**
Stoff, der zusammen mit dem Läppmittel die Suspension bildet, meist Wasser.

carrier fluid
The fluid which combined with the abrasive material results in a suspension (slurry).

2.6.16 **Kornmaterial (n)**
Die Läppkörner sollen härter sein als der zu bearbeitende Werkstoff und eine hohe Bruchfestigkeit besitzen, damit sie scharfkantig bleiben. Z.B.: Borcarbid oder Siliziumkarbid.

abrasive material
The abrasive grains should be harder than the workpiece material and be resistant to fracture so as to maintain sharp cutting edges. E.g. boron carbide or silicon carbide.

2.6.17 **Korngröße (f)**
Größe des Einzelkorns im Läppmittel (z.B. Durchmesser ca. 50 µm).

abrasive grain size
Size of the individual grains in the abrasive medium (e.g. diameter ca. 50 µm).

2.6.18 **Kornkonzentration (f)**
Konzentration des Kornmaterials in der Läppsuspension (ca. 20-30 Gew.-%).

abrasive grain concentration
Abrasive grain concentration in the abrasive medium (20-30% mass).

2.6.19 **Hochfrequenzgenerator (m)**
Erzeugt eine hochfrequente elektrische Wechselspannung.

high frequency generator
To produce a high frequency alternating current.

2.6.20 **Piezokeramischer Schallwandler (m)**
Die elektrischen Wechselspannungen vom Hochfrequenzgenerator werden im piezokeramischen Schallwandler in mechanische Längsschwingungen im Ultraschallbereich umgewandelt.

piezo-ceramic exciter
The alternating current applied to the piezo-ceramic exciter generates an ultrasonic longitudinal displacement vibration at the same frequency.

2.6.21 **Transformator (m)**
Mechanischer Amplitudenverstärker.

transformer
Mechanical amplitude amplifier.

2.6.22 **Sonotrode (f)**
Die Sonotrode dient als Aufnahme für das Bearbeitungswerkzeug, als Amplitudenverstärker, sowie zur resonanzmäßigen Anpassung an das Schwingungssystem.

ultrasonic tool
The ultrasonic tool acts as a ultrasonic vibration amplifier and is tuned to produce resonance of the working face tool.

2.6.23 **Suspensionssystem (Behälter, Pumpe, Leitungen) (n)**
Behälter, der die Suspension enthält und mit Hilfe eines Rührmotors in Schwebe hält. Die Suspensionszufuhr erfolgt über Düsen.

suspension system
Receptacle which contains the suspension and which together with the use of drive motors maintains the suspension. The suspension is delivered through a nozzle.

2.6.24 **Absaugsystem (n)**
Abfuhr von Läppmittel und Werkstoffabtrag durch eine Zentralbohrung innerhalb des Formzeug-Sonotroden-Systems mittels einer Vakuumpumpe.

extraction system
Extraction of the abrasive material and the workpiece material removed through a central hole inside the ultrasonic form tool using a vacuum pump.

2.6.25 **Bearbeitungsgeschwindigkeit (f)**
Quotient aus der tatsächlichen Bohrtiefe s und der erforderlichen Bearbeitungsdauer t.

feedrate
The distance moved, by the tool relative to the workpiece, per unit time.

fluide transporteur (m)
La suspension composée du liquide et des grains abrasifs.

abrasifs (m)
Les grains abrasifs doivent être plus durs que le matériau à usiner et être résistants à l'usure pour garder les arêtes coupantes vives. E. g. carbure de bore ou carbure de silicium.

dimension des grains abrasifs (f)
La dimension d'un grain dans la suspension. (e.g. diamètre environ 50 µm).

concentration des grains abrasifs (f)
Le pourcentage des grains abrasifs présents dans la zone de travail (20–30%).

générateur haute fréquence (m)
Appareil qui produit un courant alternatif à haute fréquence.

convertisseur piézo-céramique (m)
Transducteur qui utilise l'effet piézo-céramique inverse. Sous l'action d'un champ électrique alternatif une vibration mécanique de même fréquence est produite.

amplificateur (concentrateur) mécanique (m)
Amplificateur mécanique d'amplitude.

sonotrode (f)
Outil ultrasonique qui sert à amener l'énergie acoustique dans la zone de travail par résonance de sa face active.

système d'alimentation (m)
Il est constitué par une pompe, un bac et l'arrivée de la suspension abrasive terminée par une buse.

système d'aspiration (m)
La pompe à vide qui aspire le fluide avec les grains abrasifs et les copeaux par l'orifice situé au centre de la sonotrode.

vitesse d'avance (f)
La distance parcourue par la sonotrode par rapport à la pièce à usiner par unité de temps.

2.6.26 **Zeitspanungsvolumen (n)**
Auf die Bearbeitungsdauer t bezogenes abgetragenes Werkstückvolumen V, mit A_c als der effektiv wirksamen Werkzeugstirnfläche.

volume removal rate
The volume of the workpiece material removed per unit time.

2.6.27 **Suspensionsverschleiß (m)**
Verschleiß der Läppmittel im Arbeitsprozess, der sich in einer Abnahme des mittleren Korndurchmessers und in einer zunehmenden Verrundung der einzelnen Läppmittelkörner äußert.

suspension abrasive wear
Wear of the abrasive grains during the working process corresponding to a reduction of the diameter of the average grains.

2.6.28 **Formzeugverschleiß (m)**
Ist gekennzeichnet durch: Stirnflächen- und Mantelflächenverschleiß sowie durch Kantenverrundungen und lokalen Verschleiß.

form tool wear
Side and face wear of the tool leading to edge deterioration and localised wear.

2.6.29 **Stirnflächenverschleiß (m)**
Verringerung der Formzeuglänge in Richtung der Werkzeuglängsachse.

face wear or end wear
Longitudinal reduction of the axial length of the form tool.

2.6.30 **Kantenverrundung (f)**
Verschleiß der Formzeugkanten durch die abrasive Wirkung der Suspension.

edge breakdown
Wear of the form tool edge due to the action of the abrasive in the suspension.

2.6.31 **lokaler Verschleiß (m)**
Der lokale Verschleiß bewirkt eine lokale Änderung der Formzeugstirnflächengeometrie in Folge einer von der Longitudinalschwingung abweichenden Schwingungsform bzw. bei anziehender Suspensionszufuhr.

local wear
Local wear corresponding to a change in the form of the form tool geometry which may arise from the nature of the longitudinal vibration mode or as a consequence of the flow path of the fluid suspension.

2.6.32 **Mantelflächenverschleiß (m)**
Verschleiß der Mantelfächen durch die abrasive Wirkung der Suspension bei fortschreitender Abtragtiefe.

side wear
Wear due to the action of the abrasive in the suspension in the removal process.

2.6.33 **Bohrungskonizität (f)**
Abweichung der Mantelfläche von der vorgegebenen Zylinderform.

hole conicity
Deviation of the side surface from a cylinder

2.6.34 **Rauheitskenngrößen (f)**
Maß für die Oberflächenbeschaffenheit, abhängig vom Werkstückmaterial sowie von der Läppkorngröße.

surface roughness
Measure of surface texture depending on the workpiece material and on the abrasive grain size.

2.6.35 **Ausbrüche, Abplatzungen (m, f)**
Treten in erster Linie an der Austrittseite von Durchgangsbohrungen auf.

breakaway
Found on the exit side of a drilled hole.

débit de matière (m)
Volume de matière enlevé par unité de temps.

usure du fluide transporteur (f)
Usure des grains abrasifs pendant l'usinage se manifestant par la réduction de la taille des grains.

usure de la sonotrode (f)
Usure de la partie active et des côtés de la sonotrode résultant de la détérioration des arêtes et parfois d'une usure locale.

usure du bout de la sonotrode (f)
Réduction de la longueur de la sonotrode.

usure des arêtes de la sonotrode (f)
Usure des arêtes due à l'action des grains abrasifs.

usure locale (f)
Usure locale se manifestant par le changement de la forme de la partie active de la sonotrode qui peut résulter de la nature du mode de vibration longitudinale ou de l'écoulement du liquide transporteur.

usure du côté de la sonotrode (f)
Usure due à l'action des grains abrasifs pendant le processus d'enlèvement du matériau.

conicité d'un trou (f)
Ecart de forme d'un trou cylindrique se manifestant par sa conicité.

défauts microgéométriques: rugosité (m)
Défauts de surface qui se traduisent par la présence de cratères, stries, sillons, arrachements, etc. La rugosité dépend du matériau de la pièce et de la taille des grains abrasifs.

défauts macrogéométriques: rectitude (m)
Ecart de forme entre la ligne droite et la surface du trou se mesurant le long de cette surface.

2.7.1 **Dampfdruckstrahlen (n)**
Strahlen unter Verwendung von komprimiertem Dampf als Energieträger.

steam pressure blasting
Blasting where steam is used as the source of energy.

2.7.2 **Druckflüssigkeitsstrahlen (n)**
Strahlen unter Verwendung von Druckflüssigkeit als Energieträger.

pressurised liquid blasting
Blasting where fluid pressure energy is used as the source of energy.

2.7.3 **Druckluftstrahlen (n)**
Beim Druckluftstrahlen wird das Strahlmittel von einem mit hoher Geschwindigkeit austretenden Luftstrom als Energieträger mitgerissen.

compressed air blasting
Is blasting where pressure energy is used as the source of energy. By employing a compressible fluid a higher jet speed is obtained.

2.7.4 **Düsenanstellwinkel (m)**
Winkel zwischen dem auftreffenden Strahl und der Oberfläche des Werkstückes.

nozzle inclination angle
The angle the blast makes with the target surface.

2.7.5 **Glättstrahlen (n)**
Strahlen zur Verminderung der Rauheit. In der Regel wird Strahlmittel in kugeliger Form eingesetzt.

free abrasive blasting
Abrasive blast used to reduce the surface roughness of the workpiece. Usually, abrasive in ball form is used.

2.7.6 **Kugelstrahlen (n)**
Strahlen metallischer Oberflächen mit kugeligem Strahlmittel.

abrasive ball blasting
Abrasive blast used for metal parts where the abrasive is in ball form.

2.7.7 **Läppstrahlen (n)**
Strahlen zur Verminderung der Rauheit.

lapping blasting
Blast used for reducing the surface roughness of the workpieces.

2.7.8 **Nassdruckluftstrahlen (n)**
Strahlen, bei dem eine Flüssigkeit unter Zusatz eines festen Strahlmittels durch einen Druckluftstrahl mit hoher Geschwindigkeit auf die zu behandelnde Oberfläche geschleudert wird.

wet compressed air blasting
Using compressed air with the added water allows a higher jet speed to be achieved.

projection d'abrasifs par jet de vapeur (f)
Utilisation de la vapeur comme source d'énergie pour générer un jet d'abrasifs.

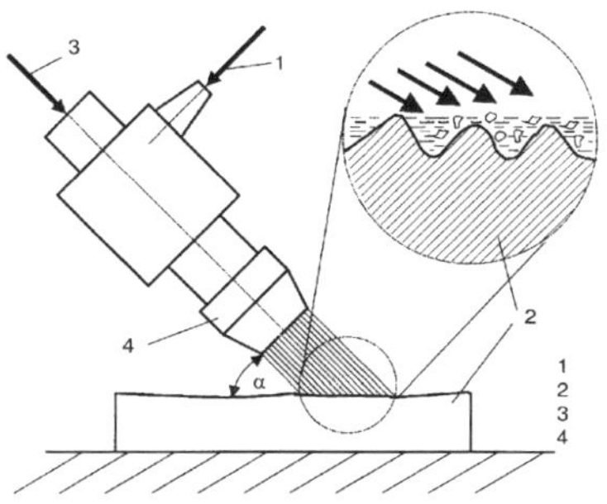

1 - abrasives
2 - workpiece
3 - energy support

projection d'abrasifs par liquide pressurisé (f)
Utilisation de la pression du fluide comme source d'énergie pour générer un jet d'abrasifs.

projection d'abrasifs par air comprimé (f)
Utilisation de la pression d'air comme source d'énergie. En employant un fluide compressible une plus grande vitesse du jet peut être obtenue.

angle d'inclinaison de la buse (m)
Angle que fait le jet d'abrasifs avec la surface cible.

projection d'abrasifs libres (f)
Jet d'abrasifs utilisé pour réduire la rugosité de la surface de la pièce à usiner. D'habitude on utilise l'abrasif sous forme de billes.

projection de billes d'abrasifs (f)
Utilisation d'abrasifs sous forme de billes pour les pièces métalliques.

rodage par projection d'abrasifs (m)
Utilisation d'un jet d'abrasifs pour réduire la rugosité de la surface des pièces à usiner, l'air comprimé ou l'eau apportant l'énergie nécessaire au jet.

projection par air comprimé avec de l'eau (f)
L'addition d'eau à de l'air comprimé permet d'obtenir une vitesse de jet plus élevée.

2.7.9 **Oberflächenverfestigungstrahlen (n)**
Strahlen zur Veränderung der Oberflächenhärte.

surface hardening blasting
Treatment with a blast to increase the hardness of the workpiece surface.

2.7.10 **Polierstrahlen (n)**
Glättstrahlen mit Strahlmittel im Feinbereich (Korngröße des Strahlmittels < 0,4 mm).

polishing blasting
A polishing blast is a free abrasive blast in the fine finishing region (abrasive grain size less than 0.4 mm).

2.7.11 **Rauhstrahlen (n)**
Strahlen zum Aufrauhen der Oberfläche. In der Regel wird Strahlmittel mit kantiger Kornform eingesetzt.

roughening blasting
Abrasive blast used to increase the roughness of the workpiece surface. The abrasive blast uses abrasive grains with sharp edges.

2.7.12 **Reinigungsstrahlen (n)**
Beim Reinigungsstrahlen sollen die Werkstücke mittels der mit hoher kinetischer Energie auftreffenden Körner gereinigt werden.

cleaning blasting
A cleaning blast where the abrasive grains carried at high speed by the blast clean the workpiece surface.

2.7.13 **Schleuderstrahlen (n)**
Das Strahlmittel wird durch Schleuderräder beschleunigt und dadurch auf die Werkstückoberfläche zu bewegt.

centrifugal blasting
The blast stream is accelerated by a centrifugal pump or equivalent equipment.

2.7.14 **Strahlauftreffwinkel (m)**
Winkel (α) zwischen der Strahlrichtung und der Tangentialebene an das Strahlgut, *s. Bild 2.7.1.*

blast exit angle
Angle between the blast stream direction and the surface tangent of the target workpiece, *see figure 2.7.1.*

2.7.15 **Strahldauer (f)**
Die Strahldauer ist die Zeitdauer, während der das Strahlgut in der arbeitenden Strahlrichtung verbleibt.

blast cutting time
The period of time the workpiece stays in the working zone.

2.7.16 **spezifische Strahldauer (f)**
Erforderliche Strahleinwirkdauer, um einen festgelegten Oberflächenausschnitt so zu bearbeiten, dass die gewünschte Wirkung erzielt wird.

specific blast cutting time
The necessary blast-time to achieve a desired surface effect.

2.7.17 **Strahleinwirkdauer (f)**
Zeitspanne, in der das Strahlmittel auf eine bestimmte Stelle des Strahlgutes einwirkt.

blast working time
Period of time of machining in which the abrasive blast medium is applied to a particular place of the workpiece surface.

2.7.18 **Strahlgeschwindigkeit (f)**
Geschwindigkeit, mit der der Strahl auf die zu bearbeitende Oberfläche trifft.

blast speed
Speed of the blast as it impacts the workpiece surface.

2.7.19 **Strahlgut (n)**
Werkstück, das an seiner Oberfläche durch das Strahlmittel bearbeitet wird.

blast target
Workpiece where the abrasive blast is machining.

2.7.20 **Strahlguthärte (f)**
Oberflächenhärte des bestrahlten Werkstückes.

blast target hardness
The surface hardness of the workpiece in the place where blast machining is taking place.

durcissement de surface par jet d'abrasifs (m)
Traitement de la surface au jet d'abrasifs pour augmenter sa dureté .

polissage par projection d'abrasifs (m)
Projection des grains abrasifs de taille inférieure à 0.4 mm dans une région de finition.

jet d'abrasifs brut (m)
Un jet d'abrasifs avec les grains aux arêtes vives est utilisé pour augmenter la rugosité de la surface de la pièce à usiner.

nettoyage par jet d'abrasifs (m)
Les grains abrasifs transportés à très grande vitesse par le jet d'air nettoient la surface de la pièce.

projection d'abrasifs centrifuge (f)
Le jet d'abrasifs est accéléré par une pompe centrifuge ou par un équipement équivalent.

angle de sortie du jet (m)
Angle entre la direction du jet et la surface tangente à la pièce cible, *voir figure 2.7.1.*

temps de projection d'abrasifs (m)
Durée où la pièce reste dans la zone de travail.

temps spécifique de projection du jet d'abrasifs (m)
Temps nécessaire pour obtenir l'effet de surface désiré.

temps de travail d'un jet d'abrasifs (m)
Durée durant laquelle le jet d'abrasifs est appliqué sur un point particulier de la surface de la pièce.

vitesse du jet (f)
Vitesse du jet lorsqu'il rentre en contact avec la surface de la pièce.

cible du jet (f)
Pièce où le jet d'abrasifs est appliqué pour l'usinage.

dureté de la surface cible (f)
Dureté de la surface de la pièce à usiner dans un endroit atteint par le jet d'abrasifs.

2.7.21 **Strahlintensität (f)**
Maß für die Krafteinwirkung des Strahlmittels auf die Oberfläche des Strahlguts.

blast intensity
Force of the blast stream on the workpiece surface at the target position.

2.7.22 **Strahlkenngrößen (f)**
Unter den Strahlkenngrößen versteht man die spez. Strahldauer, die Strahldauer, den Strahlabtrag und die Strahlintensität.

blast parameters
The abrasive blast cutting parameters include the specific blast time, the blast cutting time, the cutting depth and the blast intensity.

2.7.23 **Strahlmittel (n)**
Unter dem Strahlmittel versteht man die Zusätze, die sich im Trägermaterial zur Oberflächenbearbeitung befinden.

abrasive blast material
The abrasive blast material which is added to the carrier medium.

2.7.24 **Strahlmittelkörner (n)**
Körner, die speziell zum Strahlspanen eingesetzt werden.

abrasive blast grains
The abrasive grains used in abrasive blast cutting.

2.7.25 **Strahlmittelsorte (f)**
Chemische Zusammensetzung, Art, Zustand, Form, Größe und Härte des Korns.

abrasive blast material composition
The chemical nature, the condition, the shape, the size and hardness of the grains.

2.7.26 **Strahlmittelüberdeckungsgrad (m)**
Mit dem Strahlmittelüberdeckungsgrad wird die Menge des Stahlmittels angegeben, die in einer speziellen Zeit auf eine definierte Oberfläche trifft.

abrasive blast grain mass
Is the quantity of abrasive material used in the blast stream hitting a defined surface in a period of time.

2.7.27 **Strahlspanen (n)**
Spanen durch Strahlen mit geometrisch unbestimmter Schneide.

abrasive blast cutting
Is cutting with geometrically indeterminate cutting edges using an abrasive jet.

2.7.28 **Verformungsstrahlspanen (n)**
Verformungsstrahlspanen wird zur Formgebung oder zum Richten von Werkstücken durch Einbringen von Druckeigenspannungen verwendet.

abrasive blast forming
Is forming or correcting the workpiece form by application of a blast to stretch the material.

2.8.1 **Wasserstrahlschneiden (n)**
Schneidverfahren, bei dem das unter Druck stehende Wasser mittels einer Düse zu einem Wasserstrahl hoher Energiedichte geformt und somit die Erosionswirkung des Wassers gezielt nutzbar gemacht wird; Drücke ca. 4000 bar, Volumenströme ca. 10 l/min.

water jet cutting
Cutting process where water at high pressure is fed through a nozzle thus forming a high energy jet. The jet impacted against a workpiece in close proximity leads to erosion of the workpiece material. (A pressure of ca. 4000 bar and flowrate of 10 l/min).

intensité du jet (f)
Force du jet sur la surface cible de la pièce.

paramètres du jet (m)
Ce sont le temps de projection d'abrasifs, le temps spécifique de projection du jet d'abrasifs, la profondeur de coupe et l'intensité du jet.

matériau pour jet d'abrasifs (m)
Matériau ajouté au liquide transporteur.

grains abrasifs (m)
Grains abrasifs utilisés pour la coupe au jet d'abrasifs.

composition du matériau pour le jet d'abrasifs (f)
La nature chimique, l'état, la forme, la taille et la dureté des grains abrasifs.

masse des grains pour le jet d'abrasifs (f)
Quantité d'abrasifs utilisés dans le jet frappant la surface de la pièce par unité de temps et de surface.

coupe par jet d'abrasifs (f)
Coupe avec un jet d'abrasifs aux arêtes coupantes à la géométrie indéterminée.

formage par jet d'abrasifs (m)
Formage ou correction de la forme de la pièce à usiner par étirage, par application d'un jet d'abrasifs.

coupage au jet d'eau (m)
Le coupage à l'eau met en œuvre un jet d'eau très fin animé d'une vitesse très élevée résultant de la très haute pression d'injection. L'énergie cinétique de ce jet est susceptible d'exécuter de fines saignées sur des produits très divers. (pression d'environ 4000 bar, débit de 10 l/min).

2.8.2 **Abrasiv-Wasserstrahlschneiden (n)**
Variante des Wasserstrahlschneidens; Zum Schneiden oder Bearbeiten von Metallen, Glas, Naturstein, Keramik oder dickwandigem und sehr dichten Kunststoff wird dem Strahl ein Abrasivmittel zugefügt, welches in der Menge, Härte und Granulometrie der Aufgabe und dem Werkstoff angepasst werden muss. Dieses Verfahren arbeitet meist mit etwas niedrigerem Wasserdruck, jedoch mit größerer Wassermenge als das Wasserstrahlschneiden.

abrasive water jet cutting
A variant of water jet cutting where an abrasive is included in the jet stream. An abrasive, appropriate to the workpiece, is used to machine metals, glass, natural stones, ceramic, thick walls and very thick plastics. This process is usually carried out with a lower water pressure but higher flowrate than water jet cutting.

2.8.3 **Pumpendruck (m)**
Der vor der Düse anliegende Druck des Wassers.

pressure
Pressure of water in upstream of the nozzle.

2.8.4 **Düsendurchmesser (m)**
Austrittsdurchmesser der Düse.

nozzle diameter
Inside width of the nozzle.

2.8.5 **Düsenabstand (m)**
Abstand der Düse von der Werkstückoberfläche; abhängig von Werkstoff, Werkstückdicke, Druck, Düsendurchmesser und Vorschubgeschwindigkeit.

nozzle stand-off distance
Distance between the nozzle and surface of the material.

2.8.6 **Vorschubgeschwindigkeit (f)**
Relativgeschwindigkeit zwischen Düse und Werkstück.

feed rate
Rate of movement of the nozzle towards the workpiece material.

2.8.7 **Fokusdurchmesser (m)**
Innendurchmesser des Fokussierrohres.

focusser diameter
Diameter of the focusser.

2.8.8 **Fokussierrohrlänge (f)**
Länge des Fokussierrohres.

focusser lenght
Length of the focusser.

2.8.9 **Feststoffmassenstrom (m)**
Zugeführte Feststoffmenge pro Zeiteinheit beim Abrasiv-Wasserstrahlschneiden.

abrasive mass flow rate
Mass of abrasive flow rate per unit time fed into the jet stream.

2.8.10 **Feststoffkörnung (f)**
Maß für Größe/Größenverteilung der eingesetzten Feststoff-/Abrasivpartikel.

grade of the abrasive
Measure of the size of the abrasive grains based on the mesh size of the grading sieve.

2.8.11 **Wasserdüse (f)**
In der Düse findet die Umsetzung der als Druck gespeicherten Energie des Wassers in kinetische Energie des Freistrahls statt; typischer Werkstoff: synthetischer Saphir.

water nozzle
The pressure energy of the water is converted into kinetic energy as it passes through the nozzle. A typical material for the nozzle is saphire.

2.8.12 **Fokussierrohr (n)**
Beschleunigungsstrecke und zur erneuten Strahlformung.

focusser
Used to accelerate and streamline the flow a it approaches the nozzle.

coupage au jet d'eau avec addition de produits abrasifs (m)
Le coupage au jet d'eau ou l'action cinétique (érosion) de l'eau pure est renforcée par l'addition de produits abrasifs dans l'eau. Le jet abrasif est utilisé pour le découpage de métaux, verre, pierres, céramiques ou parois épaisses et plastiques très épais dans lesquels la teneur, la dureté ou la granulation rendent cette méthode appropriée. D'habitude ce processus est réalisé avec une pression d'eau moins élevée mais un plus grand débit par rapport au coupage au jet d'eau.

pression d'alimentation (pompage) (f)
Pression d'eau en amont de la buse de sortie.

diamètre de la buse de sortie (m)
Largeur intérieure de la buse.

distance d'approche (f)
Distance entre le bout de la buse et le matériau coupé.

vitesse d'avance (f)
Vitesse instantanée du mouvement d'avance de la buse par rapport à la pièce à découper.

diamètre du canon (m)
Diamètre du tube de focalisation.

longueur du canon (f)
Longueur du tube de focalisation.

débit de la masse d'abrasifs (m)
Volume d'abrasifs ajouté au jet d'eau par unité de temps.

grosseur des grains abrasifs (f)
La taille des grains abrasifs est classée en dimension par le nombre de maille d'un tamis (tamisage) ou par la vitesse de sédimentation.

buse (f)
Etranglement où l'énergie de la pression d'eau est convertie en énergie cinétique. Les buses sont faites de matériaux très durs (en général en saphir).

canon (m)
Dispositif utilisé pour accélérer et caréner le flux d'eau.

2.8.13	**Wasser (n)** Medium, das beim Wasserstrahlschneiden eingesetzt wird.	**water** Medium for water jet cutting.
2.8.14	**Feststoff (m)** Abrasivmittel, das zusätzlich zum Wasser beim Abrasiv-Wasserstrahlschneiden zugeführt wird.	**abrasive** Abrasive material which delivered in a water jet allows abrasive water jet cutting.
2.8.15	**Handmanipulator (m)** Einrichtung zur teilautomatisierten Handhabung von Werkstück oder Werkzeug.	**manipulator by hand** Arrangement for assisting manual movement of the tool or workpiece.
2.8.16	**Schneidtisch (m)** Numerisch gesteuerte Rollbandtische oder Portalanlagen ähnlich Brennschneideanlagen.	**cutting table** Numerically controlled table on slideways or gantry arrangement similar to gas cutting installation.
2.8.17	**Roboter (m)** Einrichtung zur vollautomatisierten Handhabung von Werkstück und Werkzeug.	**robotic handling** Fully automatic system for movement of the workpiece and tool for loading and machining.
2.8.18	**Materialdicke (f)** Dicke des zu schneidenden Werkstücks.	**material thickness** Thickness of the material to be cut.
2.8.19	**Schnittfugenbreite (f)** Mittelwert aus den Fugenbreiten im Bereich des Strahlein- und austritts.	**width of cut** The average value of the width of the cut made by passage of the jet through the workpiece.
2.8.20	**Strahleinflusszone (f)** Die Breite der beim Abrasiv-Wasserstrahlschneiden durch den Strahlmantel entstehenden Oberflächenbeeinflussung.	**jet affected zone** The width of the zone of the workpiece affected by the jet stream.
2.8.21	**Kantenradius (m)** Durch Abtrag erzeugte Verrundung an der Strahleintrittskante der Schnittfuge.	**edge radius** The radius of the material removal path at the leading edge of the jet stream.
2.8.22	**Schnittflächenrauheit (f)** Mittelwert der Oberflächenrauhigkeiten an der Schnittkante (VDI 2906).	**roughness of the cut surface** Average value of the surface roughness of the cut surface. (VDI 2906).
2.8.23	**Glattschnittanteil (m)** Schnittflächenbereich mit der geringsten Oberflächenrauhigkeit.	**clean cut area** The region of the cut surface with the least roughness.
2.8.24	**Flankenwinkel (m)** Abweichung von der Rechtwinkligkeit der Schnittflächen.	**flank angle** Deviation of the cut surface from a normal to the entry surface.

eau (f)
Moyen utilisé dans le procédé de coupage au jet d'eau.

abrasif (m)
Matière quel'on mélange au jet d'eau pour augmenter la capacité de découpage.

manipulation manuelle (f)
Dispositif permettant la manipulation manuelle de la tête de découpe ou de la pièce à découper.

table porte-tôle = machines XY (f)
Table à glissières à commande numérique ou arrangement de type portique qui sont utilisés pour contrôler les déplacements relatifs de la tête de découpe et de la pièce à découper.

robots de coupage (m)
Système automatisé, machine où la charge et la décharge ainsi que les mouvements de travail sont entièrement robotisés.

épaisseur du matériau (f)
Epaisseur du matériau à découper.

largeur de découpe (f)
Valeur moyenne de la distance entre les éléments découpés due au passage du jet d'eau à travers la pièce.

zone d'influence du jet (f)
Endroit autour de la zone de coupe affecté par le jet d'eau.

rayon de l'arête (m)
Arrondi du bord de la surface découpée causé par l'enlèvement de matière du au jet d'eau.

rugosité de la surface découpée (f)
Défauts de la surface découpée dus au passage du jet d'eau.

zone de découpe nette (f)
Zone de la surface de coupe avec la rugosité non excessive.

dépouille (angle de dépouille) (f)
Déviation de la surface de découpe par rapport à la normale de la surface d'entrée.

2.9.1 **Gleitspanen (n)**
Spanen, bei dem zwischen Werkstücken und einer Vielzahl von losen Schleifkörpern bzw. einem Schleifmittel unregelmäßige Relativbewegungen stattfinden, die eine Spanabnahme bewirken.

free abrasive cutting
Cutting with a very large quantity of free abrasive grains between the workpieces.

2.9.2 **Gleitschleifen (n)**
Gleitspanen unter Verwendung von Schleifkörpern, deren Form, Größe und Zusammensetzung auf die zu bearbeitenden Werkstücke abgestimmt sind.

free abrasive grinding
Free abrasive cutting to improve the form, size and surface texture of the workpieces.

2.9.3 **Trommelverfahren (n)**
Die Werkstücke und Schleifkörper werden durch die Rotation der Trommel an der Trommelwand hochgetragen, bis sie infolge der Schwerkraft nach unten gleiten.

abrasive drum tumbling
The workpieces and the abrasive grains are rotated together in a drum so that the drum walls raise and tumble the workpieces and abrasive leading to abrasion and smoothening.

2.9.4 **Vibrationsverfahren (n)**
Die Werkstücke und Schleifkörper werden durch Vibration des Behälters in eine Relativbewegung zueinander und eine Umwälzbewegung versetzt.

oscillatory tumbling
The workpieces and abrasive material are oscillated to produce relative movement against each other.

2.9.5 **Tauchverfahren (n)**
Die in Halterungen befestigten Werkstücke werden in die sich bewegende Schleifkörperfüllung getaucht.

immersed tumbling
The workpieces fixed on a carrier are immersed in a moving abrasive material paste.

polissage à l'abrasif libre (polissage au tonneau) (m)
Polissage avec une très grande quantité de grains abrasifs libres situés entre les pièces à usiner.

rodage à l'abrasif libre (m)
Polissage à l'abrasif libre pour améliorer la forme, les dimensions et la texture des pièces à usiner.

polissage au tonneau (m)
Les pièces à usiner et les grains abrasifs sont mis ensemble en rotation dans un tambour. L'action mécanique des parois brasse les abrasifs et les pièces à usiner entraînant l'abrasion et le polissage des pièces.

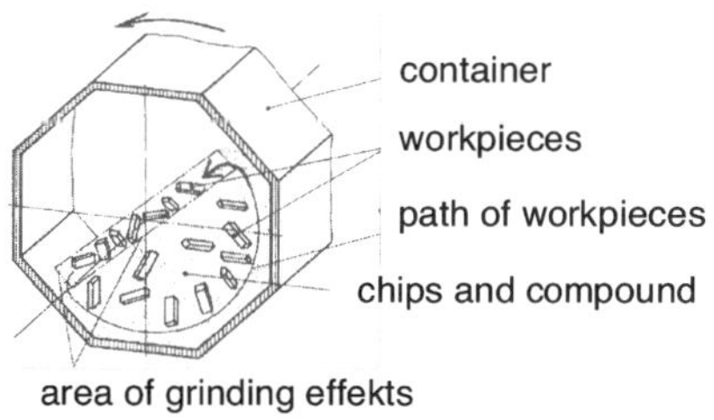

polissage oscillatoire au tonneau (m)
Oscillation forcée du tonneau provoque les mouvements relatifs des pièces et des abrasifs entraînant l'abrasion et le polissage des pièces.

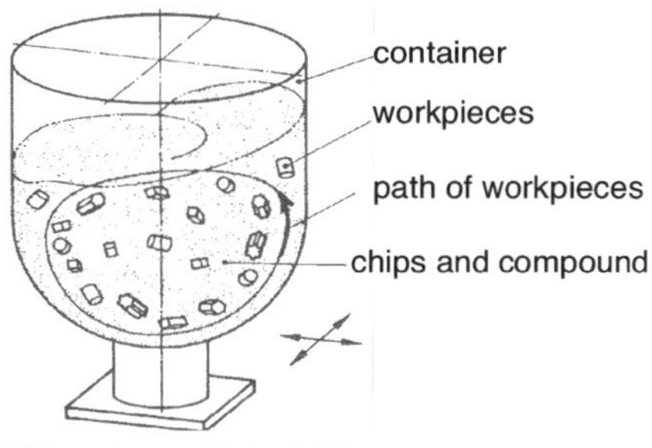

polissage au tonneau par immersion (m)
Les pièces à usiner fixées sur un support sont immergées dans une pâte abrasive en mouvement.

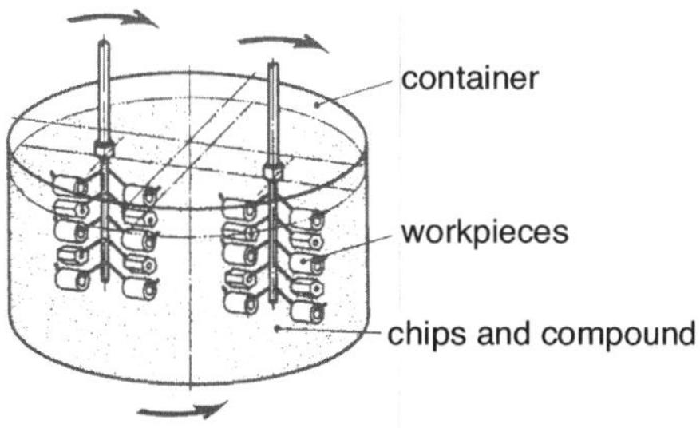

2.9.6 **Fliehkraftverfahren (n)**
Die Werkstücke und Schleifkörper werden in einem rotierenden Behälter durch Fliehkraft in eine Umwälzbewegung und damit in eine Relativbewegung zueinander versetzt.

centrifugal tumbling
The workpieces and the abrasive material in a rotating container follow an approximately spiral path under the influence of the centripetal acceleration thus causing relative motion between the workpieces and the abrasive.

2.9.7 **Trommeldrehzahl (f)**
Die Trommeldrehzahl ist die einzige Einstellgröße beim Trommelverfahren.

drum rotational speed
The rotational speed of the drum is the main parameter in abrasive drum tumbling.

2.9.8 **Frequenz (f)**
Die Frequenz ist eine Stellgröße beim Vibrationsverfahren.

frequency
The frequency is a parameter in oscillatory tumbling.

2.9.9 **Amplitude (f)**
Die Amplitude ist eine Stellgröße beim Vibrationsverfahren.

amplitude
Amplitude is a parameter in oscillatory tumbling.

2.9.10 **Schleifkörper = Chips (m)**
Die Schleifkörper bestehen aus dem Schleifmittel und der Bindung. Sie besitzen eine prozessabhängige Form und Größe.

abrasive material
The abrasive material consists of the abrasive grains and the bonding material.

2.9.11 **Schleifkörperform (f)**
Die Schleifkörperform muss so gewählt werden, dass die Schleifkörper auch in Bohrungen und Hinterschneidungen eindringen können.

abrasive material form
The abrasive material form is selected to make hole and internal cutting possible.

2.9.12 **Schleifkörpermasse (f)**
Mit höherer Schleifkörpermasse wird ein schnellerer Abtrag möglich, zu große Schleifkörper behindern sich jedoch gegenseitig.

abrasive material mass
A faster removal-rate is possible with an increased mass of abrasive material, although too much is counter-productive.

2.9.13 **Zusatzmittel = Compound (n)**
Die chemischen Zusatzmittel in wässriger Lösung erlauben das Schleifverhalten der Schleifkörper zu steuern und verschiedene Oberflächeneffekte zu erzielen.

compound
The chemical composition in a water based solution makes it possible to control the abrasive material to achieve different surface conditions.

2.10.1 **Abrichten (n, vb)**
Herstellen einer geometrisch definierten Form und einer schneidfähigen Oberfläche der Schleifscheibe durch Abrichtwerkzeuge.

dressing
– truing
The generation of a geometrically defined shape and of a sharp topography of the grinding wheel by the usage of dressing tools.

polissage au tonneau utilisant la force centrifuge (m)
La rotation du tonneau génère l'accélération centripète qui entraîne les mouvements relatifs en spirale entre les pièces et l'abrasif.

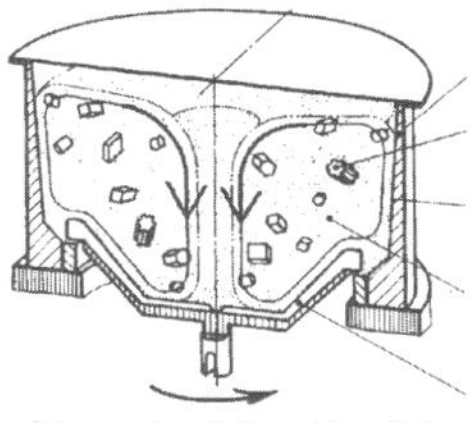

vitesse de rotation du tonneau (f)
Paramètre principal du polissage au tonneau.

fréquence (f)
Paramètre du polissage oscillatoire au tonneau.

amplitude (f)
Paramètre du polissage oscillatoire au tonneau.

matériau abrasif (m)
Matière constituée des grains abrasifs et du liant.

forme du matériau abrasif (f)
Sélectionnée pour faire des trous et des coupes internes possibles.

masse du matériau abrasif (f)
Un taux d'enlèvement rapide est possible avec une masse de matériau abrasif accrue, cependant une masse trop élevée entraîne l'effet inverse.

composition (f)
La composition chimique dans une solution d'eau permet de contrôler le matériau abrasif pour obtenir les différents états de surface.

dressage (m)
Réalisation de la forme géométrique et du mordant de la meule à l'aide d'outils de dressage.

2.10.2 **stehendes Abrichtwerkzeug (n)**
Dieses Abrichtwerkzeug weist keine Bewegungskomponente in Umfangsrichtung der Schleifscheibe auf. Es wird mit konstanter Abrichtvorschubgeschwindigkeit an der rotierenden Schleifscheibe vorbeibewegt und radial um eine Abrichtzustellung zugestellt.

fixed dressing tool
This dressing tool has no motion component in the circumferential direction of the grinding wheel. It is moved with a constant dressing feed rate along the rotating grinding wheel and is moved radially towards the grinding wheel with a depth of cut.

2.10.3 **Einkornabrichter (m)**
Stehendes Abrichtwerkzeug; besteht meist aus einem Stahlhalter, in den ein Rohdiamant eingelötet ist.

dressing diamond
Fixed dressing tool; consists in most cases of a steel holder with a mounted natural diamond.

2.10.4 **Abrichtplatte (f)**
Stehendes Abrichtwerkzeug; besteht aus Diamantsplittern oder -nadeln, die in ihrer Bindung in einer Ebene angeordnet sind.

surface plate
Fixed dressing tool; consists of diamond splints or needles arranged in their bonding in one plane.

2.10.5 **Vielkornabrichter(m)**
Stehendes Abrichtwerkzeug; besteht aus Diamantsplittern oder -nadeln, die in ihrer Bindung räumlich angeordnet sind.

multiple grain dresser
Fixed dressing tool; consists of diamond splints or needles arranged in their bonding spatially.

2.10.6 **rotierendes Abrichtwerkzeug (n)**
Dieses Abrichtwerkzeug führt eine Bewegung in Umfangsrichtung der Schleifscheibe durch. Es wird mit konstanter Abrichtvorschubgeschwindigkeit an der rotierenden Schleifscheibe vorbeibewegt und radial um eine Abrichtzustellung zugestellt.

rotating dressing tool
This dressing tool has a motion component in the circumferential direction of the grind ing wheel. It is moved with a constant dressing feed velocity along the rotating grinding wheel and is moved radially towards the grinding wheel with a defined depth of cut.

outil de dressage fixe (m)
Cet outil de dressage n'a pas de composante de mouvement dans la direction circonférentielle de la meule. Il est déplacé avec une vitesse d'avance de dressage constante le long de la meule en rotation et est engagé radialement dans la meule avec une certaine profondeur de coupe.

diamant de dressage (m)
Outil de dressage fixe; consiste la plupart du temps en un support en acier sur lequel est monté un diamant brut.

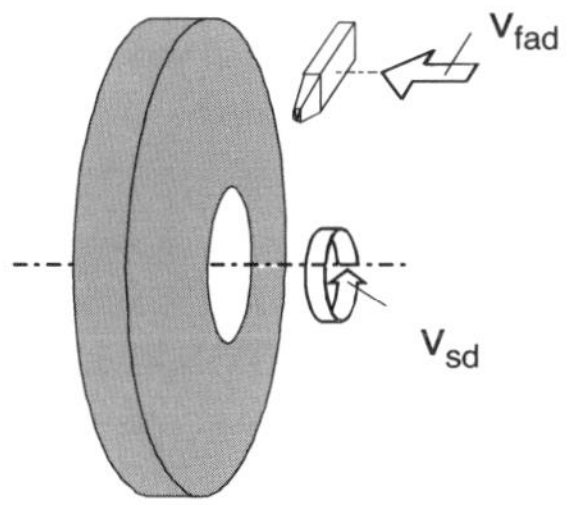

plaquette de dressage (f)
Outil de dressage fixe; consiste en des paillettes ou des aiguilles de diamant ordonnées dans leur liant selon un plan.

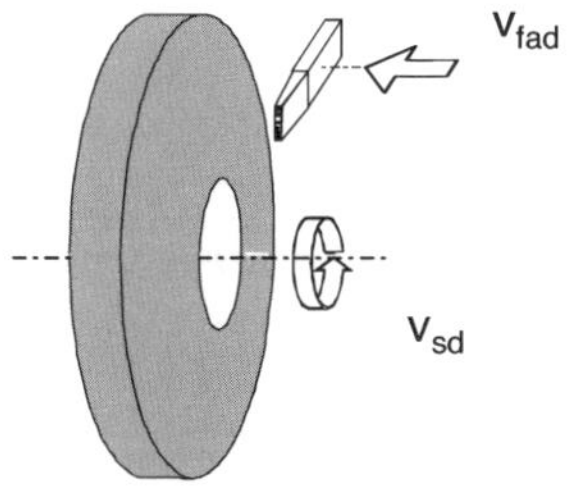

dresseur multigrain (m)
Outil de dressage fixe; consiste en des paillettes ou des aiguilles de diamant ordonnées spatialement dans leur liant.

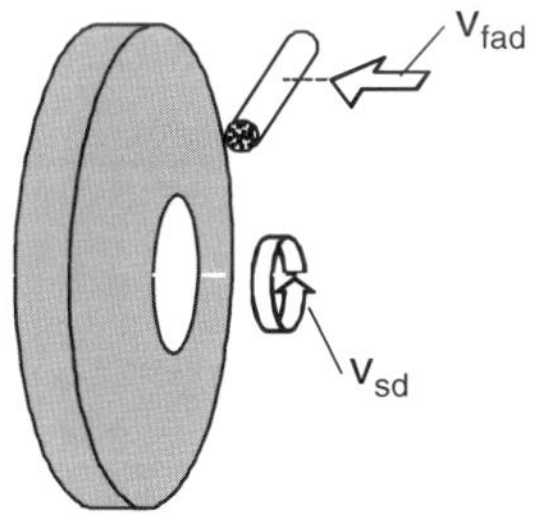

outil de dressage rotatif (m)
Cet outil de dressage effectue un mouvement dans la direction circonférentielle de la meule. Il est déplacé avec une vitesse d'avance de dressage constante le long de la meule en rotation et est engagé radialement dans la meule avec une certaine profondeur de coupe.

2.10.7 **Profilrolle (f)**
Rotierendes Abrichtwerkzeug; besteht aus einer Stahlrolle, die das Negativprofil der Schleifscheibe trägt und mit Diamantsplittern besetzt ist.

profile roller
Rotating dressing tool; consists of a steel roll having the negative profile of the grinding wheel and being sticked with diamond splints.

2.10.8 **Formrolle (f)**
Rotierendes Abrichtwerkzeug; besteht aus einer Stahlrolle, deren schmale Kante mit Diamantsplittern besetzt ist.

form roller
Rotating dressing tool; consists of a steel roll, whose edge is sticked with diamond splints.

2.10.9 **Topfscheibe (f)**
Rotierendes Abrichtwerkzeug; besteht aus einer Stahlrolle, deren Mantelfläche mit Diamantsplittern besetzt ist.

cup wheel
Rotating dressing tool; consists of a steel roll, whose shell is sticked with diamond splints.

2.10.10 **Schleifscheibenumfangsgeschwindigkeit beim Abrichten v_{sd} (f)**
Stellgröße beim Abrichten.

grinding wheel circumferential speed during dressing v_{sd}
Variable in dressing.

2.10.11 **axiale Abrichtvorschubgeschwindigkeit v_{fad} (f)**
Stellgröße beim Abrichten.

axial dressing feed rate v_{fad}
Variable in dressing.

2.10.12 **Wirkbreite des Abrichtwerkzeugs b_d (f)**
Stellgröße beim Abrichten.

active width of the dressing tool b_d
Variable in dressing.

rouleau profilé (m)
Outil de dressage rotatif; consiste en un rouleau en acier qui présente le profil négatif de la meule et est garni de paillettes de diamant.

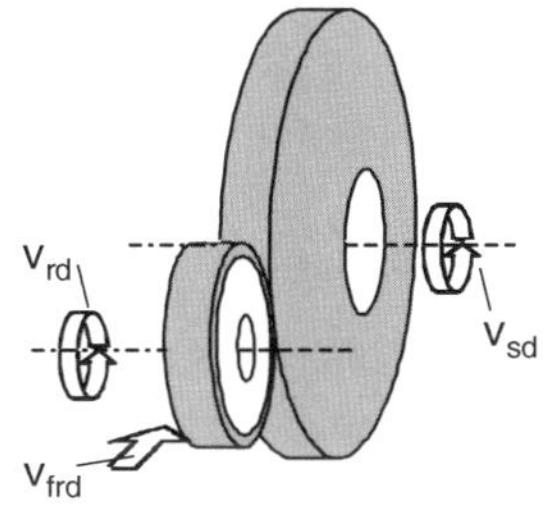

rouleau de forme (m)
Outil de dressage rotatif; consiste en un rouleau en acier dont l'arête étroite est garnie de paillettes de diamant.

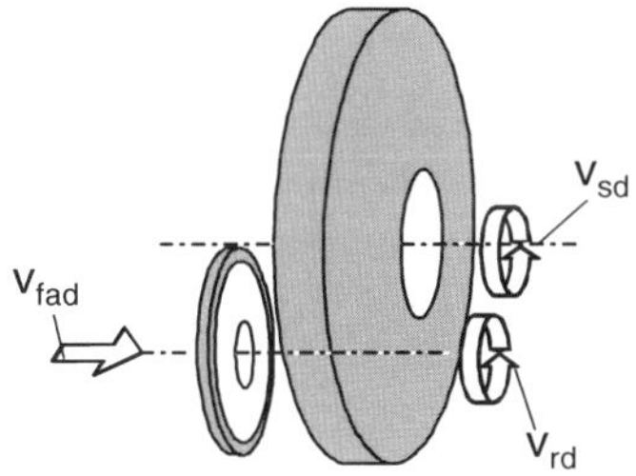

meule boisseau (f)
Outil de dressage rotatif; consiste en rouleau en acier dont la surface latérale est garnie de paillettes de diamant.

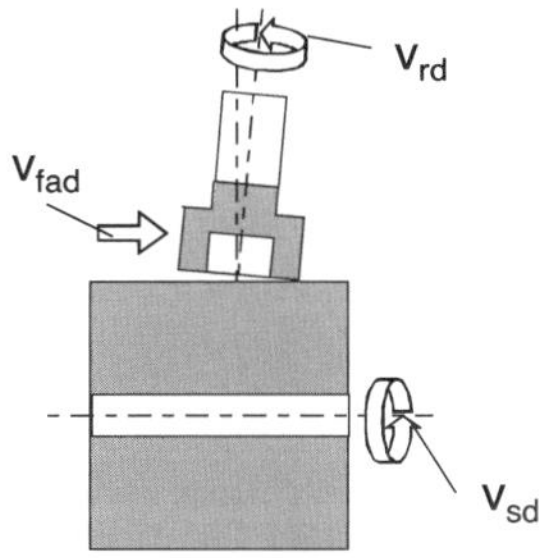

vitesse circonférentielle de la meule lors du dressage v_{sd} (f)
Grandeur ajustable lors du dressage.

vitesse d'avance de dressage axiale v_{fad} (f)
Grandeur ajustable lors du dressage.

largeur active de l'outil de dressage b_d (f)
Grandeur ajustable lors du dressage.

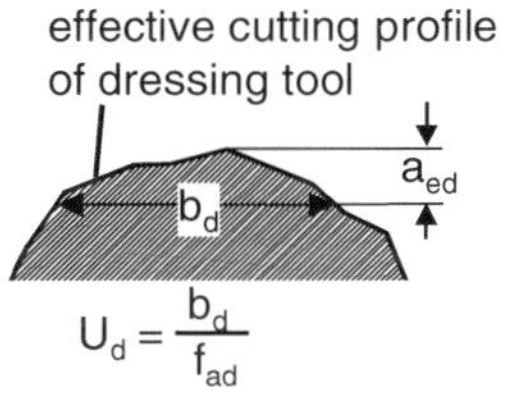

2.10.13 **Überdeckungsgrad beim Abrichten U_d (m)**
Stellgröße beim Abrichten; *siehe Bild 2.10.12.*

$$U_d = \frac{b_d}{f_{ad}}$$

overlapping rate in dressing U_d
Variable in dressing; *see figure 2.10.12.*

$$U_d = \frac{b_d}{f_{ad}}$$

2.10.14 **axialer Abrichtvorschub pro Schleifscheibenumdrehung f_{ad} (m)**
Stellgröße beim Abrichten; *siehe Bild 2.10.12.*

axial dressing feed per grinding wheel revolution f_{ad}
Variable in dressing, *see figure 2.10.12.*

2.10.15 **radialer Vorschub beim Abrichten f_{rd} (m)**
Stellgröße beim Abrichten.

radial feed in dressing f_{rd}
Variable in dressing.

2.10.16 **radiale Abrichtvorschubgeschwindigkeit v_{frd} (f)**
Stellgröße beim Abrichten mit einer Profilrolle.

radial dressing feed rate v_{frd}
Variable in dressing using a profile roller.

2.10.17 **Umfangsgeschwindigkeit des Abrichtwerkzeugs v_{rd} (f)**
Stellgröße beim Abrichten mit einem rotierenden Abrichtwerkzeug.

circumferential speed of the dressing tool v_{rd}
Variable in dressing using a rotating dressing tool.

2.10.18 **Abrichtzustellung a_{ed} (f)**
– Arbeitseingriff beim Abrichten
Stellgröße beim Abrichten; *siehe Bild 2.10.12.*

depth of dressing cut a_{ed}
Variable in dressing; *see figure 2.10.12.*

2.10.19 **gesamte Abrichtzustellung $a_{ed\ ges}$ (f)**
Summe der Zustellungen aller Abrichthübe während eines Abrichtvorgangs.

total depth of dressing cut $a_{ed\ ges}$
Sum of all depths of dressing cut of the dressing swings during one dressing process.

2.10.20 **Abrichtgeschwindigkeitsquotient q_d (m)**
Stellgröße beim Abrichten; Quotient aus der Umfangsgeschwindigkeit des rotierenden Abrichtwerkzeugs und der Schleifscheibenumfangsgeschwindigkeit.

ratio of dressing speeds q_d
Variable in dressing; ratio of the circumferential speed of the rotating dressing tool and the grinding wheel circumferential speed.

2.10.21 **Abrichtrollendrehzahl n_{rd} (f)**
Stellgröße beim Abrichten mit einem rotierenden Abrichtwerkzeug.

dressing roller revolutions speed n_{rd}
Variable in dressing using a rotating dressing tool.

2.10.22 **Schleifscheibenradialverschleiß Δr_s (m)**
Durch das Abrichten zu kompensierender Makroverschleiß der Schleifscheibe in radialer Richtung.

grinding wheel radial wear Δr_s
Macro wear of the grinding wheel in radial direction, which must be compensated by dressing.

degré de recouvrement lors du dressage U_d (m)
Grandeur ajustable lors du dressage; *voir figure* 2.10.12.

$$U_d = \frac{b_d}{f_{ad}}$$

avance de dressage axiale par tour de meule f_{ad} (f)
Grandeur ajustable lors du dressage; *voir figure* 2.10.12.

avance radiale lors du dressage f_{rd} (f)
Grandeur ajustable lors du dressage.

vitesse d'avance de dressage radiale v_{frd} (f)
Grandeur ajustable lors du dressage par rouleau profilé.

vitesse circonférentielle de l'outil de dressage v_{rd} (f)
Grandeur ajustable lors du dressage par outil de dressage rotatif.

profondeur de coupe de dressage a_{ed} (f)
– profondeur d'engagement dans la meule lors du dressage
Grandeur ajustable lors du dressage; *voir figure* 2.10.12.

profondeur de coupe de dressage totale $a_{ed\ ges}$ (f)
Somme des profondeurs de coupe de toutes les courses de dressage lors d'un processus de dressage.

rapport des vitesses de dressage q_d (m)
Grandeur ajustable lors du dressage; rapport entre la vitesse circonférentielle de l'outil de dressage rotatif et la vitesse circonférentielle de la meule.

nombre de tours du rouleau de dressage n_{rd} (m)
Grandeur ajustable lors du dressage par outil de dressage rotatif.

usure radiale de la meule Δr_s (f)
Macro-usure de la meule dans la direction radiale, à compenser par le dressage.

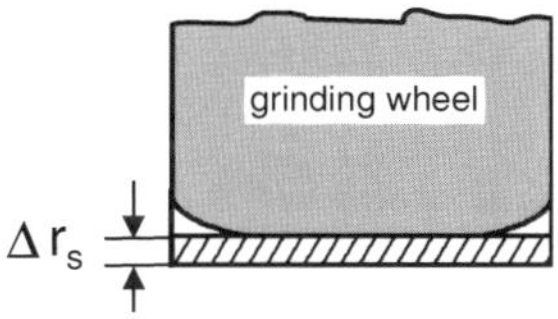

2.10.23 **radialer Kantenverschleiß der Schleifscheibe Δr_{sk} (m)**
Durch das Abrichten zu kompensierender Makroverschleiß an den Kanten der Schleifscheibe.

grinding wheel edge wear Δr_{sk}
Macro wear of the grinding wheel at the edges, which must be compensated by dressing.

2.10.24 **Spitzenradius der Abrichtrolle R_{sp} (m)**
Geometrische Größe des Abrichtwerkzeugs Abrichtrolle.

peak radius of dressing roller R_{sp}
Geometrical variable of the dressing tool dressing roller.

2.10.25 **Durchmesser der Abrichtrolle d_R (m)**
Geometrische Größe des Abrichtwerkzeugs Abrichtrolle.

diameter of dressing roller d_R
Geometrical variable of the dressing tool dressing roller.

2.11.1 **Schärfen (n)**
Notwendiger Prozess zur Herstellung der erforderlichen Schneidfähigkeit von Schleifwerkzeugen durch das Zurücksetzen der Bindung.

sharpening
Necessary process to produce the required sharpness of grinding tools by putting back the bonding.

2.11.2 **Blockschärfen (n)**
Verbreitetstes Schärfverfahren, bei dem ein Schärfblock der Schleifscheibe radial zugeführt wird.

block sharpening
Most popular method of sharpening; a sharpening block is moved radially towards the grinding wheel.

2.11.3 **Schärfblock (m)**
Werkzeug zum Schärfen der Schleifscheibe durch das Zurücksetzen der Bindung; besteht meist aus Korund oder Siliziumkarbid.

sharpening block
Tool for sharpening the grinding wheel by setting back the bonding. It consists in most cases out of corundum or carborundum.

2.11.4 **Schärfblockvorschubgeschwindigkeit v_{fSb} (f)**
Stellgröße beim Blockschärfen.

sharpening block feed rate v_{fSb}
Variable in block sharpening.

2.11.5 **Schärfblockhöhe h_{Sb} (f)**
Geometrische Größe des Schärfblocks.

sharpening block height h_{Sb}
Geometrical variable of the sharpening block.

2.11.6 **Schärfblockzustellung a_{Sb} (f)**
Stellgröße beim Blockschärfen.

sharpening block feed rate a_{Sb}
Variable in block sharpening.

2.11.7 **Schleifscheibenumfangsgeschwindigkeit beim Abrichten/Schärfen v_{sd} (f)**

grinding wheel circumferential speed during dressing/sharpening v_{sd}

usure radiale de l'arête de la meule Δr_{sk} (f)
Macro-usure au niveau de l'arête de la meule, à compenser par le dressage.

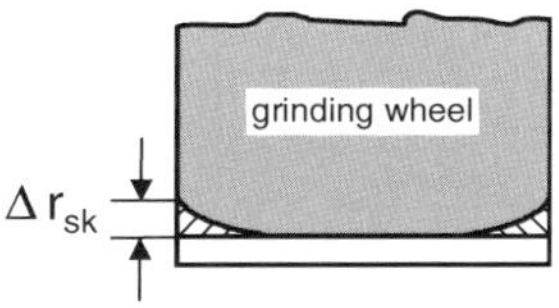

rayon de pointe du rouleau de dressage R_{sp} (m)
Grandeur géométrique de l'outil de dressage rouleau de dressage.

diamètre du rouleau de dressage d_R (m)
Grandeur géométrique de l'outil de dressage rouleau de dressage.

affûtage (m)
Processus nécessaire pour donner le mordant requis à des outils de rectification en repoussant le liant.

affûtage par bloc (m)
Procédé d'affûtage le plus répandu; un bloc d'affûtage est déplacé radialement vers la meule.

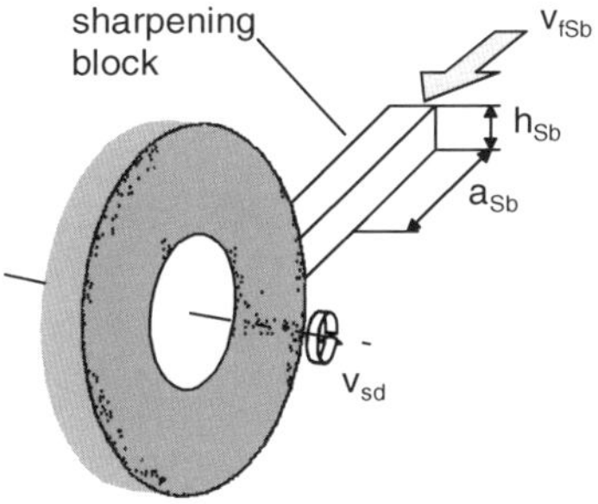

bloc d'affûtage (m)
Outil pour affûter la meule en repoussant le liant; est composé la plupart du temps de corindon ou de carbure de silicium (carborundum).

vitesse d'avance du bloc d'affûtage v_{fSb} (f)
Grandeur ajustable lors de l'affûtage par bloc.

hauteur du bloc d'affûtage h_{Sb} (f)
Grandeur géométrique du bloc d'affûtage.

profondeur de coupe du bloc d'affûtage a_{Sb} (f)
Grandeur ajustable lors de l'affûtage par bloc.

vitesse circonférentielle de la meule lors du dressage/ affûtage v_{sd} (f)

2.11.8 **bezogenes Schärfzeitspanungsvolumen Q'_{Sb} (n)**
Stellgröße beim Blockschärfen.

specific material removal rate in sharpening Q'_{Sb}
Variable in block sharpening.

2.11.9 **bezogenes Schärfzerspanungsvolumen V'_{Sb} (n)**

specific material removal in sharpening V'_{Sb}

2.11.10 **Strahlschärfen (n)**
Schärfverfahren, bei dem ein Gemisch aus Strahlmittel, Luft und einem Trägermedium unter hohem Druck auf den Schleifbelag trifft.

jet sharpening
Method of sharpening; a mixture of abrasive material, air and a medium is moved against the grinding layer under high pressure.

2.11.11 **Düsenanstellwinkel beim Strahlschärfen α_{td} (m)**
Stellgröße beim Strahlschärfen; Winkel zwischen dem Strahl und der Senkrechte auf der Schleifscheibe.

jet angle in jet sharpening α_{td}
Variable in jet sharpening;angle between the jet and the perpendicular on the grinding wheel.

débit de matière spécifique lors de l'affûtage Q'_{Sb} (m)
Grandeur ajustable lors de l'affûtage par bloc.

volume de matière spécifique lors de l'affûtage V'_{Sb} (m)

affûtage au jet (m)
Procédé d'affûtage; un mélange de matériau abrasif, d'air et de milieu porteur est envoyé sous haute pression sur le revêtement de rectification.

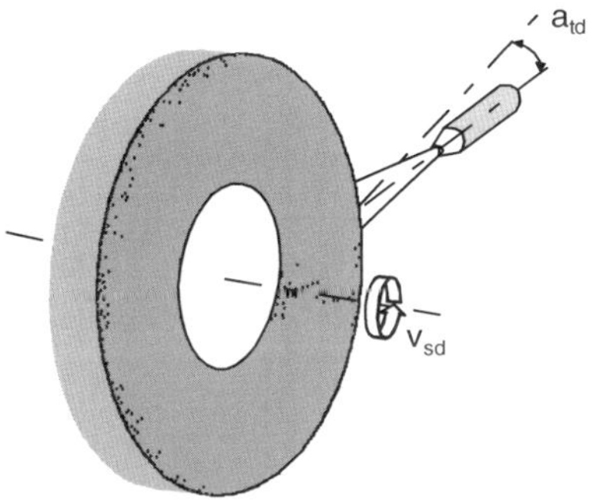

angle d'incidence du jet lors de l'affûtage au jet α_{td} (m)
Grandeur ajustable lors de l'affûtage au jet; angle entre le jet et la perpendiculaire à la meule.

III

Abtragende Fertigungsverfahren

Physical processes

Procédés physiques

3.0.1 **Elektroerosion (f)**
Verfahren der Fertigungstechnik zum Bearbeiten von Werkstoffen durch elektrische Entladungen zwischen zwei Elektroden (Werkstück und Werkzeug) in einer dielektrischen Flüssigkeit. Die Elektroden müssen bestimmte elektrische Eigenschaften aufweisen.

electro-discharge machining (EDM)
electrical discharge machining
The removal of material by electrical discharges between two electrodes (workpiece and tool) in a dielectric fluid. Those electrodes should possess some electrically-conductive properties.

3.0.2 **Funkenerosion (f)**
Abtragen von Werkstoff durch räumlich und zeitlich voneinander getrennte nichtstationäre oder quasistationäre elektrische Entladungen (Funken).

spark erosion
Material removal by non-stationary or quasi-stationary electrical discharges (sparks) which are separated from each other both spatially and temporally.

3.0.3 **Lichtbogenerosion (f)**
Abtragen durch räumlich und zeitlich voneinander getrennte stationäre elektrische Entladungen (Lichtbogen). Die Entladungen werden vorwiegend durch mechanisches Berühren der Elektroden eingeleitet und durch axiales Schwingen der Werkzeugelektrode periodisch unterbrochen.

electric-arc erosion
Material removal by stationary electrical discharges (electric arcs) which are spatially and temporally separated from each other. The discharges are mainly initiated by mechanical contact between the electrodes, and are interrupted by axial, periodic rtraction of the tool electrode.

3.0.4 **Funkenerosives Senken (n)**
Bearbeitungsverfahren, bei dem eine Formelektrode in das Werkstück eingesenkt wird.

sinking EDM (S-EDM)
spark erosion sinking
EDM process by means of a shaped electrode that is sunk into the workpiece.

3.0.5 **Funkenerosives Schneiden (n)**
Drahterosion (f)
Schneiderosion (f)
Bearbeitungsverfahren mit ablaufender Drahtelektrode, bei denen Werkstücke ab-, ein- oder ausgeschnitten werden.

wire EDM (W-EDM)
spark erosion cutting
EDM process using an unwinding wire tool electrode that cuts the workpiece.

électro-érosion (f)
Procédé d'usinage enlevant la matière par l'action de décharges électriques entre deux électrodes (électrode-pièce et électrode-outil) immergées dans un fluide diélectrique. Les deux électrodes doivent présenter quelques propriétés de conduction électrique.

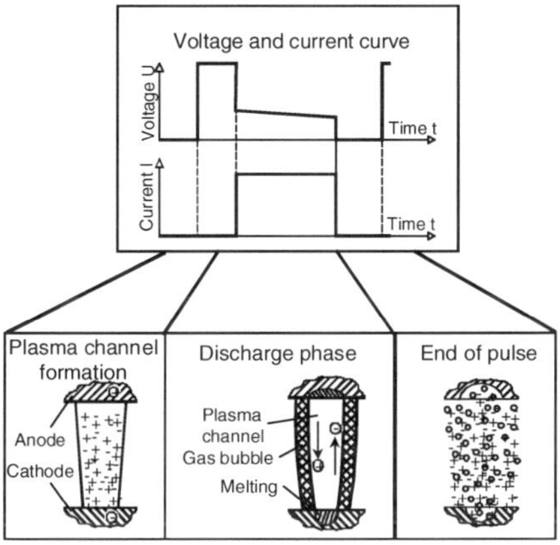

érosion (f) par étincelage
L'enlèvement de matière est provoqué par des décharges électriques non-stationnaires ou quasi-stationnaires (étincelles) qui sont séparées les unes des autres dans l'espace et dans le temps.

érosion (f) par arc électrique
L'enlèvement de matière est provoqué par des décharges électriques stationnaires (arcs) séparées les unes des autres dans l'espace et dans le temps. Les décharges sont engendrées principalement par le contact mécanique des électrodes et interrompues périodiquement par des oscillations axiales de l'électrode-outil.

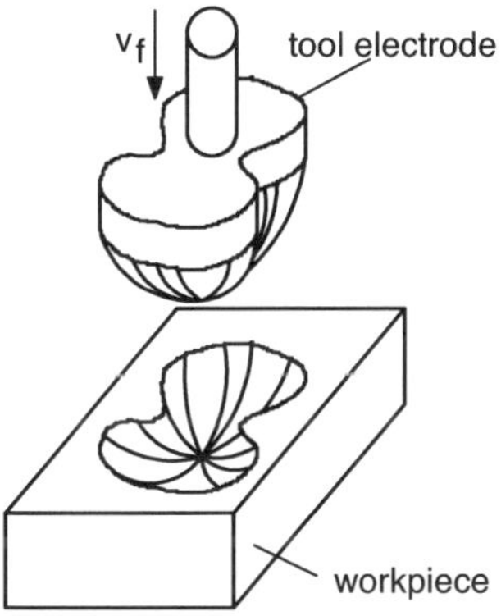

enfonçage (m) par électro-érosion
Procédé d'électroérosion utilisant une électrode de forme qui pénètre dans la pièce.

découpe (f) par électro-érosion à fil
Procédé d'usinage par électro-érosion au cours duquel la pièce à usiner est découpée par électro-érosion, à l'aide d'un fil électrode déroulant.

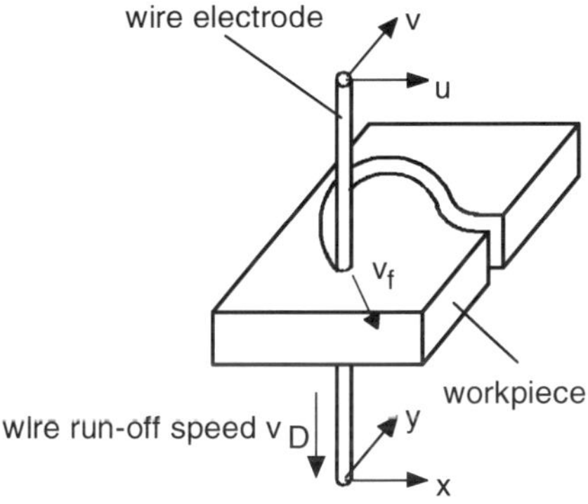

3.0.6 **Funkenerosives Schleifen (n)**
Bearbeitungsverfahren, bei denen i.a. die mittlere Relativbewegung zwischen den Elektroden nicht mit der Vorschubbewegung zusammenfällt, wobei die Werkzeugelektrode oder beide Elektroden rotieren.

electro-discharge grinding
grinding EDM
Machining process in which a relative feed motion is applied between a disc-like tool electrode and the workpiece electrode, in addition to rotation of the tool electrode or both.

3.0.7 **Funkenerosives Bohren (n)**
Bearbeitungsverfahren mit einer oder mehrerer zylindrischer Elektroden zur Herstellung von Bohrungen. Die Vorschubrichtung verläuft parallel zur Werkzeuglängsachse. Die Elektroden können um ihre Längsachse rotieren.

electro-discharge drilling
drilling EDM
EDM process using one or se-veral cylindrical electrodes for hole making. The feed direction is parallel to the tool axis. The electrodes can rotate.

3.0.8 **Bahnerosion (f)**
Erodiertechnik, bei der zwischen Elektrode und Werkstück eine mehrachsige Relativbewegung vorliegt; auch mit überlagerter Rotation der Elektrode.

electro-discharge contouring
contouring EDM
Path-controlled machining EDM process in which a multi-axis feed motion is performed between tool electrode and workpiece. In case of cylindrical electrodes the electrode can rotate.

3.0.9 **Planetärerosion (f)**
Erodiertechnik, bei der senkrecht zu der Einsenkbewegung eine Translationsbewegung überlagert ist; dient zur Herstellung von Hinterschneidungen und konischen Durchbrüchen, ermöglicht Schrupp- und Schlichtbearbeitung mit derselben Elektrode.

planetary erosion
EDM technique in which a translatory motion is superposed perpendicular to the feed motion. The technique is capable of producing undercuts and conical bores. It allows for roughing and finishing with the same tool electrode.

rectification (f) par électro-érosion
Procédé d'usinage dans lequel un mouvement d'avance relatif moyen entre l'électrode-outil (disque) et la pièce est superposé au mouvement de rotation de l'électrode-outil ou des deux.

perçage (m) par électro-érosion
Procédé d'usinage utilisant une ou plusieurs électrodes cylindriques. Le mouvement d'avance est parallèle à leur axe. Les électrodes peuvent être animées d'un mouvement de rotation.

contournage (m) par électro-érosion
Procédé d'usinage dans lequel un mouvement d'avance multi-axes est créé entre l'électrode et la pièce. Dans le cas d'une électrode cylindrique, celle-ci peut être en rotation.

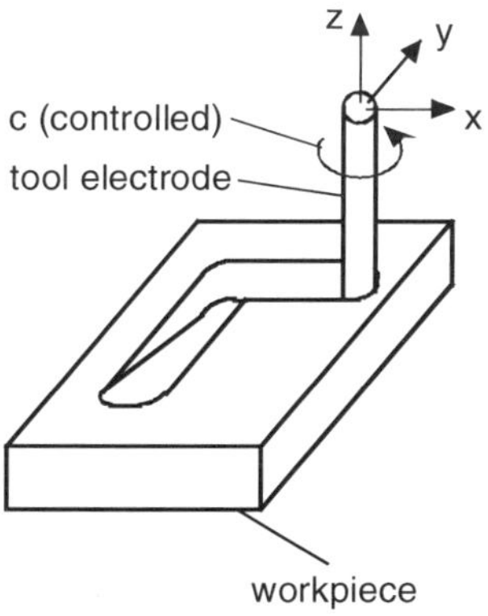

usinage (m) planétaire par électroérosion
Technique d'électroérosion dans laquelle un mouvement de translation est superposé perpendiculairement au mouvement d'avance. La technique permet de produire des usinages intérieurs et des formes débouchantes coniques. Elle autorise l'ébauche et la finition avec la même électrode.

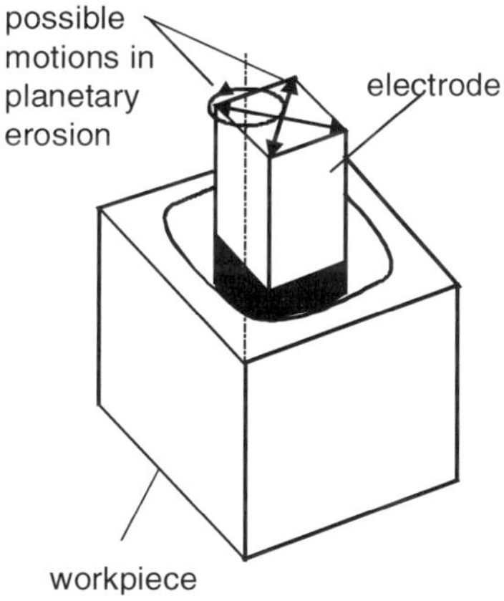

3.0.10 **Mehrkanaltechnik (f)**
Funkenerosive Bearbeitung mit mehreren Leistungseinheiten mit einer Werkzeugelektrode, die in elektrisch gegeneinander isolierte Segmente aufgeteilt, wobei jedes Segment mit einer entsprechenden Leistungseinheit des Generators verbunden ist, so dass auf jedem Segment gleichzeitig eine Entladung zünden kann, um die Abtragrate zu erhöhen.

multi-channel erosion
EDM utilizing several power units for a single tool electrode which is divided into electrically insulated segments, each of which is connected to one power unit; the technique enables simultaneous ignition of several pulses for the purpose of an increase in removal rate.

3.0.11 **Konischschneiden (n)**
Verfahrensvarianten zur Erzeugung schräger Schnitte, wobei die Schrägstellung des Drahtes durch eine Auslenkung der oberen Drahtführung in Relation zur unteren Drahtführung erreicht wird.

taper cutting
W-EDM technique used to produce tapered cuts. The angle is achieved by a translatory motion of the upper wire guide relative to the lower wire guide in the x/y plane.

3.0.12 **Schruppbearbeitung (f)**
Abtragintensive Bearbeitungsstufe beim funkenerosiven Senken.

roughing
EDM conditons enabling a high removal rate.

3.0.13 **Schlichtbearbeitung (f)**
Bearbeitungsstufe zur Erzeugung der gewünschten Endgeometrie und des Oberflächenzustandes.

finishing
EDM conditions enabling high surface quality and precision.

3.0.14 **Funkenerosives Polieren (n)**
Erweiterung des funkenerosiven Senkens in den Feinstschlichtbereich zur Erzeugung glatter, glänzender Werkstückoberflächen, die im Querschnitt eine sehr dünne, homogene, rissfreie Randzone gleichmäßiger Breite aufweisen; Aufschmelzen der Rauhheitsspitzen und daran anschließendes Wiedererstarren, wobei das Ausschleudern flüssigen Materials unerwünscht ist.

electro-discharge polishing
Sinking EDM super-finishing technique for producing smooth, mirror-like surfaces and a homogeneous, minimised and crack-free white layer; this is achieved by melting and flattening of remaining roughness peaks.

3.0.15 **Nachschnitttechnologie (f)**
Technologie des funkenerosiven Schneidens, bei der im Anschluss an einen Hauptschnitt mit hoher Entladeenergie und Schnittgeschwindigkeit in mehreren aufeinander folgenden Nachschnitten mit sukzessive reduzierter Entladeenergie die Oberflächenrauheit und die thermische Randzonenbeeinflussung des Werkstückes reduziert sowie die gewünschte Endkontur erreicht wird.

wire EDM super-finishing technology
The W-EDM super-finishing technology comprises a main cut performed with high power for a fast generation of the rough contour and a number of subsequent trimcuts performed with successively decreased discharge energy for surface and contour refining and reduction of the thermal effects.

érosion (f) multi-canaux
Electroérosion utilisant plusieurs unités de puissance pour une seule électrode-outil divisée en segments isolés électriquement, chacun d'eux étant connecté à une unité de puissance; la technique permet l'amorçage simultané de plusieurs décharges dans le but d'augmenter le débit de matière.

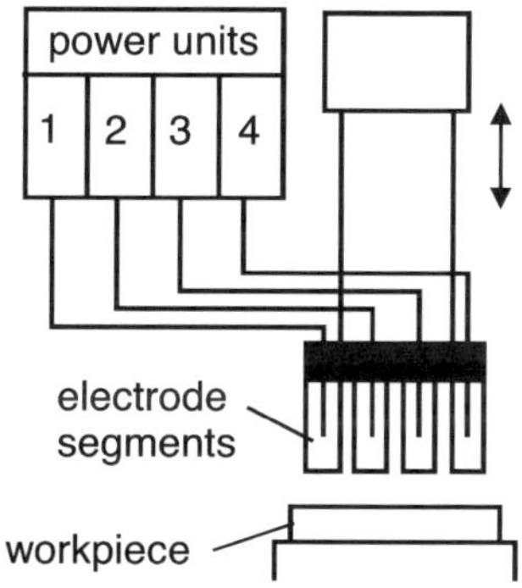

usinage (m) en dépouille
Technique d'électroérosion à fil pour produire des découpes inclinées. L'angle est obtenu par un mouvement de translation du guide fil supérieur par rapport au guide fil inférieur, dans le plan x/y.

ébauche (f)
Conditions d'électroérosion fournissant un débit de matière élevé.

finition (f)
Conditions fournissant qualité de surface et précision très bonnes.

polissage (m) par électroérosion
Technique de super finition par enfonçage par électroérosion pour produire des surfaces de qualité poli miroir et une couche blanche fine, homogène et exempte de fissures; ceci est obtenu par fusion et applanissement des pics de rugosité restants.

technologie (f) de super finition par électroérosion à fil
La technologie de super finition par électroérosion à fil comprend une passe principale réalisée à haute puissance pour une génération rapide du contour ébauche et un nombre conséquent de passes réalisées avec une énergie de décharge progressivement diminuée, pour finir la surface et réduire les effets thermiques.

3.0.16 **Haupt-, Vollschnitt (m)**
Leistungsintensiver Hauptbearbeitungsschritt bei der Drahterosion zur Erzeugung der Kontur, wobei sich die Drahtelektrode mit vollem Umfang im Material befindet.

main cut
High-power cut in W-EDM to produce the rough contour; the wire is eroding by its full diameter.

3.0.17 **Nachschnitt (m)**
Nachbearbeitungsstufe bei der Drahterosion zum Annähern oder Erreichen der vorgegebenen Endmaße und des Oberflächenzustandes, wobei die Drahtelektrode mit Teilumfang im Eingriff parallel zur Werkstückoberfläche geführt wird.

trim cut
Finishing cut in W-EDM in order to approach or reach the final accuracy and surface quality; the wire erodes by use of part of its diameter.

3.0.18 **Vorschub (m)**
Geregelte Nachstellung der Werkzeugelektrode während des Arbeitsvorganges.

feed
Controlled adjustment of the tool electrode during spark erosion.

3.0.19 **Arbeitsspalt (m) s**
Zone, in der die Entladungen zwischen Elektrode und Werkstück stattfinden. Der Arbeitsspalt kann prozessabhängig unterschiedlich groß sein.

working gap s
The region in which the discharges between tool electrode and workpiece take place. It may vary in size, depending on the process settings and conditions.

3.0.20 **lateraler Arbeitsspalt (m) s_L**
Kleinster Abstand zwischen Werkzeug und Werkstück bei einem Konturneigungswinkel von $\alpha = 0°$, *s. auch Bild 3.0.20.*

lateral (working) gap s_L
The minimum distance (s_L) between the tool and the workpiece, measured normal to the feed direction ($\alpha = 0°$), *see also figure 3.0.20.*

3.0.21 **frontaler Arbeitsspalt (m) s_F**
Kleinster Abstand zwischen Werkzeug und Werkstück bei einem Konturneigungswinkel von $\alpha = 90°$, *s. auch Bild 3.0.17.*

frontal (working) gap s_F
The minimum distance (s_F) between the tool and the workpiece, measured normal to the workpiece surface in the direction of feed ($\alpha = 90°$), *see also figure 3.0.17.*

passe principale (f)
découpe (f)
Passe à haute puissance en électroérosion à fil pour produire le contour d'ébauche; le fil travaille sur tout son diamètre.

passe de finition (f)
passe (f) de surfaçage
Passe de finition en électroérosion à fil, parallèlement à la surface, pour approcher ou atteindre la précision finale et la qualité; le fil travaille sur une partie de son diamètre.

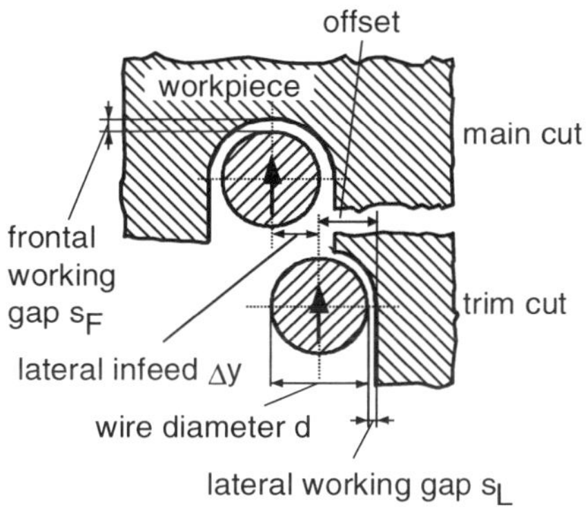

avance (f)
Positionnement asservi de l'électrode-outil pendant le processus d'usinage.

distance (f) d'étincelage s
L'espace d'étincelage entre l'électrode et la pièce désigne l'espace dans lequel se produisent les décharges. La distance d'usinage a une valeur dépendante des conditions d'usinage.

distance (f) interélectrode latérale s_L
distance (f) d'étincelage latérale s_L
La distance minimale (s_L) entre l'outil et la pièce, mesurée perpendiculairement à la direction d'avance ($\alpha = 0°$), *voir aussi figure 3.0.20.*

distance (f) interélectrode frontale s_F
distance (f) d'étincelage frontale s_F
La distance minimale (s_F) entre l'outil et la pièce, mesurée normalement à la surface de la pièce et parallèlement à la direction d'avance ($\alpha = 90°$), *voir aussi figure 3.0.17.*

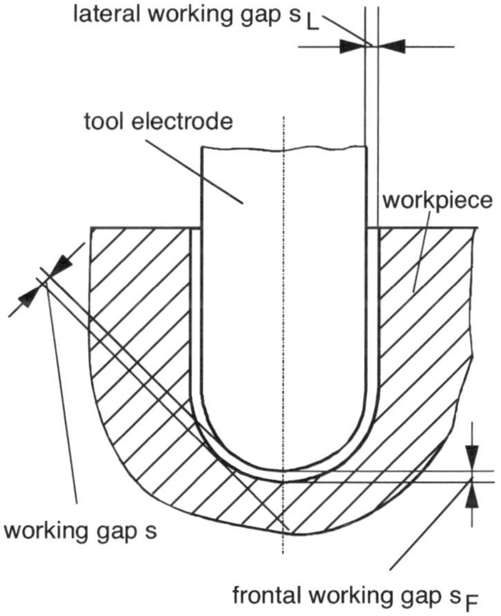

3.0.22 **Untermaß (n) b**
Notwendige Differenz zwischen Nennmaß (d) und Werkzeugelektrodendurchmesser (d_e) bei einer kreiszylindrischen Bohrung.

undersize b
The required difference between nominal size (d) of the workpiece and size of the tool-electrode (d_e) in the case of a cylindrical bore.

3.0.23 **Schruppuntermaß (n) b_n**
Diese Größe ergibt sich nach folgender Formel:
$b_n = 2\,s_{Ln} + 2\,R_{max,n} + 2\,Z_n$

roughing undersize b_n
This measure is calculated by the following relation:
$b_n = 2\,s_{Ln} + 2\,R_{max,n} + 2\,Z_n$

3.0.24 **lateraler Arbeitsspalt der n-ten Schruppstufe (m) s_{Ln}**

lateral working gap of the nth roughing stage s_{Ln}

3.0.25 **Maximale Rauhtiefe der n-ten Schruppstufe (f) $R_{max,n}$**

maximal roughness value of the nth roughing stage $R_{max,n}$

3.0.26 **Seitenzugabe (f) Z_n**
Die Seitenzugabe berücksichtigt die Tiefe der thermischen Oberflächenbeeinflussung sowie einen Erfahrungswert für die Herstell- und Lagetoleranz der Werkzeugelektroden, deren thermische Dehnung und die Verlagerungen der Maschine.

lateral allowance Z_n
The lateral allowance includes the depth of the heat-affected zone, a practical allowance, and the positional tolerance of the tool electrodes, their thermal expansion, and the possible distortions of the machine.

3.0.27 **Planetärradius (m)**
Radius der Planetärbewegung der Werkzeugelektrode senkrecht zur Vorschubrichtung, s. *Bild 3.0.9*.

planetary radius
Radius of planetary motion of the tool electrode perpendicular to the feed direction (*see figure 3.0.9*).

3.0.28 **laterale Drahtzustellung (f) Δy**
Zustellung des Drahtes bei den Nachschnitten; erfolgt senkrecht zur geschnittenen Werkstückoberfläche, *s. Bild 3.0.17*.

lateral infeed Δy
Infeed of the wire towards the previously cut workpiece surface *(see figure 3.0.17)*.

3.0.29 **Offset**
Abstand zwischen Endkontur des Werkstücks und dem Mittelpunkt des Drahtquerschnitts, gemessen senkrecht zur Drahtlänge, s. *Bild 3.0.17*.

offset
Distance between the final workpiece contour and the wire axis measured perpendicular to the wire length (see *figure 3.0.17*).

sous-dimension (f) d'ébauche b
La différence entre le diamètre nominal (d) de la pièce et le diamètre de l'électrode (d_e) dans le cas d'usinage d'un orifice de section circulaire.

sous-dimension (f) d'ébauche b_n
Cette mesure est calculée selon la relation si-après:
$b_n = 2\ s_{Ln} + 2\ R_{max,n} + 2\ Z_n$

distance (f) interélectrode latérale de la n^ième^ ébauche s_{Ln}

rugosité maximale de la n^ième^ ébauche (f) $R_{max,n}$

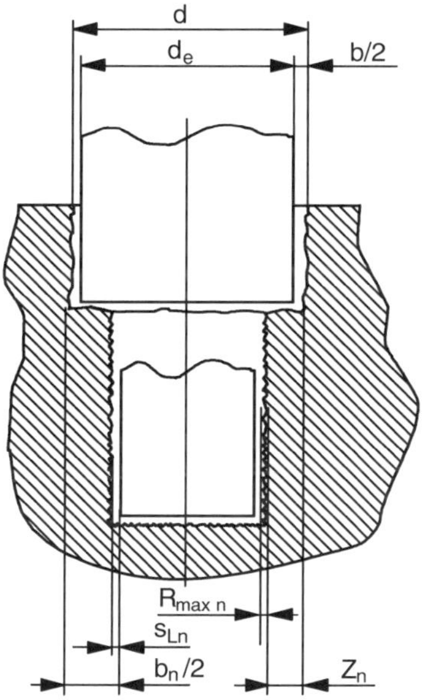

prise (f) de passe latérale Z_n
La prise de passe latérale est déterminée compte tenu de la profondeur de la couche perturbée thermiquement, d'une tolérance de fabrication et de positionnement des électrodes ainsi que des dilatations thermiques et des déformations parasites de la machine.

rayon (m) planétaire
Rayon du mouvement planétaire de l'électrode perpendiculairement au mouvement d'avance, en électroérosion planétaire (*voir figure 3.0.9*).

prise (f) de passe Δy
Passe prise par le fil par rapport à la surface usinée préalablement *(voir figure 3.0.17)*.

offset
Distance entre le contour final de la pièce et l'axe du fil, mesurée perpendiculairement à la direction du fil *(voir figure 3.0.17)*.

3.0.30 **Drahtablaufgeschwindigkeit (f) v_D**
Geschwindigkeit, mit der der Draht in seiner Längsrichtung das Werkstück passiert; erforderlich, um den kontinuierlichen Verschleiß der Elektrode zu kompensieren, s. *Bild 3.0.5.*

wire run-off speed v_D
wire unwinding speed v_D
Velocity of the wire electrode in its longitudinal direction; the continued wire run-off motion is necessary to compensate for erosion wear (*see figure 3.0.5*).

3.0.31 **Drahtvorspannkraft (f) F_D**
Zugspannung, mit der der Draht während der Bearbeitung zwischen Bremsrolle auf der Zuführseite und unterer Transportrolle an der Abführseite beaufschlagt ist; dient der Rückstellung des Drahtes nach Auslenkung durch prozessbedingte, am Draht angreifende Kräfte.

wire pretensioning force F_D
Tension applied to the wire between the brake pulley and the feeding pulley to compensate for wire deflection caused by process forces.

3.0.32 **Arbeitsmedium (n)**
s. (Dielektrikum)

working medium
see (dielectric)

3.0.33 **Dielektrikum (n)**
Das Dielektrikum besteht vorzugsweise aus einem flüssigen Medium und lässt einen Stromfluss zwischen Elektrode und Werkstück erst nach Überschreiten der Durchschlagfestigkeit zu.

dielectric
Liquid dielectrics are almost universally preferred; permits current flow after exceeding its breakdown resistance.

3.0.34 **Eintrittsdruck des Dielektrikums (m) p_{in}**
Druck des Dielektrikums bei Eintritt in den Arbeitsspalt. Ein negativer relativer Eintrittsdruck bedeutet Saugspülung.

dielectric inlet pressure p_{in}
Pressure of the dielectric fluid pumped into the working gap. Negative relative inlet pressure means suction flushing.

3.0.35 **Dielektrikumdurchsatz (m) q**
Durchflussmenge des Dielektrikums durch den Arbeitsspalt.

dielectric flow rate q
The flow rate of the dielectric fluid pumped through the working gap.

3.0.36 **Deionisierung (f)**
Zur Vermeidung von Fehlentladungen ist eine ausreichende Entionisierung des Entladekanals erforderlich. Der Entionisierungsgrad ist durch die Pausendauer beeinflussbar.

de-ionization
With sufficient de-ionization misdischarges can be avoided; it depends also on the pulse interval.

3.0.37 **Spülung (f)**
Erzwungener Austausch der Arbeitsflüssigkeit im Arbeitsspalt entweder durch Druck- oder Saugwirkung oder Relativbewegung der Elektroden.

flushing
Forced circulation of the dielectric fluid through the working gap, obtained either by pressure or suction or by a relative movement of the electrodes.

vitesse (f) de défilement v_D
Vitesse du fil électrode dans sa direction longitudinale; ce mouvement continu du fil est nécessaire pour compenser son usure (*voir figure 3.0.5*).

tension (f) mécanique du fil F_D
Tension appliquée au fil entre la poulie frein et la poulie motrice pour compenser les déflections du fil provoquées par les forces dues au procédé.

milieu (m) d'usinage
voir (diélectrique)

diélectrique (m)
Le milieu d'usinage est généralement un liquide diélectrique qui permet le passage du courant après claquage d'une décharge.

pression (f) d'entrée du diélectrique p_{in}
Pression du fluide diélectrique à son entrée dans l'espace interélectrode. Une pression d'entrée relative négative indique un arrosage par aspiration.

débit (m) du diélectrique q
Le débit du fluide diélectrique dans l'espace interelectrode.

déionisation (f)
Pour éviter des décharges parasites, on doit procéder à la déionisation de l'espace interelectrode. La déionisation dépend aussi du temps de pause entre décharges.

arrosage (m)
Circulation forcée du liquide diélectrique dans l'espace interelectrode, obtenu soit par injection soit par aspiration, soit par un mouvement relatif des électrodes.

3.0.38 **Druck-/Saugspülung (f)**
Spülwirkung durch den Einsatz einer Spülpumpe oder unter Ausnutzung eines Flüssigkeitsgefälles. Die Spülung kann auch pulsierend (mit Druckschwankungen) oder intermittierend (unterbrochene Spülung) ausgeführt werden.

pressure/suction flushing
Flushing effect due to the use of a fluid pump or the difference of two fluid levels. The flushing can also be pulsatory (by alteration of the pressure) or intermittent (by successive interrrupts of the pressure).

3.0.39 **Bewegungsspülung (f)**
Spülwirkung, die durch Relativbewegung zwischen Werkstück und Werkzeugelektrode verursacht wird.

flushing by motion
Flushing effect due to relative motion between workpiece and tool electrode.

3.0.40 **spezifische Leitfähigkeit (m)** κ
Elektrische Leitfähigkeit des Dielektrikums.

specific conductivity κ
Electrical conductivity of the dielectric medium.

3.0.41 **Zündverzögerungszeit (f) t_d**
Zeit vom Einschalten des Spannungsimpulses bis zum Durchzünden der Entladestrecke, d.h. bis zum Stromanstieg.

ignition delay time t_d
The time (t_d) which elapses between applying the voltage pulse across the gap and the resulting discharge i.e. until the current is established.

3.0.42 **Entladestromanstiegszeit (f) t_r**
Zeit, während der Entladestrom auf 90% seines Maximalwertes ansteigt.

discharge current rise time t_r
The rise time (t_r) of the leading edge of the current pulse; the time during which the pulse current increases to 90% of the maximum value.

3.0.43 **Entladestromabstiegszeit (f) t_f**
Zeit, während der Entladestrom von 90% seines Maximalwertes auf Null absinkt.

discharge current fall time t_f
The time during which the pulse current decreases from 90% of the maximum value to zero.

3.0.44 **Entladedauer (f) t_e**
Zeit des Stromflusses (Entladung) durch die gezündete Entladestrecke.

discharge duration t_e
The time period (t_e) of the current flow (discharge) through the working gap after breakdown.

3.0.45 **Impulsdauer (f) t_i**
Zeit des eingeschalteten Spannungsimpulses; sie ist gleich der Summe der Zündverzögerungszeit (t_d) und der Entladedauer (t_e).
$t_i = t_d + t_e$

pulse duration t_i
The duration (t_i) of the voltage pulses supplied to the working gap. It equals the sum of the ignition delay time (t_d) and the discharge duration (t_e).
$t_i = t_d + t_e$

3.0.46 **Pausendauer (f) t_0**
Zeit zwischen zwei Spannungsimpulsen, *s. Bild 3.0.41.*

pulse interval time t_0
The time (t_o) between two successiive voltage pulses (*see figure 3.0.41*).

arrosage (m) par injection/par aspiration
Fait au moyen d'une pompe ou d'une différence de niveau. L'arrosage peut aussi être pulsé (avec variations de pression) ou intermittent (arrosage avec interrruptions successives).

arrosage (m) par mouvement
Provoqué par l'effet du mouvement relatif entre pièce et électrode.

conductivité (f) κ
Conductivité électrique du milieu diélectrique.

délai (m) d'amorçage t_d
L'intervalle de temps (t_d) compris entre l'enclenchement de l'impulsion de tension et l'amorçage de la décharge dans l'espace interelectrode, c'est à dire jusqu'au début de l'établissement du courant.

raideur (f) du front montant de l'impulsion t_r
Le temps (t_r) pendant lequel le courant de l'impulsion passe à 90% de la valeur finale.

raideur (f) du front descendant de l'impulsion t_r
Le temps (t_f) pendant lequel le courant de l'impulsion passe de 90% de la valeur maximale à zéro .

durée (f) de décharge t_e
La durée (t_e) pendant laquelle le courant (décharge) traverse l'espace interelectrode après l' amorçage.

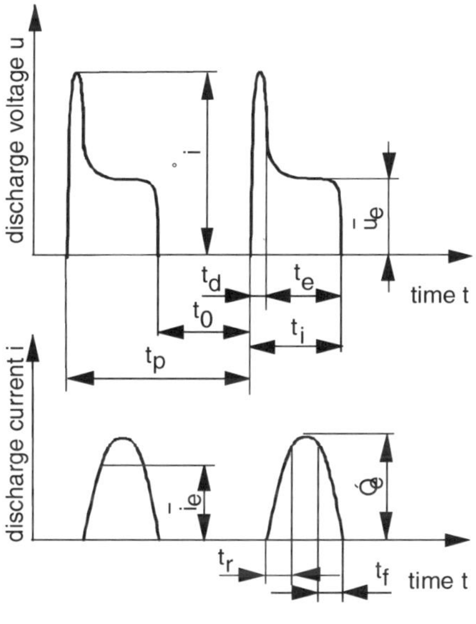

durée (f) d'impulsion t_i
La durée (t_i) de l'impulsion de tension, égale à la somme du délai d'amorçage (t_d) et de la durée de décharge (t_e).
$t_i = t_d + t_e$

temps (m) de pause t_0
L'intervalle de temps (t_0) séparant deux impulsions de tension successives (*voir figure 3.0.41*).

3.0.47 **Periodendauer (f) t_p**
Zeit (t_p) vom Einschalten eines Spannungsimpulses bis zum Einschalten des folgenden; sie ist gleich der Summe aus Impulsdauer (t_i) und Pausendauer (t_o), *s. Bild 3.0.41.*
$t_p = t_i + t_o$

pulse cycle time t_p
The time (t_p) period of the pulses supplied by the generator; it equals the sum of the pulse duration (t_i) and the pulse interval (t_o) (*see figure 3.0.41*).
$t_p = t_i + t_o$

3.0.48 **Tastverhältnis (n) τ**
Verhältnis von Impulsdauer (t_i) zur Periodendauer (t_p).
$$\tau = \frac{t_i}{t_p}$$

duty factor τ
The ratio between the pulse duration (t_i) and the pulse cycle time (t_p).
$$\tau = \frac{t_i}{t_p}$$

3.0.49 **Impulsfrequenz (f) f_p**
Anzahl der je Zeiteinheit eingeschalteten Spannungsimpulse.
$$f_p = \frac{1}{t_p}$$

pulse frequency f_p
The number of voltage pulses supplied by the generator per unit time.
$$f_p = \frac{1}{t_p}$$

3.0.50 **Entladefrequenz (f) f_e**
Anzahl der je Zeiteinheit in der Entladestrecke auftretenden Entladungen.

effective pulse frequency f_e
The number of discharges occurring in the gap per unit time.

3.0.51 **Frequenzverhältnis (n) λ**
Verhältnis von Entladefrequenz zu Impulsfrequenz.
$$\lambda = \frac{f_e}{f_p}$$

frequency ratio λ
The ratio between the effective pulse frequency and the pulse frequency.
$$\lambda = \frac{f_e}{f_p}$$

3.0.52 **Entladeverhältnis (n) φ**
Verhältnis von Entladedauer (t_e) zu Impulsdauer (t_i).
$$\varphi = \frac{t_e}{t_i}$$

relative discharge duration φ
The ratio of the discharge duration (t_e) to the pulse duration (t_i).
$$\varphi = \frac{t_e}{t_i}$$

3.0.53 **Leerlaufspannung (f) $\hat{u}_i$**
Spannung an der Entladestrecke, wenn kein Strom fließt.

open circuit voltage $\hat{u}_i$
The voltage (u_i) that occurs at the discharge gap when no current flows.

3.0.54 **Entladespannung (f) u_e**
Spannung an der Entladestrecke, wenn die Entladung gezündet hat und Strom fließt.

discharge voltage u_e
The voltage (u_e) that occurs across the working gap when the discharge has occurred and current is flowing.

3.0.55 **mittlere Entladespannung (f) $\bar{u}_e$**
Über die Entladezeit gemittelte Entladespannung, *s. Bild 3.0.41.*

average discharge voltage $\bar{u}_e$
Average voltage during the discharge (*see figure 3.0.41*).

période de répétition (f) t_p
L'intervalle de temps (t_p) compris entre les enclenchements de deux impulsions de tension successives; il est égal à la somme du temps d'impulsion (t_i) et du temps de pause (t_o) (*voir figure 3.0.41*).
$t_p = t_i + t_o$

rapport (m) cyclique τ
Le rapport de la durée d'impulsion (t_i) à la période de répétition (t_p).

$$\tau = \frac{t_i}{t_p}$$

fréquence (f) d'impulsions f_p
Le nombre d'impulsions de tension produites par unité de temps.

$$f_p = \frac{1}{t_p}$$

fréquence (f) effective d'impulsions f_e
Le nombre de décharges produites dans l'espace interelectrode par unité de temps.

rapport (m) de fréquences λ
Le rapport de la fréquence effective d'impulsions à la fréquence d'impulsions.

$$\lambda = \frac{f_e}{f_p}$$

durée (f) relative de décharge φ
Le rapport de la durée de la décharge (t_e) à la durée d'impulsions (t_i).

$$\varphi = \frac{t_e}{t_i}$$

tension (f) à vide $\hat{u}_i$
La tension (u_i) apparaissant aux bornes de l'espace interelectrode en l'absence de courant.

tension (f) de décharge u_e
La tension de décharge (u_e) apparaissant aux bornes de l'espace interelectrode après l'amorçage d'une étincelle et lorsque le courant passe.

tension (f) moyenne de décharge $\bar{u}_e$
Tension moyenne durant la décharge (*voir figure 3.0.41*).

3.0.56 **Entladestrom (m) i_e**
Strom (i_e), der während einer Entladung durch die Entladestrecke fließt.

discharge current i_e
Current (i_e) which flows during a discharge through the working gap.

3.0.57 **mittlerer Entladestrom (m) $\bar{i}_e$**
Über die Entladezeit gemittelter Entladestrom, *s. Bild 3.0.41.*

average discharge current $\bar{i}_e$
Average current during the discharge (*see figure 3.0.41*).

3.0.58 **Entladeenergie (f) W_e**
Die im Arbeitsspalt während der Entladung umgesetzte Energie.

$$W_e = \int_0^{t_e} u_e(t) \cdot i_e(t) \cdot dt \approx \bar{u}_e \cdot \bar{i}_e \cdot t_e$$

discharge energy W_e
The electric energy supplied to the working gap during a discharge.

$$W_e = \int_0^{t_e} u_e(t) \cdot i_e(t) \cdot dt \approx \bar{u}_e \cdot \bar{i}_e \cdot t_e$$

3.0.59 **Entladeleistung (f) P_e**
Momentane Leistung während einer Entladung.
$P_e = u_e \cdot i_e$

discharge power P_e
The instantaneous power during a discharge.
$P_e = u_e \cdot i_e$

3.0.60 **Arbeitsspannung (f) U**
Arithmetischer Mittelwert, der während der Bearbeitung am Arbeitsspalt zu messenden Spannung.

average working voltage U
The arithmetic average voltage (U) which is measured across the working gap during machining.

3.0.61 **Arbeitsstrom (m) I**
Arithmetischer Mittelwert des während der Bearbeitung durch den Arbeitsspalt fließenden Stromes.

average working current I
The arithmetic average of the current (I) which flows through the working gap during machining.

3.0.62 **Stromdichte (f)**
Verhältnis von Entladesstrom zur tatsächlich im Angriff befindlichen Fläche.

current density
The discharge current per unit area of active electrode surface.

3.0.63 **scheinbare Stromdichte (f)**
Verhältnis von Arbeitstrom zur tatsächlich im Angriff befindlichen Fläche.

apparent current density
The average working current per unit area of active electrode surface.

3.0.64 **Impulsform (f)**
Zeitlicher Spannung- und Stromverlauf eines Erosionsimpulses.

pulse shape
Time dependent course of voltage and current.

3.0.65 **Zündimpuls (m)**
Impuls, der zur Ionisierung des Spaltes und zum Aufbau des Entladekanals dient; Vorimpuls für nachfolgenden Leistungsimpuls.

ignition pulse
Pulse providing gap ionisation and building up of the plasma channel; is followed by a power pulse.

3.0.66 **Leistungsimpuls (m)**
Abtragintensiver Erosionsimpuls.

power pulse
High energy erosion pulse for stock removal.

intensité (f) de décharge i_e
L'intensité du courant (i_e) qui traverse l'espace interelectrode pendant la décharge.

intensité (f) moyenne de décharge $\bar{i}_e$
Intensité moyenne durant la décharge (voir *figure 3.0.41*).

energie (f) de décharge W_e
L'énergie libérée dans l'espace interelectrode pendant une décharge.

$$W_e = \int_0^{t_e} u_e(t) \cdot i_e(t) \cdot dt$$
$$\approx \bar{u}_e \cdot \bar{i}_e \cdot t_e$$

puissance (f) de décharge P_e
La puissance instantanée au cours d'une décharge.
$P_e = u_e \cdot i_e$

tension (f) de travail U
La valeur arithmétique moyenne de la tension (U) aux bornes de l'espace interelectrode pendant l'usinage.

intensité (f) moyenne de travail I
La valeur arithmétique moyenne de l'intensité du courant (I) circulant au travers de l'espace interelectrode pendant l'usinage.

densité (f) de courant
L'intensité du courant de décharge par unité de surface active de l'électrode.

densité (f) apparente de courant
L'intensité moyenne de travail par unité de surface active de l'électrode.

forme (f) de l'impulsion
Allure de variation de la tension et de la décharge durant l'impulsion.

impulsion (f) d'amorçage
Impulsion fournissant l'ionisation de l'espace interelectrode et la mise en place du canal de plasma; est suivie par une impulsion de puissance.

impulsion (f) de puissance
Impulsion d'érosion à haute puissance pour enlever la matière.

3.0.67 **Leerlaufimpuls (m)**
Impuls, bei dem keine Entladung und kein Stromfluss erfolgt und damit auch kein Abtrag vorliegt.

open-circuit pulse
Pulse providing no current flow and hence no stock removal.

3.0.68 **Kurzschlussimpuls (m)**
Impuls, bei dem es aufgrund eines unmittelbaren oder über Abtragpartikel indirekten Kontaktes zwischen Werkzeug- und Werkstückelektrode zum Kurzschluss kommt, so dass die elektrische Spannug im Arbeitsspalt auf nahezu Null absinkt.

short-circuit pulse
Pulse which is caused by direct contact between the electrodes or via removal of particles in the gap; during the short-circuit pulse the gap voltage reduces to nearly zero.

3.0.69 **Kurzschlussstrom (m) i_s**
Strom, der während eines Kurzschlusses zwischen Werkstück und Werkzeug fließt.

short-circuit current
The instantaneous electric current (i_s) through the working gap during short circuit.

3.0.70 **Lichtbogen (m)**
Erodierbedingungen, bei denen Entladungen sukzessive an der gleichen Stelle stattfinden.

arcing
Erosion conditions in which successive discharges break down at the same location.

3.0.71 **wirksamer Entladungsimpuls (m)**
Leistungsimpuls, der als prozessfördernd eingestuft wird.

effective discharge pulse
Power pulse that is considered as effective or advantageous.

3.0.72 **anormaler Entladungsimpuls (m)**
Leistungsimpuls, der im Vergleich zu wirksamen Entladungsimpulsen als wenig oder nicht prozessfördernd eingestuft wird. Zwischen folgenden Arten anormaler Entladungsimpulse kann unterschieden werden: Lichtbogenentladung, Kontaminationsentladung, Entladung auf Grund hohen Verschleißes.

abnormal discharge pulse
Power pulse that is considered less or non-useful compared to effective discharge pulses. Distinction can be made between different kinds of abnormal discharges: arc discharge, contamination discharge, high wear discharge.

3.0.73 **Lichtbogenimpuls (m)**
Leistungsimpuls, der typisch für Lichtbogenbedingungen ist.

arc discharge pulse
Power pulse that is considered to be characteristic for arcing conditions.

3.0.74 **Werkzeug-Elektrode (f)**
Bearbeitungswerkzeug. Muss beim Senkerodieren vor der Bearbeitung angefertigt werden. Vorwiegend verwendete Werkstoffe: Graphit, Elektrolytkupfer, Wolframkupfer.

tool electrode
Machining-tool. In sinking EDM, has to be manufactured in advance. Graphite, electrolytic copper, copper-tungsten alloys are most commonly used.

impulsion (f) à vide
Impulsion ne fournissant aucun courant et donc aucun enlèvement de matière.

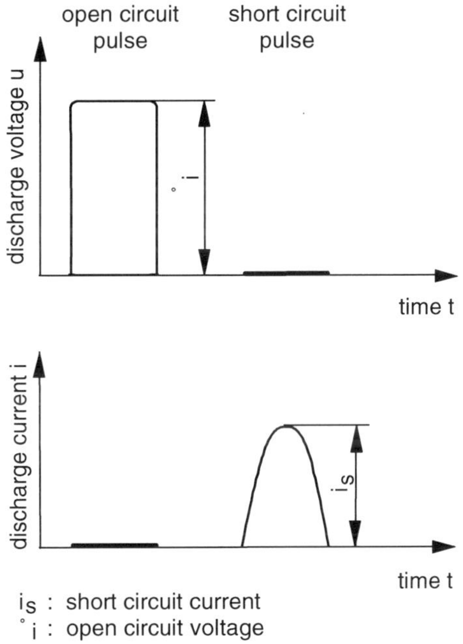

impulsion (f) de court circuit
Impulsion provoquée par le contact direct entre les électrodes ou par les particules de matière érodée présentes dans l'espace interelectrode; pendant l'impulsion de court-circuit, la tension tombe pratiquement à zéro.

intensité (m) de court circuit
L'intensité instantanée du courant (i_S) dans l'espace interelectrode pendant un court-circuit.

Arc (m)
Conditions d'érosion pour lesquelles des décharges successives apparaissent au même endroit.

Impulsion (f) de décharge efficace
Impulsion de puissance considérée efficace ou profitable.

Impulsion (f) de décharge anormale
Impulsion de décharge considérée comme moins ou non profitable par comparaison aux décharges efficaces. Une distinction doit être faite entre différentes sortes de décharges anormales: décharge d'arc, décharge due à la contamination, décharge à haute usure.

Impulsion (f) de décharge d'arc
Impulsion de décharge considérée comme caractéristique de conditions d'arc.

électrode-outil (f)
Outil d'usinage. En enfonçage, doit être fabriquée au préalable. Les matériaux les plus utilisés sont le graphite, le cuivre électrolytique, le cupro-tungstène.

3.0.75 **Drahtelektrode (f)**
Werkzeugelektrode für das funkenerosive Schneiden; Durchmesser der eingesetzten Drähte bewegen sich zwischen 0,03 und 0,35 mm; vorwiegend verwendete Drahtwerkstoffe sind Kupfer- und Messinglegierungen, zur Steigerung der Leistungsfähigkeit häufig mit Zinkschicht versehen; unter d = 0,1 mm wird hauptsächlich Wolfram, Molybdän und beschichteter Stahl verwendet.

wire electrode
Tool electrode for wire EDM; the applied diameters vary from 0,03 to 0,35 mm; main materials used are copper and brass alloys; zinc may yield a higher machining efficiency and workpiece surface quality; below d = 0,1 mm tungsten, molybdenum and coated steel are mainly applied as wire material.

3.0.76 **Funkenerosionsanlage (f)**
Eine Funkenerosionsanlage betseht mindestens aus:
1) einer Maschineneinheit
2) einem Generator
3) einer Servo-Vorschubeinrichtung
4) einem Dielektrikumaggregat

EDM equipment
EDM equipment consists at least of:
1) a machine unit
2) a generator
3) a servo control feed system
4) a dielectric unit

3.0.77 **Senkerosionsanlage (f)**
Anlage zur funkenerosiven Senkbearbeitung.

sinking electro discharge machine tool
sink erosion machine tool
Machine for sinking EDM.

3.0.78 **Drahterosionsanlage (f)**
Anlage zum funkenerosiven Schneiden mit ablaufender Drahtelektrode.

wire electro discharge machine tool
Machine for wire EDM.

3.0.79 **Generator (m)**
Teil einer Funkenerosionsanlage zur Erzeugung der elektrischen Energieimpulse.

generator
Part of an EDM equipment for generating the energy.

3.0.80 **statischer Impulsgenerator (m)**
Statische Impulsgeneratoren sind dadurch gekennzeichnet, dass die Spannungsquelle über Schaltelemente mit der Entladestrecke verbunden ist und dass Dauer und Folge der Entladungen im wesentlichen von den gesteuerten Schaltvorgängen abhängen.

static pulse generator
Static pulse generators are characterised by the fact that the voltage source is connected to the discharge gap by means of switching elements, and that duration and sequence of the discharges depend essentially on the controlled switching process.

3.0.81 **Vorschubeinrichtung (f)**
Baugruppe, die die Werkzeugelektrode entsprechend dem Arbeitsfortschritt in Vorschubrichtung zur Aufrechterhaltung des Arbeitsspaltes nachführt.

feed system
Mechanism which moves the tool-electrode in accordance with the operating progress in the feed direction for the purpose of maintaining the working gap.

3.0.82 **Dielektrikumaggregat (n)**
Maschineneinheit, die zum Filtern, Deionisieren und Kühlen des mit Abtragspartikeln verschmutzten Arbeitsmediums dient; ermöglicht die Einhaltung eines konstanten Leitwerts und einer konstanten Temperatur des Arbeitsmediums.

dielectric unit
Machine unit for deionising, filtering and cooling the dielectric medium which is contaminated with particles removed; enables a constant dielectric conductivity and temperature.

électrode-fil (f)
Electrode-outil pour érosion à fil; les diamètres utilisés varient de 0,03 à 0,35 mm; les matériaux les plus utilisés sont le cuivre et ses alliages; une couche de zinc fournit un usinage plus efficace et une meilleure qualité de surface; en dessous de d = 0,1 mm, les fils sont en tungstène, molybdène ou acier revêtu.

équipement (m) d' électroérosion
Un équipement d'électroérosion se compose d'au moins:
1) une machine
2) un générateur
3) un système d'avance asservi
4) un groupe de diélectrique

machine (f) d'enfonçage
Machine pour enfonçage par électroérosion

machine (f) à fil
Machine pour découpe par électroérosion à fil

générateur (m)
Elément d'une équipement d'étincelage permettant d'élaborer des impulsions d'énergie électrique.

générateur (m) d'impulsions statique
Les générateur d'impulsions statiques sont caractérisés par une source de tension raccordée à l'éspace interelectrode par l'intermédiaire d'éléments de commutation et par une durée et une séquence de décharges dépendant des organes de commutation.

dispositif d'avance (m)
Mécanisme qui déplace l'électrode dans la direction d'avance de manière á maintenir la distance d'étincelage pendant la progression de l'usinage.

groupe (m) diélectrique
Unité de déionisation, filtration et refroidissement du fluide diélectrique qui est contaminé par les particules de matière érodée; fournit un diélectrique à conductivité et température constantes.

3.0.83 **Drahttransport und -führungssystem (n)**
Maschineneinheit, die die Aufgaben Zuführung der Drahtelektrode zur Bearbeitungsstelle, Führung des Drahtes und Abtransport des Drahtes von der Bearbeitungsstelle übernimmt.

wire feed and guidance system
Machine unit which feeds the wire electrode to the working gap, guide the wire in both upper and lower wire guide carriers and transports the wire away from the working gap.

3.0.84 **Abtrag pro Entladung (m) V_{We}**
Das durch eine einzelne Entladung abgetragene Werkstückvolumen.

material removal per discharge V_{We}
The volume of material removed from the workpiece by one single discharge.

3.0.85 **Vorschubgeschwindigkeit (f) v_f**
Relative Geschwindigkeit in Schnittrichtung zwischen Werkstück und Elektrode, s. *Bild 3.0.4*.

feed rate v_f
Relative velocity between workpiece and wire electrode in the cutting direction (*see figure 3.0.4*).

3.0.86 **Abtragrate (f) V_W**
Das je Zeiteinheit abgetragene Werkstückvolumen (V_W).

material removal rate V_W
The volume of material removed from the workpiece per unit time (V_W).

3.0.87 **Schnittrate (f)**
Produkt aus Vorschubgeschwindigkeit und der aktuellen Werkstückhöhe beim funkenerosiven Schneiden; Leistungskenngröße beim funkenerosiven Schneiden.

cutting rate
Product of actual feed rate and workpiece height in wire-EDM; assessment characteristic for the removal efficiency.

3.0.88 **Verschleißrate (f) V_E**
Das je Zeiteinheit abgetragene Werkzeugelektrodenvolumen.

electrode wear rate V_E
The volume of material removed from the tool electrode per unit time.

3.0.89 **Verschleiß je Entladung (m) V_{Ee}**
Das durch eine einzelne Entladung abgetragene Werkzeugelektrodenvolumen.

electrode wear per discharge V_{Ee}
The volume of material removed from the tool electrode by one single discharge.

3.0.90 **relativer Verschleiß (m) ϑ**
Verhältnis von Verschleißrate zu Abtragrate.

volumetric relative wear ϑ
The ratio of electrode wear rate to material removal rate.

3.0.91 **relativer Längenverschleiß (m) ϑ_l**
Verhältnis der Längenabnutzung der Längenabnutzung der Werkzeugelektrode Δl_E zur Eintauchtiefe $l_E - \Delta l_E$ (beide Längen gemessen längs einer zur Vorschubrichtung parallelen Messlinie).

$$\vartheta_l = \frac{\Delta L_E}{l_E - \Delta l_E}$$

Zur näheren Kennzeichnung des Messortes kann der relative Längenverschleiß wie folgt weiter unterteilt werden:
- relativer Frontalverschleiß ϑ_{lF}
- relativer Kantenverschleiß ϑ_{lK}
- relativer Eckenverschleiß ϑ_{lC}.

relative linear wear ϑ_l
The ratio of linear wear of the tool electrode Δl_E to the plunging depth $l_E - \Delta l_E$ (both lengths measured along a measuring line parallel to the direction of feed).

$$\vartheta_l = \frac{\Delta L_E}{l_E - \Delta l_E}$$

According to different measuring positions the relative linear wear can be subdivided as follows:
- relative frontal wear ϑ_{lF}
- relative edge wear ϑ_{lK}
- relative corner wear ϑ_{lC}.

système (m) d'avance et guide fil
Unité qui fournit le défilement du fil électrode dans l'espace de travail, guide le fil dans deux bras et dégage le fil au delà de la zone de travail.

enlèvement (m) de matière par décharge V_{We}
Le volume de matière enlevé à la pièce par une seule décharge.

Vitesse (f) d'avance
Vitesse relative entre pièce et électrode fil dans la direction de coupe (*voir figure 3.0.4*).

débit (m) de matière V_W
Le volume de matière enlevé à la pièce par unité de temps (V_W).

vitesse (f) de découpe
En électroérosion à fil, produit de la vitesse d'avance et de la hauteur coupée; caractéristique de l'efficacité de l'usinage.

vitesse (f) d'usure d'électrode V_E
Le volume de matière enlevé à l'électrode par unité de temps.

usure (f) par décharge V_{Ee}
volume enlevé à l'électrode par décharge V_{Ee}
Le volume de matière enlevé à l'électrode par une seule décharge.

usure (f) relative ϑ
Le rapport de la vitesse d'usure d'électrode au débit de matière.

usure (f) linéaire relative ϑ_l
Le rapport de l'usure linéaire de l'electrode Δl_E à la profondeur atteinte par l'electrode $l_E - \Delta l_E$ (les deux longueurs mesurées le long d'une ligne définie, parallèleà l'axe d'avance).

$$\vartheta_1 = \frac{\Delta L_E}{l_E - \Delta l_E}$$

Pour d'autres définitions de cette mesure, l'usure linéaire peut être subdivisée en:
- usure relative frontale ϑ_{IF}
- usure relative des arêtes ϑ_{IK}
- usure raltive des coins ou sommets ϑ_{IC}.

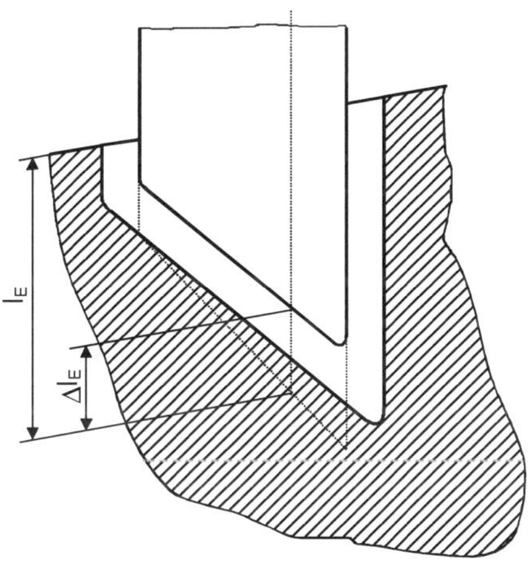

3.0.92 **Nutzungsgrad (m)**
Das Verhältnis der Dauer von n Entladungen zur Dauer der gleichen Anzahl von Impulsen.

efficiency factor
The ratio between the sum of instantaneous discharge durations and instantaneous pulse durations.

3.0.93 **Kontur (f)**
Die Kontur kennzeichnet den Umriss der Aufsicht auf das Werkstück. Die Kontur kann auch in wählbaren Schnittebenen unter der Werkstückoberfläche ermittelt werden.

contour
Top view of the workpiece. The contour can also be determined in a defined plane under the workpiece surface.

3.0.94 **Profil (n)**
Das Profil kennzeichnet den Seitenriss eines Werkstücks parallel (Senkerodieren) bzw. senkrecht (Schneiderodieren) zur Vorschubrichtung.

profile
Side view of the workpiece parallel (sinking EDM) respectively perpendicular (wire EDM) to the direction of feed.

3.0.95 **laterale Bauchung (f) b_l**
Die Bauchung ist das Maß für die Wölbung des Profils.

lateral bulge b_l
Measure for the convexity or concavity of the profile.

3.0.96 **mittlere Schnittspur (f) s_m**
Die mittlere Schnittspur ist das arithmetische Mittel aus den Abständen der Werkstückkanten an der Werkstückoberseite (s_o) und an der Werkstückunterseite (s_u).

$$s_m = \frac{s_o + s_u}{2}$$

average clearance s_m
Mean value of the upper and lower workpiece slots.

$$s_m = \frac{s_o + s_u}{2}$$

3.0.97 **Konizität der Schnittspur (f)**
Die Konizität der Schnittspur ist das Maß für die Schrägung der Schnittfläche (tan α/2).

$$\tan\left(\frac{\alpha}{2}\right) = \frac{s_o - s_u}{2h}$$

taper of the working slot
Measure for the slope of the profile.

$$\tan\left(\frac{\alpha}{2}\right) = \frac{s_o - s_u}{2h}$$

3.0.98 **Randzone (f)**
weiße Randschicht (f)
Die Randzone ist das durch die Funkenentladung an der Werkstückoberfläche aufgeschmolzene und wiedererstarrte Material. Die Randzone ist eigenspannungsbehaftet, kann Risse und Poren und wird von herkömmlichen Ätzmitteln kaum angegriffen und erscheint daher unter dem Lichtmikroskop weiß.

recast layer
white layer
Outer region of the surface zone consisting of workpiece or tool material resolidified from the liquid phase; may contain inclusion or reaction products of the dielectric, pores, cracks and residual stresses. The white layer is hardly attacked by ordinary etching agents and therefore appears white on micrographs.

facteur (m) d'efficacité
Le rapport entre la somme des durées de décharge et des durées des impulsions.

contour (m)
Vue du dessus de la pièce. Le contour peut aussi être défini dans un plan situé en dessous de la surface supérieure de la pièce.

profil (m)
Vue du côté de la pièce, parallèlement à la direction d'avance (enfonçage) ou perpendiculairement (découpe fil).

déformation latérale (f) b_l
Mesure de la convexité ou de la concavité du profil.

largeur (f) de coupe
largeur (f) de la saignée
Valeur moyenne des saignées supérieure et inférieure.

$$s_m = \frac{s_o + s_u}{2}$$

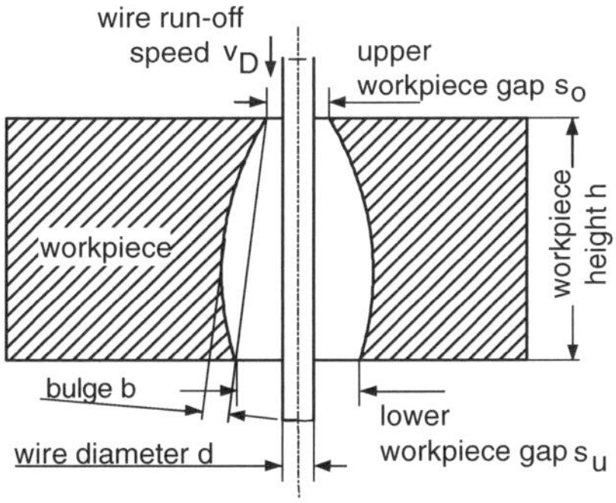

inclinaison (f) de la coupe
Mesure de l'inclinaison du profil.

$$\tan\left(\frac{\alpha}{2}\right) = \frac{s_o - s_u}{2h}$$

couche (f) resolidifiée
couche (f) blanche
Partie extérieure de la couche de surface formée de matériau de la pièce ou de l'électrode resolidifié à partir de la phase liquide; peut contenir des inclusions de produits de réaction provenant du diélectrique, des pores, des fissures et des contraintes résiduelles. La couche blanche est rârement attaquée par les solutions d'attaque, et apparaît donc en blanc sur les micrographies.

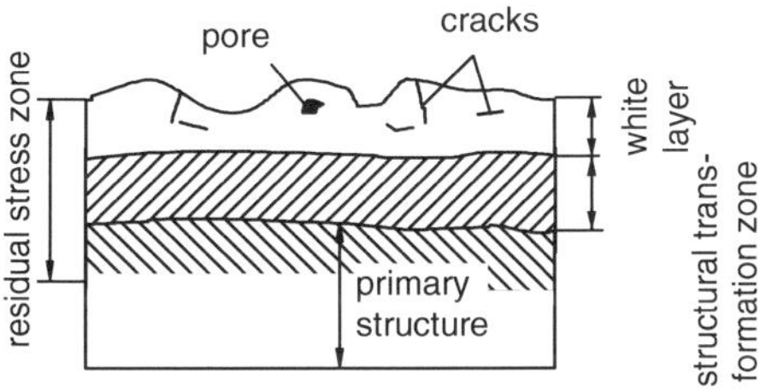

3.0.99 **Umwandlungszone (f)**
Bereich unterhalb der Randzone, in dem Phasenumwandlungen bei Temperaturen unterhalb des Schmelzpunktes des betreffenden Werkstoffs stattgefunden haben; eigenspannungsbehaftet. In Abhängigkeit vom Werkstoff Auftreten von Gleitlinien, Zwillingsbildung und Korngrenzenrissen, *s. Bild 3.0.98.*

phase transformation zone
Zone in which structural transformations occur due to temperatures below the melting temperature of the material. Depending on the material it may contain residual stresses, dislocations, slip lines, twin accomodation and cracks *(see figure 3.0.98).*

3.0.100 **Konversionszone (f)**
Bereich unterhalb der Umwandlungszone, in der Gefügeänderungen ohne Phasenumwandlung stattgefunden haben.

conversion zone
Zone below the phase transformation zone where a change in grain structure from the original structure is apparent.

3.0.101 **Eigenspannungszone (f)**
Eigenspannungsbehafteter Randbereich, der durch hohe Temperaturgradienten während der Abkühlung nach einer Entladung entstanden ist. Die Eigenspannungszone erstreckt sich über die Randzone und Umwandlungszone hinaus in das Grundgefüge, *s. Bild 3.0.98.*

residual stress zone
Zone which implies residual stresses caused by high temperature gradients during the cooling procedure subsequent to a discharge. It extends from the surface to the primary structure, deeper than the conversion zone *(see figure 3.0.98).*

3.1.1 **Laserstrahl-Abtragen (n)**
Bearbeitungsverfahren, bei denen durch definiertes Abtragen von Werkstoff Konturen eingebracht, Oberflächeneigenschaften eingestellt oder Oberflächenschichten definiert entfernt werden können. Der Abtragsmechanismus wird dabei durch Einbringen von Wärme mittels Laserstrahlung und Erzeugung einer Schmelze erzielt.

laser beam removal
Machining method in which material is removed in multiple layers. The mechanism is based on the transformation of laser irradiation into thermal energy and the come into being of a molten pool. The use of a laser beam enables the removal of defined geometrical contours or pockets and the changing of surface characteristics.

3.1.2 **Laserstrahl-Brennabtragen (n)**
Abtragverfahren, bei dem das Werkstück im Bereich der Schnittfuge durch einen zusätzlichen O_2-Strahl oxidiert und die Schmelze ausgetrieben wird.

laser oxygen-assisted removal
Removal method in which the workpiece is heated and oxidised by oxygen and removed by gas pressure.

3.1.3 **Laserstrahl-Oxidspanabtragen (n)**
Abtragverfahren, bei dem die Schmelze im Bereich der Schnittfuge unter Zufuhr von O_2 oxidiert wird und sich selbständig spanförmig vom Werkstück trennt.

laser chip removal
Method in which the removal mechanism is based on a controlled oxidation of molten pool. Without the need of gas pressure chips are removed from the material.

zone (f) de transformation de phase
Zone dans laquelle des changements de phase ont eu lieu, dues aux températures en dessous de la température de fusion du matériau. Selon le matériau, elle peut posséder des contraintes résiduelles, dislocations, plans de glissement, et fissures *(voir figure 3.0.98)*.

zone (f) de conversion
Zone en dessous de la zone de transformation de phase, montrant un changement de structure de grain par rapport à la structure originelle.

zone (f) de contraintes résiduelles
Zone montrant des contraintes résiduelles dues aux gradients de températures durant le refroidissement suivant la décharge. Elle part de la surface et s'étend jusque dans le matériau de base, au delà de la zone de conversion *(voir figure 3.0.98)*.

aplanissement avec faisceau laser (m)
Méthode de travail, qui enlève du matériel à láide d'aplanissement défini, ajoute des countours, défini et enlève des propropriétés ou des couches de surface. L'aplanissement se réalise à l'aide d'apport de chaleur et de masse fondue subite par un rayon laser.

aplanissement à oxygène avec faisceau laser (m)
Méthode d'aplanissement, avec laquelle la pièce est oxidée et la masse fondue est enlevée à l'aide d'un rayon O_2 supplémentair au niveau du joint de coupure.

aplanissement d'oxydation avec faisceau laser (m)
Méthode d'aplanissement, avec laquelle la masse fondue est oxydée à l'aide d'un rayon O_2 au niveau du joint de coupure, qui se détache tout seul de la pièce.

3.1.4 **Laserstrahl-Schmelzabtragen (n)**
Abtragverfahren bei Metallen, Gläsern, Kunststoffen durch Erhitzen des Werkstücks mit Laserstrahlung (4.1) im Bereich der Schnittfuge und Austreiben der Schmelze (4.2) und des Dampfes (4.3) mit einem Arbeitsgas (N_2, Ar) (4.4)

laser melt removal
Method in which the removal mechanism is based on heating by laser beam irradiation (4.1) and a blowing out of molten material (4.2) and steam (4.3) under the influence of kinetic energy of a inert gas (N_2, Ar) jet. (4.4)

3.1.5 **Laserstrahl-Sublimierabtragen (n)**
Trennen verschiedener Materialien durch Verdampfen des Werkstoffes (5.2) mittels Laserstrahlung (5.1).

laser based sublimation
Method in which the removal mechanism is based on a evaporation of material (5.2) which is heated up and transformed from a solid to a liquid phase by laser irradiation (5.1).

3.1.6 **Laserstrahl-Schichtabtragen (n)**
Entfernen dünner Oberflächenschichten durch 3.1.3 und 3.1.5.

Layer removal by laser
Removal of thin layers by 3.1.3 and 3.1.5.

aplanissement de fonte avec faisceau laser (m)
Méthode d'aplanissement pour métaux, verres, matière plastique avec apport de chaleur à la pièce à l'aide d'un rayon laser (4.1.) au niveau du joint de coupure et enlèvement de la masse fondue (4.2.) et de la vapeur (4.3.) à láide d'un gaz de travail (N_2, Ar)

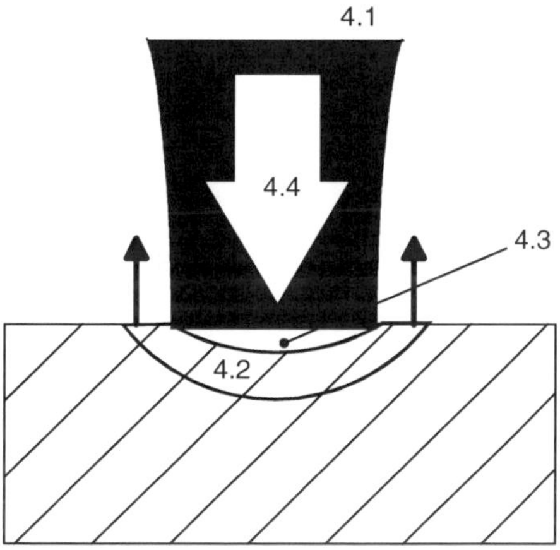

aplanissement de sublimation avec faisceau laser (m)
Séparation de différents matériaux à l'aide de vaporisation des matériaux.

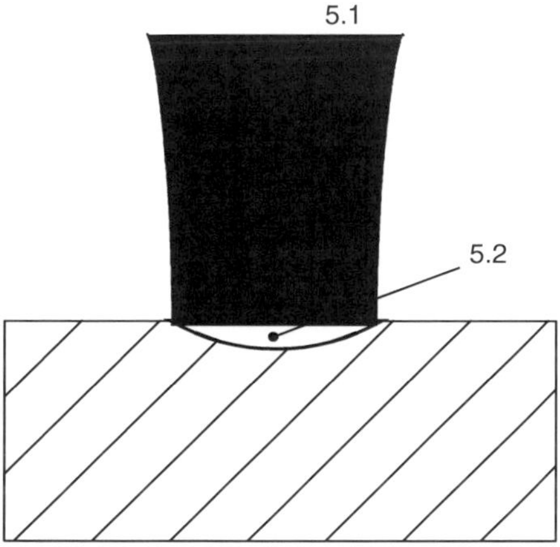

aplanissement de couches avec faisceau laser (m)
Enlèvement des couches de surface fines.

3.1.7 **Laserstrahl-Formabtragen (n)**
Einbringen definierter Konturen durch 3.1.2–3.1.5.

Laser caving
Producing definite contours by 3.1.2–3.1.5.

3.1.8 **Arbeitsabstand z (m)**
Entfernung zwischen der Werkstückoberfläche und einer festgelegten Bezugsfläche.

working distance z
Distance between the workpiece surface and a defined parallel plane.

3.1.9 **Vorschubgeschwindigkeit v_f (f)**
Relativgeschwindigkeit zwischen Laserstrahl (Schneiddüse) und Werkstück.

feed rate v_f
Relative velocity between laser beam spot and workpiece.

3.1.10 **Fokuslage z_F (f)**
Relative Lage des Fokus zur Werkstückoberfläche zur Einstellung der Intensität bei vorgegebener Strahlformungsoptik und Laserleistung.

focus position z_F
Position of beam focus relative to workpiece surface used to adjust the beam intensity dependent on given optical components and laser power.

3.1.11 **Brennweite f (f)**
Die Brennweite ist definiert als der Abstand der Fokussierebene zur Fokusebene. In der Fokusebene wird der Strahldurchmesser minimal.

focal distance f
Distance from plane of focusing to focus-even, at focus-even the beam diameter reaches its minimum.

3.1.12 **Divergenzwinkel Θ (m)**
Vollwinkel, der durch das Geradenpaar gebildet wird, das asymptotisch die Einhüllende der zunehmenden Strahlabmessung darstellt.

divergence angle Θ
Round angle defined by a pair of straight lines which asymptotically envelope the increasing beam cross section.

3.1.13 **Durchmesser Arbeitsfleck (runder Strahlquerschnitt) (m)**
Durchmesser des Brennfleckes im Arbeitspunkt.

beam diameter (round cross-section of spot)
Diameter of laser beam spot in the working zone.

aplanissement de forme avec faisceau laser (m)
Ajout défini de countours à l'aide de 3.1.2–3.1.5.

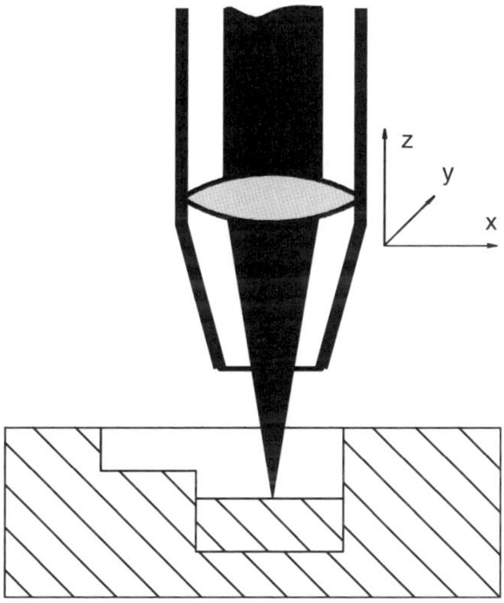

distance de travail z (f)
Distance entre la surface du marériel et une surface de référence définie.

vitesse d'avance v_f (f)
Vitesse relative entre rayon laser (tête de coupe) et matériel.

position du foyer z_F (f)
Position relative du foyer vis-à-vis de la surface du matériel pour le réglage de l'intensité avec optique de formation rayonnalle et puissance du laser donnée.

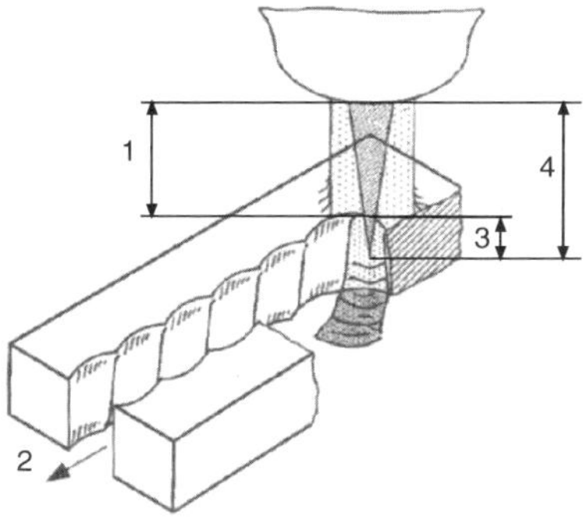

distance focale f (f)
La distance focale est définie comme distance entre surface de focalisation et surface de foyer. On obtient au niveau de la surface de foyer un diamètre de rayon minimal.

angle de divergence Θ (m)
Angle cré avec la paire de droites, qui représente asymtotiquement l'enveloppement de la dimension du rayon accroissant.

diamètre du foyer (section d'un rayon rond) (m)
Diamètre du foyer dans le point de fonctionnement.

3.1.14 **Abmessung Arbeitsfleck (rechteckiger Strahlquerschnitt)**
Abmessungen (B×H) des Brennfleckes im Arbeitspunkt.

beam dimension (rectangular cross-section of spot)
Dimension of laser beam spot in the working zone.

3.1.15 **Strahldurchmesser d_u, (m)**
Der S. ist der Durchmesser einer Öffnung senkrecht zur Strahlachse, die u % der gesamten Strahlleistung enthält.

beam diameter d_u
Laser beam diameter containing u % of total beam power.

3.1.16 **Strahlradius ω_u (n)**
Der S. ist der Radius einer Öffnung senkrecht zur Strahlachse, die u% der gesamten Strahlleistung enthält.

beam waist radius ω_u
Radius of an opening vertical to the beam axis, containing u% of the entire beam power.

3.1.17 **Mittlere Strahlleistung P_L (f)**
Die vom Laser emittierte, integral gemessene Leistung.

average beam power P_L
Laser emitted, integrated measured, beam power.

3.1.18 **Pulsspitzenleistung P_{LM} (f)**
Die maximale Leistung eines Laserpulses

pulse peak power P_{LM}
Maximum power of a single laser pulse.

3.1.19 **Pulsfolgefrequenz f_p (f)**
Anzahl der Laserpulse pro Sekunde bei einem wiederholt gepulsten Laser.

pulse frequency f_p
Number of laser pulses per second of a repeated pulsed laser.

3.1.20 **Pulsperiode t_p (f)**
Reziproker Wert der Pulsfolgefreqenz.

$$t_p = \frac{1}{f_p}$$

pulse period t_p
Reciprocal value of 12.

$$t_p = \frac{1}{f_p}$$

3.1.21 **Pulsdauer t_L (f)**
Länge eines Laserpulses einer periodischen Pulsfolge.

pulse duration t_L
Duration of a single laser pulse in periodic pulses in series.

3.1.22 **Tastverhältnis (n)**
Verhältnis der Impulsdauer zur Pulsperiodendauer einer periodischen Pulsfolge.

pulse duty cycle
Ratio of pulse duration and period duration of periodic pulses in series.

3.1.23 **Pulspause t_0 (f)**
Zeit zwischen zwei aufeinander folgende Pulse.

pulse pause t_0
Time between two single pulses.

3.1.24 **Pulsenergie (f)**
Energie in einem Puls.

pulse energy
Energy in a single pulse.

3.1.25 **Pulsform (f)**
Zeitlicher Verlauf der Pulshöhe.

pulse form
Pulse intensity in dependence on pulse time.

dimension du foyer (section d'un rayon rectangulaire) (f)
Dimensions (L×H) du foyer dans le point de fonctionnement.

diamètre du faisceau d_u, (m)
Le rayon est le diamètre d'une ouverture perpendiculaire à l'axe du faisceau, qui contient u % de la puissance du faisceau.

rayon du faisceau ω_u (m)
Le faisceau est le rayon d'une ouverture perpendiculaire à l'axe du faisceau, qui contient u % de la puissance du faisceau.

Puissance moyenne du faisceau P_L (f)
La puissance émise et intégralement mesurée d'un laser.

maximum de la puissance de pulsation P_{LM} (m)
La puissance maximale d'une impulsion de laser.

fréquence de pulsation f_p (f)
Nombre de pulsations durant une seconde pour un laser répétitif de pulsation.

période de pulsation t_p (f)
Valeur réciproque de la fréquence d'une pulsation.

$$t_p = \frac{1}{f_p}$$

durée de pulsation t_L (f)
Longueur d'une pulsation dans une suite de pulsations périodique.

taux d'impulsions (m)
Rapport de la durée de pulsation vis-à-vis la duréee de période de pulsation d'une suite de pulsations périodique.

pause de pulsation t_0 (f)
Temps entre deux pulsations cosécutives.

energie de pulsation (f)
Energie dans une pulsation.

forme de pulsation (f)
Evolution temporaire de la hauteur de pulsation.

3.1.26 **Modenordnung/Modenstruktur**
Longitudinale bzw. transversale Schwingungsformen des Laser-Resonators, die sich beim Durchlaufen des Resonators selbst reproduzieren.

order/structure of modes
Longitudinal or transversal mode of motion of the laser resonator, self-reproducing during the resonator pass through.

3.1.27 **Intensität I (f)**
Die I. (Leistungsdichte) ist definiert als Quotient aus Strahlleistung P und Fläche des Arbeitsfleckes A.

Intensity I
Quotient of laser beam power P and beam spot area in working plane.

3.1.28 **Intensitätsverteilung $TEM_{m,n}$, $TEM_{p,1}$ (f)**
Die I. über den Strahlquerschnitt wird durch die Modenstruktur, die sich durch die Verteilungen der Lichtintensität in jedem Resonator ausbildet, wiedergegeben. Die I. kann durch Umbau des Resonators (Modifizierung der Modenblenden bzw. Resonatoroptiken) variiert werden.

transversal electro magnetic mode (TEM)
The TEM describes the beam density distribution resulting from the laser resonator configuration.

3.1.29 **Strahlpropagationsfaktor K (f)**
Maßzahl zur Beschreibung der Laserstrahleigenschaften in Abhängigkeit von der Intensitätsverteilung. K=1 bezeichnet den Grundmode mit einer gaussförmigen Intensitätsverteilung.

beam quality factor K
Dimension describing the laser beam properties dependent on the intensity distribution. K=1 denotes the base mode with a gaussian intensity distribution.

3.1.30 **Polarisation P (f)**
Die P. des Laserstrahls erfolgt z.B. durch Resonatorfaltung oder Brewsterfenster. Durch entsprechende Spiegelanordnungen kann die Polarisationsrichtung nachgeführt werden.

Polarisation P
The polarisation of the laser beam is reached by using e.g. a resonator convolution or a Brewster window. The direction of polarisation can be adjusted by mirrors.

3.1.31 **Polarisationsrichtung (f)**
Schwingungsrichtung der elektrischen Feldstärke. Es wird zwischen elliptischer, zirkularer, linearer und statistischer (unpolarisierter) Richtung unterschieden.

direction of polarisation
Oscillation direction of electric field strength. There are elliptical, circular, linear, and statistical (non-polarised) directions.

3.1.32 **Strahltaille (f) = Fokusradius ω_F**
Lokales Minimum des Strahldurchmessers oder der Strahlabmessung.

beam waist
Local minimum of the laser beam diameter.

3.1.33 **Taillendurchmesser $d_{o,u}$ (f)**
Durchmesser des Strahls am Ort der Strahltaille.

beam waist diameter $d_{o,u}$
Beam diameter at the beam waist.

modes d'ordre et de structure (m)
Modes d'oscillation longitunals respectivement transversals du résonateur de laser, qui se reproduisent en parcourant le résonateur.

intensité I (f)
L'intensité est définie comme quotient enter puissance du faisceau P et surface du foyer A.

distribution de l'intensité $TEM_{m,n}$, $TEM_{p,1}$ (f)
L'intensité du diamètre de faisceau est rendue à l'aide de la structure de mode, qui se distribue dans chaque résonateur à l'aide de l'intensité de la lumière. Líntensité peut être variée en changeant le résonateur (Modification du diaphragme de mode respectivement des optiques du résonateur).

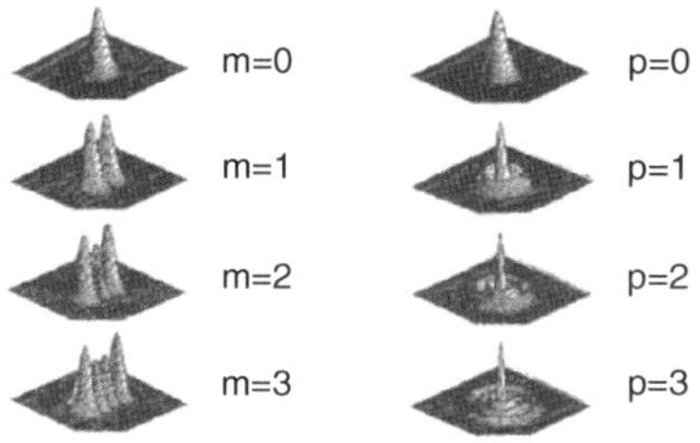

facteur de propagation du faisceau K (f)
Chiffre d'indice pour la description de la qualité du faisceau laser en dépendance de la distribution de l'intensité. K=1 décrit le mode principal avec une distribution gaussienne de l'intensité.

polarisation P (f)
La polarisation du faisceau laser résulte du plissage de résonateur ou fenêtre de Brewster. La disposition adéquate des miroirs permet de poursuivre la direction de polarisation.

direction de polarisation (f)
Direction de l'oscilliation de l'intensité de champs. On diffère direction élliptique, circulaire, linéaire et statique (nonpolarisée).

taille de faisceau (f)
Minimum local du diamètre ou des dimensions du faisceau.

diamètre de taille $d_{0,u}$ (m)
Diamètre du faisceau au niveau de la taille du faisceau.

3.1.34 **Rayleigh-Länge z_R (f)**
Abstand von der Strahltaille in Ausbreitungsrichtung bei dem die Strahlfläche sich verdoppelt hat.

$$z_R = \frac{\pi \cdot \omega_0^2}{\lambda}$$

Rayleigh-length z_R
Distance between the beam waist palne and the parallel plane in which the beam area has been doubled.

$$z_R = \frac{\pi \cdot \omega_0^2}{\lambda}$$

3.1.35 **Fokussierzahl (F-Zahl) (f)**
F = Quotient aus Brennweite der Optik und Strahldurchmesser des auf diese einfallenden Strahles.

F-number
Quotient of focal distance of the lens and beam diameter in lens plane.

3.1.36 **Fokusdurchmesser d_F (n)**
Der F. ist der minimale Durchmesser des fokussierten Laserstrahls.

focal spot diameter d_F
Diameter of laser beam in focal plane.

3.1.37 **Strahldurchmesser D (m)**
Der Durchmesser des Laserstrahls am Resonatorausgang.

beam diameter D
Laser beam diameter at resonator exit.

3.1.38 **Wellenlänge λ (f)**
Die W. der Laserstrahlung ist durch den Laserübergang und den Resonator bestimmt. Dabei ist der Fokusdurchmesser proportional zur Wellenlänge.

wavelength λ
The beam wavelength is determined by laser medium and resonator.

3.1.39 **Einstrahlwinkel Θ (m)**
Der E. ist durch die Ausbreitungsrichtung des Laserstrahls und die Werkstücknormale definiert. Je nach Winkel können unterschiedliche Reflexionsgrade und Arbeitsfleckgeometrien auftreten.

irradiation angle
The angle between the optical axis of the laser beam and the orthogonale axis of the workpiece.

3.1.40 **Absorptionsgrad A (m)**
Verhältnis von eingekoppelter Leistung zu der auf das Werkstück auftreffenden Leistung.

$$A = \frac{P_{abs}}{P}$$

absorption coefficient
Relation of absorbing and irradiating laser beam power.

$$A = \frac{P_{abs}}{P}$$

3.1.41 **Reflexionsgrad R (m)**
Verhältnis von reflektierter Leistung zu der auf das Werkstück auftreffenden Leistung.
$A + R + T = 1$

reflection coefficient
Relation of reflecting and irradiating laser beam power.
$A + R + T = 1$

longueur Rayleigh z_R (m)
Distance de la taille du faisceau dans la direction de distribution, de laquelle la surface du faisceau s'est doublée.

$$z_R = \frac{\pi \cdot \omega_0^2}{\lambda}$$

nombre du foyer F (m)
F = Quotient entre distance focale de l'optique et du diamètre de faisceau du faisceau tombant.

diamètre du foyer d_F (m)
Le diamètre du foyer est le diamètre minimal du rayon laser focalisé.

diamètre du faisceau D (m)
Diamètre du rayon laser à la sortie du résonateur.

longeur d' oscilliation λ (f)
La longeur d' oscilliation du rayon laser est déterminée par le passage du laser et du résonateur.

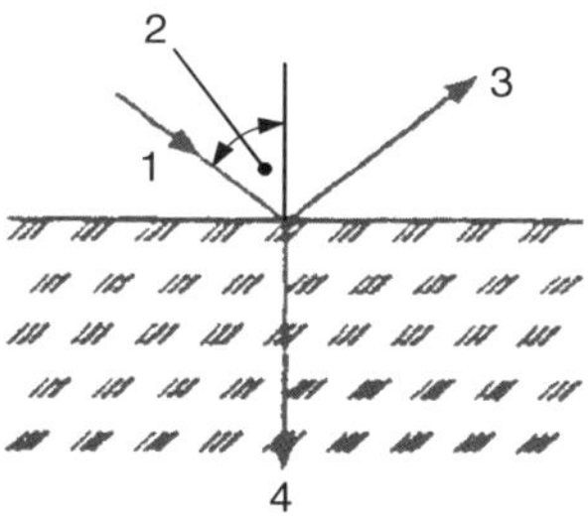

1 Einfallstrahl
2 Einstrahlwinkel
3 reflektierter Strahl
4 gebrochener Strahl

angle d'irradiation (m)
L'angle d'irradiation est défini par la direction de distribution du rayon laser et la normale de la pièce. Selon l'angle, différents degrés de réflexion et geométries du foyer peuvent surgir.

degré d'absorbtion (m)
Relation entre la puissance absorbée et celle de la pièce.

$$A = \frac{P_{abs}}{P}$$

degré de réflexion (m)
Relation entre la puissance réfléchissante et celle de la pièce.
$A + R + T = 1$

3.1.42 **Transmissionsgrad T (m)**
Verhältnis von transmittierender Leistung zu der auf das Werkstück auftreffenden Leistung.

transmission coefficient
Relation of transmissing and irradiating laser beam power.

3.1.43 **Arbeitsgas (n)**
Schutzgas zum Vermeiden von Oxidation an den Oberflächen, Schneidgas zum Austreiben des als Dampf oder Schmelze vorliegenden Schnittfugenmaterials.

process gas
Shielding gas to avoid oxidation on the workpiece surface, cutting gas to blow out material out of the kerf.

3.1.44 **Schneidgasdruck P_0 (m)**
Schneidgasdruck an der Düse.

gas pressure
Pressure of process gas.

3.1.45 **Gasstrom V_G (m)**
Volumenstrom des durch die Düse fließenden Prozessgases.

flow of gas V_G
Volume flow of process gas throught nozzle.

3.1.46 **Gasdüse (f)**
Düse über die Prozessgas an die Bearbeitungsstelle geführt wird.

gas nozzle
Nozzle which leads gas under certain conditions into the working zone.

3.1.47 **Lasergerät (n)**
Ein Laser mit dem die Laserstrahlung erzeugt wird, zusammen mit den wesentlichen zusätzlichen Einrichtungen, die zum Betrieb der Anlage notwendig sind, wie z.B. Kühlsystem, Netz- und Gasversorgung.

laser system
Laser for beam generation, including additional equipment for system operation, e.g. cooling circuit, electric power and gas supply.

3.1.48 **Laserquelle (f)**
Der L. besteht im wesentlichen aus Resonator und Auskoppeleinheit.

laser source
The laser essentially consists of resonator and output mirror.

3.1.49 **Laserstrahlführung (f)**
Führung des Laserstrahls entlang der optischen Achse mittels optischer Komponenten (Spiegel, Lichtleitfasern) vom Laser zur Bearbeitungsstation. Umfasst den Strahlweg incl. aller optischen Komponenten zwischen Auskoppelspiegel und Bearbeitungsoptik.

laser beam leading system
Guidance of the laser beam along the optical axis by optical devices (mirrors, light fibre cables) from laser source to handling device.

3.1.50 **Laserstrahlformung (f)**
Transmissive und reflexive Komponenten erlauben, innerhalb der Laserstrahlführung positioniert, die Einstellung definierter Laserkenndaten (z.B. Strahlgeometrie und Intensität).

laser beam forming system
Adjustment of special laser data (i.e. beam geometry, intensity) by transmissive and reflective optical components which are positioned in the optical axis.

degré de transmission T (m)
Relation entre la puissance transmettante et celle de la pièce.

gaz de travail (m)
Gaz protecteur pour éviter l'oxydation à la surface. Gaz de coupure pour enlever la vapeur ou la masse fondue de la coupure du joint.

gaz de pression de coupe (m)
Gaz de pression de coupe au niveau de la buse.

courant de gaz V_G (m)
Courant de volume du gaz de travail sortant de la buse.

buse à gaz (f)
Buse qui emet le gaz de travail au niveau de la place de travail.

système de laser (m)
Un laser avec lequel on créé le rayonnement, ensemble avec les installations nécessaires pour le fonctionnement du système, comme: système de refrigération, allimentation de courrant et de gaz.

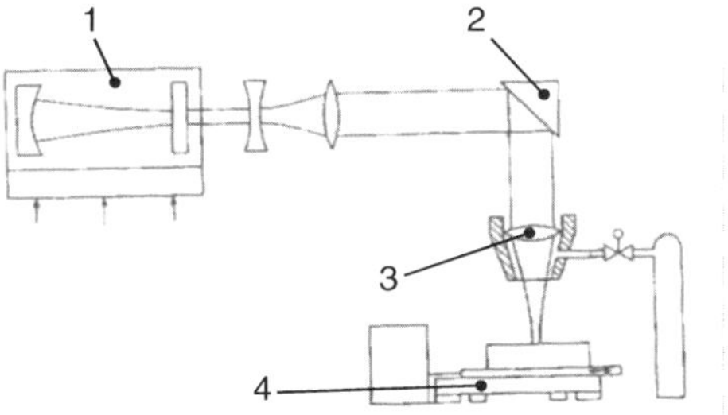

1 Laserquelle
2 Umlenkspiegel
3 Fokussierlinse
4 Bearbeitungsstation

source de laser (f)
Le laser est l'ensemble du résonateur et du miroir de sortie.

guidage de laser (m)
Guidage du rayon laser le long de l'axe optique à l'aide de component optique (miroir, fibre optique) à partir du laser jusqu'à la station de travail. Comprend le chemin du faisceau et tous les components optiques entre miroir de sortie et optique de travail.

modelage avec faisceau laser (m)
Components transmissifs et réflexifs positionnés à l'intérieur du guidage du laser permettant les réglages des données définies (p.ex. geométrie du faisceau et intensité).

3.1.51 **Handhabungsmaschine (f)**
Gerät zur Zuführung des Werkstückes, Relativbewegung zwischen Werkstück und Laserstrahl, Entsorgung der Arbeitsstation und Eingliederung in den Fertigungsablauf.

handling device
Device for workpiece supply, relative motion between workpiece and working table and integration into process chain.

3.1.52 **Abtragtiefe/Schnitttiefe s_c (f)**
Tief des abgetragenen Materials.

depth of cut
Depth of cut material.

3.1.53 **Abtragrate V_W (f)**
Abgetragenes Volumen pro Zeiteinheit.

removing rate
Removed volume per time.

3.1.54 **Flächenrate A_W (f)**
Abtragend bearbeitete Fläche pro Zeiteinheit.

plane rate
Area cut per time.

3.1.55 **Schnittspaltbreite b_c (f)**
Breite des erzeugten Spaltes.

width of cut
Width of produced gap.

3.1.56 **Konizität (f)**
Form des Schnittspaltes in Strahlrichtung.

conicality
Shape of gap in beam direction.

3.1.57 **Unebenheit**
Oberflächentopographie im Schnittspalt.

rough
Topography of surface in the cut gap.

3.1.58 **Barthöhe**
Höhe des beim Schneiden entstehenden Grates.

dross height
Height of produced burr.

3.1.59 **Bartbreite**
Breite des beim Schneiden entstehenden Grates.

dross width
Width of produced burr.

3.2.1 **Elektronenstrahlabtragen (n)**
Bearbeitungsverfahren, bei denen durch definiertes Abtragen von Werkstoff Konturen eingebracht, Oberflächeneigenschaften eingestellt oder Oberflächenschichten definiert entfernt werden können. Der Abtragsmechanismus wird dabei durch Einbringen von Wärme mittels Elektronenstrahlung und Erzeugung einer Schmelze erzielt.

electron beam removing
Machining method in which material is removed in multiple layers. The mechanism is based on the transformation of kinetic energy into thermal energy and the come into being of a molten pool.

Machine de manipulation (f)
Machine pour alimenter la pièce, mouvement relativ entre pièce et rayon laser, élimination de la station de travail et incorporation dans le déroulement de fabrication.

profondeur de coupure (f)
Profondeur du matériel aplani.

quote-part d'aplanissement (f)
Volume aplani pour une unité de temps.

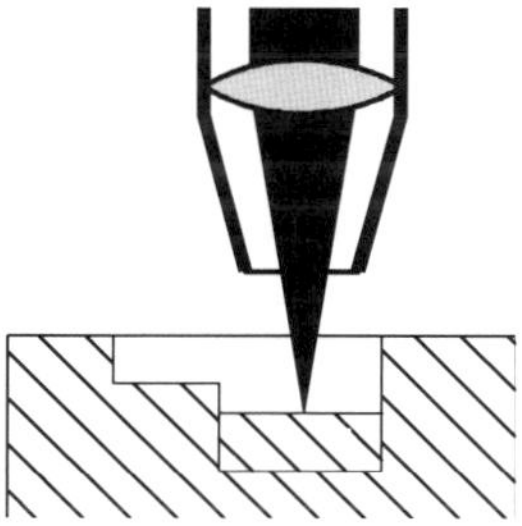

quote-part de surface (f)
Surface travailée et applanie pour une unité de temps.

largeur de la coupure de joint (f)
Largeur du joint créé.

vonicité (f)
Forme de la coupure du joint dans la direction du faisceau.

inégalité (f)
Topographie de la surface dans la coupure du joint.

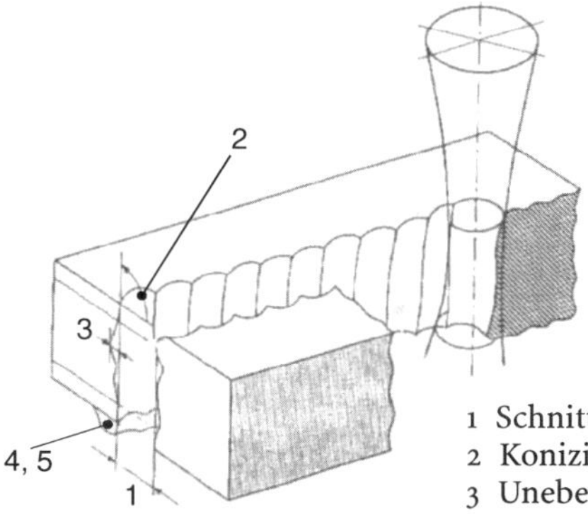

1 Schnittspaltbreite
2 Konizität
3 Unebenheit
4 Barthöhe
5 Bartbreite

hauteur du panneton (f)
Hauteur du panneton créé durant la coupure.

largeur du panneton (f)
Largeur du panneton créé durant la coupure.

aplanissement avec faisceau électronique (m)
Méthode de travail, qui enlève du matériel à láide d'aplanissement défini, ajoute des countours, définit et enlève des propropriétés ou des couches de surface. L'aplanissement se réalise à l'aide d'apport de chaleur et de masse fondue subite par un faisceau électronique.

3.2.2 **Elektronenstrahlschneiden (n)**
Bearbeitungsverfahren, bei denen durch definiertes Abtragen ein vollständiges Abtrennen des Materials erzielt wird. Der Trennmechanismus wird dabei durch Einbringen von Wärme mittels Elektronenstrahlung und Erzeugen sowie Ausblasen einer Schmelze erzielt.

electron beam cutting
Machining method in which material is removed until certain areas of the workpiece are cut off. The mechanism is based on the transformation of kinetic energy into thermal energy. The molten pool is blown out.

3.2.3 **Elektronenstrahlbohren (n)**
Nutzen des Elektronenstrahls zur Erzielung von Bohrungen in einem Abtragmechanismus

electron beam drilling
Machining of drilled holes by removing material by an electron beam.

3.2.4 **Beschleunigungsspannung (f)**
Elektrische Spannung zwischen Kathode und durchbohrter Anode zur Beschleunigung der Elektronen

beam potential
Electrical voltage between cathode and hollow anode for electron acceleration

3.2.5 **Strahlstrom (m)**
Gesamtheit der die Kathode verlassenden Elektronen pro Zeiteinheit

beam current
Entity of electrons leaving the cathode per time

3.2.6 **Strahllauftreffstrom (m)**
Gesamtheit der auf die Werkstoffoberfläche auftreffenden Elektronen pro Zeiteinheit.

beam impingement current
Entity of electrons hitting the material surface per time.

3.2.7 **Strahlleistung (f)**
Produkt aus Beschleunigungsspannung und Strahlstrom.

beam power
Product of accelerating voltage and beam current.

3.2.8 **Vorschubgeschwindigkeit v_f (f)**
Geschwindigkeit mit der der Elektronenstrahl über die Werkstückoberfläche fährt.

feed rate v_f
Relative velocity between electron beam and workpiece.

3.2.9 **Kanonendruck P_E (m)**
Druck im Strahlerzeuger der Elektronenstrahlkanone.

gun vacuum P_E
Pressure in beam generator of electron beam gun.

3.2.10 **Arbeitsdruck P_A (m)**
Druck des die Bearbeitungsstelle umgebenden Gases.

working gas pressure P_A
Pressure of gas in working zone.

3.2.11 **Strahlfleckdurchmesser (m)**
Durchmesser des auftreffenden Elektronenstrahls an der Werkstückoberfläche.

beam spot diameter
Diameter of electron beam spot in working zone.

3.2.12 **Steuerspannung U_{st} (f)**
Elektrische Potentialdifferenz zwischen Kathode und Steuerelektrode.

control voltage
Electrical potential difference between cathode and control electrode.

3.2.13 **Arbeitsabstand z (m)**
Entfernung zwischen der Werkstückoberfläche und einer festgelegten Bezugsfläche.

stand of distance z
Distance between the workpiece surface and a defined parallel plane.

soudage par bombardement électronique (m)
Méthode de travail, qui sépare le matériel complètement à láide d'aplanissement défini. Le mechanisme de séparation se réalise à l'aide d'apport de chaleur subite par un faisceau électronique. La masse fondue est enlevée.

perçage par faisceau électronique (m)
Utilisation du faisceau électronique pour le perçage dans un mechanisme d'aplanissement.

tension accélératrice (f)
Tension électrique entre cathode et anode percée pour accélération des électrons.

courant de canon (m)
Totalité des électrons qui quittent la cathode pendant une unité de temps.

courant de canon irradié (m)
Totalité des électrons qui apparaissent à la surface du matériel par unité de temps.

Puissance du faisceau (f)
Produit entre tension accélératrice et courant de canon.

vitesse d'avancement v_f (f)
Vitesse avec laquelle le faisceau électronique parcours la surface de la pièce.

pression de canon P_E (f)
Pression du canon à électron dans le genérateur de faisceau.

pression de marche P_A (f)
Pression du gaz entourant la capacité.

diamètre de foyer (f)
Diamètre du faisceau electronique apparant à la surface de la pièce.

tension de commande (f)
Différence potentielle électronique entre cathode et électrode de modulation.

distance de travail z (f)
Distance entre la surface du marériel et une surface de référence définie.

3.2.14	**Kammeranlage (f)** Elektronenstrahlkanone mit Arbeitskammer, die vor der Bearbeitung evakuiert wird; Arbeitskammer fasst meist mehrere Werkstücke.	**chamber machine** Electron gun with a working chamber which has to be evacuated before processing. Regularly the chamber contains several work pieces.
3.2.15	**Taktmaschine (f)** Elektronenstrahlkanone mit mehreren, der Zahl der Arbeitstakte entsprechenden kleineren, der Form des Werkstücks angepassten Arbeitskammern.	**phased machine** Electron gun with several smaller working chambers. These chambers are designed to correspond to the work piece's form and the cycle of work.
3.2.16	**Durchlaufmaschine (f)** Elektronenstrahlkanone mit Vakuumhauptarbeitskammer und vor- und nachgeschalteter Vakuumschleuse; gestatten kontinuierliche Herstellung von Schweißverbindungen.	**continuous machine** Electron gun with an evacuated main chamber and preceding/downstream material locks. Weld joints can be produced continuously.
3.2.17	**Wolframkathode (f)** Beheizte Elektrode, aus der durch thermische Emission Elektronen austreten.	**tungsten cathode** Heated electrode which emits electrons.
3.2.18	**Steuer-Elektrode (Wehnelt) (f)** Zwischen Wolframkathode und Ringanode liegende Steuerelektrode, die den Elektronenfluss regelt.	**bias electrode** Controls the beam current and is positioned between tungsten cathode and annular anode.
3.2.19	**Ringanode (f)** Positiv geladene Elektrode; zwischen ihr und der Wolframkathode liegt die Beschleunigungsspannung an.	**annular anode** Positive charged electrode. The beam potential is fed between the tungsten cathode and the annular anode.
3.2.20	**Strahlkanonenventil (n)** Zwischen Arbeitskammer und Elektronenkanone; ermöglicht Aufrechterhalten des Kanonenvakuums bei gleichzeitiger Flutung der Arbeitskammer.	**column valve** Positioned between working chamber and electron gun. During the The gun vacuum can be maintained while the working chamber is opened.
3.2.21	**Magnetlinse (f)** Stromdurchflossener, mit Eisen ummantelter Drahtring; zur Fokussierung des Elektronenstrahls.	**magnetic lentil** Iron-cased, current-carrying coil of wire used for focussing the electron beam.
3.2.22	**Ablenkspule (f)** Bewegt den Elektronenstrahl; entweder statische Auslenkung oder periodisches Pendeln.	**deflector coil** Moves the electron beam; either static deflection or periodic oscillation.
3.2.23	**Vakuumpumpe (f)** Aggregat, das Elektronenkanone und Arbeitskammer evakuiert.	**vacuum pump** Aggregate which evacuates the electron gun and the working chamber.
3.2.24	**Handhabungssystem (m)** Verfahrbarer Tisch in der Arbeitskammer, auf dem das Werkstück positioniert ist.	**working table** Travelling table within the working chamber on which the work piece is positioned.

machine à chambre (f)
Canon à électrons avec chambre de travail, laquelle est évaquée avant la manipulation. La chambre de travail contient souvent plusieurs matériaux.

machine cadencée (f)
Canon à électrons avec plusieurs chambres de travail plus petites et adaptées aux formes des pièces.

machine de passage (f)
Canon à électrons avec chambre de travail à vide et vannes à vide, qui permet une soudure continue.

cathode de tungstène (f)
Electrode chaufée par laquelle sort des électrons émises par emission thermique.

electrode de grille (f)
Electrode de grille se trouvant e entre cathode de tungstène et anode circulaire, qui contrôle le flux d'electrons.

anode circulaire (f)
Electrode positivement chargée, entre laquelle et la cathode de tungstène se trouve le voltage d'accélération.

valve de canon faisceau (f)
Entre chambre de travail et canon à électron, permet de maintenir le vide dans le canon pendant que la chambre de travail est noyée.

lentille magnétique (f)
Ánneau en fil métallique entouré de fer qui est parcouru par du courant pour focaliser le faisceau électronique.

enroulement déflecteur d'orbite (m)
Bouge le faisceau électronique, par déviation statique soit oscilliation périodique.

pompe à vide (f)
Agrégat qui évaque le canon à électron et la chambre de travail.

machine de manipulation (f)
Table mouvable dans la chambre de travail, sur laquelle la pièce est fixée.

3.2.25 **Eindringtiefe (f)**
Tiefe, in die der Elektronenstrahl in den Werkstoff eindringt

penetration depth
Depth of material which the electron beam penetrates

3.2.26 **Abtragrate V_W**
Abgetragenes Volumen pro Zeiteinheit.

removing rate
Removed volume per time.

3.2.27 **Flächenrate A_W**
Abtragend bearbeitete Fläche pro Zeiteinheit.

plane rate
Area cut per time.

3.2.28 **Schnittspaltbreite b_c**
Breite des erzeugten Spaltes der geschnitten wurde.

width of cut
Width of produced gap.

3.2.29 **Konizität (f)**
Form des Schnittspaltes in Strahlrichtung.

conicality
Shape of gap in beam direction.

3.2.30 **Unebenheit (f)**
Oberflächentopographie im Schnittspalt.

rough
Topography of surface in the cut gap.

3.2.31 **Barthöhe (f)**
Höhe des beim Schneiden entstehenden Grates.

dross height
Height of produced burr.

3.2.32 **Bartbreite (f)**
Breite des beim Schneiden entstehenden Grates.

dross width
Width of produced burr.

3.3.1 **Ionenstrahlätzen (n)**
Verfahren, bei dem mit einem gerichteten Strahl niederenergetischer Ionen Material von einer Werkstückoberfläche abgetragen wird.

ion beam etching
Method in which material is removed from work piece by a directed beam of low energy ions.

3.3.2 **Beschleunigungsspannung (f)**
Spannungsgefälle, das die Ionen nach Verlassen der Quelle zur Beschleunigung bringt.

acceleration voltage
Potential difference, which accelerates the ions after leaving the source.

3.3.3 **Strahlstrom (m)**
Anzahl der Ionen/Zeiteinheit, die im gesamten Strahl fließen.

beam current
Ions per time in the beam.

profondeur de pénétration (f)
Profondeur, laquelle le faisceau électronique pénètre le matériel.

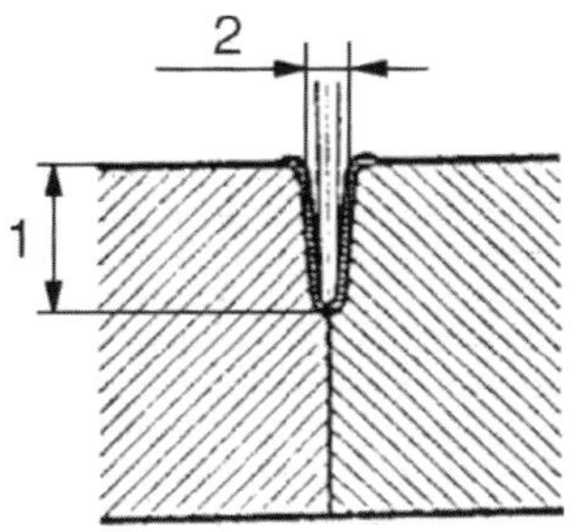

1 Eindringtiefe
2 Schnittspaltbreite

Quote-part d'aplanissement (f)
Quote-part de surface.

Quote part de surface (f)
Surface travailée et applanie pour une unité de temps.

Largeur de la coupure du joint (f)
Largeur du joint créé.

conicité (f)
Forme de la coupure du joint dans la direction du faisceau.

Inégalité (f)
Topographie de la surface dans la coupure du joint.

Hauteur du panneton (f)
Hauteur du panneton créé durant la coupure.

Largeur du panneton (f)
Largeur du panneton créé durant la coupure.

corrosion à faisceau ionique (f)
Méthode avec laquelle on enlève du matériel à partir de la surface de la pièce à l'aide d'un faisceau à energie basse.

tension accélératrice (f)
Différence de voltage, qui fait accélérer les ions après avoir quitter la source.

courant de canon- (m)
Nombre d'ions pour une unité de temps, se trouvant dans un faisceau entier.

3.3.4 **Stromdichte (f)**
Auf eine Einheitsfläche bezogener Strahlstrom.

current density
Beam current per unit plane.

3.3.5 **Strahlleistung (f)**
Im Ionenstrahl enthaltene Leistung (Strahlstrom × Beschleunigungsspannung).

power of beam
Power contained in ion beam (beam current × acceleration voltage).

3.3.6 **Leistungsdichte (f)**
Auf eine Einheitsfläche bezogene Leistung.

power density
Power per unit plane.

3.3.7 **Arbeitsgas (n)**
Gasspezies, die in der Quelle ionisiert wird und den Materialabtrag bewirkt.

process gas
Type of gas which is ionised in the ion source and which effects the removal of material.

3.3.8 **Ionenquelle (f)**
Vorrichtung, die zur Ionisierung einer im allgemeinen gasförmigen Substanz verwendet wird.

ion source
Device used for ionising gaseous substance.

3.3.9 **Spannungsversorgung (f)**
Stellt die zur Ionisierung und Beschleunigung notwendige Spannung bereit. Für die Ionisierung können Hochfrequenzspannungsversorgungen verwendet werden.

power supply
Provides the electrical voltage necessary for ionising and accelerating. For ionising high frequency power supplies can be used.

3.3.10 **Vakuumkammer (f)**
Nimmt das Werkstück während der Bearbeitung auf.

vacuum chamber
Contains work piece during processing.

3.3.11 **Pumpsatz (m)**
Erzeugt das Vorvakuum und das für die Bearbeitung notwendige Hochvakuum.

pumping set
Provides the backing-vacuum and the high-vacuum needed for processing.

3.3.12 **Oberflächenrauheit (f)**
beschreibt die Abweichung der Ist- von der Solloberflächentopographie. Kenngrößen beschreiben maximale und gemittelte Abweichungen.

surface roughness
Describes the divergence between the real and the rated profile. Parameters quantify the maximum and mean divergence.

3.3.13 **Formfehler (m)**
Als Formfehler bezeichnet man die Abweichung von einer vorgeschriebenen geometrischen Grundform wie der Geraden, der Ebene, dem Kreis oder dem Zylinder.

defect of form
Describes the deviation from a defined geometric form like the straight line, the plaine, the circle or the cylinder.

densité du courant (f)
Courant de canon appliqué sur une unité de surface.

puissance du faisceau (f)
Puissance contenante dans le faisceau ionique. (Courant de canon × tesion accélératrice).

puissance volumique (f)
Puissance appliquée sur une unité de surface.

gaz de travail (m)
Sorte de gaz qui est ionisé au niveau de la source et causant l'aplanissement du matériel.

source d'ions (f)
Dispositif pour ioniser une substance gazeuse.

alimentation du courant (f)
Met à disposition le voltage nécessair pour l'ionisation et l'accélération. On peut utiliser du voltage à haute fréquence pour l'ionisation.

chambre à vide (f)
Contient la pièce durant le façonnage.

set à pompe (m)
Réalise le prévide et le vide pour le façonnage.

Rudesse de la surface (f)
Décrit la différence enre la surface active et passive. Les paramètres décrivent la différence maximale et moyenne.

défaut de la forme (f)
On decrit comme défaut de forme l'écast d'une forme de base géomémtriquement définie, comme la droite, le plan, le cricle ou le zylindre.

3.4.1 **Ätzen (n, vb)**
Lösungsvorgang, bei dem der Werkstoff durch das Ätzmittel elektrolytisch abgetragen wird. Der Vorgang wird durch die Art der Lösung, ihrer Konzentration, Temperatur und Wirkdauer bestimmt.

etching
A chemical solvent process by which the material is removed by etching. The process is determined by the type of agent, its concentration, temperature and duration of application.

3.4.2 **Lokalelement (n)**
Galvanisches Element, das sich im Mikrobereich metallischer Werkstoffe in Verbindung mit einem Wirkmedium bildet. Die auftretenden Potentialdifferenzen bewirken hierbei eine direkte Stoffumsetzung in Form eines Abtrages.

local element
A galvanic element formed in the micro range of metallic materials in conjunction with an effective medium. The potential differences which occur cause a direct material change in the form of metal removal.

3.4.3 **Ätzverfahren (n)**
Im Hinblick auf die erzielbare Abtraggeschwindigkeit – Ätztiefe bezogen auf die Wirkzeit – und der sich hieraus ergebenden Oberflächengüten kommen unterschiedliche Ätzverfahren zur Anwendung.

etching process
Different etching processes are used in relation to the achievable rate of metal removal – etching depth related to application time – and the resultant surface finish.

3.4.4 **Auftragsätzen (n)**
Verfahren, bei dem die Ätzlösung mit Hilfe eines Wattebausches oder Pinsels so oft auf die zu ätzende Stelle aufgetragen wird, bis die gewünschte Ätzung erreicht ist.

coating etching
local etching
A process in which the etching solution is repeatedly applied to the point to be etched using a swab or brush until the required degree of etching is achieved.

3.4.5 **selektives Ätzen (n)**
Der Abtrag ist beschränkt auf die Werkstückbereiche, die nicht mit einer Resistschicht überzogen sind.

selective etching
The material removal is limited to restricted workpiece areas by protecting the areas which are not to be machined with a resist.

3.4.6 **Maskiertechnik (f)**
Tauch-, Streich- oder Spritzverfahren zum Abdecken nicht zu ätzender Werkstückflächen. Bei komplizierten Formen und großen Stückzahlen sind photographische Verfahren üblich.

masking technique
A dipping, brushing or spray process for covering part surfaces which are not to be etched. Photoresist processes are common for complicated shapes and large batch sizes.

usinage (m) chimique
attaque (f) chimique
gravure (f) chimique
Dissolution chimique qui provoque l'enlèvement du matériau par la solution d'attaque. Le phénomène est fonction du type de solution, de la concentration, de la température et du temps de la réaction.

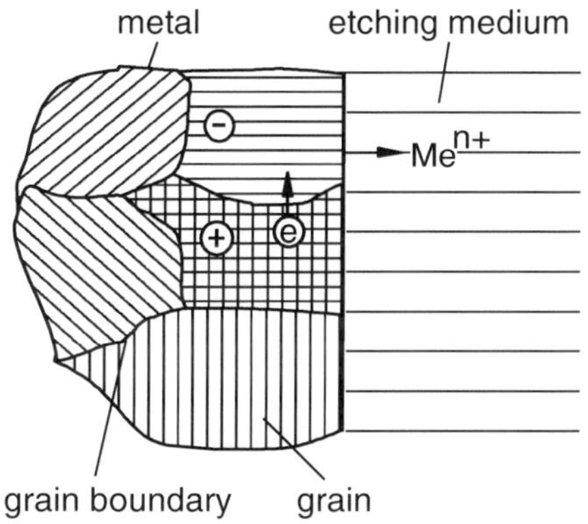

pile (f) élémentaire
Elément galvanique se formant à l'échelle microscopique dans des matériaux métalliques en présence d'un milieu actif. Les différences de potentiel qui apparaissent provoquent une réaction chimique et un enlèvement de matière.

procédé (m) d'usinage chimique
En fonction de la vitesse d'usinage (profondeur d'attaque par unité de temps) et de l'état de surface désiré, on utilise divers procédés d'attaque chimique.

attaque (f) au tampon
Procédé par lequel la solution est appliquée de manière répétitive par un tampon ou un pinceau sur la zone à usiner.

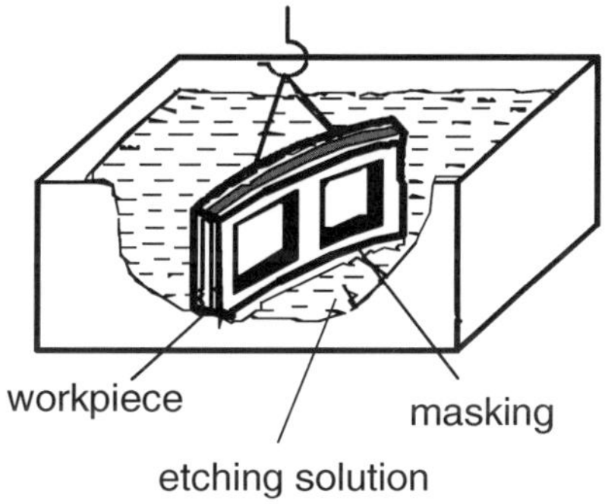

attaque sélective
L'enlèvement de matière est limité à certaines zones en protégeant les zones qui ne doivent pas être attaquées au moyen d'un matériau résistant.

technique (f) de masquage
Procédés d'immersion, d'étalement ou de projection pour protéger les parties non usinées des pièces. Pour les formes complexes et en grande série, on utilise des procédés photographiques.

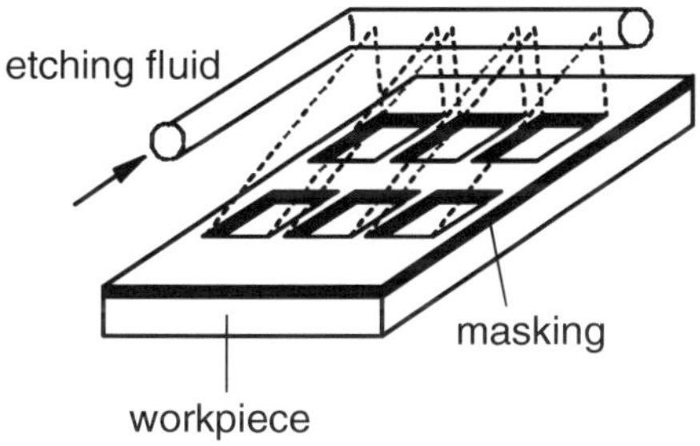

3.4.7 **Tauchätzen (n, vb)**
Eintauchen des zu ätzenden Gegenstandes in die Ätzlösung nach vorheriger Abdeckung der nicht zu ätzenden Stellen.

dip etching
Dipping of a part to be etched in the etching solution after prior masking of the areas which are to remain unetched.

3.4.8 **Sprühätzen (n, vb)**
Aufsprühen (Aufdüsen) des Ätzmittels auf das zu ätzende Werkstück; ggf. unter Oszillation der Sprühvorrichtung zur Steigerung der Ätzgeschwindigkeit.

spray etching
Spraying (by jets) of the etching fluid on to the part to be etched; if necessary with oscillation of the spraying equipment in order to increase the rate of etching.

3.4.9 **Schleuderätzen (n, vb)**
Das zu ätzende Werkstück wird mittels einer rotierenden Haltevorrichtung durch das Ätzmittel bewegt bzw. dieses auf das feststehende Werkstück geschleudert.

spin etching
The part to be etched is moved through the etching agent by means of an spinning attachment, or the agent is spun onto a stationary part.

3.4.10 **Formätzen (n, vb)**
Ausschneiden dünner Blechteile aus Platinen durch photomechanisches Ätzen; nicht anwendbar bei Titan, Tantal, Wolfram, Niob, Gold, Silber und Molybdän.

form etching
etching blanking
The "cutting out" of thin sheet parts from platinum by photomechanical etching; not applicable for titanium, tantalum, tungsten, niobium, gold, silver and molybdenum.

3.4.11 **Schaumätzen (n, vb)**
Durch Einblasen von Luft in das Ätzmittel gebildeter Schaum, der über ein schräg in einer Haltevorrichtung fixiertes Werkstück läuft.

foam etching
Foam which is formed by blowing air into etching agent that runs down the inclined surface of a holding fixture onto the part.

3.4.12 **Ätzplattieren (n)**
Dieses Bearbeitungsverfahren ist eine Kombination von Ätzen und Galvanisieren. Es wird eingesetzt bei der Herstellung dickerer Metallmasken von 50 - 300 µm Dicke.

Etch plating
A combination of etching and galvanization. It is applied to the fabrication of metallic masks with a thickness of 50 – 300 µm.

3.4.13 **Isotropes Ätzen**
Ätzprozess, bei dem die Auflösungsrate in allen Richtungen gleich groß ist.

isotropic etching
Etching process in which the dissolution occurs equally in all directions.

3.4.14 **Anisotropes Ätzen**
Ätzprozess, bei dem die Auflösung bevorzugt in Richtung bestimmter Kristallebenen erfolgt (dient hauptsächlich zum Ätzen monokristalliner Werkstoffe).

anisotropic etching
Etching process in which the dissolution occurs along specific crystal planes (used mainly for machining monocrystalline materials).

3.4.15 **Reaktives Ätzen**
Ätzprozess unter Nutzung reaktiver Ionen oder Radikale.

reactive etching
Etching process by use of reactive iones or radicals.

3.4.16 **Resist (n)**
Chemisch beständiger Stoff zum Überziehen von Flächen, die nicht abgetragen werden sollen.

Resist
Chemically-resistant material used to protect the workpiece surfaces which are not to be etched.

usinage (m) chimique par immersion
Immersion de la pièce à usiner dans la solution d'attaque après avoir protégé les parties à ne pas usiner.

usinage (m) chimique par projection
Pulvérisation de la solution d'attaque sur la pièce à usiner, éventuellement avec oscillation du pulvérisateur pour augmenter l'efficacité.

usinage (m) chimique avec mouvement relatif
La pièce est déplacée par un mouvement régulier dans le bain d'attaque ou celui-ci s'écoule autour de la pièce.

photogravure (f)
Découpage de pièces minces par attaque photochimique; non applicable au titane, tantale, tungstène, niobium, or, argent et molybdène.

usinage (m) chimique à l'émulsion
Par soufflage d'air dans la solution d'attaque on produit une émulsion qui s'écoule le long d'un plan incliné du support de pièce.

??
Procédé d'usinage combinant l'attaque chimique et la galvanisation. Il est utilisé pour la fabrication de masques métalliques épais de l'ordre de 50 –300 μm.

usinage isotropique
Procédé chimique dans lequel la dissolution est la même dans toutes les directions.

usinage anisotropique
Procédé chimique dans lequel la dissolution a lieu selon des plans cristallins spécifiques (utilisée principalement pour usiner des monocristaux).

produit (m) de masquage
Matériau chimiquement résistant utilisé pour protéger les surfaces qui ne doivent pas être usinées.

3.4.17 **Abdeckfolie (f)**
Maskenstoff (m)
Meist abziehbare Kunststoff-Folien, mit denen die Werkstücke an den nicht zu ätzenden Stellen abgedeckt (maskiert) werden.

cover foil
mask material
Generally, "peel-off" synthetic foils with which the part can be covered (masked) on the areas which are not to be etched.

3.4.18 **Schablone (f)**
Hilfsmittel zur Erzeugung genauer Maskenausschnitte; bei Serienfertigung aus Stahl.

Template
An aid to the formation of a precise masking cut-out. For mass production, the template is made from steel.

3.4.19 **Maskenausschnitt (m)**
Ausschneiden der zu ätzenden Flächen, z.B. mittels Skalpell, wenn das Werkstück vollständig maskiert wurde.

mask cut-out
The uncovering of the surfaces to be etched, e.g. using a scalpel if the part has been fully masked.

3.4.20 **Ätzmittel (n)**
Ätzlösung (f)
In den meisten Fällen Mischungen aus verschiedenen Säuren, Basen oder Salzen, die zudem noch organische Zusätze enthalten können.

etching agent
Etching solution
Mainly, mixtures of various acids and alkalines or salts which may also contain organic additives.

3.4.21 **Ätzmittelrückstand (m)**
Ätzmittelrest (m)
Ätzmittelreste auf der Werkstückoberfläche, die nach jedem Ätzvorgang durch ausreichende Wasserspülung beseitigt werden müssen.

Etching agent residue
Etching agent residues on the material surface, which must be removed by adequate water flushing after every etching operation.

3.4.22 **Abtraggeschwindigkeit (f) $v_{A\alpha}$**
Geschwindigkeit senkrecht zur Werkstückoberfläche in mm/s, mit welcher der Werkstoff abgetragen wird.

Dissolution rate $v_{A\alpha}$
Dissolution rate expressed in mm/s measured normal to the workpiece surface.

3.4.23 **Unterätzung (f)**
Einwirkung des Ätzmitels mit zunehmender Ätztiefe auch auf die seitlichen Flächen unter der Abdeckschicht.

sub-surface etching
The effect of the etching agent with increasing etching depth, also on the edges beneath the protective layer.

3.4.24 **Ätzfaktor (m) f**
Kenngröße für die Unterätzung.
$f = x/d$

Etching factor f
Factor characterizing the sub-surface etching.
$f = x/d$

couche (f) protectrice
Feuilles amovibles en matières plastiques qui protègent les parties des pièces qui ne doivent pas être usinées.

gabarit (m)
Aide à la découpe précise des masques; en acier pour la production de série.

découpage (m) du masque
Enlèvement par scalpel des parties à usiner aprés masquage complet de la pièce.

solution (f) d'attaque
En général, solution d'acides, bases ou sels avec additions de composants organiques.

dépots (m) résiduels de la solution d'attaque
Résidus d'attaques sur la surface de la pièce qui doivent être évacués par un arrosage abondant aprés usinage chimique.

vitesse (f) d'enlèvement $v_{A\alpha}$
La vitesse d'enlèvement mesurée perpendiculairement à la surface de la pièce et exprimée en mm/s.

surcoupe (f)
Effet de la solution d'attaque sous la couche protectrice augmentant avec la profondeur d'usinage.

facteur (m) de surcoupe f
Importance de la surcoupe caractérisée par le facteur.
f = x/d

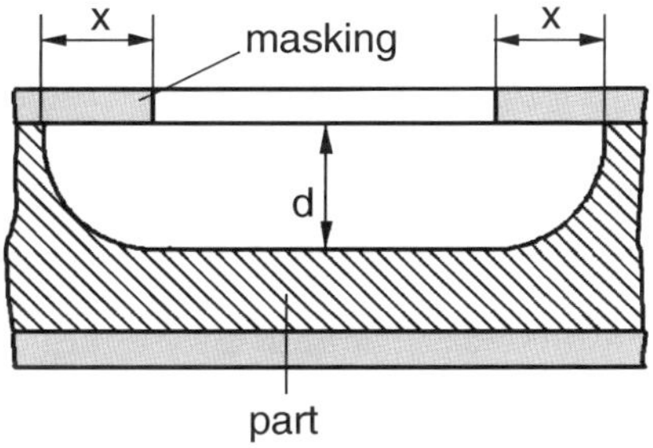

3.5.1 **Elektrochemisches Abtragen (n, vb)**
Anodisches Abtragen (n, vb)
Elysieren (n, vb)
Fertigungsverfahren, das auf einer elektrochemischen Reaktion eines metallischen Werkstoffs (ME) mit einem Elektrolyten unter Anlegung einer Gleichspannung beruht, wobei die entstehende Verbindung im Elektrolyten (E) gelöst wird (a) oder in diesem ausfällt (b).

electrochemical machining (ECM)
Anodic dissolution
Machining method, in which metallic material (Me) reacts with an electrolyte (E) in such a way, that the product is soluble or precipitates in the electrolyte.

3.5.2 **Elektrochemisches Senken (n, vb)**
Elektrolytisches Senken (n, vb)
Elysiersenken (n, vb)
Form-Elysieren (n, vb)
Formerzeugender anodischer Abtrag an der Werkstückelektrode durch Vorschubbewegung mindestens einer Elektrode, i. a. der Werkzeugelektrode.

electrochemical sinking (ECM-S)
Forming by anodic removal from a workpiece electrode by a feed motion of at least one electrode generally the tool-electrode.

usinage (m) électrochimique (UEC)
dissolution (f) anodique
Procédé d'enlèvement de matière, dans lequel le matériau métallique (Me) réagit avec l'électrolyte (E) de sorte que le produit formé soit soluble dans l' électrolyte (a) ou y précipite (b).

a)

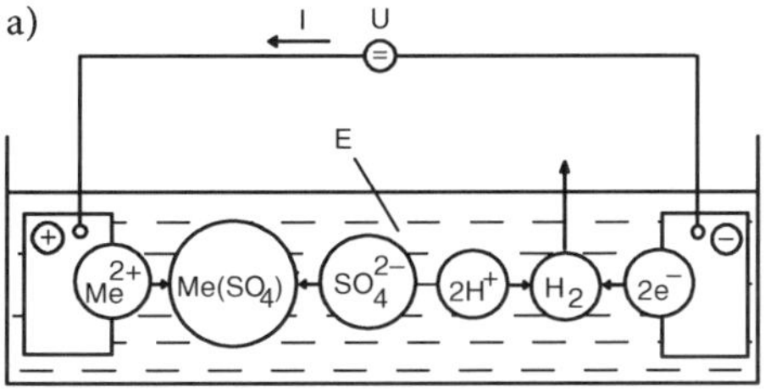

b)

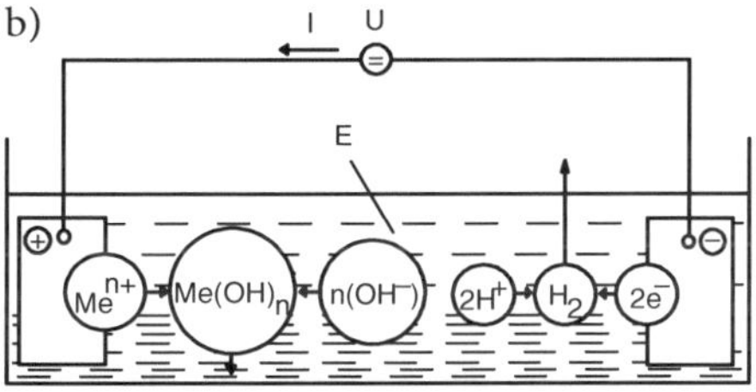

enfonçage (m) électrochimique
Usinage de forme par dissolution anodique d'une électrode-pièce à l'aide d'un mouvement d'avance d'au moins une électrode, en général l'électrode-outil.

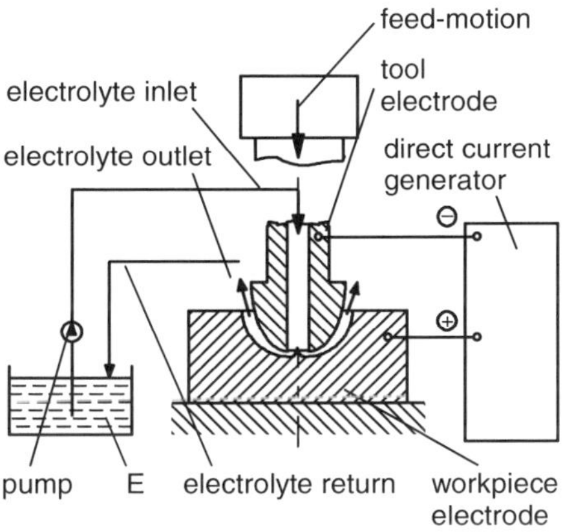

3.5.3 **Elektrochemisches Drehen (n, vb)**
Elektrolytisches Drehen (n, vb)
Elysierdrehen (n, vb)
Formerzeugender anodischer Abtrag an der Werkstückelektrode durch Vorschubbewegung mindestens einer Elektrode mit zusätzlicher drehender Hilfsbewegung der anderen Elektrode.

electrochemical turning
Forming by anodic removal from a workpiece electrode by feed motion of the tool electrode and additional rotation of the workpiece electrode.

3.5.4 **Elektrochemisches Feinbohren (n, vb)**
Elektrochemisches Feinbohrverfahren

electrochemical micro-drilling
Electrochemical technique of microdrilling

3.5.5 **Elektrochemisches Feinbohren (n, vb) (STEM)**
(Shaped Tube Electrochemical Machining)
Elektrochemisches Feinbohrverfahren mit einer Röhrchenelektrode, die auf der Mantelfläche elektrisch isoliert ist.

Electrochemical micro drilling STEM
(Shaped Tube Electrochemical Machining)
Electrochemical technique of microdrilling by means of a tube-like electrode that has an insulated layer on the circumferencial surface.

3.5.6 **Elektrochemisches Feinbohren (n, vb)**
Elektrojet (m)
Elektrochemisches Feinbohrverfahren unter Ausnutzung eines Elektrolytstrahls.

electrochemical jet machining
electrojet
Electrochemical technique of microdrilling with a jet of electrolyte.

tournage (m) électrochimique
Usinage de forme d'une pièce par dissolution anodique à l'aide d'un mouvement d'avance d'une électrode-outil et la rotation d'une électrode-pièce.

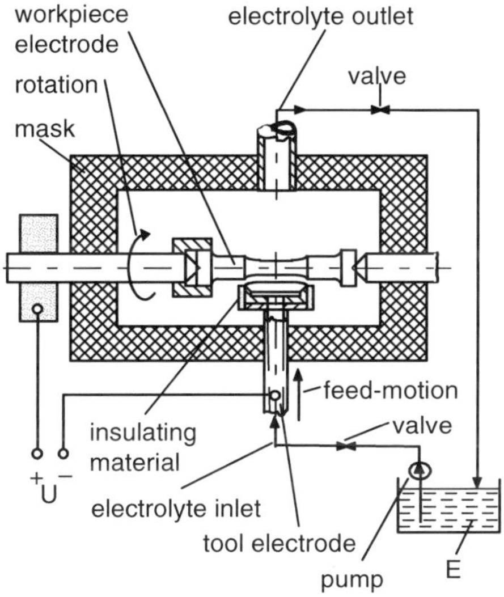

microperçage (m) électrochimique
Technique de microperçage électrochimique

microperçage (m) électrochimique STEM
(Shaped Tube Electrochemical Machining)
Technique de microperçage électrochimique utilisant une électrode-tube ayant une couche isolante sur la surface périphérique.

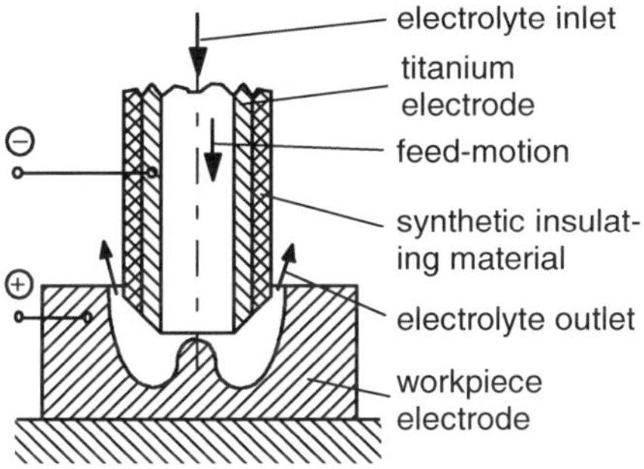

microperçage (m) électrojet
Technique de microperçage électrochimique utilisant un jet d'électrolyte.

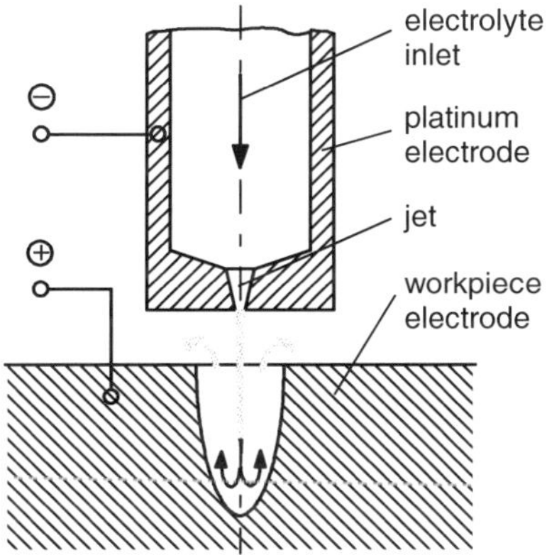

3.5.7 **Elektrochemisches Feinbohren (n, vb)**
Electro-Stream-Drilling (ESD)
Spezielles elektrochemisches Feinbohrverfahren unter Ausnutzung eines dampfförmigen Elektrolyts.

electro-stream-drilling (ESD)
Special electrochemical technique of microdrilling using a capillary glass tube and a wire cathode.

3.5.8 **Elektrochemisches Formentgraten (n, vb)**
Elektrolytisches Formentgraten (n, vb)
Anodischer Abtrag von Graten und zum Kantenverrunden mit stationärer Elektrode.

electrochemical deburring
Anodic removal of burrs and sharp edges with stationary electrode.

3.5.9 **Elektrochemisches Konturbearbeiten (n, vb)**
Elektrochemisches Markieren (n, vb)
Anodischer Abtrag an Werkstückflächen mit stationärer Elektrode und Maske zur Herstellung von Vertiefungen und Markierungen.

electrochemical contouring
ECM-marking
Anodic removal of workpiece areas with stationary electrode and stencil mask to produce flat recesses and markings.

micro-perçage (m) électrochimique
Technique spéciale de microperçage électrochimique utilisant un tube capillaire en verre et un fil cathode.

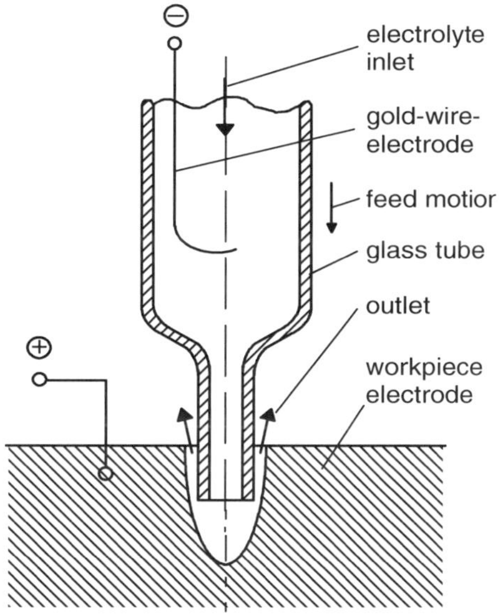

ébavurage (m) électrochimique
Dissolution anodique de bavures et d'angles vifs à l'aide d'une électrode stationnaire.

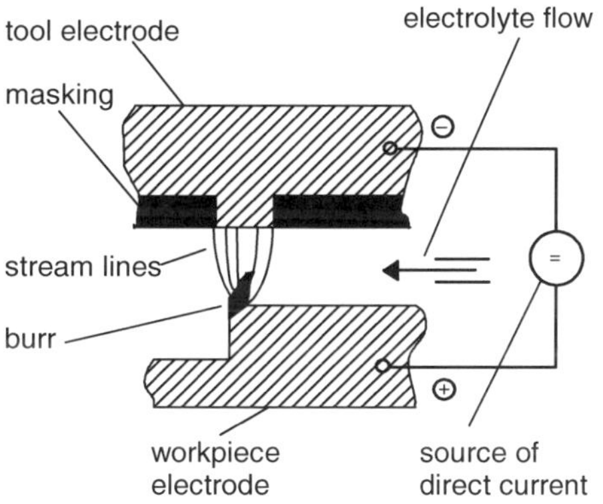

DIN 8590
VDI 3401-1

gravure (f) électrochimique
Dissolution de surface de la pièce à l'aide d'électrodes fixes et d'un masque.

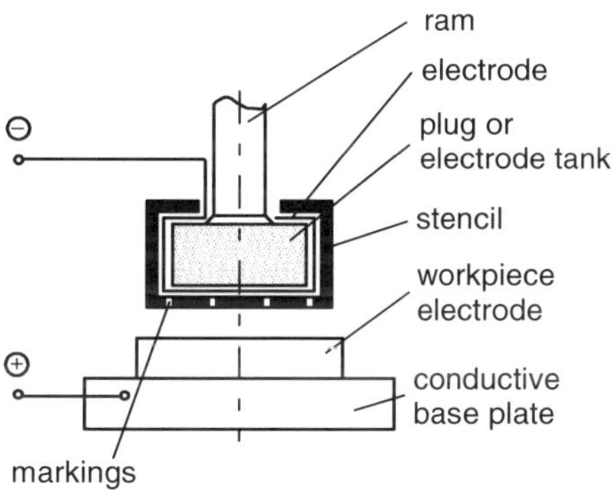

3.5.10 **Elektrochemisches Schleifen (n, vb)**
Elektrolytisches Schleifen (n, vb)
Kombination von anodischem Abtragen und mechanischem Schleifen. Die metallische Bindung der Schleifscheibe bildet die Werkzeugkathode.

electrochemical grinding (ECG)
Combination of anodic removal and mechanical grinding. The metallic bond of the grinding wheel is the tool cathode.

3.5.11 **Elektroschemisches Honen, (n, vb)**
Elektrolytisches Honen (n, vb)
Kombination von anodischem Abtragen und mechanischem Honen, Kathode entweder von der metallischen Bindung der Honleisten oder von separaten Metallflächen gebildet.

electrochemical honing
Combination of anodic removal and mechanical honing. The tool cathode is either the metallic bond of the honing stone or separate metallic elements.

3.5.12 **Elektrochemisches Läppen (n, vb)**
Elektrolytisches Läppen (n, vb)
Kombination von anodischem Abtragen und mechanischem Läppen, wobei die Läppkörner dem Elektrolyten beigefügt sind. Drehende und oszillierende Bewegung des Werkzeugs.

electrochemical lapping
Combination of anodic removal and mechanical lapping by loose abrasive grains in the electrolyte with rotating or oscillating motion of the tool.

3.5.13 **Anstellbewegung (f)**
Bewegung der Werkzeugelektrode relativ zum Werkstück vor dem Abtragen.

initial positioning
Relative movement of the tool-electrode to the workpiece before starting anodic removal.

rectification (f) électrochimique
Combinaison de la dissolution anodique et de la rectification mécanique. Le liant métallique de la meule joue le rôle de la cathode.

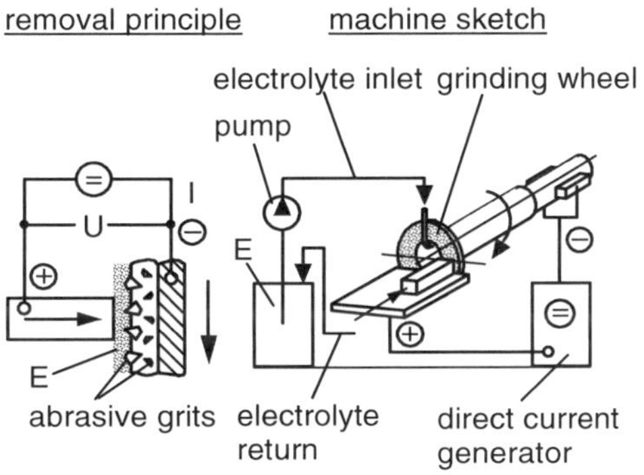

pierrage (m) électrochimique
Combinaison de la dissolution anodique et du pierrage mécanique. La cathode-outil est soit le liant métallique de la pierre abrasive, soit constitué d'éléments métalliques séparés.

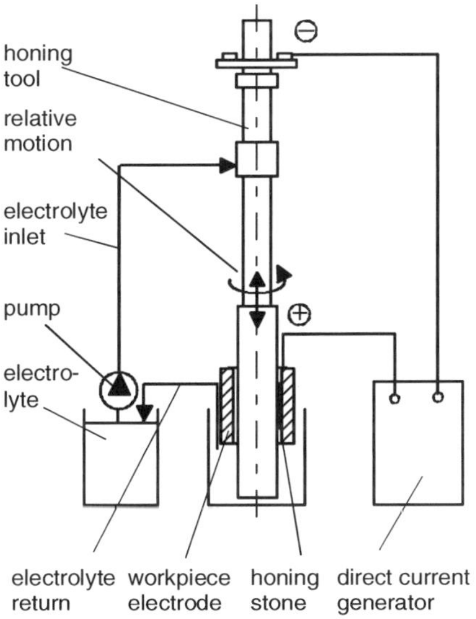

rodage (m) électrochimique
Combinaison de la dissolution anodique et de la coupe à l'aide de grains abrasifs libres dans l'électrolyte.
Mouvement de rotation ou d'oscillation de l'outil.

mouvement (m) d'approche
Mouvement relatif d'approche de l'électrode-outil et de la pièce, avant le commencement de la dissolution anodique.

3.5.14 **Werkstück-Elektrode (f)**
Anode (f)
Die Werstück-Elektrode ist das zu bearbeitende Teil. Sie ist mit dem positiven Pol (Anode) des Generators verbunden.

workpiece electrode
anode
Workpiece-electrode is the piece to be machined. It is connected to the positive pole (anode) of the generator.

3.5.15 **Gesamte strombeaufschlagte Fläche (f) A_{Wtot}**
Elektrische Kontaktfläche
Gesamte Fläche, durch die Strom fließt.

area of current flow A_{Wtot}
electrical contact area
Total area through which current flow occurs.

3.5.16 **Mechanische Kontaktfläche (f)**
Bereich beim elektrochemischen Schleifen, Honen und Läppen, in dem zwischen Schleifscheibe und Werkstück mechanischer Kontakt besteht.

mechanical contact area
Area (arc angle) where grinding wheel and workpiece are in contact in the case of electro-chemical ginding, honing and lapping.

3.5.17 **Projizierte strombeaufschlagte Fläche (f) A_w**
In Vorschubrichtung projizierte Querschnittsfläche des zu bearbeitenden Werkstücks.

projected area of current flow A_w
The projection, into a plane normal to the direction of feed, of the area of the workpiece through which electrical current flows.

3.5.18 **Vorschubbewegung (f)**
Relativbewegung zwischen Werkstück- und Werkzeugelektrode, die das Aufrechterhalten eines konstanten Arbeitsspaltes ermöglicht.

feed movement
Relative movement between workpiece and tool electrode in order to maintain a constant working gap.

3.5.19 **Vorschubgeschwindigkeit (f) v_f**
Relativgeschwindigkeit zwischen Werkzeug- und Werkstückelektrode in Vorschubrichtung.

feed rate v_f
The relative velocity between the tool and the workpiece in the direction of feed.

3.5.20 **Gleichgewichtszustand (m)**
Gleichgewichtsbedingung (f)
Gleichgewichtszustand liegt vor, wenn die Abtraggeschwindigkeit in Vorschubrichtung gleich der konstamten Vorschubgeschwindigkeit ist.

equilibrium condition
The condition in which the dissolution rate as measured in the feed direction equals the feed rate which is kept constant.

3.5.21 **Wirkspalt (m) s**
Arbeitsspalt (m)
Spalt zwischen Werkzeugelektrode und Werkstück. Es werden verschiedene Arbeitsspalte abhängig von der Geometrie des Systems Werkzeug-Werkstück unterschieden.

working gap s
Gap between tool and workpiece electrode where current flows. The working gap may vary, depending on the direction of motion between tool and workpiece.

électrode-pièce (f)
L'électrode-pièce est la pièce à usiner. Elle est connectée au pole positif (anode) du générateur.

surface (f) totale parcourue par le courant A_{Wtot}
zone (f) de contact électrique
Surface totale de passage du courant électrique.

zone (f) de contact mécanique
Zone de contact mécanique (angle d'arc) entre meüle et pièce, dans le cas de la rectification, du pierrage et du rodage électrochimiques.

surface (f) projetée
parcourue par le courant A_W
La projection, dans un plan normal à la direction du mouvement d'avance, de l'aire de passage du courant électrique dans la pièce.

mouvement (m) d'avance
Mouvement relatif pièce-outil afin de garantir un espace interélectrode constant.

vitesse (f) d'avance v_f
La vitesse relative entre l'outil et la pièce dans la direction d'avance.

condition (f) d'équilibre
La condition dans laquelle la vitesse d'enlèvement mesurée dans la direction de l'avance est égale à la vitesse d'avance maintenue constante.

espace (m) interélectrode s
Distance entre l'outil et la pièce aux endroits où il y a flux de courant. Plusieurs distances sont définies en fonction du mouvement relatif entre outil et pièce.

3.5.22 **Konturneigungswinkel** α
Der in einer den Vorschubvektor enthaltenden Ebene gemessene Neigungswinkel zwischen der Tangente an der Werkstückoberfläche und der Vorschubrichtung.

contour inclination α
Angle of inclination between the tangent to the workpiece surface and the feed direction measured in a plane containing the feed vector.

3.5.23 **Stirnspalt (m)** s_F
Abstand zwischen Werkzeug- und Werkstückelektroden, gemessen in Vorschubrichtung und senkrecht zur Werkstückoberfläche ($\alpha = 90°$).

frontal gap s_F
The distance between the tool and the workpiece, measured in the direction of feed in the case the workpiece surface is perpendicular to that direction ($\alpha = 90°$).

3.5.24 **Stirnspalt (m) im Gleichgewichtszustand** s_{Feq}
Stirnspalt s_F im Gleichgewichtszustand.

equilibrium frontal gap s_{Feq}
The frontal gap s_F under equilibrium conditions.

3.5.25 **Normspalt (m)** s_α
Abstand zwischen Werkzeug- und Werkstückelektroden, gemessen an einem beliebigen Punkt der Werkstückkontur mit dem Neigungswinkel (α) senkrecht zur Werkstückkontur.
Theoretischer Zusammenhang (nur gültig für Werte von α nahe 90°):
$s_\alpha = s_F / \sin\alpha$.

normal gap
The distance between the tool and the workpiece at any point specified by contour angle (α), measured normal to the workpiece surface.
Theoretical relationship (only valid for values of α close to 90°):
$s_\alpha = s_F / \sin\alpha$.

3.5.26 **Normspalt im Gleichgewichtszustand (m)** $s_{\alpha eq}$
Normspalt s_α im Gleichgewichtszustand.
$s_{\alpha eq} = s_{Feq} / \sin\alpha$

equilibrium normal gap $s_{\alpha eq}$
The normal gap s_α under equilibrium conditions.
$s_{\alpha eq} = s_{Feq} / \sin\alpha$

3.5.27 **Seitenspalt (m)** s_L
Rechtwinklig zur Werkstückoberfläche gemessener Abstand zwischen Werkzeug und Werkstück, wenn Werkstückoberfläche und Vorschubrichtung parallel zueinander sind.

lateral gap s_L
The distance between the tool and the workpiece measured normal to the workpiece surface when the workpiece surface is parallel to the direction of feed.

3.5.28 **Spaltlänge (f)** l
Strömungslänge des Elektrolyten innerhalb des Wirkspalts.

gap length l
The length of the path of the electrolyte in the working gap.

3.5.29 **Projizierte Spaltlänge (f)** l_p
In Vorschubrichtung projizierte Strömungslänge des Elektrolyten innerhalb des Wirkspalts.

projected gap length l_p
The length of the path of the electrolyte in the working gap, projected in the direction of feed.

inclinaison (f) du contour α
L'angle d'inclinaison de la tangente à la surface de la pièce par rapport à l'avance, mesuré dans le plan comprenant le vecteur d'avance.

distance (f) interélectrode frontale s_F
La distance outil-pièce mesurée dans la direction du mouvement d'avance au cas où la surface de la pièce est perpendiculaire à ce mouvement ($\alpha = 90°$).

distance (f) interélectrode frontale d'équilibre s_{Feq}
La distance s_f dans les conditions d'équilibre.

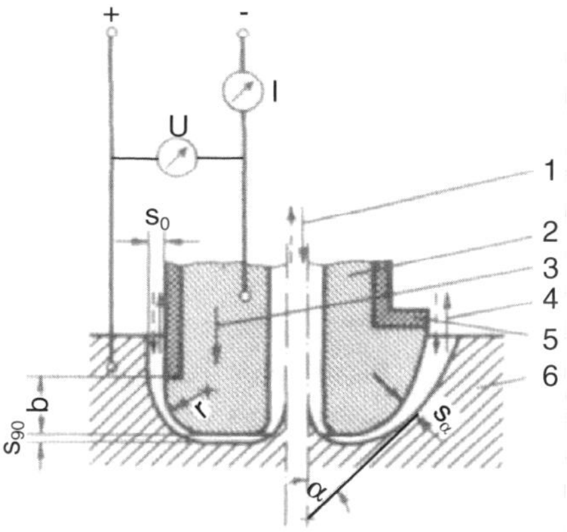

1) electrolyte-inlet
2) tool-electrode
3) feed motion
4) electrolyte-outlet
5) insulating material
6) workpiece-electrode

distance (f) interélectrode normale s_α
La distance outil-pièce en tout point caractérisé par son inclinaison (α), mesurée normalement à la surface de la pièce. Relation théorique (valable seulement pour les valeurs de α proches de 90°):
$s_\alpha = s_F / \sin\alpha$.

distance (f) interélectrode normale d'équilibre $s_{\alpha eq}$
La distance s_α dans les conditions d'équilibre.
$s_{\alpha eq} = s_{Feq} / \sin\alpha$

distance (f) interélectrode latérale s_L
La distance outil-pièce mesurée normalement à la surface de la pièce lorsque celle-ci est parallèle à la direction d'avance.

longueur (f) de l'espace interélectrode l
La longueur du parcours de l'électrolyte dans l'espace interélectrode.

longueur (f) projetée de l'espace interélectrode l_p
La longueur du parcours de l'électrolyte dans l'espace interélectrode, projetée dans la direction du mouvement.

3.5.30 **Elektrolyt (m)**
Elektrolytlösung (f)
Wirkmedium (n)
Saure oder neutrale wässrige Lösung von Salzen zum Ladungstransport zwischen den Elektroden und zum Abführen von Abtragsprodukten und Wärme aus dem Arbeitsspalt.

electrolyte
Acids or neutral solution of salts in water to provide charge carrier transport between the electrodes and transport of heat and waste products out of the working gap.

3.5.31 **Elektrolytkonzentration (f) C**
Gewichtsmasse trockenes Salz je 100 Liter Wasser.

concentration of the electrolyte C
Ratio of mass of anhydrous salt to 100 litres of water.

3.5.32 **Eintrittstemperatur (f) Θ_{in}**
Temperatur des Elektrolyten vor Eintritt in den Arbeitssaplt.

inlet temperature Θ_{in}
The temperature of the electrolyte measured in the plane of the inlet orifice.

3.5.33 **Austrittstemperatur (f) Θ_{out}**
Temperatur des Elektrolyten nach Austritt aus dem Arbeitsspalt.

outlet temperature Θ_{out}
The temperature of the electrolyte, measured in the plane of the exit gap (this is the location where effective dissolution ceases).

3.5.34 **Temperaturdifferenz (f) $\Delta\Theta$**
Differenz der Elektrolyttemperaturen zwischen Ein- und Austritt.

temperature difference $\Delta\Theta$
The difference between the outlet and the inlet temperature of the electrolyte.

3.5.35 **Eintrittsdruck (m) p_{in}**
Druck des Elektrolyten vor Eintritt in den Arbeitsspalt.

inlet pressure p_{in}
The pressure of the electrolyte measured in the plane of the inlet orifice.

3.5.36 **Austrittsdruck (m) p_{out}**
Druck des Elektrolyten nach Austritt aus dem Arbeitsspalt.

outlet pressure p_{out}
The pressure of the electrolyte in the plane of the exit gap.

3.5.37 **Druckdifferenz (f) Δp**
Differenz zwischen Ein- und Austrittdruck des Elektrolyten.

pressure difference Δp
The difference between the inlet and the outlet pressure.

3.5.38 **Strömungsgeschwindigkeit (f) v_L**

electrolyte velocity v_L

3.5.39 **Elektrolytdurchsatz (m) q**
Volumenstrom der Elektrolytlösung durch den Arbeitsspalt.

electrolyte flow rate q
The volume of electrolyte flowing through the gap per unit of time.

3.5.40 **Dünnschlamm (m)**
Elektrolytschlamm, der noch etwa 95% Elektrolytlösung enthält.

thin sludge
Electrolyte sludge containing about 95% electrolyte solution.

3.5.41 **Schlammentfernung (f)**
Ausscheiden der Abtragprodukte aus dem Wirkmedium mittels Zentrifuge oder Seperator.

sludge removal
Removal of the machining products from the machining fluid by means of a centrifuge or a separator.

electrolyte (m)
Acide ou solution neutre de sels dans l'eau garantissant le flux de particules électriques entre les electrodes ainsi que l'évacuation de chaleur et de copaux en dehors de l'espace interélectrode.

concentration (f) de l'électrolyte C
Le rapport du poids de sel anhydre à 100 l d'eau.

température (f) d'entrée Θ_{in}
La température de l'électrolyte, mesurée dans la section d'entrée de l'espace interélectrode.

température (f) de sortie Θ_{out}
La température de l'électrolyte, mesurée dans la section de sortie de l'espace interélectrode (c'est le point où la dissolution effective cesse).

élévation (f) de température $\Delta\Theta$
La différence entre les températures de sortie et d'entrée de l'électrolyte.

pression (f) d'entrée p_{in}
La pression de l'électrolyte, mesurée dans la section d'entrée.

pression (f) de sortie p_{out}
La pression de l'électrolyte, mesurée dans la section de sortie.

perte (f) de charge Δp
La différence entre les pressions d'entrée et de sortie.

vitesse (f) de l'électrolyte v_L

débit (m) de l'électrolyte q
Le volume d'électrolyte circulant dans l'espace interélectode pendant l'unité de temps.

boues (f) diluées
Boues d'électrolyte contenant environ 95% d'électrolyte.

élimination (f) des boues
Elimination des résidus d'usinage à l'aide d'une centrifugation ou d'une autre séparation.

3.5.42 **Filterpresse (f)**
Zusätzliche Einrichtung im Elektrolytkreislauf zum Abpressen des von der Zentrifuge kommenden Schlammes.

filterpress
The aim of the filterpress is to press the sludge from the centrifuge.

3.5.43 **Trockenschlamm (m)**
Filterkuchen (m)
Produkt der Filterpresse.

dry sludge
Product of the filterpess.

3.5.44 **Entsorgung (f)**
Entgiftung gesundheitsgefährdender Abfallprodukte sowie deren Abführung und/oder Lagerung unter Beachtung bestehender Umweltschutzgesetze.

disposal
Neutralisation of harmful machining products and then following evacuation or storing, taking the relevant regulations into account.

3.5.45 **Entgiftung (f)**
Umwandlung von anfallenden giftigen Schadstoffen durch chemische Umsetzung in ungiftige Stoffe.

neutralisation
decontamination
Transformation of harmful substances in decontaminated substances by chemical means.

3.5.46 **Faradaysche Konstante (f) F**
Elektrische Ladung (96500 Coulomb), die die Menge eines Grammäquivalentes eines Stoffes abscheidet bzw. auflöst.

Faraday's constant F
Electrical charge (96500 Coulomb) which removes or dissolves one gram equivalent of material.

3.5.47 **Spezifische Leitfähigkeit (f)** κ_θ
Auf die Länge einer elektrolytischen Zelle bezogene Leitfähigkeit des Elektrolyten bei bestimmter Temperatur.

conductivity κ_θ
specific conductance
The reciprocal value of the specific resistance (i.e. resistance per unit cross section and length) of the electrolyte at a defined temperature.

3.5.48 **Spaltspannung (f) U**
Zellspannung (f)
Arbeitsspannung (f)
Potentialdifferenz zwischen Anode (Werkstück) und Kathode (Elektrode).

gap voltage U
Difference of potential between anode (workpiece) and cathode (tool electrode).

3.5.49 **Restspannung (f)**
Summe der Spannungsabfälle in den Grenzschichten Elektrode-Elektrolyt, z. B. Polarisations-, Diffusionsspannung usw.

voltage loss
Sum of the voltage drops in the boundary layers between electrodes and electrolyte, e.g. polarisation and diffusion voltage.

3.5.50 **Wirkstrom (m) I**
Arbeitsstrom (m)
Gesamter durch den Arbeitsspalt fließender elektrischer Strom.

working current I
The total electric current flowing through the gap from the workpiece to the tool.

3.5.51 **Stromdichte (f) J**
Auf die Flächeneinheit bezogene Stromstärke.

current density J
Current per unit area.

filtre-presse (m)
Le rôle du filtre-presse est de traiter les boues de la centrifugeuse par compression.

boues (f) sèches
Produit du filtre-presse.

mise (f) en décharge
Neutralisation des résidus d'usinage nocifs, suivie d'une évacuation et d'un stockage conformes à la législation.

neutralisation (f)
Transformation des résidus nocifs en corps inoffensifs à l'aide de réactions chimiques.

constante (f) de Faraday F
Charge électrique (96500 Coulomb) qui dissout une valence gramme de métal.

conductivité spécifique (f) κ_θ
L'inverse de la résistance spécifique (c-à-d résistance par unité de section et longueur) de l'électrolyte à une température déterminée.

tension (f) interélectrode U
Différence (f) de potentiel entre l'anode (pièce) et la cathode (électrode-outil).

perte de tension (f)
La somme des chutes de tension aux interfaces électrolyte-électrode, par exemple: tension de polarisation et de diffusion.

intensité (m) de travail I
Valeur totale de l'intensité du courant électrique passant de la pièce à l'outil à travers l'espace interélectrode.

densité (f) de courant J
Courant par unité d'aire.

3.5.52 **Abtragprodukt (n)**
Reaktionsprodukt (n)
Bei der elektrochemischen Metallbearbeitung fallen die Abtragprodukte in Form von weitgehend unlöslichen Metalloxiden und Metallhydroxiden an, die den Elektrolytschlamm bilden.

removal product
reaction product
With electrochemical metal machining the machining products are mostly insoluble metal hydroxides and metal oxides; they form the electrolyte sludge.

3.5.53 **Werkzeug-Elektrode (f)**
Kathode (f)
Bearbeitungswerkzeug.

tool electrode
cathode
Machining tool.

3.5.54 **Profilplattendicke (f) b**

active tool height b

3.5.55 **Kantenradius (m) r**

edge radius r

3.5.56 **Maske (f)**
Abdeckung (f)
Isolierung (f)
Vorrichtung, die die Elektrode oder das Werkstück teilweise abdeckt, um einen unerwünschten Abtrag zu vermeiden.

insulation
Coated insulating part of the tool or workpiece electrode in order to prevent undesirable removal.

3.5.57 **ECM-Anlage (f)**
ECM-Anlagen bestehen mindestens aus:
1) Maschine
2) Stromquelle
3) Elektrolytversorgung und -aufbereitung.

ECM-equipment
ECM-equipment consists at least of:
1) a machine unit
2) a current generator
3) an electrolyte unit.

3.5.58 **Abtraggeschwindigkeit (f) $v_{A\alpha}$**
Geschwindigkeit senkrecht zur Werkstückoberfläche in mm/s, mit welcher der Werkstoff abgetragen wird.

dissolution rate $v_{A\alpha}$
The dissolution rate expressed in mm/s measured normal to the workpiece surface in a particular point.

3.5.59 **Theoretisches spezifisches Abtragvolumen (n) V_{spt}**
Nach dem Faradayschen Gesetz auf die Ladungseinheit bezogenes Abtragvolumen.
a = Masse eine Grammatoms
N = Wertigkeit
ϱ = Dichte
F = Faraday-Konstante

$$V_{spt} = \frac{a}{N \cdot \varrho \cdot F} \left[\frac{mm^3}{C} \right]$$

theoretical specific material removal V_{spt}
The calculated volume of material removal per unit of charge according to Faraday's law.
a = relative atomic mass
N = valency
ϱ = mass density
F = Faraday's constant

$$V_{spt} = \frac{a}{N \cdot \varrho \cdot F} \left[\frac{mm^3}{C} \right]$$

3.5.60 **Effektives spezifisches Abtragvolumen (n) V_{eff}**
Tatsächliches auf die Ladungseinheit bezogenens Abtragvolumen.

effective specific material removal V_{eff}
The measured volume of material removed per unit of charge.

produit (m) de l'usinage
Lors de l'usinage électrochimique d'un métal, les produits de la dissolution sont principalement des hydroxydes métalliques et des oxydes métalliques insolubles; ils constituent les boues dans l'électrolyte.

électrode-outil (f)
cathode (f)
L'électrode-outil est l'outil d'usinage.

hauteur (f) active de l'outil b

rayon (m) d'arête r

isolation (f)
Recouvrement partiel de l'électrode pièce ou outil afin d'empêcher un enlèvement de matière non désiré.

équipement (m) d'UEC (usinage (m) électro-chimique)
Les équipements d'UEC se composent d'au moins:
1) une machine
2) un générateur de courant
3) un circuit d'électrolyte.

vitesse (f) d'enlèvement $v_{A\alpha}$
La vitesse d'enlèvement mesurée perpendiculairement à la surface de la pièce au point considéré et exprimée en mm/s.

enlèvement (m) de matière spécifique théorique V_{spt}
Le volume calculé de matière dissous par unité de charge selon la loi de Faraday.
a = masse atomique relative
N = valence
ϱ = masse volumique
F = constante de faraday

$$V_{spt} = \frac{a}{N \cdot \varrho \cdot F} \left[\frac{mm^3}{C} \right]$$

enlèvement (m) de matière spécifique effectif V_{eff}
Le volume réel de matière dissous par unité de charge.

3.5.61 **Abtragrate (f) V_W**
Pro Zeiteinheit abgetragenes Volumen.

material removal rate V_W
The volume of metal removed per unit time.

3.5.62 **Elektrochemische Abtragbarkeit (f)**
Sendbarkeit (f)
Abtragverhalten eines Werkstoffes in bezug auf die erzielbare Abtragrate, die Oberflächengüte und die Spaltausbildung.

electrochemical machinability
Removal behaviour of a material with regard to the material removal rate, the surface roughness and the shape formed.

3.5.63 **Stromausbeute (f)** η
Quotient aus effektivem spezifischem und theoretisch spezifischem Abtragvolumen.

current efficiency η
The ratio of the effective specific material removal and the theoretical specific material removal.

3.5.64 **Passivierung (f)**
Bildung einer Deckschicht, welche die Abtragrate verringert.

passivation
Formation of a covering layer reducing the material removal rate.

débit (m) de matière V_W
Le volume de matière dissous par unité de temps.

usinabilité (f) électrochimique
Aisance d'usinage concernant le débit de matière, la qualité de la surface usinée, et la formation de l'intervalle de travail.

rendement (m) de dissolution η
Le rapport de l'enlèvement de matière spécifique effectif à la valeur de l'enlèvement de matière spécifique théorique.

passivation (f)
La formation d'une couche parasite réduisant le débit de matière.

IV

Oberflächeneigenschaften

Surface properties

Propriétés des surfaces

4.0.1 **Grenzschicht (f)**
Im Verhältnis zum gesamten Bauteilvolumen dünner Bereich mit gleicher Zusammensetzung und gleicher Eigenschaft innerhalb der Schicht.

boundary layer
Relatively thin layer with equal composition and properties within the layer.

4.0.2 **Randschicht (f)**
= Randzone (f)
Volumen eines Bauteils, das nach außen durch die Oberfläche und nach innen durch eine im Werkstoff verlaufende, gedachte Grenzfläche begrenzt wird. (→ Grenzschicht)

surface layer
= rim zone
Volume of a component, which is bounded on one side by the surface and on the other side by an assumed boundary extending within the material. (→ boundary layer)

4.0.3 **Oberflächengüte (f)**
Nicht quantifizierbare Beschreibung der Gesamtheit aller Randschichteigenschaften, die das Funktionsverhalten eines Bauteils bestimmen.

surface quality
Non-quantitative description of the combined surface layer properties which determine the functional behaviour of a component.

4.0.4 **Surface Integrity (f)**
Eigenschaft und Eigenschaftsänderung einer Oberfläche, die durch eine spanende oder andere Bearbeitung hergestellt wurde. (nach Field, Kahles 1964)

surface integrity
The inherent or enhanced condition of a surface produced in a machining or other surface generating operation. (Field, Kahles 1964)

4.0.5 **Randschichteigenschaft (f)**
Geometrische, chemische, physikalische, metallurgische und technologische Eigenschaften und Charakteristika einer Randschicht. (→ Randschicht)

surface layer properties
Geometrical, chemical, physical, metallurgical and technological properties and characteristics of a surface layer. (→ boundary layer)

4.0.6 **Randzonenbeeinflussung (f)**
Änderung der Randschichteigenschaften durch äußere Einwirkungen.

alteration of surface layer
Change of surface layer properties by external effects.

4.0.7 **Randzonenschaden (m)**
Veränderungen der Randschichteigenschaften, die das Funktionsverhalten verschlechtern.

surface layer damage
Alteration of the surface layer properties that deteriorate the functional behaviour.

couche limite (f)
Couche relativement fine ayant une composition et des propriétés homogènes.

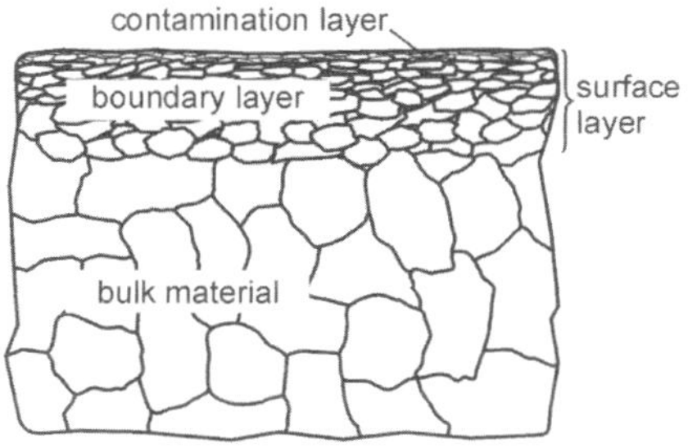

source: after Weingraber

couche de surface (f)
Volume d'une pièce limité par la surface d'un coté et par la frontière supposée avec le reste du matériau de l'autre coté. (→ couche limite)

qualité de la surface (f)
Description non quantitative de la combinaison des propriétés de la couche de surface qui détermine le comportement fonctionnel d'un composant.

intégrité de surface (f)
Propriétés intrinsèques d'une surface et modifications de ces propriétés résultant d'une opération d'usinage ou de génération de surface.

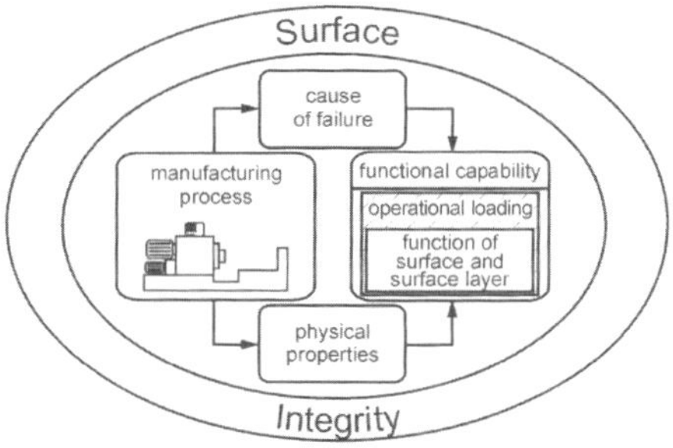

source: after Tönshoff, Field, Kahles

propriétés de la couche de surface (f)
Propriétés et caractéristiques géométriques, chimiques, physique, métallurgiques et techniques de la couche de surface.

altération de la couche de surface (f)
Modification des propriétés de la couche de surface par des effets externes.

endommagement de la couche de surface (m)
Altération de la couche de surface qui détériore le comportement fonctionnel.

4.0.8 **Funktionstauglichkeit (f)**
Die Funktionstauglichkeit gibt an, ob ein Bauteil aufgrund seiner Eigenschaften den Beanspruchungen im Einsatz standhalten kann.

functional capability
The ability of a component to withstand loading required during service.

4.0.9 **Funktionsverhalten (n)**
Das Funktionsverhalten beschreibt, wie sich ein Bauteil unter Betriebsbeanspruchung verhält.

functional behaviour
Description of the parts performance under operating load.

4.0.10 **Betriebsbeanspruchung (f)**
Zusammenfassung aller während des Betriebes auf ein Bauteil einwirkenden äußeren Einflüsse wie Kräfte, Momente oder korrosive Medien.

operating load
Combination of all external influences on a part during an operation, e.g., forces, moments or corrosive media.

4.0.11 **Lastkollektiv (n)**
Summe der mechanischen und thermischen Beanspruchungen, die auf ein Bauteil einwirken.

load history
Cumulative mechanical and thermal load affecting a component.

4.0.12 **Gefüge (n)**
Das Gefüge bezeichnet den Aufbau metallischer Werkstoffe aus einzelnen Phasen (z.B. Ferrit + Perlit oder Martensit + Bainit).

structure
Crystallographic structure of materials.

4.1.1 **Adsorptionsschicht (f)**
Dünne Randschicht, die durch die Anlagerung von Fremdatomen an die Oberfläche charakterisierbar ist.

adsorption layer
Thin layer characterized by adsorption of molecules of gases, dissolved substances, or liquids.

4.1.2 **Reaktionsschicht (f)**
Durch tribochemische Reaktion gebildete Schicht aus festen Reaktionsprodukten an der Oberfläche. (DIN 50323-2) (→ Adsorptionsschicht)

reaction layer
Thin boundary layer characterized by chemical reactions between the work material and other atoms or molecules. (→ adsorption layer)

4.1.3 **Oxidschicht (f)**
Reaktionsschicht, die durch die chemische Reaktion des Werkstoffes mit Sauerstoff entsteht.

oxide layer
Reaction layer, which is formed by the chemical reaction between the work material and oxygen.

aptitude fonctionnelle (f)
Indication de la capacité d'une pièce à résister à un chargement attendu.

comportement fonctionnel (m)
Description des performances d'une pièce soumise au chargement opératoire.

chargement opératoire (m)
Combinaison de toutes les sollicitations extérieures s'exerçant sur une pièce en service, comprenant forces, moments ou attaques corrosives.

chargement global (m)
sollicitations (f)
C'est l'ensemble des sollicitations mécaniques et thermiques auxquelles une pièce est soumise.

structure (f)
Structure cristalline d'un matériau.

couche d'adsorption (f)
Fine couche caractérisée par l'adsorption d'atomes étrangers sur la surface.

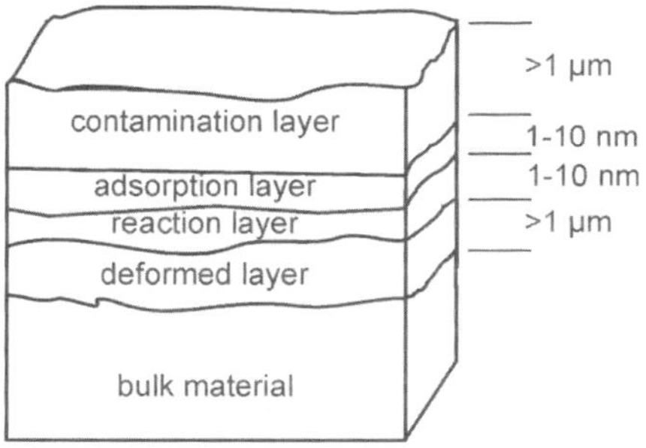

couche de réaction (f)
Fine couche de surface caractérisée par des réactions chimiques entre le matériau travaillé et des atomes étrangers. (→ couche d'adsorption)

couche d'oxydation (f)
Couche de réaction qui se forme après réaction chimique entre le matériau travaillé et l'oxygène.

4.1.4 **Kontaminationsschicht (f)**
Äußerste Grenzschicht eines Bauteils, die durch das Anhaften von Fremdsubstanzen entsteht (z.B. Reste von Schmierstoffen, tribochemische Reaktionsprodukte). (→ Adsorptionsschicht)

contamination layer
Outermost layer of a structural part, formed by the adherence of foreign substances (e.g., lubricant residue, tribochemical reaction products). (→ adsorption layer)

4.1.5 **verformte Grenzschicht (f)**
Durch mechanische Einflüsse im Fertigungsprozess beeinflusste Randschicht mit deutlichen Kornverformungen. (→ Adsorptionsschicht)

deformed layer
Boundary layer with significant grain deformation caused by mechanical influences during production. (→ adsorption layer)

4.1.6 **Beilby Schicht (f)**
Eine durch mechanische Bearbeitung oder Verschleiß gestörte Randschicht, die eine amorphe Struktur besitzt. Ursprünglich wurde dieser Begriff auf Korngrenzen angewendet.

Beilby layer
A layer of metal disturbed by mechanical working, wear, or mechanical polishing presumed to be without regular crystalline structure (amorphous); originally applied to grain boundaries.

4.1.7 **Fettfilm (m)**
Fetthaltige äußere Grenzschicht.

grease film
Outer boundary layer containing grease.

4.1.8 **Ölfilm (m)**
Ölhaltige äußere Grenzschicht.

oil film
Outer boundary layer containing oil.

4.1.9 **Grundwerkstoff (m)**
Unbeeinflusstes Ausgangsmaterial im Kern des Bauteils.

bulk material
Unaffected material in the core of the components.

4.1.10 **Pore (f)**
Poren sind werkstoff- oder herstellungsbedingte Hohlräume und Ungänzen im Material. (DIN 4761)

pore
A small opening, void, interstice, or channel within a consolidated solid mass or agglomerate, usually larger than atomic or molecular dimensions. (ASM-Handbook Vol. 5)

4.1.11 **Porosität (f)**
Beschreibt das Verhältnis zwischen dem Hohlraumvoumen und dem Gesamtvolumen eines Körpers oder Haufwerkes. (nach Schubert)

porosity
Fine holes or pores within a solid; the amount of these pores is expressed as a percentage of the total volume of the solid. (ASM-Handbook Vol. 5)

4.1.12 **Fremdeinschluss (m)**
In die Matrix des Werkstoffes eingelagerte, materialfremde Partikel und Teilchen.

inclusion
Particles of foreign material in a metallic matrix. The particles are usually compounds, such as oxides, sulfides, or silicates, but may be any substance that is foreign to (and essentially insoluble in) the matrix. (ASM-Handbook Vol. 5)

couche de contamination (f)
Couche limite extérieure qui est créée par l'adhérence de substances étrangères (par ex.: résidus de lubrifiant, réactions de produits tribochimiques). (→ couche d'adsorption)

couche déformée (f)
Couche affectée par les influences mécaniques des procédés de fabrication ayant entraînés une déformation significative du grain. (→ couche d'adsorption)

couche de Beilby (f)
Couche de métal dont la structure cristalline est méconnaissable (amorphe) suite à une détérioration de la structure cristalline initiale provoquée par une opération mécanique, par de l'usure, ou par un polissage mécanique. Cette notion a d'abord été appliquée aux joints de grains.

film de graisse (m)
Couche limite externe contenant de la graisse.

film d'huile (m)
Couche limite externe contenant de l'huile.

matériau massif (m)
Zone du matériau dont les composants ne sont pas altérés.

pore (m)
Les pores sont des cavités dans le matériau causées par le procédé d'élaboration ou de transformation.

porosité (f)
Quantité volumique de pores dans une pièce.

inclusion (f)
Particules incluses dans le matériau, qui ne font pas partie de ses éléments constituants. Ces particules sont généralement des composés tels que oxydes, sulfures, ou siliciures, mais peuvent être un corps étranger et par principe insoluble dans la matrice.

4.1.13 **Ablagerung (f)**
Durch Adhäsion an der Oberfläche eines Bauteils anhaftende Teilchen wie Späne oder Abrieb vom Werkzeug.

deposition
Particles attached to the surface by adhesion like chips or abrasives of the tool.

4.1.14 **Anschmelzung (f)**
Eine Anschmelzung ist eine durch das Überschreiten der Schmelztemperatur im Bearbeitungsprozess bedingte Veränderung der geometrischen und physikalischen Eigenschaften.

local melting
Alteration of geometrical and physical properties caused by process temperatures reaching the melting temperature of the material.

4.1.15 **Aufwerfung (f)**
Infolge der Bearbeitung entstehende, örtlich begrenzte Erhöhungen der Oberfläche.

pile-up
Local elevation of surface material resulting from process deformation.

4.1.16 **Dopplung (f)**
Herstellungsbedingte Materialüberschichtungen der Oberfläche.

lamination
Fold formation of surface material caused by production process.

4.1.17 **Werkstoffscholle (f)**
= Schuppe (f)
Überschichtung der Oberfläche durch tangentiale Oberflächenverformungen oder adhäsionsbedingte Werkstoffübertragungen. (DIN50323)

fold
Fold layered region on top of base material.

4.1.18 **Riss (m)**
Linienförmige Vertiefung mit scharfem Grund, verursacht durch das Zerstören der Gleichförmigkeit von Oberfläche und Werkstoff des Werkstücks. (EN ISO 8785)

crack
A fracture type discontinuity characterized by a sharp tip and high ratio of length and width to opening displacement. (ASM-Handbook Vol. 5)

4.1.19 **Makroriss (m)**
Ohne technische Hilfsmittel mit dem menschlichen Auge erkennbarer Riss in einem Bauteil.

macro crack
A crack in a part, recognizable by the human eye without technical aid.

4.1.20 **Mikroriss (m)**
Ein Riss mit sehr geringen Abmessungen in einem Bauteil, der nur durch spezielle Techniken (z.B. Mikroskopie) detektierbar ist.

micro crack
A crack with very small dimensions detectable only with special techniques (e.g., microscopy).

4.1.21 **Rissbildung (f)**
Phase der Entstehung einer örtlich begrenzten Werkstofftrennung.

cracking
The process of the creation of a local work material separation.

4.1.22 **Rissfortschritt (m)**
= Risswachstum (n)
Der Rissfortschritt beschreibt die stetig zunehmende Vergrößerung eines Risses unter der Einwirkung einer äußeren Beanspruchung.

crack growth
A steady enlargement of a crack caused by external loading.

adhérence (f)
dépôt résiduel (m)
Particules adhérant à la surface qui peuvent être des copeaux ou des particules dures et abrasives venant de l'outil.

fusion locale (f)
Altération de la géométrie et des propriétés physiques causée par une température du procédé d'obtention ayant atteint la température de fusion du matériau.

bourrelet (m)
Sur-épaisseur locale résultant d'une déformation due au procédé de mise en œuvre.

stratification (f)
Formation de couches en feuilles provenant du procédé de fabrication.

repli (m)
Zone plissée à la surface du matériau de base.

fissure (f)
Séparation localisée de la structure de la pièce, de largeur faible, souvent de longueur et profondeur importantes, provoquée par un dépassement de la résistance du matériau.

macro-fissure (f)
Fissure observable à l'oeil, sans instrument, dans une pièce.

micro-fissure (f)
Fissure de petites dimensions dans un composant, observable uniquement avec des moyens particuliers (par ex.: par microscopie).

fissuration (f)
Processus de création d'une fissure localisée du matériau travaillé.

propagation de fissure (f)
Augmentation continue d'une fissure due à l'effet de sollicitations externes.

4.1.23 **Schleifriss (m)**
Durch eine zu große thermomechanische Beanspruchung während des Schleifprozesses entstandener Riss im Werkstoff.

grinding crack
Crack in the work material caused by excessive thermomechanical loading during the grinding process.

4.1.24 **Phase (f)**
Strukturell homogener Bestandteil eines Systems. In Eisenwerkstoffen vorkommende Phasen sind z.B. Ferrit, Austenit, Carbid. (DIN 17014)

phase
A microstructural constituent of an alloy that is physically distinct and homogeneous.

4.1.25 **Phasengrenze (f)**
Grenzfläche zwischen zwei unterschiedlichen Phasen.

phase boundary
Boundary layer between two different phases.

4.1.26 **Phasenanteil (m)**
Relatives Volumen einer Phase innerhalb eines mehrphasigen Systems.

phase fraction
Relative volume of a phase within a multiple phase system.

4.1.27 **Austenit (m)**
Feste Lösung von einem oder mehrerer Elementen in der kubisch-flächenzentrierten Modifikation des Eisens. Sie wird auch als γ-Mischkristall bezeichnet.

austenite
Solid solution of one or more elements in face-centered cubic iron (γ-iron).

4.1.28 **Martensit (m)**
Metastabile feste Lösung, die sich durch martensitische Umwandlung bildet.

martensite
Metastable solid solution formed by martensitic transformation.

4.1.29 **Martensitumwandlung (f)**
Diffusionslose Umwandlung des Austenits in Martensit.

martensitic transformation
Diffusionless transformation of austenite into martensite.

fissure de rectification (f)
Fissure générée lors d'une opération de rectification, causée par des contraintes thermo-mécaniques excessives.

phase (f)
Constituant microstructural d'un alliage qui est physiquement distinct et homogène, mécaniquement séparable, et qui a une composition et une structure propres.

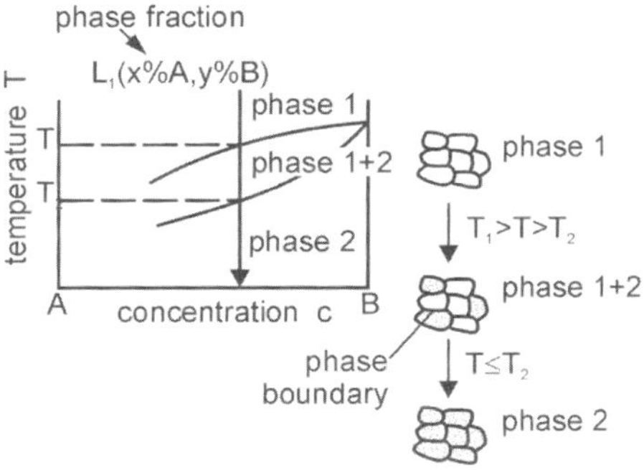

contour de phase (f)
Interface entre deux phases contigues et différentes.

proportion de phase (f)
Volume relatif d'une phase dans un système à phases multiples.

austénite (f)
Solution solide d'un ou plusieurs éléments dans le fer à structure cristalline cubique à faces centrées (fer γ).

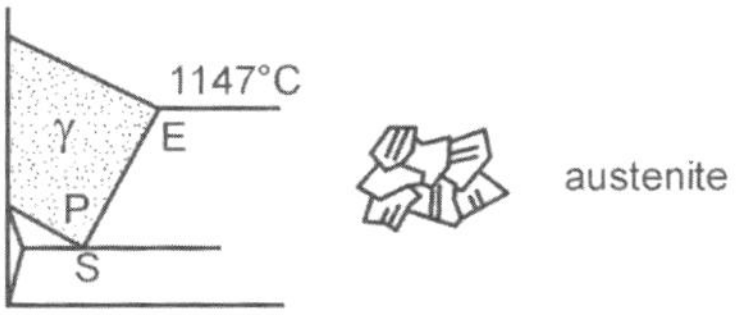

martensite (f)
Solution solide métastable obtenue par transformation martensitique.

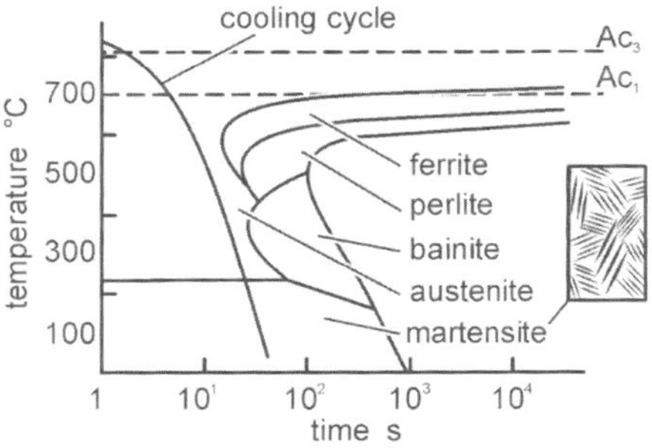

transformation martensitique (f)
Transformation sans diffusion de l'austénite en martensite.

4.1.30 **Perlit (m)**
Aus Ferrit- und Zementitlamellen bestehender Gefügebestandteil, der bei der eutektoidischen Umwandlung von Austenit gebildet wird. (→ Martensit)

perlite
A metastable lamellar aggregate of ferrite and cementite resulting from the transformation of austenite at temperatures above the bainite range. (ASM-Handbook Vol. 4) (→ martensite)

4.1.31 **Ferrit (m)**
Beständige feste Lösung (Mischkristall) von einem oder mehreren Elementen in α-Mischkristall. (DIN 17014)

ferrite
A solid solution of one or more elements in body-centered cubic iron. (ASM-Handbook Vol. 4)

4.1.32 **Bainit (m)**
Metastabiler Gefügebestandteil, der bei der Umwandlung des Austenits in einem Temperaturintervall gebildet wird, das zwischen den Temperaturbereichen der Perlit- und der Martensitbildung liegt. Er besteht aus übersättigtem Ferrit, in dem der Kohlenstoff zum Teil in Form deiner Carbide ausgeschieden ist. (DIN 17014) (→ Martensit)

bainite
Metastable structural constituent that is formed during the transformation of the austenite within a temperature interval between the temperature ranges of the perlite and martensite transformation. (→ martensite)

4.1.33 **Ledeburit (m)**
Eutektikum einer Eisen-Kohlenstoff-Legierung, bestehend aus Austenit und Zementit. (DIN 17014)

ledeburite
Eutectic of an iron-carbon alloy consisting of austenite and cementite.

perlite (f)
Agrégat de lamelles de ferrite et de cémentite formé lors de la transformation eutectoide de l'austénite. (→ martensite)

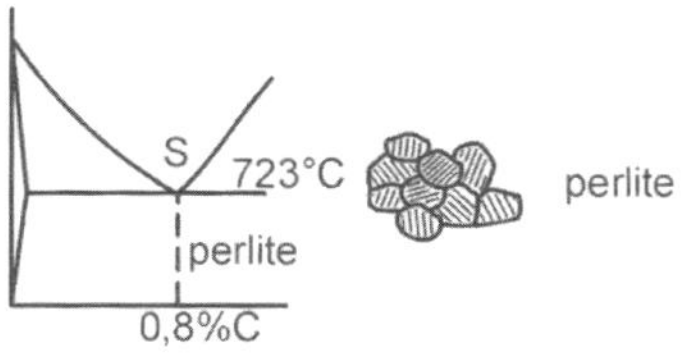

ferrite-α (f)
Solution solide d'insertion stable de carbone et éventuellement d'autres éléments dans le fer-α.

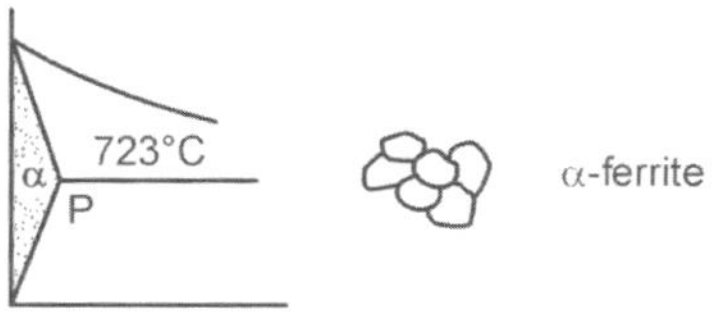

bainite (f)
Composant structurel métastable formé pendant la transformation de l'austénite dans un intervalle de température limité par les températures de transformation de la perlite et de la martensite. (→ martensite)

lédéburite (f)
Eutectique d'alliage fer-carbone constitué d'austénite et de cémentite.

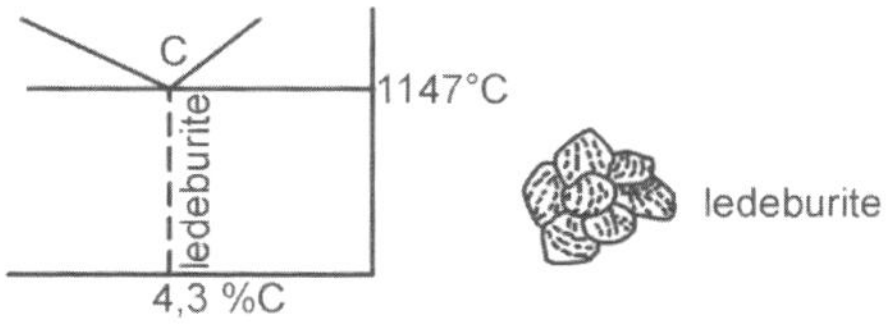

4.1.34 **Zementit (m)**
Carbid des Eisens, entsprechend der Zusammensetzung: Fe_3C. (DIN 17014)

cementite
Iron carbide, with chemical formula: Fe_3C.

4.1.35 **Carbid (n)**
Verbindung zwischen Kohlenstoff und einem oder mehreren metallischen Elementen (z.B. Fe_3C). (DIN 17014)

carbide
Alloy of carbon and one or more metallic elements.

4.1.36 **Neuhärtungszone (f)**
Durch thermische Einflüsse bei der Bearbeitung entstehende Grenzschicht mit gesteigerter Härte gegenüber dem Grundwerkstoff.

rehardened zone
Boundary layer with increased hardness relative to the base material caused by thermal influences during processing.

4.1.37 **Anlasszone (f)**
Durch thermische Einflüsse bei der Bearbeitung entstehende Grenzschicht mit geringerer Härte gegenüber dem Grundwerkstoff.

tempered zone
Boundary layer with reduced hardness relative to the base material caused by thermal influences during processing.

4.1.38 **weiße Schicht (f)**
Sprödharte, schwer anätzbare und daher im metallographischen Schliffbild weiß erscheinende Schicht an Bauteiloberflächen.

white layer
Brittle, hard-to-etch layer on part surfaces which appears white in metallographic micrographs.

4.1.39 **Überhitzen (n)**
Erwärmen eines Werkstücks auf so hohe Temperaturen, dass bereits bei üblicher Haltedauer unerwünschte Änderungen im Werkstoff (z.B. Kornvergröberung) auftreten, die jedoch durch weiteres Behandeln wieder rückgängig gemacht werden können.

overheating
Heating an object to such a high temperature as to produce within the usual holding time undesired changes in the material (e.g. coarse grained structure) which, however, can be removed by subsequent treatment.

cémentite (f)
= carbure de fer
Composition chimique: Fe_3C, qui correspond à une teneur de 6,67 % en masse de carbone, la cémentite est un composé interstitiel à maille orthorhombique et est métastable à température élevée.

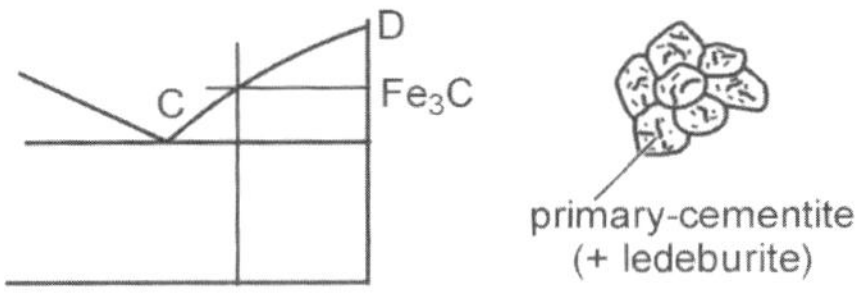

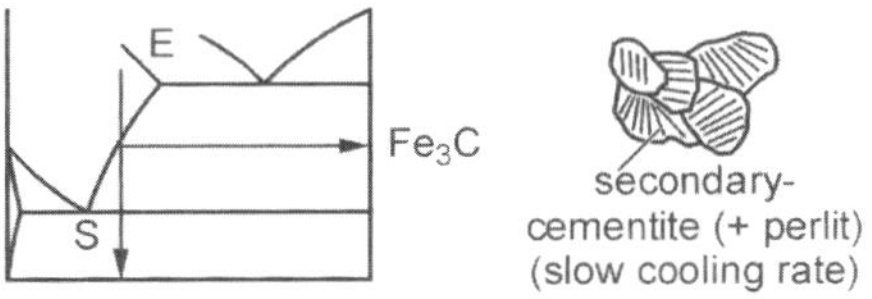

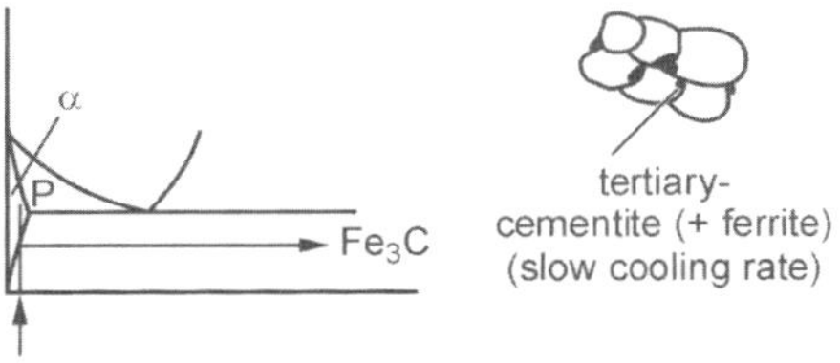

carbure (m)
Composé de carbone et d'un ou de plusieurs métaux.

zone trempée (f)
Couche limite de dureté accrue par rapport au matériau de base, générée par les influences thermiques dues au procédé de mise en œuvre.

zone revenue (ou adoucie) (f)
Couche limite de dureté faible par rapport au matériau de base, générée par les effets thermiques dues au procédé de mise en œuvre.

couche blanche (f)
Couche difficile à attaquer, située à la surface des pièces, qui apparaît en blanc en observation micrographique.

surchauffe (f)
Chauffage effectué dans des conditions de température et de durée telles qu'il se produit des modifications indésirables des proprietés du métal (p.ex. un grossissement exagéré du grain). Un métal surchauffé peut, toutefois, être régénéré par un traitement ultérieur.

4.1.40 **Schleifbrand (m)**
Randschichtschädigung durch zu große thermische Beanspruchung beim Schleifen. Häufig bestehend aus Neuhärtungs- mit folgender Anlasszone.

grinding burn
Surface layer damage caused by excessive thermal loading during grinding.

4.1.41 **Restaustenit (m)**
Austenit, der nach dem Härten oder Bainitisieren bei Raumtemperatur noch vorhanden ist. (DIN 17014)

retained austenite
Austenite remaining after hardening or bainitization.

4.1.42 **Restaustenitgehalt (m)**
Anteil des Restaustenits am gehärteten oder bainitisierten Gefüge.

retained austenite content
Percentage of retained austenite in the hardened or bainitized structure.

4.1.43 **chemische Zusammensetzung (f)**
Beschreibung eines Werkstoffs durch Art und Anzahl der Elemente.

chemical composition
Type and number of the elements in a material.

4.1.44 **Reinheitsgrad (m)**
Maß für den Anteil an Verunreinigungen in einem Werkstoff.

purity coefficient
Measure of the portion of contaminants in a material.

4.1.45 **Legierung (f)**
Werkstoff, bestehend aus einem Grundmetall und mindestens einem weiteren Element, die im flüssigen Zustand vollständig in dem Grundmetall gelöst sind und die Fähigkeit besitzen, mit ihm eine feste Lösung (Mischkristall) einzugehen oder Verbindung zu bilden. (DIN 17014)

alloy
A material composed of two or more chemical elements, one of which is a metal. (after Cubberly, W.)

4.1.46 **Matrix (f)**
Grundgefüge eines Werkstoffs. Z.B. Eisen-Matrix bedeutet, dass die meisten regulären Gitterplätze in einem Atomgitter durch Fe-Atome besetzt sind.

matrix
Basic crystalline structure of a metallic material, for example an iron matrix in most of the atomic lattice sites contain iron.

4.1.47 **Korn (n)**
Ein Korn ist ein einzelner räumlich ausgedehnter Kristallit innerhalb eines metallischen Werkstoffs (Kornhaufwerks) mit einheitlich ausgerichtetem Gitter. (DIN 50601)

grain
An individual crystallite in a polycrystalline mass. (after Cubberly, W.)

4.1.48 **Korngrenze (f)**
Grenzfläche zwischen zwei Körnern mit unterschiedlicher kristallographischer Orientierung. (DIN 17014)

grain boundary
The border region between two grains with different crystallographic orientations.

brûlure de rectification (f)
Endommagement de surface causé par de fortes contraintes thermiques durant la rectification, souvent composé d'une zone trempée et de zones adjacentes recuites.

austénite résiduelle (f)
Résidus d'austénite après trempe ou bainitisation.

teneur en austénite résiduelle (f)
Pourcentage d'austénite résiduelle présente dans la structure bainitique durcie.

composition chimique (f)
Nature et proportion nombre des éléments constitutifs d'un matériau.

coefficient de pureté (m)
Taux d'impureté dans un matériau.

alliage (m)
Produit métallique homogène obtenu par l'association de plusieurs métaux et parfois de métalloïdes, avec nette prédominance de l'un d'entre eux, afin de conférer à ce dernier des caractéristiques déterminées.

matrice (f)
Structure cristalline de base d'un matériau, par exemple une matrice de fer signifie que la majorité des positions de la structure du matériau est occupée par des atomes de fer.

grain (m)
Entité monocristalline dans une structure polycristalline, dont la taille varie en général de 2 à 20 µm.

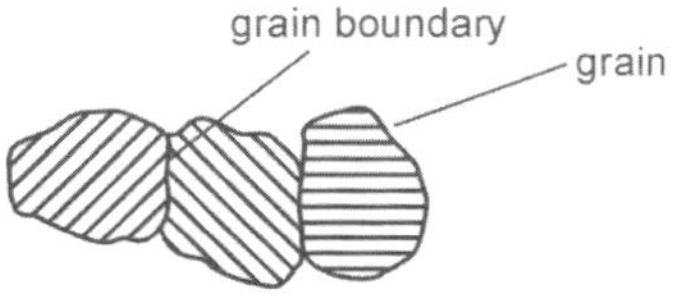

joint de grain (m)
Interface entre deux grains dont les orientations cristallographiques sont différentes.

4.1.49 **Großwinkelkorngrenze (f)**
Trennt benachbarte Körner mit einem Unterschied der Gitterorientierung von mehr als 15°. (nach Guy)

high-angle grain boundary
A region of distinct transition between two crystals which have a mis-orientation with respect to each other.

4.1.50 **Kleinwinkelkorngrenze (f)**
= Subkorngrenze (f)
Grenzfläche zwischen Körnern, deren Orientierungsabweichung nicht mehr als 15° beträgt. Die Grenzfläche besteht aus Reihen von Stufenversetzungen, die von kohärenten Gitterbereichen unterbrochen werden. (nach Guy)

low-angle grain boundary
= subgrain
Regions of easy transition between two crystals interrupted by a few edge dislocations which compensate for the difference in orientation.

4.1.51 **Korngröße (f)**
Kennwert für die Schnittfläche der in der metallographischen Schliffebene geschnittenen Körner (DIN 17014, DIN 50601).

grain size
The mean diameter of a grain usually measured by counting the number of crystals in a given length or area.

4.1.52 **grobkörniges Gefüge (n)**
Gefüge mit verhältnismäßig großem mittleren Korndurchmesser.

coarse-grained structure
A structural state of polycrystalline metals which is larger than normal grain size material.

4.1.53 **feinkörniges Gefüge (n)**
Gefüge mit verhältnismäßig kleinen mittleren Korndurchmessern.

fine-grained structure
A polycrystalline structure with relatively small mean grain size.

4.1.54 **Zeilenstruktur (f)**
= Zeilengefüge (n)
Parallel zur Fließrichtung bzw. Umformung verlaufende Zeilen, die im Schliffbild sichtbar werden und die im Laufe des Umformens eingetretene Streckung der Bereiche unterschiedlicher chemischer Zusammensetzung wiedergeben. (DIN 17014)

banded structure
Lines running parallel to the direction of working or forming, which become visible in metallographic micrographs, revealing the elongation of regions of different chemical composition.

4.1.55 **Versetzung (f)**
Linienförmiger Baufehler im idealisierten Atomgitter.

dislocation
A line defect in the orderly arrangement of atomic structure.

joint de grain à grand angle (m)
Joint de grain à forte désorientation

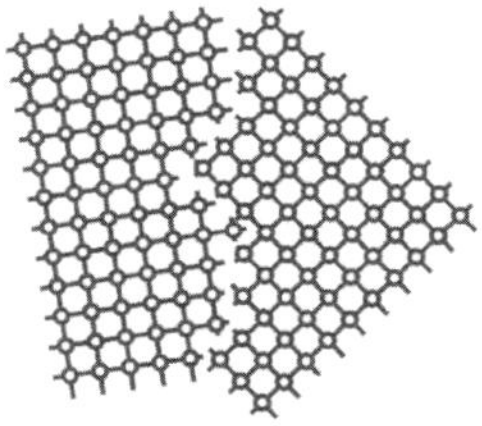

source: after Bergmann

joint de grain à faible angle (m)
Joint de grain à faible désorientation.

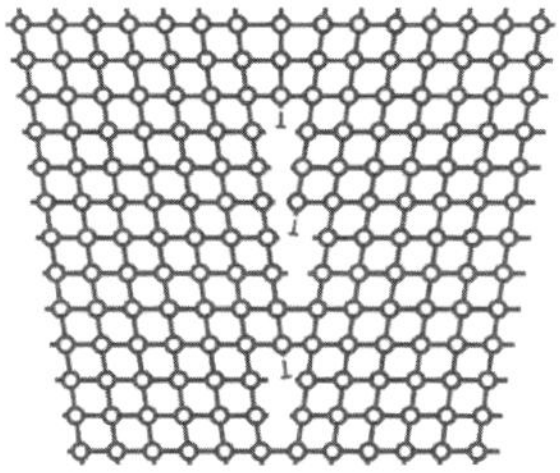

source: after Bergmann

taille du grain (f)
Diamètre moyen d'un grain généralement mesuré par comptage du nombre de cristaux dans une longueur ou une surface donnée.

structure à gros grains (f)
Structure dont la taille de grain est plus grande que celle de la structure normale

structure à grains fins (f)
Structure dont la taille de grain est plus faible que celle de la structure normale

structure en bande (f)
Structure à directions parallèles à des directions liées au sens de la déformation qui sont visibles par métallographie, et qui reproduisent les différentes déformations des zones du matériau comportant des différences de compositions chimiques.

dislocation (f)
Défaut d'arrangement dans une ligne d'atomes dans une structure ordonnée.

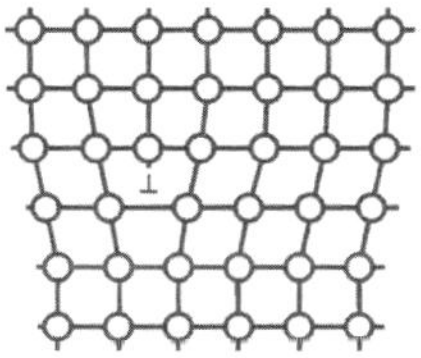

4.1.56 **Versetzungsdichte (f)**
Länge der Versetzungen je Volumeneinheit.

dislocation density
Total length of dislocations per unit volume.

4.1.57 **Zwilling (m)**
Verzerrungsfreie spezielle Korngrenze zwischen zwei spiegelsymmetrisch zur Korngrenze angeordneten Kristallen.

twin
Distortion-free grain boundary between two crystal portions arranged in mirror symmetry.

4.1.58 **Zwillingsbildung (f)**
Herstellungs- oder bearbeitungsbedingte Entstehung von Zwillingen in einem Werkstoff.

twinning
Creation of twins in a material due to deformation.

4.1.59 **homogenes Gefüge (n)**
Alle Körner sind hinsichtlich ihres Gitteraufbaus, der Art der Atome und der gelösten Fremdatome einander völlig gleichwertig.

homogeneous structure
Homogeneity of all grains with respect to their lattice structure, independent of atomic composition.

4.1.60 **inhomogenes Gefüge (n)**
= heterogenes Gefüge (n)
Die Körner eines Werkstoffes unterscheiden sich hinsichtlich ihres Gitteraufbaus oder der Art der Atome.

inhomogeneous structure
= heterogeneous structure
Distinction of grains with respect to their lattice structure or type of atoms.

4.1.61 **stabil**
Zeitlich beständig.

stable
Consistent over time.

4.1.62 **metastabil**
Scheinbar stabil; nicht dem Gleichgewicht nach dem Zustandsschaubild entsprechend. (DIN 17014)

metastable
A state which is not in equilibrium, yet shows apparent stability. (after Cubberly, W.)

4.1.63 **instabil**
Zeitlich nicht beständig.

unstable
Inconsistent over time.

4.1.64 **Nennspannung (f)** σ
= Spannung (f)
Zugkraft in jedem Augenblick des Versuches, geteilt durch den Anfangsquerschnitt (S_0) der Probe. (EN 10 002-1)

engineering stress σ
= conventional stress
A term sometimes used for conventional stress in order to differentiate it from “true stress”. In tension testing it is calculated by dividing the breaking load to applied to the specimen by the original cross-sectional area of the specimen. (Metals Handbook Vol. 8)

densité de dislocations (f)
C'est la longueur de ligne de dislocation par unité de volume (exprimée en cm/cm^3 ou cm^{-2}).

macle (f)
Partie d'un cristal limitée par un contour et exempte de déformation, en relation d'orientation par rapport au cristal parent et située entre deux parties disposées en symétrie spéculaire.

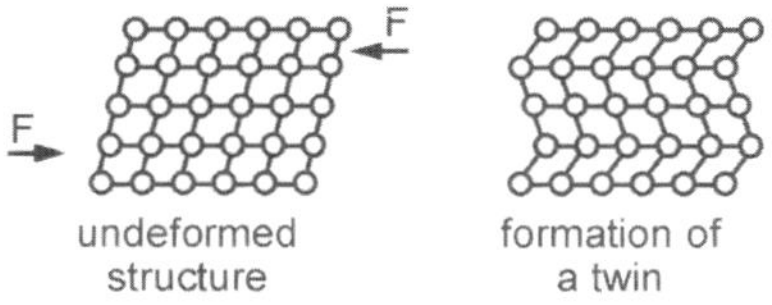

maclage (m)
Génération de macles dans le cristal d'origine, provenant du procédé de mise en œuvre, leur apparition pouvant être d'origine mécanique ou thermique. C'est un mode de déformation très important des métaux de structure HC.

structure homogène (f)
Structure dont tous les grains sont homogènes du point de vue de la structure de réseau, de la distance inter-atomique, de la nature des atomes et des atomes étrangers en solution.

structure non homogène (f)
= structure hétérogène
Structure dont les grains diffèrent par leur structure de réseau ou leurs types d'atomes.

stable
Permanent.

métastable
Réversible, on stable pendant une durée limitée.

instable
Non permanent.

charge unitaire (f) σ
= contrainte (conventionnelle) (f)
À chaque instant de l'essai, quotient de la charge par l'aire de la section initiale (S_0) de l'éprouvette (EN 10 002-1).

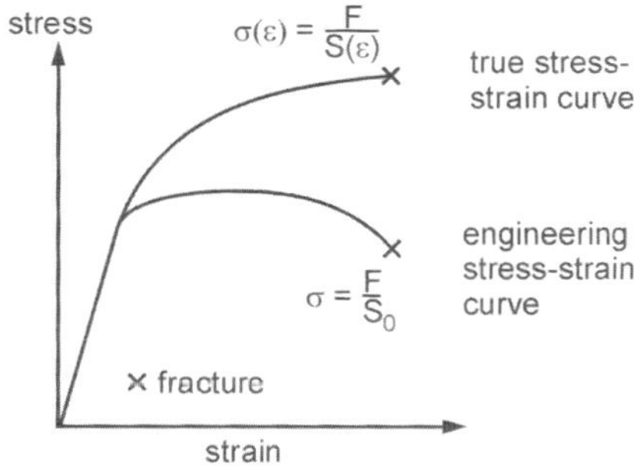

4.1.65 **Dehnung (f)** ε
Verlängerung, bezogen auf die Anfangsmesslänge (L_0). Sie wird in Prozent angegeben. (EN 10002-1)

engineering strain ε
= average linear strain
= conventional strain
A term sometimes used for average linear strain or conventional strain in order or differentiate it form "true strain". In tension testing it is calculated by dividing the change in the gage length by the original gage length. (Metals Handbook Vol. 8)

4.1.66 **wahre Spannung (f)** $\sigma(\varepsilon)$
Kraft, die einen Zugstab belastet geteilt durch seine Querschnittsfläche im belasteten Zustand. (→ Nennspannung)

true stress $\sigma(\varepsilon)$
The value obtained by dividing the load applied to a member at a given instant by the cross-sectional area over which it acts. (→ engineering stress) (Metals Handbook Vol. 8)

4.1.67 **wahre Dehnung (f)** φ
Natürlichen Logarithmus aus dem Verhältnis der momentanen Länge einer Zugprobe und seiner Länge im unbelasteten Zustand. (→ Nennspannung)

true strain φ
The ratio of the change in dimension, resulting from a given load increment, to the magnitude of the dimension immediately prior to applying the load increment. (→ engineering stress)

4.1.68 **Eigenspannung (f)**
In einem Bauteil oder in definierten Bereichen des Bauteils wirkende mehrachsige Spannungen, ohne dass äußere mechanische Kräfte und Momente einwirken und unter Einwirkung eines homogenen, zeitlich konstanten Temperaturfeldes. Die mit den Eigenspannungen verbundenen inneren Kräfte und Momente sind im mechanischen Gleichgewicht.

residual stress
Stresses acting in a component or in a defined area of the component without external mechanical forces and moments and under a homogeneous, stationary temperature field. The resulting internal forces and moments are in equilibrium.

4.1.69 **Eigenspannungen 1. Art (f)** σ^I
Eigenspannungen, die über größere Werkstoffbereiche (mehrere Körner) nahezu homogen sind. Eingriffe in das mechanische Gleichgewicht lösen makroskopische Maßänderungen aus.

residual stresses of 1st kind σ^I
Residual stresses, which are nearly homogeneous across several grains of a material and are in equilibrium over the bulk of the material. Every interference in the equilibrium of forces and moments of a volume will change its dimensions.

extension pour cent (f) ε
= allongement pour cent (m)
= taux d'allongement conventionnel (m)
Allongement exprimé en pourcentage de la longueur initiale entre repères (L_o) (EN 10 002-1).

contrainte vraie (f) σ(ε)
Rapport entre la charge appliquée à une éprouvette à un instant donné et l'aire de la section sur laquelle elle est appliquée.

allongement rationnel (m) φ
= déformation vraie (f)
Rapport entre la variation d'une dimension, due à une variation de la charge appliquée, à la valeur de la dimension avant application de la variation de la charge.

contrainte résiduelle (f)
Contraintes agissant au sein d'un composant dans une zone définie sans actions mécaniques externes et sous une température stationnaire et homogène. Les efforts et moments internes résultant sont en équilibre.

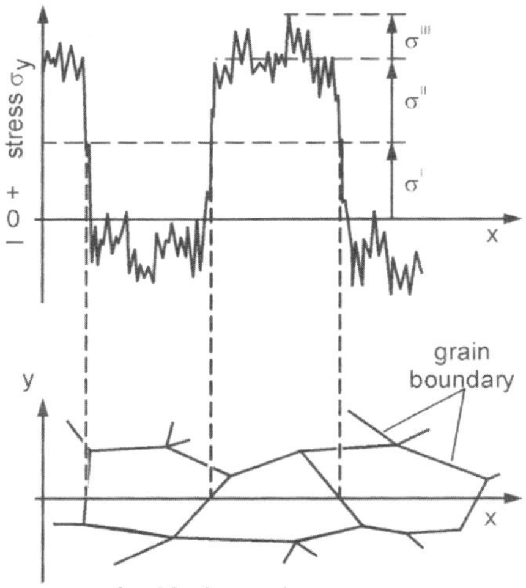

source: after Macherauch

contraintes résiduelles du 1er ordre σ^I **(f)**
Contraintes résiduelles qui sont homogènes à travers plusieurs grains d'un matériau et sont en équilibre dans la masse du matériau. Toute perturbation dans l'équilibre des forces ou des moments dans un volume modifiera ses dimensions.

4.1.70 **Eigenspannungen 2. Art (f)** σ^{II}
Eigenspannungen, die über kleine Werkstoffbereiche (ein Korn oder Kornbereiche) nahezu homogen sind. Eingriffe in das mechanische Gleichgewicht können makroskopische Maßänderungen auslösen.

residual stresses of 2nd kind σ^{II}
Residual stresses, which are nearly homogeneous across microscopic areas (one grain or part of a grain) of a material. Interferences in the equilibrium of a volume can lead to a change of its dimensions.

4.1.71 **Eigenspannungen 3. Art (f)** σ^{III}
Eigenspannungen, die über kleinste Werkstoffbereiche (mehrere Atomabstände) inhomogen sind. Keine makroskopischen Maßänderungen durch Eingriffe in das mechanische Gleichgewicht.

residual stresses of 3rd kind σ^{III}
Residual stresses, which are inhomogeneous across submicroscopic areas of a material (some atomic distances within a grain) and are equilibrated across a small parts of a grain. No macroscopic changes happen if this equilibrium is disturbed.

4.1.72 **Makroeigenspannungen (f)**
Synonym für Eigenspannungen 1. Art.

macro residual stresses
Synonym for residual stresses of the 1st kind.

4.1.73 **Mikroeigenspannungen (f)**
Synonym für Eigenspannungen 2. und 3. Art.

micro residual stresses
Synonym for residual stresses of the 2nd and 3rd kind.

4.1.74 **Umwandlungseigenspannungen (f)**
Eigenspannungen, die durch die Änderung der Atomgitterabstände bei Phasenumwandlungen entstehen.

residual stresses caused by phase transformation
Residual stresses due to changes in the atomic lattice spacing caused by phase transformations.

4.1.75 **Bearbeitungseigenspannung (f)**
Eigenspannungen, die durch den Herstellprozess (z.B. Umformen) erzeugt werden.

residual stresses caused by mechanical working
Residual of stresses caused by the production process, e.g., forming.

4.1.76 **Spannungstiefenverlauf (m)**
Verlauf der Eigenspannungen in der Bauteilrandschicht abhängig vom Abstand zur Oberfläche.

stress depth profile
Variation of residual stresses as a function of the distance from the part surface.

4.1.77 **Spannungsgradient (m)**
Steigung der Tangente an einem Punkt des Eigenspannungstiefenverlaufs.

stress gradient
Slope of the tangent at a point of the residual stress depth profile curve.

4.1.78 **Lastspannung (f)**
Spannung, die während des Betriebes durch äußere Kräfte und Momente auf das Bauteil einwirken und den Eigenspannungen überlagert werden.

operating stress
Stresses which are superimposed on the residual stresses by external forces and moments applied to the part during operation.

contraintes résiduelles du 2ème ordre σ^{II} (f)
Contraintes résiduelles qui sont homogènes à travers des zones microscopiques (un grain ou des parties de grain) d'un matériau. Toute perturbation dans l'équilibre d'un volume peut aboutir à une modification de ses dimensions.

contraintes résiduelles du 3ème ordre σ^{III} (f)
Contraintes résiduelles qui sont homogènes à travers des zones sous-microscopiques d'un matériau (quelques distances atomiques dans un grain) et sont équilibrées à travers de petites parties d'un grain. Aucun changement macroscopique ne peut se produire si l'équilibre est perturbé.

macro-contraintes résiduelles (f)
Synonyme de contraintes résiduelle du 1er ordre.

micro-contraintes résiduelles (f)
Synonyme de contraintes résiduelles du 2ème et du 3ème ordre.

contrainte résiduelle causée par une transformation de phase (f)
Contraintes résiduelles générées par un changement des distances atomiques durant une transformation de phase.

contraintes résiduelles causées par l'énergie mécanique de déformation plastique (f)
Contraintes résiduelles causées par le procédé de mise en œuvre ou de fabrication (ex.: formage).

profil de contrainte (m)
Variation de la contrainte résiduelle en fonction de la profondeur sous la surface de la pièce.

gradient de contrainte (m)
Pente de la tangente en un point de la courbe du profil de contrainte résiduelle.

contrainte opératoire (f)
Contrainte additionnelle aux contraintes résiduelles causée par des forces et des moments appliqués à la piéce durant une opération.

4.1.79 **Spannungsamplitude (f)**
Hälfte der Differenz zwischen dem Spannungsmaximum und dem Spannungsminimum einer periodischen Schwingung.

stress amplitude
One half the algebraic difference between the maximum and minimum stress in one cycle of a repetitively varying stress. (Metals Handbook Vol. 8)

4.1.80 **Zugeigenspannung (f)**
Eigenspannung, die den betroffenen Bauteilbereich auf Zug beansprucht (Positives Vorzeichen).

tensile residual stress
Residual stresses subjecting a region of a part to tension (positive sign).

4.1.81 **Druckeigenspannung (f)**
Eigenspannung, die den betroffenen Bauteilbereich auf Druck beansprucht (Negatives Vorzeichen).

compressive residual stress
Residual stresses subjecting a region of a part to compression (negative sign).

4.1.82 **Zugspannung (f)** σ
Äußere Lastspannungen, die das Bauteil auf Zug beanspruchen.

tensile stress σ
A stress that causes two parts of an elastic body, on either side of a typical stress plane, to pull apart. (Metals Handbook Vol. 8)

4.1.83 **Druckspannung (f)** σ
Äußere Lastspannungen, die das Bauteil auf Druck beanspruchen.

compressive stress σ
A stress that causes an elastic body to deform (shorten) in the direction of the applied load. (Metals Handbook Vol. 8)

4.1.84 **Schubspannung (f)** τ
= Scherspannung (f)
Äußere Lastspannungen, die das Bauteil auf Schub beanspruchen.

shear stress τ
= tangential stress
The stress component tangential to the plane on which the forces act. (Metals Handbook Vol. 8)

4.1.85 **Biegespannung (f)**
Äußere Lastspannungen, die das Bauteil auf Biegung beanspruchen.

bending stress
Stresses occurring in the plane of bending.

4.1.86 **Härte (f)**
Widerstand eines Werkstoffs gegen das Eindringen eines härteren Festkörpers.

hardness
Material resistance to penetration by a solid of high hardness.

4.1.87 **Makrohärte (f)**
Härte, die mit einer Prüfkraft von mehr als 49,1 N gemessen wird.

macro-hardness
Hardness measured with a test load of more than 49.1N.

4.1.88 **Kleinlasthärte (f)**
Härte, die mit einer Prüfkraft zwischen 1,96 N und 49,1 N gemessen wird. (DIN 17014)

micro-hardness (low-loading)
Hardness measured with a test load between 1.96 N and 49.1 N.

amplitude de contrainte (f)
Valeur maximale de contraintes périodiques.

contrainte résiduelle de traction (f)
Contrainte résiduelle qui soumet les zones considérées à une contrainte de traction (signe positif).

contrainte résiduelle de compression (f)
Contrainte résiduelle qui soumet les zones considérées à une contrainte de compression (signe négatif).

contrainte de traction σ **(f)**
Rapport des forces de traction avec les aires respectives sur lesquelles elles s'appliquent.

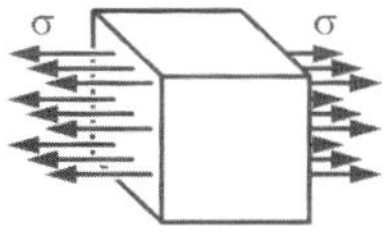

contrainte de compression σ **(f)**
Rapport des forces de compression avec les aires respectives sur lesquelles elles s'appliquent.

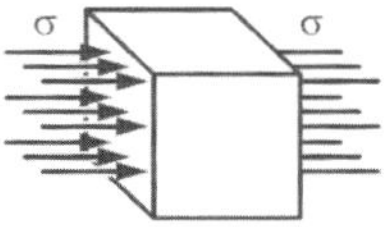

contrainte de cisaillement τ **(f)**
Composante tangentielle de la contraintes agissant sur une surface plane.

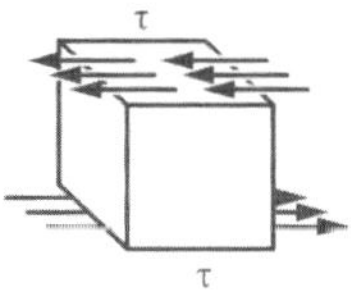

contrainte de flexion (f)
Contrainte agissant dans le plan de flexion.

dureté (f)
Résistance d'un matériau à la pénétration d'un solide plus dur sous l'action d'une charge statique.

macro-dureté (f)
Dureté mesurée sous l'action d'une charge supérieure à 49,1 N.

dureté sous charge réduite (f)
Dureté mesurée sous l'action d'une charge comprise entre 1,96 N et 49,1 N.

4.1.89 **Mikrohärte (f)**
Härte, die mit einer Prüfkraft kleiner als 1,96 N gemessen wird. (DIN 17014)

micro-hardness
= micro-loading
Hardness measured with a test load less than 1.96 N.

4.1.90 **Einhärtungstiefe (f)**
Senkrechter Abstand von der Oberfläche eines gehärteten Werkstückes bis zu der Schicht, die durch ein zu vereinbarendes Grenzmerkmal gekennzeichnet ist. (DIN 17014)

hardness penetration depth
= effective hardening depth
Vertical distance from the surface of a hardened workpiece down to a depth that is characterized by a specified criterion.

4.1.91 **Aufhärtbarkeit (f)**
Die in einem Werkstoff durch Härten unter idealen Bedingungen erreichbare höchste Härte. (DIN 17014)

maximum achievable hardness
The maximum hardness at the location of the highest cooling rate.

4.1.92 **Einhärtung (f)**
Härtung bis zu einem bestimmten Oberflächenabstand. Die Einhärtung wird im allgemeinen durch die Einhärtungstiefe gekennzeichnet. (DIN 17014)

hardness penetration
Hardening up to a defined depth beneath the surface.

4.1.93 **Härtegradient (m)**
Steigung der Tangente an einem Punkt des Härteverlaufs.

hardness gradient
The tangent slope at a point of the hardness profile.

4.1.94 **Härteverlauf (m)**
Härte in Abhängigkeit vom Abstand zur Oberfläche des Bauteils (DIN 17014).

hardness profile
Hardness as a function of distance from a fixed reference point (usually from the surface). (ASM-Handbook Vol. 5)

4.1.95 **Zähigkeit (f)**
Charakterisierbar durch die im Zugversuch geleistete Verformungsarbeit bis zum Bruch.

toughness
Ability of a material to absorb energy and deform plastically before fracturing. (ASM-Handbook Vol. 5)

4.1.96 **Elastizität (f)**
Materialverhalten, welches bei der Einwirkung äußerer Kräfte auf einen Körper zu einer Verformung in unverzögerter Wechselwirkung führt. (nach DIN 13316)

elasticity
The property of a material by virtue of which deformation caused by stress disappears upon removal of the stress. (Metals Handbook Vol. 8)

micro-dureté (f)
Dureté mesurée sous l'action d'une charge depuis 1,96 N jusqu'à 10^{-2} N, le plus couramment comprise entre 0,049 et 0,49 N.

profondeur de pénétration de trempe (f)
= profondeur effective de trempe (f)
Distance verticale depuis la surface d'une pièce trempée jusqu'à la couche qui est caractérisée par une valeur spécifiée de la dureté (par ex.: dureté 500 HV).

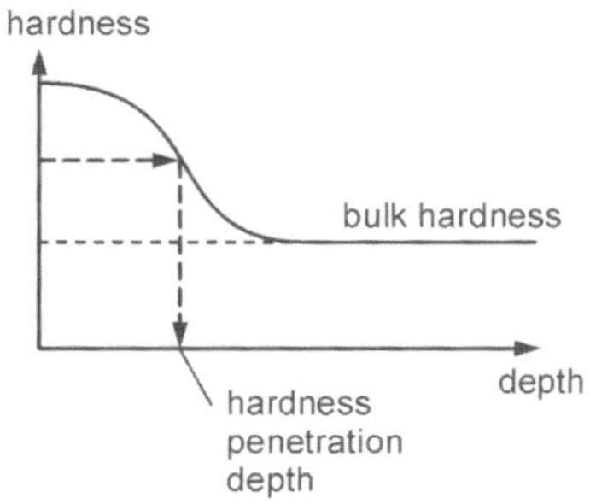

aptitude au durcissement par trempe (f)
Valeur de la dureté maximale obtenue au point où la vitesse de refroidissement est la plus grande.

trempe profonde (f)
= trempe pénétrante (f)
Durcissement jusqu'à une profondeur définie sous la surface.

gradient de dureté (m)
C'est la pente de la tangente en un point du profil de dureté.

profil de dureté (m)
Variation de dureté en fonction de la distance à la surface de la pièce.

ténacité (f)
C'est le travail nécessaire par unité de volume pour provoquer la rupture; elle peut être interprétée par l'aire sous-tendue par la courbe rationnelle de traction jusqu'au point de rupture.

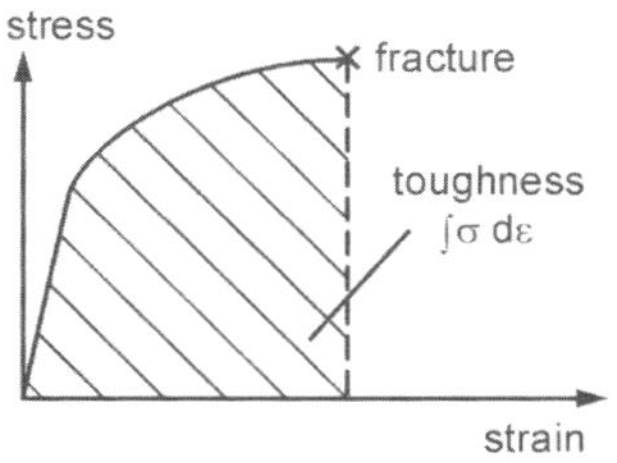

élasticité (f)
Propriété d'un matériau en vertu de laquelle la déformation causée par une contrainte disparaît lorsque la contrainte cesse d'agir.

4.1.97 **Sprödigkeit (f)**
Technologische Werkstoffeigenschaft, die durch geringe Zähigkeit bzw. eine kleine Brucheinschnürung (Zugversuch) charakterisiert wird.

brittleness
The tendency of a material to fracture without first undergoing significant plastic deformation. (ASM-Handbook Vol. 5)

4.1.98 **Duktilität (f)**
Fähigkeit eines Werkstoffs eine plastische und / oder elastische Verformung ohne Bruch- oder Rissbildung zu ertragen. (nach DIN EN ISO 8401)

ductility
The ability of a material to deform plastically without fracturing. (ASM-Handbook Vol. 5)

4.1.99 **Randschichthärte (f)**
= Randhärte (f)
= Oberflächenhärte (f)
Härte, die auf die Randschicht eines Bauteils beschränkt ist.

surface hardness
Hardness limited to the surface layer of a part.

4.1.100 **Durchhärtung (f)**
Härtung bis zum Kern eines Werkstücks. Die Durchhärtung wird durch ein entsprechend gewähltes Grenzmerkmal der Einhärtungstiefe gekennzeichnet. (DIN 17014-1)

full hardening
Attaining elevated hardness across the entire cross section of a part.

4.1.101 **Kernhärte (f)**
Härte, gemessen im Kern eines Bauteils.

core hardness
Hardness as measured at the core of a part.

4.1.102 **Weichfleckigkeit (f)**
Lokaler Härteabfall an einer Funktionsfläche, die durch Wärmebehandlungsfehler hervorgerufen wird.

soft spot
Locally varying hardness decrease on a surface caused by faulty heat treatment.

4.1.103 **spezifische Wärmekapazität (f) c**
Verhältnis der zugeführten Wärmemenge zum Produkt aus erwärmter Masse und Temperaturdifferenz.

specific heat capacity c
Material thermal property describing the ratio of energy supplied to the resulting change in temperature per unit mass or per mole.

4.1.104 **Wärmeleitfähigkeit (f) λ**
Verhältnis von Wärmestromdichte zu Temperaturgefälle.

thermal conductivity λ
Material thermal property to describing quantitatively the ability of a material to conduct heat.

4.1.105 **Temperaturleitfähigkeit (f) a**
Kennwert, der das Verhältnis der spezifischen Wärmeleitfähigkeit zur Dichte und Wärmekapazität beschreibt. $a=\lambda/\varrho c$

thermal diffusivity a
Material thermal property which is the ratio of a material's ability to conduct heat to its ability to store heat. $a=\lambda/\varrho c$

4.1.106 **elektrischer Widerstand (m) R**
Eigenschaft der Stoffe, den elektrischen Stromdurchgang zu hemmen.

electrical resistance R
Ability of a material to resist the flow of electric current.

fragilité (f)
Propriété d'un matériau caractérisée par une faible résilience (faible réduction de section au cours d'un essai de traction).

ductilité (f)
Propriété d'un matériau caractérisée par un grand allongement avant rupture.

dureté superficielle (f)
Dureté mesurée sur la surface d'une pièce.

trempe homogène (f)
= trempe à cœur (f)
Opération après laquelle une dureté de valeur élevée est atteinte dans toute la section d'une pièce.

dureté à cœur (f)
Dureté mesurée au centre (à cœur) d'une pièce.

formation de zones adoucies (f)
Diminution locale de dureté à la surface causée par un défaut de traitement thermique.

chaleur massique (f) c
= capacité thermique massique (f)
=chaleur spécifique (f)
Caractéristique thermique d'un matériau qui donne la quantité de chaleur nécessaire pour élever de 1° K la température de l'unité de masse de ce matériau.

conductibilité thermique (f) λ
Propriété et caractéristique d'un matériau décrivant quantitativement son aptitude à transmettre la chaleur.

diffusivité thermique (f) a
Propriété et caractéristique d'un matériau définie par le rapport entre son aptitude à transmettre la chaleur et son aptitude à l'emmagasiner. $a=\lambda/\varrho c$

résistance électrique R (f)
Capacité d'un matériau à s'opposer au passage d'un courant électrique.

4.1.107 **elektrische Leitfähigkeit (f)** σ
Kehrwert des elektrischen Widerstandes. (DIN 1324-2/3)

electrical conductivity σ
Ability of a material to conduct electric current, and the reciprocal of the electrical resistance.

4.1.108 **Ferromagnetismus (m)**
Eisen, Nickel, Kobalt und wenige andere Stoffe nehmen in einem magnetischen Feld eine hohe Magnetisierung an. Diese Eigenschaft wird als Ferromagnetismus bezeichnet.

ferromagnetism
A property exhibited by certain metals, alloys, and compounds of the transition (iron group), rare-earth, and actinid elements in which, below a certain temperature termed the Curie temperature, the atomic magnetic moments tend to line up in a common direction. Ferromagnetism is characterized by the strong attraction of one magnetized body for another. (Metals Handbook Vol. 10)

4.1.109 **Paramagnetismus (m)**
Eigenschaft nicht ferromagnetischer Stoffe, in einem inhomogenen Magnetfeld zu Gebieten größerer Feldstärke hingezogen zu werden.

paramagnetism
A property exhibited by substances that, when placed in a magnetic field, are magnetized parallel to the field to an extent proportional to the field. (Metals Handbook Vol. 10)

4.1.110 **Diamagnetismus (m)**
Eigenschaft nicht ferromagnetischer Stoffe, in einem inhomogenen Magnetfeld zu Gebieten geringerer Feldstärke hingezogen zu werden.

diamagnetism
The property of substances that acquire a magnetization opposed to the magnetic field. (after Alonso / Finn)

4.1.111 **Permeabilität (f)** μ
Materialkonstante, die die Änderung der magnetischen Flussdichte (B) im materieerfüllten Raum im Vergleich zum Vakuum beschreibt.

permeability μ
Material constant describing the alteration of magnetic flux in the substance, compared to vacuum.

4.1.112 **obere Streckgrenze (f)** R_{eH}
Spannung in dem Moment, in dem der erste deutliche Kraftabfall auftritt. (EN 10 002-1)

upper yield point R_{eH}
The first stress in a material, usually less than the maximum attainable stress, at which an increase in strain occurs without an increase in stress. (Metals Handbook Vol. 8)

conductibilité électrique σ **(f)**
Propriété et caractéristique d'un matériau décrivant quantitativement son aptitude à transmettre l'électricité, c'est à dire à conduire un courant électrique.

ferromagnétisme (m)
Propriété de certains éléments de prendre une forte aimantation sous l'action d'un champ magnétique (ex.: fer, nickel, cobalt).

paramagnétisme (m)
Propriété des matériaux non ferromagnétiques qui, placés dans un champ magnétique, s'aimantent très faiblement dans le même sens que celui du champ.

diamagnétisme (m)
Propriété des matériaux non-ferromagnétiques qui, placés dans un champ magnétique, s'aimantent dans le sens inverse de celui du champ.

perméabilité magnétique (f) μ
La perméabilité absolue d'une substance ou d'un milieu est le quotient de l'induction par le champ magnétique qui la produit.
La perméabilité relative est le rapport de la perméabilité absolue à celle du vide.

limite supérieure d'écoulement (f) R_{eH}
Valeur de la contrainte au moment où l'on observe effectivement la première chute de l'effort (NF EN 10002-1).

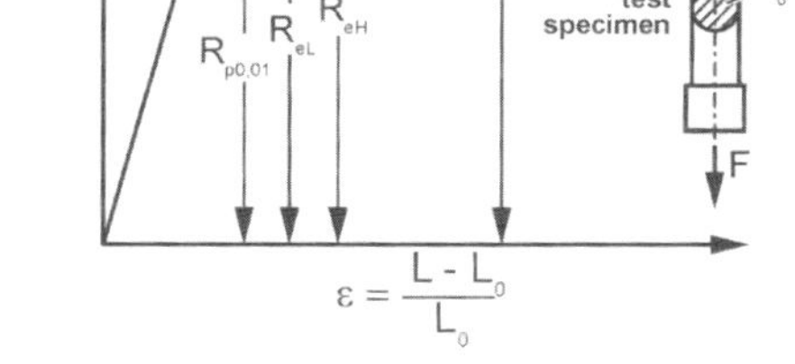

4.1.113 **untere Streckgrenze (f) R_{eL}**
Kleinste Spannung im Fließbereich, wobei Einschwingerscheinungen nicht berücksichtigt werden. (EN 10 002-1) (→ obere Streckgrenze)

lower yield point R_{eL}
The lowest value of yield stress following the upper yield point (tensile test).
(→ upper yield point)

4.1.114 **Zugfestigkeit (f) R_m**
Spannung, die der Höchstzugkraft entspricht. (EN 10 002-1) (→ obere Streckgrenze)

tensile strength R_m
= ultimate strength
In tensile testing, the ratio of maximum load to the original cross sectional area. (→ upper yield point)

4.1.115 **Dehngrenze (f) R_p**
Dehngrenze bei nichtproportionaler Verlängerung: Spannung bei einer bestimmten nichtproportionalen Dehnung. Das Formelzeichen wird ergänzt durch einen Index, der den Zahlenwert der nichtproportionalen Dehnung angibt, z.B.: $R_{po,2}$. (EN 10002-1) (→ obere Streckgrenze)

offset yield strength R_p
The stress at which the strain exceeds by a specified amount (the offset) an extension an the initial proportional portion of the stress-strain curve. (Metals Handbook Vol. 8) (→ upper yield point)

4.1.116 **E-Modul (m) E**
= Elastizitätsmodul (m)
Der Quotient Spannung durch die von ihr erzeugte Degnung, betrachtet an einem längsbeanspruchten Stab $E = \sigma / \varepsilon$. (DIN 13316)

modulus of elasticity E
= Young's modulus
The measure of rigidity or stiffness of a metal; the ratio of stress, below the proportional limit, to the corresponding strain. In terms of the stress-strain.
$E = \sigma / \varepsilon$ (Metals Handbook Volume 8)

4.1.117 **Dehnung (f) ε**
Verlängerung, bezogen auf die Anfangsmesslänge (L_0). Sie wird in Prozent angegeben. (EN 10002-1)

strain ε
= nominal strain
The unit of change in the size or shape of a body due to force.

4.1.118 **Brucheinschnürung (f) Z**
Größte Änderung des Querschnittes nach dem Bruch der Probe, bezogen auf den Anfangsquerschnitt. (EN 10002-1)

reduction of area Z
Characteristic value of the material ductility (determined at the neck of a fractured tension test sample).

limite inférieure d'écoulement (f) R_{eL}
Plus faible valeur de la contrainte pendant l'écoulement plastique en négligeant cependant les éventuels phénomènes transitoires (NF EN 10002-1). (→ limite supérieure d'écoulement)

résistance à la traction (f) R_m
Contrainte maximale en traction dans le diagramme conventionnel au delà de la limite d'élasticité (essai de traction). (→ limite supérieure d'écoulement) (NF EN 10002-1)

limite conventionnelle d'élasticité, R_p (f)
Charge unitaire à laquelle correspond une extension non proportionelle égale à un pourcentage prescrit de la longueur de base de l'extensomètre. Le symbole utilisé est suivi d'un indice désignant le pourcentage prescrit, par exemple: $R_{p0,2}$. (→ limite supérieure d'écoulement) (NF EN 10002-1)

module d'élasticité (m) E
Rapport entre une contrainte de tension purement élastique et l'allongement correspondant. $E = \sigma / \varepsilon$

allongement (m) ε
Rapport entre l'accroissement de longueur et la longueur initiale dans un essai de traction uniaxiale. (EN 10002-1)

striction à la rupture (f) Z
C'est la variation de section de l'éprouvette sous charge ultime, c'est à dire à rupture, déterminée au droit de l'amincissement de l'éprouvette rompue lors d'un essai de traction uniaxiale, rapportée à la section initiale. C'est une valeur caractéristique de la ductilité d'un matériau. (EN 10002-1)

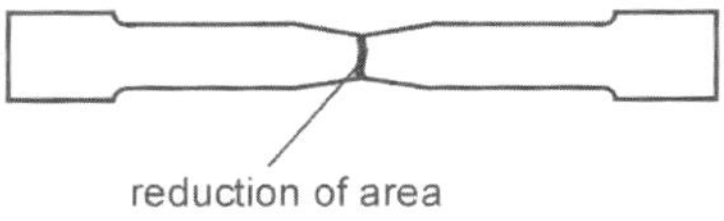

4.1.119 **Kerbschlagarbeit (f) A_v**
Die insgesamt für das Brechen einer Probe benötigte Schlagarbeit. Sie entspricht der Differenz zwischen der potentiellen Energie des Pendels in seiner Ausgangsstellung und der seiner Steighöhe am Ende der ersten Halbschwingung, während der die Probe gebrochen wird. (DIN EN 10045-1)

notched bar impact work A_v
The energy absorbed in breaking a notched bar of metal by impact with a swinging pendulum, measured by the Charpy test.

4.1.120 **Kerbschlagzähigkeit (f) a_k**
Bezieht die geleistete Kerbschlagarbeit auf den Querschnitt am Kerbgrund bei Kerbschlagbiegeversuchen.

notch value a_k
Material parameter obtained from the Charpy test which results from relating the expended impact work to the cross section of the notched sample.

4.1.121 **Reaktionsvermögen (n)**
Das Reaktionsvermögen umschreibt die Fähigkeit und die Neigung eines Stoffes, mit anderen Stoffen chemisch zu reagieren.

reactivity
The ability or tendency of a substance to react chemically with another substance.

4.1.122 **Passivierung (f)**
Reduzierung des chemischen Reaktionsvermögens der Oberfläche eines Metalls zumeist durch anorganische Substanzen wie z.B. Chromate.

passivation
The changing of a chemically active surface of a metal to a much less reactive state. (ASM Handbook Volume 5)

4.1.123 **Dauerfestigkeit (f)**
= Dauerschwingfestigkeit (f)
Der um eine gegebene Mittelspannung schwingende größte Spannungsausschlag, den eine Probe „unendlich oft“ ohne Bruch und ohne unzulässige Verformung aushält. (DIN 50100)

endurance limit
The maximum stress below which a material can endure an infinite number of stress cycles without fracture.

travail d'impact sur éprouvette entaillée (essai Charpy) (m) A_v
Énergie absorbée pour casser une éprouvette métallique entaillée par l'impact du balancier d'un pendule. (EN 10045-1)

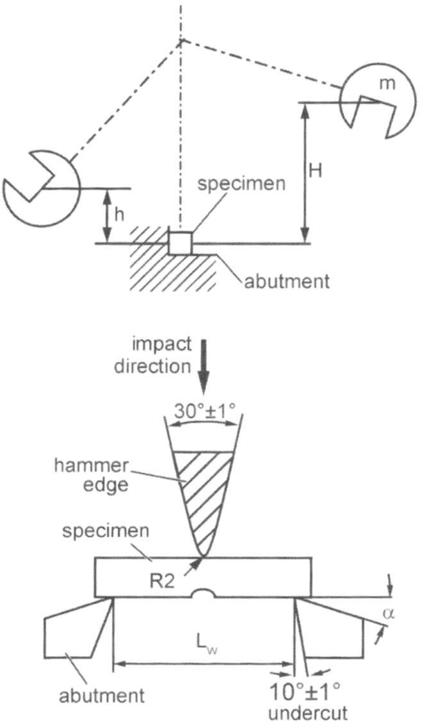

source: after DIN EN 10 045

valeur de résilience (f) a_k
= indice de résilience (m)
C'est un paramètre du matériau provenant d'un essai Charpy et qui consiste à rapporter l'énergie absorbée par l'impact à la section au droit de l'entaille de l'éprouvette.

capacité de réaction (f)
Capacité et tendance d'une substance à réagir chimiquement avec une autre substance.

passivation (f)
Formation d'une couche d'oxyde empêchant un matériau de réagir chimiquement.

limite d'endurance (f)
Contrainte maximale en dessous de laquelle un matériau peut subir sans rupture un nombre infini de cycles de contrainte.

4.1.124 **Gestaltfestigkeit (f)**
Die durch die Nennspannung gekennzeichnete Dauerfestigkeit eines Bauteils beliebiger Gestalt. Sie ist kein Werkstoffkennwert, sondern eine durch Form und Bearbeitung beeinflusste Festigkeit. (DIN 50100)

structural endurance limit
Endurance limit of an actual part.

4.1.125 **Wechselfestigkeit (f)**
Sonderfall der Dauerfestigkeit für die Mittelspannung Null. Die Spannung wechselt zwischen gleich großen Plus- und Minuswerten. Ihr Zahlenwert ist gleich der Ober- und Unterspannung. (DIN 50 100)

fatigue limit
Endurance limit for the special case when the stress is completely reversed.

4.1.126 **Schwellfestigkeit (f)**
Sonderfall der Dauerfestigkeit für eine zwischen Null und einem Höchstwert an- und abschwellende Spannung. Die Unterspannung ist Null, die Mittelspannung gleich dem Spannungsausschlag und die Schwellfestigkeit gleich der Schwingbreite. (DIN 50 100)

minimum stress limit
Endurance limit for the special case when the minimum stress is zero.

4.1.127 **Dauerschwingversuch (m)**
= Dauerversuch (m)
Versuch zur Ermittlung von Kennwerten für das mechanische Verhalten von Werkstoffen oder Bauteilen bei dauernder oder häufig wiederholter schwellender oder wechselnder Beanspruchung. (DIN 50100)

fatigue test
= endurance test
Test to determine the fatigue characteristics of a material by subjecting a test specimen to cyclic loads. (Cubberly, W.)

4.1.128 **Wöhler-Diagramm (n)**
Es werden Proben gestaffelten Schwingbeanspruchungen unterworfen und die zugehörige Bruch-Schwingspielzahl festgestellt. Die für eine Probe zu Versuchsbeginn eingestellte Beanspruchung wird während der Prüfung nicht geändert (Einstufenversuch). (DIN 50100)

stress-cycle curve
Graphical representation of the maximum stress as a function of load reversals.

limite d'endurance structurale (f)
Limite d'endurance d'une pièce réelle.

limite de fatigue (f)
= résistance à la fatigue (f)
Limite d'endurance pour le cas particulier d'une contrainte complètement alternée.

limite de contrainte minimale (f)
Limite d'endurance pour le cas particulier où la contrainte minimale est nulle

essai de fatigue (m)
= essai d'endurance (m)
Essai utilisé pour déterminer la tenue en fatigue d'un matériau en soumettant une éprouvette d'essai à un chargement cylique.

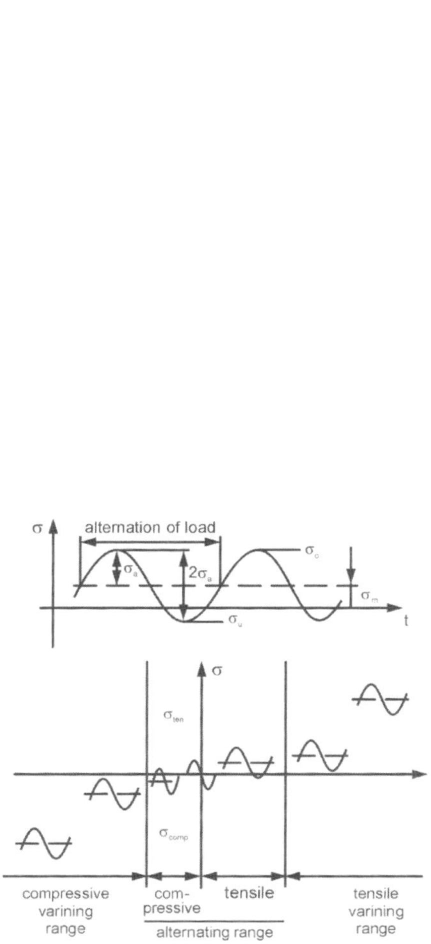

courbe de Wöhler (f)
C'est la représentation graphique de la contrainte maximale en fonction du nombre de cycles à rupture; c'est une caractéristique du matériau considéré.

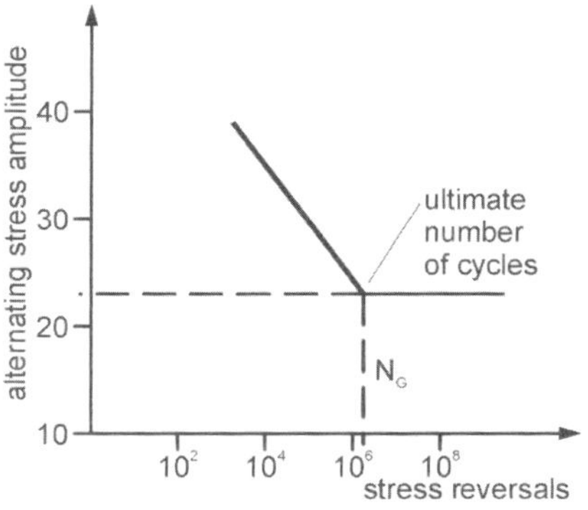

4.1.129 **Schwingspielzahl N (f)**
= Bruchschwingspielzahl (f)
Anzahl der Spannungsausschläge, denen eine Probe bis zum Bruch unterzogen wird. (DIN 50100) (→ Wöhler-Diagramm)

stress reversals N
The number of stress applications to which a test sample is subjected. (→ stress cycles curve)

4.1.130 **Grenz-Schwingspielzahl (f)**
Die Dauerfestigkeit wird dem Wöhler-Diagramm für eine endliche Grenz-Schwingspielzahl entnommen, bei der die Wöhlerkurve die Asymptote (erfahrungsgemäß nahezu) erreicht. (nach DIN 50 100) (→ Wöhler-Diagramm)

ultimate number of cycles
The minimum number of cycles required to reach the endurance limit of a material. (→ stress cycles curve)

4.2.1 **thermische Beeinflussung (f)**
Temperaturbedinge Eigenschaftsänderung des Werkstoffs.

thermal influence
The effect of temperature on material properties.

4.2.2 **thermochemische Beeinflussung (f)**
Änderung der Werkstoffeigenschaften aufgrund von thermischen und chemischen Einflüssen.

thermo-chemical influence
The effect of temperature and chemical reaction on material properties.

4.2.3 **mechanische Beeinflussung (f)**
Durch Kräfte oder Momente hervorgerufene Werkstoffbeanspruchung.

mechanical influence
The effect of applied forces or moments on the material.

4.2.4 **thermomechanische Beeinflussung (f)**
Überlagerte mechanische und thermische Beeinflussung des Werkstoffs.

thermo-mechanical influence
Superposition of mechanical and thermal influence on the material.

4.2.5 **Gefügeänderung (f)**
Änderung des Ausgangsgefüges, z.B. durch induzierte Phasenumwandlungen.

structural alteration
Change of the basic material structure e.g., by induced phase transformations.

4.2.6 **Eigenschaftsänderung (f)**
Änderung der geometrischen, physikalischen oder technologischen Charakteristika des Werkstoffs durch die Bearbeitung.

alteration of properties
Change of the geometrical, physical or technological characteristics of the material by processing.

4.2.7 **Tribologie (f)**
Wissenschaft und Technik von aufeinander einwirkenden Oberflächen in Relativbewegung. (DIN 50323)

tribology
Science and technology of interacting surfaces with relative motion.

4.2.8 **Tribosystem (n)**
Das Tribosystem beschreibt die Randbedingungen, die Wirkpartner und das Zusammenwirken in einem tribologischen Prozess. (DIN 50350)

tribosystem
Describes the boundary conditions, the involved bodies and their interaction in a sliding system.

fréquence des cycles N (f)
C'est le nombre d'applications de cycles répétés d'efforts auquel est soumise une éprouvette d'essai de fatigue. (→ courbe de Wöhler)

limite des nombres de cycles (f)
C'est le nombre minimal de cycles qu'il est nécessaire d'appliquer pour atteindre la limite d'endurance d'un matériau. (→ courbe de Wöhler)

effet thermique (m)
Influence de la température sur les propriétés d'un matériau.

effet thermo-chimique (m)
Influence de la température sur les propriétés d'un matériau placé dans une ambiance chimiquement réactive.

effet mécanique (m)
Influence de l'application de forces et de moments sur les propriétés d'un matériau.

effet thermo-mécanique (m)
Influences conjuguées de l'application d'efforts et de moments et de la température sur les propriétés d'un matériau.

altération de la structure (f)
Changement de la structure de base, par transformation de phase par exemple.

altération des propriétés (f)
Changement des caractéristiques géométriques, physiques, chimiques ou techniques d'un matériau lors de sa mise en œuvre.

tribologie (f)
Science et technologie des frottements des surfaces en contact et animées d'un mouvement relatif.

tribosystème (m)
Le tribosystème comprend les corps en présence et leur environnement, les conditions limites de fonctionnement et les interactions de surfaces mises en jeu: frottement, usure, lubrification.

4.2.9	**Adhäsion (f)** Ausbildung von Grenzflächen-Haftverbindungen (Kaltschweißverbindungen) durch Wirkung molekularer Haftkräfte. (DIN 50320)	**adhesion** Formation and breaking of microwelds between two bodies in relative motion.
4.2.10	**Verschleiß (m)** Fortschreitender Materialverlust aus der Oberfläche eines festen Körpers, hervorgerufen durch tribochemische Beanspruchungen, d.h. Kontakt und Relativbewegung eines festen, flüssigen oder gasförmigen Gegenkörpers. (DIN 50323)	**wear** Material loss from the surface of a solid body caused by contact and relative motion of solid, liquid or gaseous moving substances.
4.2.11	**Wärme (f)** Energie, die als Folge einer Temperaturdifferenz zwischen zwei Systemen transportiert wird.	**heat** A form of energy which is exchanged between a system and the environment or between two parts of a system when a difference in temperature exists between them.
4.2.12	**Wärmeenergie (f)** Synonym für Wärme.	**thermal energy** Heat.
4.2.13	**Wärmeentstehung (f)** Wärme bzw. Wärmeenergie entsteht durch die Umwandlung anderer Energieformen in Wärme.	**heat generation** The transformation of other forms of energy (e.g., mechanical energy) into heat.
4.2.14	**Wärmetransport (f)** Mechanismus, der für den Transport von Wärmeenergie verantwortlich ist. Man unterscheidet: Wärmeleitung, Konvektion und Wärmestrahlung.	**heat transfer** The mechanisms responsible for the transport of heat which include conduction, convection and radiation.
4.2.15	**Wärmequelle (f)** Ort, von dem Wärmeenergie ausgeht.	**heat source** Position where heat is generated.

adhésion (f)
Formation et rupture de microsoudures entre deux corps en déplacement relatif.

usure (f)
Perte de matériau à la surface d'un solide résultant du contact et du déplacement relatif avec un autre solide, un liquide ou un gaz.

chaleur (f)
Forme de l'énergie qui est échangée entre un système et son environnement ou entre deux parties d'un système, lorsqu'il existe une différence de température entre eux; elle est expliquée en termes d'agitation des molécules au sein de la matière.

énergie thermique (f)
= énergie calorifique (f)
= chaleur (f)

génération de la chaleur (f)
La quantité de chaleur reçue par un corps l'est au cours d'une transformation, les échanges de travail et de chaleur d'un système avec l'extérieur étant régis par les deux premiers principes de la thermodynamique. Dans le cas des procédés d'usinage, la chaleur est générée par la transformation d'autres énergies, de l'énergie mécanique par exemple.

transmission de la chaleur (f)
La transmission de la chaleur s'effectue selon trois mécanismes: par conduction – propagation à l'intérieur d'un corps matériel, des régions chaudes aux régions froides –, par convection – la chaleur est portée par un corps mobile et est entraînée par son mouvement –, par rayonnement – le corps chaud émet des radiations électromagnétiques que les corps qui lui sont soumis absorbent. Dans le cas des procédés d'usinage, la chaleur est répartie entre les pièces impliquées dans le procédé et son environnement.

source de chaleur (f)
Lieu où la chaleur est produite par transformation d'une autre énergie.

4.2.16 **Wärmemenge (f) Q**
Betrag der Wärmeenergie.

heat quantity Q
Amount of heat.

4.2.17 **Wärmeabfuhr (f)**
Transport der Wärmeenergie von der Wärmequelle zur Umgebung.

heat dissipation
Transport of heat from the heat source to the environment.

4.2.18 **Temperatur (f) T**
Maß für die mittlere kinetische Energie der Moleküle.

temperature T
A measure of the mean kinetic energy of molecules of a substance.

4.2.19 **Temperaturverlauf (m)**
Räumliche Temperaturverteilung.

temperature profile
The spatial distribution of temperature.

4.2.20 **Temperaturgradient (m)**
Temperaturänderung je Längeneinheit.

temperature gradient
The change of temperature per unit length.

4.2.21 **Wärmeeinflusszone (f)**
Bereich einer Bauteilrandschicht, der durch eingebrachte Wärme eine Eigenschaftsänderung erfährt.

heat affected zone
Portion of the surface region of a body which undergoes changes in properties due to the influx of heat.

4.2.22 **Oberflächentemperatur (f)**
Temperatur der Oberfläche.

surface temperature
Temperature that exists at the surface.

4.2.23 **Abkühlen (n)**
Erniedrigen der Temperatur eines Werkstücks.

cooling
Decreasing the temperature of an object.

4.2.24 **Abschrecken (n)**
Abkühlen eines Werkstückes mit größerer Geschwindigkeit als an ruhender Luft. (DIN 17014) (→ Abkühlen)

quenching
Rapid cooling of a workpiece, usually by plunging it into a cold liquid or by applying a strong air blast to it. (→ cooling)

quantité de chaleur (f) Q
Somme des énergies thermiques produites dans un procédé.

dissipation de la chaleur (f)
Transport de la chaleur de la source de chaleur au milieu environnant.

température (f) T
C'est une grandeur qui, au niveau atomique, est liée à l'énergie cinétique moyenne des constituants de la matière, et qui, au niveau macroscopique affecte certaines propriétés des corps qui sont à la base de la construction d'échelles de température.

profil de température (m)
Température en fonction de la profondeur dans la couche de surface.

gradient de température (m)
Variation de la température par unité de longueur suivant une ligne de flux thermique.

zone affectée thermiquement (f)
C'est la partie de la couche de surface d'une pièce dont les propriétés ont subi des modifications en conséquence des effets thermiques des procédés d'enlèvement de matière.

température de surface (f)
Température mesurée directement sur la surface considérée.

refroidissement (m)
Abaissement de la température d'un produit.

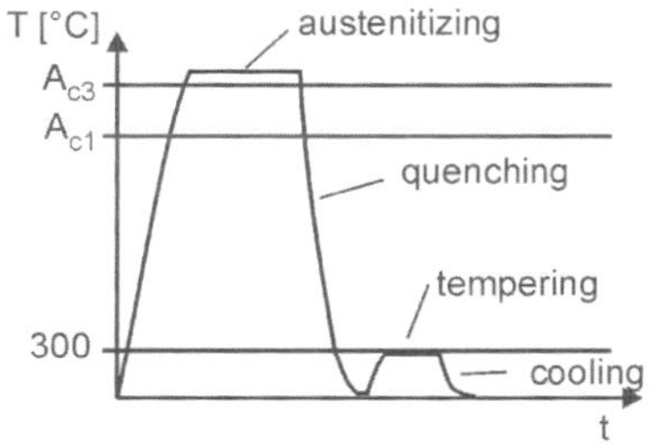

source: after Merkel, Thomas

trempe (f)
Opération qui consiste à refroidir rapidement une pièce, généralement en la plongeant dans un liquide à basse température, ou en l'exposant à l'action d'un courant d'air puissant. (› refroidissement)

4.2.25 **Abschreckgeschwindigkeit (f)**
= Abkühlgeschwindigkeit (f)
Zeitbezogene Temperaturänderung während des Abkühlens. (DIN 17014) (→ Abkühlen)

quenching rate
Temperature change in a part per unit time during quenching. (→ cooling)

4.2.26 **Anlassen (n)**
Ein- oder mehrmaliges Erwärmen eines gehärteten Werkstückes auf vorgegebene Temperatur (<Ac_1), Halten auf dieser Temperatur und anschließendes, zweckentsprechendes Abkühlen. (DIN 17014) (→ Abkühlen)

tempering
A heat treatment (heating, holding, and cooling) performed after hardening by quenching in order to obtain desired mechanical properties. (→ cooling)

4.2.27 **Austenitisieren (n)**
Wärmebehandlungsschritt, in dessen Verlauf das Werkstück auf eine Temperatur gebracht wird, bei der die Matrix austenitisch wird (DIN 17014) z.B. die Transformation des krz- in das kfz-Gitter.

austenitizing
Heat treatment in which steel is raised to a temperature when the matrix becomes austenitic, i.e., a transformation from the bcc to the fcc structure occurs.

4.2.28 **Einformung (f)**
Gestaltänderung von Ausscheidungen, z.B. Carbiden (Zementitlamellen) in annähernd kugelige Form. (DIN 17014)

spheroidizing
Subjecting steel to a particular temperature cycle in order to transform lammelar structure to globular cementite.

4.2.29 **Härten (n)**
Wärmebehandlung, bestehend aus Austenitisieren und Abkühlen unter solchen Bedingungen, dass eine Härtezunahme durch mehr oder weniger vollständige Umwandlung des Austenits in Martensit und gegebenenfalls Bainit erfolgt. (DIN 17014)

hardening
Heat treatment consisting of austenitizing and cooling under conditions such that an increase in hardness occurs resulting from more or less complete transformation of the austenite to martensite or possibly bainite.

4.2.30 **Kurzzeithärten (n)**
Härten mit sehr kurzzeitigem Austenitisieren und deshalb höheren als den üblichen Temperaturen. (DIN 17014)

short-time hardening
Hardening with short-time austenitizing involving higher temperatures than normal.

4.2.31 **Selbstabschrecken (n)**
Abschrecken eines zuvor erwärmten Bereiches eines Werkstückes durch Abfließen der Wärme in seine kälteren Bereiche. (DIN 17014)

self-quenching
Hardening by the flow of heat into colder workpiece regions.

vitesse de trempe (f)
Variation de température en fonction du temps dans une pièce en cours de trempe. (→ refroidissement)

revenu (m)
Traitement thermique effectué après trempe de façon à obtenir des propriétés mécaniques prescrites; il consiste en un réchauffage, un maintien de durée définie, un refroidissement selon une loi programmée ou non jusqu'à l'ambiante. (→ refroidissement)

austénitisation (f)
Opération de traitement thermique des aciers par laquelle l'acier est amené de façon plus ou moins complète à l'état austénitique ou état de solution solide du carbone, de l'azote et des autres éléments alliés dans le fer γ; l'acier est donc chauffé à une température à laquelle la transformation structure C.C.-structure C.F.C. se produit.

globulation (f)
= sphéroïdisation (f)
Opération de traitement thermique consistant en un maintien de l'acier à une température déterminée afin de transformer sa structure lamellaire en cémentite globulaire.

durcissement (m)
Opération de traitement thermique consistant en une austénitisation suivie d'un refroidissement effectué dans des conditions telles qu'une augmentation de la dureté est obtenue comme conséquence d'une transformation plus ou moins totale de l'austénite en martensite ou éventuellement en bainite.

trempe avec brève austénisation (f)
Opération de traitement thermique de durcissement par une brève austénisation, impliquant donc d'opérer à des températures supérieures aux températures usuelles de trempe.

durcissement d'alliages dits « autotrempants » (m)
Un alliage autotrempant est un alliage dont la trempe se produit par un simple refroidissement à l'air.

4.2.32 **Abrasion (f)**
Verschleißmechanismus mit Materialabtrag durch furchende oder ritzende Beanspruchung. (DIN 50323)

abrasion
Plowing and micro cutting of a surface by hard asperities of the acting partner or by hard particles.

4.2.33 **Reibung (f)**
Wechselwirkung zwischen sich berührenden Stoffbereichen. Sie wirkt einer Relativbewegung entgegen. (DIN 50323)

friction
A resistance which opposes the relative motion of contacting bodies. Friction can be quantified as a force.

4.2.34 **Reibarbeit (f)**
= Reibungsarbeit (f)
Arbeit, die infolge Reibung aufzuwenden ist und die größtenteils oder ganz in Wärme (Reibungswärme) umgewandelt wird. (DIN 50323)

friction work
Work needed to overcome friction.

4.2.35 **Beanspruchung (f)**
Beeinflussung eines Werkstoffes, beispielsweise durch mechanische, thermische oder chemische Einwirkungen.

load
Subjection of a material to a given influence (e.g., mechanical, thermal, chemical).

4.2.36 **Verformung (f)**
Änderung der Geometrie eines Körpers als Folge äußerer (z.B. mechanischer) Einwirkungen.

deformation
Alteration of the geometry of a body under external influences.

4.2.37 **Kornverformung (f)**
Verformung in der Größenordnung einzelner Körner.

grain deformation
Deformation on the scale of a grain.

4.2.38 **Textur (f)**
Ausrichtung der Kristallachsen einzelner Kristallite.

texture
A preferential alignment of the crystalline lattice of the various grains in a polycrystalline aggregate. (MGB 10)

4.2.39 **Umformarbeit (f)**
Energie, die zur Überwindung der plastischen Deformation sowie der Reibung bei Umformvorgängen aufgebracht werden muss.

work of deformation
The work required to induce deformation, including plastic and friction work.

4.2.40 **Trennarbeit (f)**
Energie, die zur Trennung des Werkstoffgefüges aufgebracht werden muss.

separation work
Work expended in causing separation of a material.

abrasion (f)
Usure en surface par action de rayure ou de microcoupe entre corps solides, ou par des particules dures du milieu.

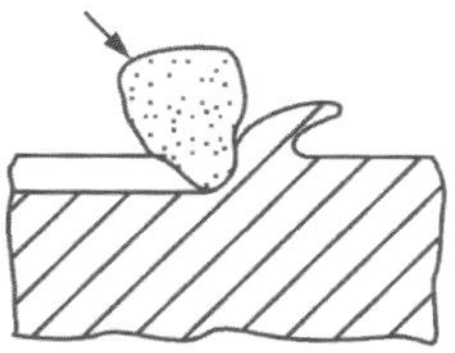

frottement (m)
Le frottement est une action ou une résistance qui s'oppose au mouvement relatif de corps en contact. En général, le frottement s'exprime par une force ou par une énergie.

travail de frottement (m)
C'est le travail requis par un procédé pour vaincre le frottement.

chargement (m)
Exposition d'un matériau à une influence déterminée (par ex.: mécanique, thermique, chimique).

déformation (f)
Altération de la géométrie d'un corps sous l'action de sollicitations extérieures.

déformation à l'échelle du grain (f)
Il s'agit de l'altération géométrique de grains à l'intérieur d'une structure cristalline.

texture (f)
La texture est définie par l'orientation du réseau cristallin constitué de grains voisins.

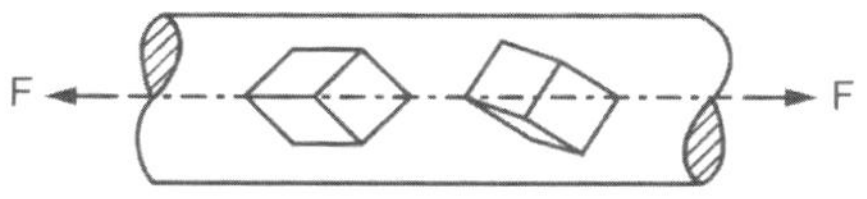

travail de déformation (m)
Travail nécessaire pour produire la déformation, comprenant le travail de plastification et le travail de frottement.

travail de séparation (m)
Travail développé pour produire la séparation d'un matériau dans les procédés d'enlèvement de matière.

4.2.41 **elastische Verformung (f)**
Reversible und spontane Geometrieänderung eines Körpers aufgrund von mechanischen Einflüssen.

elastic deformation
Deformation which results immediately by the application of a force which disappears immediately and completely when the force is removed.

4.2.42 **plastische Verformung (f)**
= bleibende Formänderung (f)
Bleibende Formänderung eines Körpers nach Wegnahme der Belastung.

plastic deformation
Irreversible strain caused by stresses exceeding yield condition.

4.2.43 **mechanisch beeinflusste Zone (f)**
Bereich einer Bauteilrandschicht, der durch mechanische Einwirkung eine Eigenschaftsänderung erfährt.

mechanically affected zone
Region of the surface layer affected by mechanical influences.

4.2.44 **Verfestigung (f)**
Erhöhung der Härte und der Fließspannung mit zunehmender plastischer Formänderung unterhalb des Rekristallisationsbereiches.

work hardening
The increase in a material's flow stress and hardness caused by plastic deformation below the recrystallization temperature.

4.2.45 **Kaltverfestigung (f)**
Anstieg von Härte und Festigkeit infolge plastischer Deformation eines Körpers unterhalb seiner Rekristallisationstemperatur.

strain hardening
The increase in materials flow stress caused by plastic strain below the recrystallization temperature.

4.2.46 **tribochemische Reaktion (f)**
Reaktion infolge im Verschleißsystem aktivierter chemischer Wechselwirkungen zwischen Grundkörper, Gegenkörper und angrenzender Medien (Zwischenstoff, Umgebungsmedium). (DIN 50323)

tribo-chemical reaction
Chemical reaction of one or both contacting bodies of a sliding system with components of a lubricant or the ambient medium as a result of a friction-related chemical activation of the loaded surfaces.

déformation élastique (f)
Déformation apparaissant immédiatement sous l'action d'une sollicitation et disparaissant immédiatement et complètement en même temps qu'elle.

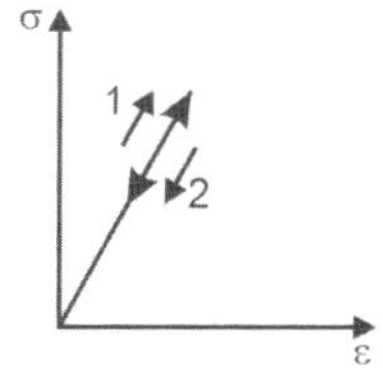

déformation plastique (f)
Déformation permanente due à une contrainte dépassant la valeur de la limite d'élasticité.

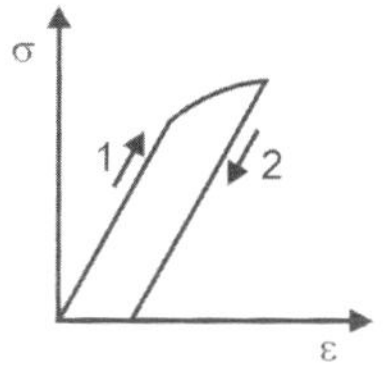

zone affectée mécaniquement (f)
Partie de la couche de surface d'une pièce dont les propriétés ont subi des modifications par suite de réactions chimiques.

écrouissage (m)
Accroissement de la contrainte d'écoulement et accroissement de la dureté causés par la déformation plastique, la température restant inférieure à la température de recristallisation.

durcissement par déformation (m)
Augmentation de la contrainte d'écoulement au fur et à mesure que croît la déformation plastique.

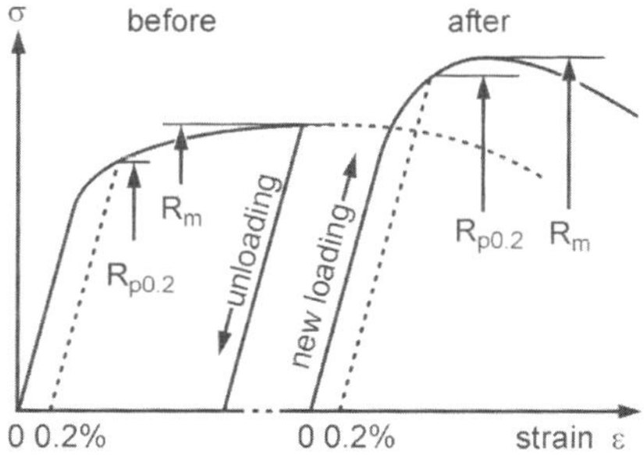

réaction tribo-chimique (f)
Réaction chimique entre l'un des deux corps en contact ou entre les deux corps et les constituants d'un lubrifiant ou le milieu ambiant, comme résultat d'une activation chimique des surfaces en contact sous charge et en mouvement relatif.

4.2.47 **Korrosion (f)**
Phasengrenzflächenreaktionen zwischen Metalloberflächen und festen, flüssigen oder gasförmigen Medien. Man unterscheidet chemische Korrosion (durch Nichtleiter wie Gase) und elektrochemische Korrosion (in ionenleitenden, flüssigen Medien).

corrosion
The chemical or electrochemical reaction between a material, usually a metal, and its environment that produces a deterioration of the material and its properties. (ASM Handbook Volume 5)

4.2.48 **Spannungsrisskorrosion (f)**
= Spannungskorrosion (f)
Synergistischer Angriff auf ein Metall, verursacht durch gleichzeitiges Einwirken eines korrosiven Mediums und einer nominell statistischen Zugspannung, welches meist zur Bildung von Rissen führt. (EN ISO 7539)

stress corrosion cracking (SCC)
A cracking process that requires the simultaneous action of a corrodent and sustained tensile stress. (ASM Handbook Volume 5)

4.2.49 **Oxidation (f)**
Chemische Reaktion eines Elementes oder einer Verbindung mit einem Oxidans (häufig Sauerstoff), oft als Resultat eines Korrosionsvorganges.

oxidation
Chemical reaction of an element or alloy with an oxidant (e.g., oxygen), often as a result of corrosion.

4.2.50 **Randschichtoxidation (f)**
Bildung einer Oxidschicht an einer metallischen Oberfläche.

surface layer oxidation
Formation of an oxide layer on a metallic surface.

4.2.51 **Verzunderung (f)**
Bildung von Oxidationsschichten auf einem Metall bei hoher Temperatur.

scaling
Formation of a thick layer of oxidation products on metals at high temperature. (after ASM Handbook Volume 5)

4.2.52 **chemisch beeinflusste Zone (f)**
Bereich einer Bauteilrandschicht, der durch chemische Reaktionen eine Eigenschaftsänderung erfährt.

chemical affected zone
Region of a surface layer which experiences changes in properties as a result of chemical reactions.

4.2.53 **Aufkohlen (n)**
Thermochemisches Behandeln eines Werkstückes im austenitischen Zustand zum Anreichern der Randschicht mit Kohlenstoff. (DIN 17014)

carburizing
Improving the hardenability by diffusing carbon into the surface layer of steel parts.

4.2.54 **Entkohlen (n)**
Thermochemisches behandeln mit dem Ziel, den Kohlenstoff zu entfernen. (DIN 17014)

decarburizing
Loss of carbon from the surface of steel usually during hot working, heat treatment or reheating.

corrosion (f)
Détérioration superficielle des matériaux métalliques qui a pour origine une réaction chimique avec le milieu environnant.

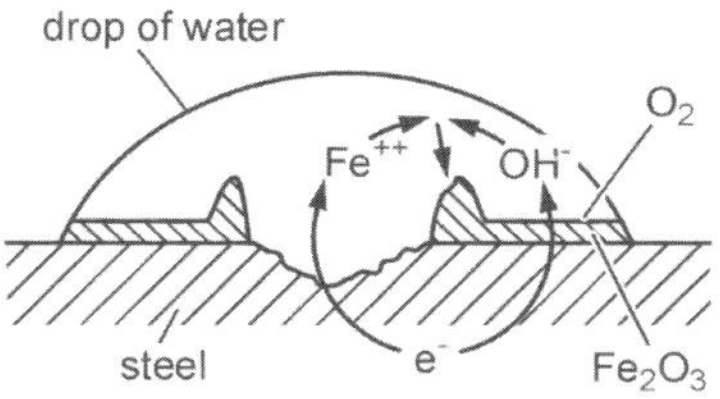

corrosion fissurante sous contrainte (f)
Dégradation d'un métal ou d'un alliage métallique causée par l'action simultanée d'un milieu corrosif et d'un chargement mécanique, et qui se manifeste généralement par l'apparition de fissures.

oxydation (f)
Réaction chimique entre un élément ou un alliage avec un oxydant (ex.: l'oxygène) souvent comme résultat d'un processus de corrosion.

oxydation de la couche de surface (f)
Réaction d'oxydation qui aboutit à la formation d'une couche d'oxyde sur une surface métallique.

oxydation à haute température (f)
= calaminage
Réaction d'oxydo-réduction entre un métal et l'oxygène du milieu environnant, à température élevée.

zone affectée chimiquement (f)
Région de la couche de surface d'une pièce dont les propriétés ont subi des modifications par suite.

cémentation par le carbone (f)
Opération de traitement thermochimique de diffusion ayant pour but l'enrichissement en carbone d'une couche de surface de la pièce en acier à traiter suivie d'une opération de traitement thermique de trempe afin d'obtenir le durcissement de la couche enrichie par formation de martensite.

décarburation (f)
Réduction de la teneur en carbone dans la couche de surface de pièces en acier pendant des opérations de travail à chaud, de traitement thermique ou de réchauffage.

4.2.55 **Diffusion (f)**
Materialtransport, der als Folge von Konzentrationsgefällen in einem System ohne Phasengrenzen auftritt und zu einem Konzentrationsausgleich führt. (DIN 5491)

diffusion
Process in which atoms or molecules migrate due to their thermal motion from locations of higher concentration to locations of lower concentration along irregular paths until equilibrium in density or concentration is achieved.

4.2.56 **Gefügeänderung (f)**
Veränderungen in der grundlegenden Anordnung der einzelnen Kristalle (Körner) eines Werkstoffs.

alteration of structure
Changes in the basic arrangement of the individual grains of a material.

4.2.57 **Phasenumwandlung (f)**
= Phasentransformation (f)
Übergang von einer Phase in eine oder mehrere andere Phasen in Abhängigkeit von der Temperatur und der Zeit (z.B. Austenit → Martensit).

phase transformation
Transition of one phase to one or more other phases as a function of temperature and time (e.g., austenite → martensite).

4.2.58 **Kornverfeinerung (f)**
Einstellung eines feinkörnigeren Gefüges, d.h. Abnahme der mittleren Korngröße eines Werkstoffes.

grain refinement
Creation of a finer grain structure, i.e., reduction of the mean grain size of a material.

4.2.59 **Kornvergröberung (f)**
Einstellung eines grobkörnigeren Gefüges, d.h. Zunahme der mittleren Korngröße infolge eines Kornwachstums.

grain coarsening
Creation of a coarser-grained structure, i.e., increase of the mean grain size due to grain growth.

4.2.60 **Versetzungsbildung (f)**
Prozessbedingte Erzeugung neuer Versetzungen in einem Werkstoff.

generation of dislocations
Process-dependent creation of new dislocations in a material.

diffusion (f)
Migration d'atomes ou de molécules dans le réseau cristallin qui se produit selon un processus dans lequel des atomes ou des molécules activés thermiquement se déplacent de régions à concentrations élevées vers des régions à concentrations plus faibles, selon des trajectoires irrégulières, jusqu'à ce qu'un équilibre en densité ou en concentration soit atteint.

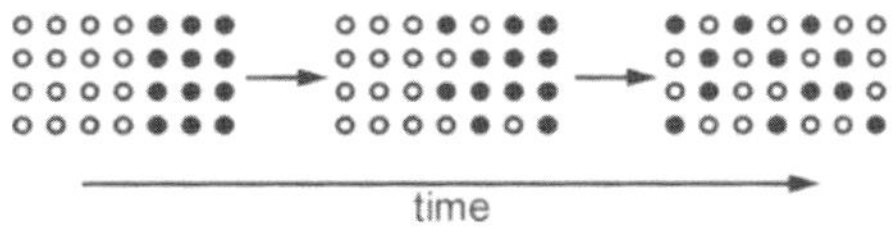

altération de la structure (f)
Toute modification dans l'arrangement fondamental des grains élémentaires qui caractérise la structure d'un matériau.

transformation de phase (f)
Passage d'une phase à une ou plusieurs autres en fonction de la température et du temps (ex.: austénite → martensite).

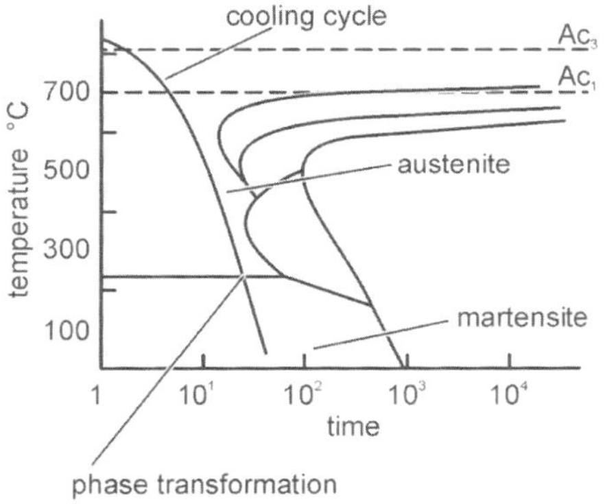

affinage du grain (m)
Action de créer une structure à grosseur de grain plus faible, c'est à dire, de réduire la taille moyenne du grain du matériau, par exemple par un recuit de régénération ou par un recuit d'affinage structural.

grossissement du grain (m)
Action de créer une structure à gros grains, c'est à dire, d'augmenter la taille moyenne du grain par croissance du grain.

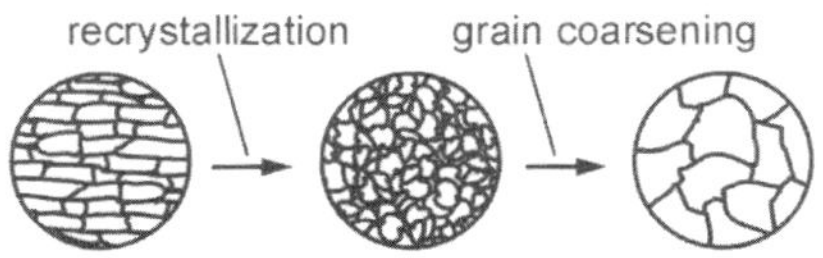

multiplication des dislocations (f)
C'est par l'existence de mécanismes de production de dislocations pendant la déformation plastique que s'expliquent les grandes déformations plastiques de cisaillement observées; le plus important est le mécanisme de Frank-Read ou mécanisme de production par multiplication. D'autres sources de production de dislocations peuvent être également créées par le processus de glissement dévié.

4.2.61 **Rekristallisation (f)**
Kristallneubildung nach vorangegangener Kaltverformung. Die Rekristallisation geht bei höheren Temperaturen im Anschluss an die Kristallerholung vor sich.

recrystallization
The formation of a new, strain-free grain structure from that existing in cold-worked metal, usually accomplished by heating. (ASM Handbook Volume 4)

4.2.62 **Gleiten (n)**
Überschreitung des elastischen Bereichs, bzw. der Elastizitätsgrenze, so dass bleibende (plastische) Formänderungen auftreten. Diese beruhen auf Translationsvorgängen (Gleiten) gleitfähiger Versetzungen.

slip
= glide
Plastic deformation by the irreversible shear displacement (translation) of one part of a crystal relative to another in a definite crystallographic direction and usually on a specific crystallographic plane. (Metals Handbook Volume 8)

4.2.63 **Gleitsystem (n)**
Ein Gleitsystem besteht aus einer möglichen Gleitebene und den dazugehörigen Gleitrichtungen.

slip system
The combination of a slip plane and slip direction.

4.3.1 **Metallographie (f)**
Wissensgebiet, das sich mit der qualitativen und quantitativen Beschreibung des Gefüges fester Werkstoffe mit Hilfe abbildender Verfahren befasst. Weiterhin werden analytische Methoden für die Bestimmung der Materialzusammensetzung und Struktur eingesetzt.

metallography
The study of the structure of metals and alloys by various methods, especially by optical and electron microscopy. (Metals Handbook Volume 10)

recristallisation (f)
Processus de création et de développement de cristaux ou de grains à très basse densité de dislocations dans des alliages fortement déformés à froid (par ex.: formés à froid par emboutissage profond, par pliage à la presse, ...), lorsque ceux-ci sont portés à une certaine température par apport de chaleur qui dépend de la nature de l'alliage et de la déformation.

glissement (m)
= déformation par glissement (f)
Au niveau du cristal, la déformation plastique s'effectue principalement par un glissement d'une partie du cristal par rapport à l'autre suivant un nombre entier de distances interréticulaires, et ce glissement s'interprète par le mouvement des dislocations. La résistance d'un matériau métallique à la déformation plastique est donc liée directement au déplacement facile ou difficile des dislocations.

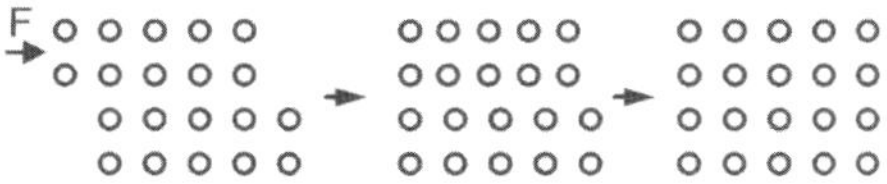

système de glissement (m)
Un système de glissement comprend un plan de glissement possible propre au réseau cristallin considéré et une direction de glissement associée.

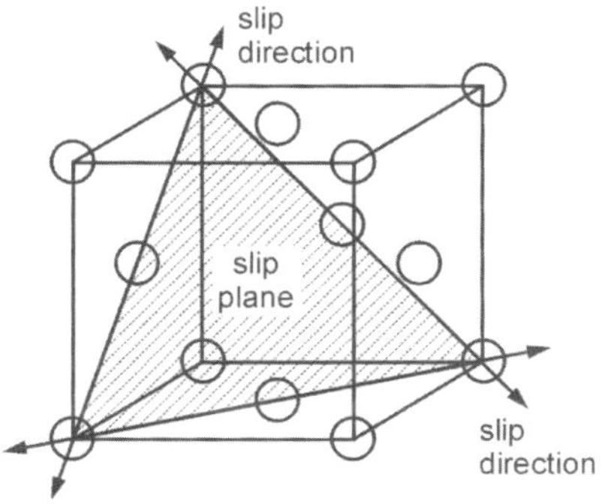

rules for declaration of lattice systems:

	plane	direction
specific	(111)	[111]
general	{111}	<111>

métallographie (f)
La métallographie est l'étude de la structure des métaux et des alliages métalliques. Elle comprend la réalisation des micrographies et englobe l'ensemble des techniques qui permettent de faire des images de la structure à examiner afin d'observer les phases en présence, leur orientation, ainsi que les défauts et les hétérogénéités. Ces examens se font sur de petits échantillons prélevés dans le volume de la pièce et préparés spécialement.

4.3.2 **Schliff (m)**
Kleine Probe aus einem Werkstück, das zur metallographischen Analyse herangezogen wird.

section
= metallographic section
A small sample of a component that is used for metallographic analysis.

4.3.3 **Schliffbild (n)**
Fotografie der vergrößerten Aufnahme des Gefüges bei der mikroskopischen Untersuchung einer polierten und geätzten Probe.

micrograph
= photomicrograph
= polished section
Photograph of the magnified structure of a polished, etched specimen for microscopic analysis.

4.3.4 **Mikroskopie (f)**
Betrachtung eines Gegenstandes in starker Vergrößerung, wobei mit zunehmender Vergrößerung die Schärfentiefe abnimmt.

microscopy
Observation of an object under high magnification, whereby a higher magnification means a lower depth of field.

4.3.5 **Ätzen (n)**
Kontrollierte Korrosion eines Metalls zur Hervorhebung seines Gefüges.

etching
Controlled corrosion of a metal surface to reveal its structure.

4.3.6 **Ätzdauer (f)**
Einwirkdauer eines ätzenden Mediums auf die polierte Schlifffläche. In der Regel beträgt die Ätzdauer wenige Sekunden bis zu mehreren Minuten.

etching duration
Time of exposure of a polished surface to an etching medium. Normally etching requires from some seconds up to several minutes.

4.3.7 **mechanisches Polieren (n)**
Verfahren zur Herstellung glänzender Oberflächen (Schliff) mittels feiner Abrasivstoffe.

mechanical polishing
A process that yields a specular surface by the mechanical action of abrasive particles suspended in a liquid among the fibres of a polishing cloth. (after ASM Handbook Volume 5)

4.3.8 **elektrolytisches Polieren (n)**
Elektrochemisches Verfahren zur Herstellung von Schliffen hoher Oberflächengüte. Beim elektrolytischen Polieren wird die Probe in einem galvanischen Bad als Anode geschaltet.

electrolytic polishing
An electrochemical polishing process in which the metal to be polished is made the anode in an electrolytic cell where preferential dissolutions at high points in the surface topography produces a specularly reflective surface. (ASM Handbook Volume 5)

coupe (microscopique) (f)
Echantillon de petites dimensions prélevé sur un pièce et qui va être utilisé pour un examen métallographique.

micrographie (f)
Image ou épreuve photographique agrandie de la structure d'un échantillon poli et attaqué chimiquement et destinée à un examen microscopique.

microscopie (f)
Ensemble des méthodes d'observation d'un objet sous fort grossissement, sachant que la profondeur de champ diminue avec le grossissement croissant. Ces méthodes nécessitent de préparer des échantillons à surfaces d'examen planes et polies (de 1 à 10 cm^2).

attaque chimique (f)
L'attaque chimique micrographique est pratiquée pour mettre en valeur la structure.

durée d'attaque (f)
C'est le temps pendant lequel la surface polie est exposée à l'action du produit d'attaque chimique. En général, selon le but recherché et selon le produit d'attaque et le matériau à examiner, la durée d'attaque nécessaire peut varier de quelques secondes à plusieurs minutes.

polissage mécanique (m)
L'échantillon est poli par phases successives, en utilisant des abrasifs de granulométrie de plus en plus fine.

polissage électrolytique (m)
Basé sur le principe de la dissolution anodique, le polissage électrolytique s'effectue dans une cellule électrolytique où l'échantillon à polir constitue l'anode, l'électrolyte ayant été convenablement choisi. Ce procédé intervient souvent après un polissage mécanique de finition; il permet de supprimer l'écrouissage superficiel du prépolissage et conduit à une surface plane exempte de rayures que peut présenter le poli spéculaire.

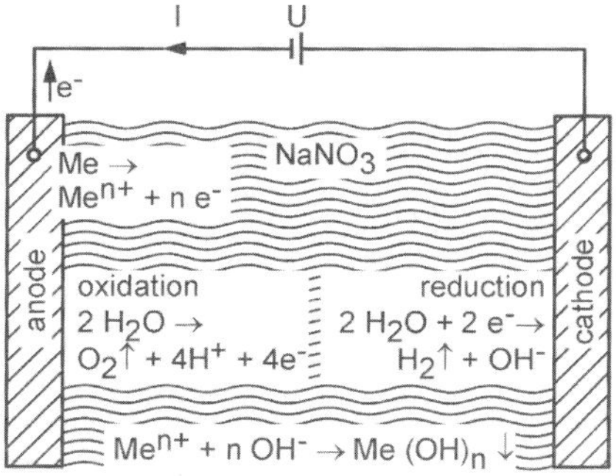

source: after VDI 3401

4.3.9 **Korngrenzenätzung (f)**
Ätzangriff, bei dem die Korngrenzen entwickelt werden.

grain boundary etching
The development of intersections of grain faces with the polished surface by etching. (after ASM Handbook Volume 5)

4.3.10 **Kornflächenätzung (f)**
Ätzangriff, mit dem die Kornflächen entwickelt werden.

preferential etching
Etching technique based upon the etchant's ability to act on preferred crystallographic planes.

4.3.11 **Querschliff (m)**
Schliff, der quer zu einer definierten Vorzugsrichtung des Werkstoffs (z.B. Walzrichtung) orientiert hergestellt wird.

normal section
Section oriented normal to the flow direction of the workpiece material (e.g., rolling direction).

4.3.12 **Längsschliff (m)**
Schliff, der längs zu einer definierten Vorzugsrichtung des Werkstoffs (z.B. Walzrichtung) orientiert hergestellt wird. (→ Querschliff)

longitudinal section
Section oriented longitudinally to the flow direction of the workpiece material. (→ normal section)

4.3.13 **Schrägabtrag (m)**
Schliff, der unter einem beliebigen Winkel ≠90° zu einer definierten Vorzugsrichtung des Werkstoffs (z.B. Walzrichtung) orientiert hergestellt wird. (→ Querschliff)

oblique section
Section prepared at an arbitrary angle of inclination to the plow direction of the workpiece material. (→ normal section)

4.3.14 **Kalottenschliff (m)**
Spezielles metallographisches Analyseverfahren zur Beurteilung der Schichtdicke an beschichteten Werkstücken, dabei wird eine rotierende Kugel in einer Poliersuspension mit einer definierten Last in die Probe eingedrückt und der erzeugte Abdruck mikroskopisch untersucht.

cup section
Special metallographic technique for analyzing the coating thickness of coated workpieces. A ball rotating in a polishing medium is pressed into the sample subject to a defined load, and the resulting impression is examined.

attaque chimique des joints de grains (f)
L'attaque chimique utilise un réactif qui met en évidence la trace des joints de grains sur la surface de l'échantillon, révélant ainsi la taille des grains, l'état de recristallisation et l'état d'équilibre du matériau; dans certains cas de réactifs, des figures d'attaques sont localisées sur des dislocations intergranulaires.

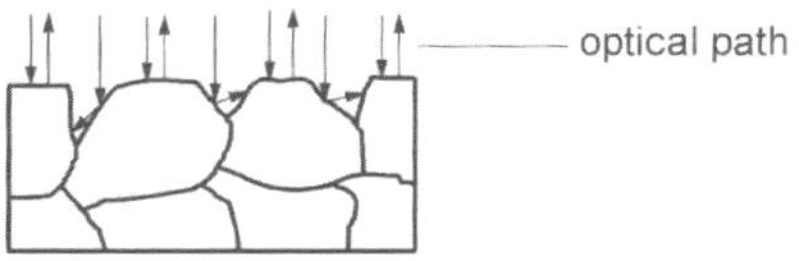

attaque chimique des surfaces des grains (f)
Le principe de la technique d'attaque est basé d'une part sur la dissolution différentielle et préférentielle des phases du matériau de l'échantillon par les éléments réactifs de l'électrolyte, et d'autre part sur le comportement anisotropique des grains à l'action de ces mêmes éléments réactifs qui est fonction de leur orientation cristallographique.

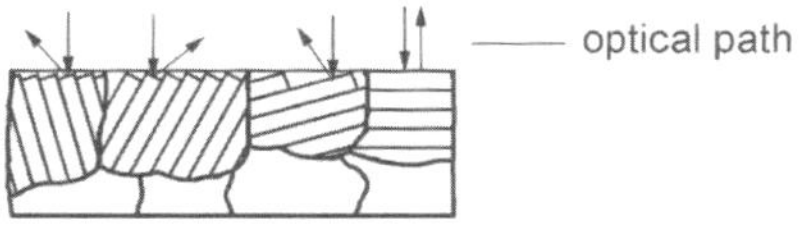

coupe (microscopique) transversale (f)
Coupe orientée perpendiculairement à la direction du fibrage du matériau de la pièce (ex.: direction de laminage, de formage, ...).

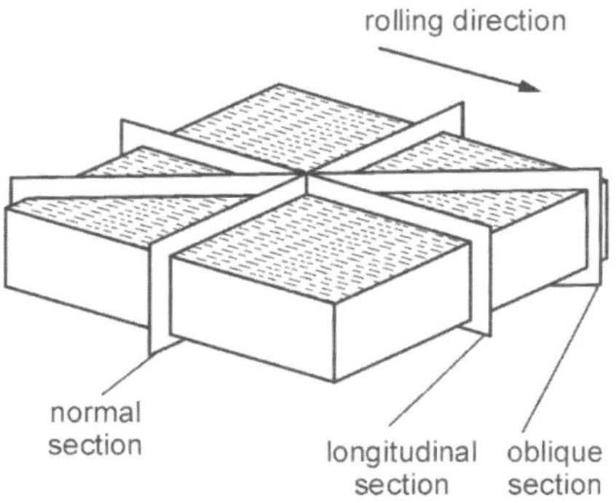

coupe longitudinale (f)
Coupe orientée parallèlement à la direction du fibrage du matériau de la pièce. (→ coupe (microscopique) transversale)

coupe oblique (f)
Coupe effectuée selon un angle quelconque avec la direction du fibrage du matériau de la pièce. (→ coupe (microscopique) transversale)

coupe en calotte (f)
Technique métallographique particulière utilisée pour l'examen de l'épaisseur du revêtement de pièces revêtues. Une bille en rotation dans un milieu abrasif de polissage est imprimée dans l'échantillon sous l'action d'une charge bien définie, et l'empreinte ainsi obtenue est ensuite examinée.

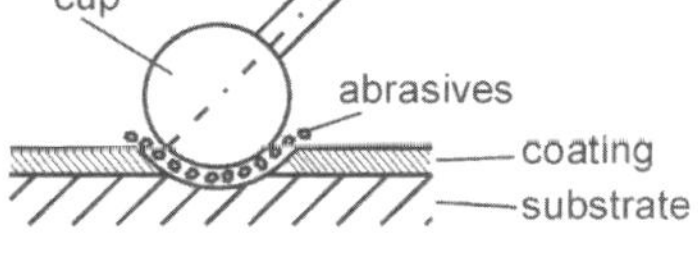

4.3.15 **makroskopisches Gefüge (n)**
Makroskopische Bestandteile des Gefüges: Risse, Poren, Dopplungen etc.

macroscopic structure
The large scale structure of a material which may include phases, cracks, cavities, etc.

4.3.16 **mikroskopisches Gefüge (n)**
Bestandteile des Gefüges, die durch den Einsatz von Mikroskopen sichtbar gemacht werden können.

microscopic structure
The smaller scale structure of a material viewed by microscopic examination which may include phases, inclusions, grain orientation, etc.

4.3.17 **Fraktographie (f)**
Bestimmung verschiedener Bruchtypen durch die mikroskopische Analyse von Bruchflächen an Proben (z.B. Sprödbruch).

fractography
Determination of different fracture types by microscopic analysis of fracture surfaces.

4.3.18 **Schärfentiefe (f)**
Eigenschaft des menschlichen Auges Gegenstände scharf zu erkennen, die geometrisch nicht mehr scharf auf der Netzhaut abgebildet werden. (nach Westphal)

depth of field
The distance range over which an object can be focussed at a given magnification.

4.3.19 **Vergrößerung (f)**
Die Vergrößerung ist der Quotient aus gegebenem Sehwinkel zum Sehwinkel in 250 mm Abstand.

magnification
The quotient of actual angle of view to angle of view at a distance of 250 mm.

structure macroscopique (f)
= macrostructure (f)
La notion de structure d'un matériau comprend de nombreux paramètres tels que les phases qui composent le matériau – nature, quantité, proportions –. L'examen macroscopique a pour but de mettre en évidence les anomalies on hétérogénéité telles que fissures, porosités, inclusions, ségrégations, … .

microstructure (f)
= structure microscopique (f)
La microstructure est discernable par examen microscopique d'une coupe du matériau. Cet examen permet de décrire les phases, l'orientation des cristaux d'une même phase, les inclusions non métalliques, les hétérogénéités.

fractographie (f)
= microfractographie (f)
Le but de la fractographie est de déterminer les causes de la rupture d'une pièce et les mécanismes mis en jeu, par un examen à l'échelle macroscopique ou microscopique (microfractographie) du faciès de rupture par comparaison avec des faciès-types.

profondeur de champ (m)
C'est la distance minimale et maximale à laquelle doit se trouver l'objet pour que son image soit nette, pour un grossissement donné.

grossissement (m)
Rapport de l'angle sous lequel on voit l'image ramenée dans le plan de vision distincte à l'angle sous lequel on voit l'objet. Le grossissement commercial est celui pour lequel la distance est de 250 mm.

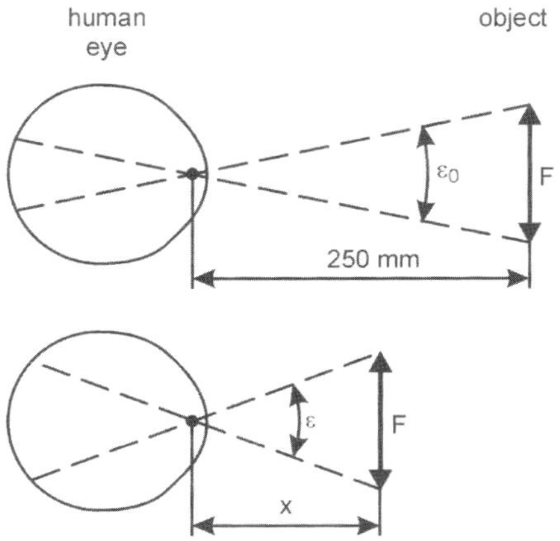

magnification $v = \frac{\varepsilon}{\varepsilon_0}$

source: after Gerthsen, Vogel

4.3.20 **Auflösungsvermögen (n) d**
Aufgrund von Beugungseffekten müssen zwei benachbarte Punkte einer betrachteten Oberfläche einen Mindestabstand d aufweisen, um im vergrößerten Bild als zwei getrennte Punkte erkennbar zu sein. Der Kehrwert dieses Mindestabstandes wird als Auflösungsvermögen bezeichnet.

resolving power d
The inverse of the minimum distance which two separate points on an observed surface must have to account for diffraction effects in order to be distinguishable during observation.

4.3.21 **Metallmikroskop (n)**
Ein Metallmikroskop arbeitet mit auffallendem, sichtbarem Licht und wird zur Betrachtung metallographischer Schliffe eingesetzt. Einer lichtoptischen Vergrößerung sind durch Beugungserscheinungen Grenzen gesetzt. Das Auflösungsvermögen liegt bei $d \approx 0{,}3\ \mu m$.

metallographic microscope
A microscope operating with visible light used to study metallographic sections (micrographs).

pouvoir séparateur (m) d
Distance minimale séparant deux points d'un objet observé à l'aide d'un instrument d'optique, tels que l'instrument puisse en donner deux images distinctes.

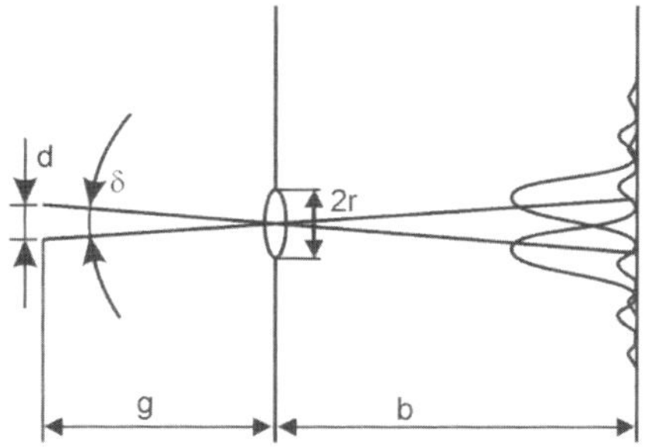

source: Kuchling

microscope métallographique (m)
= microscope optique (m)
Microscope travaillant par réflexion et utilisant la lumière visible comme source incidente; la microscopie optique permet l'examen micrographique de coupes métallographiques, et de mettre en évidence la structure de l'échantillon, les inclusions, les fissures …, par différence de pouvoir réflecteur. Le pouvoir séparateur est de l'ordre de 0,3 µm.

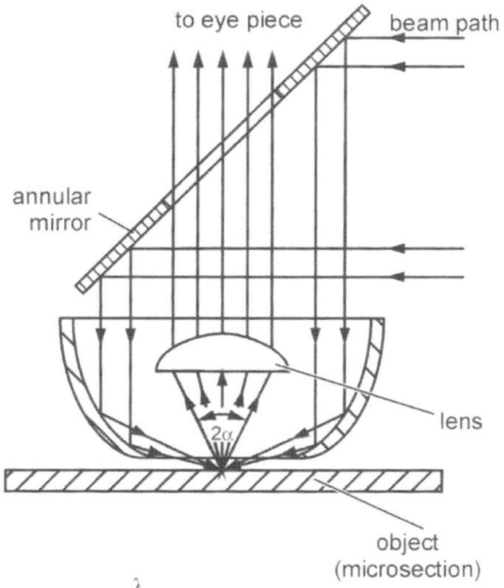

$$d = \frac{\lambda}{2 \cdot n \cdot \sin \alpha}$$

d: resolving power
λ: wavelength of used light
n: refracting index of medium between lens and objective
α: half aperture angle of lens

source: after Domke

4.3.22 **Rasterelektronenmikroskop (n) REM**
Mikroskop, bei dem das Objekt durch einen gebündelten Elektronenstrahl zeilenweise abgetastet wird. Das Auflösungsvermögen beträgt bis zu 0,03 µm.

scanning electron microscope SEM
Microscope based on the use of an incident electron beam which impinges the surface to be observed. Collection of the backscattered and secondary electrons is used to form an image of the surface. A resolution of 0.03 µm is possible.

4.3.23 **Elektronenstrahl (m)**
Die von einer Kathode emittierten Elektronen werden durch ein elektrisches Feld beschleunigt und durch Kondensorlinsen zu einem Strahl gebündelt.

electron beam
Electrons emitted from a heated tungsten cathode are accelerated by an anode and focused to a beam by condenser lenses.

4.3.24 **Ablenkspule (f)**
Durch zwei Ablenkspulenpaare, deren Ströme von einem Rastergenerator gesteuert werden, rastert der Elektronenstrahl ein Rechteckfeld der Probenoberfläche ab.

deflector coil
Pairs of deflector coils cause the electron beam to scan a rectangular field of the sample surface.

4.3.25 **Primärelektron (n)**
Elektronen, die von der Kathode emittiert werden. Beim Eindringen in die Probe werden die Primärelektronen elastisch und unelastisch gestreut.

primary electron
Electrons emitted from the negative pole. Penetrating the sample, the primary electrons will be scattered elastically and inelastically.

4.3.26 **Sekundärelektron (n)**
Elektronen, die beim Auftreffen von Primärelektronen aus der Probe herausgelöst werden und eine Energie < 50 eV besitzen.

secondary electron
Electrons emitted from the sample when primary electrons impinge the sample. Their energy is less than 50 eV.

4.3.27 **Rückstreuelektron (n)**
Elektronen, die beim Auftreffen von Primärelektronen aus der Probe herausgelöst werden und eine Energie > 50 eV besitzen.

backscatter electron
Electrons backscattered from the sample when primary electrons impinge the sample. Their energy is larger than 50 eV.

microscope électronique à balayage (m) MEB
Un faisceau d'électrons incidents est focalisé sur la surface du matériau à examiner, l'interaction faisceau incident – matériau conduit à l'émission d'électrons secondaires qui seront transformés en signal électrique lors du balayage de la surface par une sonde électrique, le pouvoir séparateur atteint 0,03 µm.

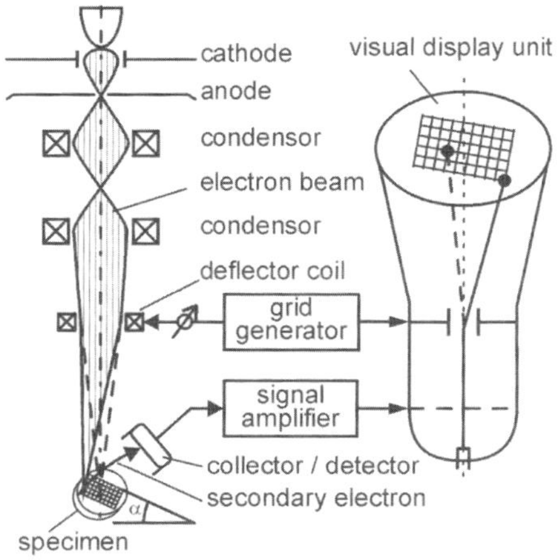

source: Domke

faisceau d'électrons (m)
Les électrons émis par une cathode de tungstène chauffée sont accélérés par une anode (canon à électrons) et focalisés par des lentilles électromagnétiques (ou condenseur) pour former un faisceau.

bobines de balayage (f)
C'est un ensemble de couples de bobines qui produisent la déviation du faisceau pour balayer un domaine rectangulaire de la surface à examiner.

électrons primaires (m)
Les électrons extraits de la cathode sont appelés électrons primaires. En pénétrant dans l'échantillon, les électrons primaires diffuseront selon la nature de l'interaction faisceau-matériau qui peut être élastique (diffusion élastique ou cohérente) ou inélastique (diffusion inélastique ou incohérente).

électrons secondaires (m)
Les électrons secondaires sont extraits de l'échantillon lors des interactions faisceau incident – matériau de l'échantillon: leur énergie est inférieure à 50 eV.

électrons rétrodiffusés (m)
Les électrons rétrodiffusés sont extraits de l'échantillon lors des interactions faisceau incident – matériau de l'échantillon: leur énergie est supérieure 50 eV.

4.3.28 **Kollektor (m)**
Teil des Rasterelektronenmikroskops mit dem die aus der Probenoberfläche austretenden Sekundärelektronen aufgefangen werden.

collector
Device used to capture electrons backscattered or emitted from the surface.

4.3.29 **Detektor (m)**
Teil des Rasterelektronenmikroskops mit dem die emittierten Elektronen registriert werden. Der dabei entstehende elektrische Impuls wird verstärkt und steuert die Bildröhre. Je höher im Strahlfokus die Sekundärelektronenanzahl ist, desto größer ist der Impuls und desto heller erscheint der Bildpunkt.

detector
Device used to record the captured electrons as an electrical impulse which after amplification is used to control the display tube. An increase of the number of secondary electrons increases the size and the brightness of the displayed image.

4.3.30 **Transmissions-Elektronenmikroskop (n) TEM**
Mikroskop, das dünne Proben nach dem Durchstrahlungsprinzip analysiert. Es besitzt ein Auflösungsvermögen von 0,5 nm. Als Objekt dient entweder ein Abdruck oder ein Dünnschliff (50 nm dick), der für den Elektronenstrahl überall gleichmäßig durchlässig ist.

transmission electron microscope TEM
The TEM operates on the principle of transmission of electrons through thin samples, and has a resolution of 0.5 nm. Samples are either impressions or thin samples of 50 nm thickness which are uniformly penetrable to the electron beam.

4.3.31 **statische Härteprüfung (f)**
Ein Verfahren zur Bestimmung der Härte, bei dem ein harter Prüfkörper durch eine statisch einwirkende Kraft senkrecht zur Probenoberfläche eingedrückt wird.

static hardness test
A process in which hardness of an object is determined by pressing a hard indenter normally into the surface of a sample with a known static load.

4.3.32 **dynamische Härteprüfung (f)**
Ein Verfahren zur Bestimmung der Härte, bei dem ein harter Prüfkörper durch eine dynamisch einwirkende Kraft senkrecht zur Probenoberfläche eingedrückt wird.

dynamic hardness test
A process in which hardness of an object is determined by normally impinging the test surface with a hard indenter applying a known dynamic load.

collecteur (m)
Le collecteur a pour fonction de capter des électrons secondaires émis par la surface de l'échantillon.

détecteur (m)
Les électrons secondaires captés par le collecteur sont enregistrés par le détecteur, et les informations ainsi reçues sont transformées en un signal électrique qui, après amplification, module l'intensité du faisceau d'un tube cathodique.

microscope électronique à transmission (m) TEM
Dans le cas du TEM, on va utiliser l'onde associée au faisceau d'électrons transmis ou diffractés lors de l'interaction d'un faisceau d'électrons incidents avec un échantillon de faible épaisseur, et qui est de très courte longueur d'onde, ceci permet d'atteindre un pouvoir de séparation de 0,5 nm. Les échantillons sont soit des répliques, soit des lames minces obtenues par amincissement électrolytique et dont l'épaisseur est suffisamment petite (environ 50 nm) pour que le métal soit uniformément « transparent » aux électrons.

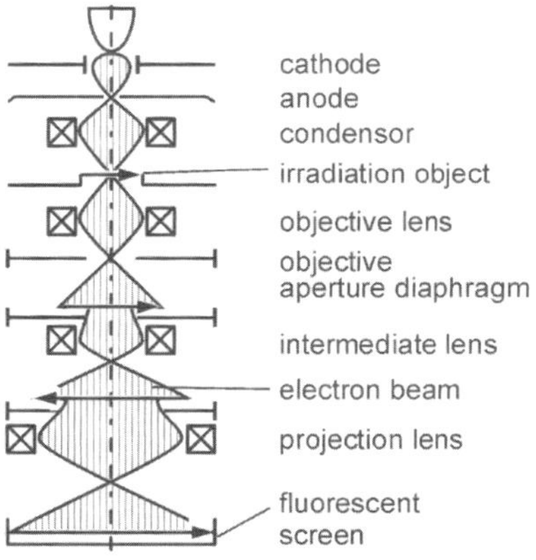

source: Domke

essai de dureté (statique) (m)
= essai de dureté par pénétration (m)
Méthode dans laquelle la dureté d'un corps est déterminée en enfonçant verticalement un poinçon ou pénétrateur en matériau suffisamment dur dans la surface sous l'action d'une force constante et connue appliquée dans des conditions bien définies.

essai de dureté au choc (m)
= essai de dureté par rebondissement (m)
Méthode dans laquelle la dureté d'un corps est déterminée en percutant verticalement la surface à tester avec un pénétrateur en matériau suffisamment dur sous l'action d'une force dynamique connue appliquée dans des conditions bien définies.

4.3.33 **Indenter (m)**
= Eindringkörper, Prüfkörper (m)
Geometrisch bestimmter Körper höherer Härte, der bei einer Härteprüfung in einen Prüfkörper eingedrückt wird.

indenter
An object of high hardness with defined geometry which is pressed into the test sample in a hardness test.

4.3.34 **Prüffläche (f)**
Oberfläche des Probenkörpers, an der die Härteprüfung durchgeführt wird. Die Prüffläche sollte möglichst eben und glatt sein.

test surface
Surface of the test object on which the hardness test is carried out.

4.3.35 **Prüfkraft (f)**
= Prüflast (f)
Kraft, mit der ein Indenter in das Probewerkstück eingedrückt wird.

test force
The force with which an indenter is pressed into a test object.

4.3.36 **Prüfeindruck (m)**
Der nach dem Entlasten des Indenters im Probenkörper zurückbleibende Eindruck.

indentation mark
The impression remaining in the test object after removal of the indenter.

4.3.37 **Absenkgeschwindigkeit (f)**
Geschwindigkeit, mit der der Indenter gegen den Probenkörper zugestellt wird, bis die vorgeschriebene Prüflast aufgebracht ist.

sink speed
The velocity with which the indenter is advanced against the test object until the prescribed test load is reached.

4.3.38 **Einwirkdauer (f)**
= Belastungsdauer (f)
Zeitspanne, in der die Prüfkraft aufgebracht und aufrechterhalten werden muss. Die genaue Einwirkdauer ist vom Härteprüfverfahren abhängig.

load dwell time
Prescribed time period for the application of the test load for a specific hardness test.

4.3.39 **Eindringtiefe (f)**
Senkrechter Abstand zwischen der Oberfläche und dem Grund des Prüfeindruckes.

penetration depth
Normal distance between the test surface and the lowest point of the test indentation.

4.3.40 **Eindruckabstand (m)**
Entfernung zwischen zwei Prüfeindrücken.

indentation distance
The distance between two neighboring test indentations.

pénétrateur (m)
= poinçon (m)
Corps de géométrie rigoureusement définie et dont le matériau est de dureté élevée qui est enfoncé dans la pièce à tester dans des conditions spécifiées par l'essai de dureté considéré.

surface à tester (f)
Surface du corps sur laquelle l'essai de dureté est effectué.

charge d'essai (f)
Force avec laquelle le pénétrateur est enfoncé dans le corps à tester.

empreinte laissée par le pénétrateur (f)
Marque laissée sur la surface du corps testé après enlèvement de la charge.

vitesse d'enfoncement (f)
Vitesse avec laquelle le pénétrateur est enfoncé progressivement et sous charge croissante dans la surface du corps à tester jusqu'à ce que la charge d'essai prescrite ait été atteinte.

durée de maintien de la charge (f)
Durée prescrite par l'essai pendant laquelle la charge appliqué est maintenue à sa valeur finale.

profondeur de pénétration (f)
Distance mesurée perpendiculairement à la surface testée entre la surface et le point le plus profond de l'empreinte.

distance entre deux essais de dureté par pénétration (f)
Distance minimale à respecter entre deux essais successifs. Cette distance ainsi que la distance minimale entre une empreinte et le bord de la pièce sont spécifiés pour chaque type d'essai de dureté.

4.3.41 **Brinell-Härte (f)**
Genormtes, statisches Härteprüfverfahren bei dem eine Hartmetall- oder gehärtete Stahlkugel als Indenter verwendet wird. (DIN 50351)

Brinell hardness
Hardness number HB obtained by pressing a 10 mm diameter tungsten carbide or hardened steel ball against a test surface with a defined load; HB is the load divided by the curved indentation area.

4.3.42 **Vickers-Härte (f)**
Genormtes, statisches Härteprüfverfahren, bei dem eine vierseitige, regelmäßige Diamantpyramide mit 136° Spitzenwinkel als Indenter benutzt wird. (DIN 50133)

Vickers hardness
Hardness number HV is based upon applying a pyramid-based diamond indenter with a square base and an included tip angle of 136 deg.

dureté Brinell (f)
L'essai Brinell consiste à imprimer dans la pièce à essayer une bille en acier trempé ou en carbure de tungstène de diamètre D sous une charge F, et à mesurer le diamètre d de l'empreinte laissée sur la surface après enlèvement de la charge. La dureté Brinell HB s'exprime par le rapport de la charge F à la surface S de la calotte sphérique imprimée dans la pièce. D et F valent normalement 10 mm et 29.400 N (3.000 kgf); D peut varier de 1 à 10 mm avec $F/D^2 = 294$ dans le cas des aciers. (NF A.03-152)

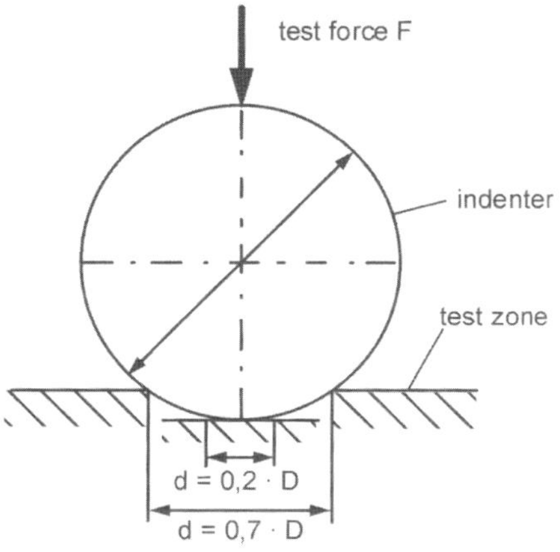

$$HB = \frac{0{,}102 \cdot F}{0{,}5 \cdot \pi \cdot D \cdot (D - (D^2 - d^2)^{1/2})}$$

source: DIN 50351

dureté Vickers (f)
L'essai Vickers consiste à imprimer dans la pièce à essayer un pénétrateur en diamant en forme de pyramide droite à base carrée d'angle au sommet 136° sous une charge F et à mesurer la diagonale d de l'empreinte laissée sur la surface après enlèvement de la charge. La dureté Vickers est proportionnelle au rapport F/S, avec S = surface de l'empreinte considérée comme pyramide droite. (NF A.03-154)

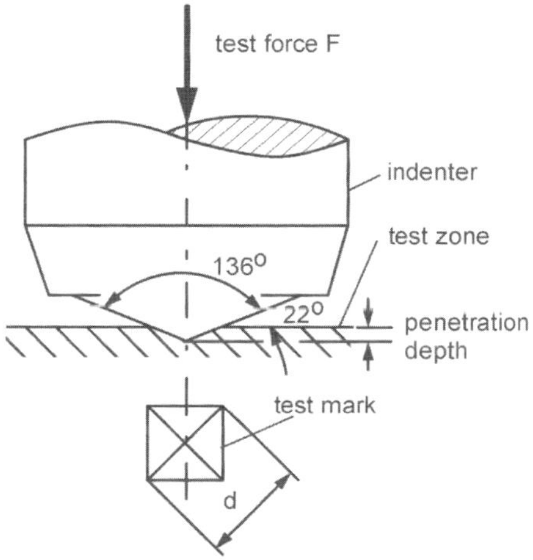

$$HV = \frac{0{,}102 \cdot F \cdot 2 \cdot \cos(22^\circ)}{d^2}$$

4.3.43 **Rockwell-Härte (f)**
Genormtes, statisches Härteprüfverfahren, bei dem entweder ein Diamantkegel mit 120° Spitzenwinkel (Rockwell-C-Verfahren) oder eine gehärtete Stahlkugel (Rockwell-B-Verfahren) benutzt wird. (DIN 50103)

Rockwell hardness
Hardness number HR obtained by pressing an indenter into the surface first with a minor load, then with a major load. The difference in the depths is a measure of hardness. The indenter can be either a diamond cone with 120 deg cone angle (Rockwell A, C, D) or a hardened steel ball (Rockwell B, F, G, E).

4.3.44 **Knoop-Härte (f)**
Statisches Härteprüfverfahren, bei dem eine rhomboidische Diamantpyramide als Indenter verwendet wird. Das Verfahren ist ähnlich dem Vickersverfahren und wird bevorzugt in den USA verwendet. (ISO 4545)

Knoop hardness
Hardness number HK is based on a test similar to the Vickers test except that the diamond indenter is in the shape of an elongated rhombic pyramid.

4.3.45 **Mohs-Härte (f)**
Einordnung von zehn Mineralien in eine Härteskala von 1 = Talk bis 10 = Diamant, wobei jedes Mineral vom folgenden geritzt wird und das vorhergehende selbst zu ritzen vermag.

Mohs hardness
Hardness is on a scale from 1 to 10 and based on the capability of one is material to scratch another, where 1 represents talc and 10 diamond.

dureté Rockwell (f)
L'essai Rockwell consiste à imprimer, en deux temps, dans la couche de surface de la pièce à essayer, un pénétrateur de type normalisé et qui peut être une bille en acier trempé (essais Rockwell B, E, F) ou un cône en diamant d'angle au sommet 120° (essai Rockwell C), et à mesurer l'accroissement rémanent de la profondeur de pénétration. (NF A 03-153)

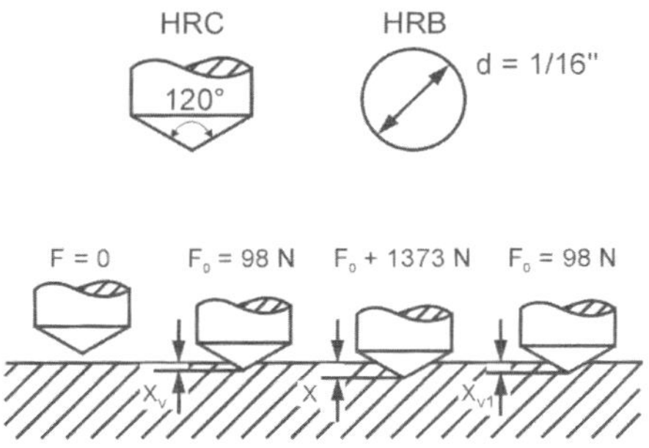

$$HRC = 100 - \frac{X_{v1} - X_v}{0{,}002}$$

$$HRB = 130 - \frac{X_{v1} - X_v}{0{,}002}$$

source: after Macherauch

dureté Knoop (f)
Le pénétrateur utilisé est en diamant et est taillé suivant une pyramide à base losange, dont les diagonales sont sensiblement dans le rapport de 7 à 1. L'avantage du pénétrateur Knoop est de donner une empreinte suffisamment grande pour une très faible charge, en sollicitant donc un volume très réduit de matière. (ISO 4545)

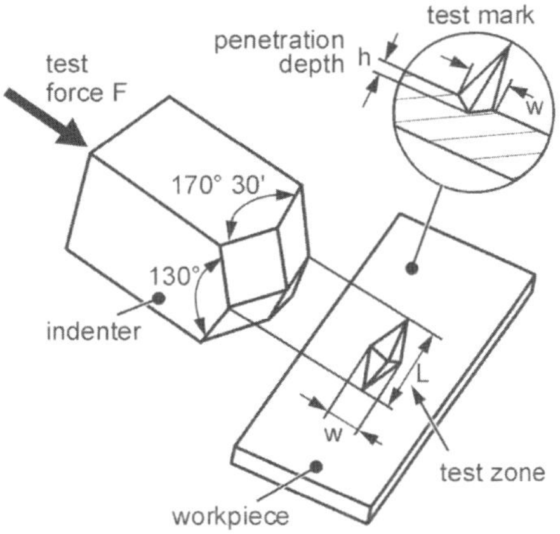

source: Metals Handbook Vol. 8

dureté Mohs (f)
L'échelle de Mohs est la première échelle de dureté des minéraux qui ait été proposée: chaque minéral raye ceux qui sont en dessous de lui. L'échelle va de 1 pour le talc à 10 pour le diamant, et les minéraux indiqués sont tels que les intervalles de dureté entre deux éléments consécutifs sont comparables.

1	Talc	6	Feldspar
2	Gypsum	7	Quartz
3	Calcite	8	Topaz
4	Flourite	9	Sapphire
5	Apatite	10	Diamond

4.3.46 **Schlaghärteprüfung (f)**
Ein Schlagbolzen mit bekannter Brinellhärte wird durch einen Schlag mit dem Handhammer auf eine gehärtete Stahlkugel gedrückt, welche gleichzeitig auf der zu prüfenden Oberfläche aufliegt. Die Kugel drückt sich in beide Körper ein.

impact hardness test
With the stroke of a hammer a strike pin with known Brinell hardness is pressed against a hardened steel ball which rests on the surface to be tested. The ball leaves impressions on both objects.

4.3.47 **Poldi-Hammer (m)**
Werkzeug (Schlagbolzen) zur Durchführung einer Schlaghärteprüfung.

Poldi hammer
Strike pin used for the dynamic hardness test.

4.3.48 **Rücksprunghärteprüfung (f)**
= Shore-Härte (f)
Ein Fallhammer mit abgerundeter Diamantspitze wird definiert auf die Prüffläche fallen gelassen. Die kinetische Energie wird dabei in elastische Verformung von Probe und Hammer umgewandelt und sofort als kinetische Rücksprungenergie an den Hammer zurückgegeben. Die Rücksprunghöhe ist proportional zur Härte und auf der Shore-Skala in 130 gleiche Teile bemessen.

rebound hardness test
In the Shore scleroscope test a drop hammer with rounded diamond tip is dropped on the polished test surface from a fixed height. The rebound height of the hammer is proportional to the hardness, and therefore a measure of it.

4.3.49 **magnetische Rissprüfung (f)**
Rissprüfverfahren, das auf den Eigenschaften magnetischer Kraftfelder beruht. Dazu wird in ferromagnetischen Prüfkörpern ein magnetisches Feld erzeugt, wobei eine gleichmäßige Ausbildung der magn. Kraftlinien durch Fehler im Werkstoff gestört wird. Der Kraftlinienverlauf kann durch feines Eisenpulver sichtbar gemacht werden.

magnetic crack detection
A technique based on the effect of magnetical lines of force. A magnetic field is induced within a specimen, in the course of which the regular formation of magnetical lines of force is disturbed by damage to the material. The resulting magnetical lines of force can be visualized by deposited fine iron powder.

4.3.50 **Jochmagnetisierung (f)**
Erzeugung eines magnetischen Feldes in einem Prüfkörper durch Gleichstrom, wobei der Prüfkörper in einem Joch aufgenommen wird.

yoke magnetization
Generation of a magnetic field in a specimen using DC, where the specimen is embedded in a yoke.

essai de dureté au choc (m)
Sous l'action d'un coup de marteau, un percuteur de dureté Brinell connue est pressé contre une bille en acier trempé posée sur la surface de la pièce à essayer. La bille laisse une empreinte sur chacun des deux corps.

marteau de Poldi (m)
Percuteur utilisé pour l'essai de dureté au choc.

essai de dureté par rebondissement (m)
Dans l'essai de dureté utilisant le scléroscope de Shore, une petite masse d'acier terminée par un diamant arrondi tombe dans un tube lisse disposé verticalement, d'une hauteur déterminée, sur la surface préalablement polie et parfaitement horizontale de la pièce à essayer, et rebondit. La hauteur de rebondissement de la masse est proportionnelle à la dureté du matériau de la pièce et en permet la mesure.

détection magnétique des fissures (f)
La détection magnétique des fissures est basée sur leur influence sur les lignes de champ magnétique. Donc, un champ magnétique est induit dans l'échantillon à contrôler et la disposition habituellement régulière des lignes de champ magnétique va être perturbée par les anomalies présentes dans le matériau. Les lignes de champ magnétique qui en résultent peuvent être visualisées en déposant de la poudre ferromagnétique.

magnétisation directe (f)
L'échantillon à contrôler est inséré dans l'entrefer d'un noyau ferromagnétique dans lequel un champ magnétique est produit par la circulation d'un courant continu dans une bobine placée autour du noyau.

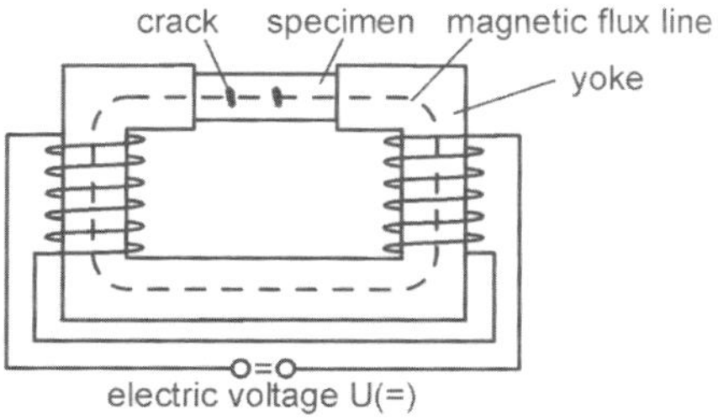

4.3.51 **Spulenmagnetisierung (f)**
Erzeugung eines magnetischen Feldes in einem Prüfkörper durch Gleichstrom, wobei der Prüfkörper durch eine Spule geführt wird.

coil magnetization
Generation of a magnetic field in a specimen using DC, where the specimen is embedded in a coil.

4.3.52 **Durchflutungsmagnetisierung (f)**
Erzeugung eines magnetischen Feldes in einem Prüfkörper durch Wechselstrom.

flow magnetization
Generation of a magnetic field in a specimen using AC.

4.3.53 **Stoßmagnetisierung (f)**
Rasche Magnetisierung durch Kondensatorentladung (bei Gleichstrom) oder einen Stoßtransformator (bei Wechselstrom). Hierdurch wird eine unzulässige Erwärmung des Prüfkörpers vermieden.

impulse magnetization
Quick impulse magnetization by capacitor discharge (in the case of DC) or by impulse transformation (in the case of AC) is used to avoid heating of the specimen during magnetization.

4.3.54 **remanenter Magnetismus (m)**
Im Prüfkörper nach der Magnetisierung vorhandener, bleibender Magnetismus.

residual magnetism
The specimen remains magnetized after magnetization.

4.3.55 **Entmagnetisierung (f)**
Entfernung einer Magnetisierung.

demagnetization
Removal of the effect of magnetization.

4.3.56 **Rissprüfung mit Ultraschall (f)**
Rissprüftechnik, die auf der Reflexion von Schallwellen durch vorhandene Risse beruht.

ultrasonic crack detection
Crack detection technique based on the reflection of sonic waves by cracks.

aimantation par une bobine entourant la pièce (f)
L'échantillon à contrôler est placé à l'intérieur d'une bobine alimentée par un courant continu.

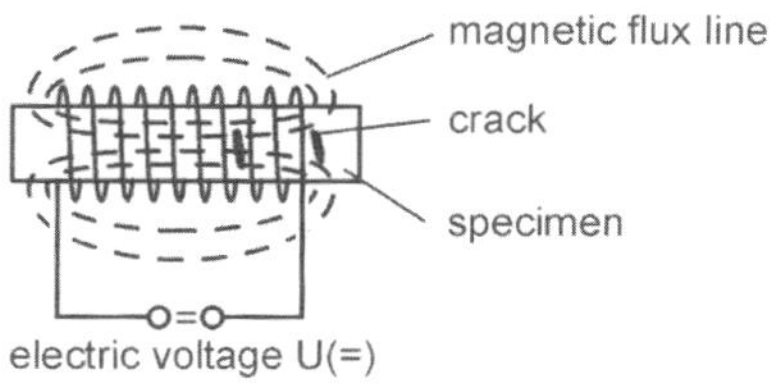

aimantation par un champ magnétique alternatif (f)
Le champ magnétique induit dans l'échantillon à contrôler est produit par un courant alternatif.

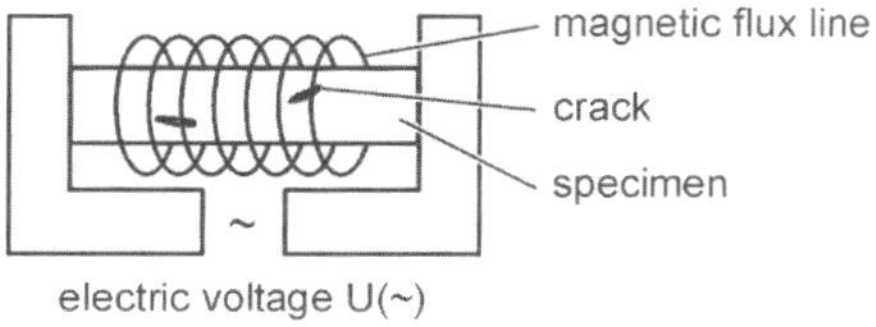

aimantation par impulsions (f)
= magnétisation par impulsions (f)
L'aimantation par des impulsions de courte durée est fréquemment utilisée afin d'éviter un échauffement inacceptable de l'échantillon à contrôler pendant l'aimantation. Ces impulsions peuvent être produites par la décharge d'un condensateur (dans le cas du courant continu) ou par un transformateur d'impulsions (dans le cas du courant alternatif).

aimantation rémanente (f)
= magnétisation rémanente (f)
L'aimantation rémanente correspond au champ magnétique restant dans le matériau de l'échantillon après que l'excitation magnétique ait été coupée.

désaimantation (f)
= démagnétisation (f)
Dans le cas où la pièce testée ne doit pas restée aimantée, par exemple pour éviter l'adhérence de particules abrasives lors du fonctionnement, la pièce doit être désaimantée par une réduction progressive de l'amplitude du courant alternatif d'aimantation.

détection des fissures par ultrasons (f)
La détection des fissures par ultrasons est basée sur la réflexion d'ondes acoustiques sur les fissures.

4.3.57 **Nital-Ätztest (m)**
Prüfung auf bauteilschädigende Gefügeumwandlungen an gehärteten Teilen, die nach einer Hartfeinbearbeitung optisch nicht erkennbar sind. Dazu wird der Prüfkörper in einem Säurebad behandelt und auf farbliche Veränderungen an der Oberfläche untersucht.

Nital etching test
Examination for damaged phase transformations of hardened steels, which are not optically detectable after hard machining. The specimen is treated in an acid bath and examined for colour alterations at the surface.

4.3.58 **Farbeindringverfahren (n)**
= Penetrierverfahren (n)
Nachweisverfahren zur Prüfung auf Oberflächenrisse durch das Aufbringen einer benetzenden Flüssigkeit. Reste dieser Flüssigkeit bleiben nach dem oberflächlichen Entfernen im Rissspalt zurück.

color penetration method
Analytical method for the determination of cracks by deposition of a wetting fluid. Residues of this fluid remain in the crack gaps after removing the fluid from the surface.

4.3.59 **Entwicklerflüssigkeit (f)**
Chemischer Reaktant, der die Restflüssigkeit an den Rissausgängen einer Probenoberfläche als farbige Linien sichtbar macht.

developer
A white powder applied to a part to draw excess penetrant from discontinuities after initial removal of penetrant from part. Also provides a contrasting background to view against. (Diederichs, R.)

4.3.60 **UV-Bestrahlung (f)**
Nach Verwendung spezieller Farbeindringflüssigkeiten können die Reste in den Rissspalten unter Bestrahlung mit Ultra-Violettem-Licht (UV-Bestrahlung) sichtbar gemacht werden.

UV-radiation
By using special fluorescent fluids the residues within the crack gaps become viewable when the specimen is exposed to ultraviolet UV radiation.

4.3.61 **Fluoreszensprüfung (f)**
Nachweisverfahren zur Prüfung auf Oberflächenrisse durch das Aufbringen einer benetzenden Flüssigkeit, die bei spezieller Bestrahlung (z.B. UV-Strahlung) fluoreszieren. Die Risse können besser erkannt werden als beim Farbeindringverfahren.

fluorescent penetration method
Analytical method for the determination of cracks by deposition of a wetting fluid, which fluoresces when using a special illumination lamp. Smaller crack gaps could be seen better than by using the color penetration method.

4.3.62 **Phasenanalyse (f)**
Ermittlung einzelner Phasenanteile in einem heterogenen Werkstoff.

phase analysis
Determination of phase properties in a heterogeneous material.

essai par attaque chimique au Nital (m)
Méthode utilisée pour l'examen de transformations de phases endommageantes d'aciers trempés et qui ne sont pas visibles après usinage à l'état durci. La pièce est traitée dans un bain acide et les modifications de couleur à sa surface sont examinées.

ressuage (m)
= technique par imprégnation d'un liquide coloré (m)
Il s'agit d'un moyen de recherche des fissures et défauts de surface et débouchant à la surface par application d'un liquide mouillant et coloré – appelé pénétrant –, en tirant profit des propriétés tensio-superficielles des fissures. En effet, après avoir nettoyé l'excès de ce produit en surface, une partie du pénétrant appliqué est resté dans les fissures.

révélateur (m)
Le révélateur est un produit constitué d'agents capillaires très puissants qui, appliqué à sec ou en suspension dans un liquide sur la surface de la pièce, réagit avec le pénétrant resté dans les fissures, visualisant ainsi la position des défauts par des marques colorées. Cette réaction est appelée ressuage ou pompage du liquide d'imprégnation par le révélateur.

exposition au rayonnement U. V. (f)
Certains liquides fluorescents réagissent avec le liquide d'imprégnation resté dans les fissures de telle sorte que celles-ci deviennent visibles lorsque la pièce à contrôler est exposée à un rayonnement U. V.

technique par application d'un liquide d'imprégnation fluorescent (f)
Il s'agit d'une méthode de détection des fissures où le liquide d'imprégnation resté dans les fissures devient fluorescent lorsqu'on l'éclaire avec une lampe spéciale. Cette technique permet de révéler des fissures plus étroites que celle utilisant un liquide d'imprégnation coloré.

analyse de phases (f)
Détermination des proportions des phases dans un matériau hétérogène.

4.3.63 **qualitative Phasenanalyse (f)**
Registrierung der phasenspezifischen Interferenzlinien zur Bestimmung der vorliegenden Phasen.

qualitative phase analysis
Determination of the phase-specific interference fringes to determine the phases present.

4.3.64 **quantitative Phasenanalyse (f)**
Ermittlung der mengenmäßigen Anteile jeder Phase durch Vergleich der Röntgenintensitäten, die einzelnen Interferenzen der Phasen zukommen.

quantitative phase analysis
Evaluation of the quantitative parts of each phase by comparing the radiographic intensities that belong to each phase.

4.3.65 **Goniometer (n)**
Messgerät zur Bestimmung von Beugungswinkeln (Winkelmessgerät).

goniometer
Measuring instrument for determination of diffraction angles.

4.3.66 **Röntgendiffraktometer (n)**
Gerät zur Bestimmung der Lage und Intensität von röntgenographischen Beugungserscheinungen.

X-ray diffractometer
Instrument for determination of position and intensity of X-ray interference fringes.

4.3.67 **Röntgenstrahlung (f)**
Elektromagnetische Wellen mit einer Frequenz von $f = 10^{16} - 10^{22}$ Hz und einer Wellenlänge von $\lambda = 3 \cdot 10^{-8} - 3 \cdot 10^{-14}$ m.

X-ray radiation
Electromagnetic waves with a frequency of $f = 10^{16} - 10^{22}$ Hz and a wave length of $\lambda = 3 \cdot 10^{-8} - 3 \cdot 10^{-14}$ m.

4.3.68 **Interferenzkegel (m)**
Beugungsmaxima der von regellos orientierten Kristalliten abgebeugten Strahlung, die symmetrisch zum Primärröntgenstrahl liegen.

interference cone
Diffraction maxima from randomly orientated crystallites which occur symmetric to the primary X-ray.

analyse qualitative de phases (f)
Enregistrement des franges d'interférence spécifiques à des phases afin de déterminer leur présence éventuelle.

analyse quantitative de phases (f)
Evaluation des concentrations en chaque phase présente par comparaison des intensités obtenues en radiocristallographie à des valeurs spécifiques à des phases particulières.

goniomètre (m)
Instrument de mesure pour la détermination par radiocristallographie des textures développées à l'intérieur des matériaux polycristallins.

diffractomètre de rayons X (m)
Appareil adapté à l'analyse radiocristallographique, par exemple pour la détermination de contraintes résiduelles ou des taux d'austénite non transformée.

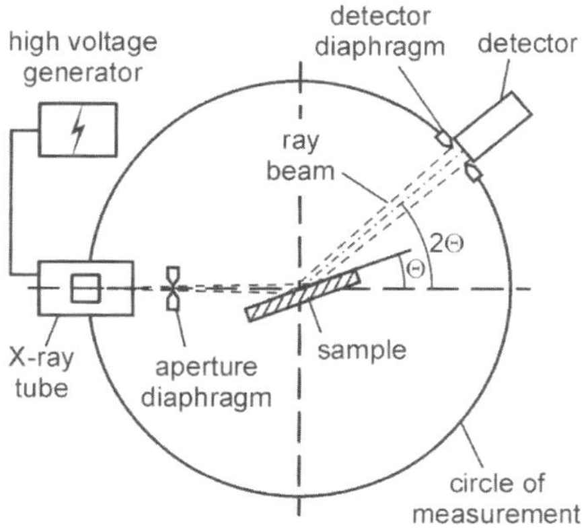

source: Macherauch

rayonnement X (m)
= radiation de rayons X (f)
Ondes électromagnétiques de fréquence $f = 10^{16}$ à 10^{22} Hz et de longueur d'onde $\lambda = 3 \cdot 10^{-8}$ à $3 \cdot 10^{-14}$ m.

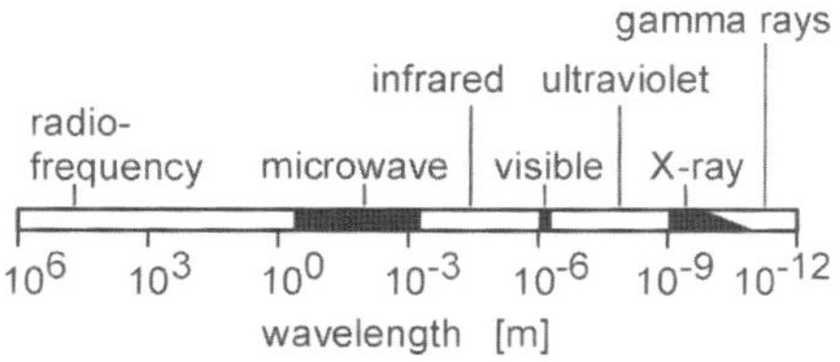

cône d'interférence (m)
Intensités « constructives » diffractées à partir de cristallites orientées aléatoirement qui apparaissent sous forme de cônes d'interférences dont l'axe est symétrique de l'axe du faisceau de rayons X incident.

4.3.69 **Normalenkegel (m)**
Trifft ein monochromatischer Röntgenstrahl unter einem bestimmten Winkel gegenüber dem Oberflächenlot auf einen polykristallinen Werkstoff, so ist eine gewisse Anzahl von Körnern so orientiert, dass sich ein Normalenkegel mit einem Öffnungswinkel $2\eta_0$ und ein Interferenzkegel $4\eta_0$ bildet.

normal cone
When a monochromatic X-ray impinges on a polycrystalline material normal to the surface, some crystallites will have such an orientation that a normal cone with the aperture angle $2\ \eta_0$ as well as an interference cone with the aperture angle $4\ \eta_0$ will be formed.

4.3.70 **röntgenographische Eigenspannungsmessung (f)**
Erfassung der durch plastische Dehnung hervorgerufenen, submikroskopischen Längenänderungen der Atomabstände, welche eine messbare Asymmetrie in der Lage der Interferenzkegel hervorrufen.

X-ray residual stress measurement
Detection of interatomic distance alterations caused by plastic dilatations, which generate a measurable asymmetry of the interference cone position.

4.3.71 **Röntgen-Bremsstrahlung (f)**
Wird in der Röntgenröhre ein Elektron beim Auftreffen auf die Anode schnell abgebremst, so entsteht ein Induktionsstoß und damit eine elektromagnetische Strahlung kleiner Wellenlänge. (→ charakteristisches Röntgenspektrum)

X-ray bremsstrahlung
If an electron impinges on the anode of a X-ray tube, it will rapidly be retarded, thereby inducing an electromagnetic radiation of low wavelength. (→ characteristic X-ray spectrum)

4.3.72 **harte Röntgenstrahlung (f)**
Röntgen-Bremsstrahlen mit kleiner Wellenlänge.

hard X-rays
X-rays with low wavelengths.

4.3.73 **weiche Röntgenstrahlung (f)**
Röntgen-Bremsstrahlen mit großer Wellenlänge.

soft X-rays
X-rays with large wavelengths.

cône normal (m)
Lorsqu'un faisceau monochromatique de rayons X pénètre dans un matériau polycristallin sous un angle donné avec la normale à la surface, certaines cristallites présenteront une orientation telle qu'un cône normal d'angle d'ouverture 2 η_0 en même temps qu'un cône de diffraction d'angle d'ouverture 4 η_0 se formeront.

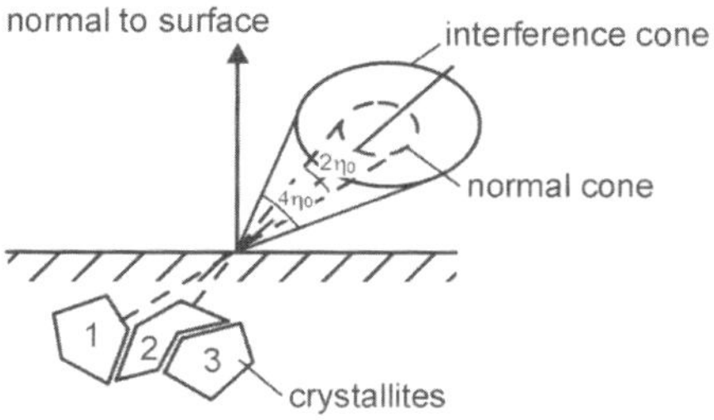

détermination des contraintes résiduelles par diffraction des rayons X (f)
La méthode consiste à détecter les variations de la distance interréticulaire d'une famille de plans cristallins dues à des dilatations volumiques ductiles, celles-ci engendrant une asymétrie quantifiable dans la position du cône de diffraction.

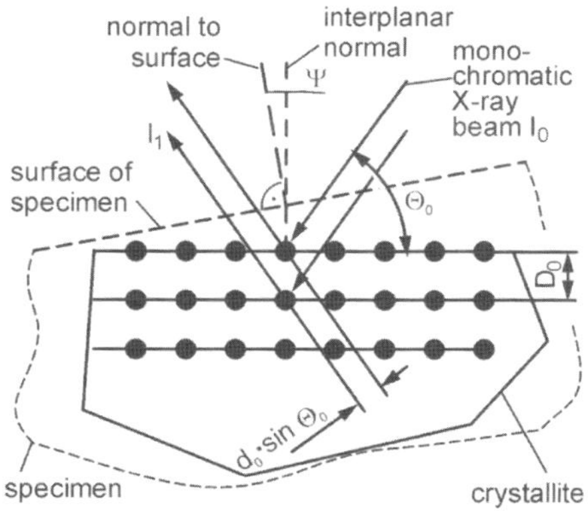

Bragg-equation: $2D_0 \cdot \sin \Theta_0 = n \cdot \lambda$
D_0: interplanar spacing

fluorescence X (f)
= rayonnement de freinage (m)
Lorsqu'un électron bombarde l'anode dans un tube à rayons X, il est brutalement ralenti, induisant ainsi un rayonnement électromagnétique de faible longueur d'onde.

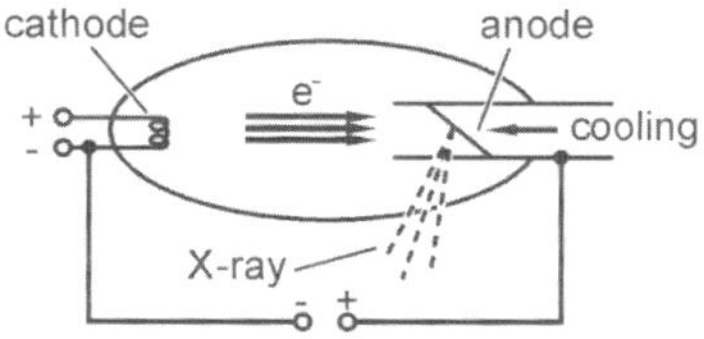

rayonnement X dur (m)
Rayons X de faible longueur d'onde.

rayonnement X mou (m)
Rayons X de grande longueur d'onde.

4.3.74 **charakteristisches Röntgenspektrum (n)**
= Linienspektrum (n)
Neben dem kontinuierlichen Bremsspektrum sendet die Anode auch ein Linienspektrum aus, das vom Energieniveau des herausgeschlagenen Elektrons (z.B. aus der K- oder L-Schale des Atoms) abhängt.

characteristic X-ray spectrum
= line spectrum
Amongst the continuous spectrum the anode also emits a discontinuous line spectrum, which depends on the energy level of the ejected electrons.

4.3.75 **Bragg-Gleichung (f)**
Trifft ein monochromatischer Röntgenstrahl J_0 unter dem Winkel θ_0 auf ein Kristallgitter, so tritt symmetrisch zur Netzebenennormalen ein abgebeugter Strahl unter demselben Winkel θ_0 aus, wenn der Gangunterschied der von zwei untereinander liegenden Gitterebenen gebeugten Strahlen ein ganzzahliges Vielfaches von λ beträgt (Bragg-Gleichung: $2\ D_0 \sin \theta_0 = n \cdot \lambda$).

Bragg equation
When a monochromatic X-ray J_0 impinges a crystal lattice under the angle θ_0, a diffracted beam emerges symmetrical to the interplanar normal under the same angle θ_0. The path difference between two beams, diffracted from the lattice planes will be an integer multiple of the wavelength λ. The Bragg equation: $2\ D_0 \sin \theta_0 = n \cdot \lambda$.

4.3.76 **Netzebenenabstand (m) D_0**
Abstand zwischen zwei benachbarten Ebenen im Atomgitter. (→ Bragg-Gleichung)

interplanar spacing D_0
Distance between two planes of the atomic lattice. (→ Bragg-equation)

4.3.77 **Cr-Kα-Strahlung (f)**
Kα-Linienspektrum einer Anode aus Chrom (Wellenlänge $2{,}2896 \cdot 10^{-8}$ cm).

Cr-Kα-radiation
Kα-line spectrum of a chromium anode (wavelength $2.2896 \cdot 10^{-8}$ cm).

4.3.78 **Aperturblende (f)**
Blende, die den Öffnungswinkel des Primärstrahlenbündels in einem Röntgendiffraktometer begrenzt.

aperture diaphragm
In a X-ray diffractometer the aperture angle of the primary beam cluster is limited by the aperture diaphragm.

4.3.79 **$\sin^2\psi$-Verfahren (n)**
Mathematisches Verfahren zur Umrechnung der röntgenographisch gemessenen Gitterdehnungen in Spannungskomponenten.

$\sin^2\psi$-method
Mathematical method to calculate the stresses from the lattice dilatations determined by X-ray measurement.

spectre caractéristique de rayons X (m)
= spectre de raies (m)
A l'intérieur du spectre continu, apparaît, émise également par l'anticathode, une ligne discontinue qui se présente sous la forme d'un pic et dont la position dépend du niveau d'énergie de l'électron éjecté.

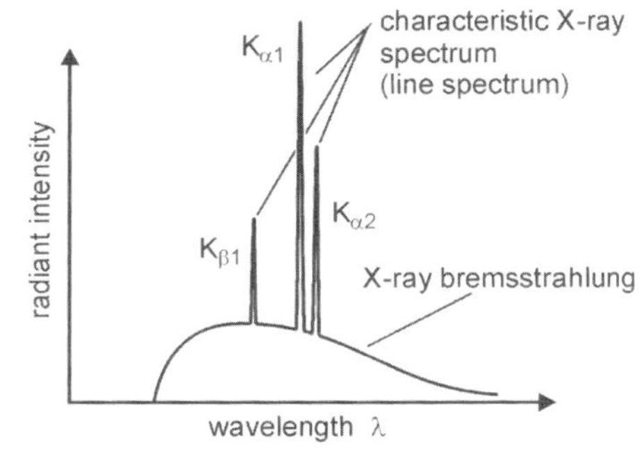

équation de Bragg (f)
Un faisceau de rayons X monochromatique J_0 pénétrant dans un réseau cristallin sous un angle θ_0 sort diffracté symétriquement par rapport à la normale au plan qui diffracte du même angle θ_0. La différence de marche des rayons diffractés par deux atomes de deux plans réticulaires superposés et distants de D_0 est un multiple entier n de la longueur d'onde λ (équation de Bragg: $2\ D_0 \sin \theta_0 = n \times \lambda$).

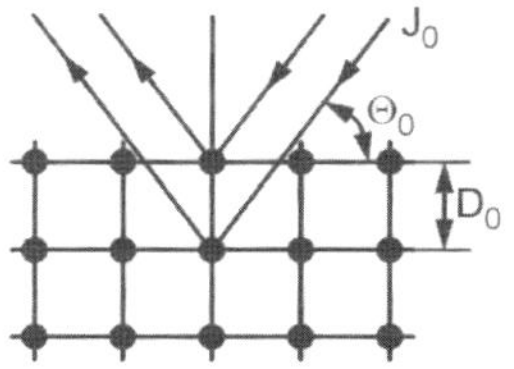

distance interréticulaire (f) D_0
C'est la distance entre deux mêmes plans cristallographiques du réseau cristallin situés l'un à la suite de l'autre.

pic Kα du chrome (m)
Raie Kα du spectre de raies d'une anticathode en chrome (longueur d'onde: $2{,}2896 \times 10^{-8}$ cm).

diaphragme d'ouverture (m)
Le diaphragme d'ouverture dans un diffractomètre est utilisé pour limiter l'angle d'ouverture du faisceau primaire de rayons X.

méthode de $\sin^2\psi$ (f)
Méthode mathématique utilisée pour calculer les contraintes résiduelles déterminées par la mesure radiocristallographique des variations du réseau cristallin.

4.3.80 **Induktion (f)**
Erzeugung einer elektrischen Spannung bzw., bei gegebenem Widerstand, elektrischer Ströme in einem ferromagnetischen Werkstoff durch die Änderung des magnetischen Flusses.

induction
Production of voltage and, providing a resistance, current within a ferromagnetic material by alteration of the magnetic flux.

4.3.81 **Wirbelstrom (m)**
Kreisstrom, der sich in einer Probe durch Induktion einstellt.

eddy current
Cyclic current induced by a magnetic field within a sample.

4.3.82 **Wirbelstromprüfung (f)**
Zerstörungsfreie Werkstoffprüfung, bei der durch hochfrequente Wechselströme in den Prüfkörpern Wirbelströme induziert werden. Diese Wirbelströme erzeugen ihrerseits ein magnetisches Wechselfeld, das von Fehlern im Werkstoff beeinflusst wird und mit dem äußeren Magnetfeld wechselwirkt.

eddy current testing
Non-destructive material testing, where eddy currents are induced by high frequency alternating current within the specimen. These eddy currents generate an alternating magnetic field, which is influenced by material defects, and interfere with the applied external magnetic field.

4.3.83 **Durchlaufspulenverfahren (n)**
Prüfverfahren, bei dem der Prüfkörper zwischen einer Prüf- und einer Messspule hindurchgeführt wird.

pass coil method
A test sample is tracked between a test coil and a measuring coil.

4.3.84 **Innenspulenverfahren (n)**
Wirbelstromprüfung an innen liegenden Bereichen eines Prüfkörpers, z.B. in Bohrungen und Durchbrüchen.

interior coil method
Eddy current testing of the interior location of a test sample, e.g., in a bore hole or in an opening.

induction (f)
Phénomène physique par lequel une tension est produite aux bornes des spires élémentaires résistives qui constituent un matériau ferromagnétique. Il en résulte des courants induits causés par la modification du flux magnétique.

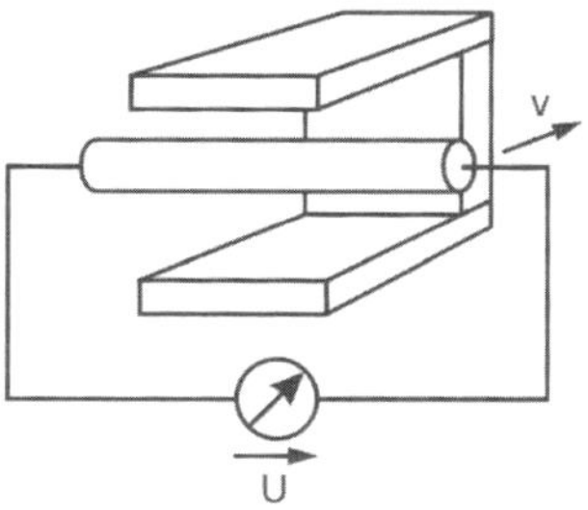

courants de Foucault (m)
Ce sont des courants périodiques induits dans un matériau conducteur de l'électricité par une variation de flux d'induction magnétique.

contrôle par courants de Foucault (m)
Il s'agit de méthodes d'essais non destructifs de matériaux conducteurs de l'électricité où des courants de Foucault sont induits par un courant alternatif à haute fréquence dans la pièce à contrôler. Ces courants de Foucault produisent un champ magnétique alternatif qui est influencé par les anomalies du matériau et qui perturbe le champ magnétique externe appliqué à l'échantillon. Ces méthodes consistent à analyser ces interférences.

technique de la sonde encerclante (f)
La pièce à contrôler est guidée entre une bobine d'excitation et une bobine de mesure.

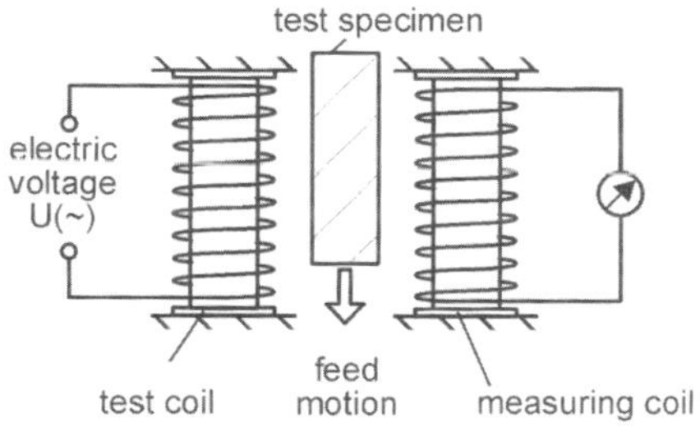

technique de la sonde interne (f)
Technique de contrôle par courants de Foucault de l'intérieur d'une pièce, par ex. d'un alésage ou d'un évidement.

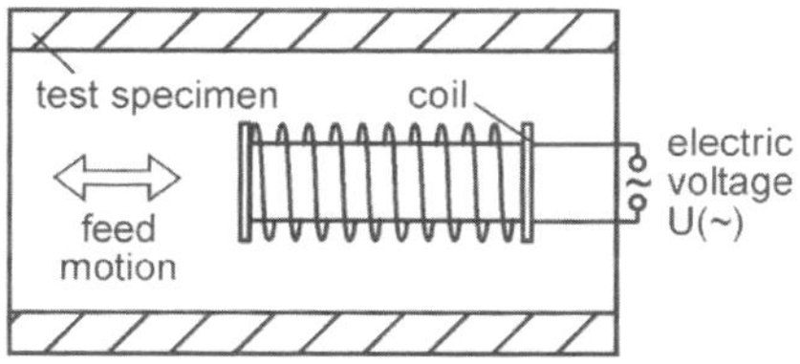

4.3.85 **Tastspulenverfahren (n)**
Durchführung einer Wirbelstromprüfung mit einer tastenden Spule.

touch exploring coil method
Eddy current testing by a touch exploring coil.

4.3.86 **Scheinwiderstand (m) Z**
= Impedanz (f)
Verhältnis aus Effektivwerten von Spannung und Strom (Z = U/I).

impedance Z
The impedance is the ratio of voltage to current (Z= U/I).

4.3.87 **Blindwiderstand (m)**
Ein Blindwiderstand entsteht in elektrischen Wechselstromschaltungen durch reine Induktivitäten oder Kapazitäten. Sie verursachen Phasenverschiebungen zwischen Spannungen und Strömen.

reactance
The reactance in a alternating electric circuit results from pure inductance or capacitance. A phase shift between voltage and current results.

4.3.88 **Wirkwiderstand (m)**
Ohmscher Anteil des Scheinwiderstandes.

resistance
The resistance indicates the ohmic part of the impedance.

4.3.89 **Magnetfeld (n) B**
Räumliches Gebiet, in dem jede elektrische Ladung Q eine Beschleunigung senkrecht zu ihrer Bewegungsrichtung und senkrecht zur Richtung der dadurch definierten magnetischen Feldlinien erfährt.

magnetic field B
Spatial filed, where an electric charge Q undergoes an acceleration normal to its propagation direction and normal to the so defined lines of magnetic field.

technique de la sonde plate (f)
Technique de contrôle par courants de Foucault qui utilise une bobine détectrice avec contact avec la pièce à contrôler.

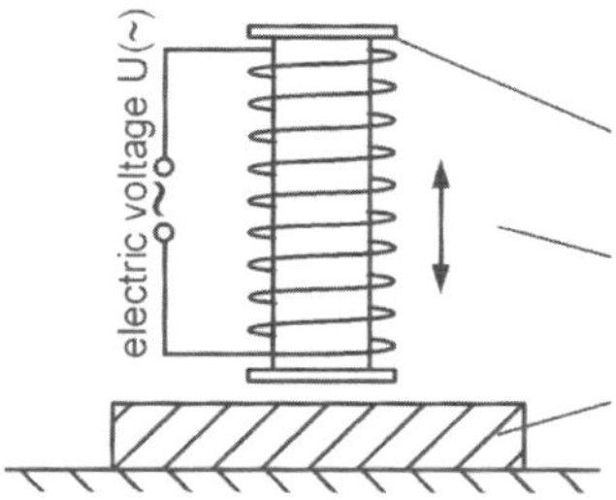

impédance (f) Z
L'impédance Z est le rapport entre la valeur efficace de la tension U et la valeur efficace du courant (Z = U/I).

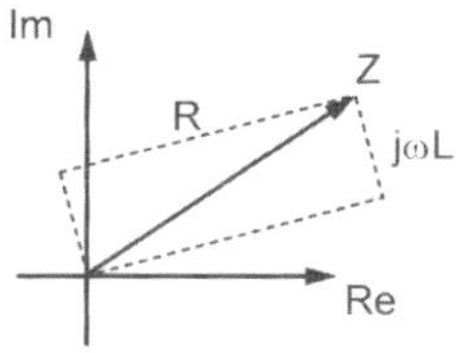

impedance of a coil

réactance (f)
La réactance d'un circuit électrique en courant alternatif est due à une inductance pure ou à un condensateur. Il en résulte un déphasage entre tension et courant.

résistance (f)
La résistance indique la partie ohmique de l'impédance.

champ magnétique (m) B
Domaine de l'espace où toute charge électrique Q subit une accélération perpendiculaire à la fois à sa trajectoire et aux lignes de champ magnétique.

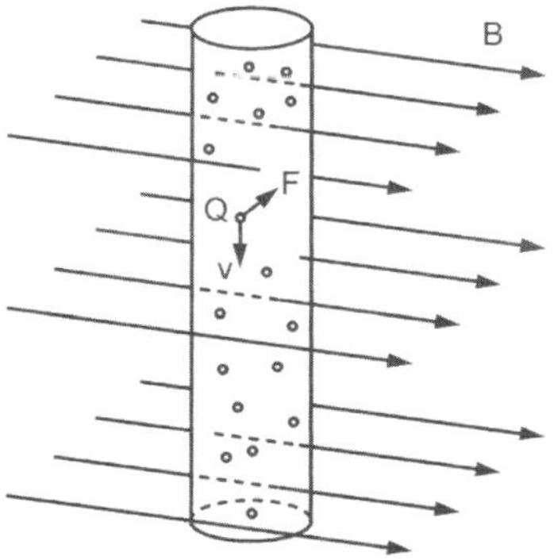

source: after Gerthsen

4.3.90 **Weiss'scher Bezirk (f)**
In ferromagnetischen Materialien ist die Magnetisierung nur innerhalb kleiner Bereiche, den Weiss'schen Bezirken, vollständig gleichgerichtet. Die Summe der Magnetisierungen aller Weiss'schen Bezirke in einer nicht magnetisierten Probe hebt sich auf, so dass kein Gesamtmagnetismus festzustellen ist. Weiss'sche Bezirke sind nicht mit den Körnern identisch.

Weiss – domain
In ferromagnetic materials, magnetization only within small areas, called Weiss domains, is totally parallel oriented. Within a non-magnetized specimen, the sum of the magnetizations of all Weiss domains disappears, and no external magnetization is detectable. Weiss domains are not identical with grains.

4.3.91 **Blochwand (f)**
Trennwand zwischen verschiedenen Weissschen Bezirken. (→ Weiss'sche Bezirke)

Bloch wall
Partition between different Weiss domains. (→ Weiss – domain)

domaine de Weiss (m)
Dans les matériaux ferromagnétiques magnétisés, l'aimantation s'effectue uniquement à l'intérieur de petits secteurs appelés domaines de Weiss, et les champs magnétiques liés à chaque domaine sont parallèles entre eux. Dans un échantillon non magnétisé, les champs magnétiques des différents domaines de Weiss ne sont plus parallèles et leur résultante est nulle, et une aimantation extérieure n'est pas décelable. Les domaines de Weiss ne sont pas à comparer avec les cristallites.

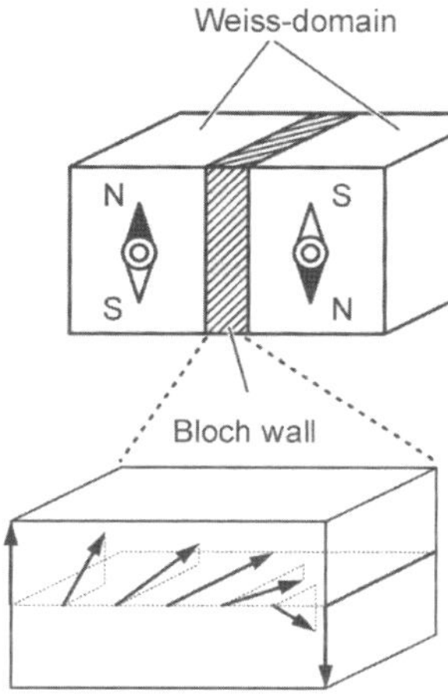

paroi de Bloch (f)
C'est une couche de transition entre deux domaines de Weiss d'aimantation contraire.

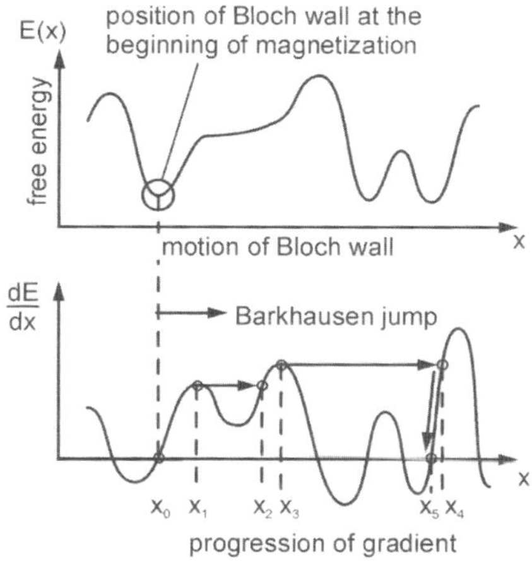

source: after Karpuschewski

4.3.92 **Magnetisierung (f) J**
Bringt man Materie in ein Magnetfeld B, dann beginnen um die B-Richtung mikroskopische Kreisströme zu fließen, welche die Materie magnetisieren, d.h. die vorhandenen Blochwände werden verschoben und gedreht.

magnetization J
When a substance is exposed to a magnetic field, microscopic circular currents are induced. Within ferromagnetic materials, existing Bloch walls are shifted and rotated.

4.3.93 **Hysteresekurve (f)**
= Magnetisierungskurve (f)
= Hysteresisschleife (f)
Bringt man eine Probe in ein zeitlich langsam anwachsendes Magnetfeld mit der Feldstärke H, strebt die Magnetisierung J einem Sättigungswert J_s entgegen. Wird die Feldstärke H verringert, bleibt die Probe stärker magnetisiert. Um die Magnetisierung umzukehren, ist ein magnetisches Gegenfeld (Koerzitivfeld) notwendig. Der gesamte Verlauf wird als Hysteresekurve bezeichnet. (→ Magnetisierung)

hysteresis loop
When a specimen is exposed to an increasing magnetic field, magnetization reaches a saturation value. If the field strength is reduced, a part of the magnetization remains. To make magnetization disappear, a reverse magnetic field (coercive field) is needed. The progression of magnetization depending on the field strength is called the hysteresis loop. (→ magnetization)

4.3.94 **Remanenz (f) J_R**
Restmagnetisierung, welche zurückbleibt, wenn nach Erreichen der Sättigung die Feldstärke wieder auf Null zurückgeht (→ Hysteresekurve).

remanence J_R
Remaining magnetization after the decrease of field strength from the saturation value to zero (→ hysteresis loop).

4.3.95 **Koerzitivfeldstärke (f) H_C**
Magnetische Gegenfeldstärke, um den Restmagnetismus abzubauen (→ Hysteresekurve).

coercive-field strength H_C
Necessary counter field strength to reduce the magnetic remanence to zero (→ hysteresis loop).

magnétisation (f) J
Lorsqu'un matériau est soumis à une excitation magnétique, des courants circulaires microscopiques sont induits. Dans un matériau ferromagnétique, les parois de Bloch en présence se déplacent et pivotent.

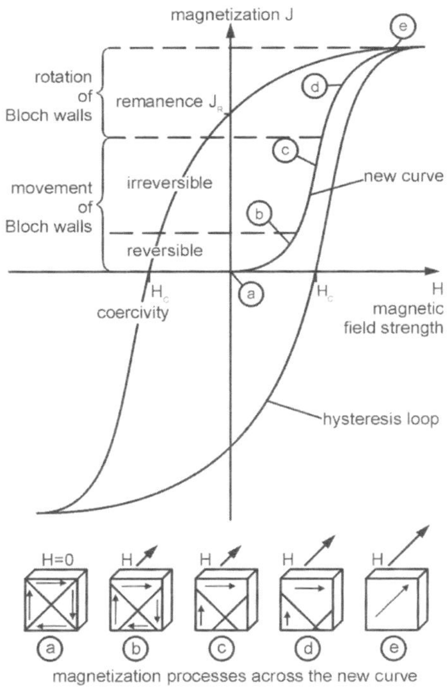

source: after Karpuschewski

cycle d'hystérésis (m)
Lorsqu'un échantillon est soumis à une excitation magnétique croissante, l'aimantation atteint une valeur de saturation. Si l'excitation magnétique diminue, une partie de l'aimantation reste. Pour faire disparaître l'aimantation, une excitation magnétique inverse doit être appliquée (champ coercitif). La courbe d'aimantation en fonction de l'excitation magnétique s'appelle le cycle d'hystérésis. (→ magnétisation)

induction rémanente (f)
C'est l'aimantation résiduelle après diminution de l'excitation magnétique de la valeur de saturation à zéro (selon le cycle d'hystérésis).

valeur du champ coercitif (f)
C'est la valeur de l'excitation magnétique nécessaire pour annuler l'aimantation rémanente (selon le cycle d'hystérésis).

4.3.96 **Barkhausenrauschen (n)**

Während einer Magnetisierung wird die Verschiebung von Blochwänden an Einschlüssen, Versetzungen oder Korngrenzen behindert, wobei die Überwindung dieser Hindernisse sprungartig erfolgt und messtechnisch erfassbar ist. Durch die Vielzahl solcher Ereignisse ist das sogenannte magnetische und akustische Barkhausenrauschen detektierbar.

Barkhausen noise

During magnetization Bloch Wall shifting is hampered by inclusions, dislocations and grain boundaries. Overcoming these impediments occurs discontinuously and can be recognized by measuring methods. Caused by multiplicity of such events, the so called magnetic and acoustic Barkhausen noise is detectable.

4.3.97 **Spule (f)**

Eine Spule besteht aus einem Draht, der zu einem geschlossenen Kreissring gebogen wurde und somit aus einer bestimmten Anzahl von Windungen um einen Kern besteht. Durch das Fließen eines Stromes induziert die Spule ein Magnetfeld, wobei der Magnetfluss durch jede Fläche, die in einer gegebenen geschlossenen Kurve aufgespannt ist, nur von dieser Kurve und nicht von der Form der Fläche abhängt.

coil

A coil consists of a wire, which is coiled to a defined number of windings. An electrical current through the wire causes a magnetic field. The magnetic flux through each surface, given by a closed path, is only dependant on the path, not of the special form of the bordered surface.

4.3.98 **Aufsetztechnik (f)**

Verfahren, bei dem eine Senderspule auf das Bauteil aufgesetzt wird. Luftspulen und ggf. zusätzliche Hallsonden werden als Empfänger eingesetzt.

slip-on method

With this method an emitting coil is put on the surface of a structural part, while air-core coils and depending on the procedure, a Hall probe may be used to receive signals.

bruit de Barkhausen (m)
Pendant l'aimantation, le déplacement des parois de Bloch est perturbé par l'instabilité des frontières du domaine due à la présence d'inclusions, de dislocations et de joints de grains; ces instabilités sont surmontées de façon discontinue et cela peut être mis en évidence par des mesures; le bruit d'origine magnétique et acoustique, désigné bruit de Barkhausen, qui résulte de la multiplicité de tels événements, est décelable.

bobine (f)
Une bobine est constituée d'un fil enroulé selon un nombre donné de spires. Un courant électrique dans la bobine génère un champ magnétique. Le flux magnétique qui traverse alors une surface limitée par un contour fermé n'est fonction que du contour, et non de la surface délimitée.

méthode d'insertion (f)
Dans cette méthode, la bobine qui génère le champ magnétique est placée sur l'échantillon à contrôler, tandis que la détection du champ est réalisée par des bobines à air, éventuellement et selon la procédure, associées à une sonde à effet Hall.

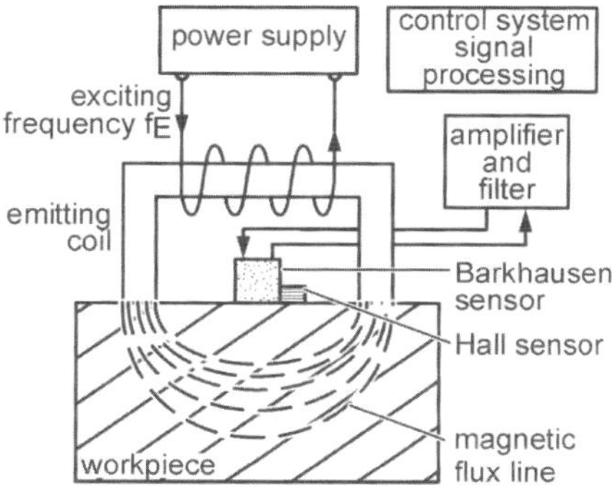

source: Brinksmeier

4.3.99 **umschließende Prüfung (f)**
Das zu prüfende Werkstück befindet sich in einer Spule, die aus einer Erreger- und einer Empfängerwicklung besteht. Die Spule muss der Geometrie des Prüfteils angepasst sein.

surround test
The tested workpiece is located inside a coil consisting of emitting and receiving windings. The coil is made to adapt to the sample geometry.

4.3.100 **Barkhausensonde (f)**
Sonde, mit der das Barkhausenrauschen empfangen wird. Als Sonden dienen Luftspulen oder Spulen mit Ferritkern.

Barkhausen probe
Used to receive Barkhausen noise, using air coils or coils with a ferrite core as a probe.

4.3.101 **Tangentialfeldstärke (f)**
Für magnetinduktive Messungen mit der Aufsetzspule wird die Wechselwirkung mit der tangentialen Feldstärke des angelegten Magnetfeldes genutzt.

tangential field strength
For magnetic inductive measurements with a slip-on coil the interaction with the tangential component of the applied magnetic field is used.

4.3.102 **Feldstärke (f) H_{cM}**
Betrag der Feldstärke an der Stelle der maximalen Amplitude des Barkhausenrauschens.

field strength H_{cM}
Strength of the field at the position with maximum Barkhausen noise amplitude.

4.3.103 **Analysefrequenzbereich (m)**
= Analysefrequenzband (n)
Der Bereich an Frequenzen, in dem die Signale der Barkhausensonde ausgewertet werden. Höhere Frequenzen bedeuten geringere Analysetiefe.

analysis frequency range
Range of frequencies in which the signals of the Barkhausen probe are evaluated. Higher frequencies are related to smaller analyzing depths.

test d'encerclement (m)
La pièce à contrôler est placée à l'intérieur d'une bobine pourvue de spires émettrices et de spires réceptrices. La bobine doit être adaptée à la géométrie de l'échantillon.

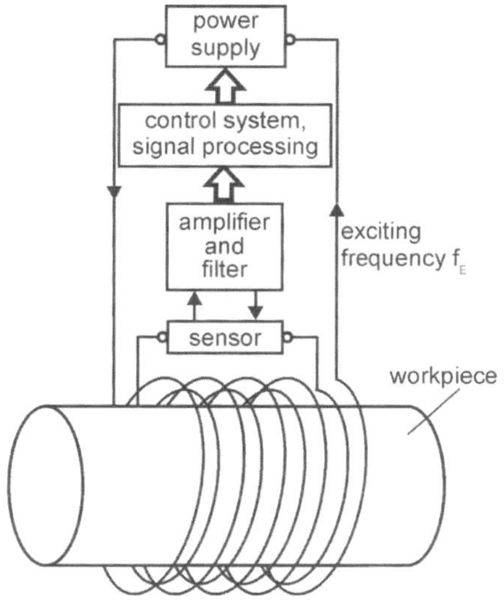

source: Brinksmeier

sonde de Barkhausen (f)
Les sondes de Barkhausen sont conçues pour capter les bruits de Barkhausen au moyen de bobines à air ou de bobines à noyau de ferrite.

intensité de la composante tangentielle du champ magnétique (f)
Dans le cas de la mesure par une bobine d'insertion, l'interaction sur la composante tangentielle du champ magnétique est exploitée pour en définir l'intensité.

intensité du champ magnétique d'excitation (f)
Il s'agit de la valeur de la résultante de l'excitation magnétique lorsque les bruits de Barkhausen sont à leur amplitude maximale.

domaine des fréquences d'analyse (m)
Il s'agit de la bande des fréquences des champs magnétiques alternatifs qui sont utilisés pour aimanter un barreau dans lequel on veut détecter le bruit de Barkhausen. Les fréquences sont d'autant plus grandes que les profondeurs à analyser sont petites.

4.3.104 **Erregerfrequenz (f) f_E**
= Magnetisierungsfrequenz (f)
Die Analysiertiefe hängt bei der mikromagnetischen Werkstoffprüfung wesentlich von der Frequenz des magnetisierenden Feldes ab. Diese Erregerfrequenz liegt in der Aufsetztechnik bei 0,1 Hz < f_E < 1000 Hz und ist identisch mit der Frequenz, mit der die Hysteresekurve durchfahren wird.

exciting frequency f_E
The analysis depth of the micromagnetic material test is dependent on the frequency of the magnetical field. The e.f. of the slip-on method is within the range of 0.1 Hz < f_E < 1000 Hz and is the same frequency which is applied to the hysteresis loop.

4.3.105 **Magnetostriktion (f)**
Veränderung der geometrischen Abmessungen eines Werkstückes aufgrund der Überlagerung eines einwirkenden Magnetfeldes mit spannungsbedingten Blochwandbewegungen. Hieraus resultiert ein Einschnüren der Hysteresekurve unter Zugspannungen bzw. ein Aufweiten bei Druckspannungen.

magnetostriction
Alteration of geometrical measurements of a workpiece under the influence of magnetic fields.

4.3.106 **Überlagerungspermeabilität (f) μ_Δ**
Überlagerung eines quasi-statischen Magnetfeldes mit einem magnetischen Wechselfeld der Amplitude ΔH und der Frequenz f .

incremental permeability μ_Δ
The incremental permeability results from the superposition of a quasi-static magnetic field with an alternating magnetic field with amplitude ΔH and frequency f .

4.3.107 **Schwingung (f)**
Zeitlich periodische Zustandsänderungen eines physikalischen Systems.

oscillation
Periodic changes of the state of a physical system based on time.

4.3.108 **Welle (f)**
Energietransport durch Ausbreitung von Schwingungen; zeitlich und räumlich periodischer Vorgang. (DIN 54119)

wave
A shift from equilibrium in the interior of a deformable medium which is imparted to neighboring regions with a delay in time, and propagates in all directions.

4.3.109 **Schallwelle (f)**
Eine elastische Welle in einem deformierbaren Medium wird als Schallwelle bezeichnet, z.B. eine akustische Welle in Festkörpern.

sound wave
An elastic wave in a deformable medium, e.g., an acoustic wave in a solid body.

4.3.110 **Ultraschall (m)**
Schall, dessen Frequenzen oberhalb von 16 kHz liegen. (DIN 54119)

ultrasound
Sound vibrations with a frequency above 16 kHz.

fréquence d'excitation (f) f_E
La gamme de fréquence des appareils de détection des microchamps magnétiques dépend de la fréquence du champ d'excitation. Avec la méthode d'insertion, la fréquence d'excitation est dans l'intervalle 0,1 Hz < f_E < 1.000 Hz, et est aussi la fréquence qui permet de vérifier le cycle d'hystérésis.

magnétostriction (f)
Propriété qu'ont certains matériaux de se déformer sous l'action d'un champ magnétique par réarrangement des domaines magnétiques, et réciproquement.

perméabilité incrémentielle (f) μ_Δ
La perméabilité incrémentielle est issue de la superposition du champ magnétique quasi-statique d'excitation H et d'une composante alternative ΔH de fréquence f .

oscillation (f)
Variations temporelles périodiques de l'état d'un système physique.

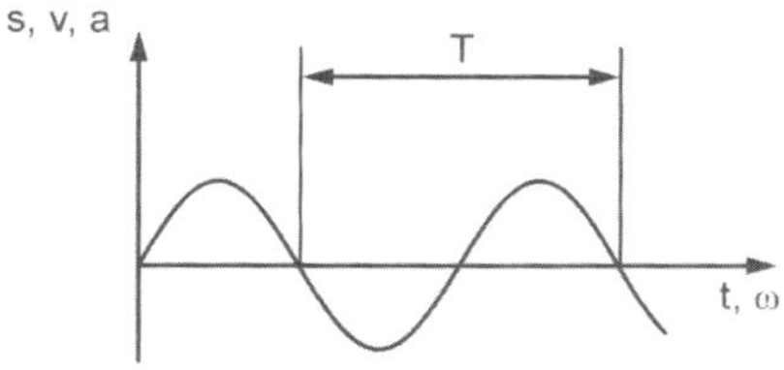

onde (f)
Modification de l'état physique d'un milieu, se propageant à la suite d'une action locale avec une vitesse finie dépendant des caractéristiques des milieux traversés.

onde sonore (f)
C'est une onde élastique dans un milieu déformable, par ex.: une onde acoustique dans un corps solide.

ultrason (m)
= onde ultrasonore (f)
Un ultrason est une vibration acoustique dont la fréquence est supérieure à 16 kHz.

4.3.111 **Transversalwelle (f)**
Welle, die sich senkrecht zur Schwingungsrichtung der einzelnen Teilchen ausbreitet. (DIN 54119)

transverse wave
Wave mode in which the particle motion at each point at right angles to the direction of propagation.

4.3.112 **Longitudinalwelle (f)**
Welle, die sich parallel zur Schwingungsrichtung der einzelnen Teilchen ausbreitet. (DIN 54119)

longitudinal wave
= compression wave
Wave mode in which the particle displacement is parallel to the direction of propagation.

4.3.113 **piezoelektrischer Effekt (m)**
Umkehrbarer Effekt bestimmter Stoffe, unter Krafteinwirkung auf bestimmten Flächen elektrische Ladungen zu zeigen. (DIN 54119)

piezoelectric effect
Certain crystals (e.g., quartz) when deformed mechanically display an electric charge proportional to the applied load on specific crystal faces. Through the reversal of this effect an electric charge applied to the crystal will cause it to deform.

4.3.114 **Durchschallungsverfahren (n)**
= Durchschallungstechnik (f)
Prüftechnik, bei der der Schall nach dem Durchlaufen eines Prüfgegenstandes empfangen und beobachtet wird. (DIN 54119)

through transmission technique
A test method in which ultrasonic energy is transmitted through the test object and received by a second transducer on the opposite side. Changes in the received signal amplitude are taken as indications of variations in material continuity. (Diederichs, R.)

onde transversable (f)
= onde de déformation (f)
= onde de cisaillement (f)
Onde dans laquelle la direction d'oscillation des particules dans un milieu déformable est perpendiculaire à la direction de propagation.

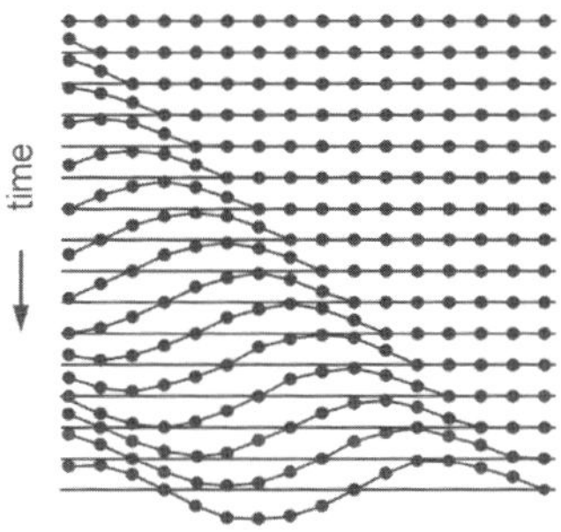

onde longitudinale (f)
= onde de compression (f)
Onde dans laquelle l'oscillation des particules dans un milieu déformable est parallèle à la direction de propagation.

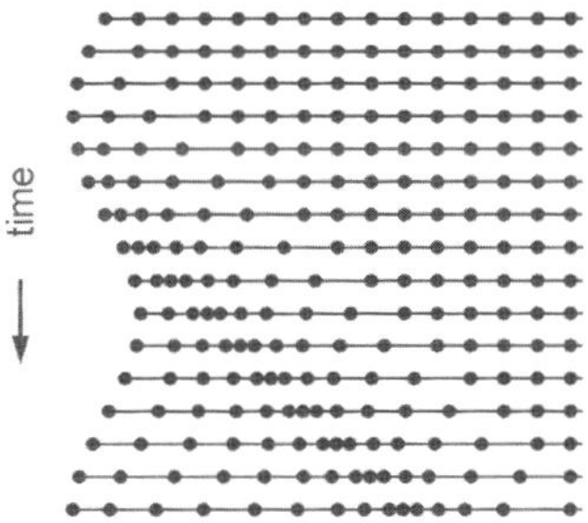

effet piézoélectrique (m)
= piézoélectricité (f)
Propriété qu'ont certains cristaux (par ex. le quartz) de se déformer sous l'action d'une charge électrique, et réciproquement, par réarrangement des ions positifs et négatifs.

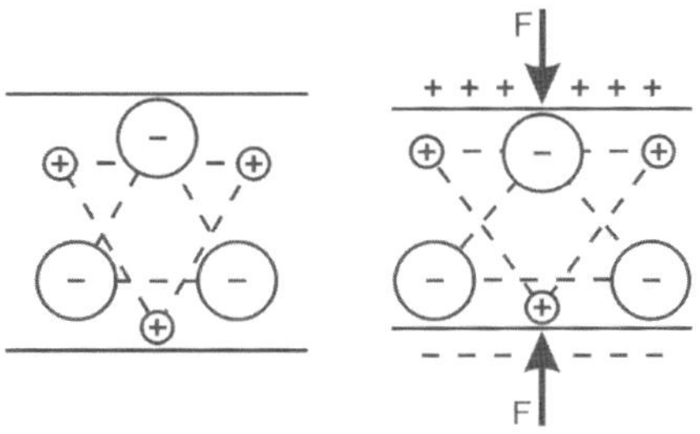

source: Bergmann

contrôle par transmission (m)
Technique de contrôle dans laquelle l'onde ultrasonore est recueillie et observée après avoir traversé la pièce soumise au contrôle, et dont les altérations détectées par un comparateur d'intensité permettent de déceler les défauts. Les transducteurs émetteur et récepteur sont distincts.

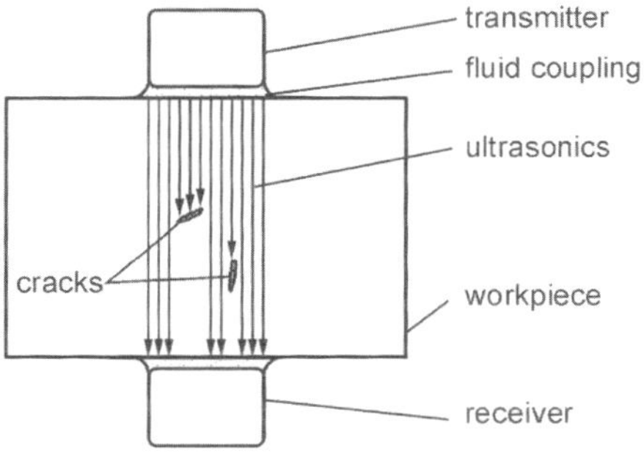

4.3.115 **Impuls-Echoverfahren (n)**
Prüftechnik, bei der Schallimpulse ausgesandt und deren Echos empfangen werden. (DIN 54119)

impulse reflection method
Method where a single sonic head is used as a transmitter and receiver.

4.3.116 **Schallkopf (m)**
Aktive Baugruppe, in der innerhalb weniger Mikrosekunden über einen Piezokristall ein Schallimpuls erzeugt wird, der in das zu untersuchende Werkstück eingeleitet wird. Der Schallkopf kann als Normal- oder Winkelprüfkopf ausgeführt sein.

sonic transducer
An active element where in a few micro seconds a sonic pulse is generated by an electrical pulse, and is induced in the workpiece during the test. The sonic transducer may be executed as a normal or angular test transducer.

4.3.117 **Normalprüfkopf (m)**
Schallkopf zur senkrechten Einschallung von Longitudinalwellen.

normal test transducer
A transducer which generates orthogonal sonic induction and generates longitudinal waves.

4.3.118 **Winkelprüfkopf (m)**
Schallkopf, zur Schrägeinschallung von Transversalwellen mittels eines Acrylglasfußes.

angular test transducer
A transducer which generates an inclined sonic induction and generates longitudinal waves using a plexiglass base.

contrôle par réflexion (m)
= contrôle par échos (m)
Technique de contrôle dans laquelle sont utilisés les échos obtenus par réflexion de l'onde ultrasonore sur toute solution de discontinuité telle que fissure, inclusion, etc. ... Cette technique n'exige qu'un seul transducteur utilisé alternativement comme émetteur et comme récepteur.

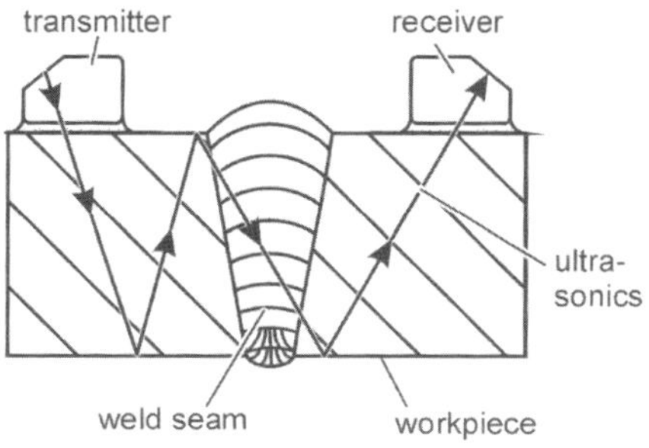

transducteur ultrasonore (m)
C'est l'élément actif d'un traducteur qui permet en quelques microsecondes de convertir une impulsion électrique en une impulsion ultrasonore pour être induite dans la pièce à contrôler. Il peut entrer dans la réalisation d'un traducteur droit ou d'un traducteur oblique.

traducteur droit (m)
Traducteur utilisé par contact dont l'axe du faisceau acoustique est perpendiculaire à la surface de contrôle, générant des ondes longitudinales.

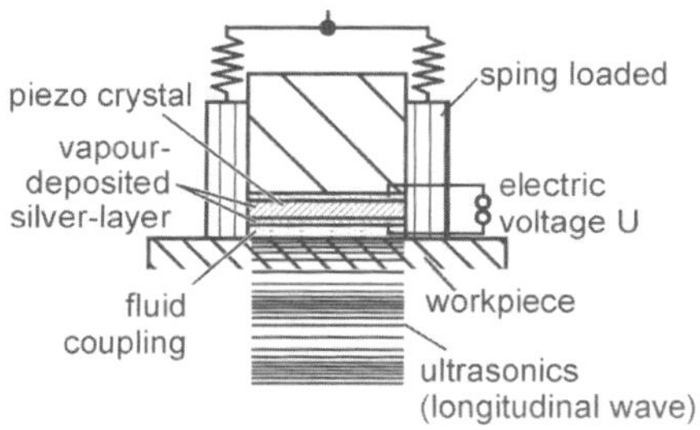

traducteur oblique (m)
Traducteur utilisé par contact dont l'axe du faisceau acoustique est incliné par rapport à la surface de contrôle et qui génère des ondes longitudinales en utilisant une semelle en plexiglas.

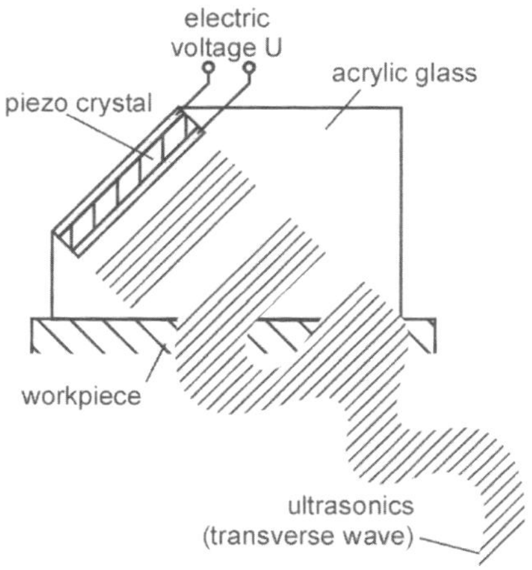

4.3.119 **Sendeimpuls (m)**
Im Schwinger erzeugter mechanischer Impuls, der zur Prüfung oder Messung in ein Medium eingeleitet werden soll. (DIN54119)

initial pulse
Ultrasonic impulse as emitted by the sonic transducer.

4.3.120 **Empfängerimpuls (m)**
Ultraschallimpuls, den der Schallkopf nach einer Reflexion an Werkstoffehlern oder Grenzflächen aufnimmt.

receiver impulse
Ultrasonic impulse which is received by the sonic transducer after reflection at material damage or boundary surfaces.

4.3.121 **Rückwandecho (n)**
Echo von der dem Prüfkopf gegenüberliegenden Oberfläche des Prüfgegenstandes (Gegenfläche). (DIN 54119)

back wall echo
Ultrasonic impulses reflected from the boundary surfaces (outer surfaces) of the workpiece.

4.3.122 **Fehlerecho (n)**
= Fehlecho (n)
Echo, dessen Ursache als Fehler bezeichnet wird. (DIN 54119)

defect echo
= flaw echo
Ultrasonic impulses reflected from defects (cracks, blowholes, etc.) of the workpiece.

4.3.123 **Fehlererkennbarkeit (f)**
Ein Fehler im Werkstoff ist mit Ultraschall feststellbar, wenn seine Querabmessung mindestens halb so groß ist wie die Schallwellenlänge. Je kleiner ein Fehler ist, desto kleiner muss die Schallwellenlänge bzw. desto größer muss die Frequenz sein.

defect detectability
A defect in the material can be detected by ultrasonic means if its lateral size is at least half the sound wavelength. The smaller the defect the higher the frequency which has to be used.

4.3.124 **Kopplungsflüssigkeit (f)**
Flüssigkeit, Fett oder Paste, die den Spalt zwischen dem Schallkopf und dem Prüfkörper füllt und eine ungehinderte Schallübertragung ermöglicht.

couplant
= coupling medium
= coupling film
A liquid, grease, paste or pliable solid interposed between the transducer and the surface of the workpiece to permit transmission of ultrasonic energy between them. (Diederichs, R.)

impulsion d'émission (f)
C'est l'impulsion ultrasonore délivrée par le transducteur.

signal reçu par le récepteur (m)
C'est l'impulsion ultrasonore qui est reçue par le transducteur après réflexion sur les défauts du matériau de la pièce à contrôler ou sur les surfaces limites de la pièce.

écho de surface, de paroi, de fond (m)
Impulsions ultrasonores réfléchies par les surfaces extérieures de la pièce.

écho d'anomalie (m)
Impulsions ultrasonores réfléchies par les anomalies de la pièce à contrôler (fissures, soufflures, inclusions, ...).

pouvoir de détection d'anomalie (m)
Une anomalie dans le matériau contrôlé peut être décelée par ultrasons si sa dimension latérale est au moins égale à la moitié de la longueur d'onde ultrasonore. Plus l'anomalie à déceler est petite, plus la fréquence de l'impulsion ultrasonore à utiliser doit être élevée.

fluide de couplage (m)
= milieu de couplage (m)
C'est un produit qui permet d'assurer la liaison acoustique entre le traducteur et la pièce soumise au contrôle.

Wörterverzeichnis

Alphabetical Index

Liste Alphabétique

A

B

E

F

G

H

L

Q

V

W

A

B

C

G

N

O

P

S

T

X

Y

B

C

D

E

F

G

M

N

Q

R

U

Schrifttum

Bibliography

Bibliographie

Teil 4 Oberflächeneigenschaften Part 4 Surface properties Partie 4 Propriétés des surface

	ASM Handbook Volume 18: Friction, Lubrication, and Wear Technology. ASM International 1992
	ASM Handbook Volume 4: Heat treating. ASM International 1991
	ASM Handbook Volume 5: Surface Engineering. ASM International 1994
Bargel, H.-J., Schulze, G.	Werkstoffkunde. VDI-Verlag Düsseldorf; 5. Aufl.
Bergmann, W.	Werkstofftechnik Teil 1. Grundlagen. Carl Hanser Verlag München Wien; 1984
Brinksmeier, E.	Prozess- und Werkstückqualität in der Feinbearbeitung. Fortschritts-Berichte VDI; Reihe 2; Nr. 234, VDI Verlag Düsseldorf 1991
Cubberly, William H.	Dictionary of Materials and Testing. Society of Automotive Engineers; 1993
Diederichs, Rolf	The e-Journal of Nondestructive Testing & Ultrasonics (NDT-Net); Germany, www.ndt.net
DIN 13316	Mechanik ideal elastischer Körper; Begriffe, Größen, Formelzeichen; Ausgabe: 1980-09
DIN 17014	Begriffe der Wärmebehandlung von Eisenwerkstoffen. (DIN EN 10052) Beuth Verlag GmbH Berlin Wien Zürich 1994
DIN 4761	Geometrische Produktspezifikation (GPS) – Oberflächenunvollkommenheiten – Begriffe, Definitionen und Kenngrößen. (DIN EN ISO 8785:1999) Beuth Verlag GmbH Berlin Wien Zürich 1994
DIN 50100	Werkstoffprüfung; Dauerschwingversuch, Begriffe, Zeichen, Durchführung, Auswertung; Ausgabe: 1978-02
DIN 50103	Metallische Werkstoffe - Härteprüfung nach Rockwell (Skalen A, B, C, D, E, F, G, H, K, N, T) – Teil 1: Prüfverfahren. (ISO 6508-1: 1999). Beuth Verlag GmbH Berlin Wien Zürich 1999
DIN 50115	Prüfung metallischer Werkstoffe; Kerbschlagbiegeversuch; Besondere Probenform und Auswerteverfahren. Beuth Verlag GmbH Berlin Wien Zürich 1991
DIN 50133	Metallische Werkstoffe – Härteprüfung nach Vickers – Teil 1: Prüfverfahren (ISO 6507-1: 1997). Beuth Verlag GmbH Berlin Wien Zürich 1997
DIN 50320	Verschleiß; Beuth Verlag GmbH Berlin Wien Zürich 1976 (Entwurf)
DIN 50321	Verschleiß-Messgrößen; Beuth Verlag GmbH Berlin Wien Zürich 1978 (Entwurf)
DIN 50323	Tribologie – Verschleiß – Teil 1: Begriffe. Beuth Verlag GmbH Berlin Wien Zürich 1988
DIN 50351	Metallische Werkstoffe – Härteprüfung nach Brinell – Teil 1: Prüfverfahren (ISO 6506-1: 1999). Beuth Verlag GmbH Berlin Wien Zürich 1999
DIN 50601	Metallographische Prüfverfahren; Ermittlung der Ferrit- oder Austenitkorngröße von Stahl und Eisenwerkstoffen; Ausgabe: 1985-08
DIN 54119	Zerstörungsfreie Prüfung – Ultraschallprüfung – Begriffe; Ausgabe: 1981
DIN 5491	Stoffübertragung; Diffusion und Stoffübergang, Grundbegriffe, Größen, Formelzeichen, Kenngrößen; Ausgabe: 1970-09
DIN EN 10002-1	Metallische Werkstoffe; Zugversuch; Teil 1: Prüfverfahren (bei Raumtemperatur); enthält Änderung AC 1: 1990; Deutsche Fassung EN 10002-1: 1990 und AC 1: 1990; Ausgabe: 1991-04
DIN EN 10045-1	Metallische Werkstoffe; Kerbschlagbiegeversuch nach Charpy; Teil 1: Prüfverfahren; Deutsche Fassung EN 10045-1: 1990; Ausgabe: 1991-04

DIN EN 10045-2	Metallische Werkstoffe; Kerbschlagbiegeversuch nach Charpy; Teil 2: Prüfung der Prüfmaschine (Pendelschlagwerk); Deutsche Fassung EN 10045-2: 1992; Ausgabe: 1993-01
DIN EN 3769	Luft- und Raumfahrt – Elektrolytisches Polieren von korrosionsbeständigen Stählen und hochwarmfesten Legierungen; Deutsche Fassung EN 3769: 1997; Ausgabe: 1997-05
DIN EN ISO 6507-3	Metallische Werkstoffe – Härteprüfung nach Vickers – Teil 3: Kalibrierung von Härtevergleichsplatten (ISO 6507-3: 1997); Deutsche Fassung EN ISO 6507-3: 1997; Ausgabe: 1998-01
DIN EN ISO 7539-1	Korrosion der Metalle und Legierungen – Prüfung der Spannungsrisskorrosion – Teil 1: Allgemeine Richtlinien für Prüfverfahren (ISO 7539-1: 1987); Deutsche Fassung EN ISO 7539-1: 1995; Ausgabe: 1995-08
DIN ISO 4516	Metallische und verwandte Schichten; Mikrohärtebestimmung nach Vickers und Knoop; Identisch mit ISO 4516: 1980, Ausgabe: 1988-07
Domke, Wilhelm	Werkstoffkunde und Werkstoffprüfung. Cornelsen Verlag GmbH & Co.; 1981
EN ISO 8785	Geometrische Produktspezifikation (GPS) – Oberflächenunvollkommenheiten – Begriffe, Definitionen und Kenngrößen (ISO 8785: 1998); Deutsche Fassung EN ISO 8785: 1999; Ausgabe: 1999-10
Gerthsen, C., Vogel, H.	Physik. Springer Verlag Berlin Heidelberg New York London Paris 1993; 17. Aufl.
Hunger, H.-J.	Werkstoffanalytische Verfahren. Deutscher Verlag für Grundstoffindustrie, Leipzig, Stuttgart 1995
ISO 4545	Metallische Werkstoffe; Härteprüfung; Knoop-Verfahren. Beuth Verlag GmbH Berlin Wien Zürich 1993
Kuchling, H.	Physik. Fachbuchverlag Leipzig 1987; 18. Aufl.
Macherauch, E.	Praktikum in Werkstoffkunde. Verlag Vieweg, 9. Auflage Braunschweig, Wiesbaden, 1990
Merkel, M., Thomas, K.-H.	Taschenbuch der Werkstoffe. Fachbuchverlag Leipzig GmbH Leipzig, Köln 1994; 4. Aufl.
	Metals Handbook Volume 10: Materials Characterization. 9th Edition. American Society for Metals; 1986
	Metals Handbook Volume 8: Mechanical Testing. 9th Edition. American Society for Metals; 1985
Siegert, Klaus	Zieheinrichtungen einfachwirkender Pressen für die Blechumformung. DGM-Informationsgesellschaft mbH 1991
Stüwe, H.-P.	Einführung in die Werkstoffkunde. Band 467, 2. Auflage, Wissenschaftsverlag, Mannheim, Wien Zürich 1991
Tyrkiel, E.	A guide to surface engineering terminology. The Institute of Materials Graphics, 1994
Tyrkiel, E.; et.al.	Multilingual Glossary of Heat Treatmen Terminology. The Institute of Materials, 1986
VDI 3401	Elektrochemisches Abtragen; Formabtragen; Blatt 1, Ausgabe: 1993-10
Walczok, Kurt:	Lexikon der Begriffe und Bezeichnungen in der Eisen und Stahlindustrie mit Definitionen und Erklärungen. Betratungsstelle für Stahlverwendung. Verlag Düsseldorf 1974
Weingraber, H. von	Handbuch Technische Oberflächen. Vieweg, Friedr., u. Sohn, Verlagsgesellschaft mbH 1989

Printed by Printforce, the Netherlands